科学出版社“十三五”普通高等教育研究生规划教材
创新型现代农林院校研究生系列教材
中国科学院大学研究生教材系列

U0812350

水产遗传育种学

桂建芳　周　莉　殷　战　胡　炜
童金苟　孙永华　肖武汉　编著

科学出版社
北　京

内 容 简 介

本教材是作者在中国科学院大学水产专业研究生 3 年的授课基础上结晶而成，主要包括水产种业和遗传育种的历史演变（绪论）、水产遗传育种的生物学基础、水产遗传育种的生物技术及其育种实践和水产遗传育种的潜在生物技术创新及其育种价值四大篇，共十六章。

本教材适合水产养殖、遗传和水生生物等相关专业的本科生和研究生学习使用，也可供从事水产遗传育种、水产养殖和水生生物学等方面的科研、教学及管理工作者参考。

图书在版编目（CIP）数据

水产遗传育种学 / 桂建芳等编著. —北京：科学出版社，2021.6
科学出版社“十三五”普通高等教育研究生规划教材　创新型现代农林院校研究生系列教材　中国科学院大学研究生教材系列
ISBN 978-7-03-066273-6

Ⅰ. ①水…　Ⅱ. ①桂…　Ⅲ. ①水产生物-遗传育种-研究生-教材
Ⅳ. ①S917

中国版本图书馆 CIP 数据核字（2020）第 184146 号

责任编辑：王玉时 / 责任校对：杨　赛
责任印制：张　伟 / 封面设计：耕者设计

科学出版社 出版
北京东黄城根北街 16 号
邮政编码：100717
http://www.sciencep.com

中煤（北京）印务有限公司印刷
科学出版社发行　各地新华书店经销
*
2021 年 6 月第　一　版　开本：787×1092　1/16
2025 年 1 月第六次印刷　印张：24 3/4
字数：634 000

定价：118.00元

（如有印装质量问题，我社负责调换）

序　言

记得 23 年前，我作为中国科学院水生生物研究所（简称中科院水生所）鱼类遗传育种研究室的副主任，有幸与当时的室主任、也是我的导师之一吴清江先生一起编著一本术有专攻的专著。由于亲历了 20 世纪八九十年代改革开放后 20 多年来鱼类遗传育种理论和技术的突破，刚过不惑之年的我，凭着一股子从事研究的韧劲和展示自我的激情，与我们研究室的几位前辈和同行一起撰写出《鱼类遗传育种工程》（上海科学技术出版社，1999 年出版）。该书的出版标志着鱼类及水产遗传育种学作为一门独立学科在中国已开始萌芽，后来的确被许多高校指定为本科和研究生教材的参考书，也是后来我及我所从事鱼类遗传育种方向历届硕士和博士研究生专业必修课的指定参考书。

作为改革开放的同行者，40 多年过去，可谓弹指一挥间，但 40 多年来中国水产养殖的成就令世人瞩目。40 多年来，世界水产品的增长主要源于养殖产量的增长，而养殖产量 2/3 来自中国，用农业农村部部长韩长赋的话说，“世界上三条鱼就有两条是中国养的”。是什么原因导致中国水产养殖如此成功呢？回溯过去，2500 多年前范蠡的《养鱼经》以及历代往哲先贤创立的鱼及渔文化赋予了这个产业的精神灵气；新中国成立后毛泽东主席“三山六水一分田，渔业大有可为”和邓小平同志“应该以养殖为主”的批示贡献了渔业发展的方针智慧；20 世纪 60 年代初期《中国淡水鱼类养殖学》的出版和青、草、鲢、鳙“四大家鱼”人工繁殖技术的突破推动了这一学科的成长进步。进入 21 世纪后，世界上不少有识之士正视了中国水产养殖的现状和产生的影响，均在思考“未来的鱼”和“鱼的未来”对人类未来生存以及生活质量提升的潜力，认为作为“可以减少谷物以换取优质动物蛋白最有效率的技术”，水产养殖可为未来世界面对食物短缺、保障食物安全提供最有效率的动物蛋白生产方式。一批包括联合国粮食及农业组织官员在内的国际权威专家最近也认为，将鱼放在菜单上，将能为养活 2050 年 90 多亿人发挥重要作用。因此，我们今天可以自豪地说，中国水产养殖的成功为世界渔业发展贡献了“中国智慧”“中国方案”和“中国力量”。2018 年，Wiley-Blackwell 出版了我和唐启升院士、李钟杰研究员、刘家寿研究员以及 Sena S. De Silva 教授共同编著的 *Aquaculture in China：success stories and modern trends*。该书一经问世，就被国际同行誉为新时代的水产养殖专著，“为更广阔的世界展示了中国这个卓越水产养殖超级大国的主要活力”，足见其影响之深。

作为鱼类遗传育种专家，我不仅亲身经历了水产遗传育种学在中国的形成与发展，更是目睹了我们水产遗传育种学家培育的涵盖了鱼、虾、贝、蟹、参、藻等水产新品种促进水产养殖增产增值、为富民强国做出的重大贡献。正因如此，近几年来总有一个心愿萦绕着我，那就是再写一本鱼类及水产遗传育种的专著，以进一步记录我们前进的脚步，还可昭示后人。

2018 年，中国科学院大学组建了现代农业科学学院，我有幸被任命为水产系主任，并主讲“水产遗传育种学”课程。从专业选修课的参考书到主讲必修课，尽管前有《鱼类遗传育种工程》和其他水产专家的专著和教材，但毕竟过去多年，未免老旧；尽管各位授课老师各有所长，且立足前沿，但毕竟自说自话，无章可循。为了弥补这些缺憾，也为了满足我的心愿，我决定组织我们几位授课老师一起编著这本教材。我的想法很快得到了中科院水生所现任领导殷战所长和胡炜副所长（他们也是授课老师）以及授课老师周莉教授、童金苟教授、孙永华教授和肖武汉教授的支持。因为我们术有专攻，且已有两年的授课课件和经验，仅用半年多时间，完成了此稿。

本教材由中国科学院大学教材出版中心资助出版。愿它对后学者能有所启迪，也欢迎同道者斧正，以进一步完善本教材。

桂建芳

2020 年 5 月 20 日

于武汉东湖之滨

目　录

第三篇 水产遗传育种的生物技术及其育种实践

第四篇 水产遗传育种的潜在生物技术创新及其育种价值

第一篇　绪　论

第一章　水产种业与水产遗传育种的由来

第一节　中国水产种业与水产遗传育种的萌芽

1.1.1　悠久的水产养殖历史

中国水产养殖历史悠久，是世界上最早开始水产养殖的国家。从殷墟出土的甲骨文“贞其雨，在圃渔”和“在圃渔，十一月”的文字记录推断，中国早在3200年前殷商时期（公元前1142—前1135年）就普遍开始了池塘养鱼（张晓娟等，2019）。2019年，一项关于河南新石器时代早期贾湖遗址的研究发现，其遗址中遗存的鲤咽齿多数具有养殖的特征，由此推断中国养殖鲤的历史可追溯到8000多年前（Nakajima et al.，2019）。

1.1.2　种苗繁育和水产种业的萌芽

2500多年前的春秋时代，越国重臣范蠡（公元前536年—前448年）在献策扶助越王勾践灭吴王夫差成为霸主之后，主动辞官经商养鱼，撰写了世界上第一部水产养殖专著——《养鱼经》（图1.1）。《养鱼经》的核心内容主要记载了在六亩*大的池塘中于农历二月投放性成熟的20尾雌鲤和4尾雄鲤，令其繁育出鱼苗以及养成成鱼的过程，特别是这种雌雄个体配对的比例直到现今还适用。由此可见，《养鱼经》实质上是早期养鱼的种业经。在北魏时期的《齐民要术》中，更是记载了有人曾讨教范蠡的致富秘诀：“公任足千万，家累亿金，何术乎？”范蠡说：“夫治生之法有五，水畜第一。”范蠡还说：“子欲速富，当畜五稼（指母马、母牛、母羊、母猪、母狗）”。可以说，水产畜牧种业是范蠡经商致富的法宝，正是得益于种业，使范蠡在中国历史上留下了“忠以为国，智以保身，商以致富，成名天下”的完人美誉，也成就了范蠡、西施这一对神仙伴侣的人间佳话。因此，中国水产养殖的悠久历史始于鱼类种苗繁育（breeding），始于水产养殖的核心技术——水产种业的萌芽。

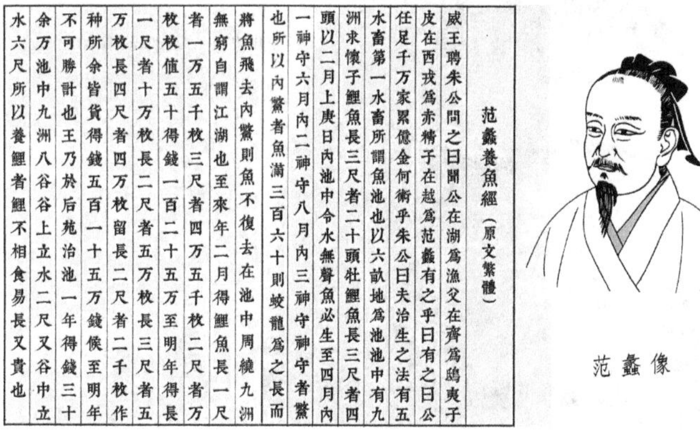

图1.1　范蠡（右）2500多年前撰写的《养鱼经》

* 1亩≈666.7m²。

1.1.3 金鱼——从观赏喜好到传统选育与遗传育种

中国水产养殖的传统选育可以追溯到 2000 年前。自我们的先祖开始将鱼等野生水生生物进行养殖时，就有机会观察到其生长习性和性状的变化。试想一下，当养鱼人第一次发现红色突变体时，他们无疑是兴奋的，因为红色是一种最有吸引力并深受权贵们喜爱的颜色。他们将这些红色突变体挑选出来，并将其作为亲本进行一对一地繁育后代，这样做的结果就可使红色突变体在其繁育后代中的比例越来越高，还有可能产生更佳更具观赏性的性状。可以说，人类最早的水产育种就这样开始了。因此，水产育种最早观察到的遗传性状是颜色变异，也是选育最有成效的性状。据考古记载，大约在 1800 年前，最早的金鱼就从鲫的金色或红色突变体中选育出来了。后来由于观赏喜好的需求不断提高和升华，就有了专门从事金鱼繁育和养殖的人士。金鱼一代代繁育下来，不仅出现了更多的颜色变异，而且身体的形状、鳍条的有无、眼睛的构造以及鳞片的形态都发生了变化，养的人多了，玩的人多了，继而有了专家、谱系、极品以及选育的秘诀，再加上近代遗传学知识和育种技术的进步与应用，逐渐选育出多达几百个品种的多姿多彩的现有金鱼（叶其昌、曲利民，2017）。

正是有感于金鱼的多姿多彩，作为师从国际遗传学大师摩尔根的第一位中国弟子，陈桢院士从 1922 年（还不到而立之年）离开摩尔根实验室回到中国起，就以金鱼替代果蝇作为杂交实验遗传学研究的材料，对金鱼的变异与遗传、起源与演化进行了系统研究，发表了在国际遗传学界有重要影响的系列论文，证明金鱼是从野生鲫鱼经家化形成，特别是对金鱼透明和五花性状的研究，在金鱼中揭示出第一例孟德尔式遗传规律（Chen，1928）。他发表的有关金鱼不同性状遗传与变异规律的许多论文已成为遗传学研究的经典文献。他的这些发现不仅使他成为中国遗传学研究的先驱，而且被国际学术界公认为鱼类遗传学研究的开拓者。特别是 1954 年他发表的积 30 年金鱼研究心得的综述《金鱼家化史与品种形成的因素》（陈桢，1954）一文，代表了当时中国进化论发展的水平，更是当时鱼类遗传育种研究的大成之作（图 1.2）。可以说，人们对红色等突变体的欣赏促进了金鱼传统选择育种的兴起，催生了金鱼种业的形成和金鱼养殖的繁荣；也正是由于金鱼的多姿多彩，性状的变异蕴藏着奇妙的遗传规律，才在现代遗传学到来之际，成为一代学界宗师开创遗传学研究以致鱼类遗传育种研究的独特对象。同样地，红鲤、彩鲤和锦鲤也有 400 多年的选育记录，也是始于观察、始于好奇、始于传统选择育种直到现代遗传育种的结果（桂建芳，1986；Dunham，2011）。

图 1.2 陈桢 1928 年发表于 *Genetics* 论文的金鱼插图（左）和 1954 年发表的由科学出版社出版的《金鱼家化史与品种形成的因素》单行本封面（右）

第二节　国际水产遗传育种的兴起与发展

1.2.1　国际水产遗传育种的先驱

与畜禽等陆生动物相比，除上文提到的用于观赏的金鱼和锦鲤外，食用鱼类和其他水产生物的驯养和选择育种的历史较短，大部分基础理论知识主要源于家畜的遗传育种学。以遗传学知识为基础的鱼类选择育种实验在 20 世纪 20 年代后才真正开始。近 100 年来，两位国际知名大师在开创水产遗传育种学科和水产种业中起了重要的引领作用。

第一位是 1991 年在武汉召开的第 4 次国际水产遗传学研讨会上被该学会授予第一位荣誉会员、已故的苏联鱼类遗传育种专家 Valentin S. Kirpichnikov，他所著的《鱼类选择育种的遗传基础》（Kirpichnikov，1981）曾是我们这一代遗传育种人公认的经典（图 1.3）。20 世纪 30 年代，Kirpichnikov 创建了世界上第一个致力于经济鱼类遗传改良的专业实验室，培育出推动苏联水产养殖快速发展的养殖品种罗普莎鲤。

Aquaculture, 111 (1993) 3–5　3
Elsevier Science Publishers B.V., Amsterdam

AQUA 30035

First Honorable Member of IAGA
Valentin Sergeevich Kirpichnikov
1908–1991

On the occasion of the Fourth International Symposium on Genetics in Aquaculture, held 29 April to 3 May 1991 in Wuhan, China, Valentin S. Kirpichnikov was honored by being chosen as the first Honorable Member of the International Association for Genetics in Aquaculture (IAGA). Professor Kirpichnikov closed his acceptance speech on 2 May with the words, "Thank you very much for the numerous congratulations and presents. In my turn, I wish all the participants of this Symposium all the best in their life and work. Be happy!" Professor Kirpichnikov passed away at home in St. Petersburg on 14 November 1991.

Valentin S. Kirpichnikov was born on 14 August 1908 at Kineshma, a town

0044-8486/93/$06.00 © 1993 Elsevier Science Publishers B.V. All rights reserved.

图 1.3　苏联鱼类遗传育种专家 Valentin S. Kirpichnikov 和他所著的《鱼类选择育种的遗传基础》

第二位是 20 世纪 70 年代在挪威开创虹鳟和大西洋鲑遗传育种研究的 Trygve Gjedrem（图 1.4）。20 世纪 70 年代早期，Gjedrem 从一位家畜遗传研究专家转向鱼类遗传育种，率领他的研究团队建立起虹鳟和大西洋鲑育种研究基地和养殖设施，由此造就了挪威世界渔业强国的核心地位。2012 年，这位拥有“挪威渔业之父”之称的资深水产遗传育种专家在水产养殖杂志发表题为“从个人观点评价遗传改良促进全球水产养殖高效发展”专题综述（Gjedrem，2012），系统阐述了水产遗传育种的发展历程及其作用。2014 年，世界水产养殖学会为了表彰他对水产遗传学研究的贡献，授予 Gjedrem 这位遗传育种先驱终生荣誉会员称号。

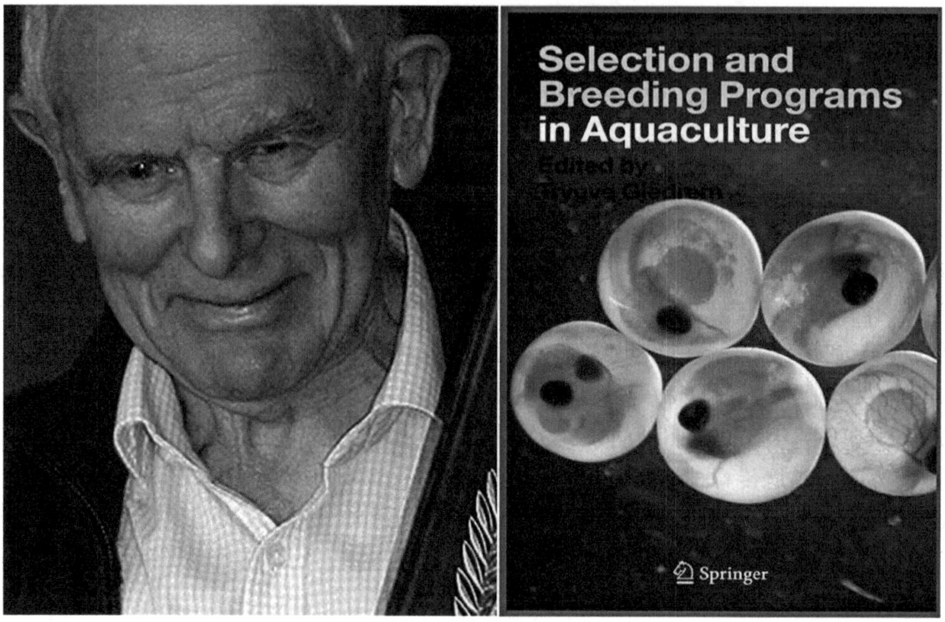

图 1.4　挪威遗传育种学家 Trygve Gjedrem 教授和他所著的专著《水产养殖选育方案》

1.2.2　国际水产遗传育种计划与水产遗传育种的发展

正如 Gjedrem 教授在他所著的《水产养殖选育方案》中所描述的，国际上水产遗传育种研究多源于大的育种计划，如挪威从 1972 年以来对鲑鳟进行良种选育，逐步创建了“挪威三文鱼”这个世界性品牌，并在全球部署鲑鳟育种基地和项目，初步扶持了一个几乎垄断国际鲑鳟鱼良种供应的大型跨国种业集团（Gjedrem，2005）。美国农业部自 20 世纪 90 年代部署的凡纳滨对虾计划，后期由对虾改良公司（Shrimp Improvement System，SIS）等为主导，进行自主研发良种和规模化经营，几乎垄断了全球种虾供应。此外，美国的抗病牡蛎品种选育、日本的抗病牙鲆良种选育、菲律宾的罗非鱼遗传改良、澳大利亚的斑节对虾改良、越南和泰国的罗氏沼虾选育等也都是由育种计划支持开始，并由此推动了现代水产遗传育种的进一步兴起与发展。

第三节　中国水产遗传育种的兴起与发展

1.3.1　“四大家鱼”等水产养殖种类人工繁育技术的突破

如前所述，水产养殖的关键技术始于种苗繁育，水产遗传育种的首要目标是为水产养殖提供经济性状优良的新品种，其目标始于繁育，也终于繁育，因而繁育是核心，也是前提。

新中国成立后，第一代党和国家领导人对水产养殖高度重视。1956 年，毛泽东主席在武汉调研时，曾就如何解决吃鱼难问题问计于当时的中国科学院水生生物研究所所长王家楫院士。特别是毛泽东在武汉写的“才饮长沙水，又食武昌鱼”这一脍炙人口的经典词作，激励和鼓舞了几代水产科研人员从事科学研究的热情。

为了解决水产养殖的种苗问题，从 20 世纪 50 年代早期开始，全国涉及水产科研的多家机构都相应成立了专项团队，经通力合作，逐渐认识到鱼类卵子成熟与排卵与其他脊椎动物类似，是神经内分泌活动作用的结果，明白生长在池塘等中小型水体里的青、草、鲢、鳙等大型鱼类之所以不能产卵，是由于水体相对静止，缺少江河中特殊的能刺激其内分泌活动、诱发其发情的生态条件，因而即使在生殖季节，与性活动相关的激素仍达不到诱使其卵子成熟和排卵的水平。因此，科研人员尝试将鱼类脑垂体的组织匀浆液或其中提取的促性腺激素（GTH）以及绒毛膜促性腺激素等引入鱼体，以提高鱼体内的激素水平，来诱导排卵达到人工繁殖的目的（朱宁生，1955；钟麟，1958；中国科学院实验生物研究所，1962）。特别是钟麟先生在充分观察到“四大家鱼”在江河中普遍在水流相对湍急的产卵场产卵受精的基础上，创建了流水加促性腺激素注射的“生态生理催产法”，终于实现了青、草、鲢、鳙“四大家鱼”人工繁殖技术的突破（伍献文和钟麟，1964；钟麟，1965）。由于这一划时代的重大突破和贡献，钟麟先生被大家尊称为“四大家鱼人工繁殖之父”。正是基于这一理论和技术突破的先导作用，其他鱼类和水产动物的人工繁殖和种苗生产问题都逐渐得以解决。

与此同时，许多海水养殖名贵特色种类的人工繁育也取得了重大突破，如在查清生活史的基础上创建的紫菜人工育苗技术（曾呈奎和张德瑞，1954）和在确定育苗期各生长发育阶段所需的环境条件而研发的海带自然光育苗技术（中央水产部，1958），解决了当时紫菜和海带养殖大发展急需的种苗问题。在珍珠养殖方面，科学家们也在成功培育出中国第一批海水人工有核珍珠（熊大仁，1959）的基础上，相继突破了淡水无核珍珠养殖、珍珠贝早期育苗等技术难关。

20 世纪 60 年代末期，随着脑垂体中促性腺激素释放激素（GnRH）及其类似物的发现，以及其对脊椎动物卵子成熟和排卵神经内分泌控制机制研究的不断深入（国际上三位神经内分泌学大师 Roger Guillemin、Andrew Schally 和 Rosalyn Sussman Yalow 因这方面的成就而分享了 1977 年诺贝尔生理学或医学奖），中国科学院生物化学研究所的多肽合成专家龚岳亭院士（1993）也将他的一部分研究兴趣投向促性腺激素释放激素活性多肽的合成与鱼类促排卵催产应用研究。他采用液相法合成的鱼用促性腺激素释放激素等鱼用催产素自 1968 年移交上海生化药厂生产和后来不断改进后，一直是全国范围内普遍用于鱼类等水产动物催情产卵的重要产品，在鱼类等水产动物人工繁育和种苗生产中发挥了重要作用。

20 世纪 80 年代后，随着国家对科学研究更加重视，一批水产专家对鱼类生殖生理特别是排卵和繁育机制的研究更为深入。如林浩然院士与加拿大专家合作，在阐明鱼类促性腺激素合成与分泌受神经内分泌双重调节机制的基础上，创建了多巴胺受体拮抗剂和促性腺激素释放激素诱导鱼类产卵的新方法，简称林彼方法（Linpe method）（Lin and Peter，1996；林浩然，2011），该方法也被誉为鱼类人工催产的第三里程碑，显著提高了鱼类以及其他水产动物的人工繁育种苗生产效率。

水产种苗人工繁育技术的连续突破，结束了水产养殖长期依赖从江河湖海捞取天然种苗的历史，又为水产养殖大规模发展提供了大量的种苗资源，由此也改变了中国渔业发展的政策走向。1958 年，毛泽东主席批示“三山六水一分田，渔业大有可为”；1959 年，中央政府确定了“养捕并举”方针；1978 年，《人民日报》发表社论，提出要“千方百计解决吃鱼难”问题；1980 年，在《关于编制长期规划的意见》中，邓小平同志专门指出，发展渔业“有个方针问题”，渔业“应该以养殖为主”的构想；1986 年，国家出台《渔业法》，正式确立了渔业“以养为主”的方针和发展方向。今天我们可以自豪地说，“以养为主”的方针确立了中国“蓝色粮仓”的渔业大国地位，“以养为主”的方针也为世界渔业发展贡献了“中国智慧”。

更为重要的是，这些突破性的技术不仅为水产种苗生产提供了成熟的关键技术，而且为随后的水产遗传育种与水产种业提供了强有力的技术支撑，由此涌现出一批水产繁育和遗传育种学家，如鱼类繁育和育种学家刘筠院士（1995 年当选）、对虾繁育学家赵法箴院士（1995 年当选）、鱼类繁育及养殖学家林浩然院士（1997 年当选）、贝类繁育和养殖学家张福绥院士（1999 年当选）、罗非鱼育种学家夏德全院士（2001 年当选）、海水鱼类繁育和养殖学家雷霁霖院士（2005 年当选）等。

1.3.2 水产遗传育种专业研究机构的建立

虽然金鱼的传统选育在中国历史悠久，也曾为现代遗传学的到来和鱼类遗传育种研究起了重要的引导作用，但对食用经济鱼类进行科学系统的遗传育种研究直到 20 世纪 70 年代才真正开始。1972 年，也就是在挪威开始创建虹鳟和大西洋鲑遗传育种研究基地和养殖设施的同一时间节点，中国第一个从事鱼类遗传育种的专业机构——鱼类遗传育种研究室在中国科学院水生生物研究所成立。自创建 50 年来，该研究室在淡水鱼类的引种驯化、人工繁育、杂交育种、天然雌核生殖发现与研发、全雌鱼培育、染色体组倍性操作、分子遗传标记发掘、性控育种、基因转移、基因编辑等遗传育种生物技术研发上取得了一系列突破，创制出第一尾通过细胞核移植获得的体细胞克隆鱼，获得了世界上第一例转基因鱼，培育出首个规模化推广养殖的全雌鲤，特别是利用银鲫单性雌核生殖等多重生殖方式的潜能培育出系列异育银鲫新品种，如异育银鲫、高体型异育银鲫、异育银鲫“中科 3 号”、长丰鲫、异育银鲫“中科 5 号”等，极大地促进了鲫鱼养殖业的快速发展。许多遗传育种的理论和应用成果获得了国家和地方政府的奖励，如“异育银鲫培育与应用”1985 年获国家科技进步二等奖；“丰鲤的应用”1987 年获国家科技进步三等奖；“全雌鲤的培育”1992 年获国家科技进步三等奖；“银鲫天然雌核发育机理研究”1995 年获国家自然科学二等奖；“鱼类基因工程育种应用基础”1997 年获国家自然科学三等奖；“多倍体银鲫独特的单性和有性双重生殖方式的遗传基础研究”2011 年获国家自然科学二等奖。在这些重大成果产出的同时，鱼类遗传发育学家朱作言院士（1997 年当选）和鱼类遗传育种学家桂建芳院士（2013 年当选）等一批鱼类繁育和遗传育种专家也不断涌现。

从 20 世纪 80 年代到 21 世纪，中国水产科学研究院长江水产研究所、珠江水产研究所、黑龙江水产研究所、黄海水产研究所、南海水产研究所和东海水产研究所以及中国科学院海洋研究所和南海研究所也相继成立了相应的鱼类等水产生物遗传育种研究室或研究中心，主要聚焦于包括鱼、虾、贝、参、藻等特有水产经济生物相关的遗传育种理论研究和技术研发。至今，中国已建立了以科研院所和高等院校等为主体，包括中国科学院下属的水生生物研究所、海洋研究所和南海海洋研究所，中国水产科学研究院下属的各水产研究所，以及中国海洋大学、上海海洋大学、大连海洋大学、广东海洋大学、浙江海洋大学、江苏海洋大学、华中农业大学、武汉大学、中山大学、西南大学、湖南师范大学、南昌大学、宁波大学、天津农学院等，另有各省市的水产研究院所和水产引种育种中心等组成的从事水产遗传育种技术创新的研究群体。

1.3.3 水产遗传育种专业管理机构的设置

为了规范水产遗传育种的研究目标和过程，从 1991 年起，中国政府相继在农业部渔业局设立了国家水产原种和良种审定委员会，委托全国水产技术推广总站对各研究机构和企事业单位培育申报的水产新品种进行审定，同时还对分布于各个省市的水产引种保种中心、水产原种场、水产良种场等进行认证和管理；与此同时，还在相应的科研机构建立了水产种质检测中心；进入21世纪后，为了把控新品种培育的源头，又在相应的有优势的科研机构，针对特定的养殖种类，遴选认定了一批水产遗传育种中心。通过这一系列举措，中国现代国家水产良种与种业体系基本形成（邓伟等，2013）（图1.5）。至2019年，全国已建成31个水产遗传育种中心，35家水产遗传资源保存分中心，84家国家级水产原良种场，820家地方级水产原良种场等。

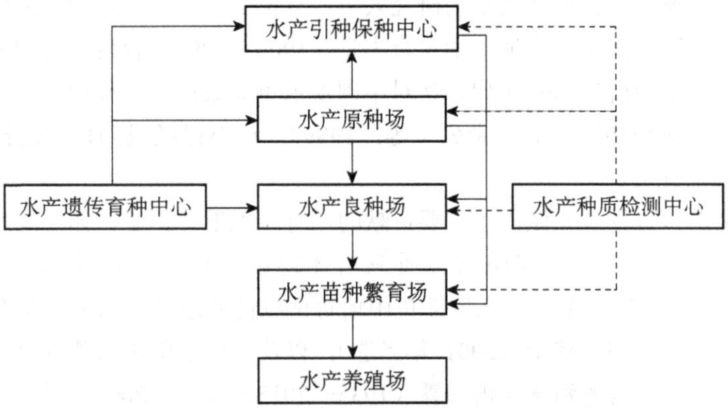

图1.5　中国现代国家水产良种与种业体系的创建和基本构成

第四节　中国水产遗传育种研究的先驱

1.4.1　鱼类遗传育种的奠基人和开拓者

鱼类遗传育种的奠基人主要出自早期从事遗传学和实验胚胎学研究的一批开拓者，其典型代表有陈桢（1894—1957）院士（1948年当选）、童第周（1902—1979）院士（1948年当选）、朱洗（1900—1962）院士（1955年当选）和刘建康（1917—2017）院士（1980年当选）。

前已述及，陈桢院士是摩尔根的第一位中国弟子，是中国早期遗传学研究的先驱。他长期从事金鱼遗传与变异系统研究，揭示了金鱼变异、起源与演化的遗传规律，开辟了用现代遗传学手段进行金鱼杂交与选择育种的先河，为中国现代遗传学的形成和发展做出了开拓性贡献。

童第周院士是中国实验胚胎学的主要创始人，开创了中国动物“克隆”技术，被誉为“中国克隆之父”。早年，他致力于鱼类和两栖动物等卵子发育能力研究。晚年，他又和美国坦普恩大学牛满江教授等一起，主要以鱼类为研究材料，对决定生物性状遗传的细胞核和细胞质相互关系进行了创造性探索，特别是在开拓细胞核移植技术等用来进行鱼类遗传育种等方面做出了原创性贡献。

朱洗院士是中国细胞生物学特别是实验胚胎学的创始人与奠基人之一，其主要贡献是通过有尾和无尾两栖类杂交，结合细胞学观察，阐明了杂交中不育、可育和产生新型杂交子裔的一些基本的细胞生物学现象。他还借助人工单性繁殖方法，采用针尖直径仅10μm的玻璃丝针刺四万个蟾蜍卵球，分别培养，最后得到一只没有父亲的雌蟾蜍。这只雌蟾蜍与正常雄蟾蜍交配，产出世界上第一只“没有外祖父的癞蛤蟆”。他还应用绒毛膜促性腺激素等诱导鲢、鳙等池养家鱼人工产卵，促进了鱼类人工繁育技术的建立。

刘建康院士不仅是著名淡水生态学家，而且早年还是有重大原创性发现的鱼类繁育实验生物学家，至今被学界认为是鱼类以致脊椎动物性别研究的先驱（Zhou and Gui，2016）。他青年时期通过野外观察和实验生物学研究，揭示了黄鳝的始原雌雄同体和性反转现象，1944 年发表了论文《鳝鱼的始原雌雄同体现象》（Liu，1944）。英国皇家学会的 W S Bullough（1947）会士在 *Nature* 上对此做了专题评述，认为他的这一发现打开了脊椎动物性别决定研究之门。

事实上，为鱼类遗传育种铺路奠基的研究人员还有很多很多。如新中国刚成立就从美国摩尔根实验室博士毕业回国的武汉大学遗传学家余先觉（1909—1994）教授，他和周暾教授以及他们培养的一批研究生们于 20 世纪 80 年代首次对中国淡水鱼类染色体和核型进行了系统性研究，完成了《中国淡水鱼类染色体》专著（余先觉等，1989），该书已经成为鱼类遗传学及鱼类遗传育种研究领域的重要工具书。

当然，为鱼类遗传育种研究做出了重要贡献的还有一大批开拓者。如在鲤鲫杂交中获得了可育的四倍体并由此培育出用于养殖的优质三倍体鲫和三倍体鲤的淡水鱼类育种学家刘筠（1929—2015）院士（1995 年当选），在罗非鱼中培育出雄性率超过 95%的奥尼杂交鱼的育种及养殖学家夏德全（1938—2005）院士（2001 年当选），以及突破了引进大菱鲆育苗关键技术、开创海水鱼工厂化养殖的繁育与养殖学家雷霁霖（1935—2015）院士（2005 年当选）等。

正是这些开拓者的创造性工作不断地吸引后来的追随者，才推动了鱼类遗传育种由小团体成长为大团队，使零星的技术汇集成阵列网格式的育种工程（吴清江和桂建芳，1999）。从 20 世纪 90 年代开始，还先后涌现出鱼类遗传发育学家朱作言院士（1997 年当选）、鱼类繁育及养殖学家林浩然院士（1997 年当选）、鱼类遗传育种学家桂建芳院士（2013 年当选）以及鱼类繁殖和育种学家刘少军院士（2019 年当选）等。

1.4.2 藻类遗传育种的奠基人和开拓者

藻类遗传育种的奠基人主要出自早期从事海洋生物学研究的开拓者，其典型代表有曾呈奎（1909—2005）院士（1980 年当选）、朱树屏（1907—1976）研究员和方宗熙（1912—1985）教授。

曾呈奎院士是著名海洋生物学家，中国海藻学研究的奠基人之一。他在 20 世纪 50 年代查清了中国海藻资源的分布及区系特点，查清了紫菜的生活史，由此创建了紫菜人工育苗技术，解决了紫菜大规模养殖关键的种苗问题。

朱树屏研究员是浮游植物实验生态学领域的先驱。他的主要贡献之一是与其他专家一起，共同发明了海带自然光育苗法，从而推动了海带大规模养殖。

方宗熙教授是中国海洋生物遗传学的主要奠基人之一，长期从事海藻遗传育种研究，1962 年就选育出海带新品种“海青一号”，1976 年首次成功主持了海带单倍体遗传育种研究，为海带新品种培育开拓了新技术。

1.4.3 虾贝类遗传育种的奠基人和开拓者

虾贝类遗传育种的奠基人主要出自早期从事海洋底栖生物生态学的开拓者，其典型代表主要有刘瑞玉（1922—2012）院士（1997 年当选）和张福绥（1927—2016）院士（1999 年当选）。

刘瑞玉院士是对虾繁殖研究的开拓者之一，他长期探索了中国对虾的生活史及其繁殖特点，并由此推动了对虾人工育苗和养殖，从根本上改变了中国长期依靠捕捞天然虾苗养殖的局面。

张福绥院士是贝类繁殖和养殖生物学的奠基人之一，他长期从事贝类实验生态、人工繁殖和养殖生物学研究，特别是在海湾扇贝的引种、育苗和大规模养殖上取得了一系列原创性成果，被沿海渔民、农民尊称为“扇贝之父”。

虾贝类遗传育种的开拓者还有很多，如赵法箴（1935—）院士（1995 年当选），他攻克了对虾工厂化育苗技术难关，1985 年荣获国家科技进步一等奖；他还带领科研团队成功培育出中国第一个海水养殖动物新品种——中国对虾‘黄海 1 号’，为对虾大规模养殖做出了重大贡献。

进入 21 世纪后，在这些开拓者的引领下，虾贝类遗传育种成果斐然，一批知名学者不断涌现，如扇贝遗传育种学家包振民院士（2017 年当选）就是其中的杰出代表。

（桂建芳）

复习思考题

了解水产遗传育种的萌芽、兴起和发展的过程。

主要参考文献

陈桢. 1954. 金鱼家化史与品种形成的因素. 动物学报，6：89-119.
邓伟，李巍，张振东，等. 2013. 中国现代水产种业建设的思考. 中国渔业经济，2：5-12.
桂建芳. 1986. 锦鲤欣赏. 水库渔业，5：40-42.
林浩然. 2011. 鱼类生理学. 广州：中山大学出版社.
吴清江，桂建芳. 1999. 鱼类遗传育种工程. 上海：上海科学技术出版社.
伍献文，钟麟. 1964. 鲩、青、鲢、鳙的人工繁殖在我国的进展和成就. 科学通报，10：900-907.
熊大仁. 1959. 珍珠的养殖. 广州：暨南大学印.
叶其昌，曲利民. 2017. 中国金鱼图鉴. 福州：海峡书局出版社.
余先觉，周暾，李渝成，等. 1989. 中国淡水鱼类染色体. 北京：科学出版社.
曾呈奎. 1959. 十年来的中国海洋生物学. 科学通报，20：674-677.
曾呈奎，张德瑞. 1954. 紫菜人工养殖上的孢子来源问题. 科学通报，12：50-54.
张晓娟，周莉，桂建芳. 2019. 遗传育种生物技术创新与水产养殖绿色发展. 中国科学：生命科学，49：1409-1429.
中国科学院实验生物研究所. 1962. 家鱼人工生殖的研究. 北京：科学出版社.
中央水产部. 1958. 自然光培育海带苗方法成功. 水产科学技术情报，1.
钟麟. 1958. 鲢鳙的池塘繁殖. 科学通报，21：658-659.
钟麟. 1965. 家鱼的生物学和人工繁殖. 北京：科学出版社.
朱宁生. 1955. 青、鲩、鲢、鳙等家鱼催情试验的初步报告. 水生生物学集刊，2：60-69.

Bullough WS. 1947. Hermaphroditism in the lower vertebrates. Nature，160：9-11.

Chen SC. 1928. Transparency and mottling：a case of Mendelian inheritance in the goldfish，*Carassius auratus*. Genetics，13：434-452.

Dunham RA. 2011. Aquaculture and fisheries biotechnology：genetic approaches. 2nd ed. Sterling VA：Stylus CABI Publishing.

Gjedrem T. 2005. Selection and breeding programs in aquaculture. Dordrecht：Springer.

Gjedrem T. 2012. Genetic improvement for the development of efficient global aquaculture：a personal opinion review. Aquaculture，344：12-22.

Gjedrem T. 2015. Disease resistant fish and shellfish are within reach：a review. J. Mar. Sci. Eng.，3：146-153.

Kirpichnikov VS. 1981. Genetic bases of fish selection. translated by Gause GG. Berlin/New York：Springer Verlag.

Lin HR，Peter RE. 1996. Hormones and spawning in fish. Asian Fisheries Science，9：21-23.

Liu CK. 1944. Rudimentary hermaphroditism in the symbranchoid eel，Monopterus javanensis. Sinensia，15：1-8.

Nakajima T，Hudson MJ，Uchiyama J，et al. 2019. Common carp aquaculture in Neolithic China dates back 8000 years. Nature Ecology & Evolution，3：1415-1418.

Zhou L，Gui JF. 2016. Jian-Kang Liu：A pioneer of sex determination studies in vertebrates. Protein Cell，7：1-3.

第二章　水产遗传育种学的形成与发展

第一节　水产遗传育种学的形成

2.1.1　水产遗传育种学的起源

自从苏联鱼类遗传育种专家 Valentin Sergeevich Kirpichnikov 所著的《鱼类选择育种的遗传基础》（Kirpichnikov，1981）一书出版后，国际上一些从事水产生物遗传研究的专家已开始认识到水产遗传育种的重要性，并于 1982 年在爱尔兰 Galway 召开了水产遗传学研讨会。1985 年，第二次水产遗传学研讨会在美国 Davis 召开，并于大会期间成立了国际水产遗传学协会（International Association for Genetics in Aquaculture，IAGA）。此后，国际水产遗传学协会每隔三年在世界上水产遗传学研究比较活跃的城市召开研讨会，至 2017 年已召开了 12 次，且每次都在学术期刊 *Aquaculture* 上发表一卷水产养殖遗传学（*Genetics in Aquaculture*）专刊。我*有幸作为研讨会主办方组织委员会的学术秘书，参加了 1991 年在武汉召开的第 4 次国际水产遗传学研讨会。也就是在这次大会上，国际水产遗传学协会将该协会的第一位荣誉会员授予苏联鱼类遗传育种专家 Valentin S. Kirpichnikov（Schröder et al.，1993），这也意味着国际水产遗传学协会以学术组织的名义宣告水产遗传学这一分支学科开始形成于 1981 年 Kirpichnikov 发表的《鱼类选择育种的遗传基础》这一划时代的专著。

前已述及，中国水产遗传育种研究虽然从 20 世纪 70 年代才真正开始，但许多研究先驱为后来者奠定了扎实的工作基础，且目标一开始就很明确，即采用遗传学的理论和技术来开拓水产育种技术，培育水产养殖新品种。特别是 20 世纪 80 年代改革开放后，包括鱼、虾、贝、参、藻等特定水产经济生物的遗传育种研究室或研究中心在各类研究所和大学相继成立，并在育种技术和品种培育方面产生了一系列成果。1999 年，吴清江和桂建芳组织编著了《鱼类遗传育种工程》；2005 年，张学成、秦松、马家海和许璞编著了《海藻遗传学》；2009 年，张国范和徐怀平编著了《海湾扇贝养殖遗传学》；2007 年，桂建芳组织编著了《鱼类性别和生殖的遗传基础及其人工控制》；2011 年，白俊杰编著了《鱼类种质分子鉴定技术》；2013 年，王清印组织编著了《水产生物育种理论与实践》，陈松林组织编著了《鱼类性别控制与细胞工程育种》；2015 年，刘少军编著了《鱼类远缘杂交》；2017 年，陈松林组织编著了《鱼类基因组学及基因组育种技术》。随着这些专著的出版，各个相关大学特别是农业大学和海洋大学的水产学院都相继开设了专业课程，编写出水产遗传育种学或更加专门的教材。1991 年，厦门大学出版社出版了吴仲庆

* 本章中的“我”指桂建芳院士。——编者

等编著的教材《水产生物遗传育种学》; 2001 年，中国农业出版社出版了楼允东主编的教材《鱼类育种学》; 2005 年，中国农业出版社出版了范兆廷主编的教材《水产动物育种学》。由此可见，中国的水产遗传育种学作为一门独立学科在 20 世纪 90 年代已经形成，并一直呈现出旺盛的生命力。

2.1.2 水产遗传育种学的定义和内涵

随着现代遗传学和生物技术的发展，包括种内杂交、种间杂交、选择育种、分子标记辅助育种、多倍体育种、核移植、细胞克隆、人工雌核生殖和雄核生殖、基因转移、性别控制等一系列生物技术和遗传育种方法已广泛应用于众多水产经济生物的遗传育种实践（桂建芳，2015; Zhou and Gui，2018）。因此，水产遗传育种学可以定义为研究水产生物遗传变异的规律和育种技术的学科，是水产养殖的一门分支学科，涵盖鱼、虾、贝、蟹、参、藻等的遗传育种研究; 其主要任务是揭示水产生物遗传变异的本质和规律，面向水产养殖生产实际，挖掘利用野生种质资源，改良水产生物遗传特性，创制高产、抗病或抗逆等特定经济性状优良的水产新品种，提高水产品的产量和质量。

依据研究的类群不同，水产遗传育种学的内涵应包括鱼类遗传育种学、虾类遗传育种学、贝类遗传育种学、蟹类遗传育种学、海参遗传育种学以及藻类遗传育种学等。由于中国的水产遗传育种学目标导向性更强，目标和实用性更明确，因而很难与西方描述的 Aquaculture Genetics and Breeding 相对应，而往往写成 Genetic Breeding in Aquaculture，相应的鱼类遗传育种学则写成 Genetic Breeding in Fish 等，这应是中西方的文化差异所致。

2.1.3 水产遗传育种技术发展的重大事件及其时间节点

2019 年，在新中国诞辰 70 周年之际，《中国科学：生命科学》组织出版了《新中国成立 70 周年生命科学研究进展》专辑，作为鱼类遗传育种专家，我与我的团队成员有幸发表了题为《遗传育种生物技术创新与水产养殖绿色发展》的评述文章（张晓娟等，2019）。在这篇评述中，我们梳理总结了中国以及国际上水产遗传育种技术发展的重大事件及其时间节点（图 2.1）。从这个发展历程标示的重大事件发生的时间节点上，我们可以看出，中国在 2500 多年前虽然就有水产种业的萌芽，但现代水产遗传育种技术的发展及其学科的形成仅仅是近百年特别是近五十年来所做的工作。

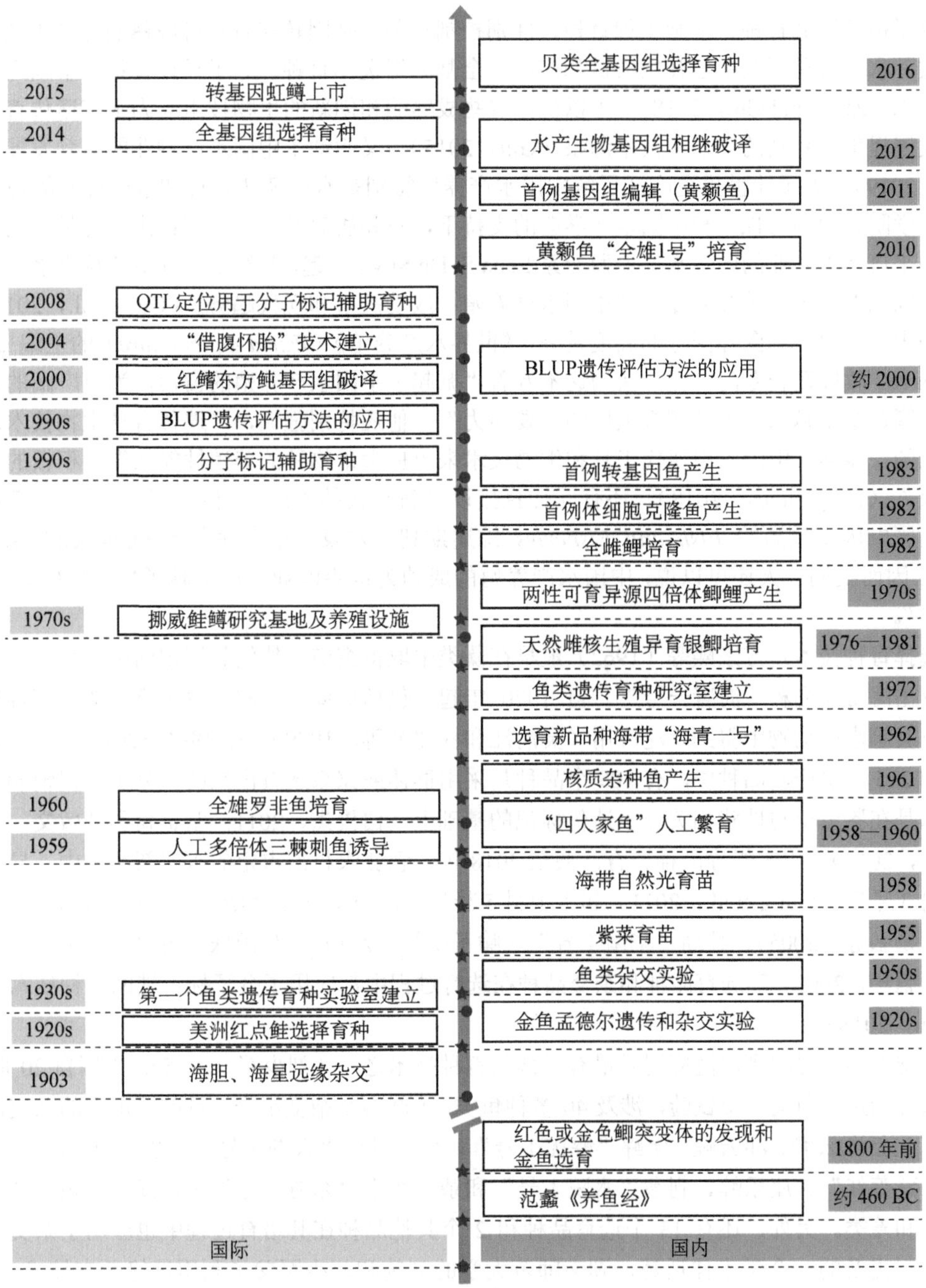

图 2.1　水产遗传育种技术发展的重大事件及其时间节点（引自张晓娟等，2019）

第二节　中国水产遗传育种的主要成就

2.2.1　水产遗传育种驱动水产种业和水产养殖快速发展

随着现代遗传育种理论和生物技术的不断发展和创新，中国已建立了诸如选择育种、杂交育种、分子标记辅助育种、细胞工程育种、性别控制育种、基因转移育种等成熟的育种生物技术，并在实际水产育种研究中也开始尝试和应用了全基因组选择育种、分子设计育种和基因组编辑等前沿技术（Zhou and Gui，2018）。可以说，这些成熟的和创新的生物技术既为水产遗传育种学的快速发展提供了系列的知识和技术源泉（Gui，2015），又驱动了中国水产种业的蓬勃发展（张晓娟等，2019）。为了让世界更广泛了解中国水产养殖特别是水产遗传育种和水产种业的现状，在中国科学院、中国工程院和中国水产学会的支持下，我和唐启升院士、李钟杰研究员、刘家寿研究员和来自澳大利亚的国际水产养殖专家 Sena S. De Silva 一起，邀约了 100 多位从事水产养殖的专家共同编汇了一本英文版专著《中国水产养殖：成功故事和现代趋势》（Gui et al.，2018）。这本书的出版很快得到国际同行的高度赞誉，《世界水产养殖》（*World Aquaculture*）的主编 John A. Hargreaves 教授发表专门书评，认为这本专著“掀起了中国水产养殖的窗帘，为更广阔的世界展示了中国这个卓越水产养殖超级大国的主要活力”。他还特别强调，“遗传育种生物技术这一章是出色的。显然，中国应用现代工具和生物技术来改良大量物种的养殖性能取得了积极的和突出的效果”（Hargreaves，2018）。还有同行直接以“新时代的水产养殖专著”为题，在渔业和水产养殖影响因子最高的 *Fish and Fisheries* 综述期刊上发表了推介性书评（Guo and Gozlan，2019）。因而我们今天还可以说，中国水产养殖的成功为世界渔业发展贡献了“中国方案”和“中国力量”。

选择育种技术是方宗熙等（1962）最早在藻类中取得突破，他们利用定向选择和连续自交技术选育出海带新品种“海青一号”。自 1970 年起，包括群体选育和家系选育的选择育种技术开始在鱼类等水产动物中得到广泛应用（吴清江和桂建芳等，1999）。在 1996—2018 年农业农村部审定的 215 个水产新品种中，有 109 个品种是采用群体或家系选育出来的。分子标记辅助选择育种技术是在鉴定出与性状相关分子遗传标记的基础上（白俊杰，2011；童金苟和孙效文，2014；徐康等，2014），用来指导品种选育。截至 2018 年，农业农村部审定的水产新品种中，异育银鲫“中科 3 号”（Wang et al.，2011）和“中科 5 号”（Chen et al.，2020）、奥利亚罗非鱼“夏奥 1 号”（杨弘等，2005）、牡蛎“华南 1 号”（喻子牛等，2017）、马氏珠母贝“海优 1 号”（王爱民和石耀华，2003）等选育品种和杂交品种在选育过程中都应用了分子标记辅助育种技术（Zhou and Gui，2018）。

杂交育种是已得到广泛应用且最有成效的育种技术之一（刘少军，2015）。中国自 20 世纪 50 年代末开始进行鱼类杂交试验，涉及 40 多种鱼类、100 多个杂交组合。目前已审定的杂交品种有 68 个，包括湘云鲫、湘云鲤、牙鲆“鲆优 1 号”、杂交青虾“太湖 1 号”、杂交鲍“大连 1 号”、扇贝“蓬莱红”、康乐蚌、刺参“水院 1 号”和杂交海带“东方 3 号”等，涵盖了鱼、虾、蟹、贝、参和藻类。另外，还有 13 个选育品种和 2 个其他品种在其培育过程中也应用了杂交育种技术。值得提及的一个学术佳话是，湖南师范大学的刘筠和刘少军父子利用远缘杂交技术，经 50 多年两代人的接力探索，在获得鲤鲫杂交可育的四倍体并由此培育出用于养殖的优质三倍体鲫和三倍体鲤后，进一步揭示淡水鱼类远缘杂交的主要遗传和繁殖规律，建立了关键共性技术，又相继研制出湘云鲫 2 号等改良三倍体鱼和更多两性可育的新型四倍体鱼品系（Liu，2010；刘少军，2015；Wang et al.，2019），成就了两代人学术传承、一门两院士的科学人生传奇。

在 20 世纪 60 年代早期童第周等（1963）创建鱼类细胞核移植技术和获得多种核质杂种鱼后，陈宏溪等（1986）经两轮核移植，将银鲫的短期培养肾脏细胞移植到鲫的去核卵子中，获得了世界上首例体细胞克隆鱼。2009 年，新加坡国立大学洪云汉实验室将青鳉单倍体胚胎干细胞的核移植入正常的、不去核的鱼卵中，获得了半克隆鱼“霍利”（Yi et al.，2009）。

天然雌核生殖和人工雌核生殖以及由此发展起来的培育单性养殖群体的技术是细胞工程育种应用最为成熟的技术，尤以银鲫天然雌核生殖方式的发现及其利用最为典型。自 20 世纪 70 年代末蒋一珪等（1983）发现银鲫天然雌核生殖方式，用兴国红鲤精子诱导银鲫卵子雌核生殖培育出异育银鲫后，经三代人 50 多年的接力传承，科研人员持续探索、不断有新的发现和新的创造，先后培育出异育银鲫、高体型异育银鲫、异育银鲫“中科 3 号”和异育银鲫“中科 5 号”，加上与中国水产科学研究院长江水产研究所合作培育的“长丰鲫”，50 年共培育出 5 个养殖新品种（图 2.2），基本上是每十年推出一个新品种，实现了异育银鲫新品种的更新换代，极大地推动了鲫鱼养殖业的快速发展（Gui and Zhou，2010；Zhou and Gui，2017；Zhou et al.，2018）。可以说，对异育银鲫 50 多年的不断深入研究和 5 代新品种的持续产出是水产遗传育种研究工作聚焦传承的结果，与此同时，这一研究过程也创造了中国水产科学通过一种鱼的执着探索造就三代学者、两位全国劳模（蒋一珪，1985；桂建芳，2015）、三项国家科技奖和一位科学院院士（桂建芳）的学界佳话。

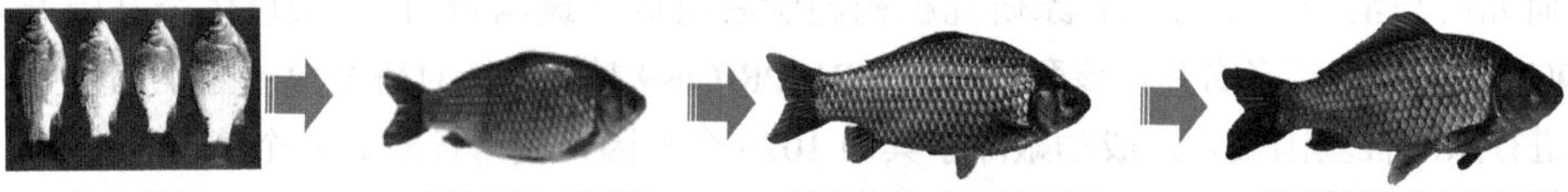

图 2.2 利用银鲫天然雌核生殖等多重生殖方式培育的系列异育银鲫新品种

人工雌核生殖结合性反转是一项有效的培育全雌性养殖种群的鱼类细胞工程育种技术。1986 年，吴清江等应用该技术培育出可规模化养殖的全雌鲤。目前，这项技术已在许多水产新品种培育中得到成功应用，其中用于快速纯化以获得遗传稳定新品种的有建鲤、太湖鲂鲌、长丰鲢和大黄鱼“闽优 1 号”以及扇贝“蓬莱红”等；与性反转结合培育单性品种的还有黄颡鱼“全雄 1 号”、牙鲆“北鲆 1 号”“北鲆 2 号”和尼罗罗非鱼“鹭雄 1 号”。由于基因组多倍化既为物种演化提供了有利机会和动力，又为物种新基因和新性状的形成提供了物质基础，导致了物种的复杂性、可变性和多样性，加上现存的天然多倍体往往表现出比二倍体祖先或近缘种生长更快、适应性更广和耐受力更强等优良经济性状，因而开发天然多倍体与创制人工多倍体已成为鱼类基因组倍性育种的重要途径之一（Song et al.，2012；Zhou and Gui，2017）。许多重要的水产养殖对象，如鲑鳟鱼类、鲤鲫鱼类和鲟鳇鱼类等都是天然多倍体，且利用这些天然的多倍体鱼类更容易获得倍性更高的人工合成多倍体（Song et al.，2012；Zhou and Gui，2017，2018）。迄今成功培育且得到规模化养殖的人工多倍体水产新品种主要还是来自鲤鲫鱼类，如湘云鲫、湘云鲤和长丰鲫等（Zhou and Gui，2017）。

性别控制育种是近年来鱼类遗传育种的一个重要研究方向，因为多数鱼类雌雄间存在显著的生长与个体差异，开发其优势的单性群体用于养殖将可显著提高产量或产值（Mei and Gui，2015；2018）。性别控制育种技术是由性别特异的或性染色体连锁的分子遗传标记与性反转和人工雌核生殖结合而发展起来的技术，近年来在培育单性养殖群体上取得了显著成效，如黄颡鱼“全雄 1 号”的培育就是其中的典型范例。这个新品种的培育是在筛选鉴定出 X 和 Y 染色体连锁的遗传标记后（Wang et al.，2009；Dan et al.，2013），基于 X 和 Y 染色体连锁标记可以快速鉴定出活体的 XX 雌性个体、XY 雄性个体和 YY 超雄个体，从而构建大规模生产全雄黄颡鱼的繁育技术体系（Gui and Zhu，2012；Liu et al.，2013）。

全基因组选择育种技术是在基于单核苷酸多态性（single nucleotide polymorphism，SNP）的基因分型技术和全基因组关联分析（genome-wide association study，GWAS）技术的基础上发展起来的。目前虽然还处于形成发展期，但近十年来，中国海水贝类遗传育种科学家在全基因组选择育种技术研发及其育种应用上取得了领先于世界的重大突破，完成了太平洋牡蛎（Zhang et al.，2012）、虾夷扇贝（Wang et al.，2017）和栉孔扇贝（Li et al.，2017）的全基因组框架图。与此同时，包振民院士等率先在贝类建立了贝类育种数量性状评估育种技术、分子标记育种技术和全基因组选择育种技术三大核心技术体系，培育出栉孔扇贝“蓬莱红 2 号”、海湾扇贝“海益丰 12”等新品种。在海水鱼类中，科研人员完成了牙鲆的全基因组解析（Shao et al.，2017）；针对牙鲆抗迟缓爱德华氏菌病这一抗病性状，陈松林等率先建立了全基因组选择育种技术，培育出“鲆优 2 号”牙鲆新品种。在大黄鱼中，科研人员针对生长和肌肉中不饱和脂肪酸含量等性状，也开展了全基因组选择育种等研究（Dong et al.，2016；2017）。

基因或基因组编辑（gene or genome editing）是近年来发展起来的能够快速和特异地对多个内源基因进行精细编辑的潜在高效遗传育种技术（Sun et al.，2017）。从 2014 年起，中国科学院水生生物研究所与清华大学等 24 家研究机构的学者组成“斑马鱼 1 号染色体全基因敲除联盟（ZAKOC）”，经 5 年多合作，该联盟利用 CRISPR/Cas9 技术，针对斑马鱼 1 号染色体上的 1333 个基因进行系统性基因敲除，成功敲除了其中 1029 个基因，获得针对 636 个基因的 1039 个可传代的突变型，发现了纯合突变体与基因敲降表型不一致的普遍现象，丰富了“遗传补偿效应”理论（Sun et al.，2020）。所有突变品系和遗传信息全部通过国家水生生物种质资源库——国家斑马鱼资源中心对学术界公开（http：//www.zfish.cn/TargetList.aspx）。这一创造性的资源将在水产养殖动物基因功能解析和经济性状精准设计育种中发挥重要作用。

事实上，中国自 1991 年成立全国水产原种和良种审定委员会以来，已构建起一个较为完整的国家水产良种与种业体系，1996—2018 年，已审定批准了 215 个水产新品种，这些新品种涵盖了鱼、虾、贝、蟹、参、藻等主要养殖种类。按主要育种技术来分，118 个为选育品种，61 个为杂交品种，30 个为引进种或品种，6 个为其他品种。从每年审定的品种数量和类型可知（图 2.3A），引进种或品种超过半数是在 1996 年审定的，且从 2008 年后再没有审定引进品种，这表明近 10 多年审定的品种都具有中国自主知识产权。审定品种数量较多的年份主要在 1996 年、2010 年、2014 年以及 2017 年。除 1996 年第一次审定新品种较多（共 33 个，是对之前 20 多年品种培育和引进的集中认定）外，随后三次高峰基本与国家“五年计划”执行验收年相吻合，表明水产新品种的产生主要是国家“五年计划”科技项目资助的结果。表 2.1 列出了进入 21 世纪以来国家资助的水产遗传育种相关的基础和应用基础性项目，可以说，水产新品种的产出与国家“五年计划”的资助项目及其支持力度基本成正比。

表 2.1　进入 21 世纪以来国家资助的水产遗传育种相关的基础和应用基础性项目

项目类别	项目名称	项目执行期	资助经费	首席专家
973 计划	重要养殖鱼类品种改良的遗传和发育基础研究	2004—2009	2 500 万	桂建芳
973 计划	养殖贝类重要经济性状的分子解析与设计育种基础研究	2010—2014	29 00 万	张国范
973 计划	重要养殖鱼类功能基因组和分子设计育种的基础研究	2010—2014	3 135 万	桂建芳
973 计划	可控水体中华鲟养殖关键生物学	2015—2019	2 000 万	常建波
支撑计划	淡水养殖品种选育及规模化繁育技术研究与示范	2012—2016	3 488 万	徐跑
863 计划	海水养殖种子工程	2011—2015	16 427 万	包振民

续表

项目类别	项目名称	项目执行期	资助经费	首席专家
863 计划	鲤鱼和草鱼等重要养殖鱼类功能基因组研究及应用	2011—2015	3 945 万	孙效文
863 计划	典型海洋生物重要功能基因开发与利用	2012—2014	3 518 万	宋林生
农业公益性专项	鱼类性别控制和单性苗种培育技术研究	2009—2013	2 414 万	陈松林
农业公益性专项	水产分子育种共性技术的建立与应用	2009—2013	2 980 万	孙效文
农业公益性专项	优质安全大黄鱼产业链关键技术研究与示范	2009—2013	1 032 万	苏永全
科技基础条件平台	国家水产种质资源平台	2010—2015	3 000 万	李杰人 刘英杰
“蓝色粮仓”专项	水产养殖生物生长和品质性状的遗传基础与调控机理研究	2018—2022	4 085 万	胡晓丽
“蓝色粮仓”专项	水产养殖生物性别和发育的分子基础与调控机制	2018—2022	3 175 万	殷战
“蓝色粮仓”专项	重要养殖鱼类优良种质创制与生殖操作技术研究	2018—2022	3 570 万	胡炜
“蓝色粮仓”专项	重要养殖虾蟹类种质创制与健康苗种繁育	2018—2022	2 791 万	李富花
“蓝色粮仓”专项	重要养殖贝类种质创制与规模化制种	2018—2022	3 307 万	柯才焕
“蓝色粮仓”专项	重要养殖藻类种质创制与高效扩繁	2018—2022	2 198 万	王广策
“蓝色粮仓”专项	重要养殖棘皮类种质创制与新对象开发	2018—2022	2 479 万	丁君

实际上，品种培育是一个复杂的过程，许多在养殖中发挥重大作用的新品种在培育过程中，都联合采用了多种遗传育种技术（Zhou and Gui，2018）。概括来说，一般是以群体选育、家系选育或杂交选育为基础，单独或联合使用分子标记辅助育种、BLUP 遗传评估、全基因组选择育种、雌核生殖、诱变（藻类）等育种技术。例如，在 118 个选育品种中，仅采用家系或群体选育技术培育成功的有 82 个；选育过程中应用了分子标记辅助技术的有 4 个；基于 BLUP 遗传评估的有 10 个；采用了全基因组选择育种技术的有 2 个；应用了杂交育种技术的有 12 个；利用了天然雌核生殖方式的有 5 个（异育银鲫系列品种）；应用了人工雌核生殖技术的有 6 个；另外，在 6 个藻类新品种选育中，还采用了诱变、体细胞再生或单性生殖等技术（图 2.3B）。在 61 个杂交品种中，有 27 个新品种仅采用了种内/种间杂交，而近年来审定的 28 个杂交新品种的母本或父本都是经过群体或家系选育而成的；有 4 个杂交品种还采用了分子标记辅助育种技术；扇贝“蓬莱红”和太湖鲂鲌应用了人工雌核生殖快速纯化技术；“北鲆 2 号”采用了人工雌核生殖和性反转相结合生产全雌养殖群体的性控育种技术(图 2.3C)。6 个其他品种有 3 个是性别控制育种技术育成的，如黄颡鱼“全雄 1 号”“北鲆 2 号”和尼罗罗非鱼“鹭雄 1 号”；1 个是人工合成的多倍体还保持有雌核生殖方式而培育成功的（长丰鲫）；2 个是通过诱变、杂交、体细胞再生或单性生殖等多种方法培育成功的藻类新品种，如坛紫菜“闽丰 1 号”和龙须菜“鲁龙 1 号”（图 2.3D）。

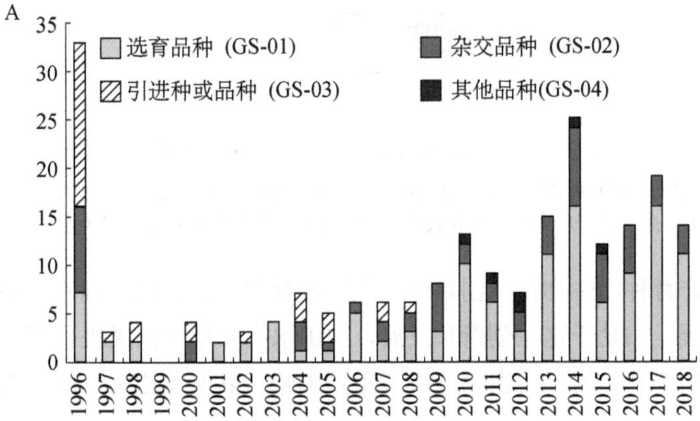

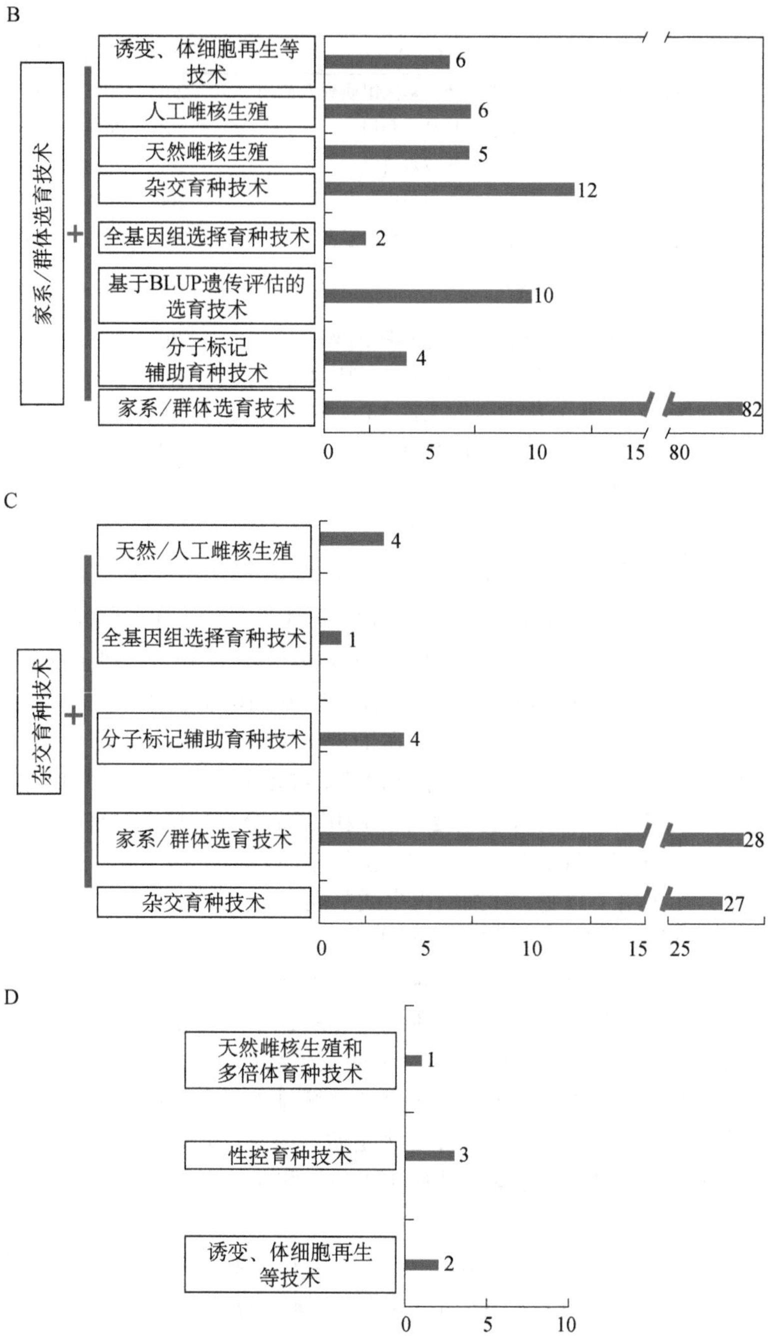

图 2.3　水产新品种的年代分布和所采用的育种技术

A. 215 个审定新品种的年代分布；B. 118 个选育品种所采用的育种技术分布；C. 61 个杂交品种所采用的育种技术分布；D. 6 个其他品种所采用的育种技术分布

综上所述，水产育种的生物技术创新和水产遗传育种的学科进步确实驱动了中国水产种业和水产养殖的蓬勃发展。归功于这些创新和发展，中国水产养殖为人类提供优质水产品的作用和为贫困乡村脱贫致富的成功经验已对世界造成了重要影响，以致发达国家的学者也开始重视水产养殖对人类食品供应的作用（Naylor et al.，2000；James and Geoff，2001；Pauly et al.，2002）。进入 21 世纪后，世界上不少有识之士正视了中国水产养殖的现状和产生的影响，均在思考“未来的鱼”和“鱼的未来”对人类未来生存以及生活质量提升的潜力（Cressey，2009；Walsh，2011），认为水产养殖对满足人类的蛋白需求和食品安全有重要作用。作为“可以减少谷物以换取优质动物蛋白最有效率的技术”，水产养殖已被世界知名经济学家 Lester R. Brown 推介为未来世界面对食物短缺、保障食物安全最有效率的动物蛋白生产方式，“能为全球食品安全和经济增长产生持续的利益”(FAO，2014；2016；2018)。一批包括联合国粮食及农业组织官员在内的国际权威专家最近也认为，将鱼放在菜单上，将能为养活 2050 年 90 多亿人发挥重要作用(Béné et al.，2015)。因而，水产养殖现已成为发达国家正在快速发展的新型产业。归功于这些创新和贡献，自 2011 年以来，水产遗传育种领域共获得包括国家自然科学二等奖（1 项）、国家科学技术进步二等奖（5 项）和国家技术发明二等奖（2 项）等在内的国家奖 8 项（表 2.2），占水产领域国家级科技奖的 60%以上。

表 2.2 2011 年以来水产遗传育种领域获得的国家科学技术奖

序号	获奖项目名称	年份	类别和等级	主持人
1	多倍体银鲫独特的单性和有性双重生殖方式的遗传基础研究	2011	国家自然科学二等奖	桂建芳
2	新型和改良多倍体鱼研究及应用	2011	国家科学技术进步二等奖	刘少军
3	坛紫菜新品种选育、推广及深加工技术	2011	国家科学技术进步二等奖	严兴洪
4	中华鳖良种选育及推广	2012	国家科学技术进步二等奖	龚金泉
5	海水鲆鲽鱼类基因资源发掘及种质创制技术建立与应用	2014	国家科学技术发明二等奖	陈松林
6	鲤优良品种选育技术与产业化	2015	国家科学技术进步二等奖	孙效文
7	淡水鱼类远缘杂交关键技术及应用	2018	国家科学技术进步二等奖	刘少军
8	扇贝分子育种技术创建与新品种培育	2018	国家科学技术发明二等奖	包振民

2.2.2 功能基因组等基础研究呈现出水产遗传育种创新潜力

大量研究事例表明，某一水产养殖对象的产量下降一般与其养殖物种或品种的近交衰退直接相关，且产量和效益取决于其遗传资源的利用率（Abdelrahman et al.，2017；You and Hedgecock，2018）。事实上，许多在产业中发挥重大作用的水产养殖品种都是在对其原种的遗传背景和特殊的生物学现象充分解析的基础上培育而成的。如异育银鲫系列新品种的培育，就是在对银鲫种质资源进行充分调查(蒋一珪等，1983；沈俊宝等，1997；Jiang et al.，2013；Liu et al.，2017a，2017b)、厘清了其多倍化和性别决定的遗传基础（Li et al.，2014；2016；2018）以及发现其独特的单性雌核生殖和有性生殖等多重生殖方式（Sun et al.，2010；Zhang et al.，2015）的基础上，再结合分子标记辅助选育和细胞工程育种等技术培育而成的（Gui and Zhou，2010；Wang et al.，2011；Chen et al.，2020）。因此，多倍体银鲫由于其具有相对古老的四倍体、复发的六倍体和八倍体，加上天然突变加人工选择培育而成的几百个金鱼品种，以及近年来揭示的单性雌核生殖和有性生殖等多重生殖方式的潜能，培育出系列异育银鲫新品种。多倍体鲫属复合种不仅成为进化发育遗传学和优良种质创制研究的特殊对象，而且其在多倍化以及再多倍化后的雄性个体如何发生和性别决定系统如何演化也是性别和性别决定系统演化追踪溯源研究的独特材料（Li and Gui，2018a）。

实质上，性别是物种内个体间差异最大的性状。长期以来，性别分化和性别决定机制的演化一直是生命科学的重大命题之一。近期重大的突破性进展之一是在红耳龟中揭示温度依赖的性别决定与基因型性别决定之间的表观遗传调控关联，科研人员发现组蛋白去甲基化酶 KDM6B 在性腺分化前能快速应答温度变化，在高温即产雌温度（FPT，32℃）时，KDM6B 表达下调，雄性决定基因 *Dmrt1* 的启动子发生三甲基化，从而抑制了 *Dmrt1* 表达，导致了卵巢发育；在低温即产雄温度（MPT，26℃）时，KDM6B 表达上调，KDM6B 蛋白使 *Dmrt1* 启动子去甲基化，从而上调了 *Dmrt1* 表达，导致了精巢发育（Ge et al.，2018）。这一温度通过表观遗传调节开关控制性别决定的机制（图 2.4）解开了长达半个多世纪温度性别决定研究的谜团（Ge et al.，2018；Li and Gui，2018b）。

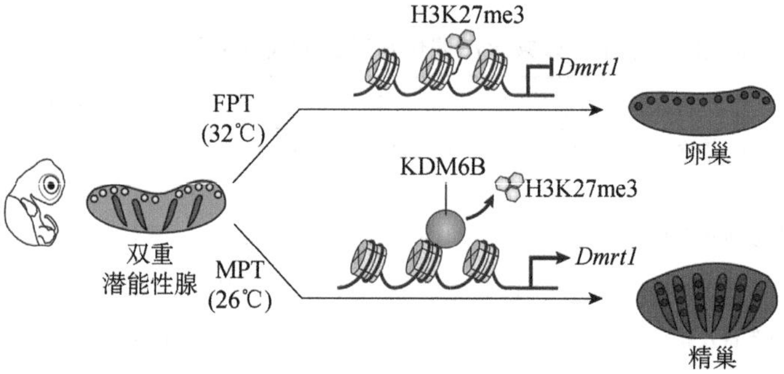

图 2.4　温度通过表观遗传调节开关调控基因型性别决定的分子机制图解

自 2012 年起，中国学者相继破译了数 10 种水产养殖生物的全基因组序列，并由此揭示了它们独特的生命现象和适应性进化机制的遗传基础。例如，牡蛎基因组解析揭示了其通过防御相关基因大量扩张而逆境求生抗逆适应的分子机制和通过大量的外套膜分泌蛋白以及血淋巴细胞和外来体蛋白共同形成天然外壳物理屏障的分子机制（Zhang et al.，2012）；半滑舌鳎全基因组分析为 ZW 性染色体结构进化、表观遗传修饰和其变形分化适应海床底栖生活方式的分子机制提供了见解（Chen et al.，2014；Shao et al.，2014）；鲤的全基因组解析揭示出其异源四倍化的全基因组复制事件和地方品系众多的遗传多样性机制（Xu et al.，2014）；大黄鱼全基因组测序解析了其先天免疫系统的基因组特征，阐释了其神经－内分泌－免疫/代谢新的调控网络在应答低氧胁迫中的关键作用和皮肤黏液蛋白在应对空气暴露胁迫中的多重保护功能（Wu et al.，2014；Ao et al.，2015）；弹涂鱼的基因组测序解释了其适应陆地生境的见解（You et al.，2014）；草鱼基因组解析及其功能基因信号通路分析诠释了其草食性适应的分子机制（Wang et al.，2015）；海马的基因组解析阐明了其“雄性育儿”和垂直游动等特殊形态的分子基础（Lin et al.，2016）；雅罗鱼的基因组解析诠释了其适应碱性环境的基因组基础（Xu et al.，2017）；牙鲆的基因组和转录组提供了比目鱼非对称的遗传见解（Shao et al.，2017）。

更为重要的是，通过解析这些养殖生物的基因组，我们已完成了大量的功能基因注释，为后续发掘重要经济性状相关分子标记和功能基因、解析重要性状形成的遗传机制、开展全基因组选择育种和基因组编辑育种提供了大数据支撑。2020 年，来自英国的一批基因组和水产育种专家联合在 *Nature Reviews Genetics* 期刊上发表了一篇题为《驾驭基因组学进入水产养殖遗传改良的快车道》的论文（Houston et al.，2020），内容丰富，值得大家课外阅读参考。

第三节 水产遗传育种学和水产种业的未来

2.3.1 水产养殖发展的未来需求

从 20 世纪 80 年代开始，中国水产养殖产量持续上升，到 1995 年已占世界水产养殖产量的 65%以上。进入 21 世纪后，虽然中国水产养殖产量还在增长，但由于其他国家的重视和仿效推动了他们的产量上升，其增幅也相应加快，到 2008 年，中国水产养殖产量已减至世界水产养殖产量的 60%以下，2017 年仅占世界的 58%（图 2.5）。在未来 30 年内，全球将达近 100 亿人口。联合国粮食及农业组织等国际机构在提出的“营养行动十年（2016～2025 年）”计划中，也呼吁将水产品纳入到主流的粮食安全和营养政策之内（FAO，2018）。自 2015 年起，联合国通过了“可持续发展目标”，其中多项与渔业和水产养殖的可持续发展直接相关。为加快推进水产养殖业绿色发展和促进产业转型升级，2019 年 1 月，中国农业农村部联合生态环境部、自然资源部等十部委发布了《关于加快推进水产养殖业绿色发展的意见》的纲领性文件，在文件中对水产遗传育种学和水产种业的发展也提出新的需求。

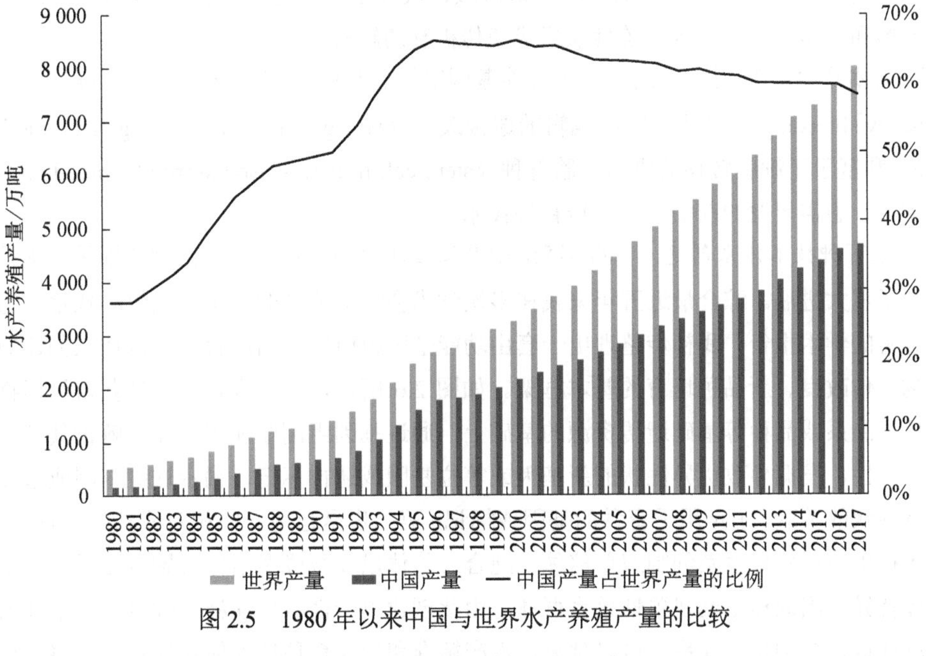

图 2.5 1980 年以来中国与世界水产养殖产量的比较

水产遗传育种学的发展和进步尽管在近 10 多年来成绩斐然，成效突出，但前沿性的育种技术实际应用还不多，一些技术仅仅停留在实验室阶段。因此，创新育种生物技术、发掘更为有效的遗传育种途径、创制优异种质资源仍然是水产种业和水产养殖业发展的基石。正如著名鱼类遗传育种学家、有着“挪威渔业之父”之称的 Gjedrem 教授从他个人 50 多年的育种经验评述水产养殖的发展效能时所认为的那样，遗传改良对全世界水产养殖还有很大的提升空间（Gjedrem，2012；2015）。

2.3.2 未来水产遗传育种的重点方向

世界对水产养殖的期许和中国新时代水产养殖模式的变革对水产遗传育种学和水产种业发展提出了新的需求。尽管中国在水产新品种培育数量上取得了一定成绩，但大多数改良的是生长性状，极少数兼顾抗病、高饲料转化率或品质等性状；培育的品种是通用型的，未考虑不同养殖模式的特殊要求。对现代水产种业而言，培育抗病、耐低氧、应激反应低、饲料转化率高或有特殊营养价值的适合高密度集约化养殖或适合“稻渔综合种养”等生态化养殖的新品种，以及兼顾高产、稳产、高效、优质等多个性状的突破性品种，是未来发展的目标。为实现这个目标，未来尚需在育种理论和育种技术两大研究方向上进行重点布局，尤其是要加强遗传育种技术集成，实现精准育种。

1. *重要经济性状形成的遗传基础及其调控机制解析*　解析水产养殖生物重要经济性状的遗传基础及其调控机制，是品种改良的理论基石。首先是要解析主要养殖种类及其品种、品系和地方种群的全基因组，揭示重要经济性状形成的遗传基础及其调控机制，挖掘与性状形成相关的主效功能基因及其遗传标记与调控元件，甄别优异等位基因变异及其携带有育种价值的品系或个体资源。除了继续对生长、生殖、性别、抗病等重要经济性状进行重点研究外，还需加强对饲料高效利用、耐逆（耐低氧、耐极端温度、耐盐碱、低应激反应等）、优质（肌间刺无或少、出肉率高、不饱和脂肪酸含量高等）等性状形成遗传机制的解析。

2. *前沿水产遗传育种技术研发*　基于全基因组的基因分型选择育种（genome-wide genotyping-based selective breeding）、基于基因组编辑的遗传改良育种（genome edit-based genetic modification breeding）和基于干细胞转移的借腹怀胎育种（stem cell transfer-based surrogate breeding）应是近期优先支持、急需研发的前沿水产遗传育种技术。

3. *精准育种技术体系创建*　近年来，精准和设计育种技术已在农作物特别是在水稻遗传育种中取得了重大进展。综合最近五年来我在多次学术会议上所做的关于基因组时代水产遗传育种的不断思考的学术报告，我初步整理出一套由功能基因组研究到精准育种技术体系创建的鱼类等水产生物遗传改良、新品种培育的基本框架。如图 2.6 所示，第一步是在收集获得目标物种足够多的群体、品系或品种等基础遗传资源的基础上，通过基因组测序和重测序，解析其基因组的多样性和变异性，发掘导致优异性状的新基因或等位基因或遗传标记，揭示这些基因或遗传标记与育种经济性状的关联，确定用于育种的基因或标记；第二步是运用一些相对成熟的育种生物技术，如利用雌核生殖或雄核生殖创制双单倍体、纯合二倍体以及合成多倍体等繁育家系，利用性别或性染色体特异基因或标记创建单性繁育群体，由此创建单一性状快速精准改良、多个性状综合改良的精准或设计育种技术体系。可以预见，水产精准和设计育种技术体系的建立必将培育出有重大推广应用价值的水产养殖新品种。

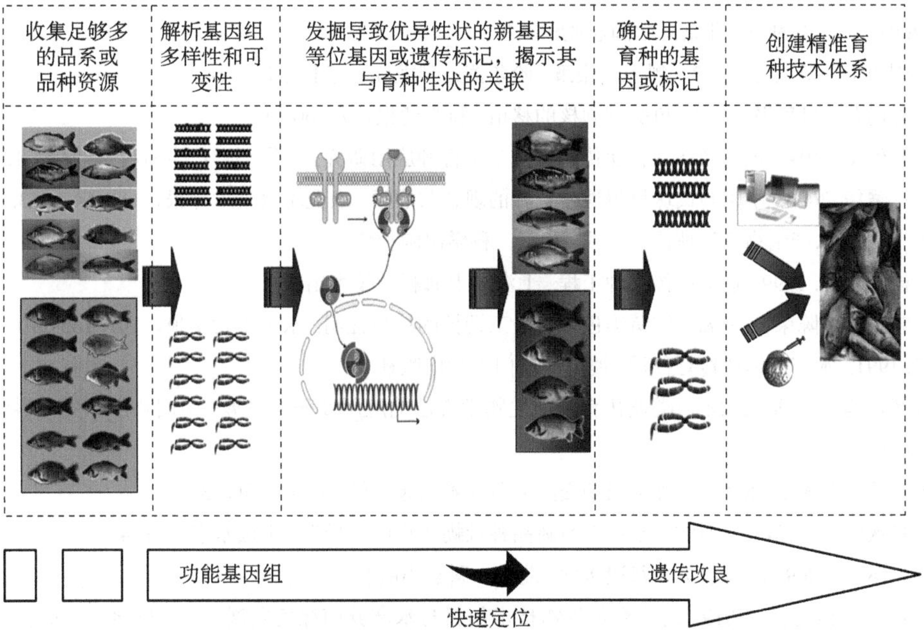

图 2.6　从功能基因组学到精准与设计育种技术体系创建的鱼类等水产养殖品种遗传改良的基本框架图解

（桂建芳，张晓娟）

复习思考题

1. 掌握水产遗传育种学的定义、内涵及未来水产遗传育种的重点方向。
2. 了解水产遗传育种技术发展的重大事件。

主要参考文献

白俊杰. 2011. 鱼类种质分子鉴定技术. 北京：海洋出版社.

陈宏溪，易詠兰，陈敏容，等. 1986. 鱼类培养细胞核发育潜能的研究. 水生生物学报，10：1-7.

陈松林. 2013. 鱼类性别控制与细胞工程育种. 北京：科学出版社.

陈松林. 2017. 鱼类基因组学及基因组育种技术. 北京：科学出版社.

范兆廷. 2005. 水产动物育种学. 北京：中国农业出版社.

方宗熙，吴超元，蒋本禹. 1962. 海带“海青一号”的培育及其初步的遗传分析. 植物学报，10：197-209.

桂建芳. 2015. 水生生物科学前沿及热点问题.科学通报，60：2051-2057.

桂建芳等. 2007. 鱼类性别和生殖的遗传基础及其人工控制. 北京：科学出版社.

蒋一珪，梁绍昌，陈本德，等. 1983. 异源精子在银鲫雌核发育子代中的生物学效应. 水生生物学报，8：1-16.

刘少军. 2015. 鱼类远缘杂交. 北京：科学出版社.

楼允东. 2001. 鱼类育种学. 北京：中国农业出版社.
沈俊宝，刘明华，范兆廷. 1997，黑龙江银鲫. 哈尔滨：黑龙江科学技术出版社.
童第周，吴尚勤，叶毓芬. 1963. 鱼类细胞核的移植. 科学通报，7：60-61.
童金苟，孙效文. 2014. 鱼类经济性状遗传解析及分子育种应用研究. 中国科学：生命科学，44：1262-1271.
王爱民，石耀华. 2003. 中国马氏珠母贝遗传育种的现状与展望. 农业生物技术导报，11：547-553.
王清印等. 2013. 水产生物育种理论与实践. 北京：科学出版社.
吴清江，桂建芳等. 1999. 鱼类遗传育种工程. 上海：上海科学技术出版社.
吴清江，叶玉珍，陈荣德. 1986. 鲤鱼染色体组人工调控的核型证明. 水生生物学报，10：265-270.
吴仲庆等. 1991. 水产生物遗传育种学. 厦门：厦门大学出版社.
徐康，段巍，肖军，等. 2014.鱼类遗传育种中生物学方法的应用及研究进展. 中国科学：生命科学，44：1272-1288.
杨弘，吴婷婷，夏德全. 2005. 三种奥尼杂交罗非鱼养殖效果比较. 科学养鱼，3：18.
喻子牛，张跃环，张扬，等. 2017. 水产养殖新品种牡蛎“华南 1 号”. 中国水产，2：4-5.
张国范，徐怀平. 2009. 海湾扇贝养殖遗传学. 北京：科学出版社.
张晓娟，周莉，桂建芳. 2019. 遗传育种生物技术创新与水产养殖绿色发展. 中国科学：生命科学，49：1409-1429.
张学成，秦松，马家海，等. 2005. 海藻遗传学. 北京：中国农业出版社.
Abdelrahman H，ElHady M，Alcivar-Warren A，et al. 2017. Aquaculture genomics，genetics and breeding in the United States：current status，challenges，and priorities for future research. BMC Genomics，18：191.
Ao J，Mu Y，Xiang LX，et al. 2015. Genome sequencing of the perciform fish Larimichthys crocea provides insights into molecular and genetic mechanisms of stress adaptation. PLoS Genet，11：e1005118.
Chen F，Li XY，Zhou L，et al.2020. Stable genome incorporation of sperm-derived dna fragments in gynogenetic clone of gibel carp. Mar Biotechnol（NY），22：54-66.
Chen S，Zhang G，Shao C，et al. 2014. Whole-genome sequence of a flatfish provides insights into ZW sex chromosome evolution and adaptation to a benthic lifestyle. Nat. Genet. 2014，46：253-260.
Cressey D. 2009. Aquaculture：Future fish. Nature，458：398-400.
Dan C，Mei J，Wang D，et al. 2013. Genetic differentiation and efficient sex-specific marker development of a pair of Y- and X-linked markers in yellow catfish. Int. J. Biol. Sci.，9：1043-1049.
Dong L，Fang M，Wang Z. 2017. Prediction of genomic breeding values using new computing strategies for the implementation of MixP. Sci. Rep.，7：17200.
Dong L，Xiao S，Chen J，et al. 2016. Genomic selection using extreme phenotypes and pre-selection of SNPs in large yellow croaker（*Larimichthys crocea*）. Mar Biotechnol，18：575-583.
FAO（Food and Agriculture Organization of the United Nations）. 2014. The State of World Fisheries and Aquacuture 2014. Rome.
FAO（Food and Agriculture Organization of the United Nations）. 2016. The State of World Fisheries and Aquaculture 2016. Contributing to food security and nutrition for all. Rome.
FAO（Food and Agriculture Organization of the United Nations）. 2018. The State of World Fisheries and Aquaculture 2018：Meeting the Sustainable Development Goals. Rome.
Ge C，Ye J，Weber C，et al. 2018. The histone demethylase KDM6B regulates temperature-dependent sex

determination in a turtle species. Science，360：645-648.

Gjedrem T. 2012. Genetic improvement for the development of efficient global aquaculture：a personal opinion review. Aquaculture，344：12-22.

Gjedrem T. 2015. Disease resistant fish and shellfish are within reach：a review. J Mar Sci Eng，3：146-153.

Gui JF，Zhou L. 2010. Genetic basis and breeding application of clonal diversity and dual reproduction modes in polyploid *Carassius auratus* gibelio（in Chinese）. Sci China：Life Sci，53：409-415.

Gui JF，Tang QS，Li ZJ，et al. 2018. Aquaculture in China：Success Stories and Modern Trends. Oxford：John Wiley Sons Ltd.

Gui JF，Zhu ZY. 2012. Molecular basis and genetic improvement of economically important traits in aquaculture animals. Chinese Science Bulletin，57：1751-1760.

Gui JF. 2015. Fish biology and biotechnology is the source for sustainable aquaculture. Sci China：Life Sci，58：121-123.

Guo C，Gozlan RE. 2019. Treatise on aquaculture in the modern era. Fish and Fisheries，20：1260-1261.

Hargreaves JA. 2018. Book review：aquaculture in China. World Aquaculture，9：15-16.

Houston RD，Bean TP，Macqueen DJ. et al. 2020. Harnessing genomics to fast-track genetic improvement in aquaculture. Nat Rev Genet. https：//doi.org/10.1038/s41576-020-0227-y.

James HT，Geoff LA. 2001. Fishes as food：aquaculture's contribution. EMBO Rep，2：958-963.

Jiang FF，Wang ZW，Zhou L，et al. 2013. High male incidence and evolutionary implications of triploid form in northeast Asia *Carassius auratus* complex. Mol Phylogenet Evol，66：350-359.

Kirpichnikov VS，1981. Genetic bases of fish selection. Translated by Gause GG. Berlin/New York：Springer Verlag.

Li XY，Gui JF. 2018a. Diverse and variable sex determination mechanisms in vertebrates. Sci China：Life Sci，61：1503-1514.

Li XY，Gui JF. 2018b. An epigenetic regulatory switch controlling temperature-dependent sex determination in vertebrates. Sci China Life Sci，61：996-998.

Li XY，Liu XL，Zhu YJ，et al. 2018. Origin and transition of sex determination mechanisms in a gynogenetic hexaploid fish. Heredity（Edinb），121：64-74.

Li XY，Zhang QY，Zhang J，et al. 2016. Extra microchromosomes play male determination role in polyploid gibel carp. Genetics，203：1415-1424.

Li XY，Zhang XJ，Li Z，et al. 2014. Evolutionary history of two divergent Dmrt1 genes reveals two rounds of polyploidy origins in gibel carp. Mol Phylogenet Evol，78：96-104.

Li Y，Sun X，Hu X，et al. 2017. Scallop genome reveals molecular adaptations to semi-sessile life and neurotoxins. Nat Commun，8：1721.

Lin Q，Fan S，Zhang Y，et al. 2016. The seahorse genome and the evolution of its specialized morphology. Nature，540：395-399.

Liu HQ，Guan B，Xu J，et al. 2013. Genetic manipulation of sex ratio for the large-scale breeding of YY super-male and XY all-male yellow catfish（*Pelteobagrus fulvidraco* Richardson）. Mar Biotechnol. 15：321-328.

Liu SJ. 2010. Distant hybridization leads to different ploidy fishes. Sci China Life Sci，53：416-425.

Liu XL，Jiang FF，Wang ZW，et al. 2017a. Wider geographic distribution and higher diversity of hexaploids than tetraploids in *Carassius* species complex reveal recurrent polyploidy effects on adaptive evolution. Sci Rep，7：5395.

Liu XL，Li XY，Jiang FF，et al. 2017b. Numerous mitochondrial DNA haplotypes reveal multiple independent polyploidy origins of hexaploids in *Carassius species* complex. Ecol Evol，7：10604-10615.

Mei J，Gui JF. 2015. Genetic basis and biotechnological manipulation of sexual dimorphism and sex determination in fish. Sci China：Life Sci，58：124-136.

Mei J，Gui JF. 2018. Sexual size dimorphism，sex determination，and sex control in Yellow catfish. In Wang HP，Piferrer F，Chen SL，et al. Sex Control in Aquaculture. Oxford：John Wiley & Sons Ltd：495-506.

Naylor RL，Goldburg RJ，Primavera JH，et al. 2000. Effect of aquaculture on world fish supplies. Nature，405：1017-1024.

Pauly D，Christensen V，Guénette S，et al. 2002. Towards sustainability in world fisheries. Nature，418：689-695.

Schröder JH，Cherfas NB，Altukhov YP，et al. 1993. First honorable member of IAGA Valentin Sergeevich Kirpichnikov 1908—1991. Aquaculture，111：3-5.

Shao CW，Bao B，Xie Z，et al. 2017. The genome and transcriptome of Japanese flounder provide insights into flatfish asymmetry. Nat Genet，49：119-124.

Shao CW，Li Q，Chen SL，et al. 2014. Epigenetic modification and inheritance in sexual reversal of fish. Genome res，24：604-615.

Song C，Liu SJ，Xiao J，et al. 2012. Polyploidy organisms. Sci China：Life Sci，55：301-311.

Sun YH，Zhang B，Luo LF，et al. 2020. Systematic genome editing of the genes on zebrafish Chromosome 1 by CRISPR/Cas9. Genome Res，30：1-9.

Sun YH. 2017. Genome editing opens a new era for physiological study and directional breeding of fishes. Sci Bull，62：157-158.

Walsh B. 2011. The future of fish：can farming save the last wild food？Time Mag，178：28-36.

Wang D，Mao HL，Chen HX，et al. 2009. Isolation of Y- and X-linked SCAR markers in yellow catfish and application in the production of all-male populations. Anim Genet，40：978-981.

Wang S，Tang CC，Tao M，et al. 2019. Establishment and application of distant hybridization technology in fish. Sci China：Life Sci，62：22-45.

Wang S，Zhang J，Jiao W，et al. 2017. Scallop genome provides insights into evolution of bilaterian karyotype and development. Nat Ecol Evol，1：120-131.

Wang Y，Lu Y，Zhang Y，et al. 2015. The draft genome of the grass carp（*Ctenopharyngodon idellus*）provides insights into its evolution and vegetarian adaptation. Nat Genet，47：625-631.

Wang ZW，Zhu HP，Wang D，et al. 2011. A novel nucleo-cytoplasmic hybrid clone formed via androgenesis in polyploid gibel carp. BMC Notes，4：1-13.

Wu C，Zhang D，Kan M，et al. 2014. The draft genome of the large yellow croaker reveals well-developed innate immunity. Nat Commun，5：5227-5234

Xu J，Li JT，Jiang Y，et al. 2017. Genomic basis of adaptive evolution：The survival of Amur ide（*Leuciscus waleckii*）in an extremely alkaline environment. Mol Biol Evol，34：145-159.

Xu P，Zhang X，Wang X，et al. 2014. Genome sequence and genetic diversity of common carp，*Cyprinus carpio*. Nat Genet，46：1212-1219.

Yi MS，Hong N，Hong YH. 2009. Generation of medaka fish haploid embryonic stem cells. Science，326：430-433.

You W，Hedgecock D. 2018. Boom-and-bust production cycles in animal seafood aquaculture. Rev Aquac，11：1045-1060.

You X，Bian C，Zan Q，et al. 2014. Mudskipper genomes provide insights into the terrestrial adaptation of amphibious fishes. Nat Commun，5：5594-5605

Zhang G，Fang X，Guo X，et al. 2012. The oyster genome reveals stress adaptation and complexity of shell formation. Nature，490：49-54.

Zhou L，Gui JF. 2017. Natural and artificial polyploids in aquaculture. Aquaculture and Fisheries，2：103-111.

Zhou L，Gui JF. 2018. Applications of genetic breeding biotechnologies in Chinese aquaculture. In：Gui J F，Tang Q S，Li Z J，et al.，eds. Aquaculture in China：Success Stories and Modern Trends. Oxford：John Wiley Sons Ltd：465-496.

Zhou L，Wang ZW，Wang Y，et al. 2018. Crucian carp and gibel carp culture. In Gui J.F.，Tang QS，Li ZJ，et al. Aquaculture in China：Success Stories and Modern Trends. Oxford：John Wiley & Sons Ltd：149-157.

第二篇　水产遗传育种的生物学基础

第三章　水产种质资源

第一节　水生生物种质资源的概念和分类

生物种质资源是人类赖以生存的物质基础，在国民经济特别是农业发展中占有重要的地位。水生生物种质资源是生物种质资源的重要组成部分，不仅是水生生物科技发展和可持续发展绿色渔业的重要物质基础，还是支撑国民经济、社会发展和改善人民生活水平的重要战略资源（桂建芳，朱作言，2012；桂建芳，2014；桂建芳，2015；桂建芳等，2016）。包括水生生物种质资源在内的生物种质资源，作为国家重要的战略资源，其拥有量和研发利用程度已经成为衡量一个国家综合国力和可持续发展能力的重要指标之一（刘英杰等，2015）。

3.1.1　水生生物种质资源的概念

1892 年，德国生物学家奥古斯特•魏斯曼（August Weismann）最早提出了“种质论”，在这个理论中，魏斯曼把生物体明确地分为了“种质”（germplasm）和“体质”（somatoplasm）。他认为：遗传是由具有一定化学性（首先是具有分子性质）的物质在世代之间的传递来实现的，这种物质就是“种质”（Weismann，1893）。体质是由种质发育而来的，但在世代之间是不连续的；只有种质才是具有稳定性和连续性的物质，也只有种质发生的变异才是可遗传的变异，才能成为生物进化的原因。环境对个体的影响只是改变了体质，是不能引起种质发生相应变异的，即后天获得性状是不能遗传的（图 3.1）。在此基础上，魏斯曼进一步将种质细化成三个结构层次：生源体、决定子和遗子，分别对应现代遗传理论中的基因、基因型和染色体。生源体是具有复制能力的一群小分子物质，是最小的遗传单位；决定子是由几个或多个生源体组成，是比生源体高一层的单位；他认为细胞中那些被染色的物质就是遗子，并且不是单一的，是由几个遗子组成的遗子团。魏斯曼的“种质论”在理论上提出了遗传物质的概念及其传递的机制，为遗传学的发展奠定了基础，为以后的其他遗传学说的提出如染色体学说、基因理论和 DNA 是遗传物质的理论提供了基本的设想。因此，种质（germ plasm）是指决定遗传性状并将遗传信息传递给后代的遗传物质或遗传材料。没有种质，物种不可能传代和进化，个体也不可能发育和生长。

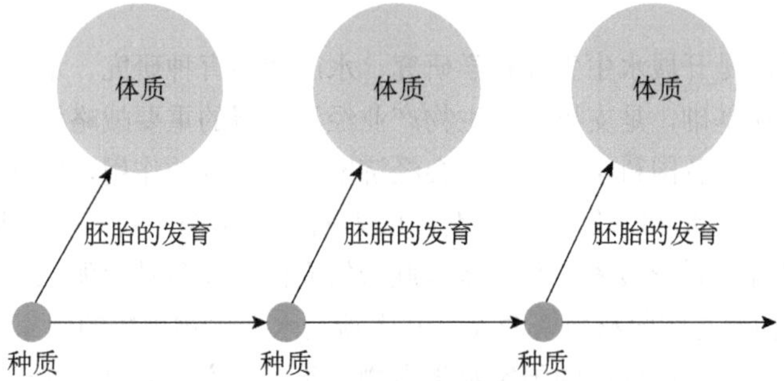

图 3.1　种质、体质关系示意图

种质资源（germplasm resources），现在国际上一般称为遗传资源（genetic resources），由于中国最初接受了种质的概念和中华文化长期以来对种的重视，故在官方文件中现在一般还沿用种质资源一词。无论是种质资源还是遗传资源，实质上是指一切能够繁殖或扩增的具有一定种质或基因的生物类型的总称，是对人类具有实际或潜在用途或价值的遗传材料。任何生物均带有决定种质的遗传物质，它存在于特定的物种（品种）之中。如古老的地方品种、新培育的品种、重要的遗传材料、野生近缘物种、基因操作品系等，都属于种质资源的范围。种质资源是种质的载体，没有种质资源，品种就不可能稳定或存在，更加无法进行品种改良或者新品种的培育。

生物种质资源作为人类赖以生存的物质基础，具有重要的战略地位。水生生物种质资源是指自然界和人工环境中具有水域生活史的现在或将来能够被利用的所有生物种质资源的总和。它既包括水域中蕴藏的自然种质资源，如水生动物、水生植物和水生微生物等生物种类，还包括人工创制的水生生物种质资源，如遗传筛选种质资源、基因诱变种质资源和基因操作种质资源等。蕴藏种质的材料可以是水生动植物的活体、组织、细胞，也可以是遗传载体基因或基因的 DNA 片段。水生生物种质资源作为水生生态系统中水生生物繁衍的遗传种质资源，不仅是生物种质资源的重要组成部分，也是生物多样性的重要组成部分，更是实现我国渔业可持续发展和水生生物科技创新发展的重要物质基础，是支撑国民生产、人民生活和社会科技活动的重要战略资源。

3.1.2　水生生物种质资源的分类

水生生物种质资源在国家生态安全和粮食安全方面发挥着不可替代的作用。水生生物资源等是水域生态系统的主体，水域生态系统同森林生态系统和草原生态系统共同构筑国土生态体系，我国的内陆水域面积占国土面积的 1/3 以上，在维护生态安全方面发挥着不可替代的作用。水生生物种质资源具有巨大的经济、社会和生态价值。我国水生生物种质资源具有特有程度高、物种数量大和生态系统齐全等特点，是人们重要的食物蛋白来源和渔业发展的物质基础。

水生生物种质资源广义上可分为水生动物种质资源、水生植物种质资源和水生微生物种质资源等三大类（李继龙等，2013）。依据水生生物种质资源相应的价值评估体系，根据水生生物种质保存和利用状态，水生生物种质资源可以分为水生实验生物种质资源、水产养殖种质资源、天然水域经济水生生物种质资源和珍稀濒危水生生物种质资源等。

第二节　中国水生生物种质资源的概况

水生生物种质资源是开展水生生物科学研究、水产遗传育种研究、水产养殖业发展和水域生态文明建设的重要物质基础，是支撑水产生物产业经济发展的重要战略资源（桂建芳等，2016）。鉴于生物种质资源在世界各国科学研究和社会经济发展中起到的作用，包括水生生物种质资源在内的生物种质资源的拥有量和研发利用程度已成为衡量一个国家可持续发展能力和综合国力的重要指标之一。2019 年，科学技术部和财政部联合发布的国家科技资源共享服务平台名单中，包含有 30 个国家生物种质与实验材料资源库，其中涉及水生生物种质的国家级资源库就有 3 个：依托于中国科学院水生生物研究所的国家水生生物种质资源库，以及依托于中国水产科学研究院的国家海洋水产种质资源库和国家淡水水产种质资源库。这三大国家级水生（水产）生物种质资源库的设立，为我国水生生物种质资源的发展提供了保障、指明了方向，同时也迎来了新的机遇。本节将从水生实验生物种质资源、水产养殖种质资源、天然水域经济水生生物种质资源和珍稀濒危水生生物种质资源等方面做简要概述。

3.2.1 水生实验生物种质资源

斑马鱼（*Danio rerio*）是一种原产于印度和孟加拉国的小型热带鱼类，学术界将其定义为与线虫、果蝇和小鼠并列的四大模式动物之一。斑马鱼作为模式动物研究的开创者是美国俄勒冈大学已故著名遗传学家 George Streisinger（Streisinger et al.，1981）。斑马鱼具有胚胎体外受精、体外发育、发育迅速、胚体透明、体型较小、性成熟快、产卵量大、适于高通量养殖和筛选等优点（Nusslein-Volhard，1994）。此后，欧美实验室发起的大规模“正向遗传学”突变体筛选计划奠定了斑马鱼作为脊椎动物遗传发育和人类疾病模型研究的理想模式动物（Kahn，1994；Driever et al.，1994）。

我国的斑马鱼研究始于 20 世纪末清华大学孟安明实验室的建立（李阔宇等，2014；Meng et al.，1999），在 21 世纪得到了飞速的发展。2001—2014 年，我国以斑马鱼为研究材料发表的科研论文总数占全世界同类文章的比重（Xie et al.，2015），由 1.7%迅速提高到 16.8%（图 3.2）。斑马鱼作为模式动物在我国生命科学研究中扮演着越来越重要的角色，为顺应这种发展，在科学技术部和中国科学院的支持下，我国的国家斑马鱼资源中心（China Zerabfish Resource Center，以下简称 CZRC）于 2012 年 10 月在中国科学院水生生物研究所正式挂牌成立。CZRC 的主要任务是收集、创制、保藏、分享斑马鱼转基因和突变品系等相关资源，为中国、亚洲乃至全球的斑马鱼研究领域提供斑马鱼资源和技术服务，这无疑对我国的斑马鱼研究具有标志性意义（孙永华，2013）。2012 年，CZRC 成立之后，进一步促进了我国斑马鱼研究的发展，近几年，中国发表的斑马鱼论文占全球比重逐渐逼近美国（图 3.3）（熊凤等，2018）。最近，由中国科学院水生生物研究所、清华大学、中国科学院动物研究所、北京大学等 24 家科研单位的学者组成的学术联盟，历时 6 年，成功完成了“斑马鱼 1 号染色体敲除计划”，构建具有完全自主知识产权的大规模斑马鱼定向基因突变体库；这不仅是国际学术界针对斑马鱼的首例大规模“反向遗传学”突变体构建和筛选计划，也是首例针对脊椎动物整条染色体开展系统性基因敲除的研究（孙永华，2020；Sun et al.，2020）。目前，该计划产生的所有突变体资源均保藏于国家水生生物种质资源库——国家斑马鱼资源中心，该中心已成为国际学术界公认的全球三大斑马鱼资源库之一（熊凤等，2018）。

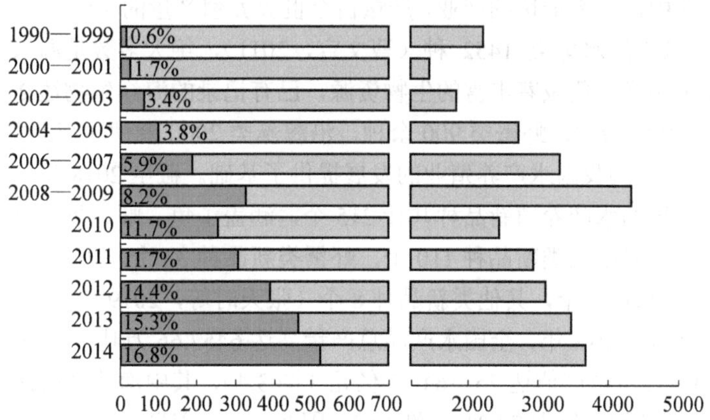

图 3.2 1990—2014 年中国斑马鱼研究论文的发展（Xie et al.，2015）

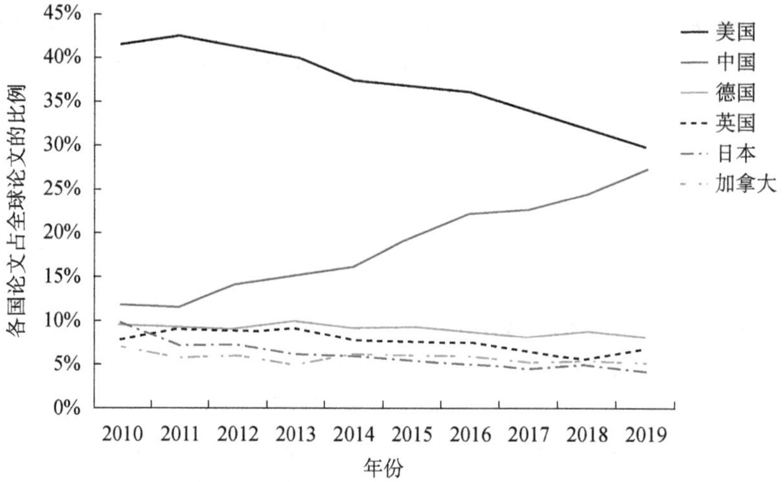

图 3.3　2010—2019 年中国等国斑马鱼研究论文的发展趋势（引自熊凤等，2018）

稀有鮈鲫（*Gobiocypris rarus*）是中国科学院水生生物研究所驯化的我国特有的鲤科小型鱼类，已成为一种由我国自主研发的、拥有完全自主知识产权的鱼类实验动物（王剑伟，1992；常剑波等，1995）。目前，稀有鮈鲫有近交系和封闭群各 1 个，近交系达 32 代，封闭群达第 12 代；无特定病原级（SPF）稀有鮈鲫品系 2 个（吴本丽等，2014；邵燕等，2012）。作为实验鱼类，稀有鮈鲫已在毒理分析（Zhong et al.，2005；Wu et al.，2001）、病毒感染（Su et al.，2009；Li et al.，1997）和环境内分泌紊乱（Wang et al.，2011；Zhong et al.，2005）等研究领域中发挥了重要作用，同时它也是进行化学品安全评价以及环境评估首选的本土生物。此外，一种来源于日本水稻沟渠的青鳉（*Oryzias latipes*）作为重要的鱼类模型也被广泛用于遗传发育等相关方面的生命科学研究中（Wittbrodt et al.，2002；Chen et al.，2016）。

总之，斑马鱼等小型鱼类已成为开展生命科学、健康科学、环境科学和水产科学等研究的重要水生实验生物，构建斑马鱼等水生实验生物种质资源库具有重要意义。

3.2.2　水产养殖种质资源

水产养殖对世界食品生产和食品安全的作用已得到国际社会的广泛认同。我国的水产养殖已成为农业和食品产业中增长率最快的产业，产量占全世界养殖产量的 70%以上（桂建芳，朱作言，2012）。我国内陆水域中淡水鱼类 1452 种（曹文宣，2011），绝大多数是温水性鱼类；我国海域辽阔，生态环境复杂多样，蕴藏着丰富的生物资源，已有记录的海洋生物达 2 万余种，其中鱼类 2000 余种，螺贝类 1900 余种，虾蟹类 900 余种，沿海藻类 2000 余种（李继龙等，2013；谢平，2017），丰富的种类资源为我国水产养殖业的发展提供了基础。截至 2018 年，国家水产原种和良种审定委员会审定通过的水产养殖新品种共计 215 个，涵盖了鱼、虾、贝、蟹、藻、鳖、参等我国主要水产养殖种类，其中鱼类新品种 110 个，虾蟹类新品种 33 个，贝类新品种 39 个，藻类新品种 21 个，棘皮类新品种 4 个，其他类新品种 8 个（张天时等，2019）。根据《2019 中国渔业统计年鉴》最新结果显示，2018 年，全国水产品总产量高达 6457.66 万吨，其中养殖产量占 77.3%，2018 年全社会的渔业经济总产值达 25 864.47 亿元（图 3.4），其中渔业产值约占 50%，渔业产值（不含苗种）中养殖产品的产值占 77.8%（图 3.5）。因此，水产养殖对于促进渔业经济乃至国民经济的发展起着重要的作用。

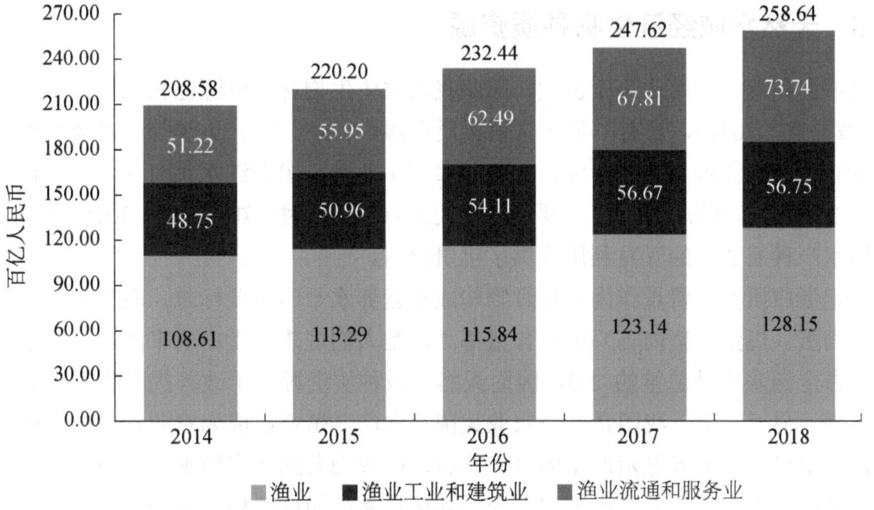

图 3.4 2014—2018 年全国渔业经济总产值及构成（引自《2019 中国渔业统计年鉴》）

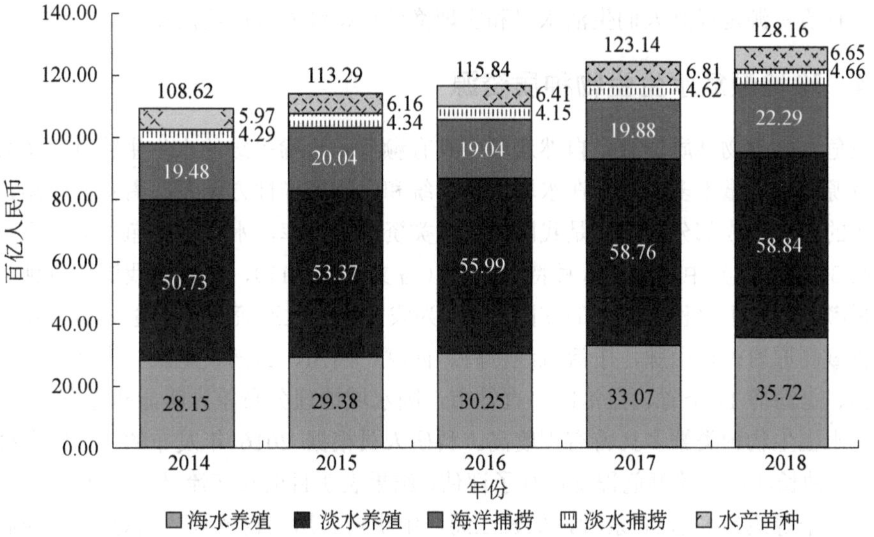

图 3.5 2014—2018 年全国渔业产值及构成（引自《2019 中国渔业统计年鉴》）

“发展养殖，种业为先”的战略思想促进了水产养殖种质资源的发展（雷霁霖，2013）。我国政府高度重视水产种质资源的发展，明确提出“着力抓好种业科技创新”“加强种质资源收集、保护、鉴定，创新育种理论方法和技术，创制、改良育种材料，加快培育一批突破性新品种”等一系列举措（桂建芳等，2016）。

水产养殖种质资源是指已进行人工养殖的渔业生物的种质资源，形式包括物种的活体、组织、细胞和基因等。水产养殖种质资源是水产养殖生产和遗传育种的物质基础，水产种质资源的拥有量和开发利用程度直接影响着我国渔业生产和水产行业的可持续发展。同发达国家相比，我国已开发利用的水产养殖种质资源整体来看物种数量较少，水产养殖遗传改良率低，良种覆盖率也不高（桂建芳等，2016），但就我国主要用于水产养殖的种质资源而言，其已经产生巨大的经济和社会效益。随着人工繁育和遗传改良技术的不断发展，更多的水产养殖种质资源会被开发利用，将会产生更大的社会和经济效益。

3.2.3 天然水域经济生物种质资源

我国水域面积辽阔，南北跨度也大，因此我国水生生物种质资源也相当丰富。我国共有鱼类3446 种（曹文宣，2011），还有其他丰富的种质资源，如虾、蟹、贝类等。以淡水鱼类为例，长江水系有 350 种，珠江水系有 239 种，黄河水系有 150 种，黑龙江水系有 97 种，台湾有 81 种，青藏高原有 71 种。在内陆水域中，主要经济鱼类就有约 140 种（刘英杰等，2015；曹文宣，2011），这些为我国水产种质资源的开发利用提供了宝贵材料。

国际上把蛋白质的消费量作为衡量食物构成和营养水平的重要标志，而鱼类蛋白质的含量比日常食用的肉蛋（鸡蛋、猪肉等）中的含量都高，是人们理想的蛋白质来源。天然水域捕捞的水产品产量约占全国水产品总量的 1/3，因而天然水域种质资源对于改善提升人民生活水平也起到了重要的作用。另一方面，我国是一个农业大国，水产养殖业已成为农业和食品产业中增长率最快的产业，产量已达全世界养殖产量的 2/3 左右，已成为名副其实的水产养殖大国。水产养殖作为可持续提供动物蛋白的食品生产方式之一，其优良品种的持续稳定生产对保障我国农业可持续发展具有重大现实和战略意义，而天然水域物种种质资源是品种改良培育的基础。因此，天然水域经济生物种质资源是提升人们生活水平和实现渔业可持续发展的物质基础。

3.2.4 珍稀濒危水生生物种质资源

珍稀濒危水生生物种质资源是自然水域中具有濒危和珍稀等级的水生生物种质资源的总称。这些种质资源虽然数量不多，但其在水域生态系统和生物多样性方面发挥着重要作用，是水生生物种质资源的重要组成部分。长江是我国淡水鱼类资源的宝库，水系现有鱼类 400 余种（其中纯淡水鱼类约 350 种），其中包含 156 种特有鱼类（曹文宣，2011），约占到我国特有种类的一半，是许多珍稀濒危水生生物种质资源的家园。它作为我国第一大河流，全长逾 6300 km，发源于“世界屋脊”青藏高原唐古拉山脉，干流流经青海、西藏、四川、云南、重庆、湖北、湖南、江西、安徽、江苏、上海等 11 个省、自治区、直辖市，因水域地理分布差异明显和生态习性复杂多样，长江水域中水生生物种类繁多且特有程度高。科研人员根据 2016 年发布的《中国脊椎动物红色名录》对 394 种长江鱼类的濒危程度进行了评估，结果表明目前长江流域受威胁鱼类（包括濒危、极危和易危 3 个等级）多达 90 余种，如长江鲟、中华鲟、川陕哲罗鲑、鲻等（蒋志刚等，2016；刘飞等，2019）。最新研究发现，由于长江生态系统急剧恶化的原因，长江水生旗舰物种中仅有的四个国家一级保护动物近乎全军覆没：白鲟、白鳘豚被宣布灭绝或功能性灭绝；野生长江鲟不足 20 尾，连续十多年未发现自然繁殖；中华鲟也已连续三年未发现自然繁殖。其他鱼类中鲥鱼、鯮鱼已经绝迹，圆口铜鱼等一批特有鱼类多年未见。珍稀濒危种质资源的遗失，留给我们的除了遗憾惋惜之外，更进一步的是提示我们在合理开发利用现有的水生生物种质资源基础上，“保种”已经成为重中之重。“建章立制”、建立保护区加大对珍稀濒危种质资源的保护，实现对水生生物种质资源的修复，这将为水生生物种质资源的保护和水域生态系统的稳定提供良好的基础条件。

3.2.5 我国水产种质资源面临的问题

水产生物种质资源既是生物资源的重要组成部分，又是大自然赐予全人类的宝贵财富，能够为人类提供丰富的蛋白质、脂肪、维生素和纤维等重要营养物质，更是水产养殖生产和水产动物遗传改良（育种）的物质基础，是实现水产种质资源可持续利用的关键。国际育种学界流传着一句话："谁掌握种质，谁就掌握未来！"我国水产种质资源研究始于 20 世纪 80 年代，经过 30 多年的不懈努力，初步形成了水生生物种质资源基础理论研究、开发利用、原良种生产管理的完备体系，保存了我国主要养殖物种、品种，对促进我国水产业的发展起了重要作用（Liu，2010；Chen，2013；Mei and Gui，2015；Gui and Zhou，2010）。作为世界第一水产品生产国和消费国，我国正在成为世界水产科技的发展中心，承担着引领世界水产科技发展方向的重任。然而，我国的水产种质资源仍然有许多需要尽快解决的问题。

（1）种质资源因环境危机引起数量下降，人类活动对种质资源的破坏是其最主要因素。拦河筑坝，拦住河水的同时也束缚了许多水生生物的自由，它们失去了原有的生存空间和洄游通道，甚至找不到自己的栖息地，进而影响食物链的闭环，导致种群数量的急剧下降；类似的人为活动还有围湖造田、交通航运和海洋海岸工程等，都是导致种质资源数量减少的直接因素；同时，酷鱼滥捕也是造成水生种质资源数量锐减的重要原因，毫无节制的捕捞给种群结构造成了难以恢复的硬伤，使得种质资源越来越少，有的甚至走向灭绝；此外，水体污染引起水域生态环境的恶化，同样是导致水生种质资源种群数量减少的重要原因。

（2）种质资源的发掘、鉴定、创新工作薄弱。我国水产种质资源丰富，但对水产种质资源的工作仅停留在收集、整理和保护等基础方面。结合前期种质资源的基础研究，利用种质资源不同的鉴定评价技术，尤其分子评价技术，加强对种质资源优势基因的挖掘，深入发掘种质资源的育种潜力，不断为新品种的培育提供优势的原材料，并将其应用于种质创新和育种实践。同时，种质创新有助于优质种质的培育，除了满足人们对物质和品质的需求外，还进一步丰富水产种质资源，在一定程度上缓解种质资源短缺的问题。

（3）种质资源的保护力度仍需加强。根据《2019 中国渔业统计年鉴》统计，截至 2018 年，全国已建立国家级水产种质资源保护区 535 个、国家级水产原良种场 86 个，覆盖了我国各海区和内陆主要江河湖泊的各种种质资源，为其产卵场、索饵场、越冬场和洄游通道等关键栖息场所提供了一定程度的保护。虽然这些保护区和原良种场在被保护的水产种质资源上发挥了重要作用，但相对我国丰富的水产种质资源量来讲，保护区和原种场的数量有限、覆盖率低，仍需要加大对水产种质资源的保护。种质资源的保护是以保护生物多样性为前提的，尤其是物种的多样性，无论物种是否具有经济价值都需要保护（曹文宣，2011）。正如美国保护生物学家缪尔所强调的，自然的内在精神价值要高于其可以触摸的物质价值。因此，对生物多样性的保护依赖于我们对自然资源的认识和价值取向，获取方式的不同会给物种带来不同的发展方向，如果是肆意掠夺的方式，不但给种质资源的保护增加了难度，同时很可能会导致物种的灭绝。只要是资源，保护不当就会枯竭，加强保护并合理适度开发利用是实现资源利用长久化、最大化的关键。种质资源的保护，功在当代，利在千秋。

随着国家水生生物种质资源库等 3 个国家级水生和水产生物相关种质资源库的正式挂牌，国家科技创新体系对种质资源库给予更高的地位和更大强度的支持，预期我国水产种质资源所面临的问题在未来 5～10 年将会得到显著改善。

第三节 水产种质资源的保护和合理利用

水产种质资源是水产物种保存、优良品种选育以及渔业可持续发展的重要物质基础，是水产经济物种遗传多样性和基因资源的储备库。针对水产种质资源存在的问题，结合我国水产生物种质资源的实际情况，为实现我国水产生物种质资源健康、稳定可持续发展的目标，做好水产生物种质资源的保护具有重要的战略意义。水产生物种质资源的保护在坚持生态优先原则的基础上，可以从建立水产种质资源保护区、水产种质资源群体保护和水产种质资源保藏等三个方面进行。在做好水产种质资源保护的同时，加强水产种质资源的合理利用是实现种质资源可持续利用的关键。

3.3.1 水产种质资源的保护

3.3.1.1 水产种质资源保护区

水产种质资源保护区，是指为保护和合理利用水产种质资源及其生存环境，在保护对象的产卵场、索饵场、越冬场、洄游通道等主要生长繁育区域依法划出一定面积的水域滩涂和必要的土地，予以特殊保护和管理的区域。水产种质资源保护区分为国家级和省级，根据农业农村部办公厅公布的数据，截至 2018 年，我国已建立 11 批 535 处国家级水产种质资源保护区。水产种质资源保护区是水产种质资源就地保护的一种有效形式，建立水产种质资源保护区已成为就地保护水生生物种质资源生境及其遗传多样性的重要措施之一，也是进行水产生物种质资源开发利用和科学研究的重要保证，将对水产生物种质资源的保护发挥重要作用，如长江监利段四大家鱼国家级水产种质资源保护区、武湖黄颡鱼国家级水产种质资源保护区等。

3.3.1.2 水产种质资源群体保护

尽管水产种质资源保护区能够有效地保护相应的水产生物种质资源，但由于我国水产种质资源丰富且分布广泛，水产种质资源保护区并不能完全覆盖所有的种质资源。因此，对于绝大多数的水产生物种质资源还需要对其种群采取具体的保护措施。例如，保护种群栖息地，减少人为活动对种群生境及其繁殖力的破坏；严禁拦河（海）筑坝、围湖（海）造田、过度捕捞以及污染水域等人为活动的发生；同时，保护育种亲本的纯洁性，避免近亲繁殖。近亲繁殖会导致种质退化，进而引起水产种质抗性降低，病害泛滥。育种亲本具有最初的遗传结构，含有较多的优势性状，对环境变化的适应性较强。保护亲本的纯洁性就是从根本上保护水产种质资源的可持续发展。

3.3.1.3 水产种质资源的保藏

水产生物生存环境变化或者人为活动等原因导致种质资源衰退，甚至成为濒危物种，严重影响了生物多样性。因此，建立水产生物种质资源库，收集、整理、保存水产生物种质资源也是对水产生物种质资源的保护，如种质的超低温保存。自从 20 世纪 50 年代初期，英国学者 Blaxter 用干冰（−79℃）保存大西洋鲱鱼精子 6 个月，复苏获得 80%的受精率后（Blaxter，1953），精子冻存很快成为实现种质资源保护的重要工具。与此同时，他还进行了卵子冻存和复苏，仅有 5%的卵子可以孵化。相较于鱼类精子的保存，鱼卵的体积较大、含水量高、卵膜通透性差等原因导致鱼卵的低温保存要求更为严格。随后，我国科研工作者在淡水鲤科鱼类精液冷冻保存上也开展相应的工作。陈松林等对我国主要淡水鲤科养殖鱼类草、鲢、鳙和团头鲂等鱼类精液冷冻保存技术进行了深入系统的研究，获得了冷冻精子复活率高达 70%、受精率高达 94%和孵化率高达 92%的结果（陈松林等，1992）。与此同时，海水鱼的精子保存也取得了良好进展（陈松林，2007）。因此，种质超低温保存是“复活”水产生物种质资源的重要保护措施。

3.3.2 水产种质资源的合理利用

在水产种质资源得到有效的保护之后，实现种质资源的合理利用既是对当前种质资源的保护，又满足种质资源可持续利用的需求，决不能因眼前利益而损害大局，甚至导致不可恢复的破坏。通过采取有效的措施可以实现种质资源的合理利用。

（1）合理捕捞，保持种质资源自然繁殖的能力。过度捕捞、非法捕捞和酷渔滥捕严重影响种群结构及其繁殖能力，导致种质资源的严重破坏。长江中的鱼类不但数量少了，品种也在减少，就连以前最为常见的青鱼、草鱼、鲢、鳙“四大家鱼”如今的繁殖数量也越来越少，更不用说那些珍稀和濒危水生种质资源更是多年不曾捕获，分区分段的季节性禁渔制度已不足以使渔业资源得以全面恢复。合理捕捞是实现种质资源可持续利用的关键；同时休/禁渔制度也是维护种质资源自然繁殖的有效措施。在中科院水生所曹文宣院士的多年建议和呼吁下，从 2020 年 1 月开始，国家正式实施长江及其支流（包括毗邻的湖泊）的十年禁渔计划。对于长江中的大多数鱼类而言，10 年将覆盖 2 至 3 个世代周期，从而促使其种群繁衍和恢复，更重要的是采取这一手段对于拯救濒临灭绝的长江水生生物种质资源具有重要意义（Mei et al.，2020）。

（2）精准鉴定，深入挖掘种质资源的育种潜力。种质资源的鉴定和评估是种群资源状况评定的基础工作，对于了解种群结构特征、生产性能、开发潜力以及种群的可持续性有重要的指导意义。通过精准鉴定，深入挖掘种质资源控制优良性状的育种材料，提高现有种质资源的育种潜力，不断提升种质的优质性和纯洁性，避免因种质退化带来的病害泛滥、产量减少、收益下降等不良影响。科学有效地精准鉴定和评估种质资源，深挖种质资源的育种潜力，可以为种质资源的保护和合理利用提供基础理论依据。

（3）科学改良，不断实现种质创新。遗传改良是产生新品种的前提，一方面，科学利用野生种群同原种进行杂交，可以借助杂种优势实现种质的创新，培育高产优质的新品种，丰富现有的种质资源；另一方面，借助基因组编辑等现代生物技术手段，创制全新的种质，努力实现优良种质资源之间的优势互补，培育集多个优良性状于一体的优势种，成为不断丰富现有种质资源、实现种质创新的有效手段（Li and Wang，2017；Sun and Zhu，2019；Zhu and Ge，2018）。

第四节 水产种质资源的鉴定和保存技术

我国是一个生物多样性极为丰富的国家，水生生物种质资源是其中重要的组成部分，丰富多样的水生生物种质资源既是大自然赐予我们的宝贵财富，又是水产养殖、科研和人类未来发展的重要物质基础。近年来，由于现代经济的迅速发展以及全球气候的变化，水生生物赖以生存的水生态和水环境遭到严重破坏，水质的污染、外来物种的引进、近亲物种的交配等，使得水生生物的生物多样性遭到极大破坏，多种生物种群濒危，甚至有些物种已出现功能性灭绝。水产种质资源的鉴定和保存是水产物种种群状况评定和保护的一项基本工作，有利于对种群的分布、资源量、种质特征、纯洁性、生产性能和开发潜力等方面做出科学的评估，实现渔业的可持续发展。

3.4.1 水产种质资源的鉴定技术

水产种质资源的鉴定技术通常包括形态学度量方法、细胞生物学方法和分子生物学方法（表 3.1）。

表 3.1　水产种质资源鉴定技术的比较

名称	优点	缺点
形态学度量方法	方法简便，成本低，具有普适性	该方法较为传统，不能反映种群遗传结构、种群间遗传分化量的变化信息
细胞生物学方法	方法快捷、准确，能够为细胞遗传分类、物种间亲缘的关系以及染色体数目和结构变异的研究提供重要依据	染色体细小、数目多，显带困难，重复性低；个体、群体的精确区分的灵敏度低。对待测样本所处的时期以及样本的新鲜程度要求较高
分子生物学方法	方法种类多，灵敏度高，重复性好	技术难度系数高、个别方法多态性低、假阳性等不足

3.4.1.1　形态学度量方法

形态学度量一般包括外部形态和内部形态。外部形态一般是可数性状，如鳞片、鳍条、鳃及鳃耙等，或是可量性状，如鱼体各部位之间的比例和尺寸（图 3.6）；内部形态包括肌节数、脊椎骨数、幽门垂数、鳔及鳔管、卵膜丝等。有研究通过对长江等我国主要水系“四大家鱼”中进行的形态测量、生长试验结果，结合群体遗传分析结果认为：长江“四大家鱼”的种质质量在各大水系中最为优异；长江“四大家鱼”群体是遗传选育的好材料，有希望选育出生长快、抗逆性强的优良品种；长江“四大家鱼”原种应该成为全国各地苗种场进行商品鱼苗生产的人工繁殖亲本和后备亲本来源的首选（李思发等，2001）。

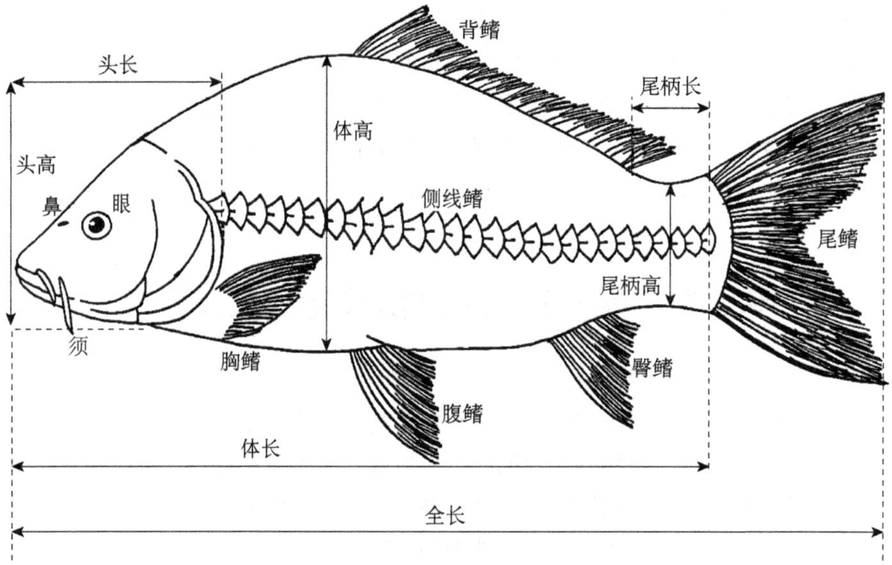

图 3.6　鱼体外形结构示意图

3.4.1.2　细胞生物学方法

该方法通常包括染色体核型分析（图 3.7）和染色体倍性分析（图 3.8）。染色体核型分析是以分裂中期染色体为研究对象，根据染色体的长度、着丝点位置、长短臂比例、随体的有无等特征，并借助显带技术对染色体进行分析、比较、排序和编号，根据染色体结构和数目的变异情况来进行诊断。核型分析可以为细胞遗传分类、物种间亲缘的关系以及染色体数目和结构变异的研究提供重要依据。流式细胞术成为水产生物染色体倍性鉴定的标准方法。由于细胞核 G1 期的 DNA 含量反映一个细胞的染色体倍性，常用相对 DNA 含量来估计细胞的倍性。流式细胞术是一种快速、准确鉴定倍性的方法。此外，鱼类常用血液测量染色体倍性，主要包括完整红细胞的分离和荧光染色，根据相对荧光强度（设置内参）确定 DNA 相对含量。该方法对血液等样本的新鲜度要求较高。

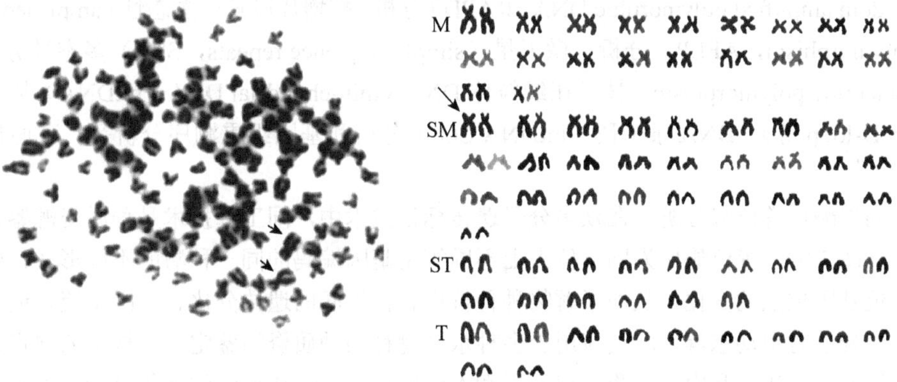

图 3.7　染色体核型分析图（Liu et al.，2007）

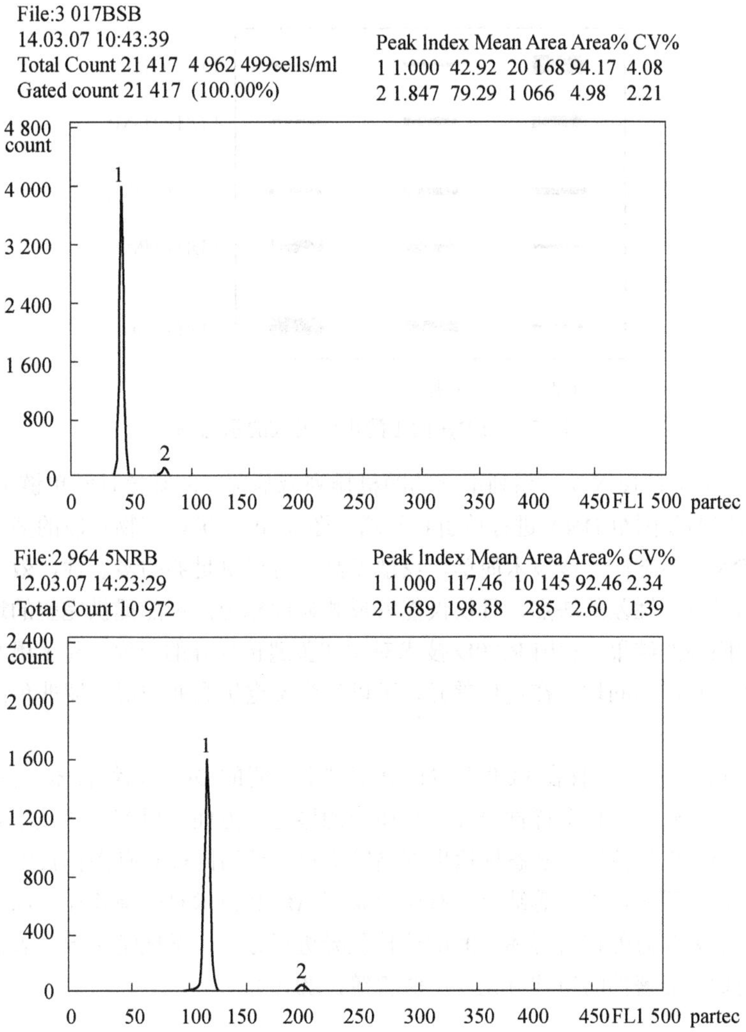

图 3.8　染色体倍性分析图（Liu et al.，2007）

3.4.1.3 分子生物学方法

分子生物学方法主要包括同工酶（isozyme）或等位酶（allozyme）分析、随机扩增多态性DNA（random amplified polymorphic DNA，RAPD）分析、扩增片段长度多态性（amplified fragment length polymorphism，AFLP）分析、微卫星（simple sequence repeats，SSR）多态性分析、SNP single nucleotide polymorphism）技术在线粒体 DNA（mitochondrial DNA，mtDNA）基因序列分析（cyt b/D-loop 等）、DNA 条形码（mtDNA COI）分析和基因组重测序分析等。下面进行逐一介绍。

（1）同工酶或等位酶分析。在众多分子遗传标记技术中，同工酶技术是种质资源鉴定的经典方法之一（图 3.9）。等位酶作为同一位点上不同等位基因编码的同一种酶的不同形式，能够很好地表明等位基因位点的变化，从而了解物种种群内、种群间的遗传分化、基因交流、遗传漂变及种群遗传变异的时空动态等，广泛应用于多种水产物种的种质资源鉴定。该技术的缺点是同工酶的多态性较低。有研究利用同工酶标记对银鲫不同繁殖组合后代群体的遗传分析，揭示了银鲫在自然条件下生态适应的遗传多样性（杨林，桂建芳，2002）。

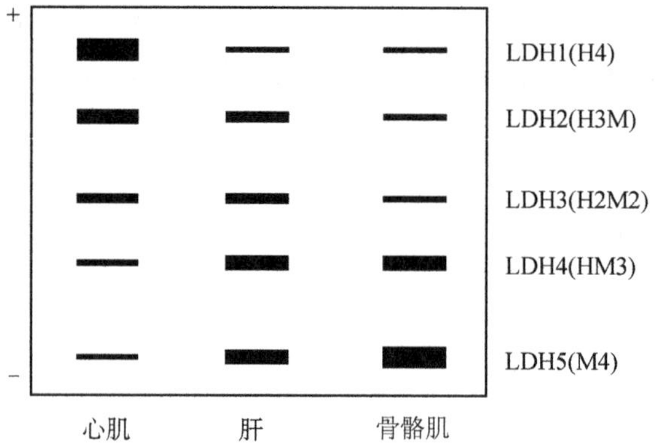

图 3.9 LDH 同工酶电泳模式的示意图

（2）RAPD 分析。该技术以一系列不同的随机排列碱基顺序的寡核苷酸单链（通常是十聚体）为引物，对所研究的基因组 DNA 进行单引物扩增（图 3.10）。扩增产物片段的多态性反映了基因组相应区域的 DNA 多态性。该技术简单，灵敏度高，可提供足够的多态性，效率高，成本低；然而，其存在结果重复性差的缺点，且仅仅能够反映显性标记，不能提供完整的遗传信息，常常存在假阳性和假阴性的结果。利用 RAPD 技术对罗非鱼遗传变异的研究，显示奥利亚罗非鱼与尼罗罗非鱼在群体内和群体间均存在遗传差异，可以作为鉴定奥利亚与尼罗罗非鱼的分子遗传标记（夏德全等，2000）。

（3）AFLP 分析。这是一种在 PCR 和 RFLP 基础上发明的 DNA 指纹技术（图 3.11），现已被广泛用于遗传图谱构建、遗传多样性研究及种质资源鉴定等方面的研究。该技术具有灵敏度高、所需 DNA 含量少、重复性好、多态性检出率高等优点，然而同样具有操作技术要求较严格和扩增时可能有假阳性和假阴性结果等缺点。有研究采用 AFLP 技术对中国长江、珠江、黑龙江鲢群体以及中国土著群体和海外移居群体之间的遗传差异进行分析，发现鲢中国土著群体内、土著群体与海外群体间均有显著性的遗传分化（严骏骢等，2010）。

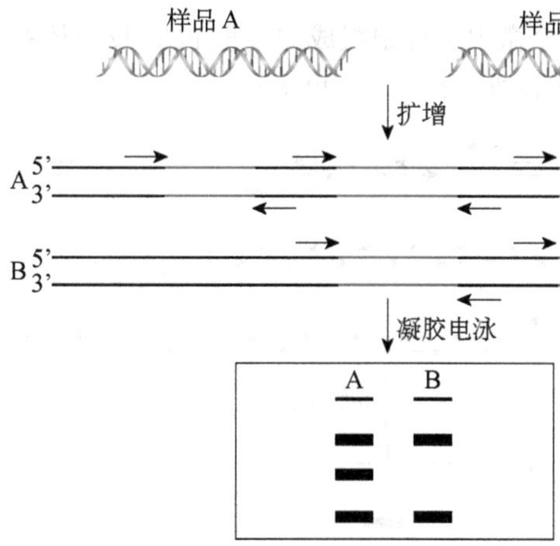

图 3.10　RAPD 技术原理示意图

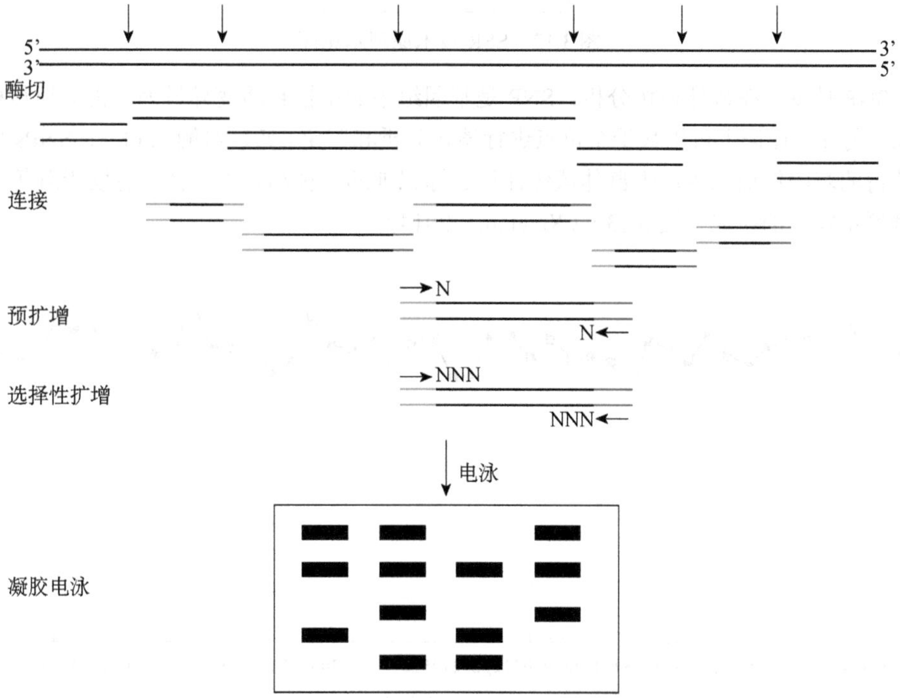

图 3.11　AFLP 技术原理示意图

（4）SSR 分析。SSR 均匀分布于真核生物基因组，由 2～6 个核苷酸的串联重复片段构成。1 个 SSR 的总长度可达几十到几百个 bp。SSR 由核心序列和侧翼序列构成，保守的侧翼序列使微卫星特异地定位于染色体某一区域，核心序列重复数的差异则形成微卫星的高度多态性（图 3.12）。该技术具有多态性高、在基因组中含量丰富且分布均匀、结果稳定可靠和遗传分析方法可自动化等优点，被广泛应用于遗传图谱构建、数量性状位点定位、标记辅助选择、遗传多样性评估、遗传监测等方面。我国学者利用 SSR 标记对放流后回捕的中华鲟个体 DNA 进行 PCR 扩增，结合亲鱼样本进行了有效的个体区分，为中华鲟遗传多样性的保护提供了科学依据（朱滨等，1999）。研究人员从大量开发的草鱼微卫星中筛选出分布于不同连锁群上的 20 个微卫星，进行优化组合后，建立了一套由 20 个微卫星标记组成的多重 PCR 反应体系，增加了研究草鱼种质资源的不同实验室间实验结果的可比性（Li et al., 2018）。

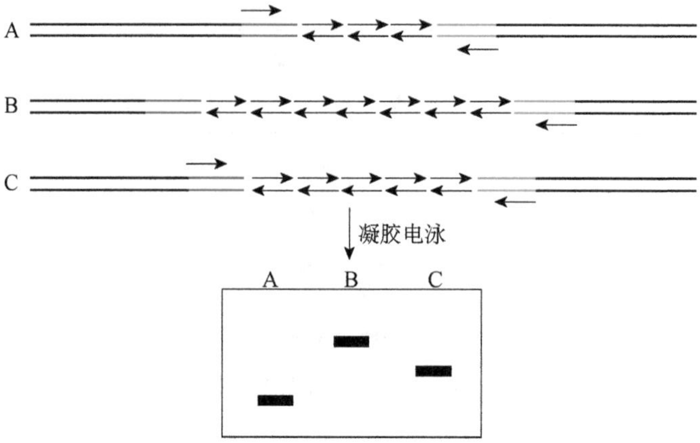

图 3.12 SSR 技术原理示意图

（5）SNP 技术。在群体遗传分析，SNP 是基因组中的单核苷酸变异最为丰富的遗传标记，属第 3 代遗传标记；理论上可用数千个位点进行遗传分析和鉴定。通过对鲤 250K 个 SNPs 位点的分析，所获得的基因组信息可用于群体遗传评价、标记辅助育种和亲本选择，有助于鲤等相近物种遗传和种群生物学的研究（图 3.13）（Xu et al.，2014）。

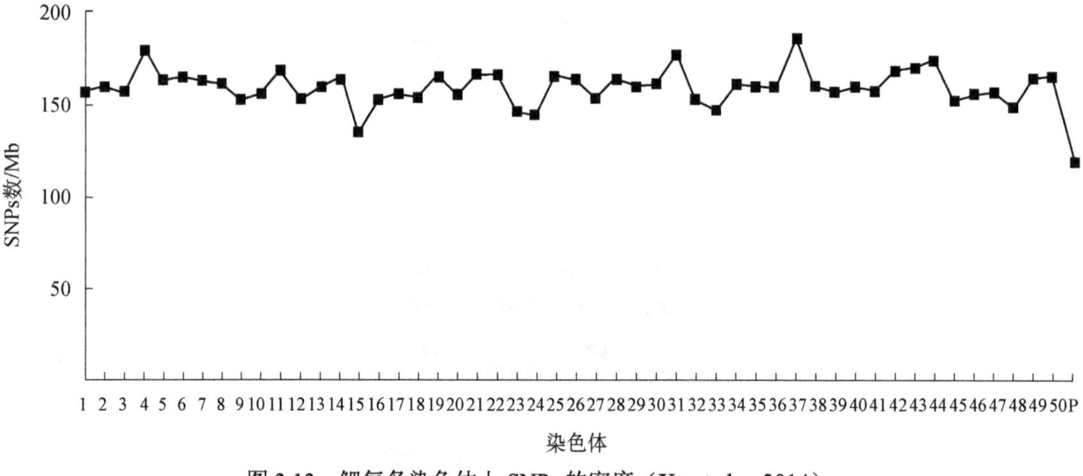

图 3.13 鲤每条染色体上 SNPs 的密度（Xu et al.，2014）

（6）线粒体 DNA 基因序列分析（图 3.14）。mtDNA 具有严格的母系遗传，且分子结构简单（大小 15～20kb）、易分离并具独立的复制能力，作为分子标记被广泛用于鱼类群体遗传学和系统进化等方面的研究。细胞色素 b 是 mtDNA 基因组中 13 个疏水蛋白基因中的其中一个，因其结构和功能被研究的较为清楚，也是 mtDNA 中被应用得较多的分子标记。D-loop 作为 mtDNA 复制的控制区（control region），进化速度最快，是 mtDNA 基因组序列和长度变异最大的区域，通常被用来研究种群内部系统进化分析。有研究利用 cytb 检测了长江支流贵定与干流合江和宜都的中华倒刺鲃（*Spinibarbus sinensis*）群体的遗传多样性，发现合江的遗传多样性最好，支流群体与干流群体间的遗传分化较大（黄小彧等，2011）。有研究利用 D-loop 序列分析来自浙江湖州某公司的罗氏沼虾（*Macrobrachium rosenbergii*）养殖群体、缅甸引进群体以及两者杂交的“南太湖 1 号”群体的遗传多样性，结果表明缅甸引进群体的核苷酸多样性最高，浙江湖州人工养殖群体的多样性最低，提示人工育种对遗传多样性有较大的影响（姚茜等，2007）。

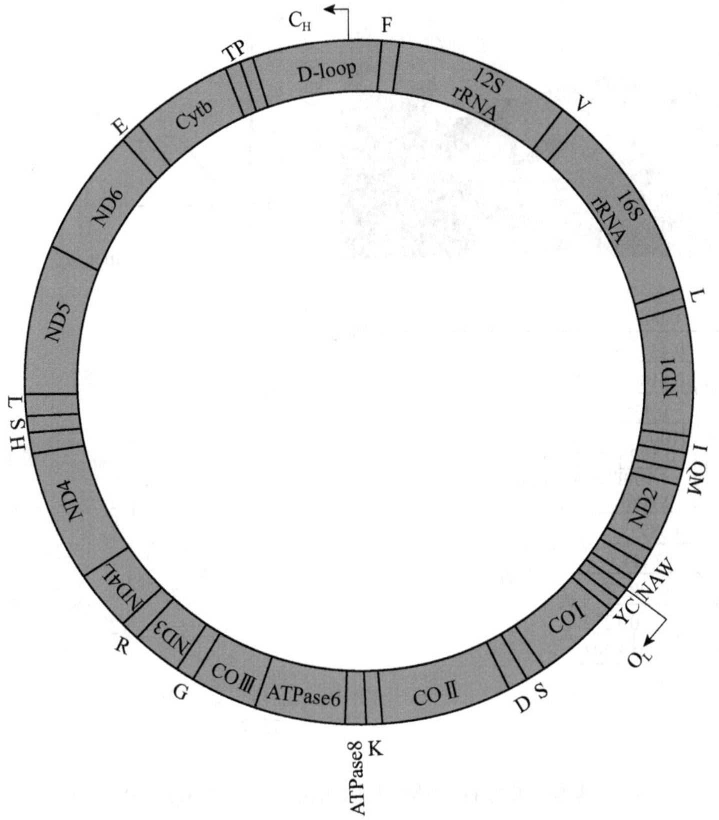

图 3.14 鱼类 mtDNA 基因结构示意图

（7）DNA 条形码。DNA 条形码旨在通过较短的 DNA 序列，在物种水平上对现存生物类群和未知生物材料进行识别和鉴定（图 3.15）。加拿大科学家发表了第一批有关生物 DNA 条形码的研究结果，并首先提出使用线粒体基因细胞色素 C 氧化酶（COI）基因片段（一段长为 648bp 的 DNA 序列）作为动物的 DNA 条形码（Hebert et al.，2003）。科研人员利用鲯 DNA 条形码对甘肃省土著鱼类资源与分布现状的研究结果表明：斯氏高原鳅和拉氏鲅（*Phoxinus lagowskii*）种内遗传分化较大，提示种内可能存在隐存种（王太等，2015）。

图 3.15 DNA 条形码示意图

（8）基因组重测序分析。该技术是对已知基因组序列的物种进行不同个体的基因组测序，并在此基础上对个体或群体进行差异性分析（图 3.16）。目的是在全基因组水平上找出与重要性状相关的基因序列差异，实现遗传进化分析及重要性状候选基因预测（Wu et al.，2014；Liu et al.，2016；Xu et al.，2014；Chen et al.，2014）。有研究利用高通量测序技术对草鱼基因组及其功能基因进行分析，揭示了草鱼草食性进化的分子机制（Wang et al.，2015）。基因组测序技术最初完成“人类基因组计划”耗时 13 年花费 30 亿美元，而目前采用高通量、高时效的测序技术有望将测定一个物种的基因组测序的成本降低至 100 美元，也就是说“百元基因组测序”的时代已经到来。我们相信，随着分子生物学技术的进步，一定会出现更加科学、更加灵敏、更加快速的新的种质资源评价技术。

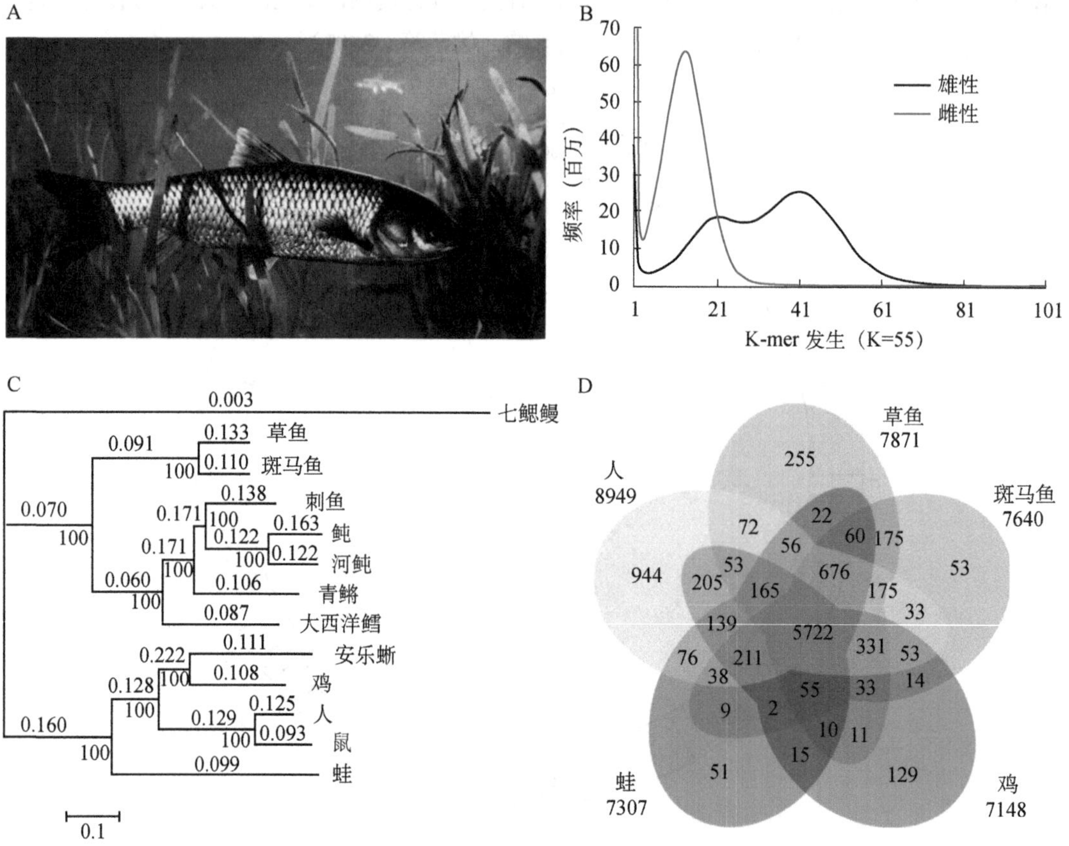

图 3.16 基因组测序揭示草鱼基因组的进化（Wang et al.，2015）

A. 成年草鱼图；B. 55-mer 频率分布图；C. 13 个脊椎动物基因组的系统发育图；
D. 5 种选定的脊椎动物基因组基因簇的维恩图

3.4.1.4 水产种质资源鉴定技术的未来展望

大数据、云计算、人工智能、移动互联等新一代信息技术的发展和应用，在促进传统产业转型升级的同时，也加速了农业现代化的发展。目前，我国研究者在进行作物种业创新、解析基因型与表型决定之间的遗传规律时建立了高通量植物表型平台，实现了“基因型-表型-环境型”的原位测量，为深度挖掘并揭示植物表型组学提供技术平台，进而极大地促进了作物育种和品种升级的进程（赵春江，2019）。结合全息影像、5G 通讯、大数据分析、人工智能等技术手段，更为高效和智能、适合高通量原位分析的水产种质资源鉴定技术平台必将很快到来。综合利用环境模拟与智能监控技术、高分辨水下成像技术、电子身份标记技术、全自动表型分析系统等技术，通过多学科交融建立高通量、快速、精准的种质资源鉴定技术，将会极大地提升水产种质资源的鉴定、分析、评价和保存能力，促进优质种质资源的挖掘与创制，加速水产种质创新和育种实践。

3.4.2 水产种质资源的保存技术

我国水产种质资源十分丰富，但对水产种质资源的收集、保护和研发还处于起步阶段。气候变化、自然灾害、人为活动等都会对种质资源赖以生存的生态环境造成破坏，导致种质资源的生境改变，影响种质资源的存亡，每年都有多个物种濒临灭绝甚至消失。任一种质资源都是经过长期进化而来，都具有自身独特的优良基因，一旦失去都是不可恢复的损失。近年来，水产种质资源短缺问题日益突出，严重限制了水产种业的发展，加强水产种质资源的发掘和保存对鱼类品种改良和新品种的培育都具有重要的意义。水产生物种质保存技术主要包括活体保存技术、标本保存技术、冷冻（精子）保存技术、细胞系保存技术和 DNA 保存技术等。如草鱼种质资源保存就采用了活体和标本结合的保存方式，这些种质资源可以为草鱼种质评价与创新提供丰富的育种材料（李家乐等，2019）。

（1）活体保存技术，按水产生物生长环境来分，分为就地保护和异地保护两种。就地保护指在水产生物繁殖、生长、进化的原栖息地建立自然保护区，通过对生态系统和栖息环境的保护达到保护单个或多个物种的群体、群落的目的；在水产生物的生境尚未遭到严重破坏的前提下，就地保护是种质资源保护的最佳方法（苏建国，兰恭赞，2002），如湖北石首长江天鹅洲故道、湖北监利老江河长江故道“四大家鱼”种质资源天然生态库等。异地保护指在水产生物物种原栖息地以外的人工环境下，对生物多样性的某种成分予以保护和保存，这是个体水平或细胞水平的遗传保护，通常将易地保护作为就地保护的补充措施，如江苏淮安异育银鲫良种场和青岛、广州罗非鱼良种场等。

（2）标本保存技术又称组织固定保存技术，按不同固定液可分为福尔马林保存和乙醇保存。福尔马林保存是将水产生物的整体或器官、组织固定在福尔马林溶液中，密封保存。该技术保存的标本保持了原有标本良好的形态特征且保存时间久；然而，由于该方法保存的样本 DNA 提取质量差、易降解，增加了后续分子生物学分析和鉴定的难度，同时该溶液有一定的毒性，使用时要谨慎。乙醇同样可以用于水产生物整体或器官、组织的固定和保存。经乙醇保存的样本，相比福尔马林固定的样本，DNA 提取较为容易且完整性较好，有利于后续分子生物学的检测和分析，无毒无异味，便于携带、方便野外取样；然而，用乙醇保存的样本形态特征会有所变形，样本的原色会逐渐消失。

（3）冷冻（精子）保存技术。很多动物的配子可以通过加入冻存液进行超低温长期冻存，与鱼类卵子冻存相比，鱼类精子的冷冻保存技术更为成熟和实用，复苏后的成功率更高。目前，科研人员大都是采用鱼类精液冷冻保存进行种质资源的保存或者开展相关的研究工作。虽然这种超低温冻存方法理论上可以达到永久冻存活体种质的目的，可惜的是冻存的精子仅仅包含来自父本一方的遗传物质，仍然需要与有活力的卵子授精才能产生受精卵和子代。鱼类卵子体积较大，存在大量的卵黄物质，在超低温冷冻过程中容易形成冰晶并刺伤冷冻的卵而导致鱼卵低温保存失败，希望将来能够找到一种合适的方法用于鱼卵的超低温保存。

（4）细胞系保存技术。Wolf 和 Quimby 通过细胞培养首次成功建立鱼类细胞系，即虹鳟生殖腺细胞系 RTG-2（Wolf and Quimby，1962）。此后，鱼类细胞培养技术研究在国际上发展迅速，科研人员已建立了包括淡水鱼类、海水鱼类和溯河洄游性鱼类的不同组织来源包括鳍条、皮肤、腮、肝脏、肾脏、脾脏、性腺、胚胎等的细胞系超过 360 株（张宏祥等，2020）；我国已经建立的鱼类的细胞系多达近百株，包括主要的水产养殖种鱼类，如“四大家鱼”、鲤、鲫、鳊、花鲈、褐牙鲆、大菱鲆、真鲷、日本鳗鲡等（张念伟，2017）。

（5）DNA 保存技术。水产生物任一性状都是由遗传物质决定的，DNA 保存是开展水产种质资源遗传物质保存的关键，是在基因层面上实现对水产种质资源的保护，同时，也为将来开展种质资源遗传多样性的研究提供原材料。按照技术上从易到难的程度，DNA 保存分为基因组 DNA 保存、基因组文库保存、cDNA 文库保存、DNA 芯片保存等。

（孙永华，王厚鹏）

复习思考题

1. 斑马鱼作为实验动物有哪些特点和优势？斑马鱼为什么可以作为水产育种的模型？
2. 如何进行水产种质资源的鉴定？
3. 水产种质资源的保存技术有哪些？

主要参考文献

曹文宣. 2011. 长江鱼类资源的现状与保护对策. 江西水产科技，1-4.
常剑波，王剑伟，曹文宣. 1995. 稀有鮈鲫胚胎发育研究. 水生生物学报，19：97-103.
陈松林，刘宪亭，鲁大椿，等. 1992. 鲤、鲢、鳙精子低温短期保存研究. 淡水渔业，3-7.
陈松林. 2007. 水产生物技术研究的回顾、最新进展及前景展望. 水产学报，825-840.
桂建芳，包振民，张晓娟. 2016. 水产遗传育种与水产种业发展战略研究. 中国工程科学，18：8-14.
桂建芳，朱作言. 2012. 水产动物重要经济性状的分子基础及其遗传改良. 科学通报：1719-1729.
桂建芳. 2014. 鱼类生物学和生物技术是水产养殖可持续发展的源泉. 中国科学：生命科学，44：1195-1197.
桂建芳. 2015. 水生生物学科学前沿及热点问题. 科学通报，60：2051-2057.
黄小彧，章群，马奔，等. 2011. 中华倒刺鲃线粒体细胞色素 b 基因的遗传多样性分析. 广东农业科学，38：1-4.
蒋志刚，江建平，王跃招，等. 2016. 中国脊椎动物红色名录，24：501-551，615.
雷霁霖. 2013. 水产种业未来之路. 海洋与渔业 • 水产前沿，7：57-58.
李继龙等. 2013. 中国水生生物种质资源价值评估研究. 北京：海洋出版社.
李家乐，邹曙明，沈玉帮，等. 2019. 草鱼种质资源研究. 北京：科学出版社.
李阔宇，潘鲁湲，孙永华. 2014. 斑马鱼资源的开发保藏与国家斑马鱼资源中心. 中国实验动物学报，22：93-98，105.
李思发等. 2001. 长江重要鱼类生物多样性和保护研究. 上海：上海科学技术出版社.
刘飞，林鹏程，黎明政，等. 2019. 长江流域鱼类资源现状与保护对策. 水生生物学报，43：144-156.
刘英杰，刘永新，方辉，等. 2015. 我国水产种质资源的研究现状与展望. 水产学杂志，28：48-55，60.
邵燕，王伟，王剑伟，等. 2012. 稀有鮈鲫 HAN 近交系的免疫与生化标记分析. 中国实验动物学报，20：24-29，94-95.
苏建国，兰恭赞. 2002. 中国淡水鱼类种质资源的保护和利用. 家畜生态学报，64-66.
孙永华. 2013. 国家斑马鱼资源中心简介. 遗传，35：449-450.
孙永华. 2020. 中国建成斑马鱼定向基因突变体库. 水产科技情报，47：56.
王剑伟. 1992. 稀有鮈鲫的繁殖生物学. 水生生物学报，16：165-174.
王太，张艳萍，管丽红，等. 2015. 甘肃省鱼类资源现状及 DNA 条形码在鱼类物种鉴定中的应用. 生物多样性，23：306-313.

吴本丽，曹岩，罗思，等. 2014. 封闭群稀有鮈鲫对几种常见化学品的敏感性. 中国环境科学，34：1059-1066.
夏德全，曹萤，吴婷婷. 2000. 用 RAPD 技术对罗非鱼遗传变异的研究及应用（英文）. Developmental & Reproductive Biology，35-41.
谢平. 2017. 长江的生物多样性危机：水利工程是祸首，酷渔乱捕是帮凶. 湖泊科学，29：1279-1299.
熊凤，谢训卫，潘鲁媛，等. 2018. 国家斑马鱼资源中心的资源、技术和服务建设. 遗传，40：683-692.
严骏骢，赵金良，李思发，等. 2010. 鲢中国土著群体与海外移居群体遗传多样性的 AFLP 分析. 水产学报，34：673-679.
杨林，桂建芳. 2002. 银鲫生殖方式多样性的转铁蛋白和同工酶标记的遗传分析. 实验生物学报，263-270.
姚茜，杨频，陈立侨，等. 2007. 罗氏沼虾三群体线粒体 D-loop 基因序列差异的初步研究. 水产学报，18-22.
张宏祥，李坤明，王娜，等. 2020. 斑石鲷肝脏细胞系的建立与鉴定. 农业生物技术学报，28：360-368.
张念伟. 2017. 大菱鲆脑细胞系和精巢细胞系的建立与鉴定. 上海：上海海洋大学.
张天时，王清印，朱泽闻，等. 2019. 水产养殖品种和育种技术评价方法的研究. 农业科技管理，38：10-14.
赵春江. 2019. 植物表型组学大数据及其研究进展. 农业大数据学报，1：5-18.
朱滨，常剑波，谭细畅，等. 1999. 湖鲟微卫星 DNA 引物应用于中华鲟亲子关系分析的初步研究. 水生生物学报，547-553.
Blaxter JHS. 1953. Sperm storage and cross-fertilization of spring and autumn spawning herring. Nature，172：1189-1190.
Chen J，Cui X，Jia S，et al. 2016. Disruption of dmc1 Produces Abnormal Sperm in Medaka（*Oryzias latipes*）. Scientific reports，6：30912-30912.
Chen S，Zhang G，Shao C，et al. 2014. Whole-genome sequence of a flatfish provides insights into ZW sex chromosome evolution and adaptation to a benthic lifestyle. Nature Genetics，46：253-260.
Chen S. 2013. Fish sex control and breeding by cell engineering. Beijing：Science Press.
Driever W，Stemple D，Schier A，et al. 1994. Zebrafish：genetic tools for studying vertebrate development. Trends in Genetics，10：152-159.
Gui J，Zhou L. 2010. Genetic basis and breeding application of clonal diversity and dual reproduction modes in polyploid Carassius auratus gibelio. Science China Life Sciences，53：409-415.
Hebert PDN，Cywinska A，Ball SL，et al. 2003. Biological identifications through DNA barcodes. Proceedings of the Royal Society of London. Series B：Biological Sciences，270：313-321.
Kahn P. 1994. Zebrafish hit the big time. Science，264：904-906.
Li D，Wang S，Shen Y，et al. 2018. A multiplex microsatellite PCR method for evaluating genetic diversity in grass carp（*Ctenopharyngodon idellus*）. Aquaculture and Fisheries，3（6）：238-245.
Li J，Wang T，Yi Y，et al. 1997. A detection method for grass carp hemorrhagic virus（GCHV）based on a reverse transcription-polymerase chain reaction. Disease of Aquatic Organisms，29：7-12.
Li M，Wang D. 2017. Gene editing nuclease and its application in tilapia. Chinese Science Bulletin，62：165-173.
Liu S，Qin B，Xiao J，et al. 2007. The formation of the polyploid hybrids from different subfamily fish crossings and its evolutionary significance. Genetics，176：1023-1034.
Liu S. 2010. Distant hybridization leads to different ploidy fishes. Science China Life Sciences，53：416-425.
Liu Z，Liu S，Yao J，et al. 2016. The channel catfish genome sequence provides insights into the evolution of scale formation in teleosts. Nature communications，7：11757.

Mei J，Gui JF. 2015. Genetic basis and biotechnological manipulation of sexual dimorphism and sex determination in fish. Science China Life Sciences，58：124-136.

Mei Z，Cheng P，Wang K，et al. 2020. A first step for the Yangtze. Science，367：1314-1314.

Meng A，Tang H，Yuan B，et al. 1999. Positive and negative cis-acting elements are required for hematopoietic expression of zebrafish GATA-1. Blood，93：500-508.

Nusslein-Volhard C. 1994. Of flies and fishes. Science，266：572-575.

Streisinger G，Walker C，Dower N，et al. 1981. Production of clones of homozygous diploid zebra fish（*Brachydanio rerio*）. Nature，291：293-296.

Su J，Yang C，Zhu Z，et al. 2009. Enhanced grass carp reovirus resistance of Mx-transgenic rare minnow（*Gobiocypris rarus*）. Fish Shellfish Immunol，26：828-835.

Sun Y，Zhang B，Luo L，et al. 2020. Systematic genome editing of the genes on zebrafish Chromosome 1 by CRISPR/Cas9. Genome research，30：118-126.

Sun Y，Zhu Z. 2019. Designing future farmed fishes using genome editing. Science China：Life Sciences，62（3），420-422.

Wang H，Wang J，Wu T，et al. 2011. Molecular characterization of estrogen receptor genes in *Gobiocypris rarus* and their expression upon endocrine disrupting chemicals exposure in juveniles. Aquatic toxicology，101：276-287.

Wang Y，Lu Y，Zhang Y，et al. 2015. The draft genome of the grass carp（*Ctenopharyngodon idellus*）provides insights into its evolution and vegetarian adaptation. Nature Genetics，47：625.

Weismann A. 1893. The germ-plasm：a theory of heredity. New York：Scribner's.

Wittbrodt J，Shima A，Schartl M. 2002. Medaka - A model organism from the Far East. Nature Reviews Genetics，3：53-64.

Wolf K，Quimby MC. 1962. Established eurythermic line of fish cells in vitro. Science，135：1065-1066.

Wu C，Zhang D，Kan M，et al. 2014. The draft genome of the large yellow croaker reveals well-developed innate immunity. Nature communications，5：5227.

Wu WZ，Li W，Xu Y，et al. 2001. Long-term toxic impact of 2，3，7，8-tetrachlorodibenzo-p-dioxin on the reproduction，sexual differentiation，and development of different life stages of Gobiocypris rarus and Daphnia magna. Ecotoxicology and Environmental Safety，48：293-300.

Xie X，Pan L，Sun Y. 2015. Growing with the world：rapid development of the zebrafish research in China and the China Zebrafish Resource Center. Science China：Life Sciences，58：396-399.

Xu J，Zhao ZX，Zhang XF，et al. 2014. Development and evaluation of the first high-throughput SNP array for common carp（*Cyprinus carpio*）. BMC Genomics，15：307.

Xu P，Zhang X，Wang X，et al. 2014. Genome sequence and genetic diversity of the common carp，*Cyprinus carpio*. Nat Genet，46：1212-1219.

Zhong X，Xu Y，Liang Y，et al. 2005. The Chinese rare minnow（*Gobiocypris rarus*）as an *in vivo* model for endocrine disruption in freshwater teleosts：a full life-cycle test with diethylstilbestrol. Aquatic Toxicology，71：85-95.

Zhu B，Ge W. 2018. Genome editing in fishes and their applications. General and Comparative Endocrinology，257：3-12.

第四章　水产生物生殖策略的多样性与人工繁殖

水产生物种类多样，为占有有利的生存空间，它们的生活习性和繁殖策略也丰富多彩。为了有效地开展水产生物的人工繁殖，培育大量的苗种供生产需要，我们必须增加对水产生物生殖活动及其背后的生物学机制的认识和了解。为此，本章将重点介绍鱼类等水产生物生殖策略的多样性和特殊性，同时介绍人工繁殖有关的背景知识和技术，为在遗传育种研究和实践中有效地实现对水产生物的繁殖调控奠定基础。

第一节　鱼类生殖策略的多样性与特殊性

据统计，在全世界的海洋和陆地淡水中共存有约 28 700 种鱼类。由于物种的多样性和栖息水环境的变化，长期的适应性进化导致了这些水产生物生殖策略的多样性。生殖策略是指生物体为了种族延续，在生殖行为中所采取的所有策略的总和。生物体的生殖策略的内涵是非常广泛的，包括胚胎发育过程、生殖类型、生殖方式、生殖行为、对后代的抚养、繁育系统等一系列的内容。

4.1.1　鱼类性征的多样性与特殊性

两性鱼类生殖策略的多样性首先涉及其性征（sexuality）的多样性。绝大多数的鱼类的生殖方式是两性生殖、卵生、异体受精，即雌鱼排卵到体外，雄鱼排精授精。雌雄鱼的比例符合孟德尔遗传，大约为 1∶1。这些鱼类的性特征一般由遗传因素决定，也就是说其雌雄性别是由遗传决定的。例如，一些鱼类已鉴定出了雌雄个体异形的性染色体或性别基因；一些鱼类没有发现雌雄异形的性染色体，但是通过激素诱导性反转个体的回交获得了雌雄异配的性别决定机制。有研究表明，一些鱼类的性染色体尚处于分化的初始状态，这也可能是鱼类中性别分化易变的原因之一（桂建芳等，2007）。

鱼类的两性生殖与多数脊椎动物类似，一般都是通过减数分裂分别在雌鱼卵巢和雄鱼精巢中形成成熟的单倍体卵子和精子，然后产卵、排精。在体外受精后，卵核和精核相互融合，形成二倍体合子，经胚胎发育成为性别相异的雌雄个体，从而周而复始、世代繁衍。

单性鱼类性征的多样性和特殊性，主要表现在一些鱼类完全由雌性个体组成，被称为单性鱼类（unisexual fish）。这些单性鱼类已经被发现采用雌核生殖（gynogenesis）、杂种生殖（hybridogenesis）等多种生殖方式进行繁殖，是一类生殖方式和生殖策略更为特殊的鱼类类群。其中，雌核生殖和杂种生殖这两种主要的单性生殖方式，实际上都需要同种或异种雄性参加生殖过程（尽管雄性的遗传物质可能在最后丢失）。另一方面，尽管在无脊椎动物中孤雌生殖（parthenogenesis）是普遍的现象，但是作为低等脊椎动物的鱼类，孤雌生殖只是非常罕见的现象（例如有报道利用人唾液诱导鲤孤雌生殖产生鱼苗）（陈宏溪，1983），而且其中诱发孤雌生殖的机制难以用现代生物学知识来解释。有关鱼类生殖方式的特征比较见表4.1。

表4.1 鱼类各种生殖方式及其特征的比较（引自陈宏溪，1983）

生殖方式	胚胎发育的途径	后代的表型	存在的状况
两性生殖	异体或同体受精	中间型，性比约1：1，或先雌（先雄）后雄（后雌），或雌雄同体	绝大多数鱼类的天然生殖方式，或存在与少部分鱼类
单性生殖			
雌核生殖	两性近源种精子的假配合	似母本型，全雌	天然或人工诱导
杂交生殖	两性亲本种精子的融合	偏母本型，全雌	天然或人工“合成”
雄核生殖	远缘杂交或雌核失活	似父本型，全雄或雌、雄兼存	偶然发生或诱导
孤雌生殖	病理或人工诱导	偏母本型，全雌	偶然发生或诱导

4.1.2 雌雄同体鱼类的自体受精与混合交配策略

雌雄异体是绝大部分鱼类的两性生殖方式，这种鱼类中的每个个体只有雌性生殖系统或雄性生殖系统，产卵子或精子。另外，少数的一些鱼类具有雌雄同体现象（hermaphroditism）。这是一种特殊的两性生殖方式，与陆生动物相比，鱼类中的雌雄同体现象更为广泛。在雌雄同体鱼类中，较为普遍的是先后雌雄同体（successive hermaphroditism），也就是雌性或雄性性腺并不是同时成熟，而是一种性腺成熟并完成繁殖以后，逐渐转变为另外一种性腺。先后雌雄同体依据其雌雄表现的先后顺序，又区分为雄性先熟雌雄同体（protandrous hermaphroditism），如现今养殖的一些鲷属鱼类，以及雌性先熟雌雄同体（protogynous hermaphroditism），如石斑鱼、黄鳝等。此外，在极少数的鱼类中有同时雌雄同体现象（simultaneous hermaphroditism），即在性成熟的个体中，同时具备发育成熟的精巢和卵巢，且能自体受精，产生遗传性状相对一致的后代。栖息于热带海岸带红树林中的斑纹隐小鳉（*Kryptolebias marmoratus*）（图4.1），就是这种很特殊的同时雌雄同体鱼类。该鱼盛产于佛罗里达南部水域，自体受精产出与亲本相同的克隆后代。按理它的群体遗传多样性应该很低，然而该鱼的有些种群具有预料之外的很高的遗传多样性。Mackiewicz等（2006a）用微卫星标记研究佛罗里达沿岸的样品，发现微卫星标记在一些个体中是相同的，但有少数个体明显不同，怀疑可能存在不同的亲本；进一步在佛罗里达和巴哈马群岛采集的种群样本中发现10%～20%的雄性个体，且种群间存在显著的遗传多样性差异（Mackiewicz et al.，2006b）；人工繁育试验表明，这些雄性个体与雌雄同体个体交配产生可存活的后代，增加遗传多样性（Mackiewicz et al.，2006c）。这一既具有雌雄同体可进行自体受精又具有雄性个体完成异体受精的混合交配策略（mixed-mating strategy），使得斑纹隐小鳉成为鱼类进化生态学研究的理想对象，有可能产生有意义的新发现（Molloy and Gage，2006；Jennifer et al.，2020）。

在一定条件下，动物的雌雄个体的性别表型相互转化的现象称为性逆转（sex reversal）。性逆转的鱼类体内既有雄性生殖器官又有雌性生殖器官，只是一般表现出一种性别表型，而当某些时候，被抑制的另一个器官被激发，从而显示另一种性别。先后雌雄同体就属于性逆转的一种，例如，雌性石斑鱼在产卵以后，卵巢逐渐就变为精巢（雄性）。除此之外，还有一些更特殊的性逆转现象，这种性逆转的发生受环境或社会情况的影响，如日本鳗鲡、金黄突额隆头鱼和小丑鱼等。性逆转现象在低等脊椎动物，特别是在鱼类中相当普遍（殷名称，2000；桂建芳等，2007）。早

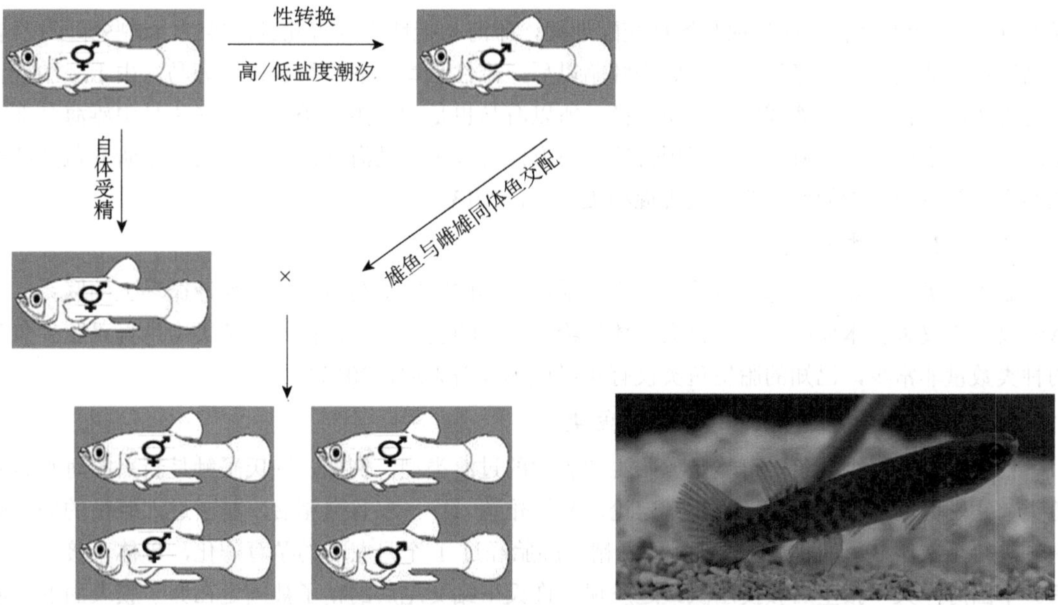

图 4.1　斑纹隐小鳉（右图）的混合交配策略（左图）

斑纹隐小鳉性反转的因素包括潮汐、高盐度和低盐度等（生殖模式据 Jennifer et al.，2020 绘制）

在 20 世纪 40 年代，刘建康先生首次发现黄鳝的天然性反转现象（Liu，1944）。现在我们知道这些性反转现象都是鱼类性激素作用的结果，尽管其分子调控机制还有待进一步被揭示。大量研究表明，一些甾类激素可以诱发鱼类的人工性逆转。例如，在鲤、鲫等鱼类幼鱼时期的饲料中加入一定量的甲基睾丸酮，连续饲喂 2～3 个月，就可使本应向雌性发育的鱼变成雄性。同样，在此时投喂雌性激素，如雌二醇等，则可使本应向雄性发育的鱼变成雌性。科研人员采用药饵投喂或浸浴幼鱼的方法，先后在金鱼、罗非鱼、鲤、虹鳟等多种鱼类中获得人工性逆转（李英文和林浩然，1994；桂建芳等，2007）。

4.1.3　鱼类的繁殖方式及其特殊性

鱼类的繁殖方式，包括卵生、胎生和卵胎生的生殖现象都有报道。本章前面已经提到，大部分鱼类的繁殖方式是卵生，卵胎生的鱼类相对较少，胎生鱼类则更少见（Jalabert，2005）。

4.1.3.1　卵胎生鱼类

自然界有一些鱼类，例如鳉科鱼类中的一些鱼（剑尾鱼、孔雀鱼、摩利鱼等）的繁殖方式与哺乳动物一样都是体内受精，胚胎在体内发育后出生到体外，我们将具有这些特征的鱼类统称为卵胎生鱼类。卵胎生鱼类与哺乳动物的胎生具有根本区别：胎生动物（如人、鼠等）主要是通过胎盘和脐带从母体获得氧气与营养物质，直到动物胚体在母体子宫内发育成为新个体后才产出；卵胎生鱼类是靠母体内受精卵的卵黄维持生命，只有卵膜而没有胎盘这类组织，不从母体中摄取养分。卵胎生的鳉科鱼多为小型的观赏鱼类，具有色彩丰富、生长期短、容易饲养的特点，有些成为了生物学或行为学研究的实验鱼。鱼类的卵胎生又称为“伪胎生”（刘子波，1995；金丽和宋少东，2004）。

海马形态奇特，是所谓最不像鱼类的硬骨鱼类。海马的生殖方式的特殊性在于，它是已知动物中唯一由雄性生育和抚养后代的动物。在雄性腹部正前方或侧面有一个育儿囊（实际是孵卵囊)，而雌鱼无此结构。在雄性和雌性交配期间，雌海马把卵产到育儿囊，雄性给这些卵子授精，受精卵依靠卵黄中的营养物质发育成为胚胎以后，雄性从育儿囊中释放出小海马。由于胚胎或仔鱼与雄体没有直接的血液或营养物质交换，所以海马也是卵胎生鱼类，尽管仔鱼是由雄海马而不是雌海马“生产”的。海马有中药用价值，南方已有人工养殖海马；同时海马也是研究鱼类特殊生殖方式和生殖行为的好材料（盖志琨和史爱娟，2013）。

4.1.3.2 胎生鱼类

胎生鱼类一般是卵在母体内受精发育，受精卵形成的胚体与母体发生血液循环上的联系，其营养物质不仅来自本体的卵黄，也需母体供给。这与哺乳类是相同的。在鱼类中，真正胎生鱼类的种类数量非常少，已知的胎生鱼类仅有灰星鲨等（盖志琨，2013）。

4.1.3.3 卵胎生与胎生的过渡鱼类

目前发现有极少数鱼类可能是卵胎生和胎生的过渡类型。例如，许氏平鲉是新兴的海水养殖鱼类，它是卵胎生还是胎生一直没有定论。其雌雄鱼 11～12 月交尾后，精子进入雌性的卵巢腔中，等待至次年 3～4 月卵子成熟后才受精，胚胎经过 1 个月左右的孕育孵化，母体直接生产仔鱼。中国海洋大学张全启教授团队最近发现：许氏平鲉交尾后的精子被固定在卵子膜表面的透明带蛋白（ZP）层中，其基因组中孵化酶家族基因成员（HCE1-like）发生了扩张，这为消化透明带蛋白、释放出精子做了充足的准备；许氏平鲉卵巢膜中“妊娠”相关信号通路的基因以及与胚胎植入相关的基因（如胎盘形成、血管形成、氧气运输等）显著富集或者特异性高表达，且卵巢中有丰富的血管系统。这暗示着许氏平鲉卵巢有类似胎生动物的子宫和胎盘的功能，可为胚胎提供营养和氧气（图 4.2）。这项研究从细胞和分子水平上证实，许氏平鲉仔鱼孵化前的胚胎发育过程中，不仅有卵黄提供的营养，而且还有来自卵巢的营养供应。因此，它可能是鱼类从卵胎生向真正胎生进化过程中的过渡类型（He et al.，2019）。

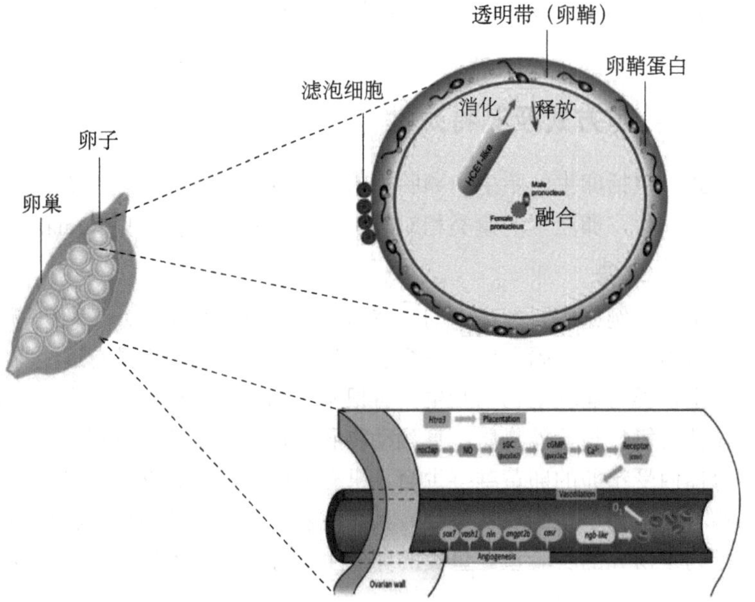

图 4.2 许氏平鲉（*Sebastes schlegelii*）卵巢和卵巢膜有类似子宫和胎盘的功能（引自 He et al.，2019）

4.1.4　鱼类生殖行为的特殊性

生殖行为也是生殖策略的一种，是动物在繁殖中产生与培育下一代的各种行为的统称。生殖行为的表现形式千差万别，又可分为几个阶段和几种类型，如迁徙（洄游）、筑巢、寻偶和求偶、交配、受精、产出下一代和抚育幼体等，内容极为丰富。育幼行为是生殖行为的延续和不可分割的一部分。

部分鱼类具有特殊的生殖行为（图 4.3）。例如，具有生殖洄游的“四大家鱼”、鲑鳟鱼类、鳗鲡、刀鲚等；具有筑巢、挖穴行为的盖斑斗鱼、黄颡鱼等；具有护卵、护幼行为的罗非鱼、乌鳢、天竺鲷等（盖志琨，2013）。这些生殖行为受到神经内分泌系统的调控，然而其遗传基础有些已被揭示，大部分还有待研究。

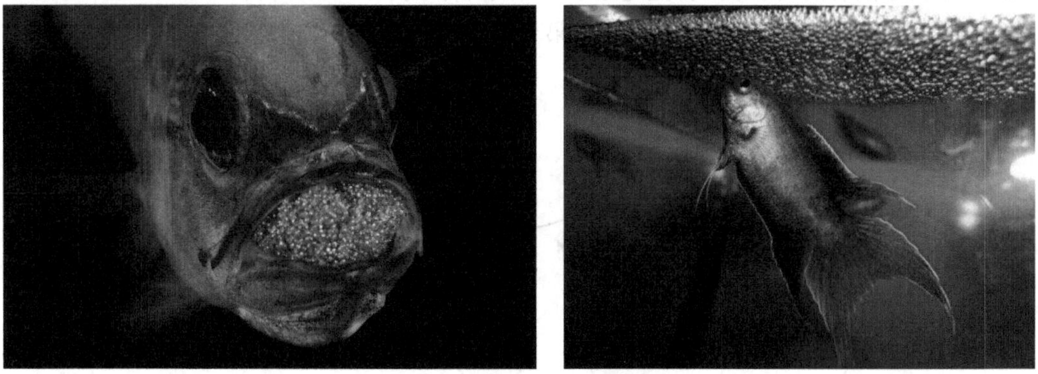

图 4.3　鱼类特殊生殖行为

左：天竺鲷雄鱼嘴含受精卵；右：盖斑斗鱼雄鱼构筑泡巢

第二节　环境因素与鱼类繁殖

4.2.1　环境因素影响鱼类繁殖的可能机制

“好种才能出好苗。”亲本的遗传因素能影响卵子质量已在家养动物中得到了证明。在鱼类中，母本的遗传差异对性腺发育也有重要影响。观察发现，在第一个生殖季节产生了较高质量卵子的虹鳟母本到第二年还能产出较好质量的卵子（Brooks et al.，1997）。不同鱼类卵子的数量（怀卵量）和卵子大小都有所不同，这些都是鱼类长期适应其生存环境后进化出来的繁殖特性。一般来说，鱼类增加卵子的数量，相应地增加子代存活的机会，也就是增加物种生存和种群壮大的机会。不同繁殖方式鱼类的受精卵大小也是不一样的。一般情况下，卵生动物的受精卵比胎生动物的大，胎生动物的受精卵体积通常很小。与其他脊椎动物相比，鱼类的产卵量相对较大，且不同的鱼类也存在较大差异。例如，养殖的鲤每千克亲鱼可产 5 万～10 万粒卵子，大菱鲆每千克亲鱼可产 100 万粒卵子。鱼类卵子的大小与个体大小有一定关系，但是不同鱼类的卵子大小存在明显的多样性和特殊性。

有了好种，没有好的环境也不一定出好鱼苗。鱼类卵子质量是指卵子受精和随之能发育成正常胚胎的能力（Brooks et al.，1997）。研究表明，影响卵子质量的因素很多，其中一些已经为科学家所了解（例如第十五章里介绍的鱼类性腺发育 QTL 研究等），还有一些因素尚属未知。总的来说，这些影响因素是由卵子自身的特性和卵子受精和孵化的环境决定的，主要包括卵子产出期间雌鱼的内分泌状态、亲鱼的饵料、进入卵母细胞的营养，以及孵化用水的理化条件等。其中，环境因素在鱼类的整个繁殖生理过程中有着重要影响（吴清江和桂建芳，1999）。

鱼类的繁殖活动受多种体内外因素的影响。在鱼类繁殖周期中，性腺发育与成熟、外界刺激、排卵（排精）等每一个环节都必须准确协调，鱼类才能在最适宜的时间产生成熟的并且质量高的卵子或精子，便于受精后能正常发育而存活下来（桂建芳等，2007）。影响鱼类繁殖和胚胎发育的环境因素有营养、温度、光照、水流、溶解氧等（刘筠，1993；柳学周等，2004；Pankhurst et al.，2011）。几乎所有的因素最后都是通过影响鱼类的神经内分泌调控机制，通过生殖轴或生长轴以及其他机制来调节鱼类的生殖活动（详见第七章）。

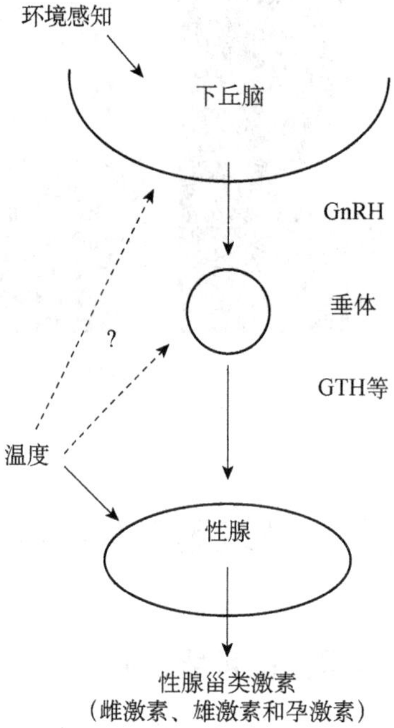

图 4.4　温度影响鱼类性腺发育和成熟的假想机制（引自 Godwin et al.，2003）

4.2.2　影响鱼类繁殖的环境因子

4.2.2.1　营养

鱼类的生长和发育与营养条件密切相关。营养条件是影响亲鱼性腺发育的关键因素，是鱼类性腺发育的物质基础，对卵母细胞的生长、卵黄的发生和沉积有决定性作用。多数春季产卵的鱼类，产后一般有一个强烈摄食和身体生长期，以积累越冬消耗和卵巢再次发育所需要的能量。在翌年春季产卵前还有一个摄食高峰，以提供卵巢和精巢最后发育成熟和产卵（排精）活动所消耗的能量。所以养殖鱼类的产前培育和产后培育特别重要，培育亲鱼一定要抓好春、秋两季的强化培育（Bromage et al.，1992；刘筠，1993）。图 4.5 是鲤性成熟的性腺示意图。

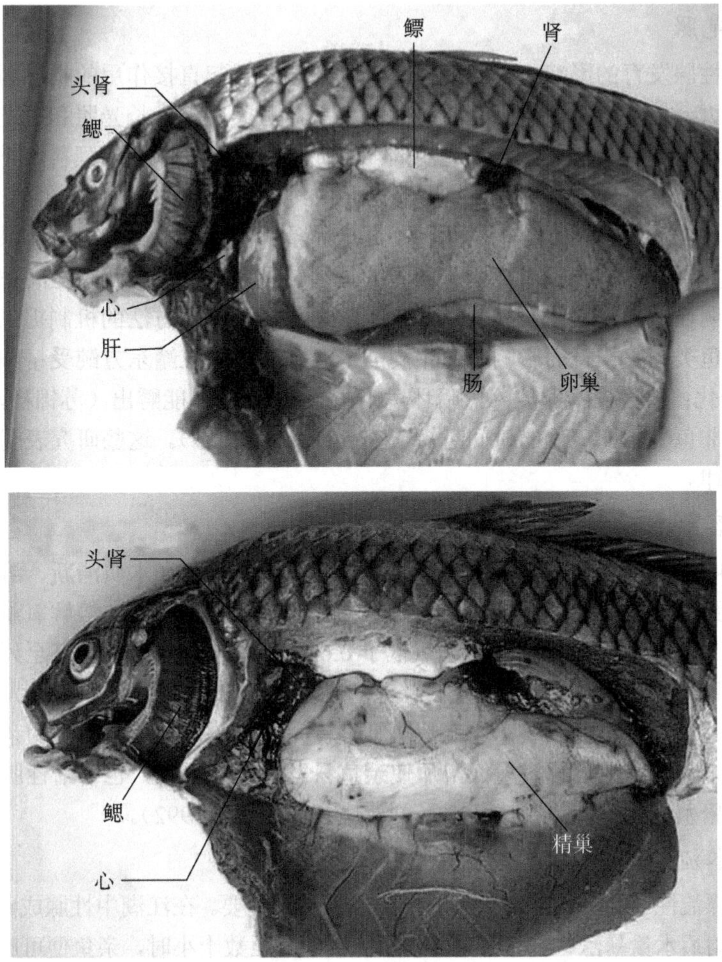

图 4.5　鲤的雌性（上）和雄性（下）成熟性腺

4.2.2.2　温度

（1）温度对性腺发育的影响。温度直接影响鱼类新陈代谢的强度，是促进或抑制性腺发育、成熟和产卵的重要因素。不同鱼类繁殖所需的适宜温度不同。我国淡水养殖的几种主要温水鱼类（“四大家鱼”、鲤等）性腺发育和成熟的适宜温度为 22～28℃。低于 18℃，性腺发育迟缓；高于 30℃，性腺容易过熟而很快退化。主要冷水鱼类（虹鳟、大西洋鲑、细鳞鱼等）性腺发育适宜温度为 4～13℃，超过 13℃性腺发育失常，稚鱼畸形率高。

（2）温度对鱼产卵的影响。每一种鱼产卵都要求有适宜自己产卵的温度，而且产卵要求的温度范围是苛刻的，在一个比较窄的温度范围内。鲤科鱼类中的很多经济鱼类每年的产卵期主要取决于一个合适的产卵温度的到来，在卵巢已完全成熟，而水温尚未达到要求的阈值（如 18℃）的情况下也不会产卵。如果人为提高水温达到阈值，在冬季鲤也可以在池塘中产卵。一般情况下，热带鱼类产卵温度阈值在 25℃以上，冷水鱼类一般低于 14℃。

（3）温度对鱼类胚胎发育的影响。鱼类的早期胚胎发育对温度波动的耐受力非常弱。从受精卵到原肠胚期，胚胎耐热性很低；原肠胚后期，胚胎耐热性开始逐渐增加；胚胎发育末期，胚胎又会出现耐热性下降的情况。各种鱼类胚胎发育期对温度的要求不同。

4.2.2.3 光照

（1）光照对性腺发育的影响。光照对鱼性腺发育和成熟起直接作用的指导因子中，以光周期对性腺的影响最大。按照性腺成熟和光照时间的关系，鱼类可分为长光照和短光照两种类型：春夏产卵的鱼类属于长光照型鱼类，延长光照周期可促使其提前产卵，如鲤科鱼类、牙鲆等；秋冬产卵的鱼类属于短光照型鱼类，缩短光照周期可促使其成熟、产卵，如鲑科鱼类、花鲈等。Bonnet等（2007）利用cDNA芯片技术分析了两种不同产卵条件下所产虹鳟卵子的转录组，通过比较注射激素诱导所产卵子和调控光照周期所产卵子的基因转录差异，发现两者之间在一些特定基因的表达丰度上存在明显差异。这些研究为进一步了解不同调控产卵方法的机制提供了重要线索。

（2）光照对鱼类胚胎发育的影响。在相同的水温条件下，红鳍东方鲀受精卵在自然光照条件下，167h全部孵化；而将受精卵放入黑暗环境中，需要220h才能孵出（苏锦祥，1993）。光照强度越强，尼罗罗非鱼受精卵孵化的时间越短（Wang et al.，2019）。这些研究表明光照可以控制鱼类胚胎发育的节律。

4.2.2.4 溶解氧

溶解氧是影响鱼类新陈代谢的基本因子之一。繁殖亲鱼只有在水质清新、溶解氧充足的环境中，性腺才能得到良好的发育。大多数养殖鱼类性腺正常发育所要求的溶解氧量为4mg/L以上；水中溶解氧低于2mg/L时开始浮头；溶解氧低于0.6mg/L时，会严重浮头甚至死亡（所谓的“泛塘”）。特别是开春后随着性腺的迅速发育，亲鱼对溶解氧量的需求也越来越大。性腺发育越好的亲鱼，需氧量越大，越不耐低氧，这就是缺氧时首先死亡的是性腺发育好的亲鱼的原因。生产实践表明，如果亲鱼培育池溶解氧量低，即使亲鱼只发生轻度浮头，也会给性腺发育带来不利影响，最终将影响繁殖成功率或苗种成活率（刘建康和何碧悟，1992）。

4.2.2.5 水流

水流对于产漂流性卵和溯河产卵鱼类的性腺成熟至关重要。在江湖中性腺成熟的四大家鱼，在生殖季节每当暴雨后水量暴涨、水流湍急时，经历数小时至数十小时，亲鱼便可产卵。在某些水库上游的水流湍急处，四大家鱼也能产卵。但是，四大家鱼在池塘养殖中，其性腺只能发育到第Ⅳ期，如无流水、流速变化的刺激或不采用人工催产措施，性腺就不能发育到第Ⅴ期，也就不能顺利排卵或排精。一般在湖泊或池塘中可以完成整个生活史的鱼类（如鲤、鲫、团头鲂等产黏性卵的鱼类），其性腺可以正常发育至第Ⅴ期，温度适合即使没有大的水流刺激也可以产卵和排精。

4.2.2.6 附着物

有些鱼类（主要是产黏性卵的鱼类）在自然繁殖产卵时，水中必须有卵的附着物（水生植物）。例如，在人工繁殖时，鲤、鲫等鱼类在没有水中附着物的情况下，即使性腺完全成熟可能也不会顺利产卵，有可能发生卵子过熟。因此，在预期的产卵时间之前，养殖者需要向水中投放适合受精卵附着的物品（如棕榈树皮、草把、塑料网片等），促进鱼类产卵，同时便于回收受精卵。

第三节　水产生物人工繁殖的理论基础和技术

4.3.1 水产生物人工繁殖的理论基础

水产生物人工繁殖的理论基础是利用激素或理化环境因子调控繁殖系统的生理功能，达到模拟自然条件下生殖活动的效果。由于水产生物中，只有鱼类有较为复杂的生殖调控机制，下面将以鱼类为主介绍人工繁殖的理论基础。由于本书第六章专门介绍水产动物生殖内分泌的生理和遗传调控机制，这里仅从鱼类人工繁殖的角度，简要介绍开展人工繁殖操作中所需要了解的一些基础理论知识和技术。

众所周知，生殖和生长是生物体最基本的特征，鱼类繁殖生物学的主要生理基础是受到生殖内分泌调控轴[所谓的脑（下丘脑）-垂体-性腺轴，即生殖轴]的影响，生殖轴调控鱼类的性腺发育、成熟和排卵与排精（刘筠，1993）。在动物的生长发育中，还有一个主要的生理调控轴即所谓的生长轴（下丘脑-垂体-肝脏-肌肉轴），过去的观点认为生长轴只调控生长，与生殖关系不大。最近二十多年来的研究表明，两者既相互区别又密切相关：生长轴中肝脏分泌的胰岛素样生长因子（IGFs）以及生长激素通过性腺生殖细胞上的受体（GH）等机制，调控鱼类的性腺成熟。在生殖轴的调控中，外界的刺激通过中枢神经系统，对下丘脑分泌激素调节垂体，垂体分泌促性腺激素（GTH）刺激性腺成熟，性腺也分泌激素促进排卵和排精，同时与其他促进产卵相关的激素（如促甲状腺素和促肾上腺皮质激素）反馈作用于中枢神经系统，完成生殖活动（Tyler et al.，1996；林浩然，2000；Lin et al.，1995）。鱼类人工繁殖所依据的生理调节机制如图 4.6 所示。

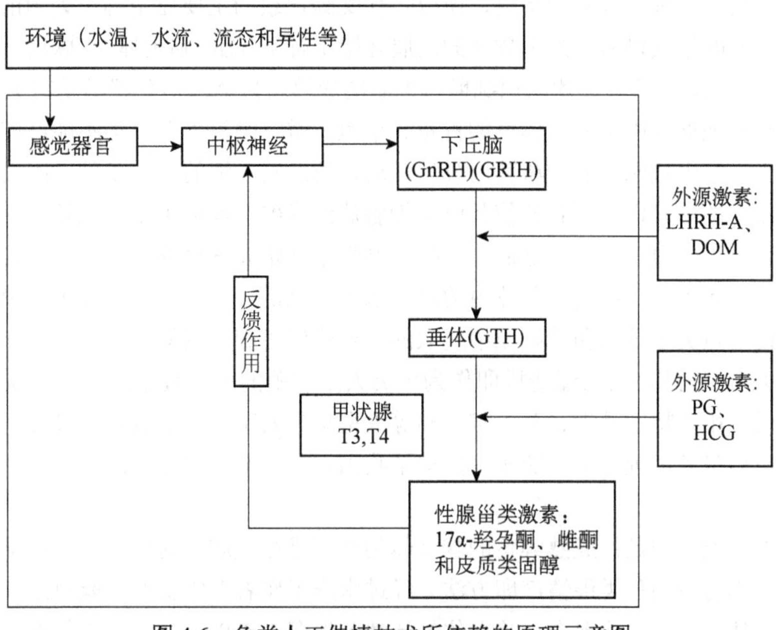

图 4.6　鱼类人工催情技术所依赖的原理示意图

LHRH-A、DOM、PG、HCG 是常用催产剂

养鱼的首要条件是要有足够数量的可供养殖的鱼苗。从 3000 年前人类开始养鱼起，养鱼人一直就在问：为什么天然水域中的鱼类到生殖季节都可以进行自然产卵繁殖，而对一些有重要商业价值的鱼类，当人们试图通过繁殖而扩大其养殖规模时常常是事与愿违。从天然水域中捕获的亲鱼往往存在生殖功能紊乱（reproductive dysfunction），难以产卵、排精和人工育苗。究其原因可能主要有两个：一个是人工捕获诱发的应激（stress）所致；另一个是缺少江河等水域中特殊的能刺激其内分泌活动、诱发其发情的生态和环境条件，这些具备产卵、排精和精卵结合条件的水域就是生态学上所定义的可供鱼类繁殖的产卵场（钟麟等，1965；殷名称，2000）。

与较易获得精液的雄鱼相比，鱼类的生殖功能紊乱主要表现在雌鱼方面。按照其生殖功能紊乱所出现的时期，生殖功能紊乱可分三种类型。第一种类型是不能完成卵黄发生（vitellogenesis），属于最严重的一种类型，如欧鳗（*Anguillaanguilla*）等就是典型的范例。在天然水域中，欧鳗在从河口栖息地向深海产卵场的降海性洄游过程（共 18 个月）中性腺发育成熟，而捕获的欧鳗没有完成这一迁移过程，因而其性腺发育一般阻滞在卵黄发生阶段。第二种类型是雌性亲鱼不能完成卵母细胞成熟和排卵（ovulation）过程，这是鱼类人工繁殖中遇到的最普遍的现象，也是近 30 年来鱼类人工繁殖研究中最突出的问题。第三种类型是不能完成产卵（spawning），发生在生殖活动的最后时刻，即从卵巢排到腹腔的卵子不能释放到水中。第三种类型要求进行人工繁殖的操作人必须严格掌握排卵时间，且从排卵到尚有受精能力的时间在不同鱼类之间存在显著差异，例如鲤科鱼类可长达一周，美国鲍和大菱鲆等可达 10h，而有些鱼类则不到 1h。这就要求操作人员在这段时间内尽快挤出卵子，否则卵子就可能过熟（overripe），降低或失去受精能力（Zohar and Mylonas，2001；桂建芳等，2007；赵艳飞等，2018）。

我国古代人民是世界上最早通过模拟自然条件尝试鱼类人工繁殖的先驱。古代文献记载了亲鱼挑选的要求和选配的方法，反映出古人从开始养鱼起，就在试图掌握人工繁殖技术。因为古人当时并不知道“四大家鱼”繁殖的奥秘，所以古代文献记载的主要还是鲤鱼繁殖的观察结果。

直到 20 世纪 30 年代以后，当生物学的发展开始了解下丘脑-脑垂体-性腺这一调控生殖活动的神经内分泌中枢时，科研人员才认识到卵母细胞的成熟与排卵和内分泌活动有关（Tyler，199），才逐渐明白生长在池塘等中小型水体里的青鱼、草鱼、鲢、鳙等大型鱼类不能产卵，是由于水体相对静止，缺少江河中特殊的能刺激其内分泌活动、诱发其发情的生态条件，因而即使在生殖季节，与性活动相关的激素仍达不到诱使其卵母细胞达到成熟排卵的水平（刘筠，1993）。

在发现生殖行为受内分泌调控之后，一些生物学家开始尝试将脑垂体的组织匀浆液或其中提取的促性腺激素引入鱼体，以提高鱼体内的激素水平，来诱导排卵、达到人工繁殖的目的。1958 年，我国首先使用鱼类脑垂体和孕妇尿中提取的绒毛膜促性腺激素催产鲢、鳙产卵成功（刘建康和何碧悟，1992）。于是，人工催情排卵作为鱼类人工繁殖的关键技术之一，很快在各种养殖鱼类中获得了广泛应用，特别是青、草、鲢、鳙等大型鱼类人工繁殖的成功，打破了一千多年来从江河中捕捞鱼苗但资源远远不够的瓶颈，推动了我国水产养殖的快速发展（钟麟，1965；桂建芳等，2007）。

用性成熟的鱼类特别是性成熟鲤鱼的脑垂体匀浆液进行腹腔注射催产，是最早采用且迄今仍在采用的一种较为有效的鱼类催情产卵方法。经过水产工作者多年实践经验总结，丙酮脱脂和脱水后干燥的脑垂体，如果冷藏保存，脑垂体的活性可保存 5 年以上。水产工作者在制作干燥脑垂体时，一般是在冬末至早春选取性成熟、鲜活或死亡不久的鲤鱼，沿两眼上缘用刀将颅顶骨切开一块，露出鱼脑，除去脂肪，拨开鱼脑，在其下方正中线上可见一个白色小体，即脑垂体；脑垂体放入丙酮中脱水和脱脂后，取出阴干，即可密封冷藏、保存备用。现在我们知道，用脑垂体匀浆液诱导催情产卵，实质上是利用性成熟鲤鱼脑垂体中已大量分泌的 GTH，其作用原理就是通过 GTH 来诱发亲鱼的性腺最后成熟和产卵（Zohar and Mylonas，2001）。

人绒毛膜促性腺激素（human chorionic gonadotropin，HCG）也是最早使用的鱼类催产剂，一般从孕妇尿中提取，其催产剂量一般是每千克雌鱼 800～1200 U。用 HCG 催产的优点是直接作用于性腺，因而见效时间快。其不足之处是由于其分子质量较大，且作为一种异源蛋白，已在一些鱼类中发现其注射后可诱导免疫反应，产生抗体。特别是一些名贵鱼类的亲鱼需要多次催情产卵，但往往出现催产无效，究其原因仍是免疫反应作用所致（Zohar and Mylonas，2001）。

现今我国普遍使用的鱼用催产剂是促排卵素。实际上它是根据从哺乳动物下丘脑中提取的GnRH 所测出的氨基酸顺序合成而来。在 20 世纪 70 年代，我国的生物化学家和动物学家合作人工合成一种九肽激素类似物，其结构为焦谷-组-色-丝-酪-D-丙-亮-精-脯乙基酰胺，现由上海东风生化制药厂和宁波水产激素厂生产。因 GnRH 最初被发现具有促进分泌黄体激素的作用，因而有时又被称为促黄体素释放激素（LHRH）。我国目前仍习惯性地将这些经改进、具有强效促排卵作用的人工合成多肽称为促黄体素释放激素类似物（LHRH-A）；在国外文献中，则普遍被称为GnRH-A，即 GnRH 类似物（GnRH analogue）（Peter and Yu，1997）或 GnRH 兴奋剂（GnRH agonist）（Zohar and Mylonas，2001）。这种人工合成的激素类似物已被大量人工繁殖实践证明具有强烈的促进鱼类卵母细胞发育、成熟和排卵或促进精子形成的功能，因而被广泛使用。

GnRH 催产剂在人们还不知道鱼类 GnRH 基因特征及其生理活性之前就被广泛用于鱼类，并取得了成功，其根源在于它是 GnRH 基因产物经加工留下的仅含 10 个氨基酸的短肽，在脊椎动物中具有高度的进化保守性，可在很大范围内突破物种间的界限而得到广泛的使用。它的主要优势之一是无免疫原性，能重复使用；优势之二是通过诱导内源性的 GTH 等激素的分泌，可修复因捕获等应激所造成的内分泌紊乱，且它作用于下丘脑—脑垂体—性腺中心轴的上游，其结果是能够较好地平衡促性腺激素和其他与产卵相关的激素（如促甲状腺素和促肾上腺皮质激素）的分泌，可起到整体协调的作用；优势之三是它易于合成和纯化，克服了脑垂体匀浆液传播疾病的危险。

如图 4.6 所示，在鱼类的人工繁殖操作中，通过注射外源激素催情，LHRH 类似物和马来酸地欧酮（DOM）作用在下丘脑与垂体之间，因此需要的效应时间较长；而注射垂体匀浆和人绒毛膜促性腺激素时直接作用于性腺，因此效应时间短。实际上在具体的鱼类人工繁殖操作时，一般是两种类型催产素按照一定的剂量混合使用。

4.3.2 水产生物人工繁殖技术

4.3.2.1 亲鱼的选择和培育

1. 亲鱼的选择　　我国水产种苗生产实行许可证制度，即苗种由取得资质的良种场或原种场生产；用于大规模人工繁殖的亲鱼必须是良种或原种。对于没有优良品种的鱼类，也可到天然水域采捕野生亲鱼或后备亲鱼，不能使用池塘养殖的商品鱼或人工繁殖的后代直接作为亲本。

选择已达到性成熟年龄个体，如鲫、黄颡鱼 2～4 龄，鲤、鲶、团头鲂 3～5 龄，鲢、鳙、草鱼 4～10 龄。低龄鱼亦可作为后备亲鱼培育，老龄亲鱼怀卵量较低，卵质量较差。在同年龄组中应选择个体大、无病无伤和健康的个体作为亲鱼，雌雄比例一般为 1∶1；亦可根据实际需要确定雌雄鱼比例，如采用人工授精方法繁殖，雄亲鱼比例可适当减少。根据体型、体色、鳞片等选择纯种亲鱼，杂种、近亲繁殖后代和性状不纯者不能用作亲鱼。

2. 亲鱼的培育　　亲鱼是人工繁殖的物质基础，性腺发育是人工繁殖的关键。只强调催产和孵化，忽视亲鱼培养；只强调春季强化培育，而忽视产后培育，即所谓“产前攻，产后松”的做法是搞不好鱼类人工繁殖的。

（1）亲鱼培育放养量应控制在 350kg/亩以内，以保证性腺的正常发育和成熟。鲢、草鱼亲鱼产前培育适宜放养密度为 15～20 尾/亩，搭养鳙 6～8 尾/亩；鲤、鲶和黄颡鱼亲鱼产前培育的适宜放养密度分别为 100～120 尾/亩、300～400 尾/亩和 1000～2000 尾/亩。

（2）需要强化投饵，保证亲鱼性腺发育的营养需要。亲鱼可投喂颗粒饲料，饲料粗蛋白含量可在30%左右，适当增加维生素E和维生素C等添加量；日投喂2～3次，日投喂量为2%～5%（根据水温和摄食情况增减）。草鱼亲鱼需要投喂青草；鲢、鳙亲鱼培育池施生物肥或适量的化肥以培养浮游生物饵料，亦可泼洒豆浆等饲料。鲶等肉食性鱼类亲鱼可投喂鲜活小杂鱼或膨化颗粒饲料。

（3）需要调节水温和水质，保证亲鱼性腺发育和成熟的环境条件。春季是鲤科鱼类等亲鱼性腺发育的关键时期，但我国北方地区春季水温低，抑制了性腺的快速发育。所以春季亲鱼要及早分塘饲养，培育池水深在100cm左右为适宜；池塘水浅有利于水温升高和变化，可促进性腺快速发育和成熟。鲢、鳙喜肥水，草鱼喜清水，在亲鱼培育过程中应及时加注新水或排除老水，以保证较高溶解氧量和水质清新，同时避免翻塘。多数鱼类性腺发育成熟的过程中需要流水或微流水刺激。

3. **亲鱼的捕捞**　在池塘中用大拉网捕捞亲鱼的适宜水深为1.0m左右；水过深，捕鱼困难；水过浅，拉网费力且易拉起淤泥。拉网时要压紧底纲，拉网速度应慢些，收网速度应快些，防止亲鱼受伤。

4.3.2.2　催情处理

人工催产是指采取生理手段和生态措施促使亲鱼性腺进一步发育成熟，以达到排卵、产卵和排精、受精的过程。一些养殖鱼类，如鲢、鳙、草鱼、青鱼，它们在养殖水体中性腺只能发育到生长成熟（第Ⅳ期），不能完成向生理成熟（第Ⅴ期）的过渡，即不能自行产卵繁殖。还有一些养殖鱼类，如鲤、鲫、团头鲂等，它们可以在养殖水域中自行产卵繁殖，但产卵时间不集中，繁殖效率不高。所以，人工催产是提高鱼类人工繁殖效率的重要手段。

（1）常见催产剂。常用鱼类催产剂主要有LHRH-A、HCG和DOM等。LHRH-A作用的靶器官是脑垂体，促使GTH的分泌和释放；对大多数鱼类催产都有效，也可用于亲鱼性腺的促熟。HCG作用的靶器官是性腺，促使排卵和性行为产生，对大多数鱼类催产有效。但目前市售产品是从怀孕哺乳动物尿液中提取的，对鱼类催产往往产生副作用和具有选择性（如对草鱼无效）。DOM是多巴胺受体的阻断剂，与LHRH-A合用，起到增强剂的作用。

（2）催情注射。注射催产剂的次数应根据亲鱼和催产剂的种类、催产季节和亲鱼成熟情况确定。一次注射催产剂可达到催产目的，就不宜做第二次注射；尽量减少亲鱼在操作过程中受伤、早产和不必要的劳动。亲鱼成熟情况欠佳，则应采取二次注射：即第一次注射以促使亲鱼性腺成熟（促熟）为目的，只注射全剂量的1/10～1/8，第二次注射余量。

剂量指单位鱼体重注射催产剂的量，LHRH-A通常用微克/千克（μg/kg）、DOM通常用毫克/千克（mg/kg）、HCG通常用国际单位/千克（IU/kg）表示。各种催产剂的常用剂量可遵照产品说明书确定。一般在催产季节早期和水温较低时，使用催产剂剂量可适当加大。

（3）注射方法。鱼类催产注射多采用一次性注射器或禽用可调连续注射器。注射方式有体腔注射和肌内注射两种，现今主要采用体腔注射：在胸鳍的基部无鳞处，将针头朝鱼体前上方与鱼体表面成45°角刺入体腔，进针深度为2cm左右（“四大家鱼”等大型鱼类）或1cm（其他鱼类），不可扎入过深，以免刺破心脏。

4.3.2.3　自然产卵受精

（1）雌雄比例及密度。将注射催产剂的雌、雄亲鱼按一定比例（一般为1：1）和密度（≤1

组/m^2）放入产卵池后，细心管理，以保障亲鱼顺利排卵、产卵和受精。

（2）环境条件。根据各种亲鱼对产卵环境和条件的要求，应合理调节水温、水质和水流。鲤、鲫、鲶等产黏性卵鱼类，产卵时应提供鱼巢（通常用棕榈树皮制作），黄颡鱼产卵应提供产卵窝和鱼巢。亲鱼产卵除要保证适宜水温外，一般要有水流刺激和良好的水质条件，以利于雌雄亲鱼的相互追逐和发情、产卵。亲鱼产卵时，应保持环境安静。养殖人员在人工繁殖“四大家鱼”时应提供适宜的水流、流速和流态。亲鱼刚放入产卵池时，产卵池水流可适当小些，以利于亲鱼保持安静和减少体力消耗。一般在发情前1～2h，可加大水流刺激；当发情达到高潮并开始产卵时，可适当减小水流和流量，以利于产卵和受精；产卵完毕后应加大水流和流量，以利于集中收卵。

（3）发情和产卵。在适宜条件下，亲鱼被注射催产剂后，在一定时间内就会出现相互追逐的兴奋现象，即发情；当发情达到高潮时，就出现交尾产卵的现象。养殖鱼类繁殖习性不同，生殖行为也各异，发情、产卵的表现也不尽相同。

4.3.2.4　人工授精

（1）成熟卵和精液的获得。成熟亲鱼的选择和注射催产剂方法与自然产卵基本相同。到了效应时间，捕捉并擦干亲鱼体表水，轻压亲鱼腹部，将成熟卵和精液同时挤到一个擦干的盆中（干法授精）。鲶、鮠、黄颡鱼等鲇形目鱼类雄鱼的精巢呈树枝状，挤不出精液，可采取杀雄鱼取其精巢的方法获得精液。

（2）精液与卵的混合。为了使精液与卵充分混合，应在装有精液和卵的盆中加入少量等渗液（与亲鱼体液相同盐分的生理盐水），然后进行充分搅拌；也可采取先将精液用精子保存液稀释再与卵混合和搅拌的方法使精液与卵充分混合。

（3）完成受精过程。精液与卵混合后加入淡水，精子迅速活动并从受精孔进入卵内，1～2min完成受精过程。

（4）受精卵处理与孵化方法。鲢、鳙、草鱼、青鱼等漂流性卵，可直接移入孵化桶或环道中孵化。鲤、鲫、鲶、黄颡鱼、泥鳅等黏性卵的处理与孵化方法有两种，一是将受精卵均匀泼洒、黏附于鱼巢上，静水充气和流水孵化；二是用黄泥浆或滑石粉等将受精卵脱黏后流水孵化。

4.3.2.5　人工孵化

人工孵化是利用孵化器在人工控制条件下，使受精卵顺利完成胚胎发育和孵出仔鱼的过程。提高孵化率是人工孵化追求的主要目标。养殖人员根据养殖鱼类受精卵的性质和胚胎发育要求，选择适宜的孵化方式（刘健康和何碧悟，1992）。

（1）黏性卵的孵化（鲤、鲫、黄颡鱼）。①孵化环道流水孵化；②孵化池静水和定期换水充气孵化；③土池塘静水孵化；④脱黏流水孵化（孵化桶）；⑤保温室淋水孵化（较少见）。

（2）漂流性卵的孵化（鲢、鳙、草鱼和青鱼等）。①孵化环道微流水孵化；②孵化桶（缸）微流水孵化。

（3）浮性卵的孵化（鳜、乌鳢等）。①微流水孵化；②静水和定期换水充气孵化。

（4）非黏性沉性卵的孵化（虹鳟、大西洋鲑等）。孵化器流水孵化。

4.3.3　水产生物人工催产的其他方法

4.3.3.1　阴干流水刺激法

将海参置于空的产卵池阴干45min左右，打开进水阀以水流冲击亲参15min左右，再加入新鲜的海水，不久亲参就会产卵和排精。一般雄性先排精，0.5h 后雌性开始排卵；如雌参产卵后，雄参仍大量排放精液，应把雄参移出，以防止水体中精液过多。至 20 世纪 90 年代中期，随着人工育苗关键技术不断得到完善与进步，刺参养殖有了强有力的技术支撑（黄华伟等，2007）。2004 年，山东省有海参育苗场 670 家，育苗水体 56 万 m^3，出苗 42 亿头；2004 年，仅辽宁省大连市的海参育苗单位就有近 200 家，育苗总水体达到 40 余万 m^3，出苗 20 多亿头；2015 年，山东海参养殖产量高达 10.0643 万吨。

4.3.3.2 升温刺激法

根据预期育苗时间、扇贝的种类及其生殖腺成熟要求的积温、促熟培育水温、升温速度等条件，人们可推算扇贝促熟亲贝的入池时间。升温期每天升温 0.5～1℃，达到亲贝产卵温度后恒温培育一段时间，然后再以水流等方法刺激排卵和排精。

4.3.3.3 光照刺激法

性成熟的雌、雄斑马鱼放置于罩有黑布的水族箱，一般不会产卵。如果将黑布拿掉，在光线的刺激下它们就会很快排卵和排精，完成受精过程。光照的调控一直以来都是鲟鱼人工繁殖和鱼子酱生产中常用的方法。相反，由于对虾的性腺抑制素（GIH）是在眼柄中合成的，人工繁殖前一般要将亲虾的眼柄切去，使得在完全黑暗的环境下虾的性腺迅速发育和成熟。这些都是基于水产生物繁殖生物学的基础研究成果，经过人工繁殖实践摸索出来的有效生殖调控方法（苏锦祥，1993）。

第四节　水产生物人工繁殖的展望

在“四大家鱼”人工繁殖成功以后，科研人员借鉴“四大家鱼”的人工催情技术和药物，针对淡水和海水鱼类自身的特点加以适当改进，在许多经济或潜在经济鱼类的人工繁殖中取得了成功。现今对于大多数水产养殖生物来说，人工繁殖和苗种培育不存在大的问题，因为许多技术已经是非常成熟的常规生产技术。以我国现在的人工繁殖和苗种生产能力，可以生产出超过实际养殖需求很多倍的苗种数量。当然，在少数水产生物中由于存在特殊的生殖方式或行为，或繁殖生物学中还有不明确的机制，科研人员迄今还未能完全攻克人工繁殖技术和苗种大规模培育难关，而这些物种往往又是经济价值比较高的养殖对象。

（1）黄鳝是我国特有的重要养殖鱼类，经济价值高，但是养殖规模长期受到苗种问题的制约。黄鳝的繁殖行为较为特殊，它是吐泡营巢繁殖的少数鱼类之一，怀卵量低。在繁殖期间，黄鳝先在水表面吐泡沫，做成泡沫巢；然后雌鳝在水中产卵；与此同时，雄鳝排精，受精卵借助泡沫的浮力在水面孵化，经 6～7d 孵化成稚鱼。黄鳝在过去所尝试的全人工繁殖条件下，雌、雄性腺发育不能完全同步，导致受精率、孵化率不高，通常在 6%～22%。近十多年来，湖北等地摸索出了黄鳝的半人工繁殖技术，即首先进行人工催熟，再在稻田或挂有水花生的小网箱中自然繁殖。这种“生态繁殖”技术解决了黄鳝苗种生产的部分问题，但还是无法解决黄鳝全人工繁殖和苗种大量生产的问题。尽管如此，在半人工繁殖技术出现之前，渔民长期只能从稻田、水沟中捕捞黄鳝幼苗进行养殖。

（2）日本鳗鲡是降海产卵的洄游性鱼类，从淡水向海水洄游的过程中，首先要在半咸水河口区（东海的长江口）适应一段时间的高渗透压。鳗鲡的产卵场（可能在马里亚纳海沟附近）距离其摄食生长区非常遥远，因此它们在海水中无法摄食并且还要进行生殖活动，体力消耗巨大，繁殖后全部死亡。20 世纪 70 年代，我国和日本学者成功诱导了鳗鲡性成熟和排卵；我国研究人员培育出极少的子一代，人工繁殖获得的幼苗很难度过开口期（苏锦祥，1993）。日本学者于 2010 年培育出鳗鲡子二代，但是离真正的人工育苗成功还是距离甚远。

其他一些洄游性经济鱼类，人工繁殖虽然取得了成功，但是规模化的育苗还有难度。例如，刀鲚虽然十多年前就有人工繁殖的报道，近年来也有一些亲鱼强化培育及自然产卵规律的研究（徐钢春等，2016），但是由于亲鱼培育和雌、雄同步性成熟条件等生殖调控技术还未能很好地建立，目前还不具备大量生产刀鲚苗种的能力。

（3）在存在天然性逆转的石斑鱼中，雌、雄鱼比例不对称或发育不同步问题，苗种培育中的开口饵料等问题，也长期困扰着石斑鱼的苗种生产（何永亮等，2008）。近年来水产工作者正在研究和发展一些针对鱼类性逆转的生殖调控技术，如果顺利，石斑鱼等经济鱼类的可控人工繁殖技术将为苗种的大量生产提供保障。

总体来说，我国水产工作者具有在很多水产养殖生物中成功开展人工繁殖和苗种培育的丰富经验，对于新兴或外来养殖对象的人工繁殖和苗种培育一般问题不大，最多也就需要花费不长的时间进行尝试，一般都能取得成功。对于上述的少数洄游性（刀鲚）或具有天然性逆转的养殖鱼类（如黄鳝、石斑鱼等），繁殖生物学、生殖内分泌调控技术、人工催熟技术等基础性和应用性研究工作仍然需要继续加强；假以时日，这些具有较高经济价值的鱼类的人工繁殖和苗种大量生产难题一定能够得到攻克。水产养殖生物中的一些无脊椎动物，由于它们缺乏脊椎动物那样发达的生殖神经内分泌调控机制，因此鱼类中的那些生殖调控技术难以直接应用。这些水产无脊椎动物的人工繁殖技术更依靠物理方法和养殖管理方法的改进，或整合、借鉴鱼类或其他物种中行之有效的理化技术，对繁殖亲本进行催熟和刺激排卵、排精，培养适合的开口活体饵料，保障较高的存活率。总之，时间和经验的积累一般可以解决大部分水产养殖物种中的人工繁殖技术问题。

（童金苟，周颖，冯翌钊）

复习思考题

1. 鱼类生殖方式有哪些？请列举至少 2 种具有天然性逆转的鱼类，并说明它们人工繁殖和苗种生产的状况。

2. 近年来我国学者发现一种海洋鱼类（许氏平鲉，俗称黑石斑鱼），其繁殖方式具有独特性。根据最新报道的研究成果，说明这种鱼的繁殖方式有哪些特点。

3. 鱼类人工繁殖的理论和技术基础是什么？以文字或示意图的方式，说明外源激素（催产剂）在鱼类人工繁殖中的作用。

4. 从环境因素对鱼类繁殖的影响及鱼类人工繁殖技术发展的角度，说明“四大家鱼”人工繁殖最终是如何实现突破的。“四大家鱼”人工繁殖技术的成功，对我国水产养殖业的重要意义体现在哪些方面？

主要参考文献

陈宏溪. 1983. 鱼类的雌核生殖.鱼类学论文集，3：135-146.
盖志琨，史爱娟. 2013. 鱼类的生殖策略漫谈. 化石，(4)：45-50.
桂建芳等. 2007. 鱼类性别和生殖的遗传基础及其人工控制. 北京：科学出版社.
何永亮，区又君，李加儿，等. 2008. 石斑鱼人工繁育技术研究进展. 南方水产，4：75-79.
黄华伟，王印庚. 2007. 海参养殖的现状、存在的问题与展望. 中国水产，(10)：50-52.
金丽，宋少东. 2004. 鱼类的繁殖类型. 生物学通报，39（12)：17-18.
李成林，宋爱环，胡炜，等. 2011. 山东省扇贝养殖产业现状分析与发展对策. 海洋科学，35（3)：92-98.
李明春. 2008. 人民科学界：追记海洋生物学家、中国海带之父曾呈奎. 海洋世界，8：15.
李英文，林浩然. 1994. 鱼类性转变研究的进展. 水产学报，18（4)：344-352.
林浩然. 2000. 神经内分泌因子调控鱼类生殖和生长的相互作用. 动物学研究，21：12-16.
刘建康，何碧悟. 1992. 中国淡水鱼类养殖学. 北京：科学出版社.
刘筠. 1993. 中国养殖鱼类繁殖生理学. 北京：中国农业出版社.
刘燕飞，宋武林，陈梅芳，等. 2019. 福建紫菜产业发展形势分析. 中国水产，(5)：38-42.
刘子波. 1995. 脊椎动物生殖方式的进化. 化石，(7)：2-3.
柳学周，徐永江，马爱军，等. 2004. 温度、盐度、光照对半滑舌鳎胚胎发育的影响及孵化条件调控技术研究. 渔业科学进展，25（6)：1-6.
苏锦祥. 1993. 鱼类学与海水鱼类养殖学. 北京：中国农业出版社.
吴清江，桂建芳. 1999. 鱼类育种工程. 上海：上海科学技术出版社.
徐成旭. 2016. 鲍鱼人工育苗新工艺. 技术与市场，(6)：36.
徐钢春，聂志娟，杜富宽，等. 2016. 长江刀鲚亲鱼强化培育及自然产卵规律研究. 水生生物学报，40：1194-1200.
殷名称. 2000. 鱼类生态学. 北京：中国农业出版社.
张乃禹. 2012. 我国对虾产业化养殖核心技术：“中国对虾工厂化育苗技术的研究”攻关回眸. 海洋科学，36（11)：114-117.
赵艳飞，马爱军，王新安，等. 2018. 延迟排卵对红鳍东方鲀卵子质量的影响. 中国水产科学，25（1)：44-52.
钟麟，李有广，张松涛，等. 1965. 家鱼的生物学和人工繁殖. 北京：科学出版社.
Bonnet E，Fostier A，Bobe J. 2007. Microarray-based analysis of fish egg quality after natural or controlled ovulation. BMC Genomics，8：55.
Bromage NR，Randall JJ，Thrush M. 1992. Broodstock management，fecundity，egg quality and timing of egg production in the rainbow trout，*Oncorhynchus mykiss*. Aquaculture，100：141～166.
Brooks S，Tyler CR. 1997. Egg quality in fish：what makes a good egg. Sumpter JP. Reviews in Fish Biology and Fisheries，7：387-416.
Feng K，Luo HR，Li YM，et al. 2017. Highefficient gene targeting in rice field eel *Monopterusalbus*by transcription activator-like effector nucleases. Science Bulletin，62：162-164.

Godwin J，Luckenbach JA，Borski RJ. 2003. Ecology meets endocrinology，environmental sex determination in fishes. Evolution & Development，5：40-49.

He Y，Chang Y，Bao LS. 2019. A chromosome-level genome of black rockfish，*Sebastes schlegelii*，provides insights into the evolution of live birth. Molecular Ecology Resources，19：1309-1321.

Jalabert B. 2005. Particularities of reproduction and oogenesis in teleost fish compared tomammals. Repro Nutr Dev，45：261-279.

Jennifer D，Gresham JDM，Marson KM，et al. 2020. Sex change as a survival strategy. Evolutionary Ecology，34：27-40.

Lin HR，Zhang Q，Peter RE. 1995. Effects of recombinant tuna growth hormone（GH）analogs of gondatropin-release hormone（GnRH）on grass carp（*Ctenopharyngodonidellus*）. Aquaculture，129：342-343.

Liu CK. 1944. Rudimentary hermaphoditism in the symbranchoid eel，*Momopterusjavanesis*. Sinensia，15：1-8.

Mackiewicz M，Tatarenkov A，Perry A，et al. 2006b. Microsatellite documentation of male-mediated out-crossing between inbred laboratory strains of the self-fertilizing mangrove killifish（*Kryptolebiasmarmoratus*）. J Hered，97：508-513.

Mackiwicz M，Tatarenkov A，Taylor OS，et al. 2006c. Extensive outcrossing and androdioecy in a vertebrate species that otherwise reproduces as a self-fertilizing hermaphrodite. Proc Natl Acad Sci USA，103：9924-9928.

Mackiwicz M，Tatarenkov A，Turner BJ，et al. 2006a. A mixed-mating strategy in a hermaphroditic vertebrate. Proc Biol Sci，273：2449-2452.

Molloy PP，Gage MJ. 2006. Evolution：vertebrate reproductive strategies get mixed up. Curr Biol，16：876-879.

Pankhurst NW，Munday PL. 2011. Effects of climate change on fish reproduction and early life history stages. Marine and Freshwater Research，62（9）：1015.

Peter RE，Yu KL. 1997. Neuroendocrine regulation of ovulation in fishes：basic and applied aspects. Rev Fish Biol Fish，7：173-197.

Tyler CR，Sumpter JP. 1996. Oocyte growth and development in teleosts. Rev Fish Biol Fish，6：287-318.

Wang H，Shi WJ，Wang L. 2019. Light conditions for commercial hatching success in Nile tilapia（*Oreochromis niloticus*）. Aquaculture，509：112-119.

Zahar Y，Mylonas CC. 2001. Endocrine manipulation of spawning in cultured fish：from hormones to genes. Aquaculture，197：99-136.

第五章　水产养殖动物生殖细胞的产生和发育

第一节　动物生殖细胞的概念

行两性生殖的多细胞动物都具有两个系列的细胞，即体细胞系和生殖细胞系。一般所见的动物体大部分组成是由体细胞组成的身体的各种组织、器官，以维持身体的生长发育、代谢和运动等活动，表观可见具有由幼到老的发育过程，并最终走向生物个体的死亡。而动物体内的生殖细胞系则是一种非常重要而特化的细胞类群，其最主要的特点是可以发育而产生配子（图 5.1），并通过配子间的交配，进行生殖并完成下一代的诞生。生殖细胞系可以以此维持其携带的遗传信息代代相传，因此从某种意义上说，其所携带的遗传信息是“永生”的。

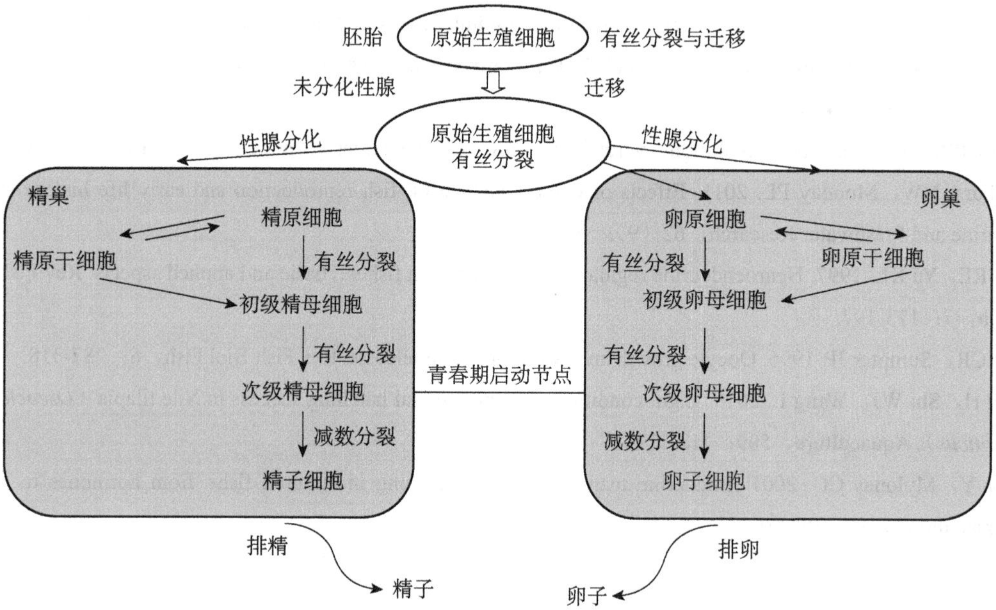

图 5.1　体内生殖细胞的基本发育过程

在这层意义上来说，一般占机体生物量主要部分的体细胞类别，以及其形成的动物个体，都仅是为了使生殖细胞能够完成合适的发育，形成配子并交配繁殖，将遗传物质成功延续传递下去的载体而已。当然，动物体的繁殖最起始的部分便来自由配子形成的受精卵，因此，所有物种的遗传变异、进化的信息等，都来自生殖细胞的遗传物质的复制和变异过程。而且要改变动物性状，繁育大量可养殖的后代，科研人员都需要研究养殖动物的生殖细胞，了解其特性，才能更好地服务于生产实践。

第二节　对生殖细胞的早期观察

许多动物的生殖细胞在胚胎发育的早期就已与体细胞开始区分，这些动物的生殖细胞在其发育早期，通常具有一些较为显著的组织学特征，比如细胞个体较大、细胞核大而圆、细胞质较少；尤其是在早期胚胎中形成的生殖细胞，即原始生殖细胞（primordial germ cell，PGC）中可以形成一种叫生殖质（germ plasm，GP）结构（nuage）的特有细胞结构，是一种富含线粒体的亚细胞结构和无膜的细胞器，由 RNA 和蛋白质组成，在电镜下形成一种致密体，较易进行辨认观察。这些基本特征现在也得到了现代分子生物学研究的认同和证实，近期对生殖质研究发现，生殖质颗粒是多分子的复合体，由 RNA 和细胞骨架蛋白质（如肌动蛋白和微管蛋白等）组成核糖核酸蛋白质复合体，不同的动物（如果蝇、爪蟾和斑马鱼）在 GP 形成过程中，其蛋白对于 GP 结构的稳定性所起的作用有所不同（Knaut et al.，2000；Theusch et al.，2006）。在一些模式生物，如果蝇、爪蟾和斑马鱼中，可以发现 GP 颗粒的分配和 PGC 的形成，而这种 GP 向 PGC 细胞中的分配受母源遗传因子的调控，也就是说生殖质的分配受母源因子的控制而非对称地分配进了一些细胞中，这些细胞就继续发育成为 PGC，这类在胚胎发育早期、某些特定细胞可以自主形成生殖细胞的生殖细胞决定类型也被叫作“先成型”生殖细胞形成方式（deterministic）（Kosaka et al.，2007）。而另一类动物，如有尾两栖动物（鸡）和羊膜动物（小鼠）等，在早期胚胎中未发现生殖质，其生殖祖细胞是在胚胎发育早期，由特定区域的细胞通过特定因子的交互作用，诱导部分细胞形成的生殖细胞，而非依靠母源因子的参与，而这些生殖细胞由来自胚胎特定信号诱导附近的细胞形成的方式被叫作“后成型”（stochastic）（Saga，2008）。PGC 形成后，会迁移到性腺要形成的地方；随着性腺组织的发育和培育，PGC 在性腺成为性原细胞，即卵原细胞和精原细胞；随后经过配子生成和一系列发育过程后，最后形成成熟的精子和卵子。

最早对生殖细胞的研究起源于人们对一些模式动物，如果蝇、小鼠等在胚胎早期发育的细胞命运的研究工作，人们发现了在果蝇中，如果缺少了一种在果蝇受精卵后端（posterior pole）的末端细胞（pole cell）和末端粒细胞（polar granule），其发育长成的个体的性腺组织以及其中的配子将无法形成（Mahowald，1962）。而在鱼类生殖细胞的研究中，最早人们进行了形态学的观察，主要通过对 GP 形成的生殖质结构的观察而进行，即利用显微镜技术，对生殖细胞在受精卵中的迁移运动进行了一系列初步观察（Hamaguchi，1982）。借助这些特征，Hong 等还分离并培养了青鳉的胚胎干细胞系（Hong et al.，1996）。而在小鼠中，通过利用对胚胎期的大量细胞命运作图研究观察，人们发现了小鼠的生殖细胞位于生殖脊区域，同时利用其富含碱性磷酸酶（alkaline phosphatase，ALP）的特点，开始了以碱性磷酸酶作为小鼠等哺乳动物生殖细胞标志的观察工作。但很显然，ALP 还出现于其他许多类别细胞如肌细胞之中，因此，以 ALP 作为生殖细胞标志开展研究，其效果和准确度难以保证，对准确标记和甄别动物生殖细胞的研究在早期陷入一个难以突破的困境（Ginsburg et al.，1990；Lawson et al.，1991）。

第三节　动物生殖细胞的基因标记及其作用

1986 年，Schupbach 和 Wieschaus 在分析一批果蝇的诱导突变体中，发现有一个被命名为 vasa 的突变体，其受精卵发育时会导致末端细胞和末端粒细胞的缺失（Schupbach and Wieschaus，1986）。Lasko 和 Ashburner 定位了 vasa 突变体中突变的基因，是一个系列类似于真核细胞翻译启动因子 4A（eukaryotic initiation factor-4A）的基因，他们也就用突变体的名字将该基因命名。由于有了此基因的序列，于是作者将 vasa 的反义的探针对果蝇进行杂交，发现在成年果蝇中，*vasa* 基因成年阶段的表达主要集中在端细胞，以及排卵期前的护理细胞（nurse cells），而此护理细胞就是一般认为即将成熟或成熟的果蝇卵细胞，这表明 *vasa* 基因一定和果蝇的生殖有关（Lasko and Ashburner，1988）。紧接着 Hey 等于 1988 年将 *vasa* 基因定向突变，证明了 *vasa* 的突变导致成年个体缺失生殖细胞并不育（Hay et al.，1988）。至此，作为动物界第一个生殖细胞的分子标记基因 *vasa* 得以确定。1995 年，发现 vasa 突变体的美国科学家 Eric F. Wieschous 和其他两位科学家因为对果蝇发育生物学的重大贡献，获得了当年的诺贝尔生理学或医学奖。

自 *vasa* 被确定为首个动物体内的标记基因以后，动物体内的生殖细胞的确定和研究便迎来了一个突飞猛进的发展阶段。另一方面，随着基因克隆、测序技术的不断发展，越来越多的基因序列得以测定公布，人们可以鉴定比较 *vasa* 基因。在果蝇中 *vasa* 基因的鉴定之后，线虫、小鼠等 *vasa* 基因都被克隆鉴定。1997 年，斑马鱼中类似 *vasa* 的基因也被鉴定出来，并被确定在斑马鱼的生殖细胞中表达（Olsen et al.，1997），这是鱼类中被鉴定的第一个生殖细胞的标记基因。随后，其他鱼类、贝、虾、蟹等物种的 *vasa* 同源基因陆续被克隆，且大多数都被核实在这些物种的生殖细胞中特异性表达，因此都被作为一种分子标记，用作对 PGCs 的起源、迁移、分化过程的研究（Draper et al.，2007；Duangkaew et al.，2019；Li et al.，2019；Nagasawa et al.，2013；Olsen et al.，1997；Presslauer et al.，2012；Qiu et al.，2013；Wang et al.，2014；Xiao et al.，2019；Ye et al.，2016；陈玉冬等，2010）。VASA 蛋白是 DEAD-box 蛋白家族成员之一，DEAD 意指其具有高度保守的 Asp-Glu-Ala-Asp 这四个碱性氨基酸序列而得名，该类蛋白一般在细胞中会与酸性 RNA 结合，参与细胞中的 RNA 调控过程，例如翻译起始、核糖体形成、前 mRNA 拼接、mRNA 降解等。经过对 VASA 蛋白的序列比对和功能研究，VASA 蛋白的基本功能应是一个 ATP 依赖性的 RNA 解旋酶；*vasa* 基因在果蝇和斑马鱼中均为一个母源性基因，如同真核细胞翻译启动因子 4A 的基因一样，是卵母细胞中极质成分，是卵子发生的关键基因，在果蝇、哺乳类等动物的精子发生中也至关重要；同时，VASA 蛋白在受精卵基因表达之前发挥重要的调控作用。该基因发生的突变都会导致生殖细胞无法正常形成。利用斑马鱼模式进行原位杂交结果表明，*vasa* 基因主要表达于各期卵母细胞之中，其中在第Ⅱ期卵母细胞中表达量最高，其表达上的差异表明在卵子发生中的调控作用。在非模式的其他水产动物如中国明对虾中在精原细胞和卵母细胞的细胞质中表达，其中生长期在卵巢和精巢的表达均显著高于成熟期的表达，至成熟精子形成后，精细胞已不出现 *vasa* 基因表达。*vasa* 基因仅在拟穴青蟹的精巢和卵巢中表达；在栉孔扇贝中表达于除成熟精子外的其他生殖细胞，但在成熟配子中表达降至最低；这与在罗非鱼中的表达模式相似，*vasa* 表达出现在减数分裂前的精原和初级精母细胞，减数分裂后的次级精母细胞、精细胞及成熟卵中未见 *vasa* 表达。不同动物 *vasa* 表达方式的不同，表明生殖细胞的成熟过程的调控还存在着许多种间差异（陈玉冬等，2010）。

vasa 作为生殖细胞基因标记的发现，其另一个重要的意义是可以用其作为基因探针，以及后期利用其启动子调控报告蛋白的转基因动物的构建，准确定位体内生殖细胞群体所在，并因此而跟踪其迁移轨迹、分离生殖细胞群体，以及分析生殖细胞的发育进程。通过分离其标记的生殖细胞群体，人们较快地鉴定了其他在生殖细胞中表达的各类基因，其中有特异性表达于生殖细胞，调控生殖细胞发育、迁移过程的各类重要基因分子。在斑马鱼中随后分离的基因就包括 *nanos*、*dnd*、*dazl*、*sdf1* 和 *cxcr* 等，这些基因的发现及其基本功能的概况见表 5.1，其相关的研究极大地丰富了人们对鱼类生殖细胞发育过程调控的了解。

表 5.1　水产动物生殖细胞发育的相关基因

基因	表达及功能	水生动物种类	参考文献
vasa	生殖质聚合，PGC 的形成和迁移	斑马鱼、青鳉、罗非鱼、金枪鱼、银鲫、金头鲷、牙鲆、金鱼、虹鳟、彼氏鰕虎鱼、泥鳅、黄鳝、虎头鲨、棘头梅童鱼、日本裸身鰕虎鱼、半滑舌鳎、达氏鲟、俄罗斯鲟、西伯利亚鲟、太平洋牡蛎、紫球海胆、凡纳滨对虾、栉孔扇贝、夏威夷明钩虾、中国明对虾、拟穴青蟹、刺参等	Draper et al.，2007；Duangkaew et al.，2019；Li et al.，2019；Nagasawa et al.，2013；Olsen et al.，1997；Presslauer et al.，2012；Qiu et al.，2013；Wang et al.，2014；Xiao et al.，2019；Ye et al.，2016；陈玉冬等，2010；徐红艳等，2010
ziwi	生殖细胞维持	斑马鱼	Draper et al.，2007
tudors	生殖质成分	斑马鱼	
dazl	RNA 结合蛋白，人类男性不育基因	青鳉	Li et al.，2016
nanos 1、*nanos 2*、*nanos 3*	RNA 结合，生殖细胞标记	斑马鱼、黄鳝、大黄鱼	Draper et al.，2007；Oulhen et al.，2013；Presslauer et al.，2012；Xiao et al.，2019
dead end	RNA 结合，稳定 PGC 特异表达基因的 RNA 稳定性，PGC 的迁移与存活	斑马鱼、青鳉、稀有鮈鲫、泥鳅、金鱼、银鲫、鲤、虹鳟、大西洋鲑、蓝鳍金枪鱼、樱花钩吻鲑、大菱鲆、褐牙鲆、斑点叉尾鮰、石斑鱼、小体鲟、黄鳝、中华鲟等	Lin et al.，2013；Nagasawa et al.，2013；Xiao et al.，2019
cxcr4b	PGC 的趋向性	斑马鱼	Doitsidou et al.，2002
bucky ball（*buc*）	生殖细胞生物质聚合，PGC 形成	斑马鱼	Campbell et al.，2015
pellucida domain protein 12（*zp12*）	成熟性腺组织中的原始生殖细胞中特异性表达	皱纹盘鲍	Yu et al.，2018

第四节　原始生殖细胞在胚胎期的发育

5.4.1　PGC 的形成类型

斑马鱼 PGC 的形成由母源生殖质决定，其 *vasa* RNA 通常于 2 和 4 细胞期出现于胚胎的分裂沟，在其后的早期卵裂至约 1000 个细胞的阶段，*vasa* RNA 会被分配于最开始的 4 个生殖细胞中，这 4 个细胞可以被称为前原始生殖细胞（presumptive primordial germ cell，pPGC）（图 5.2）。而在青鳉中，最起始的情形略有不同，青鳉的 *vasa* RNA 在受精卵的卵裂期广泛地分布于胚胎的许多细胞中，直到原肠期才特异性地在 PGC 中表达。如果认为 *vasa* 及其同源物的早期表达位置可作为 PGC 形成的时间和定位标志，那么青鳉的 PGC 形成机制则与斑马鱼早期的 PGC 形成时间和定位有所不同，而且在青鳉中的与生殖质相关的 *boule* 和 *dazl* 基因表达模式与其 *vasa* 表达模式相似，呈现广泛且非对称式的表达方式。但青鳉的 PGC 还是体现细胞自主特化的方式，此证据是由胚胎细胞的移植实验所证明，即尽管在青鳉早期胚胎中，生殖质相关的基因呈现较为广泛的表达，但青鳉的 PGC 却仅能由胚胎后部，而非移植而来的侧、腹部的细胞所形成，也不因为移植受体区域的细胞诱导而成，表明该区域的细胞已具有自主形成 PGC 的自主特化的能力。所以，尽管青鳉的 PGC 的形成方式与斑马鱼的 PGC 有所不同，但基本也属于“先成型”的生殖细胞形成方式（Draper et al.，2007；Li et al.，2016）。

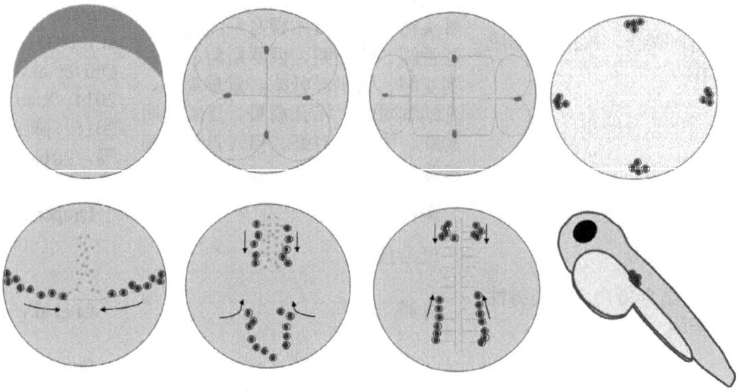

图 5.2　斑马鱼原始生殖细胞的形成与早期迁移

5.4.2　胚胎发育期的 PGC 的维持和发育

PGC 不同于体细胞，为维持生殖细胞特性，在进入新生个体的胚胎发育阶段，也需要继续维持细胞多能性，而不能进入细胞分化状态，继续维持大量基因的转录处于抑制状态，因此，PGC 对染色质转录调控具有其独特性。例如，在斑马鱼 PGC 中，针对 *dead end*（*dnd*）基因及其功能的研究具有典型的代表性。Weidinger 等于 2003 年，在斑马鱼胚胎中发现了一种与生殖质关联的基因 *dnd*，发现将其敲降将导致斑马鱼 PGC 迁移异常，并导致斑马鱼 PGC 凋亡（Weidinger et al.，2003）。其后的功能研究表明，斑马鱼 DND 蛋白可以结合 *nanos1*、*tdrd7* 和 *gemin* 等 mRNA 的 3′-utr 区域，从而防止 miR430 介导的对这些 RNA 的降解破坏，这将保证 PGC 许多特有基因在 PGC 细胞的表达；另一方面，这也揭示了大量基因在 PGC 中的 RNA 受到由 miRNA 抑制调控的机制，从而部分解释了 DND 对 PGC 的分化抑制作用（Gross-Thebing et al.，2017；Kedde et al.，2007）。另外，研究还发现与同 *nanos1* 类似，*dnd* 的 3′-utr 也具有一个保守的功能区，使 *dnd* mRNA 能在 PGC 中特定表达（Oulhen et al.，2013；Saito et al.，2006）。

5.4.3　PGC 的迁移

PGC 在胚胎发育早期形成的位置，一般与其后续发育的性腺体细胞组织不相符合，因此，这些 PGC 细胞还需要在后续的胚胎发育阶段，通过迁移到达未来性腺组织发生的部位。目前借助大量的研究，PGC 的迁移过程仅在一些模式动物中得到了较为清楚地揭示。一般 PGC 的迁移方式以胚胎血液循环系统实现，以鸡为代表的禽类动物为主；而其他动物，例如斑马鱼，则是依赖胚胎原肠形成时的迁移途径，包括被动转移和主动迁移。斑马鱼的 pPGCs 会随着原肠胚发育，如内卷运动而被动迁移。直到约 4000 细胞期时，*vasa* RNA 已可以在 12～16 个细胞中检测到，此时的生殖细胞即 PGC，随着胚胎发育进程，例如细胞的延伸与汇聚运动，PGC 会迁移至排列在胚盾两侧的细胞群中。此后，斑马鱼 PGC 迁移可受一些趋化因子的引导，以吸引或排斥的形式，引起细胞的定向迁移。研究表明 PGC 上表达的一种 G 蛋白耦联受体 chemokine（C-X-C motif）receptor 4b（CXCR4b）和其配体基质细胞趋化因子 1（chemotactic factor stromal cell-derived factor-1a，SDF-1a）的相互调控作用，引导 PGC 向胚胎的性原基进行定向移动（Doitsidou et al.，2002）。显然，PGC 在其迁移途径中还可能借助其他类似的吸引和排斥信号通路加以调控。而另一方面，PGC 的正确迁移，需要其细胞特定蛋白质的特异性戊烯化，而该戊烯化，需要由香叶酰香叶酰基团转移酶（geranylgeranyl transferase 1，GGT1）完成，而在其戊烯化过程中的底物需要由羟甲基戊二酰辅酶 A 还原酶（hydroxymethylglutaryl coenzyme reductase，HMGCoAR）催化并提供，因此前人的试验证明，抑制 HMGCoAR 的表达会影响 GGT1 对 PGC 特定蛋白的戊烯化，从而阻碍 PGC 的正确迁移（Santos and Lehmann，2004）。也有证据表明在 PGC 中表达的热激蛋白 HSP90aa1.2 的适量表达也与斑马鱼 PGC 的正常迁移相关（Gross-Thebing et al.，2017）。虹鳟鱼与斑马鱼性腺体源性生长因子（gonadal soma-derived growth factor，Gsdf）同源基因，也被证明与其 PGC 群体的维持调控相关（Sawatari et al.，2007）。PGC 通过可控的被动和主动移动方式，将最终到达性腺原基，即原始性腺组织处，进行下一阶段的生殖细胞的发育过程（图 5.2）。对 PGC 迁移调控机制的研究不仅对了解其生殖细胞发育机制具有重要意义，也为许多其他器官发育、免疫反应、创伤修复、肿瘤转移等方面的细胞迁移调控研究提供了优良研究模式。

第五节　生殖细胞的成熟过程

PGC 在胚胎发育和仔鱼期迁移至生殖原基之后，便开始随着性腺组织的发育，通过有丝分裂方式开始加速分裂，以达到细胞数量的扩增。其后按照性腺的性别决定和发育过程，生殖细胞和性腺体细胞间的信号互作，决定生殖细胞的性别发育。在精巢中的生殖细胞将形成精原细胞（spermatogonium），在卵巢中的生殖细胞则形成卵原细胞（oogonium）。这些精原细胞或卵原细胞在随后有丝分裂的进一步增殖过程中，将经过有丝分裂并发育为初级和次级精母细胞（spermatocyte），以及初级和次级卵母细胞（oocyte），在机体青春期发育和代谢相关因子的相互作用下，次级精母细胞或次级卵母细胞开始进入减数分裂阶段，生成精子细胞（spermatid）或卵子细胞（ootid），在成熟的性腺受到相应的生殖刺激下，成为成熟的精子（spermatozoon）或卵子（ovum），并排精（spermiation）或排卵（ovulation），精卵结合成为受精卵，完成有性生殖的过程。在精原细胞或卵原细胞的有丝分裂扩增阶段，部分细胞会成为雄性生殖干细胞（spermatogonial stem cell）或雌性生殖干细胞（oogonial stem cell），这些生殖干细胞会在特定情况下恢复为精原细胞或卵原细胞，或直接分化成为初级精母细胞或初级卵母细胞，成为生殖细胞的补充，生成成熟配子，补充机体的生殖能力（Kawasaki et al.，2012）。现在也有人以未分化和已分化的分类方式对精原细胞和卵原细胞分类，以替代过去以生殖细胞处于不同分裂阶段的分类方式，来描述不同阶段的生殖细胞类别。

5.5.1 生殖细胞与性腺分化的信号互作

正如前述，将斑马鱼胚胎期的 PGC 特异蛋白 DND 敲降，会使 PGC 凋亡缺失。2005 年，Slanchev 等利用 morpholino 显微注射技术在斑马鱼胚胎期敲降了 *dnd* 翻译，导致其 PGC 缺失，然后养成该群体的斑马鱼，发现其群体全部都是无精子细胞的雄性斑马鱼，这说明 PGC 或是后续生殖细胞的存在，是早期斑马鱼未分化性腺可以发育成卵巢的前提条件，这首次清晰地展现了斑马鱼性腺的性别分化进程，存在与生殖细胞的信号对话需求（Slanchev et al.，2005）。大肠杆菌的硝基还原酶（nitroreductase，NTR）可以将甲硝唑（metronidazole，MTZ）还原成有毒性的物质，从而杀灭表达 NTR 的细胞（Curado et al.，2007）。科研人员利用此 NTR/MTZ 的组织杀灭方式，构建了由 *dnd* 启动子调控的转基因斑马鱼（*dnd*：ntr-egfp）稳定遗传品系，在鱼苗阶段开始利用 MTZ 添加处理，结果证明，随着 MTZ 剂量的增加，生殖细胞数量逐步下降，同时随着其生殖细胞的数量下降，转基因群体中 MTZ 处理群体的雄性化率也相应提升。由此也说明，斑马鱼性腺发育的确与生殖细胞的数量密切相关（Dai et al.，2015）。当然，不同鱼的生殖细胞的缺失，导致性别分化的结果也有可能不一样，如在泥鳅和金鱼中，应用 morpholino 显微注射技术在胚胎期敲降了各自的 *dnd* 翻译，导致其 PGC 缺失，却发现之后可以养成无生殖细胞的雄鱼和雌鱼，表明不同鱼类生殖细胞对其性腺分化发育的影响是不一致的（Fujimoto et al.，2010；Goto et al.，2012）。

5.5.2 生殖干细胞及生殖细胞的成熟过程

生精（spermatogenesis）是一个由干细胞驱动的过程，是由一个二倍体的、未分化的精原细胞（spermatogonium）或精原干细胞（spermatogonial stem cell，SSC）产生许多终极分化的、可以运动的单倍体配子——精子的过程。这个过程既包括精原细胞或精原干细胞的自我更新，以产生更多的未分化的精原细胞的过程；也包括精原细胞需要繁殖、分化为子代细胞，并完成精子的形成过程。在脊椎动物中，精子的产生可以以囊状的方式形成，如鱼、两栖类动物；也可以以非囊状形式产生，如哺乳动物、爬行类等。一般而言，在以囊状方式发育的精子产生形式的情况下，一个囊一般是在支持细胞（Sertoli cell）的围绕下，和一个未分化的精原细胞，形成一个囊状的形态结构。在这类形式下的生精过程，一般一个囊状结构中会有不同分化阶段的生殖细胞，被包裹于支持细胞之中。在精原发育期，不同物种的繁殖代数差异加大；但在有丝分裂期和精子形成期时，不同物种的差异不大。而整个精子发育的过程决定了精子产生的速度和生殖方式的效率。精子产生过程的时长，在鱼类等水生动物中受环境温度的影响较大。一般而言，硬骨鱼类的精巢中，精原细胞（A_{und}）的尺寸是最大的，其次是 B 型精原细胞，再次是分裂期的精母细胞，最小个体的一般是精子细胞。一般而言，处于 35℃的情况下，尼罗罗非鱼自减数分裂期始到精子成熟，仅需 5～6d 的时间（Lacerda et al.，2012；Lacerda et al.，2010）。高温可以缩短鱼类的精子产生过程所需要的时间，但也有限度，例如在 30℃条件下养殖斑马鱼可以让斑马鱼的产精过程缩短至 2d，但若将温度升高至 35℃，却会导致斑马鱼的精子发生过程停滞（Nobrega et al.，2010）。而对于尼罗罗非鱼而言，当养殖水温降低至20℃时，也会导致精子发生过程的停滞，而非仅是延迟（Vilela et al.，2003）。而鱼类感知水温，并调控性腺或生殖细胞发育的具体分子机制，值得深入的研究。

鱼类和其他动物的卵细胞生成也是由卵原细胞通过有丝分裂增殖其细胞数量，形成大量的处于非分化期的卵原细胞或卵原干细胞群体。然后卵原细胞分裂停止，细胞开始生长，尺寸变大，逐渐形成先期为原生质积累期的第一时相初级卵母细胞，此时鱼尚处于幼鱼期，以此类细胞为主的卵巢也称为第Ⅰ期卵巢。随后卵母细胞进一步开始发生卵黄积累，先期是以卵母细胞自身合成为主，称为内源性卵黄发生期，此时的初级卵母细胞即形成第二时相初级卵母细胞，以此类细胞为主的卵巢可称为第Ⅱ期卵巢，此时鱼处于性成熟前期。之后，卵母细胞的卵黄需要由肝脏合成的卵黄蛋白，以大量卵黄蛋白原等为主，并逐渐形成卵黄颗粒，此时的卵母细胞个体尺寸进一步加大，直至后续其细胞尺寸可达原来卵原细胞体积的数十倍至上百倍，其过程可分为第Ⅲ、Ⅳ时相的初级卵母细胞，其卵巢分期也对应地分为第Ⅲ、Ⅳ期卵巢组织。此过程可使初级卵母细胞得到完善的发育和营养储备，卵巢尺寸也在此时为个体最大的尺寸，其发育时期也因鱼的种类、营养条件和生长期的不同而各异，一般持续时间较长。在初级卵母细胞发育完善之后，细胞质的准备基本完成，但其细胞核尚未进行减数分裂前的准备，卵的发育随后进入成熟期。在一般鱼卵的成熟期开始，包含二倍体的初级卵母细胞的染色质加倍合成，然后连续进行两次减数分裂，其中第一次减数分裂时，释放出一个极体，从而成为二倍体的次级卵母细胞，而次级卵母细胞将再进行一次减数分裂，并停留在分裂中期，此时的卵细胞可以称为成熟期鱼卵。待卵巢也发育至以大尺寸的滤泡将其包裹，并可响应外界条件刺激、人工催产素刺激的情况下，此时的卵巢可称为第Ⅴ期卵巢。在合适的刺激下，卵泡会溶解，从而产生成熟的卵子，并通过排卵过程排放到体外，即可发生受精。一般鱼卵的Ⅳ期时间可以较长，而卵的成熟期一般较短，仅数小时至十余个小时，接近成熟的鱼卵大多数时间会停留在Ⅳ期鱼卵的状态（Lubzens et al.，2010）。

由于生殖细胞具有传递物种遗传物质的特性，为保存物种、加快繁衍或是进行某些必要的基因改良等，都需要增强对生殖干细胞（SSC）在生殖细胞发育和成熟过程的了解。而相对而言，由于精原干细胞在技术上操作简单一些，因此，对于精原干细胞的各类特征的研究相对多一些。其中，除了对于各阶段的精原细胞的形态有所描述之外，许多的工作也针对不同物种的精原干细胞（或精原细胞）的不同阶段的分子标记进行研究。例如，在哺乳动物负责 SSC 自我更新和维持的基因 *promyelocytic leukemia zinc finger*（*plzf*），也被发现在南亚野鲮、斑马鱼、沟鲶等鱼类的精原细胞，甚至主要在未分化早期的精原细胞（A_{und}）中高表达（Ozaki et al.，2011）。而 *glial cell-derived neurotrophic factor receptor 1*（*gfra1*），是小鼠精原细胞的标记分子，也发现可以作为尼罗罗非鱼、虹鳟和狗鲨的精原细胞或精原生殖干细胞分子标记（Bellaiche et al.，2014）。这些鱼类精原细胞和精原生殖干细胞分子标记的工作，多是采用对体内不同发育阶段的精巢组织进行初步的密度梯度分离后的细胞群体的基因表达进行分析的结果，而非采用对离体培养的干细胞纯培养细胞物加以分析的结果，因此，细胞群体样本中存在不同类型的细胞混合，实验中这些有关鱼类精原细胞分子标记的表达具有一定的混合表达，多数报道的标记也未必是严格而特定的，尚需开展以生殖干细胞纯培养为基础的研究加以进一步严格论证（图 5.3）。

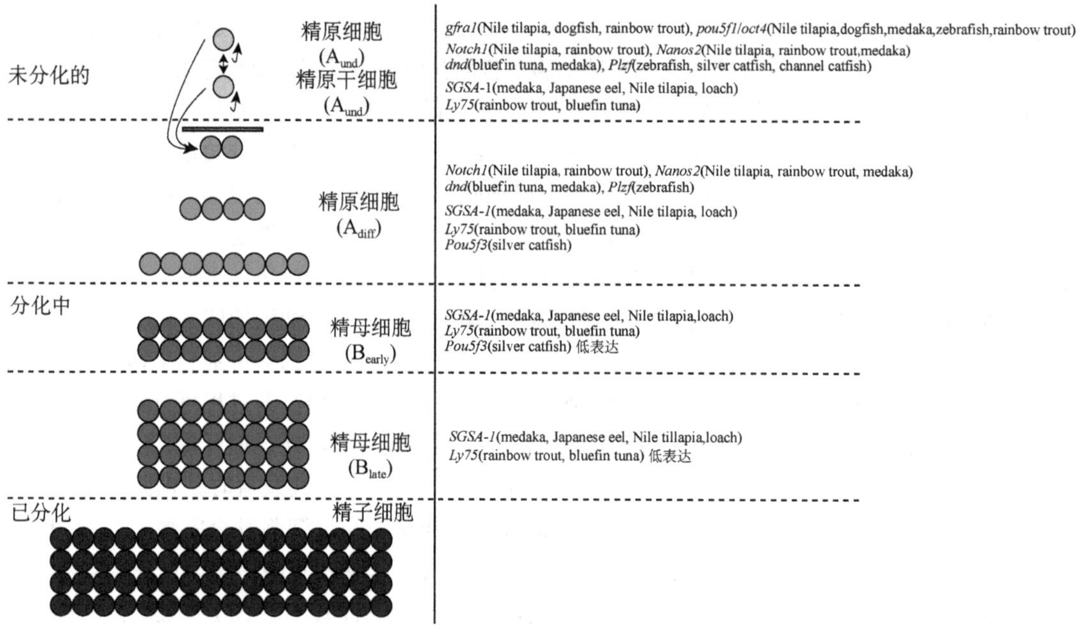

图 5.3　雄性生殖细胞的发育过程与分子标记

5.5.3　生殖细胞与特殊生殖方式

除了典型的两性生殖方式（amphigenesis），较低等的脊椎动物存在着一些特殊的生殖方式，如完全的单性生殖方式（parthenogenesis）。常见的养殖品种异育银鲫种群以雌性个体为主，仅含少数雄性个体，这些雄性个体能通过所产生的精子与雌性个体行两性生殖（Grebelnyi，2009；Komen and Thorgaard，2007；Gui and Zhou，2010）。然而，异育银鲫的雌性个体，可以在自然条件下行两种生殖方式，其中一种是正常的两性生殖；另外一种情况下，异育银鲫雌鱼的卵子也可以在近源物种如鲤鱼精子的刺激下，以卵进行一种较为独特的孤雌生殖方式，即“异精雌核生殖”（allogynogenesis）。异育银鲫这种雌核生殖是靠外源精子（如鲤、团头鲂的精子）刺激卵子的发育，但雌核生殖本身不需要精子中的成套的染色体物质来参与遗传结合，理论上产出的仔鱼与其母本的遗传信息基本一致，包括性别（复制鱼）。异精雌核生殖用其他品种鱼类精子刺激鱼卵，即假受精，精子自身遗传物质基本不参与遗传。这样的好处是形式上杂交，但后代基本上没有父本的成套基因，外表不会像父本。最近的研究发现，经过对异精雌核生殖父本与后代基因组的检测和仔细比较，表明后代仍会带有极少的父本基因片段，这种现象叫作基因渗透。异精雌核生殖的后代可能正是由于受基因渗透的影响，通常会发生一定的性状改变，但因其行雌核生殖过程，不会发生两性生殖的父、母本的基因组重组，从而导致性状决定因子的再分离，因此较易将此性状稳定遗传下去，加快其良种的培育过程（Gui and Zhou，2010）。

第六节　生殖细胞对渔业生产的技术革新

较为常见的生殖细胞分离技术现在也多与生殖细胞的标记技术相互结合而开展，例如，科研

人员曾通过以 *vasa* 启动子控制的红色荧光转基因斑马鱼，利用流式细胞仪分选了斑马鱼的 PGC，成功进行了 4 个月的体外培养实验（Fan et al.，2008）。鱼类精原细胞和精原干细胞（A_{und}）具有未分化的功能，这些细胞具有自我更新、维持个体干细胞的多能性，以及通过减数分裂过程再形成精子而重新形成生命个体的潜能。因此，鱼类的多能性生殖干细胞的纯培养系一旦能形成，将为该种鱼类的各种遗传操作系统的完善提供不可估量的价值；人们也可以通过 DNA 重组诱发各种突变，包括敲入技术的应用、选育品种或开展研究，而且不用再担忧 TALEN、CAS9 等技术带来的脱靶效应。在青鳉鱼中，科研人员曾自青鳉鱼成体精巢组织中分离了正常的精原细胞，并进行了培养（Hong et al.，2004）。作为全能的干细胞，胚胎干细胞的分离培养物也可以在一定意义上作为生殖细胞发育成新的个体。目前已有青鳉、斑马鱼、真鲈和牙鲆的胚胎干细胞培养物的研究实验，其中仅青鳉的胚胎干细胞实验曾有成功获得了稳定的、可形成胚胎嵌合体的报道（Chen et al.，2004；Chen et al.，2007；Hong et al.，1996，1998；Ma et al.，2001）。

科研人员利用生殖细胞的异体移植技术改进水产养殖产量，已在鱼类中进行了大量的工作，具有以下几方面优势。

（1）选育具有某种特定优良性状的个体，将其生殖细胞向受体鱼中转移，构建一种高效和可靠地改进子代的生产性状的技术。

（2）利用一种代时短的鱼作为受体鱼，而将代时较长的供体鱼的生殖细胞向受体鱼中转移，缩短获得供体鱼的成熟配子的时间，从而可以短期内获得大量的代时较长养殖鱼类的配子，扩增其种群数量。

（3）作为冷冻保藏的配子材料的替代方式，获得珍稀物种的遗传物质的长期保藏方案。

（4）利用某种突变使具有优良养殖性状的品种失去生殖能力，再利用其配子作为供体，转入一种生殖过程正常的受体鱼中，从而可以大规模地获得无生殖能力、具有优良性状的养殖品种，既可保护种质产权，又能防止生物入侵和生态危害。

正是因为具有这些潜在的优势，许多针对鱼类生殖细胞移植的工作得以开展。

（1）早期主要将卵裂期的胚胎或囊胚层时期的囊胚层直接显微注射入受体受精卵，以筛选具有供体生殖细胞标记信号的嵌合体受体胚胎，这种方式的成功率较低（Ciruna et al.，2002；Yamaha et al.，2001）。

（2）其后，由于鱼类 PGC 的体内标记技术的成熟，单 PGC 移植技术（single PGC transplantation，SPC）得以较多的应用，利用这种技术得到的嵌合体子代可以来自两种亲缘关系较远的物种，并能获得较好的成功率，如在日本鳗鲡和斑马鱼之间进行的 PGC 移植（Saito et al.，2011）。

（3）但这些技术都需要能够采用精细的胚胎精细显微操作技术，而这受到某些鱼类胚胎发育期具有硬而脆的卵壳的影响，如许多海鱼的受精卵便难以开展上述工作。于是，人们开始研究利用繁育过程中的鱼体进行移植的方式。腹腔移植技术（peritoneal cavity transplantation，PCT）技术便是其中一种探索，如将标记好的 PGC 转移至虹鳟鱼孵化后鱼苗的腹腔中，后续也进行了性腺组织甚至冷冻后的组织对成年雌鱼卵巢组织进行移植的尝试，尽管其获得成功嵌合体的比例较低，但却避免了在胚胎期操作后的胚胎发育期、孵化期等培育的敏感期的死亡率，也可以使用相对简单的操作设备（Okutsu et al.，2006；Wong et al.，2011）。

（4）为了进一步减少移植操作过程中对受体造成的损伤、简化操作过程的难度，后续也有通过泄殖孔移植技术（genital pore transplantation）开展移植工作的报道。例如，有研究利用此技术将银汉鱼（*Odontesthes bonariensis*）的卵原细胞等通过泄殖孔，移入另一种银汉鱼（*O. hatcheri*）

的卵巢中，从而获得了受体鱼后续产下的嵌合体鱼卵（Majhi et al.，2014）。

这些鱼类借腹怀胎的技术与基本流程见图 5.4。

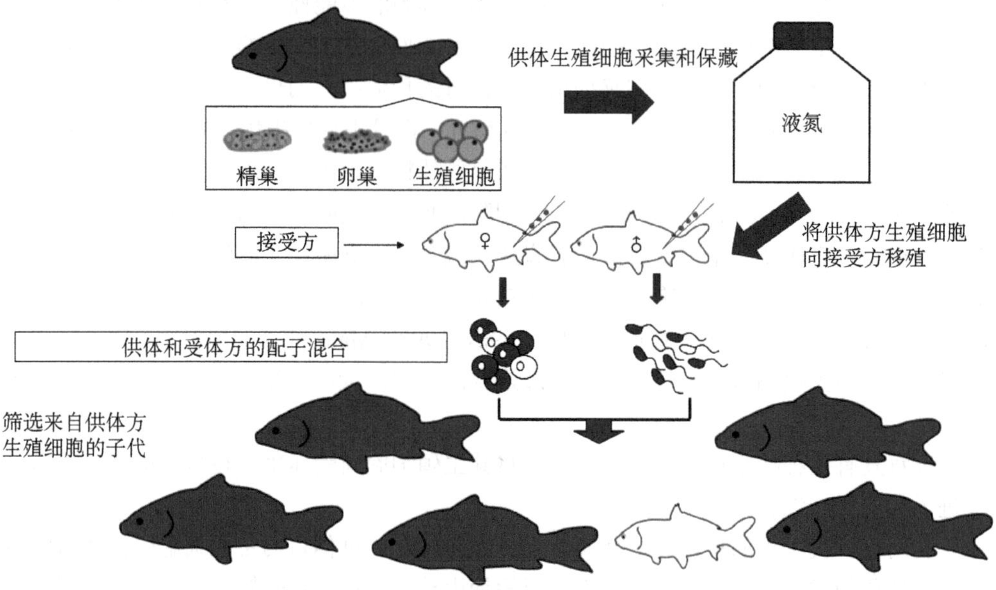

图 5.4　鱼类借腹怀胎的基本操作流程

当然，为保障受体在获得供体的生殖细胞后，产出的后代能更多地表现来自供体的遗传信息，受体鱼的生殖细胞有必要进行杀灭或一定程度的破坏，这方面的手段包括在受体鱼接受生殖细胞移植之前，诱导其成为三倍体，阻止其自己的成熟配子的产生；也可以采用杂交鱼作为受体鱼材料；还有在胚胎期利用 morpholino 显微注射或基因编辑等破坏受体鱼生殖细胞生存的关键基因的表达，起到杀灭受体生殖细胞的作用；以及采用必要的物理、化学手段，如在受体配子接受移植前，用紫外线或化学物质进行适当处理等（Goto and Saito，2019；Piferrer et al.，2009）。

目前有关水产养殖动物的生殖细胞的研究还有许多未解答的问题，尤其是水产养殖动物 PGC 生成与维持的调控机制、生殖细胞与体细胞互作互换的调控机制、生殖干细胞标记物及其分离培养技术等方面，仍需取得实质性的突破。另外，多数的研究与观察是针对模式鱼类等开展的，尚需在其他繁育周期长的养殖鱼类或其他养殖动物方面加强研究，才能真正使生殖细胞的研究工作既能解决许多较为低等水产养殖动物的生殖生物学、进化与发育等的基础理论问题，也同时为解决水产养殖的产业需求提供变革性的新技术、新突破。

（殷战，翟刚）

复习思考题

1. 水产养殖动物生殖干细胞一般采用什么方式鉴别？其在体内迁移的一般性规律有哪些？
2. 水产养殖动物的生殖细胞的一般发育过程是怎样的？
3. 生殖细胞数量与鱼类性别发育之间有何关联？

主要参考文献

陈玉冬，邹志华，王艺磊，等. 2010. *vasa* 基因研究进展. 动物学杂志，45（4）：173-180.

徐红艳，李名友，桂建芳，等. 2010. 鱼类生殖细胞. 中国科学：生命科学，40（2）：124-138.

Bellaiche J，Goupil AS，Sambroni E，et al. 2014. Gdnf-Gfra1 pathway is expressed in a spermatogenetic-dependent manner and is regulated by Fsh in a fish testis. Biology of Reproduction，91（4）.

Campbell PD，Heim AE，Smith MZ，et al. 2015. Kinesin-1 interacts with Bucky ball to form germ cells and is required to pattern the zebrafish body axis. Development，142（17）：2996.

Chen SL，Ren GC，Sha ZX，et al. 2004. Establishment of a continuous embryonic cell line from Japanese flounder Paralichthys olivaceus for virus isolation. Diseases of Aquatic Organisms，60（3）：241-246.

Chen SL，Sha ZX，Ye HQ，et al. 2007. Pluripotency and chimera competence of an embryonic stem cell line from the sea perch（*Lateolabrax japonicus*）. Marine Biotechnology，9（1）：82-91.

Ciruna B，Weidinger G，Knaut H，et al. 2002. Production of maternal-zygotic mutant zebrafish by germ-line replacement. Proceedings of the National Academy of Sciences of the United States of America，99（23）：14919-14924.

Curado S，Anderson RM，Jungblut B，et al. 2007. Conditional targeted cell ablation in zebrafish：a new tool for regeneration studies. Developmental Dynamics，236（4）：1025-1035.

Dai XY，Jin X，Chen XW，et al. 2015. Sufficient numbers of early germ cells are essential for female sex development in zebrafish. PLoS One，10（2）.

Doitsidou M，Reichman-Fried M，Stebler J，et al. 2002. Guidance of primordial germ cell migration by the chemokine SDF-1. Cell，111（5）：647-659.

Draper BW，McCallum CM，Moens CB. 2007. nanos1 is required to maintain oocyte production in adult zebrafish. Developmental Biology，305（2）：589-598.

Duangkaew R，Jangprai A，Ichida K，et al. 2019. Characterization and expression of a vasa homolog in the gonads and primordial germ cells of the striped catfish（*Pangasianodon hypophthalmus*）. Theriogenology，131：61-71.

Fan LC，Moon JS，Wong TT，et al. 2008. Zebrafish primordial germ cell cultures derived from vasa ：RFP transgenic embryos. Stem Cells and Development，17（3）：585-597.

Fujimoto T，Nishimura T，Goto-Kazeto R，et al. 2010. Sexual dimorphism of gonadal structure and gene expression in germ cell-deficient loach，a teleost fish. Proceedings of the National Academy of Sciences of the United States of America，107（40）：17211-17216.

Ginsburg M，Snow MHL，Mclaren A. 1990. Primordial germ-cells in the mouse embryo during gastrulation. Development，110（2）：521.

Goto R，Saito T，Takeda T，et al. 2012. Germ cells are not the primary factor for sexual fate determination in goldfish. Developmental Biology，370（1）：98-109.

Goto R，Saito T. 2019. A state-of-the-art review of surrogate propagation in fish. Theriogenology，133：216-227.

Grebelnyi SD. 2009. Unisexual reproduction：either maternal or paternal inheritance. Russian Journal of

Developmental Biology，40（3）：145-149.

Gross-Thebing T，Yigit S，Pfeiffer J，et al. 2017. The vertebrate protein dead end maintains primordial germ cell fate by inhibiting somatic differentiation. Developmental Cell，43（6）：704.

Gui JF，Zhou L. 2010. Genetic basis and breeding application of clonal diversity and dual reproduction modes in polyploid Carassius auratus gibelio. Science China：Life Sciences，53（4）：409-415.

Hamaguchi S. 1982. A light-microscopic and electron-microscopic study on the migration of primordial germ-cells in the teleost，oryzias-latipes. Cell and Tissue Research，227（1）：139-151.

Hay B，Jan LY，Jan YN. 1988. A protein-component of Drosophila polar granules is encoded by vasa and has extensive sequence similarity to ATP-dependent helicases. Cell，55（4）：577-587.

Hong YH，Liu TM，Zhao HB，et al. 2004. Establishment of a normal medakafish spermatogonial cell line capable of sperm production *in vitro*. Proceedings of the National Academy of Sciences of the United States of America，101（21）：8011-8016.

Hong YH，Winkler C，Schartl M. 1996. Pluripotency and differentiation of embryonic stem cell lines from the medakafish（*Oryzias latipes*）. Mechanisms of Development，60（1）：33-44.

Hong YH，Winkler C，Schartl M. 1998. Production of medakafish chimeras from a stable embryonic stem cell line. Proceedings of the National Academy of Sciences of the United States of America，95（7）：3679-3684.

Kawasaki T，Saito K，Sakai C，et al. 2012. Production of zebrafish offspring from cultured spermatogonial stem cells. Genes to Cells，17（4）：316-325.

Kedde M，Strasser MJ，Boldajipour B，et al. 2007. RNA-binding protein Dnd1 inhibits microRNA access to target mRNA. Cell，131（7）：1273-1286.

Knaut H，Pelegri F，Bohmann K，et al. 2000. Zebrafish vasa RNA but not its protein is a component of the germ plasm and segregates asymmetrically before germline specification. J Cell Biol，149（4）：875-888.

Komen H，Thorgaard GH. 2007. Androgenesis，gynogenesis and the production of clones in fishes：a review. Aquaculture，269（1-4）：150-173.

Kosaka K，Kawakami K，Sakamoto H，et al. 2007. Spatiotemporal localization of germ plasm RNAs during zebrafish oogenesis. Mech Dev，124（4）：279-289.

Lacerda SMSN，Aponte PM，Costa GMJ，et al. 2012. An overview of spermatogonial stem cell physiology，niche and transplantation in fish. Animal Reproduction，9（4）：798-808.

Lacerda SMSN，Batlouni SR，Costa GMJ，et al. 2010. A new and fast technique to generate offspring after germ cells transplantation in adult fish：the Nile tilapia（*Oreochromis niloticus*）model. PLoS One，5（5）.

Lasko PF，Ashburner M. 1988. The product of the Drosophila gene vasa is very similar to eukaryotic initiation factor-4A. Nature，335（6191）：611-617.

Lawson KA，Meneses JJ，Pedersen RA. 1991. Clonal analysis of epiblast fate during germ layer formation in the mouse embryo. Development，113（3）：891.

Li MY，Zhu F，Li ZD，et al. 2016. Dazl is a critical player for primordial germ cell formation in medaka. Scientific Reports，6.

Li Y，Song W，Zhu YF，et al. 2019. Evolutionarily conserved vasa identifies embryonic and gonadal germ cells in spinyhead croaker Collichthys lucidus. Journal of Fish Biology，94（5）：772-780.

Lin F，Zhao CY，Xu SH，et al. 2013. Germ line-specific and sexually dimorphic expression of a dead end gene homologue in turbot（Scophthalmus maximus）. Theriogenology，80（6）：665-672.

Lubzens E，Young G，Bobe J，et al. 2010. Oogenesis in teleosts：How fish eggs are formed. General and Comparative Endocrinology，165（3）：367-389.

Ma CG，Fan LC，Ganassin R，et al. 2001. Production of zebrafish germ-line chimeras from embryo cell cultures. Proceedings of the National Academy of Sciences of the United States of America，98（5）：2461-2466.

Mahowald AP. 1962. Fine structure of pole cells and polar granules in Drosophila melanogaster. Journal of Experimental Zoology，151（3）：201.

Majhi SK，Hattori RS，Rahman SM，et al. 2014. Surrogate production of eggs and sperm by intrapapillary transplantation of germ cells in cytoablated adult fish. PLoS One，9（4）.

Nagasawa K，Fernandes JMO，Yoshizaki G，et al. 2013. Identification and migration of primordial germ cells in Atlantic salmon，Salmo salar：characterization of vasa，dead end，and lymphocyte antigen 75 genes. Molecular Reproduction and Development，80（2）：118-131.

Nobrega RH，Greebe CD，van de Kant H，et al. 2010. Spermatogonial stem cell niche and spermatogonial stem cell transplantation in zebrafish. PLoS One，5（9）.

Okutsu T，Yano A，Nagasawa K，et al. 2006. Manipulation of fish germ cell：visualization，cryopreservation and transplantation. Journal of Reproduction and Development，52（6）：685-693.

Olsen LC，Aasland R，Fjose A. 1997. A vasa-like gene in zebrafish identifies putative primordial germ cells. Mechanisms of Development，66（1-2）：95-105.

Oulhen N，Yoshida T，Yajima M，et al. 2013. The 3 ' UTR of nanos2 directs enrichment in the germ cell lineage of the sea urchin. Developmental Biology，377（1）：275-283.

Ozaki Y，Saito K，Shinya M，et al. 2011. Evaluation of Sycp3，Plzf and Cyclin B3 expression and suitability as spermatogonia and spermatocyte markers in zebrafish. Gene Expression Patterns，11（5-6）：309-315.

Piferrer F，Beaumont A，Falguiere JC，et al. 2009. Polyploid fish and shellfish：production，biology and applications to aquaculture for performance improvement and genetic containment. Aquaculture，293（3-4）：125-156.

Presslauer C，Nagasawa K，Fernandes JMO，et al. 2012. Expression of vasa and nanos3 during primordial germ cell formation and migration in Atlantic cod（*Gadus morhua* L.）. Theriogenology，78（6）：1262-1277.

Qiu GF，Chen Y，Cui Z，et al. 2013. Localization of germline marker vasa homolog RNA to a single blastomere at early cleavage stages in the oriental river prawn Macrobrachium nipponense：evidence for germ cell specification by preformation. Gene，513（1）：53-62.

Saga Y. 2008. Mouse germ cell development during embryogenesis. Curr Opin Genet Dev，18（4）：337-341.

Saito T，Fujimoto T，Maegawa S，et al. 2006. Visualization of primordial germ cells *in vivo* using GFP-nos1 3' UTR mRNA. International Journal of Developmental Biology，50（8）：691-700.

Saito T，Goto-Kazeto R，Kawakami Y，et al. 2011. The mechanism for primordial germ-cell migration is conserved between Japanese eel and zebrafish. PLoS One，6（9）.

Santos AC，Lehmann R. 2004. Isoprenoids control germ cell migration downstream of HMGCoA reductase. Developmental Cell，6（2）：283-293.

Sawatari E，Shikina S，Takeuchi T，et al. 2007. A novel transforming growth factor-beta superfamily member expressed in gonadal somatic cells enhances primordial germ cell and spermatogonial proliferation in rainbow trout（*Oncorhynchus mykiss*）. Developmental Biology，301（1）：266-275.

Schupbach T，Wieschaus E. 1986. Germline autonomy of maternal-effect mutations altering the embryonic body pattern of Drosophila. Developmental Biology，113（2）：443-448.

Slanchev K，Stebler J，de la Cueva-Mendez G，et al. 2005. Development without germ cells：the role of the germ line in zebrafish sex differentiation. Proceedings of the National Academy of Sciences of the United States of America，102（11）：4074-4079.

Theusch EV，Brown KJ，Pelegri F. 2006. Separate pathways of RNA recruitment lead to the compartmentalization of the zebrafish germ plasm. Dev Biol，292（1）：129-141.

Vilela DAR，Silva SGB，Peixoto MTD，et al. 2003. Spermatogenesis in teleost：insights from the Nile tilapia（Oreochromis niloticus）model. Fish Physiology and Biochemistry，28（1-4）：187-190.

Wang ZK，Gao JN，Song HY，et al. 2014. Sexually dimorphic expression of vasa isoforms in the tongue sole（*Cynoglossus semilaevis*）. PLoS One，9（3）：e93380.

Weidinger G，Stebler J，Slanchev K，et al. 2003. Dead end，a novel vertebrate germ plasm component，is required for zebrafish primordial germ cell migration and survival. Current Biology，13（16）：1429-1434.

Wong TT，Saito T，Crodian J，et al. 2011. Zebrafish germline chimeras produced by transplantation of ovarian germ cells into sterile host larvae. Biology of Reproduction，84（6）：1190-1197.

Xiao Q，Sun YQ，Liang X，et al. 2019. Visualizing primordial germ cell migration in embryos of rice field eel（Monopterus albus）using fluorescent protein tagged 3 ' untranslated regions of nanos3，dead end and vasa. Comparative Biochemistry and Physiology B-Biochemistry & Molecular Biology，235：62-69.

Yamaha E，Kazama-Wakabayashi M，Otani S，et al. 2001. Germ-line chimera by lower-part blastoderm transplantation between diploid goldfish and triploid crucian carp. Genetica，111（1-3）：227-236.

Ye H，Yue HM，Yang XG，et al. 2016. Identification and sexually dimorphic expression of vasa isoforms in Dabry's sturgeon（Acipenser dabryanus），and functional analysis of vasa 3'-untranslated region. Cell and Tissue Research，366（1）：203-218.

Yu LY，Xu DD，Ye H，et al. 2018. Gonadal transcriptome analysis of pacific abalone haliotis discus discus：identification of genes involved in germ cell development. Marine Biotechnology，20（4）：467-480.

第六章　水产动物生殖内分泌调控

第一节　水产动物性别发育的内分泌调控

行两性生殖的动物，其性别决定可分为遗传决定型、环境决定型和介于两者之间的混合决定型。实际上，动物性别决定、发育和繁育的问题，一直是人类希望解读的重大自然之谜。经过两千多年的不断探索，其中包括大量的解剖学、组织学的工作，也是借助着显微观察技术的发明应用等，直到 1827 年，人们才发现精巢中可以产生精虫（spermatozoa），即精子；1850 年，认识了精巢的间质细胞（Leydig cell），1865 年，识别出了支持细胞（Sertoli cells），并发现其可能对精子发生有支持功能；而直到 1878 年，借助水生模式生物海胆，才第一次证实了精子与卵子的融合应该是繁育下一代所必须的，而非仅依赖精子或卵子，或是性腺中的其他细胞物质。

而对于精巢中可能存在的影响性别发育或是影响生殖的分泌性因子的认识，则起步更晚。这方面的研究最早来自 1916 年对肉牛的间性多胞胎的观察，人们发现在雌性的双胞胎中常表现出一些雄性化的症状，如卵巢发育异常、穆勒氏管萎缩等，这应该是由来自异卵多胞胎中的雄性个体，通过脐带传递来的雄性分泌物质所导致的。数位科学家接下来对精巢中提取物进行功能测试，发现了精巢提取物具有促进年轻化、雄性第二性征等效果，1935 年自牛精巢中提出并纯化 10mg 纯品，将此信号化合物命名为睾酮（teststerone），并在当年也获得了自胆固醇化学合成的睾酮。在 20 世纪 50 年代之后，人们对睾酮的功能了解取得了突飞猛进的发展，发现了睾酮可以在性腺发育决定即第一性征确定后，影响各种性腺组织、器官的发育，具有促进精子的成熟、雄性性征的发育、肌肉组织增殖等效果（Freeman，2007；Stevant et al.，2018）。

后续，人们还发现和鉴定了另外一种功能类似的信号分子——抗穆勒管激素（anti-Mullerian Hormone，AMH），其功能并不能完全由睾酮或由睾酮合成的雄激素（androgen）所替代。这些早期的工作也表明，睾酮和 AMH 等是性别决定后，雄性生殖管和生殖器后续发育至成熟的必需因子，而不是卵巢发育所必需的分泌性因子（Stevant and Nef，2018）。在前期有关精巢组织观察和由精巢组织合成的睾酮功能的观察的基础上，在性别决定基因确定之后，人们对性别的决定机制和性腺发育的工作，包括自遗传决定性腺分化到内分泌信号调控性腺发育的基本轮廓，开始有了较为全面的了解。

6.1.1　性别决定与性别决定基因

针对遗传的性别决定基因，Gubbay 等和 Sinclair 等均在 1990 年发现并报道了人类 *SRY*、小鼠 *Sry* 的雄性性别决定基因，在人和小鼠的 XY 型缺失该基因的雄性个体，精巢将变为卵巢；而在转基因高表达的 XX 型小鼠中，原本应该发育的卵巢将向精巢转变。也就是说，性别决定基因应是维持该性腺发育类别的充分、必要的条件（Berta et al.，1990；Gubbay et al.，1990）。迄今为止，科研人员尚未鉴定出任何动物雌性性别决定基因，而是发现雌性的性别决定是一簇相互调控影响的基因，如*foxl2*、*wnt4*、*dax1*、*repo1* 等共同调控的结果（Yao，2005；Capel，2019）。科研人员通过对第一个动物性别决定基因 *sry* 的功能研究，尽管尚未明了其直接调控的下游靶信号基因，但已确定 *sry* 基因产物可以通过调控 *sox9* 基因，从而启动精巢组织的发育、抑制卵巢组织分化进程，而且 SOX9 也可以正反馈促进 *sry* 基因的表达（Bishop et al.，2000）。后续的研究表明 *sry* 基因对于脑区的性别分型决定也起着调控作用，决定着中枢内分泌系统向着雄性分化的功能（Mcelreavey et al.，1993）。

鱼类是脊椎动物中最为多样化的一个类群，拥有大约 28 000 个物种。为适应不同的生境，鱼类的性别决定、性腺发育和繁殖方式等展现出复杂多样的形式和策略，包括雌雄异体（gonochorism）、雌雄同体（hermaphroditism）和单性生殖（unisexuality）等。在雌雄同体的鱼类中，其性腺发育可以是同时发育（hermaphroditism）的，也有采取依序发育的，如雌性先熟（protogynous）和雄性先熟（protoandrous）的鱼（Martinez et al.，2014），其中雌性先熟的鱼比较著名的有石斑鱼、苏眉鱼，而雄性先熟的鱼则有小丑鱼、金鲷等。

在性别决定的机制策略方面，鱼类有采用遗传决定类型（genetic sex determination，GSD）的，也有采用环境决定类型（environmental sex determination，ESD）的，也有两者兼用型的。在 ESD 类型中，较为常见的有温度决定型（temperature sex determination，TSD）（Li and Gui，2018）。谈及动物的性别决定基因，其中对于脊椎动物的 *DMRT1* 基因的研究需要特别引起关注。DMRT 是一类含有 DM 结构功能域的转录因子，所谓的 DM 结构功能域是因为这类转录因子可以和果蝇的 *doublesex*（*dsx*）和线虫 *male abnormal 3*（*mab3*）结合而得名。DMRT1 是 DMRT 蛋白家族成员中的一个，一般在脊椎动物的性腺中表达，对性腺分化、生殖细胞分化过程起着重要的调控作用；在两栖类和鸟类中，还起着性别决定的作用。在鱼类 GSD 研究中，Matsuda 等最早于 2002 年发现阔尾青鳉（*Oryzias latipes*）的一个 *dmrt* 基因的同源基因 *dmy* 是性别决定基因（Matsuda et al.，2002）；2017 年，*dmrt1* 也被发现是半滑舌鳎的性别决定基因（Cui et al.，2017）。而 *drmt1* 基因在其他鱼类中还没有观察到具有性别决定的作用，但在鱼类的性腺中较为特异地表达，一般在精巢中表达较高（Zarkower，2013）。

目前，在水生动物中鉴定到的性别决定基因分别有非洲爪蟾的 *DM-W*（Yoshimoto et al.，2008），银汉鱼的 *amhy*（Hattori et al.，2012），虹鳟的 *sdY*（Yano et al.，2012），三种河豚鱼类的 *Amhr2*（Kamiya et al.，2012），吕宋青鳉的 *GsdfY*（Myosho et al.，2012），恒河青鳉的 *sox3*（Takehana et al.，2014），尼罗罗非鱼的 *gsdf*（Jiang et al.，2016）。这些基因的表达大多是促进个体的性腺分化为精巢，仅有红鳍东方鲀中的 *amhr2* 位点是鉴定于 AMHR2 的激酶结构域中含有的一个 SNP 变异，使其对 AMH 激素的结合力降低，从而使其在纯合基因型中（基因型 XX）表现性别为雌性（Kamiya et al.，2012）。这也似乎不完全符合性别决定基因的定义，即有此基因的存在便可决定性别，而非需求纯合状态。

除了具有单一的性别决定基因的研究报道，也有许多研究报道了 2 个以上的重要基因共同作用、决定性别的调控，如在剑尾鱼（Xiphophorus）的鱼类中，似乎包含有 X、Y 和 W 性染色体的多基因性别决定系统等（Schultheis et al.，2009）。但目前针对这些多基因的性别调控机制尚未有清晰的遗传学和分子作用机制的研究结论。在鱼类中，相对而言遗传决定基因较少地被发现和鉴定，一方面或许是因为性别决定的基因组演化尚处于早期，成簇出现的性别关联基因尚未规模化地演变至性染色体的阶段；另一方面，性别控制的多样性和可塑性似乎也可使动物更易应对各类生境要求。因此有较多的环境决定性别的现象的发生，如在营养不利等应激情况下，鱼类似乎更多地转换为雄性群体，以减少对形成卵黄积累的营养能力的负担。在温度性别决定现象方面，有研究报道温度与水生动物性别调控关键基因的调控元件区域的甲基化等表观遗传调控有关（Ge et al.，2018；Navarro-Martin et al.，2011）。有人认为这也许与恒温动物可以通过维持体温，从而屏蔽了外界温度对身体的影响，减少了温度对体内性别关键基因调控的影响有关（Grossen et al.，2011）。

6.1.2 性别分化与内分泌信号调控

动物体内的性别决定，主要依赖于性别决定的遗传因子，通过调控性腺分化发育，以及性腺合成的性激素而决定。而性腺其后的发育和成熟，则受下丘脑-垂体-性腺调控轴在感知周边环境、营养状态和代谢调控的应答调节，且该调节作用还需要与生殖细胞间的相互信号应答而实现。而生殖细胞在由体细胞组成的性腺组织中发育与成熟，则又需要性腺组织的支持，协调其共同的整体发育。

在一般的脊椎动物，一旦性腺分化决定之后，机体循环系统中的特征性的性激素内环境将决定体内的其他组织器官的性别分化发育。如在雄性个体中，雄激素将决定机体其他部位的雄性化以及去雌性化的发育特征。其中脑组织在外观上似乎无性别差异，却在个体的性别分化发育过程中，决定了个体的性别差异性的行为和生理性的各种性状，包括异性追逐交配、抚育子代以及调控垂体中促性腺激素的性别特征性表达等。而脑组织中受到性激素环境所诱发的性别特征性分化发育，也可补偿其他性激素环境决定性的不足，防止个体发生与性腺分化发育（第一性征发育）不相协调的行为、生理和心理的性状（第二性征）的发生。

在许多硬骨鱼类中，也会出现性别差异性的行为和生理学特征性性状，但不同于哺乳动物和鸟类，即使至成年阶段，其性别特征性的性状还较不稳定，较易发生转换。例如，有记录证实在至少 9 目 27 科的硬骨鱼类中可以发生天然性转换（Capel，2017）。而即使在不发生天然性别转换的鱼类，如斑马鱼、青鳉、罗非鱼等的成年阶段，也可以通过性激素或是芳香化酶的抑制剂处理，导致其发生功能性的性别转换，如行为性状甚至性腺组织的性别转换。例如，当用雄激素或前列腺素 F2α 处理金鱼时，可以导致交配行为的转换，即使性腺结构尚未改变（Ghosal and Sorensen，2016; Sun et al.，2014）。而科研人员敲除了斑马鱼的睾酮合成酶 CYP17A1 之后，在全雄的 *cyp17a1* 突变斑马鱼群体中，以睾酮和雌激素浸泡处理，可以导致精巢组织中出现卵巢发育的现象（Zhai et al.，2018）。

正如前所述，鱼类的性别决定尚处于较为初级阶段，如不同鱼的性别决定基因各不相同，而且还有许多鱼类尚未发现性别决定基因，更有许多硬骨鱼类的性别遗传决定基因尚未确定。即使有性别决定基因的种类，也并未鉴定出可见的、具有明显特征性的性染色体，而仅是个别散在的性别决定基因，最多和周边数个基因形成一种基因簇，如在青鳉中，其所谓的 Y 和 X 染色体基本的遗传特征是一致的，仅包含有性别决定基因 *dmy* 的一段 258kb 的区域存在不同（Kondo et al.，2006）。因此，这类遗传结构的不完善，可能使鱼类形成机体相互协调、互相补偿性的性别在各个组织器官中整体性调控的机制，包括脑组织的性别发育的信号调控系统。这些现象都表明，鱼类的性别遗传决定机制尚不够完善，这也表现为鱼类的脑部组织不同于哺乳动物、鸟类等，在个体发育早期，性激素未对机体其他的组织形成性别差异性的发育影响，而且雌、雄鱼的激素水平在脑部的差异性不大，因此鱼类可能易受雌、雄激素水平改变所带来的影响（Okubo et al.，2019）。

这也是后续提及可采用性激素处理、导致伪性别鱼群体出现，并将单性别群体应用于养殖实践的机制性基础。

第二节　性腺组织发育与内分泌调控轴

下丘脑-垂体-性腺调控轴被认为是机体对性腺发育与成熟的中枢神经内分泌调控轴。其中中枢内分泌组织包括下丘脑和垂体，性腺属外周内分泌器官；当然，与性腺调控密切相关的代谢调控，也会影响生殖细胞及其所在发育地点——性腺的发育状态。而且，代谢调控的组织同样具备甾醇类激素合成能力，甚至在性腺组织开始之前，肾上腺组织（尤其在鱼类）便已具有合成性激素，如睾酮、雌激素等的能力。

下丘脑分布着丰富的感知神经元，通过对环境和机体状态的感知，可以产生和分泌吻素（kisspeptin）、促性腺激素释放激素（gonadotropin-releasing hormone，GnRH）等调控内分泌下游的激素，如中枢内分泌组织垂体中的几种促性腺激素（gonadotropins，Gn）的产生。

而由垂体中产生合成的促性腺激素是一些调节脊椎动物性腺发育、促进性激素生成和分泌的糖蛋白激素，如垂体前叶分泌的促黄体生成激素（luteinizing hormone，LH）和促卵泡成熟激素（follicle-stimulating hormone，FSH）等。这些中枢性的激素在分泌后，通过血液运送到性腺组织，可以刺激卵巢或睾丸中生殖细胞的发育及性激素的生成和分泌。

与此同时，性腺组织也会以合成性激素的水平等，向下丘脑等神经感应系统提供负反馈信息，并以下丘脑-垂体-性腺神经内分泌调控轴，实时对机体的性腺发育、生殖细胞发育以及性行为开展整体的神经内分泌调控。

鱼类脑部的下丘脑和垂体组织可以合成分泌的激素，可以促进鱼类性腺组织和生殖细胞的成熟，这些功能早已在水产实践中被加以应用。人们采用成熟鱼体的脑部提取物注射催亲，便是利用此类激素的混合物。在激素的具体功能研究中，特别是以模式鱼类为主的研究过程中，科研人员虽然已经发现通过抑制 GnRH 的表达可以抑制鲤的性腺发育和成熟（Hu et al.，2007），但后续借助基因编辑技术对斑马鱼的 kisspeptin、GnRH 以及 GnRH 受体基因的敲除，甚至多个家族成员的同时敲除，均未看到对斑马鱼性腺发育、垂体促性腺激素分泌的显著影响（Liu et al.，2017；Trudeau，2018）。

斑马鱼垂体产生的那些促性腺激素，如 LH 的敲除仅影响雌鱼最后阶段的成熟和排卵过程（Shang et al.，2019；Zhang et al.，2015），FSH 的缺失也仅影响雌雄鱼生殖细胞的成熟（Zhang et al.，2015）。同时，有研究发现，斑马鱼 FSH 也具有对精原细胞增殖的促进作用（Zhai et al.，2018）。与哺乳动物小鼠相对应的结果相比，对这些斑马鱼的观察和结论显示出相对较轻的表型。这也许说明鱼类的激素和其对应受体间的专一程度不高，使某种因子的缺失容易为其他结构类似的因子替代补偿；抑或是基因组加倍的硬骨鱼类存在着多个配体、受体的基因，而导致相互补偿的原因。

另外，通过对垂体中的糖皮质激素（thyroid-stimulating hormone，TSH）的敲除实验，科研人员发现 *tshb* 突变斑马鱼也无法产生成熟的精子和卵子。这表明在斑马鱼中，TSH 也具有性腺和生殖细胞成熟的调控作用（Song et al.，2020，unpublished data）。但是在青鳉的实验中，当科研人员将青鳉中唯一的在脑部神经元中表达的GnRH基因*gnrh1*敲除后，青鳉表现出了类似lbb敲除的表型，即成年雌性青鳉的排卵期的症状，而非类似敲除*fshb*所导致的卵泡发育期的表型。这表明在青鳉中GnRH-LH的调控对于卵细胞的成熟至关重要，而对相对早期的卵泡发育期不是必需的；而FSH信号则对卵泡的早期发育调控重要，却不受GnRH的调控（Takahashi et al.，2016）。这些结果表明鲤科鱼类的GnRH对LH的调控似乎不重要，当然，除去斑马鱼的工作，其他鲤科鱼类的研究需要加以开展以论证这一点。

总体而言，性别决定的遗传因子通过调控性腺即第一性征的分化，决定了由体细胞支持下的性腺的分化方向；而后下丘脑-垂体-性腺组成的神经内分泌调控轴则通过机体的整体感知能力，综合调控机体对环境和代谢状态的应答，并实时调控生殖细胞在性腺中的发育、成熟与排放过程。

第三节　甾醇类激素的性腺分化调控作用

硬骨鱼类甾醇类激素的合成一般受下丘脑-垂体-间肾和下丘脑-垂体-性腺内分泌调控轴调控，并主要发生在外周内分泌腺——性腺和间肾的腺体组织中，也有少量合成于大脑组织（Beitel et al.，2014；Diotel et al.，2011）。所有的甾醇类激素均来自胆固醇前体，经过细胞色素P450侧链裂解酶（CYP11A1）将胆固醇的侧链去除，从而产生孕烯醇酮（pregnenolone）。在此步骤，类固醇激素合成的急性调节蛋白（steroidogenic acute regulatory protein，StAR）负责线粒体外膜和内膜的跨膜转运，因此这一步是甾醇类激素合成的限速调控步骤（Shang et al.，2019）。甾醇激素合成的下游是一系列催化甾醇核心结构的侧链Δ5/Δ4异构化、羟化、芳香化、脱氢、还原、氧化等反应的酶体系及催化产物。这些生成途径主要如图6.1所示，其中主要的酶类都已在斑马鱼、青鳉、鲤、虹鳟等分离鉴定。例如，CYP11A1是由胆固醇合成孕烯醇酮的唯一的进入本合成途径的起始步骤，而CYP17A是接下来将C21甾醇类激素转换成C19甾醇类化合物的瓶颈决定者，其主要的产物是17α-羟基孕酮（17α- hydroxyprogesterone）和雄烯二酮（androstenedione）。CYP19A则是形成C18类甾醇类激素的酶，其合成的雌激素对鱼类的雌性发育具有重要作用（图6.1）。当然，这些合成酶的基因许多是依据其DNA序列的同源性而加以推测性鉴定的，许多的功能性实验证据还在大多数鱼类中缺乏；但相对而言，在斑马鱼、青鳉、罗非鱼等模式鱼中，其功能也大多通过生物化学或遗传学手段，进行了部分的功能研证（Mindnich et al.，2005；Zhai et al.，2018）。

如同人类的甾醇类激素一样，硬骨鱼类的甾醇类激素应该具有胚胎发育、性别决定和分化、代谢、免疫、渗透压调节、节律调节、交配、繁殖与行为等的调节功能。多数硬骨鱼类是狭盐性的，可的松（皮质醇）和促乳素或其他生长激素家族的因子结合，起着对离子吸收分子的调控功能，从而调控渗透压（McCormick，2001；Shu et al.，2016）。可的松是内分泌应激反应的主要效应激素，主要由肾上腺组织合成，但也可由通用的甾醇类激素合成路径完成，有报道称在鱼体处于应激条件下，更高水平的可的松会抑制雄激素向雌激素的转换，即可能通过抑制*cyp19a1a*的表达而导致鱼出现雄性化的现象（Goikoetxea et al.，2017）。但在敲除POMCa的斑马鱼中，由于应激内分泌反应的信号通路缺陷引起可的松合成下降，该斑马鱼群体血液的睾酮水平升高，并未伴随雌激素水平的升高，最后也出现了雄性化现象。研究发现在缺失*pomca*基因功能的情况下，3β

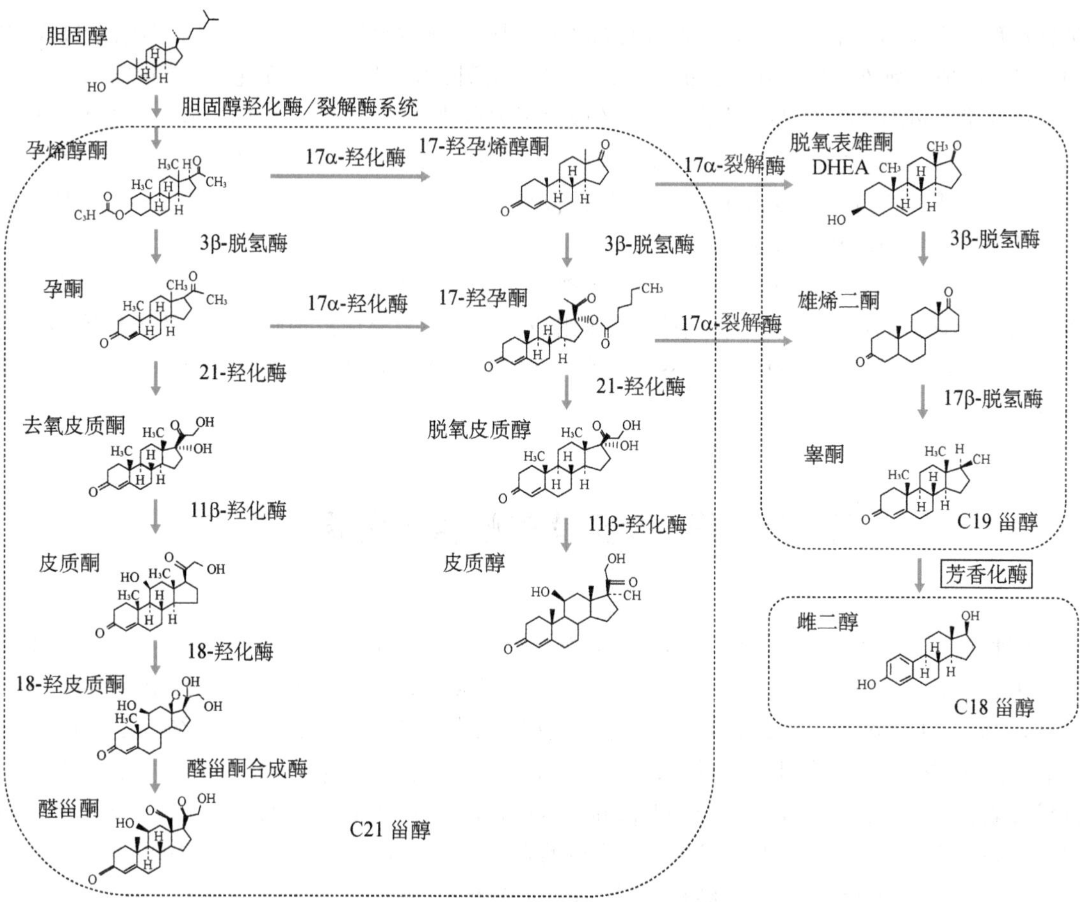

图 6.1　动物甾醇类激素合成过程示意图

脱氢酶表达下降，而另一方面 *cyp17a1* 的表达显著升高，这表明斑马鱼中肾上腺的 CYP17A1 正在行使 17α-脱氢酶和 17，20-裂解酶的功能，更多地在应激内分泌通路缺陷的情况下发生了甾醇类激素合成的转换，可以完成更多睾酮的合成（Shi et al.，2019）。这与前述报道的现象有些不尽相同，即在应激条件下，可的松水平升高会抑制雌激素合成、导致雄性化，因此，受环境应激而导致鱼群雄性化的机制还需进一步阐释。

在繁殖调控方面，鱼类的甾醇类激素一般是由垂体中的促卵泡激素 FSH 和促黄体激素 LH 所调控。在雌性动物中，繁殖周期早期主要由雌激素调控，而在后期则主要是成熟诱导甾醇激素（maturation inducing steroids，MIS）在起作用。一般而言，在卵细胞发育早期，垂体分泌的 FSH 会诱导卵泡膜细胞中的 *cyp19a1a* 的表达，使得由睾酮合成雌激素增高，通过雌激素诱导肝脏的卵黄蛋白原的合成，卵黄蛋白原通过血液运输至生长中的卵细胞。经过卵黄生成期，由于芳香化酶 cyp19a1a 的表达下降，雌激素合成开始减少。与此同时，受 LH 的诱导，在卵巢颗粒细胞中的羟基甾醇脱氢酶 20b 开始逐渐高表达，逐渐增加 MIS 的合成，以促进卵细胞的成熟。这些 MIS 可以和膜孕酮受体（membrane progesterone receptor，mPR）结合，经过卵细胞胞内信号通路诱导细胞成熟，如卵母细胞生发泡破裂、第一次减数分裂的完成、纺锤体形成、染色体聚集、第一极体的形成等。当 MIS 通过非核物质信号通路刺激卵细胞成熟之时，也有研究表明，MIS 也可以通过核孕酮受体（nuclear progesterone receptor，nPR）刺激成熟的卵细胞自卵泡中释放出来，等待排卵（Shang et al.，2019）。

一般而言，雄激素目前看来对雄鱼的第二性征，如体色、鳍条的发育和形成，似乎具有较为重要的作用。FSH 也被普遍认为可以促进鱼类 11-酮睾酮（11-ketotestosterone，11-KT）的合成，从而诱导生精过程。而在配子形成后期，11-KT 水平会下降；此时 MIS 的合成由于垂体的 LH 诱导而开始上升，可以通过诱导减数分裂的完成，促进精子的成熟和排精（Schulz et al.，2010）。但有研究表明，敲除 LH 并不影响生精过程、精子的成熟和排精，也许是由于在斑马鱼中的成熟期 FSH 可以替代 LH 的功能（Shang et al.，2019）。同时，对斑马鱼 *cyp17a1* 基因的敲除实验也表明斑马鱼缺失睾酮、11-KT 并不会影响其精子的发育与成熟，但的确会导致其雄性第二性征的消失；因为没有睾酮合成并引起雌激素无法合成，所以全部的缺失 *cyp17a1* 的斑马鱼都为雄性，且由于其 FSH 表达上升，其精子生成能力还得到增强（Zhai et al.，2018）。

雌二醇是鱼类主要的雌激素形式，其直接的合成酶是芳香化酶 CYP19a1a。在通常雌雄异体的鱼类中，雌激素起着促进卵巢分化发育和维持的作用。在鱼类的天然性逆转过程中，雌激素水平一般与卵巢分化发育正相关。因此，有研究报道发现，天然性逆转的环境条件可以通过对 *cyp19a1a* 的启动子的表观遗传结构产生影响，从而抑制或上调 *cyp19a1a* 基因的表达，影响性腺的分化和发育（Shao et al.，2014）。研究发现，在以激素处理导致性逆转现象产生的所谓人工性逆转过程中，如果以激素处理早期发育的鱼，在尚未完全失去性腺可塑性的阶段，雌激素可以在性腺发育的早期诱导性腺向卵巢发育（原始性逆转）；而在某些鱼类性腺发育的晚期，当性腺发育的可塑性失去到一定程度时，由雌激素诱导的卵巢逆转发育即使能发生，也必须经过长期的雌激素的处理，对诱导的卵巢加以维持（继发性逆转）。

甾醇类激素也可对性别分化在脑组织中的反应产生影响，如由性腺合成的睾酮会对脑组织产生性别特征性神经回路的应答。例如，斑马鱼缺失 *cyp17a1* 会影响雄性的交配行为，而这可以被 11-KT 所挽救，这些表明了雄激素对神经调控行为功能的影响（Zhai et al.，2018）。

有报道称鱼类甾醇类激素合成与哺乳动物不同之处主要表现在下列 3 点：①在哺乳动物中皮质酮（corticosterone）作为中间产物，还会继续合成醛甾酮（aldosterone），并与盐皮质激素受体（mineralocorticoid receptor，MR）结合，调控钠、氯等离子吸收与钾、铵、氢离子分泌等，从而调控体内离子平衡。而鱼类似乎缺乏醛甾酮的合成，而是由 11 脱氧皮质酮（11-deoxycorticosterone）或皮质醇结合 MR 调控离子平衡（Scholz et al.，2008）。②鱼类可以由羟基甾醇脱氢酶 21b（hydroxysteroid dehydrogenase 21b，HSD21b）自 17α-羟基孕酮（17α-hydroxyprogesterone）和 11-脱氧皮质醇（11-deoxycortisol）合成 17α，20β 双羟孕酮（17α, 20β-dihydroxy-4-pregnen-3-one，17α，20β-P 或 DHP）和 17α,20β,21-三羟孕酮（17α,20β,21-trihydroxy-4-pregnen-3-one，20β-S）作为成熟诱导甾醇激素，起着诱导卵细胞成熟的作用。其中鲑鳟类、鲤科、鲇形目、银汉鱼目以 17α，20β-P 为主要成熟诱导甾醇激素，而鲈形目则以 20β-S 为主。这在哺乳动物中未见报道（Clelland and Peng，2009）。③在鱼类中与雄激素受体结合效率最高的甾醇化合物是 11-KT，而在人类中与雄激素受体结合亲和强的是 5α-二羟睾酮（5α-dihydrotestosterone，DHT），这表现在活性睾酮的合成通路的差异。例如，人类的 17β 羟基甾醇脱氢酶（HSD17B3）主要在精巢中表达，而斑马鱼中的 HSD17B3 则具有较为广泛的表达（Mindnich et al.，2005）。

由于鱼类经历了染色体加倍过程，因此鱼类具有 2 个拷贝的 *hsd17b3*，即 CYP19A1A 和 CYP19A1B，其酶活性一致；但在自表达模式角度上，CYP19A1A 更多地表达于卵巢组织，而 CYP19A1B 则更多地表达于神经组织中，因此，对其表达的调控相应地有所不同（Goldstone et al.，

2010)。鱼类的 CYP17A 也同样具有双拷贝(Fang et al.,2018)。另外,CYP17A1 具有 17α-脱氢酶和 17,20-裂解酶的活性,但其行使 17,20-裂解酶功能时需要与细胞色素 B5A(Cytochrome b5A,CYB5A)结合,而哺乳动物肾上腺组织中缺乏 CYB5A 的表达,因此哺乳动物肾上腺组织自身不能完成脱氢表雄酮(DHEA)的合成;而科研人员最近发现在斑马鱼间肾组织中存在 CYB5A 的表达,因此表明在斑马鱼中的 CYP17A1 可以行使 17α-脱氢酶和 17,20-裂解酶的功能,并可以完成睾酮的合成(数据尚待发表)。

第四节　水产动物产卵过程的内分泌调控

6.4.1　卵巢早期的分化发育与内分泌调控

多数鱼类的卵巢由表皮组织、卵原细胞、卵泡[由卵母细胞及其周边体细胞和间质组织(stroma)组成]组成;这些组织经过复杂的构型变化,形成生卵的空腔构型。硬骨鱼类如斑马鱼的性腺形成源于生殖原基。起始期的生殖原基是位于腹腔背腹部两侧对称的线状组织,即生殖脊(germinal ridge)。PGC 细胞迁移到生殖脊的表皮组织中,开始了性腺的发育(Raz,2003)。在斑马鱼中,性腺最初以一种类卵巢的形式存在,这些早期类卵巢组织在雌鱼中形成卵巢;而在雄鱼中,部分的卵母细胞凋亡并形成雄性的精巢组织(Wang and Orban,2007)。在正常养殖条件下,斑马鱼的性腺分化期在其 25～40 日龄而其性成熟时期约在其 90 日龄时(Jiang et al.,2012)。对于实验室常用的斑马鱼品系,科研人员至今尚未发现其性别决定的遗传基因,因此对于斑马鱼的性别分化的遗传决定规律尚缺乏机制性的了解。而杀灭了生殖细胞的斑马鱼则只能形成没有生殖细胞的精巢组织,这表明在斑马鱼中生殖细胞对卵巢的形成起着必要的作用(Slanchev et al.,2005)。雌激素的处理可以导致斑马鱼性腺向卵巢发育转换,提高群体中雌鱼的比例;敲除罗非鱼的芳香化酶 CYP19A1,使其合成雌激素途径阻断,则会导致罗非鱼雄性比例上升,这些都说明雌激素对卵巢的发育具有促进和维持作用(Brion et al.,2004;Zhang et al.,2017)。另外,由于斑马鱼在幼年期发生性别分化时,类卵巢的细胞凋亡会导致其发生向精巢分化的趋势,因此还有一些参与生殖细胞发育与维持的因子,它们的缺失或是异常表达等,导致在斑马鱼性别分化期的类性腺组织中出现异常的细胞凋亡,并使斑马鱼失去向卵巢分化的能力。似乎在斑马鱼类性腺出现的任何异常,都倾向于使类性腺向精巢发育。这些包括 fushi tarazu factor-1(ff1a,ff1b etc.)的敲除和卵泡抑素(follistatin)在卵巢中的高表达等证据,都会障碍卵巢的正常形成(Jiang et al.,2012;von Hofsten and Olsson,2005)。

6.4.2　卵巢组织发育的基本过程

鱼类的卵巢发育主要分为 3 个主要类型,一是同步发育(synchronous)类型,其卵巢中的所有生殖细胞和卵巢体细胞组织在同一时间里均处于同一发育时期,如草鱼、虹鳟等一年繁殖一次或更少次数的鱼;二是批次同步发育(group-synchronous)类型,比如说在同一时间时,卵巢中的生殖细胞和其支持的卵巢体细胞组织至少分为 2 个不同的时期,如细鳞鲴等;三是异步发育(asynchronous)类型,即在卵巢组织中可同时看见处于不同发育阶段的生殖细胞和体细胞组织,没有以任何一个期作为主要时期,如在实验室养殖条件下的斑马鱼,性成熟后可以每 4～7d 便可产一次卵，全年产卵，其卵巢组织发育便是以异步发育形式进行，含有处于各发育时期的生殖细胞。某些鱼类对于生殖投入的能量，也可在性腺重量占体重的比例上得到一定的反映，即性体比，一般鱼类的雌鱼的性体比在15%～40%范围（Tyler and Sumpter，1996）。由于鱼类的主要消费组织为肌肉组织，因此一般养殖种类倾向于对繁殖投入能量较少的品种，实际上多数养殖鱼类的肌体比可在50%左右，高于一般畜禽养殖动物的肌体比。但许多野生鱼类尤其是在营养贫乏的水体环境中的野生鱼类，如青藏高原的特有鱼类高原裸鲤（*Gymnocypris waddelli*），由于环境温度低、水体营养水平低、食物匮乏，因此繁育与传代几乎是其能量投入的主要方向，性成熟需要的时间长，一般需要5年以上；体重依然较小，但其相对的性腺发育较大，性体比可达30%以上（杨运汉等，2011）。当然，对于主要消费器官为性腺组织的，例如蟹黄、海胆黄等，则需要选育性体比较高、性腺发育较快的品种进行养殖。

生殖细胞在卵巢中由PGC到成熟卵子的排放的整个发育过程极为复杂，也具有较强的种间特异性。这一过程需要经历原始卵原细胞定植于卵巢组织、向初级卵母细胞转化的过程，转化的过程一般也伴随着减数分裂的启动，此刻初级卵母细胞会经历卵黄蛋白生成期，细胞出现明显的个体生长过程，伴随着大量营养和母源RNA物质在卵母细胞中积累、卵膜的分化等许多重要分化过程。而在此期间，多数卵母细胞受减数分裂阻滞期阻滞，尚处于减数分裂的双线期。初级卵母细胞的生长期结束后开始的卵母细胞成熟过程，主要表现为营养物质内吞作用的停止，减数分裂活动再启动以及胚泡破裂（germinal vesicle breakdown，GVBD）的形成，卵膜透明带（oolemma）下的单层皮层内生膜囊（cortical alveoli）生成，卵黄小板（yolk-platelet）溶解，以及漂流性卵的吸水过程。而这些过程之后或几乎同时出现的减数分裂继续进行的过程，将形成大小不同的2个细胞，其中较小的细胞为极体、会消失，而另一个大的细胞则成为较大尺寸的次级卵母细胞。此时，次级卵母细胞自周边包裹的卵泡囊进入卵巢输卵管或腹腔（依种类差异而定），生殖细胞发育开始进入最后的成熟时期，称为卵细胞（ovum），此刻已是经过减数分裂形成的第二极体降解后而形成的单倍体生殖细胞。上述的多数过程是利用显微观察、依据形态学的特征进行了许多人为的分期，许多不一定代表着生殖细胞内部实质性的分化过程，但基于操作实践和科研对比的需求，一般还是依据其主要的形态学特征加以阶段性的描述（图6.2）。借助转录组和蛋白组对不同阶段、不同形态生殖细胞组织的观察，人们对其实质性的特征了解也已更加深入。

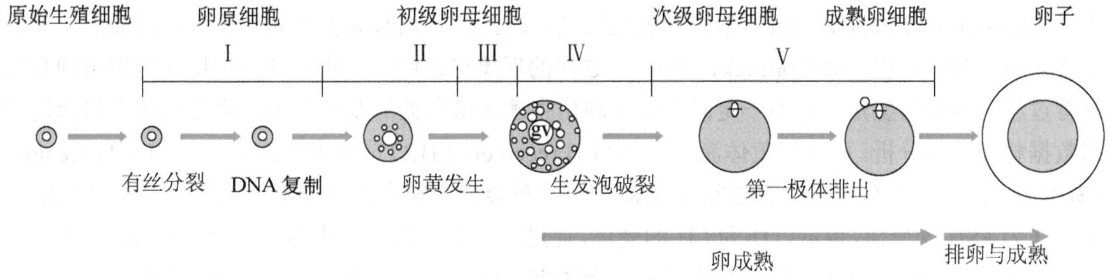

有丝分裂	减数分裂				
	DNA合成	分裂中期			
		前期	转位期	末期	减数分裂II期

图6.2 鱼类卵巢发育基本过程

6.4.3 卵细胞生成过程的内分泌调控

生殖细胞的发育离不开性腺体细胞组织相应的发育与提供的支持，在鱼类卵细胞发育与成熟的过程中，卵细胞和体细胞互作等过程具有显著的特色和复杂的调控过程，值得科研人员了解和未来更深入的关注。

（1）当 PGC 细胞迁移至性腺原基处后，其有丝分裂的过程和原基处的性腺体细胞将发生信号之间的互动调控。在此阶段，不断进行有丝分裂的卵原细胞逐渐为其周边的、由体细胞形成的一层卵巢颗粒细胞所包裹，这层包裹的囊膜细胞包括卵泡膜细胞（theca cell），具有之后分化为血管细胞的潜力。而由这些生殖细胞及其周边体细胞形成的卵巢颗粒细胞、卵泡膜细胞则组成卵泡组织，并使其中的生殖细胞发育为卵母细胞，该过程的发生的起始特征便是第一次减数分裂的开始（Selman et al.，1993）。

（2）内分泌信号对生殖细胞由卵原细胞向卵母细胞发生转变，亦即启动减数分裂的调控过程。前述章节已针对 HPG 轴中由垂体形成若干促性腺激素，如 LH、FSH 和 TSH 在生殖细胞成熟过程的作用进行了描述。雌激素已被证明对于促进 PGC 细胞向卵原细胞转化、有丝分裂致卵原细胞增殖以及初级卵母细胞生成中启动减数分裂等过程具有重要作用（Miura et al.，2007）。敲除罗非鱼中雌激素合成的关键酶——芳香化酶 CYP19A1A，导致雌激素合成缺陷，罗非鱼性腺发育将难以向卵巢分化，缺陷鱼群体将出现雄性化现象（Zhang et al.，2017）。有趣的是敲除斑马鱼的雄激素受体（androgen receptor，AR）基因，则发现突变斑马鱼的性腺全部向卵巢发育，但卵巢发育迟缓，并且在产卵两次之后，生殖细胞不再能成熟，这些表明雄激素信号也与雌性生殖细胞的发育关联（Crowder et al.，2018）。在敲除 LH 的斑马鱼中，血液中雌激素的水平未发生显著变化，却显著抑制了甾醇类激素合成途径中重要蛋白类固醇类产生因子-1（steroidogenic acute regulatory protein-1，StAR-1）在性腺中的表达，这说明肾上腺中的甾醇类合成可以通过合成性激素补充血液中雌激素的不足，也正因此，敲除 LH 的斑马鱼中生殖细胞的发育仅出现在成熟期的阻滞影响（Shang et al.，2019）。需要特别指出的是，采用 HCG 浸泡缺乏 LH 的斑马鱼，可以获得近乎经过 GVBD 阶段的、在形态观察上与透明成熟的鱼卵完全一样的卵细胞，但是该卵挤出卵巢、与精子交配获得成功孵化的受精卵的比例非常低。通过转录组分析，以 HCG 处理后的斑马鱼卵细胞虽形态特征与成熟鱼卵一致，但数十种基因的表达依然不同于野生型成熟的鱼卵，尤其是其孕酮受体（progesterone receptor，pgr）基因的表达较低，因此该卵细胞失去感知孕酮信号的能力，无法最终完成成熟的过程（McCormick，2001）。这样的现象也说明了，通过形态学特征对生殖细胞的发育过程进行分级鉴定，并不一定能真实反映出生殖细胞所处的发育阶段，尚需与蛋白组和转录组数据相互结合分析。而在促黄体激素受体（LH receptor，LHR）或促卵泡激素受体（FSH receptor，FSHR）的敲除斑马鱼中，仅有敲除 FSHR 的斑马鱼会出现卵泡成熟受阻的现象，表明 FSHR 既可以作为 FSH 的受体，也可以作为 LH 的受体，促进雌性生殖细胞的成熟过程（Zhang et al.，2015）。另外，在敲除 GH 的斑马鱼中，在生长延滞期的突变鱼个体生长受到抑制，体重下降的斑马鱼突变体也会延迟生殖细胞进入减数分裂的启动时间（Hu et al.，2019）。这些表明了不同的垂体激素对性腺中生殖细胞发育的影响机制和步骤的不同特性。

（3）卵黄生成是鱼卵由卵原向卵母细胞转化过程中的特征性变化之一。其主要通过将由肝脏合成的卵黄蛋白原（vitellogenin，VTG）转运吸收入鱼卵形成卵黄。由于 VTG 是一种分子量较大的脂转运载体，因此 VTG 携带脂肪或其他脂溶性物质并进入、富集于鱼卵中，为未来鱼卵离体发育提供了良好的物质营养条件。VTG 的表达主要受雌激素刺激，在肝脏中合成，并通过血液转运至卵巢。因此，血液中雌激素的含量与在肝脏中 VTG 的合成、分泌密切相关，这一特点已应用在了毒理学研究中，用以筛查类雌激素的内分泌干扰物。但是科研人员通过在稀有鮈鲫和斑马鱼中的工作，证明肾上腺素也可以导致 VTG 在肝脏中的合成（Ma et al.，2009；Yin et al.，2009），只是目前还尚未有报道关注肾上腺（hypothalamus-pituitary-adrenal，HPA）内分泌调控轴对鱼类卵黄生成过程的调控或影响。

（4）脊椎动物的卵常为卵黄膜外壳蛋白包裹。哺乳动物的卵外膜蛋白一般包括透明带（zona pellucida，ZP）、卵黄膜蛋白（vitelline envelope protein，VEP）或卵膜蛋白（choriogenins）。其中脊椎动物 ZP 蛋白含有相似的 ZP 基团，并以此可分为 ZPA、ZPB、ZPC 和 ZPX（Modig et al.，2006）。科研人员在鱼类中未发现 ZPA 蛋白，而在鱼、蛙、鸡中则鉴定有 ZPX 蛋白。一般鱼卵的卵膜蛋白有 3～4 种，多含有保守的 ZP 基团，有细胞外分泌蛋白和膜蛋白。这些蛋白富含脯氨酸和谷氨酸重复的基团，参与形成受精后的卵壳。鱼类的卵膜蛋白一般参与肝组织和卵组织，并受雌激素促进与调控（Modig et al.，2006）。鱼类的卵膜蛋白还参与精卵识别，但目前对于鱼类卵外膜蛋白参与种间受精的特异性调节的研究尚不充分。不同于哺乳动物对于多精受精的防护机制，鱼卵一般仅通过位于动物极处的卵膜孔的管道，以控制单精进入受精，然后卵膜孔关闭，防止多精受精的现象发生。而一般卵膜蛋白或受精后形成的卵壳在环境水体中也具有一定的预防细菌感染、保护卵的健康等作用（Lubzens et al.，2010）。

（5）在鱼类雌性生殖细胞发育进程中，随着卵黄生成期的完成和减数分裂期的重启，血液中 LH 水平会出现一次急剧的升高，这也是 LH 调控卵母细胞成熟的标志之一。在斑马鱼中，LH 或 FSH 都可以通过和 LHR 或 FSHR 结合，促进卵泡组织中的性激素（甾醇类激素）合成途径的转换，亦即使合成雌激素的芳香化酶的转录水平下降，20-β-羟甾类脱氢酶（20β-hydroxysteroid dehydrogenase，20β-HSD）出现高表达，由大量合成雌激素的卵母细胞阶段转而合成成熟诱导因子，进入卵母细胞的后期成熟期的调控阶段（maturation-inducing steroids，MIS）（Iwao et al.，2002；Nakamura et al.，2005）。这些因子都是由孕酮为前体化合物合成的，具有一定的种间特异性，它们通过其特异性的受体激活成熟促进因子（maturation promotion factor，MPF）在卵质表达，促进胚泡的溶解，并重启减数分裂进程。鲑鳟科的许多种鱼类的 MIH 是 4-孕酮-17A, 20B-二醇-3-酮；而也有一些鱼，如鲈鱼等的 MIH 是 4-孕酮-17A, 20B, 21-三醇-3-酮（Nagahama and Yamashita，2008）。在 LH 正向调控卵母细胞成熟的过程中，研究发现在此阶段的类固醇类产生因子-1（*StAR-1*）基因为高表达；而在敲除 LHb 蛋白时，*StAR-1* 的表达是显著下降的，这说明 *StAR-1* 基因在卵母细胞成熟期的高表达由 LH 促进。而敲除 *StAR-1*，研究也发现斑马鱼的卵母细胞成熟发生了如 LHb 缺失一样的受阻表型（Shang et al.，2019），这表明卵母细胞的成熟需要活跃的性腺甾醇类激素的合成。在卵母细胞成熟的过程中，一些 TGFβ 成员，如 BMP-15、激活素 B（activinB）和卵泡抑素（follistatin，FST）也参与了对卵子成熟和释放的调控作用，科研人员以 BMP-15 处理斑马鱼，发现其可以抑制由垂体促性腺激素促进的卵母细胞成熟的过程，这主要是由于 BMP-15 的处理会导致卵母细胞对 MIS 信号的敏感性下降（Clelland et al.，2007）。另外，通过对卵巢组织中高表达 FST 蛋白的转基因研究，科研人员也发现高表达 FST 可以导致斑马鱼的卵母细胞成熟停滞于Ⅳ期，而能完成 GVBD 过程的卵母细胞数量显著下降（Jiang et al.，2012）。

（6）卵母细胞成熟期的吸水过程，也是形成成熟的卵细胞的一个关键步骤。在海洋中漂浮性的鱼卵中，67%～75%的最终体积应为吸入的水分（Clark et al.，2007）。鱼卵中的水分为后续受精卵的发育提供了低渗的水源以及帮助其广泛分布的浮力。鱼卵中含有丰富的各类氨基酸、无机盐和脂肪组织，其氨基酸含量和氨基酸种类间的比例与其水解的大量卵黄蛋白原有关。既往针对鱼卵的浮性问题的研究多是针对海洋鱼类开展的，有研究表明海洋中不同浮性鱼卵所对应的鱼种的 VTG 具有一定的相关性，因此科研人员推测，决定海洋性鱼类产卵的飘浮性，不一定是由于 VTG 氨基酸序列的不同导致 VTG 功能结构域不同而导致的，也可能是由于 VTG 在鱼卵中水解形成的游离氨基酸库的比例和渗透压的不同，进而导致浮性不同（Finn and Kristoffersen，2007）。同时，也有研究表明调控水的通透性的水通道蛋白（aquaporin）及其类别和组成，可以通过调节离子的出入渗透和水分子的出入，成为决定卵母细胞吸水过程的重要因素（Rojek et al.，2008）。相对于海洋鱼卵，目前针对淡水鱼类的鱼卵浮性的形成机制研究更为贫乏。海洋鱼卵的环境水质密度可能因富含盐分而高于淡水，可能因为鱼卵中的离子、氨基酸库的组成而产生飘浮性；而在淡水环境中，可能由于 VTG 氨基酸序列不同，导致载脂蛋白构型的改变，以使其结合脂肪并载入卵内的数量和性质不同而导致的浮性差异，当然，这方面尚缺乏实验验证。相对而言，针对为适应淡水河流、湖泊不同的水文环境，而适应性进化出的各类淡水沉性、浮性、黏性等的鱼卵特性的机制研究，将使人们了解不同鱼类适应特定环境的适应性进化的典型方式和机制，值得深入研究。

第五节 水产动物生精过程的内分泌调控

6.5.1 精巢组织早期分化发育

在性别决定之后，性激素的分泌决定了性腺的分化。某些鱼类具有明显的性别决定基因，如青鳉、罗非鱼等；而有些鱼则尚未发现其性别决定基因，因此其性腺分化的启动和机制，即如何决定早期性激素生成和分泌的机制非常值得关注。例如，在模式鱼类斑马鱼中，其在 10～14 日龄时，即出现了早期可见的性腺组织；如果分化成精巢，则在约 20 日龄时开始可见部分生殖细胞的凋亡现象；至 30 日龄时，斑马鱼的性腺组织则基本定型。任何原因导致斑马鱼生殖细胞的减少，甚至杀灭生殖细胞，似乎都导致性腺向精巢分化，哪怕是无生殖细胞的假性精巢组织，这表明精巢组织是一个默认的、缺陷性的性腺组织类别，该方面的机制尚不清楚（Dai et al.，2015）。我们知道，在哺乳动物人、小鼠中，*SRY* 的一个首要下游信号便是刺激 SOX9 的表达，然后启动睾酮的表达，从而启动雄激素的合成表达，使性腺向精巢分化；似乎在雌性的卵巢形成时，仅是无 *SRY* 基因存在时的默认分化选择。我们的研究也发现斑马鱼合成睾酮的合成关键酶 CYP17A1 的转录表达可以被斑马鱼的 SOX9 正向调控，而 *cyp17a1* 的表达，也会促进斑马鱼 *sox9* 的表达，因此形成一个正向反馈调控通路，这与小鼠中的形式相同（Zhai et al.，2017）。但不同的是，小鼠未见敲除 *cyp17a1* 基因的报道，而雄激素在小鼠的发育过程中确也具有较多的调控功能，也包括在母体分娩过程中的作用（Mahendroo et al.，1996）。由于小鼠中雄激素受体（androgen receptor，AR）基因仅存在于 Y 性染色体之上，因此仅可见敲除雄性小鼠的 *ar* 基因可导致雄性不育的表型（Yeh et al.，2002）。但在斑马鱼中，敲除 *cyp17a1* 的斑马鱼的性腺均发育成精巢，并且在没有睾酮、雄激素的情况下，还能具有高量精子产生的活动，且精子活性正常（Zhai et al.，2018）。这个结果说明了在斑马鱼中精巢的分化发育不需要睾酮和雄激素的促进和维持；这也似乎更表明，在斑马鱼中，精巢组织的分化似乎是一种默认的分化选择，只是其机制不清楚。

6.5.2　精巢组织的发育过程

脊椎动物的精巢主要包括管间组织和管状组织，其中管间组织包含间质细胞、血管/淋巴管、巨噬细胞、肥大细胞、神经和结缔组织，这些后续成为囊膜组织。而管状组织则由基底膜和管周肌细胞围绕，最里层则是生殖表皮，这些表皮组织包括支持细胞（Sertoli cell）和生殖细胞。这些生殖细胞只能和支持细胞相伴才能存活，因此，也可以说支持细胞的数量决定了可以支持多少生殖细胞成为精子的发育容量（Matta et al.，2002）。在哺乳类、爬行类和鸟类动物的精巢组织中，其支持细胞先进行增殖直到青春期，而此时生殖表皮组织中的生殖细胞还只是非常少量的。但在两栖类的精巢组织中，囊状生精过程的动物的生精管状组织中，支持细胞形成许多的囊，包裹着每一个生殖细胞，而且直到成年阶段，形成精囊的支持细胞还可以增殖，因此在这样的生精方式中是一些活跃的支持细胞围绕和看护着同步发育的、由单一的生殖细胞扩增而来的生殖细胞克隆；而在鱼类精巢中，不同的克隆可能是处于不同的发育阶段、不同大小的囊状生殖细胞克隆。相对于哺乳动物的非囊状生精方式，一般认为囊状生精具有更高的效率，如在鼠类动物中，60%～80%的生殖细胞在生精过程中会发生凋亡，每个支持细胞可以支持 8～10 个精子产生；而鱼类仅有大约 30%的生殖细胞会在生精过程中发生凋亡，每个支持细胞支持 100 个左右的精子成熟，如斑马鱼和罗非鱼（Nobrega et al.，2009）。鱼类的支持细胞以有丝分裂的方式增殖，其增殖的数量总是恰好满足精子生成所需要的数量。而且由于许多鱼是可以无限生长的，因此即使在过了性成熟的阶段，支持细胞为了满足生殖的需求，有可能还会增殖。当然，在繁殖季节过后，精巢会萎缩，此刻支持细胞也会消失。但在下一个繁殖期以前，生精细胞可以再度重启增殖过程，以满足其相伴的精原干细胞复苏，并完成生精的过程。同时，对于依序性别发育的鱼类，支持细胞还有可能转变为雌性卵巢中的颗粒细胞，为卵子发生提供支持，因此鱼类的支持细胞具有极强的可塑性（Guiguen et al.，2010）。此外，鱼类的支持细胞还具有吞噬的功能，如在精子形成时，吞噬掉精子减数分裂后，由于核物质的高度聚集而丢弃的一些不必要的细胞质物质——残余小体（residual body），以帮助精细胞“变态”形成蝌蚪状的精子。最后，正如前面所述，在生精过程中，还是会发生生殖细胞的凋亡过程，这些凋亡的细胞也是由支持细胞予以清除。

生精过程也就是二倍体的精原细胞增殖并分化形成成熟的精子的过程。这个过程一般在鱼类中较哺乳动物需时短，当然还与其环境水温相关。原则上生精过程都包括 3 个功能形态上的阶段：分裂不同代数的精原细胞期（包括精原细胞和精原干细胞）；形成初级和次级精母细胞的减数分裂期；由减数分裂后的精子细胞分化形成带鞭毛的、具有运动性的基因组载体——精子形成期。一般而言，后两个时期在所有脊椎动物中均较为相似，仅第一个时期，具有较强的种间特异性（Nobrega et al.，2009）。例如，在精原的有丝分裂阶段，斑马鱼可以有丝分裂 9 次（Leal et al.，2009），而虹鳟则分裂 6 次（Loir，1999）。在鱼类中，一般 B 型精原细胞较 A 型精原细胞的分裂速度要加快（Schulz et al.，2005），经过最后一次的有丝分裂，B 型精原细胞可以开始向减数分裂的前细线期（preleptotene）发育，即向初级精母细胞的分化发育，然后第一次减数分裂形成初级精母细胞，第二次减数分裂形成次级精母细胞，无须分裂的最终分化期形成精子细胞，最后形成精子（图 6.3）。

一般在光镜下观察精巢的发育过程多是以对生殖细胞的核的形态，如尺寸、形状、染色体收缩聚集、分裂期特征等进行的评价作为参考标准。例如，斑马鱼的精母细胞处在细线期/偶丝期，其核一般较前期的B型精原细胞的核大而圆，此刻的染色体较为清晰可见，并在核膜周边呈现细小颗粒。合线期的精母细胞是最易见到的减数分裂期的鱼类精母细胞，因为此时期一般持续较久（约十余个小时），此刻的核较前期更大，且染色体更明显并位于核的中央。处于分裂Ⅰ期的二倍体初级精母细胞常可见于精巢中，此刻染色质浓缩至最大程度，有时核膜也不可见。由减数分裂形成的次级精母细胞在精巢中少见，因为一般此刻初级精母细胞进入减数分裂Ⅱ期的时间非常短，细胞小而且处于分裂期。在哺乳动物中，二倍体的双线期的精母细胞尺寸最大；而在罗非鱼中，合线期的卵母细胞尺寸最大（Schulz et al.，2005）。

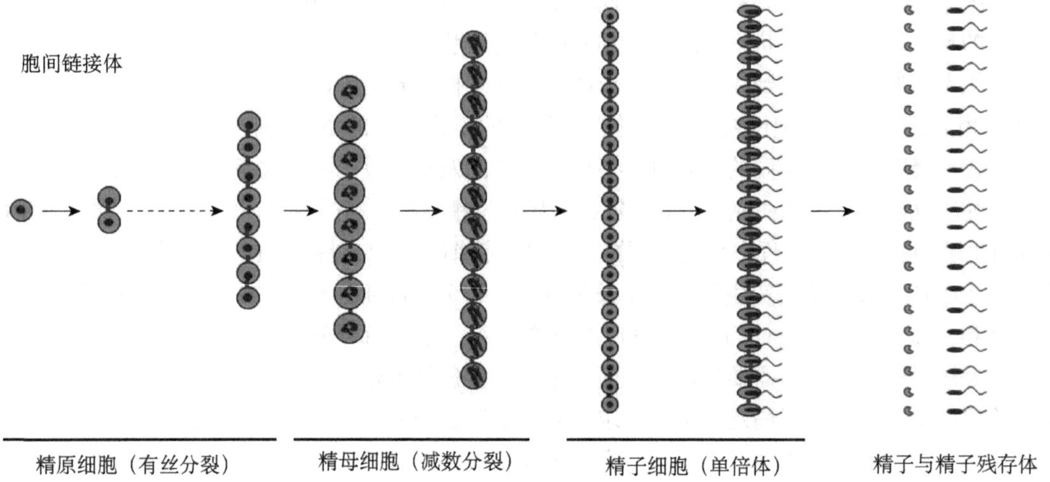

图 6.3　鱼类精子发育的基本过程

精子生成活动也包含一系列精细胞至精子的形态变化，这些变化包括核质聚集、清除细胞器和细胞质、鞭毛形成、剩余细胞器在精子细胞质中的重排，这些过程会导致精子细胞体积减小，也使精囊体积缩小。当然这里也伴随着支持细胞对凋亡的生殖细胞和残余小体的清除（Schulz et al.，2005）（图 6.3）。在精子合成结束期，胞间联系的结构开始失去，精细胞各自独立，此时，包裹囊泡的支持细胞开始重塑结构，并打开囊泡，伴随着由支持细胞分泌的液体，将精子释放于输精管道。硬骨鱼类精子一般没有顶体结构，而是通过穿过卵上的珠孔（micropyle）实现精卵结合。鱼类的精子一般有一个表观均匀一致的圆形头部，加一两根鞭毛。

6.5.3　鱼类生精过程的内分泌调控

鱼类生精过程有着复杂的调控过程，许多的生长因子在此时的精巢组织中的表达出现了显著的动态变化，包括一些转化生长因子超家族的成员，如抗穆勒氏管激素（anti-Muiierian hormone，AMH）和性腺体细胞衍生因子（gonadal soma derived factor，GSDF）等（Mazurais et al.，2005）。鱼类虽然没有穆勒氏管的结构，但 *amh* 基因或其同源基因却至少在十余种鱼类中被鉴定，其可以在鱼类的精巢支持细胞和卵巢的颗粒细胞中表达，并且在性腺组织中起着抑制生殖细胞的增殖和分化的作用。但同时，科学家也发现垂体中的 FSH 可以抑制 *amh* 基因在性腺中的表达（Pfennig et al.，2015）。另外，有报道发现斑马鱼垂体分泌的 FSH 可以刺激精巢间质细胞中的 wnt5、insulin-like

3（insl3）的表达，从而导致其合成 11 酮睾酮（11-ketotestosterone，11-KT）的增加；同时也可以导致精巢支持细胞中 *amh* 基因表达的抑制，并刺激胰岛素样生长因子 3（insulin-like growth factor 3，igf3）的表达增强，这些可以降低前列腺素 E2 的合成，这些 FSH 对精巢间质细胞和支持细胞的调控功能，可以增强精原细胞 Aund 自我更新和向 Adif 细胞分化发育的作用，提升生精能力（Safian et al.，2019）。

与之相反，我们的工作也表明，敲除斑马鱼的 *cyp17a1* 基因，尽管导致斑马鱼缺乏雄激素和雌激素，但垂体中的 *fsh* 基因表达增高，其最终的表型还是会导致斑马鱼的生精能力强化，而此强化的现象在 *cyp17a1* 和 *fshβ* 双基因敲除以后恢复正常，因此 FSH 可以促进生精过程中精原细胞的扩增，但无论是雄激素和雌激素，还是垂体中分泌的 FSH，都并非斑马鱼生精作用所必需的调控因子（Zhai et al.，2018）。同时，过往的研究曾提出在生精作用后期，垂体生成的 LH 对此具有调控作用，但我们在 *lhβ* 基因敲除斑马鱼中，也并未看到其对生精过程的明显影响（Shang et al.，2019）。而且即使在 LH、FSH 双重敲除的斑马鱼中，研究者也未见精巢中生精作用的明显差异（Xie et al.，2017），这表明在斑马鱼精巢的生精过程中，具有强烈的多因子互相补偿的调节作用，除了 LH、FSH 及雄激素之外，还有其他未知的信号通路可以维持斑马鱼的生精作用。孕酮（progesterone）及其受体也是性腺发育过程中较为重要的信号分子，其中如 16α, 17α-Dihydroxyprogesterone（DHP）等已被报道在促进鲑鳟、鲤、鳝鱼等的精子发育时期起着重要的促进作用（图 6.4）。但该方面的观察多见于添加处理的实验，其敲除实验的功能研究还未见报道。哺乳动物中，已报道 Ca^{2+}吸收等信号对精子成熟具有重要的作用，我们在斑马鱼中 *cyp2r1* 基因的敲除实验中，发现维生素 D_3 的活化过程受到影响，以及斑马鱼的精子虽可排除释放，但其运动性显著下降，致使其与野生型的雌鱼产下的卵之间的受精率显著下降（未发表数据）。这与哺乳动物精子发育和维生素 D_3 的信号通路之间的研究结论类似。

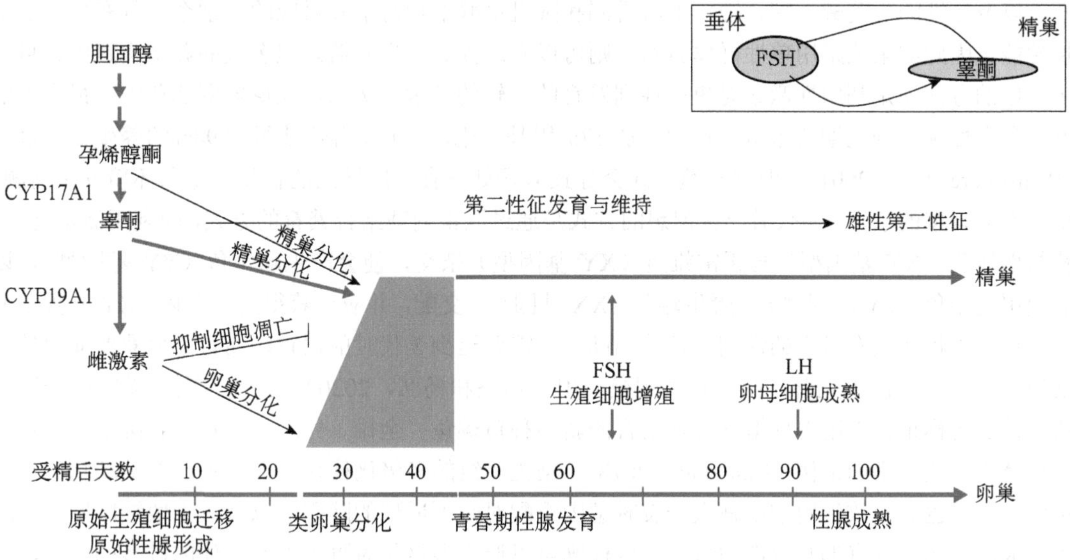

图 6.4　斑马鱼性腺发育的内分泌调控

第六节 水产动物性别和育性的内分泌调控技术

水产养殖产量在很大程度上依赖于繁殖技术的合理应用，其中包括适时开展养殖需求的品种繁育、两性异形的单性群体产生的技术应用。当然，优良品种的选育也需要在保持种系的繁育、品种杂交的繁育、缩短培育代时促进繁育等方面研究和应用水产动物的性别和育性的调控方法。

亲本催产和人工繁殖技术是20世纪60年代左右我国养殖实践中的一项重点研究任务。亲本催产的研究至少需要涉及雌、雄亲本的性别、性腺发育状态的甄别等方面，于是需要对鱼类的第二性征，即水产动物性别的外表特征，特别是成年个体的性别特征有较准确的认识，这个依赖长期的养殖实践观察。当然，现在依据鱼类基因组分析技术，及其应用于水产动物性别的遗传标记的发掘，甚至部分养殖动物的性别决定基因都已鉴定，这些都为鉴定外表难以区别性别的水产动物提供了强有力的技术支撑，现在多数水产动物的性别标记都已有报道，如雄性养殖动物常用的 *amh*、*dmrt1* 等分子标记。对于其生殖细胞的成熟度的观察，则可以利用本章节介绍的卵巢、精巢的分期特点加以评价。正如我们知道 HPG 内分泌调控轴的垂体产生的促性腺激素 LH、FSH 等对鱼类的生殖细胞的成熟具有促进作用，可以在亲本接近成熟期，采用垂体提取物或商用的鱼类LH、FSH 或人源 HCG 等用以催产；同时，结合对鱼卵沉浮、黏附性的了解，决定人工授精、孵化的条件与流程。水产动物多为变温动物，而其性腺发育受环境、溶氧等条件的影响也较大，因此也可以加以观察、研究，从而制定最佳的人工繁育的方案，并且一般处于温度较高的环境下，可以加快性腺的成熟速度，因此，可以通过维持较高的养殖水温，或是建立南方的育种繁育基地，以通过缩短培育代时，加快育种节奏，或实现对市场苗种供应的提前。

许多水产养殖动物具有显著的性别异形，例如雄性的罗非鱼、黄颡鱼、泥鳅、罗氏沼虾和青虾，以及雌性的大菱鲆、鲈、鲤、半滑舌鳎和圆斑星鲽都相对于其对应的性别个体具有更好的生长性能。因此如果能采用单性群体养殖，则可以立即提高产出效益。但多数的养殖实践中，目前所采用的方式还是利用性激素对鱼类性别发育的逆转的技术。例如，在尼罗罗非鱼中，最常用的方法是在性别未分化期的鱼苗饵料中添加17α-甲基睾酮，即可使群体获得约98%的养殖雄性群体（Beardmore et al.，2001）。但该养殖方式会导致激素处理食品所导致的食品安全和环境安全问题，受到许多国家的禁止。那么另一种理想的方式是通过激素处理结合繁育的方式，即利用激素处理，获得伪雌鱼（XY 基因型）与正常雄鱼（XY 基因型）杂交，便会产生超雄鱼（YY 基因型），以后便用超雄鱼（YY 基因型）与野生雌鱼（XX 基因型）交配，并应该获得全雄群体（XY 基因型）。只是这一过程在具有可靠的性别标记的辅助下，需要至少3代时的培育，而目前尼罗罗非鱼的性别遗传标记应用尚不完善，尚未有大规模应用（喻杰和杨弘，2020）。在此方面，借助成功鉴定的雄性遗传标记，采用单性繁育技术培育的新品种黄颡鱼“全雄1号”，便是在我国水产行业单性群体规模化应用的范例（Dan et al.，2018）。染色体组的多倍化往往会促进水产养殖动物的生长优势，同时也会导致生殖细胞减数分裂时基因组配对时不适配的障碍，以及对生殖细胞发育和配子生成的影响，具有抑制育性的特点，这样既可以避免多倍化对野生养殖群体的过多的影响，也可以控制种质资源，保护研发多倍体养殖品种的知识产权运用的权益。

基因编辑技术是当今的水产养殖育种和应用的一种较有前景的方式，通过敲除相应关键性别或生殖细胞发育过程所需的关键基因，将较容易地获得预期的性别和育性发育的表型，且并不会在鱼类基因组中导入外源基因的任何片段和痕迹影响，具有良好的生物安全性。例如，我们通过在鲤科模式鱼类——斑马鱼中敲除了睾酮合成关键酶 *cyp17a1* 基因，导致斑马鱼出现了精巢发育增强的全雄群体（Zhai et al.，2018）。我们利用此技术也在黄河鲤中敲除了 *cyp17a1* 基因，目前已获得了精巢发育良好的全雄黄河鲤群体，利用发现的鲤雄性遗传标记，对这些缺失 *cyp17a1* 的雄性群体进行性别基因型筛选，已筛选出了数百尾具有雌性遗传型的伪雄鱼群体（未发表数据）。我们相信不久将可以通过利用这些伪雄鱼群体和黄河鲤野生型雌鱼进行交配，获得全雌黄河鲤群体，并因此而利用鲤的两性异形中的雌性生长性能明显占优的生长性状优势。这避免了应用性激素诱导伪雄鱼的步骤，并保证了该群体的稳定培育性。而这些单性群体如再与其他养殖群体外的个体交配时，也将补充恢复野生型的 *cyp17a1* 基因，降低所谓基因流变化的风险。

动物性别决定和育性发育的研究，一直是生命科学关注的基础研究方向。水产养殖动物在这些方面具有非常高的多样性和可塑性，许多动物提供了多种独特的性别决定、发育、转换，以及受环境影响的研究模式，对其深入剖析可以加深人们对于动物性别和育性的适应性进化的整体脉络的了解；同时，对其机制性研究也将为水产养殖中的繁育、性别控制技术、可控育性技术的研发提供理论基础和新颖的技术手段。相信随着各类组学技术、显微操作技术和基因编辑技术的系统整合与运用，在不久的未来，我们会在水产动物的性别决定机制、育性调控与种质资源利用、生物与生态安全等方面的基础理论和相关操作改良技术上，取得快速的突破。

（殷战，翟刚）

复习思考题

1. 水产养殖动物性别决定一般有哪些类型？什么现象被称为性逆转？

2. 鱼类的性别决定基因已经被发现的有哪些？

3. 两性异形是什么？在养殖实践中为何要关心单性群体养殖？实现单性群体养殖可以采用的主要方法有哪些？

主要参考文献

杨运汉，黄道明，池仕运，等. 2011. 羊卓雍错高原裸鲤（*Gymnocypris waddellii* Regan）繁殖生物学研究. 湖泊科学，23（2）：277-280.

喻杰，杨弘. 2020.鱼类性别决定的遗传基础及性别控制技术在水产养殖中的应用. 大连海洋大学学报，（2）：161-168.

Beardmore JA，Mair GC，Lewis RI. 2001. Monosex male production in finfish as exemplified by tilapia：applications，problems，and prospects. Aquaculture，197（1-4）：283-301.

Beitel SC，Doering JA，Patterson SE，et al. 2014. Assessment of the sensitivity of three North American fish species to disruptors of steroidogenesis using *in vitro* tissue explants. Aquatic Toxicology，152：273-283.

Berta P，Hawkins JR，Sinclair AH，et al. 1990. Genetic-evidence equating SRY and the testis-determining factor. Nature，348（6300）：448-450.

Bishop CE，Whitworth DJ，Qin YJ，et al. 2000. A transgenic insertion upstream of *Sox9* is associated with dominant XX sex reversal in the mouse. Nature Genetics，26（4）：490-494.

Brion F，Tyler CR，Palazzi X，et al. 2004. Impacts of 17 beta-estradiol，including environmentally relevant concentrations，on reproduction after exposure during embryo-larval-，juvenile- and adult-life stages in zebrafish（*Danio rerio*）. Aquatic Toxicology，68（3）：193-217.

Capel B. 2017. Vertebrate sex determination：evolutionary plasticity of a fundamental switch. Nature Reviews Genetics，18（11）：675-689.

Capel B. 2019. To be or not to be testis. Reproduction，158（6）：F101-F111.

Clark M，Worland R，Lubzens E，et al. 2007. Revealing the secrets of dormancy and of survival during desiccation. Comparative Biochemistry and Physiology a-Molecular & Integrative Physiology，146（4）：S154-S155.

Clelland E，Peng C. 2009. Endocrine/paracrine control of zebrafish ovarian development. Molecular and Cellular Endocrinology，312（1-2）：42-52.

Clelland ES，Tan Q，Balofsky A，et al. 2007. Inhibition of premature oocyte maturation：a role for bone morphogenetic protein 15 in zebrafish ovarian follicles. Endocrinology，148（11）：5451-5458.

Crowder CM，Lassiter CS，Gorelick DA. 2018. Nuclear androgen receptor regulates testes organization and oocyte maturation in zebrafish. Endocrinology，159（2）：980-993.

Cui ZK，Liu Y，Wang WW，et al. 2017. Genome editing reveals dmrt1 as an essential male sex-determining gene in Chinese tongue sole（*Cynoglossus semilaevis*）. Scientific Reports，7.

Dai XY，Jin X，Chen XW，et al. 2015. Sufficient numbers of early germ cells are essential for female sex development in zebrafish. Plos One，10（2）.

Dan C，Lin QH，Gong GR，et al. 2018. A novel PDZ domain-containing gene is essential for male sex differentiation and maintenance in yellow catfish（*Pelteobagrus fulvidraco*）. Science Bulletin，63（21）：1420-1430.

Diotel N，Do Rego JL，Anglade I，et al. 2011. Activity and expression of steroidogenic enzymes in the brain of adult zebrafish. European Journal of Neuroscience，34（1）：45-56.

Fang XL，Wu LM，Yang LY，et al. 2018. Nuclear progestin receptor（Pgr）knockouts resulted in subfertility in male tilapia（*Oreochromis niloticus*）. Journal of Steroid Biochemistry and Molecular Biology，182：62-71.

Finn RN，Kristoffersen BA. 2007. Vertebrate vitellogenin gene duplication in relation to the "3R hypothesis"：correlation to the pelagic egg and the oceanic radiation of teleosts. Plos One，2（1）.

Freeman G. 2007. Explaining the Freemartin: Tandler and Keller vs. Lillie and the question of priority. Journal of Experimental Zoology，308（2）：105-112.

Ge CT，Ye J，Weber C，et al. 2018. The histone demethylase KDM6B regulates temperature-dependent sex determination in a turtle species. Science，360（6389）：645-648.

Ghosal R，Sorensen PW. 2016. Male-typical courtship，spawning behavior，and olfactory sensitivity are induced to different extents by androgens in the goldfish suggesting they are controlled by different neuroendocrine mechanisms. General and Comparative Endocrinology，232：160-173.

Goikoetxea A，Todd EV，Gemmell NJ. 2017. Stress and sex：does cortisol mediate sex change in fish. Reproduction，154（6）：R149-R160.

Goldstone JV，McArthur AG，Kubota A，et al. 2010. Identification and developmental expression of the full complement of Cytochrome P450 genes in Zebrafish. Bmc Genomics，11.

Grossen C，Neuenschwander S，Perrin N. 2011. Temperature-dependent turnovers in sex-determination mechanisms：a quantitative model. Evolution，65（1）：64-78.

Gubbay J，Collignon J，Koopman P，et al. 1990. A gene-mapping to the sex-determining region of the mouse Y-chromosome is a member of a novel family of embryonically expressed genes. Nature，346（6281）：245-250.

Guiguen Y，Fostier A，Piferrer F，et al. 2010. Ovarian aromatase and estrogens：a pivotal role for gonadal sex differentiation and sex change in fish. General and Comparative Endocrinology，165（3）：352-366.

Hattori RS，Murai Y，Oura M，et al. 2012. A Y-linked anti-Mullerian hormone duplication takes over a critical role in sex determination. Proceedings of the National Academy of Sciences of the United States of America，109（8）：2955-2959.

Hu W，Li SF，Tang B，et al. 2007. Antisense for gonadotropin-releasing hormone reduces gonadotropin synthesis and gonadal development in transgenic common carp（*Cyprinus carpio*）. Aquaculture，271（1-4）：498-506.

Hu Z，Ai N，Chen WT，et al. 2019. Loss of growth hormone gene（gh1）in zebrafish arrests folliculogenesis in females and delays spermatogenesis in males. Endocrinology，160（3）：568-586.

Iwao Y，Murakawa T，Yamaguchi J，et al. 2002. Localization of gamma-tubulin and cyclin B during early cleavage in physiologically polyspermic newt eggs. Development Growth & Differentiation，44（6）：489-499.

Jiang DN，Yang HH，Li MH，et al. 2016. gsdf is a downstream gene of dmrt1 that functions in the male sex determination pathway of the Nile tilapia. Molecular Reproduction and Development，83（6）：497-508.

Jiang N，Jin X，He JY，et al. 2012. The roles of follistatin 1 in regulation of zebrafish fecundity and sexual differentiation. Biology of Reproduction，87（3）.

Kamiya T，Kai W，Tasumi S，et al. 2012. A trans-species missense SNP in Amhr2 is associated with sex determination in the tiger pufferfish，takifugu rubripes（Fugu）. Plos Genetics，8（7）.

Kondo M，Hornung U，Nanda I，et al. 2006. Genomic organization of the sex-determining and adjacent regions of the sex chromosomes of medaka. Genome Research，16（7）：815-826.

Leal MC，Cardoso ER，Nobrega RH，et al. 2009. Histological and stereological evaluation of zebrafish（*Danio rerio*）spermatogenesis with an emphasis on spermatogonial generations. Biology of Reproduction，81（1）：177-187.

Li XY，Gui JF. 2018. Diverse and variable sex determination mechanisms in vertebrates. Sci China Life Sci. 61：1503-1514

Liu Y，Tang HP，Xie R，et al. 2017. Genetic evidence for multifactorial control of the reproductive axis in zebrafish. Endocrinology，158（3）：604-611.

Loir M. 1999. Spermatogonia of rainbow trout：Ⅲ. *In vitro* study of the proliferative response to extracellular ATP and adenosine. Molecular Reproduction and Development，53（4）：443-450.

Lubzens E，Young G，Bobe J，et al. 2010. Oogenesis in teleosts：how fish eggs are formed. General and Comparative Endocrinology，165（3）：367-389.

Ma LW，Li DL，Wang JW，et al. 2009. Effects of adrenergic agonists on the extrahepatic expression of vitellogenin

Ao1 in heart and brain of the Chinese rare minnow（*Gobiocypris rarus*）. Aquatic Toxicology，91（1）：19-25.

Mahendroo MS，Cala KM，Russell DW. 1996. 5 alpha-Reduced androgens play a key role in murine parturition. Molecular Endocrinology，10（4）：380-392.

Matsuda M，Nagahama Y，Shinomiya A，et al. 2002. DMY is a Y-specific DM-domain gene required for male development in the medaka fish. Nature，417（6888）：559-563.

Matta SLP，Vilela DAR，Godinho HP，et al. 2002. The goitrogen 6-n-propyl-2-thiouracil（PTU）given during testis development increases sertoli and germ cell numbers per cyst in fish：the tilapia（*Oreochromis niloticus*）model. Endocrinology，143（3）：970-978.

Mazurais D，Montfort J，Delalande C，et al. 2005. Transcriptional analysis of testis maturation using trout cDNA macroarrays. General and Comparative Endocrinology，142（1-2）：143-154.

McCormick SD. 2001. Endocrine control of osmoregulation in teleost fish. American Zoologist，41（4）：781-794.

Mcelreavey K，Vilain E，Abbas N，et al. 1993. A regulatory cascade hypothesis for mammalian sex determination ：SRY represses a negative regulator of male development. Proceedings of the National Academy of Sciences of the United States of America，90（8）：3368-3372.

Mindnich R，Haller F，Halbach F，et al. 2005. Androgen metabolism via 17 beta-hydroxysteroid dehydrogenase type 3 in mammalian and non-mammalian vertebrates：comparison of the human and the zebrafish enzyme. Journal of Molecular Endocrinology，35（2）：305-316.

Miura C，Higashino T，Miura T. 2007. A progestin and an estrogen regulate early stages of oogenesis in fish. Biology of Reproduction，77（5）：822-828.

Modig C，Modesto T，Canario A，et al. 2006. Molecular characterization and expression pattern of zona pellucida proteins in gilthead seabream（*Sparus aurata*）. Biology of Reproduction，75（5）：717-725.

Myosho T，Otake H，Masuyama H，et al. 2012. Tracing the emergence of a novel sex-determining gene in medaka，*Oryzias luzonensis*. Genetics，191（1）：163.

Nagahama Y，Yamashita M. 2008. Regulation of oocyte maturation in fish. Development Growth & Differentiation，50：S195-S219.

Nakamura I，Evans JC，Kusakabe M，et al. 2005. Changes in steroidogenic enzyme and steroidogenic acute regulatory protein messenger RNAs in ovarian follicles during ovarian development of rainbow trout（*Oncorhynchus mykiss*）. General and Comparative Endocrinology，144（3）：224-231.

Navarro-Martin L，Vinas J，Ribas L，et al. 2011. DNA methylation of the gonadal aromatase（cyp19a）promoter is involved in temperature-dependent sex ratio shifts in the European sea bass. Plos Genetics，7（12）.

Nobrega RH，Batlouni SR，Franca LR. 2009. An overview of functional and stereological evaluation of spermatogenesis and germ cell transplantation in fish. Fish Physiology and Biochemistry，35（1）：197-206.

Okubo K，Miyazoe D，Nishiike Y. 2019. A conceptual framework for understanding sexual differentiation of the teleost brain. General and Comparative Endocrinology，284.

Pfennig F，Standke A，Gutzeit HO. 2015. The role of Amh signaling in teleost fish ：multiple functions not restricted to the gonads. General and Comparative Endocrinology，223：87-107.

Raz E. 2003. Primordial germ-cell development：the zebrafish perspective. Nature Reviews Genetics，4（9）：690-700.

Rojek A，Praetorius J，Frokiaer J，et al. 2008. A current view of the mammalian aquaglyceroporins. Annual Review of Physiology，70：301-327.

Safian D，Bogerd J，Schulz RW. 2019. Regulation of spermatogonial development by Fsh：the complementary roles of locally produced Igf and Wnt signaling molecules in adult zebrafish testis. General and Comparative Endocrinology，284.

Schultheis C，Bohne A，Schartl M，et al. 2009. Sex determination diversity and sex chromosome evolution in poeciliid fish. Sexual Development，3（2-3）：68-77.

Schulz RW，de Franca LR，Lareyre JJ，et al. 2010. Spermatogenesis in fish. General and Comparative Endocrinology，165（3）：390-411.

Schulz RW，Menting S，Bogerd J，et al. 2005. Sertoli cell proliferation in the adult testis ：evidence from two fish species belonging to different orders. Biology of Reproduction，73（5）：891-898.

Selman K，Wallace RA，Sarka A，et al. 1993. Stages of oocyte development in the zebrafish，*Brachydanio rerio*. Journal of Morphology，218（2）：203-224.

Shang GH，Peng XY，Ji C，et al. 2019. Steroidogenic acute regulatory protein and luteinizing hormone are required for normal ovarian steroidogenesis and oocyte maturation in zebrafish. Biology of Reproduction，101（4）：760-770.

Shao CW，Li QY，Chen SL，et al. 2014. Epigenetic modification and inheritance in sexual reversal of fish. Genome Research，24（4）：604-615.

Shu YQ，Lou QY，Dai ZR，et al. 2016. The basal function of teleost prolactin as a key regulator on ion uptake identified with zebrafish knockout models. Scientific Reports，6.

Slanchev K，Stebler J，de la Cueva-Mendez G，et al. 2005. Development without germ cells：the role of the germ line in zebrafish sex differentiation. Proceedings of the National Academy of Sciences of the United States of America，102（11）：4074-4079.

Stevant I，Papaioannou MD，Nef S. 2018. A brief history of sex determination. Molecular and Cellular Endocrinology，468：3-10.

Stevant I，Nef S. 2018. Single cell transcriptome sequencing：a new approach for the study of mammalian sex determination. Molecular and Cellular Endocrinology，468：11-18.

Sun LN，Jiang XL，Xie QP，et al. 2014. Transdifferentiation of differentiated ovary into functional testis by long-term treatment of aromatase inhibitor in Nile tilapia. Endocrinology，155（4）：1476-1488.

Takahashi A，Kanda S，Abe T，et al. 2016. Evolution of the hypothalamic-pituitary-gonadal axis regulation in vertebrates revealed by knockout medaka. Endocrinology，157（10）：3994-4002.

Takehana Y，Matsuda M，Myosho T，et al. 2014. Co-option of Sox3 as the male-determining factor on the Y chromosome in the fish *Oryzias dancena*. Nature Communications，5.

Trudeau VL. 2018. Facing the challenges of neuropeptide gene knockouts：why do they not inhibit reproduction in adult teleost fish. Frontiers in Neuroscience，12.

Tyler CR，Sumpter JP. 1996. Oocyte growth and development in teleosts. Reviews in Fish Biology and Fisheries，6（3）：287-318.

von Hofsten J，Olsson PE. 2005. Zebrafish sex determination and differentiation：involvement of FTZ-F1 genes. Reproductive Biology and Endocrinology，3.

Wang XG，Orban L. 2007. Anti-Mullerian hormone and 11 beta-hydroxylase show reciprocal expression to that of aromatase in the transforming gonad of zebrafish males. Developmental Dynamics，236（5）：1329-1338.

Xie YX，Chu LH，Liu Y，et al. 2017. The highly overlapping actions of Lh signaling and Fsh signaling on zebrafish spermatogenesis. Journal of Endocrinology，234（3）：233-246.

Yano A，Guyomard R，Nicol B，et al. 2012. An immune-related gene evolved into the master sex-determining gene in rainbow trout，*Oncorhynchus mykiss*. Current Biology，22（15）：1423-1428.

Yao HHC. 2005. The pathway to femaleness：current knowledge on embryonic development of the ovary. Molecular and Cellular Endocrinology，230（1-2）：87-93.

Yeh SY，Tsai MY，Xu QQ，et al. 2002. Generation and characterization of androgen receptor knockout（ARKO）mice：an *in vivo* model for the study of androgen functions in selective tissues. Proceedings of the National Academy of Sciences of the United States of America，99（21）：13498-13503.

Yin ND，Jin X，He JY，et al. 2009. Effects of adrenergic agents on the expression of zebrafish（*Danio rerio*）vitellogenin Ao1. Toxicology and Applied Pharmacology，238（1）：20-26.

Yoshimoto S，Okada E，Umemoto H，et al. 2008. A W-linked DM-domain gene，DM-W，participates in primary ovary development in Xenopus laevis. Proceedings of the National Academy of Sciences of the United States of America，105（7）：2469-2474.

Zarkower D. 2013. DMRT genes in vertebrate gametogenesis. Gametogenesis，102：327-356.

Zhai G，Shu TT，Xia YG，et al. 2017. Androgen signaling regulates the transcription of anti-Mullerian hormone via synergy with SRY-related protein SOX9A. Science Bulletin，62（3）：197-203.

Zhai G，Shu TT，Xia YG，et al. 2018. Characterization of sexual trait development in cyp17a1-deficient zebrafish. Endocrinology，159（10）：3549-3562.

Zhang XB，Li MR，Ma H，et al. 2017. Mutation of foxl2 or cyp19a1a results in female to male sex reversal in XX Nile tilapia. Endocrinology，158（8）：2634-2647.

Zhang ZW，Lau SW，Zhang LL，et al. 2015. Disruption of zebrafish follicle-stimulating hormone receptor（fshr）but not luteinizing hormone receptor（lhcgr）gene by TALEN leads to failed follicle activation in females followed by sexual reversal to males. Endocrinology，156（10）：3747-3762.

第七章　水产动物性别决定和分化

性别决定和分化是个体正常发育不可缺少的一环，也是种族繁衍得以延续的基础。性别决定是指未分化的性腺向精巢方向发育，还是向卵巢方向发育的过程，而性别分化是指建立在性别决定、性别异形和次级性征的基础上的所有形态和生理变化。性别一直是生命科学研究的重大命题之一，被誉为“自然的杰作”和“进化生物学中问题的皇后”（Bell，1982）。水产养殖和野外调查发现，许多水产养殖动物的生长速度和个体大小在两性间存在显著的差异。此外，消费者对鲟、蟹和海胆等水产养殖动物的成熟性腺存在着特定的消费需求。因此，性别决定和分化的遗传机制解析以及性别控制育种技术是水产养殖动物遗传育种研究的重点领域之一。自刘建康先生 1944 年首次报道黄鳝（*Monopterus albus*）存在雌雄同体和性反转现象（Liu，1944）以来，水产养殖动物性别决定和分化的相关研究不但在基础理论方面发展迅速，而且应用成果迭出（Zhou and Gui，2016）。水产动物性别异形的遗传基础、性别控制技术和鱼类性控育种的范例将在第十一章介绍。本章着重回顾近 20 年来有关水产动物性别决定系统的多样性和可变性以及它们的性别决定和分化调控机制的主要研究进展。

第一节　性别决定系统的多样性和可变性

7.1.1　性别表现形式的多样性和可变性

绝大多数水产养殖动物表现为雌雄异体，采用两性生殖和卵生的方式繁衍后代，即通过减数分裂分别在卵巢和精巢中形成成熟的单倍体卵子和精子，然后分别产卵或排精，在体外受精后，卵核和精核相互融合，形成二倍体合子再经胚胎发育成为性别相异的雌雄个体，从而周而复始，世代繁衍。在鱼类和贝类中，雌雄同体现象也较常见。目前已在 8 目、34 科中发现有 300～400 种鱼存在雌雄同体现象。目前得到最广泛认可的，用于解释雌雄同体个体发生性别转化重要性的理论模型是“大小-有利模型”（size-advantage model）。该模型认为，当个体较小或较年轻时，它以一种性别形式存在时具备了较高的繁殖力，而当它个体较大或较老时，如果以另一种性别形式存在时可具备较高的繁殖力的话，那么，在它生活史的某一点将发生性别转换（Ghiselin，1969；Allsop and West，2003）。

鱼类有三种雌雄同体现象：雌性先熟型（protogyny）、雄性先熟型（protandry）、卵巢和精巢同步发育成熟型（simultaneous hermaphrodite）。黄鳝和斜带石斑鱼（*Epinephelus coioides*）等鱼类是雌性先熟型，即卵巢先发育成熟，长到一定年龄或大小时发生性转变成为雄性个体，精巢发育成熟（李英文和林浩然，1994；桂建芳等，2007）。早在 20 世纪 40 年代抗日战争的艰难时期，刘建康先生仔细检查了体长分布在 5.3～57.6cm 的 659 尾黄鳝的性腺，揭示了低等脊椎动物的雌雄同体和性反转的现象（Liu，1944）。论文发表后，英国皇家学会会士布洛（W.S. Bullough）博士在荷兰乌得勒支大学的报告中介绍了这个有趣的发现，并在《自然》杂志上评论了它的科学意义（Bullough，1947），他在文章的开头充满敬意地写道："在1944年发表的黄鳝性腺发育描述的论文中（Liu，1944），刘提供了新的和有趣的证据，打开了脊椎动物性别决定机制研究之门"（Mei and Gui，2015；Zhou and Gui，2016）。

石斑鱼属的鱼类统称为石斑鱼，隶属于鲈形目（Perciformes）鮨科（Serranidae）石斑鱼亚科（Epinephelinae）。石斑鱼是世界上最重要的海洋经济鱼类之一，在我国也是最重要的海水网箱养殖高档鱼类之一。在自然海区，石斑鱼的性转化一般发生在年龄和个体足够大的鱼中。不同种石斑鱼发生性转变的平均年龄或平均体长（或体重）存在着较大差异。例如，蜂巢石斑鱼（*E. merra*）是体型较小的一种石斑鱼，平均体长200mm是发生性反转的一个阈值，雌性个体的平均体长均小于200mm；分布于福建沿海的赤点石斑鱼（*E. akaara*）初次性成熟年龄多为3龄，体长231～295mm，性转变年龄一般为6龄（雄鱼占57.5%），体长312～355mm；褐点石斑鱼（*E. tauvina*）性转化多发生在7龄，10龄的个体几乎全为雄性个体；镶点石斑鱼（*E. amblycephalus*）的性转化发生在9龄以上。最近的研究表明，石斑鱼的性转变还受到社会因素的影响。将一群斜带石斑鱼（*E. coioides*）的雄性个体单独饲养，能诱导部分雄性个体发生从雄向雌的性反转（Chen et al.，2019）。

由于石斑鱼有雌性先熟的特点，人们进行人工繁殖时常常遇到没有雄鱼的情况，需要人工诱导石斑鱼提前完成性转化，以获得功能性雄鱼用于人工繁殖。从20世纪70年代起，国内外不少学者都致力于石斑鱼的性转化研究，即利用外源激素处理来诱导石斑鱼提前完成性转变。目前，利用外源激素诱导石斑鱼性逆转的方法有3种，即投喂法、注射法与埋植法。投喂法和注射法操作简单，但费工费时，转换效果相对较差，获得精子活力不强，特别是在停药后5～7个月可能会发生性别复原。与投喂法和注射法相比，埋植法技术难度较大，处理不当对鱼有一定伤害，但只需一次处理就可使长达3～5年的性逆转进程缩短为2个月左右，而且性逆转效果更为稳定，可维持2年以上。若2年后个别雄鱼出现停"精"现象，采用每周投喂一次激素的方法可恢复生精能力（桂建芳等，2017）。

第二种雌雄同体的类型是精巢先发育成熟，后转变为卵巢，如黄鳍鲷（*Acanthopagrus latus*）、黑鲷（*Sparus macrocephlus*）等。在雌雄同体的鱼类中，有些更为特别，如拟雀鲷属（*Pseudochromis*）的一些物种（*P. flavivertex*、*P. aldabraensis* 和 *P. cyanotaenia* 等），为双向性别转换（bi-directional sex change）。当两个功能型雌性个体在一起时，其中一个雌性个体会转变为雄性个体；而当两个功能型雄性个体在一起时，其中一个雄性个体会转变为雌性个体（Wittenrich and Munday，2005）。此外，还有少数鱼类为卵巢和精巢同步发育成熟，采取自体受精和混合交配（mixed-mating strategy）的策略繁衍后代。如栖居于热带海岸带红树林中的斑纹隐小鳉（*Kryptolebias marmoratus*），它们通常采用自体受精的方式繁衍后代，产生遗传性状相对一致的后代。但在其种群中，除了卵巢和精巢同步发育成熟的个体外，人们还发现了10%～20%的雄性个体，且种群间存在显著的遗传多样性，这表明它们除了采用自体受精的方式，偶尔也会与雌雄异体的雄性个体进行异体受精（Mackiewicz et al.，2006a；2006b；2006c）。

绝大多数的贝类是雌雄异体的，少数物种为终生雌雄同体，如海湾扇贝（*Argopecten irradians* Lamarck）、大扇贝（*Pecten maxims*）和光滑蓝蛤（*Aloidis laeris*）等，它们一生中没有性转换，可自体受精。但在雌雄异体的一些贝类的群体中会发现一些雌雄同体的个体，表明它们在生活周期的某个阶段发生了性反转，并有短时的雌雄同体现象，如在栉孔扇贝（*Azumapecten farreri*）、华贵栉孔扇贝（*Chlamys nobilis*）、虾夷扇贝（*Patinopecten yessoensis*）、波纹巴非蛤（*Paphia undulate* Born）、翡翠贻贝（*Perna viridis*）、河蚬（*Corbicula fluminea*）、正珠母贝（*Pinctada margaritifera*）、马氏珠母贝（*P. martensi*）、栉江珧（*Atrina pectinata*）、长牡蛎（*Crassostrea gigas*）中都发现了少数雌雄同体的个体。处于雌雄同体时期的双壳类性腺一般可分为滤泡混合型（mix-follicular type）和滤泡并存型（para-follicular type）两种类型，其中前者的雌雄两种生殖细胞在同一滤泡中出现，而后者是雌雄生殖细胞分别位于不同的滤泡中且雌雄滤泡并存于性腺中的不同区域，但在虾夷扇贝等的性腺中观察到了两种类型并存的现象（于非非等，2007）。

7.1.2 遗传性别决定系统的多样性和可变性

脊椎动物的性别决定机制显现出高度的多样性和可变性（Mei and Gui，2015；Li and Gui，2018；吴芮封等，2019）（图 7.1 和图 7.2），包括遗传性别决定（genotypic sex determination，GSD）和环境性别决定（environmental sex determination，ESD）两种（Bachtrog et al.，2014；Capel，2017）。GSD 意味物种的性别是由其雌雄个体间不同的遗传因子所决定，主要包括雄性异配型（male heterogametic）的 XY 性别决定系统和雌性异配型的（female heterogametic）ZW 性别决定系统。不仅不同脊椎动物类别演化出不同的性别决定基因（图 7.2），而且同一类别，如鱼类出人意料地具有极为丰富的性别决定基因，采取物种特异的性别决定策略。但位于性别决定和分化调控通路中下游的、调控性腺发育的基因在脊椎动物中比较保守，这一现象被称为“换主不换仆”（masters change，slaves remain）（Graham，2003）。

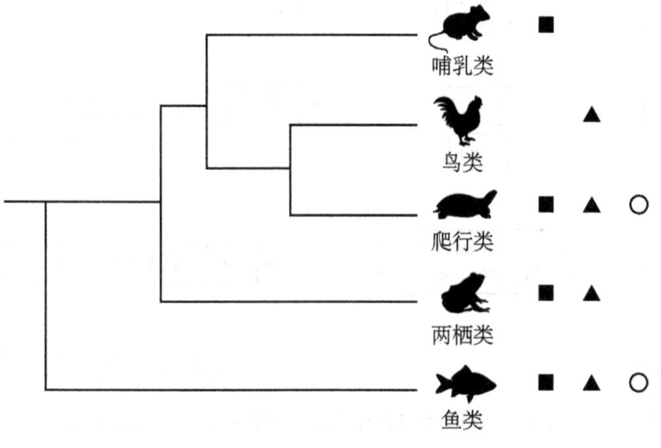

图 7.1 脊椎动物性别决定系统的多样性（引自 Li and Gui，2018）

衍生型（variant）是指缺少一个性染色体或者存在多个性染色体

绝大部分的哺乳动物演化出 XX/XY 型性染色体系统，但两种鼹形田鼠（*Ellobius lutescens* 和 *E. tancrei*）和两种日本刺鼠（*Tokudaia osimensis* 和 *T. muenninki*）已经完全失去了 Y 染色体（Sutou et al.，2001；Just et al.，2007），其性别决定类型为 XX/XO。除了鸭嘴兽（*Ornithorhynchus anatinus*）和澳洲针鼹（*Tachyglossus aculeatus*）等单孔类以外（Wallis et al.，2008），哺乳动物的 Y 染色体

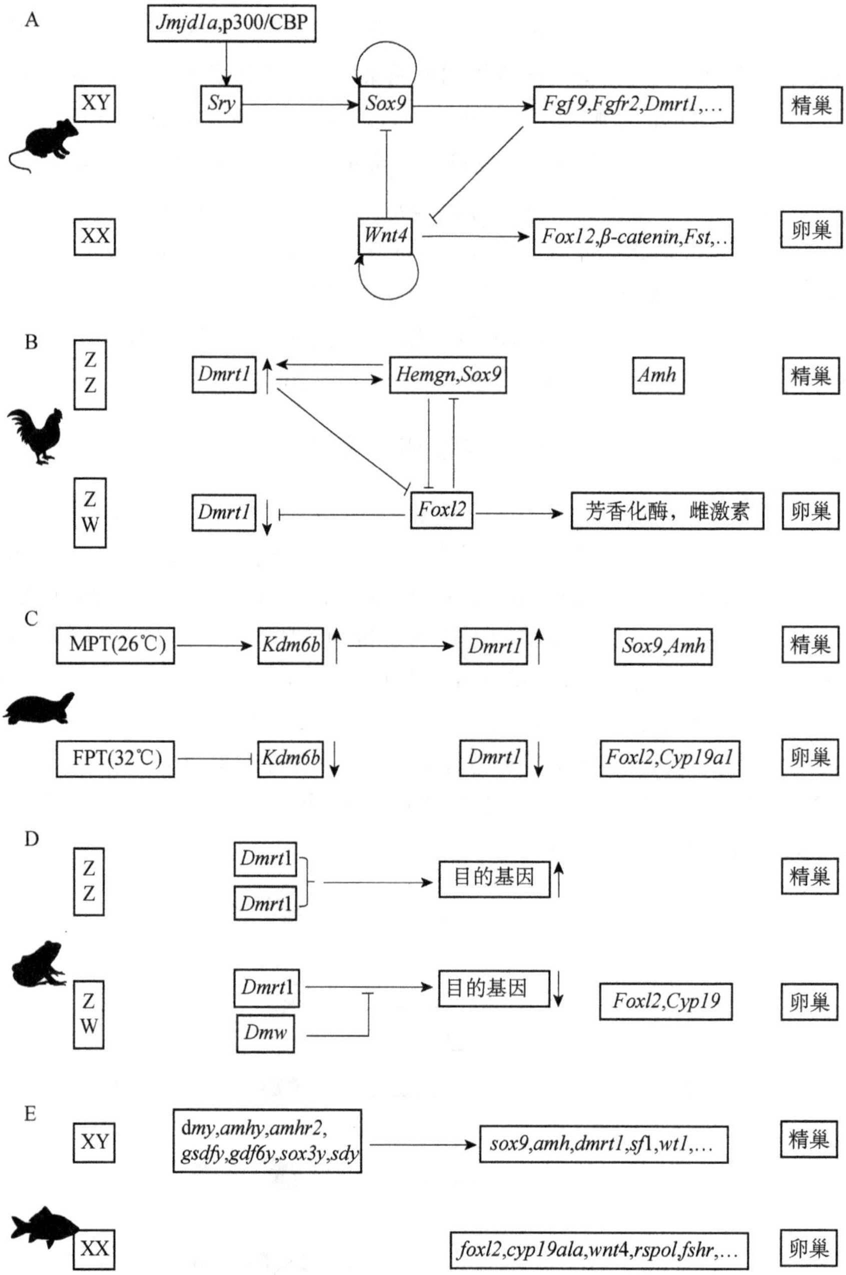

图 7.2　脊椎动物性别决定和性腺分化的基因调控网络（引自 Li and Gui，2018）

A. 在小鼠中，*Sry* 基因受 p300/CBP 等调节，同时 *Sry* 能够上调 *Sox9*，从而激活雄性发生通路。B. 在鸡中，拥有 ZZ 染色体的个体高丰度表达 *Dmrt1*，激活 *Hemgn*、*Sox9* 和 *Amh*，从而启动精巢发育；拥有 ZW 染色体的个体 *Dmrt1* 表达量低，不能激活 *Hemgn* 和 *Sox9*，同时上调 *Foxl2*、芳香化酶和雌激素，从而启动卵巢发育。C. 在红耳龟中，表观遗传开关 *Kdm6b* 通过去除 *Dmrt1* 启动子上组蛋白 H3K27 的三甲基化，调节性别决定基因 *Dmrt1* 的表达。D. 在非洲爪蟾中，拥有 ZZ 染色体的雄性个体通过 *Dmrt1* 基因激活精巢发育通路；而拥有 ZW 染色体的雌性个体通过 *Dm-w* 以拮抗 *Dmrt1*，从而诱导卵巢分化。E. 在拥有 XY 染色体的鱼类中，位于 Y 染色体上的性别决定主效基因启动雄性发育信号通路；而在拥有 XX 染色体的个体中，由于缺乏主效雄性决定基因，从而导致雌性发育通路被激活。雄性通路用蓝色表示，雌性通路用红色表示

都携带 *Sry*（sex-determining region Y）基因，它编码一个能启动雄性发育的转录因子，是脊椎动物中鉴定的第一个性别决定基因（Koopman et al.，1991）。尽管在一些爬行类、两栖类和鱼类中也演化出 XX/XY 性别决定系统（Matsuda et al.，2002；Yoshimoto et al.，2008；Gamble et al.，2015），但它们中的许多物种仍然具有相同或相似形态的 X 和 Y 染色体，这表明它们的 Y 染色体还没有发生明显的退化（Gamble et al.，2015）。在爬行类和两栖类中，人们目前尚未从没有 *Sry* 基因的 XY 性染色体上发现性别决定基因。在鱼类中鉴定到的第一个性别决定基因是日本青鳉（*Oryzias latipes*）的 *dmy*（Matsuda et al.，2002），是常染色体上的 *dmrt1*（*doublesex and mab-3 related transcription factor 1*）基因在 Y 染色体上的一个拷贝进化而来，但这很快被证明是物种特异的性别决定策略，*dmy* 仅在日本青鳉两个品系中被鉴定到，它可能是在青鳉进化过程中近期才由 *dmrt1* 演化而形成的新基因（Volff et al.，2003）。随后，人们在其他 XX/XY 性染色体决定型的鱼类中鉴定到了多种多样的性别决定基因，如吕宋青鳉（*O. luzonensis*）的 *gsdfy*（Myosho et al.，2012）、恒河青鳉（*O. dancena*）的 *sox3y*（Takehana et al.，2014）、牙汉鱼（*Odontesthes hatcheri*）和尼罗罗非鱼（*Oreochromis niloticus*）的 *amhy*（Hattori et al.，2012；Li et al.，2015）和虹鳟（*Oncorhynchus mykiss*）的 *sdy*（Yano et al.，2012）。鱼类、爬行类和两栖类的性别决定基因鉴定以及调控机制等将在下一节介绍。

鸟类具有的 ZZ/ZW 性染色体系统是雌性异配型性别决定系统，它们的性别是由位于 Z 染色体上 *Dmrt1* 以剂量依赖的方式决定，或者是由 W 染色体上一个尚未鉴定的雌性性别决定基因决定（Smith et al.，2009）。在生物的演化史中，性别及其决定基因具有快速进化的特征。早期的相关研究主要以线虫、果蝇和哺乳动物为研究对象，对它们的性别级联调控通路研究得比较深入。但在 *dmrt1* 基因被鉴定之前，研究者一直未发现保守的参与这三种动物性别决定和分化的基因。随着具有果蝇的 *doublesex* 和线虫 *male abnormal 3* 结构域（DM-domian）基因家族的鉴定，研究者发现它们广泛参与了后生动物的性别决定和分化（Matson and Zarkower，2012）。除了前述的日本青鳉 *dmy* 和鸡 *dmrt1* 外，研究者还在非洲爪蟾（*Xenopus laevis*）W 染色体上鉴定了雌性性别决定基因 *Dm-w*（Yoshimoto et al.，2008）和在半滑舌鳎（*Cynoglossus semilaevis*）Z 染色体上鉴定了雄性性别决定基因 *dmrt1*（Chen et al.，2014；Cui et al.，2017）。与日本青鳉 *dmy* 相似，*Dm-w* 也是一个源自常染色体 *dmrt1* 基因的重复拷贝，通过新功能化（neofunctionalization）获得了雌性性别决定的能力，能阻抑 *dmrt1* 基因向雄性发育（Yoshimoto et al.，2008；Mawaribuchi et al.，2012）。此外，*dmrt1* 基因还被证实广泛参与调控哺乳类、爬行类和鱼类的雄性发育（Matson and Zarkower，2012）。蛇也是 ZZ/ZW 性别决定系统。对日本四线锦蛇（*Elaphe quadrivirgata*）、缅甸巨蟒（*Python molurus*）和响尾蛇（*Trimeresurus flavoviridis*）的荧光原位杂交（fluorescence in situ hybridization，FISH）核型图谱分析表明，蛇、哺乳动物和鸟类的性染色体起源于共同祖先的不同常染色体对（Matsubara et al.，2006）。两栖类和鱼类的一些物种也具有 ZZ/ZW 性别决定系统。

除了具有 XX/XO 性别决定系统的鼹形田鼠和日本刺鼠外，还有一些脊椎动物也进化出多样可变的性别决定系统，如鸭嘴兽的雌性个体具有 5 对 X 染色体（X1X2X3X4X5），雄性个体具有 5 个 X 染色体（X1X2X3X4X5）和 5 个 Y 染色体（Y1Y2Y3Y4Y5）（Rens et al.，2004），而澳洲针鼹的性染色体系统由 5 个 X 染色体和 4 个 Y 染色体组成，且与鸭嘴兽的性染色体不完全同源（Rens et al.，2007）。如前所述，单孔目动物没有 *Sry* 基因，其性别决定基因可能是位于 Y5 染色体上的 *Amh* 基因（Cortez et al.，2014）。此外，人们还发现了落叶蛙（*Eleutherodactylus maussi*）的 X1X2Y 系统（Schmid et al.，2002）、牙鱼（*Hoplias malabaricus*）的 X1Y1Y2 系统（Cioffi and

Bertollo，2010）、新西兰蛙（*Leiopelma hochstetteri*）的 OW/OO 系统（丢失了 Z 染色体）（Green，1988；Ferro et al.，2018）、鲇鱼（*Ancistrus sp.2*）的 Z1Z1Z2Z2/Z1Z2W1W2 系统（de Oliveira et al.，2007）和大头狗母鱼（*Trachinocephalus myops*）的 ZZ/ZW1W2 系统（Kitano and Peichel，2012）。有趣的是，新性染色体的进化驱动脊椎动物新种的形成。例如，在日本海同域分布着两种棘鱼（*Gasterosteus aculeatus*），其中一种在 150 万～200 万年前进化出 X1X1X2X2/X1X2Y 性染色体系统，其中 X1 来自其祖先的 X 染色体，X2 是一个新 X 染色体，来自其祖先的一个常染色体，且祖先 Y 染色体与一个常染色体融合创造了新的 Y 染色体。新 X 染色体上具有一个导致这种雄性日本海棘鱼具有更多的攻击性交配行为的基因，使得另一种雌性棘鱼避免与之交配。这种攻击性交配行为阻止了两种棘鱼群体间的交配，实现了生殖隔离，使得日本海棘鱼成为了一个新种（Kitano et al.，2009）。

一些鱼类，如银鲫（*Carassius gibelio*）和赤翼朴丽鱼（*Lithochromis rubripinnis*）的性别由 B 染色体或者超数染色体所决定。相对于 A 染色体（常染色体和性染色体）而言，B 染色体不遵循孟德尔遗传定律（Martis et al.，2012），其对于生物个体正常的生命周期似乎是可有可无的。在赤翼朴丽鱼中，只有雌性个体具有 B 染色体，影响着雌性的性别决定（Yoshida et al.，2010）。近期的研究发现超数染色体上存在着功能基因，且能够对宿主的表型产生影响（Yoshida et al.，2010）。银鲫是一种特殊的多倍体脊椎动物，具有单性雌核生殖和两性生殖等多重生殖方式，且在自然群体中存在少数的雄性个体，这使得银鲫成为研究雄性起源、性染色体进化及生殖方式演化的极佳模型。其生殖方式的独特性将在第十一章详细介绍。伴随着六倍体银鲫的二倍化进程，超数微小染色体具有雄性决定作用的新性别决定系统逐渐形成，由此产生的雌性和雄性具有遗传差异，其性别属于 GSD 系统（Li et al.，2016）。

我们首先通过扩增片段长度多态性（amplified fragment length polymorphism，AFLP）分析从银鲫中筛选获得一个雄性特异的片段，接着通过基因组步移扩增得到一个大小为 8335bp 的雄性特异序列。这个序列上存在大量重复序列和转座子序列，与性染色体上的序列特征相似。接着我们以这个序列为探针进行染色体的 FISH 鉴定，发现银鲫的雄性个体比雌性个体多 3～4 个额外微小染色体。随后我们通过雌激素处理将遗传性雄鱼性逆转成生理性雌鱼（含有雄性特异标记），并利用这些生理性雌鱼（遗传上雄性）作为母本建立雌核生殖家系。不同于正常雌鱼产生全雌子代的雌核生殖家系，这些生理性雌鱼产生的雌核生殖家系中拥有较高比例的雄性子代，且子代中雄性比例的高低与性逆转的生理性雌鱼中额外微小染色体的数量紧密关联。由此证明六倍体银鲫雄性个体中超数微小染色体具有雄性决定功能（Li et al.，2016）。在遗传性别决定系统形成的同时，六倍体银鲫也获得了有性生殖的能力，当银鲫雌性个体与这些遗传型雄性个体繁殖时，进行有性生殖，产生遗传型雄性子代，子代性别由超数微小染色体决定（Li et al.，2016；Li et al.，2018）。尽管已发现 B 染色体与一些脊椎动物的性别决定相关（Camacho et al.，2011），我们也从银鲫的额外微小染色上鉴定了调控精巢发育和精子发生的基因（Li et al.，2017），但目前尚未从额外微小染色上鉴定出决定性别的主效基因。

7.1.3 环境性别决定系统的多样性和可变性

ESD 是指物种的性别由温度、pH、光周期、食物丰度、氧气含量、种群内部关系等环境或社会因素所决定（Warner et al.，1996；Holleley et al.，2015）。在众多环境因素中，温度因素最普遍和最典型。最早被报道具有温度依赖的性别决定（temperature-dependent sex determination，TSD）现象的是彩虹飞蜥（*Agama agama*）（Chamier，1966）。随后人们在很多爬行类动物中观察到了不同的 TSD 模式。性别决定的关键时期被称为温度敏感期（temperature sensitive period，TSP），在 TSP 时，红耳龟（*Trachemys scripta*）等物种在较高孵化温度下产生雌性后代，而在较低温度下产生雄性后代（Ge et al.，2018）；而另一些物种，如美洲鳄（*Alligator mississippiensis*）和兄弟岛楔齿蜥（*Sphenodon guntheri*）（Mitchell et al.，2006），则与红耳龟相反。第三种模式是该物种在较高和较低孵化温度下都产生雌性子代，而在中间孵化温度下产生雄性子代，如豹纹守宫（*Eublepharis macularius*）和拟鳄龟（*Chelydra serpentina*）（Capel，2017）。还有一些物种，如澳洲淡水鳄（*Crocodylus johnstoni*）只在一个很窄的孵化温度范围内产生少数雄性个体，而在其他任意适宜孵育的温度下产生雌性后代（Webb et al.，1984）。自从 1966 年 TSD 现象被发现以来，其关键分子机制一直不清楚。直到 2018 年，来自浙江万里学院的钱国英和葛楚天团队发现组蛋白去甲基化酶 KDM6B 调控了红耳龟的温度依赖型性别决定（Ge et al.，2018），相关成果发表在 *Science* 杂志上，并得到 *Science* 配发文章的高度评价，认为“该工作解开了 TSD 研究长达半个世纪的谜团”，是近期水产领域原创性成果的代表作。相关研究进展将在本章第三节详细介绍。TSD 现象也在一些鱼类中被报道，如银鲫（Li et al.，2018）和光若花鳉（*Poeciliopsis lucida*）（Ospina-Alvarez and Piferrer，2008）。

除了温度以外，还有许多其他环境或社会因素影响着变温动物的性别决定（Baroiller et al.，2009；Capel，2017）。例如，氧气可能影响模式生物斑马鱼（*Danio rerio*）的性腺发育，低氧导致高雄性比例的群体的产生（Shang et al.，2006）。巢的湿度、光周期和社会关系分别影响着锦龟（*Chrysemys picta*）、滑皮银汉鱼（*Leuresthes tenuis*）和冲绳磨塘鳢（*Trimma okinawae*）的性别决定（Paukstis et al.，1984；Tomoki and Akinobu，1993；Brown et al.，2014）。这些例子一方面说明性别是遗传和环境相互作用、共同决定的结果，另一方面也提示环境性别决定系统本身在适应上的局限性（吴芮封等，2019）。

7.1.4　遗传性别决定和环境性别决定系统的相互转换

在一些变温动物中，如龟、鳖、蜥蜴和鱼中，GSD 和 ESD 频繁地相互转换（Janzen and Phillips，2006；Capel，2017；Pennell et al.，2018）。例如，鬃狮蜥（*Pogona vitticeps*）的性别决定系统为雌性异配型，即雌性个体拥有 ZW 性染色体，而雄性个体拥有 ZZ 性染色体。在实验室中高温孵化 ZZ 胚胎，可以获得伪雌个体。有趣的是，从澳大利亚野外捕获的鬃狮蜥中有大约 20%的个体是伪雌个体（ZZ），当它们与正常雄性个体（ZZ）交配时产生的胚胎，尽管没有 W 染色体，但可在高温下孵化发育成雌性个体，也就是说它们的性别单独由孵化温度决定。这种 GSD 和 TSD 之间的互换可以大规模及快速地改变一个地方种群的性别决定系统。这同时也表明，在没有性别选择优势下，TSD 快速地进化以响应高温等极端环境条件（Holleley et al.，2015）。

我们也在银鲫中发现了这种温度战胜性染色体，遗传性别决定和温度性别决定系统互换的现象（Li et al.，2018）。我们采集并分析了来自全国 34 个采样点共 2248 尾银鲫的性别比例，其中从 24 个地理种群中鉴定了 186 尾雄性个体，其雄性比例为 1.2%～26.5%。出乎意料地，我们在 12.9%的雄性个体中未检测到，但在 21.6%的雌性个体中检测到雄性特异片段的存在，因此在银鲫的自然种群中可能同时存在着 GSD 和 ESD 两种性别决定机制。当进一步将年平均气温、pH 和溶氧三个环境变量与 ESD 比例进行关联分析时，我们发现 ESD 比例随年平均气温的上升而升高。因此，年平均气温是影响银鲫性别的最关键的环境因子。

接着，我们利用银鲫雌核生殖产生全部遗传雌性子代的特性，在 2 个人工品系（DA 品系和 A^+品系）和 1 个鄱阳湖野生品系（PY 品系）中分别建立了雌核生殖家系，并将同一个雌核生殖家系的子代分别饲养在 16℃、19℃、22℃、25℃、28℃、31℃水温条件下。当幼鱼性腺分化前生长发育的环境温度较低时（<20℃），银鲫雌核生殖子代全部为雌性；随着环境温度的逐步升高，雌核生殖子代中雄性比例也逐渐提升，甚至在 31℃高温饲养时部分品系的雌核生殖子代全部为雄性。当银鲫雌性个体与这些温度依赖型雄性个体再进行繁殖时，其仍然行雌核生殖，低温时产生全雌子代，高温时产生雄性子代，子代的性别仍然受性腺分化前幼鱼生长发育的环境温度决定，具有 TSD 性别决定系统（Li et al.，2018；Zhu et al.，2018）（图 7.3）。

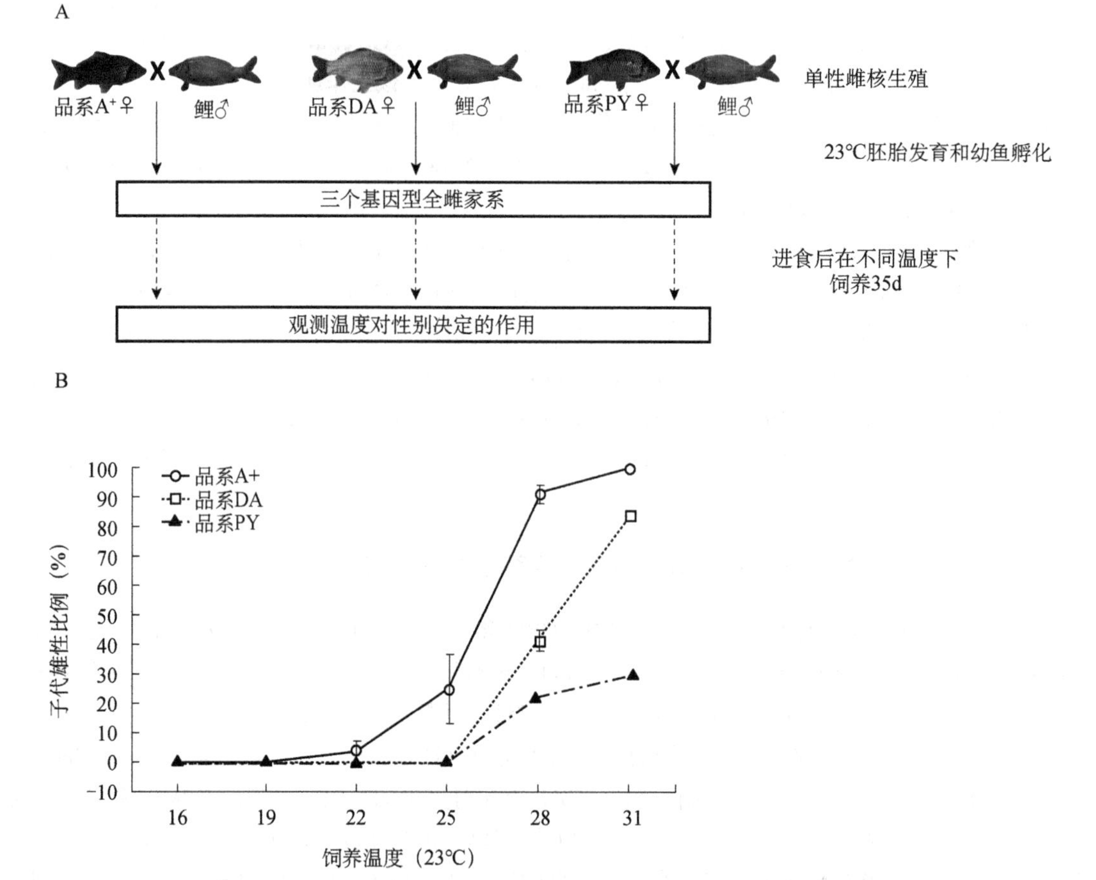

图 7.3 雌核生殖子代雄性比例随饲养温度的变化（引自 Li et al.，2018）

A. 温度对雄性决定影响分析设计图；B. 三个雌核生殖家系不同温度饲养条件下雄性子代比例

大约在 50 万年前，六倍体银鲫由同域四倍体鲫经同源多倍化而形成（Li et al.，2014）。新形成的六倍体银鲫依靠单性雌核生殖突破了多倍体的繁殖瓶颈，产生遗传背景几乎一致的群体（Gui and Zhou，2010；Li and Gui，2018）。四倍体鲫为 XX/XY 性别决定系统（昝瑞光，1980），伴随着六倍体银鲫的二倍化进程，超数微小染色体具有雄性决定作用的新的遗传性别决定系统逐渐形成（Li et al.，2016），同时银鲫也获得了有性生殖的能力（Gui and Zhou，2010）。当银鲫雌性个体与其他物种雄性个体或者银鲫温度依赖型雄性个体交配时，行单性雌核生殖，产生遗传背景几乎一致的子代，子代性别受幼鱼生长发育的环境温度决定；当银鲫雌性个体与银鲫遗传型雄性个体交配时，行有性生殖，产生雌雄具有遗传差异的子代，子代性别由超数微小染色体决定（图 7.4）。六倍体银鲫性别决定机制转变与生殖方式转换紧密关联，这些发现有助于我们理解脊椎动物性别决定机制和生殖方式转变的进化适应性（Li and Gui，2018）。

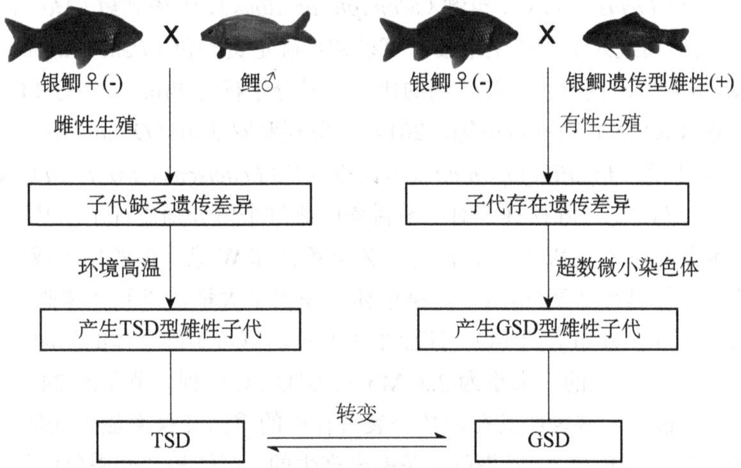

图 7.4 遗传性别决定和环境性别决定系统的相互转换（引自 Li and Gui，2018）

第二节 鱼类性别决定和性别分化的机制

7.2.1 鱼类性染色体的类型

鱼类的性别决定系统极其复杂，几乎包括了动物的所有性染色体类型（von Hofsten and Olsson，2005），主要表现为 XX/XY 和 ZZ/ZW 两大系统以及它们的各种衍生型。在已进行核型分析的 1700 多种鱼类中，至少在软骨鱼（Chondrichthyes）和硬骨鱼（Osteichthyes）72 个科 176 种（占 10.4%）鱼类中观察到了明显的性染色体。由于鱼类染色体普遍偏小、难以分辨，加上许多种类尚未进行雌雄两性研究或性别无法判定，因此以上具有性染色体的鱼类比例仅仅是一个最小的比例。Devlin and Nagahama（2002）进一步统计了 346 种已做过性染色体研究的鱼类，发现 176 种存在异形性染色体，170 种未找到异形性染色体。按这个数字比例，具有性染色体的鱼类种数比例将高达 50.1%。他们认为，虽然这个数字估算太高，但仍然可以建议鱼类性染色体的发生比例要比从其他已知鱼类核型中得出的观察比例要高得多。

我们曾详细列表列举了已发现拥有 XX/XY、XX/XO、XX/XY1Y2、X1X2X1X2/X1X2Y、X1X2X1X2/X1X2X1、ZZ/ZW、ZZ/ZO 或 ZZ/ZW1W2 性染色体类型的鱼类（桂建芳等，2007），显示出丰富的多样性。鱼类的性染色体的多样性还表现在同一物种不同种群已进化出不同的性染色体决定类型。在斑马鱼中，人们采用 RAD-sex 方法鉴定了大量性别连锁的 SNP 标记，而且这些性别连锁的 SNP 标记都位于斑马鱼 4 号染色体上；进一步分析发现斑马鱼的 NA、CB、WIK 和 EKW 4 个天然种群为 ZZ/ZW 性染色体类型，其性别易受环境影响。出乎意料的是，两个家养品系（AB 和 TU）缺失了这段性别决定区域，这表明在 20 多年实验室养殖过程中，AB 和 TU 已经进化出其他的性别决定机制（Wilson et al.，2014），可能为多基因性别决定（polygenic sex determination，PSD）系统，其性别是由分布于基因组中多个基因座的等位基因联合决定的（Liew et al.，2012）。

在养殖鱼类中，尼罗罗非鱼、莫桑比克罗非鱼（*O. mossambicus*）、虹鳟、多瑙哲罗鱼（*Hucho hucho*）、鲫、胡子鲇（*Clarias fuscus*）、黄鳝（*Monopterus albus*）、中华刺鳅（*Mastacembelus sinensi*）等为 XX/XY 型。我们通过人工雌核生殖技术可以初步确定黄颡鱼（*Pelteobagrus fulvidraco*）的性染色体类型为 XX/XY 型，进一步用筛选到的雄性特异分子标记 Pf62-Y 进行 FISH 分析证实黄颡鱼的性染色体类型为 XX/XY 型（丹成等，2014）。奥利亚罗非鱼（*O. aureus*）、霍诺鲁姆罗非鱼（*O. hornorum*）、日本鳗鲡（*Anguilla japonica*）、卡氏雅罗鱼（*Leuciscus carolitertii*）、尖齿胡鲶（*Clarias gariepinus*）等为 ZZ/ZW 型。陈松林等对半滑舌鳎的雌雄个体分别进行了全基因组解析，证实半滑舌鳎的性染色体类型为 ZZ/ZW 型，并构建了 Z 染色体和 W 染色体的精细或序列图谱，结果显示半滑舌鳎的性染色体已经高度分化，W 染色体上积聚了大量转座元件和假基因，而且与鸡的 ZW 染色体共起源（Chen et al.，2014）。汪亚平等通过对草鱼雌雄个体的基因组解析，鉴定了一段位于草鱼的 24 号染色体上的、大小为 2.38Mb 的雄性特异序列。草鱼的 24 号染色体物理长度最长，但遗传距离却最短，这表明其在减数分裂过程中的重组交换率显著偏低。与斑马鱼的 10 号和 22 号染色体相比，草鱼的 24 号染色体是融合产生的，可能与其性染色体的分化有关（Wang et al.，2015）。有趣且具有重要应用价值的是，将分别拥有 XX/XY 型或 ZZ/ZW 型性染色体类型的罗非鱼进行种间杂交，则可获得比例极高或全雄性杂种一代。相关详细研究进展将在第十一章进行介绍。此外，红大麻哈鱼（*O. nerka*）、斑石鲷（*Oplegnathus punctatus*）、条石鲷（*Oplegnathus fasciatus*）等的性染色体类型为 X1X2X1X2/X1X2Y 型，短颌鲚（*Coilia brachygnathus*）和刀鲚（*C. nasus*）为 ZZ/ZO 型（桂建芳等，2007；Xu et al.，2013），而欧洲鲈（*Dicentrarchus labrax*）的性别可能由不同染色体上的多个基因共同决定（Vandeputte et al.，2007）。

7.2.2 鱼类性别决定基因

自从在日本青鳉中鉴定到鱼类的第一个性别决定基因 *dmy*（Matsuda et al.，2002）以后，人们已在近 10 种其他鱼类中鉴定了性别决定基因。表 7.1 列举了已鉴定的鱼类性别决定基因的名称、物种名称、性别决定系统及其祖先基因名称等信息（Li and Gui，2018）。从表 7.1 中可以看出，不同鱼类已演化出各自物种特异的性别决定基因。与其他脊椎动物相比，鱼类额外发生了第三次基因组复制事件（详细介绍见第十章）。性别决定和分化通路中的许多基因在硬骨鱼类中发生了复制，并且发生了功能歧化，特别是其中一些已进化出位于 Y 染色体上的性别决定主效基因。

表 7.1　已鉴定的鱼类性别决定基因（引自 Li and Gui，2018）

基因缩写	物种	性别决定系统	祖先基因	参考文献
dmy	日本青鳉（*Oryzias latipes*）	XY	*dmrt1*	Matsuda et al.，2002
sox3y	恒河青鳉（*O. Dancena*）	XY	*sox3*	Takehana et al.，2014
dmrt1	半滑舌鳎（*Cynoglossus semilaevis*）	ZW	—	Chen et al.，2014；Cui et al.，2017
amhy	牙汉鱼（*Odontesthes Hatcheri*）	XY	*amh*	Hattori et al.，2012

续表

基因缩写	物种	性别决定系统	祖先基因	参考文献
amhy	尼罗罗非鱼（*Oreochromis Niloticus*）	XY	*amh*	Li et al.，2015
amhr2	红鳍东方鲀（*Takifugu rubripes*）	XY	*amhr*	Kamiya et al.，2012
gsdfy	吕宋青鳉（*O. Luzonensis*）	XY	*gsdf*	Myosho et al.，2012
gdf6y	非洲齿鲤（*Nothobranchius furzeri*）	XY	*gdf6*	Reichwald et al.，2015
sdy	虹鳟（*Oncorhynchus mykiss*）	XY	*irf9*	Yano et al.，2012

青鳉是日本和德国生物学家长期用来进行性别决定研究的模型鱼类，2002 年他们通过对两个天然突变体的分析，意外地发现了 *dmrt1* 的 Y 染色体拷贝 *dmy*。在日本青鳉性别决定期，*dmy* 只在 XY 胚胎的原始生殖嵴的体细胞中表达，而在 XX 胚胎中没有表达。人们对突变体以及转基因鱼的分析，证实 *dmy* 是日本青鳉的雄性决定因子（Matsuda et al. 2002）。*dmy* 基因的发现给从事鱼类性别决定机制研究的学者带来了很大鼓舞，他们纷纷到不同的鱼类中去克隆 *dmrt1* 或 *dmy* 的同源基因。但学者的热情也很快被熄灭，*dmy* 被证实是物种特异的性别决定基因（Matsuda，2005）。

尽管研究人员非常努力地去寻找鱼类的性别决定基因，并由此鉴定了一批调控性别分化的关键基因，但性别决定基因的研究整整沉寂了十年，直到 2012 年才开始陆续在其他鱼类中鉴定到各自物种特异的性别决定基因，如吕宋青鳉的 *gsdfy*（Myosho et al.，2012）和恒河青鳉的 *sox3y*（Takehana et al.，2014）。*gsdfy* 和 *sox3y* 分别是吕宋青鳉 *gsdf*（gonadal soma derived factor）和恒河青鳉 *sox3* 基因在 Y 染色体上的重复拷贝。*gsdf* 属于生长因子 TGF-β 家族，是鱼类性别决定和分化调控通路中的一个保守基因，在日本青鳉中位于 *dmy* 基因下游。*gsdfy* 在吕宋青鳉精巢中特异表达，转包含 *gsdfy* 的基因组片段能诱导 XX 个体性反转为可育的雄性个体，这表明吕宋青鳉进化出以 *gsdfy* 作为性别决定主效基因的 GSD 系统（Myosho et al.，2012）。*sox3* 基因属于 *Sry*-related HMG box（Sox）基因家族，被认为是 *Sry* 的祖先基因（Sato et al.，2010）。研究人员通过图位克隆发现恒河青鳉 Y 染色体上雄性特异的顺式调控元件能上调其邻近基因 *sox3y* 的表达，转包含 *sox3y* 基因的 BAC 克隆能诱导部分 XX 个体发生从雌向雄的性反转，且敲除 *sox3y* 基因的 XY 个体发生了从雄向雌的性反转。人们进一步研究发现 *sox3y* 通过上调 *gsdf* 的表达启动恒河青鳉的精巢发育（Takehana et al.，2014）。人们对名贵冷水经济鱼类裸头鱼（*Anoplopoma fimbria*）雌雄个体连锁图谱分析表明，雄性特异的标记和序列插入都位于 *gsdf* 基因的上游，这表明 *gsdf* 是裸头鱼性别决定基因的最佳候选者（Rondeau et al.，2013）。

TGF-β 信号通路似乎在鱼类性别决定中占据着举足轻重的地位。除了吕宋青鳉 *gsdf* 外，其他一些性别决定基因，如牙汉鱼 *amh*、尼罗罗非鱼 *amh*、红鳍东方鲀 *amhr2* 和非洲齿鲤 *gdf6y* 都属于 TGF-β 基因家族。在哺乳动物中，抗缪勒氏管激素 Amh（anti-Müllerian hormone）调控雌性原始生殖管的退化，是雄性发育的重要因子。牙汉鱼的 Y 染色体上获得了 *amh* 的一个重复基因，并进化成为雄性性别决定基因（Hattori et al.，2012）。无独有偶，尼罗罗非鱼采取了相似的性别决定演化方式（Li et al.，2015），而红鳍东方鲀选择了 *amh* 的受体 *amhr2* 作为它的性别决定主效基因，其上有一个导致第 384 个氨基酸残基发生从组氨酸（His）到天冬氨酸（Asp）的 SNP 位点（雌性 C/C，雄性 C/G）与性别紧密相关（Kamiya et al.，2012）。这种性别决定机制在斑点多纪鲀（*T. poecilonotus*）和豹纹东方鲀（*T. pardalis*）是保守的，但星点东方鲀（*T. niphobles*）雄性个体不具有 *amhr2* 的 G 等位基因，且其性别决定区域位于 19 号染色体的近端，远离 *amhr2* 基因（Kamiya et al.，2012；Ieda et al.，2018）。最近我们也证实红鳍东方鲀的性别决定机制在暗纹东方鲀（*T.*

obscurus）中也是保守的（Gao et al.，2020）。此外，另一个家族成员生长分化因子 6（growth differentiation factor 6，*gdf6*）的 Y 拷贝也被认为是非洲齿鲤的性别决定基因（Reichwald et al.，2015）。

如前所述，*dmrt1* 基因在脊椎动物性别决定和分化中扮演着保守的重要角色。除了在日本青鳉中鉴定的 *dmy* 外，研究人员通过基因组、雌雄个体和伪雄鱼的转录组及甲基化组等组学分析，将目光集中到了位于 Z 染色体上、精巢特异表达的 *dmrt1* 上，并通过对基因编辑 P0 代个体的分析，初步认为 *dmrt1* 是半滑舌鳎的性别决定基因（Chen et al.，2014；Cui et al.，2017）。

除了这些从脊椎动物性别决定和分化通路中的保守基因进化出的 Y 染色体拷贝外，有的鱼类还进化出新的性别决定基因，如虹鳟的 *sdy* 基因，它是位于常染色体上的干扰素调控因子 9（interferon regulatory factor 9，*irf9*）在 Y 染色体上的一个截短拷贝，丢失了 N 端的 DNA 结合域，保留了蛋白相互作用的结构域 IAD（IRF association domain）。*sdy* 基因在分化中精巢的体细胞中大量表达，被转基因和敲除实验证实是虹鳟的性别决定基因（Yano et al.，2012）。虹鳟跟其他脊椎动物一样，采取保守的信号通路来调控性别的发育和分化。那么，一个从先天性免疫系统基因演化出的性别决定基因是如何调控虹鳟保守的性别分化级联通路的呢？最近的研究表明，SdY 通过与雌性决定因子 Foxl2 相互作用，从而搭起了通向保守性别级联通路的桥梁。Foxl2 是 Forkhead box 结构域超基因家族中的一员。SdY 进入核内与 Foxl2 结合，SdY：Foxl2 复合体与孤核受体超家族（nuclear receptor superfamily）成员 Nr5a1（亦称 Sf1）相互作用，阻抑芳香化酶（aromatase）cyp19a1a 启动子的激活。因此，SdY 通过抑制早期分化性腺中雌二醇的合成，阻遏雌性分化通路，进而启动雄性发育（Bertho et al.，2018）。

我们的研究也证实了 *foxl2* 在斑马鱼雌性通路的决定作用（Yang et al.，2017）。尽管在鱼类中有很多关于 *foxl2* 在雌雄性腺呈现二态型表达的报道，但一直缺乏确凿的在体（*in vivo*）基因功能的证据。这项工作由我们的博士研究生杨燕菁历经 7 年才完成。当时有研究在斑马鱼中报道了 2 个 *foxl2* 基因，一个被命名为 *foxl2*，另一个被命名为 *foxl2-like*（Crespo et al.，2013）。杨博士首先证实这两个 *foxl2* 基因以接力的模式表达于斑马鱼卵巢的滤泡层细胞中，并试图采用注射反义寡核苷酸（morpholino，MO）方式研究它们的功能。由于 MO 一般 3～7d 在胚胎中会降解，不适于研究调控性别决定和分化相关基因的功能，因此她未能获得理想的实验结果。基因编辑 TALEN 技术的出现带来了一丝曙光，她接着利用该技术构建了这两个基因的纯合敲除突变体（F2 代），等到第 105 天纯合突变体性成熟时，她非常沮丧地发现两个基因的纯合敲除突变体都没有任何突变表型，产卵正常。此时已经距离她开始着手进行基因组编辑工作已经过去将近一年了。我们对更多序列的进一步分析表明，*foxl2* 和 *foxl2-like* 是硬骨鱼类第三次基因组加倍后形成的两个部分同源基因，据此将它们重新命名为 *foxl2a* 和 *foxl2b*，可能是因为它们两个存在着功能互补，所以单独敲除其中一个都没有表型。因此，杨燕菁博士收拾好心情，开始另一个将近一年的工作，同时敲除以获得双突变体 $foxl2a^{-/-}/foxl2b^{-/-}$。与此同时，她还依然在精心照顾两个单突变体 $foxl2a^{-/-}$ 和 $foxl2b^{-/-}$。直到第 270 天的时候，她发现野生型斑马鱼雌性个体仍然在正常产卵，而两个单突变体 $foxl2a^{-/-}$和 $foxl2b^{-/-}$腹部变大、不能产卵，有的甚至开始死亡，解剖发现雌性 $foxl2a^{-/-}$和 $foxl2b^{-/-}$在 6 个月后且经历 2～3 次正常产卵后分别发生了卵巢早衰和不完全性逆转，进一步发现雌性 $foxl2a^{-/-}/foxl2b^{-/-}$在卵巢发育早期开始发生完全性逆转。3 个突变体与野生型斑马鱼转录组和性腺分化相关基因的表达变化表明，在雌性 $foxl2a^{-/-}$卵巢中，*sox9a-amh/cyp19a1a* 信号通路和凋亡相关的基因被激活；在雌性 $foxl2b^{-/-}$卵巢中，*dmrt1* 等与精巢分化和雄激素生成相关的基因显著上调；在

foxl2a$^{-/-}$/*foxl2b*$^{-/-}$性腺中，与精巢发育相关的基因皆剧烈上调；并且 *foxl2a* 和 *foxl2b* 在表达和功能上存在补偿效应，它们可能分别通过作用于 *sox9a* 和 *dmrt1* 来调控斑马鱼卵巢的发育和维持（图 7.5）。这是一个不放弃创制的突变体终于迎来柳暗花明的研究范例。这项研究工作发现了 *foxl2a* 和 *foxl2b* 以接力的形式共同调控斑马鱼卵巢的发育和维持，其中 *foxl2b* 在阻止卵巢向精巢方向发生性反转中起了决定作用。它的意义在于鉴定了斑马鱼雌性通路的关键因子，并呈现了一个硬骨鱼类第三次基因组加倍后部分同源基因表达和功能歧化的典型例子。

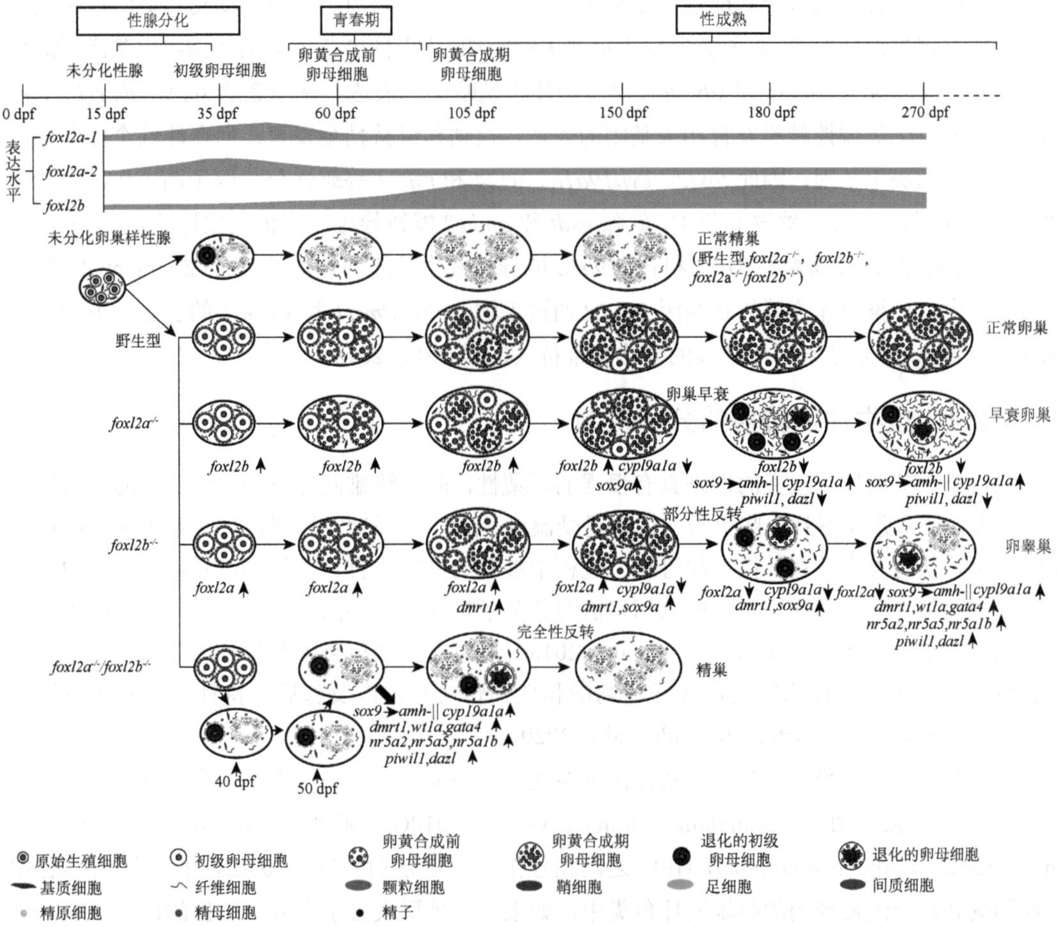

图 7.5　*foxl2a* 和 *foxl2b* 协同调控斑马鱼卵巢分化和维持的模式图（引自 Yang et al.，2017）

不同发育时期的性腺、*foxl2a1/2* 和 *foxl2b* 的表达水平的变化、不同形态的性腺（包括正常的精巢、正常的卵巢、早衰的卵巢和卵睾巢）、不同的生殖细胞和体细胞、不同的性别发育相关基因以及它们的上、下调表达都在图中进行了详细的标注。↑代表上调，↓代表下调。dpf 指受精后天数

7.2.3　鱼类性别决定和分化调控网络

在哺乳动物雄性中，*Sry* 基因在性别决定的关键时期，如小鼠在受精后 10.5～12d，瞬时特异表达于精巢体细胞，激活其直接靶基因 *Sox9*，接着 Sox9 上调 *Fgf9* 和 *dmrt1* 等其他雄性分化相关基因的表达（Vidal et al.，2001；Chaboissier et al.，2004；Barrionuevo et al.，2006；Gonen et al.，2018），Fgf9 的上调表达抑制了 Wnt4 的作用从而阻遏雌性通路（Kim et al.，2006）；而在雌性中，

激活了包括 Wnt4、β-catenin、Foxl2、Fst、Rspo1、Ctnnb1 等一系列调控卵巢发育的因子（Capel，2017）。此外，一些表观遗传因子也调控着哺乳动物的性别决定和分化。例如，H3K9 去甲基化酶 Jmjd1a 通过调控 H3K9me2 的水平直接正向调控 *Sry* 的表达（Kuroki et al.，2013）；组蛋白乙酰转移酶 p300/CBP 通过调控 *Sry* 座位的组蛋白乙酰化影响哺乳动物的性别决定（Carré et al.，2018），敲除编码上述两个酶的基因将导致 XY 小鼠从雄向雌发生性反转（图 7.2）。

正如前所述，脊椎动物的性别决定和分化调控通路是“换主不换仆”（Graham，2003）。已有的研究表明，尽管不同鱼类的性别决定基因各自不同，但都采用了跟哺乳动物相似的性别决定和分化通路来调控性别发育。在鱼类性别决定的关键时期，位于性染色体上的性别决定基因，如 *dmy*、*amhy*、*gsdfy*、*gdf6y*、*sox3y* 和 *sdy* 等在雄性个体生殖嵴中高表达，从而激活 *sox9*、*dmrt1*、*amh*、*gsdf*、*sf1* 和 *wt1* 等调控精巢发育相关基因的表达，启动和维持精巢发育；而在雌性个体中，由于缺乏雄性性别决定基因，因此 *foxl2*、*cyp19a1a*、*wnt4* 和 *rspo1* 等雌性分化因子高表达，启动并维持卵巢发育。例如，在尼罗罗非鱼中，敲除 *gsdf* 和 *amhr2* 能诱导雄性个体发生性反转（Jiang et al.，2016；Li et al.，2015），而敲除 *foxl2* 和 *cyp19a1a* 能导致发生从雌向雄的性反转（Zhang et al.，2017）。在黄颡鱼中，Y 染色体连锁的新基因 *Pfpdz1* 通过上调 *amh*、*dmrt1* 和 *sox9a1* 的表达，下调 *foxl2*、*cyp19a1a* 和 *wnt4* 表达来调控精巢的分化和维持（Dan et al.，2018）。

7.2.4 鱼类性别转换的分子机制

如前第一节所述，鱼类的性别具有很强的可塑性，除了雌雄同体鱼类自然发生的性别转换现象外，人们还常常观察到一些鱼类的性别易受温度、pH、光周期及种群内部关系等环境或社会因素的影响，从而发生性别转换。尽管这一过程中涉及的性腺发育、性行为以及第二性征的变化已在很多种鱼类中被详细描述了，但人们目前对其分子机制仍然不清楚。借鉴爬行动物中“表观遗传机制调控 TSD”的研究突破（Ge et al.，2018）以及在一些鱼类中观察到的零星线索，研究人员也倾向认为表观遗传修饰是连接环境刺激和性别转换起始以及随后维持性别表型之间的关键因素（Piferrer，2018；Ortega-Recaldeet al.，2020）。

在神经内分泌水平，鱼类的性别转换可能受到分别调控生殖和压力的两个内分泌轴，即“下丘脑-垂体-性腺”轴（hypothalamic-pituitary-gonadal，HPG）和“下丘脑-垂体-肾间组织”轴（hypothalamic-pituitary-interrenal，HPI）之间相互作用的介导（图 7.6）。例如，在一些雌性先熟的、其性别受到社会因素影响的雌雄同体鱼类中，如果一个种群失去了占领导地位的雄性个体，可能会刺激种群中个体较大的雌性个体的下丘脑分泌更多的精氨酸催产素（arginine vasotocin，AVT）和去甲肾上腺素（norepinephrine，NE），这些激素水平的快速改变影响了促性腺激素释放激素（gonadotropin-releasing hormones，GnRH）和促黄体生成素（luteinizing hormones，LH）的合成和释放，进而诱导卵巢细胞凋亡和皮质醇含量的上升。而皮质醇含量的升高以及受表观遗传因子的调控下，抑制了雌二醇（17β-estradiol，E2）的产生并刺激 11-甲基睾酮（11-ketotestosterone，11KT）含量的快速升高，从而诱导卵巢发育通路转向精巢发育通路（Godwin，2010；Ortega-Recaldeet al.，2020）。目前，研究人员重点关注了脑型芳香化酶 cyp19a1b、催产素（isotocin，IT）、avt、吻素（kisspeptin）和其受体（kiss2/kiss1r）等几个关键神经内分泌因子在雌雄同体鱼类性别转换中的作用（Liu et al.，2017）。

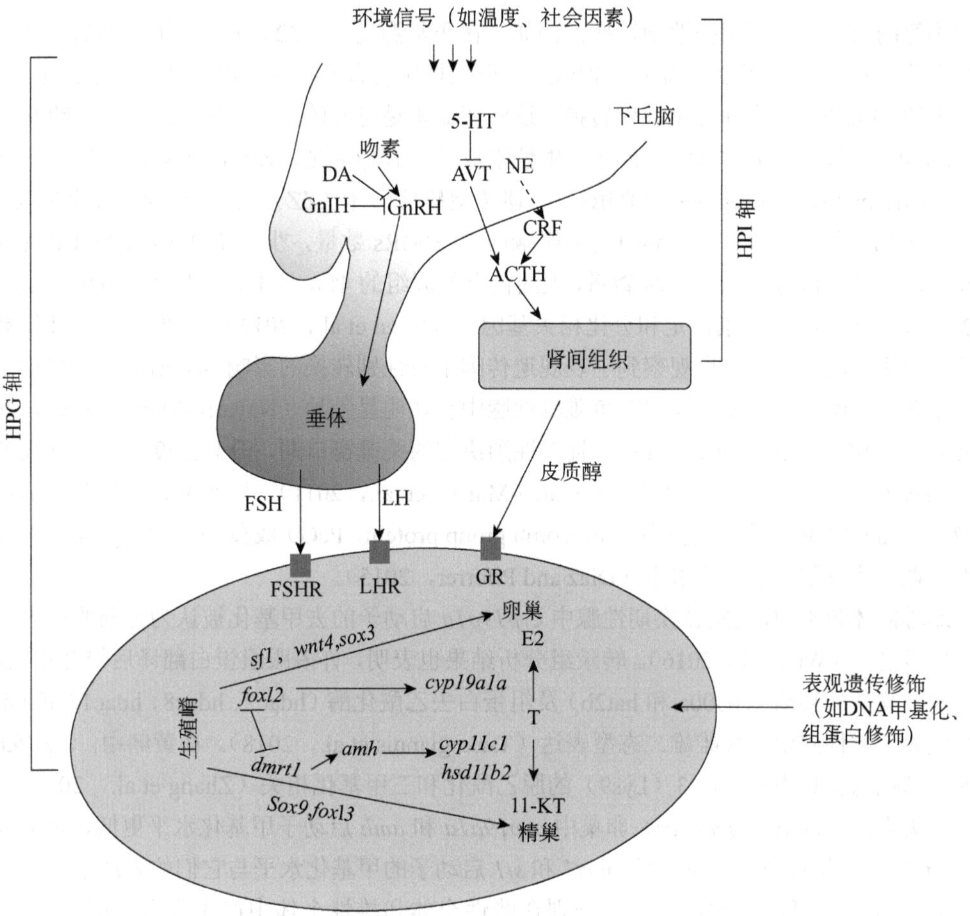

图 7.6　雌雄同体鱼类性别转换的分子调控网络（改自 Zhou and Gui，2010 和 Ortega-Recalde et al.，2020）

5-HT，五羟色胺；11-KT，11-甲基睾酮；ACTH，促肾上腺皮质激素；AVT，精氨酸催产素；CRF，促皮质素释放因子；DA，多巴胺；E2，雌二醇；FSH，促卵泡激素；FSHR，促卵泡激素受体；GnIH，促性腺激素抑制激素；GnRH，促性腺激素释放激素；GR，糖皮质激素受体；HPG，下丘脑-垂体-性腺；HPI，下丘脑-垂体-肾间组织；LH，促黄体生成素；LHR，促黄体生成素受体；NE，去甲肾上腺素；T，睾酮

皮质醇诱导的芳香化酶 cyp19a1a 在性腺中表达水平的下降被认为是触发从雌向雄性别转换的关键（Liu et al.，2017）。但由于黄鳝人工繁育难，而石斑鱼等海水养殖鱼类显微操作技术难度大，加上养殖鱼类性成熟周期长等原因，目前未见在雌雄同体鱼类中开展基因组编辑研究性别决定和分化基因功能的相关报道。尽管人们尚未在雌雄同体鱼类中发现决定它们性别的关键因子，但对 *cyp19a1a/b*、*dmrt1*、*foxl2*、*amh*、*wnt4*、*sf1*、*sox3* 和 *sox9* 等性别分化相关基因的克隆和表达谱分析，也可推测石斑鱼等雌雄同体鱼类采用了脊椎动物保守的信号通路调控性别转换（图 7.6）（Yao et al.，2003；Xia et al.，2004；Huang et al.，2000；Zhou and Gui，2010；Ortega-Recalde et al.，2020）。此外，还有一些非经典的性别分化基因，如 *sox8*、Fanconi anemia/BRCA DNA 修复通路的 *fancl* 及视黄酸通路的 *aldh1a2* 和 *cyp26b1*，被报道参与了雌雄同体鱼类的性别转换（Ortega-Recalde et al.，2020）。

越来越多的研究表明，鱼类的性别是由遗传因子、环境因素和表观遗传因素三者相互作用、共同决定的，其中表观遗传因子通过调控性别决定和分化通路中的关键基因的 DNA 甲基化、组蛋白修饰等的改变，从而调控性别转换。例如，在正常温度下（22℃），大约 14%的半滑舌鳎遗传雌性个体（ZW）会转变为假雄鱼（ZWm），但在性别发育敏感的关键时期提高水温至 28℃，会诱导大约 73%的雌性个体发生性别转换。这些假雄鱼是可育的，它们的绝大多数（约 94%）F1 子代（ZW-F1）即使在正常温度下也会发生性别反转。有趣的是，ZWm 个体的差异甲基化位点（differentially methylated regions，DMRs）与遗传型雄性个体（ZZ）的类似，ZWm 个体与 ZZ 个体，以及 ZWm 个体与其子代 ZW-F1 之间检测到的 DMRs 数量，少于全基因组的 0.01%；而 ZZ 个体和 ZW 个体之间存在的 DMRs 数量，大约占全基因组的 4%，且主要富集在 *dmrt1*、*gsdf*、*amh*、*amhr2*、*wt1a* 和 *wt1b* 等性别决定和分化相关基因上（Chen et al.，2014）。人们在一些其他易受环境或社会因素影响的鱼类中也观察到了表观遗传因子对性别转换的影响，如 *cyp19a1a* 启动子的甲基化水平在欧洲鲈、牙鲆和尼罗罗非鱼雌雄性腺中存在明显差异（Navarro-Martín et al.，2011；Wen et al.，2014；Chen et al.，2017），且在性别决定的关键窗口期，升高温度会提升欧洲鲈雌性个体 *cyp19a1a* 启动子的甲基化水平（Navarro-Martín et al.，2011），以及编码组蛋白修饰相关酶（ehmt2 和 hdac11）和多梳家族蛋白（polycomb group protein，PcG）成员（pcgf2、jarid2a 和 suz12）在雌性早期分化性腺中的表达水平（Díaz and Piferrer，2015）。

在雌雄同体鱼类中，黑鲷转换期性腺中 *cyp19a1a* 启动子的去甲基化被认为是向雌性方向发育的早期信号之一（Wu et al.，2016）。转录组分析结果也表明，许多跟组蛋白翻译后修饰相关的酶，如组蛋白乙酰基转移酶（ep300a 和 hat2b）及组蛋白去乙酰化酶（hdac2、hdac8、hdac10 和 hdac11）在两种鲷科鱼类性腺中呈现雌雄二态型表达（Tsakogiannis et al.，2018）。在黄鳝中，*cyp19a1a* 启动子的甲基化与精巢中组蛋白 3（Lys9）的脱乙酰化和三甲基化相关（Zhang et al.，2013）。与精巢相比，尖吻鲈（*Lates calcarifer*）卵巢中 *cyp19a1a* 和 *amh* 启动子甲基化水平更低，而 *dmrt1* 和 *sf1* 启动子的甲基化水平则更高，且 *dmrt1* 和 *sf1* 启动子的甲基化水平与它们的表达水平负相关。有趣的是，人们还可以通过可变剪接分别在雌性个体和雄性个体中产生没有功能的 *dmrt1* 和 *cyp19a1a* 的剪接形式（Domingos et al.，2018）。上述的结果表明，鱼类的性别转换受到了表观遗传因子的调控，但目前其分子调控机制尚不清楚。

第三节　爬行动物和两栖动物性别决定和分化的机制

7.3.1　爬行动物和两栖动物的性染色体类型

自首次报道爬行动物存在异型染色体后（Becak，1962），研究者陆续发现爬行动物也存在 XX/XY 和 ZZ/ZW 两种性染色体类型，其中性染色体分化最明显的是蛇，属于 ZZ/ZW 型。如前所述，对日本四线锦蛇、缅甸巨蟒和响尾蛇的研究表明，它们具有相同的 Z 染色体，但 W 染色体大小不同，表明不同动物的性染色体退化是独立发生的（Matsubara et al.，2006）。人们已在蜥蜴目 7 科 70 多种动物中鉴定了它们的 XX/XY 或 ZZ/ZW 性染色体（Schartl，2004）。在龟鳖动物中，黄额盒龟（*Cuora galbinifrons*）和亚洲黑池龟（*Siebenrockiella crassicollis*）存在异型性染色体，为 XX/XY 型（郭超文等，1995），而眼斑水龟（*Sacalia bealei*）、四眼斑水龟（*S. quadriocellata*）和黄喉拟水龟（*Mauremys mutica*）等未发现明显异型性染色体（郭超文等，1998）。中华鳖

（*Pelodiscus sinensis*）具有ZZ/ZW型微小性染色体，其上携带着18S-28S 核糖体RNA基因（18S-28S ribosomal RNA genes，18S-28S rDNA）。人们通过分析 18S-28S rDNA 及 W 染色体特异的重复序列的扩增和部分缺失可以将 Z 染色体和 W 染色体区分开。对 *top3b*、*sbno1* 等 5 个基因的定位分析表明，中华鳖的性染色体与鸡的 15 号染色体同源，且中华鳖的 Z 染色体与鸡的 15 号染色体至少发生了一次倒置；中华鳖的 Z 染色体和 W 染色体在长臂和短臂的远端存在同源区域，其中 W 染色体的分化可能发生在 Z 染色体的 18S-28S rDNA 扩增和染色体近端区域缺失之前，发生在 *sbon1* 基因近端区域和 18S-28S rDNA 远端区域之间的倒置之后（Kawagoshi et al.，2009）。几个其他实验室的研究结果也证实中华鳖的性染色体类型为 ZZ/ZW 型（Kawai et al.，2007；Literman et al.，2014）。

两栖动物也存在 XX/XY 型、ZZ/ZW 型及同形（homomorphic）性染色体三种性染色体类型，其中同形性染色体类型占多数（Nakamur，2009；田海峰等，2014）。在已确定性别决定类型的 63 种两栖动物中，只有 20 种具有异型性染色体（Eggert，2004）。美西钝口螈（*Ambystoma mexicanum*）、虎纹蝾螈（*A. tigrinum*）、黑斑蛙（*Rana nigromaculata*）、马赤蛙（*R. tsushimensis*）和东北雨蛙（*Hyla arborea japonica*）等为 XX/XY 型；非洲爪蟾、非洲牛箱头蛙（*Pyxicephalus adspersus*）、德拉平跟蛙（*Tomopterna delalandii*）和哈氏滑跖蟾（*Leiopelma hamiltoni*）等为 ZZ/ZW 型（Nakamura，2009）；美国牛蛙（*R. catesbeiana*）未被发现具有明显异型性染色体（朱传炳和王瑛，2006）。尽管两栖动物性染色体在较长进化时间上是保守的，但它们的 XX/XY 和 ZZ/ZW 两种性别决定类型是可变的，结合两栖动物系统发生关系，研究者认为它们之间似乎发生了多次转换（Sarre et al.，2011）。例如，不同地理种群的粗皮蛙（*Rana rugosa*）分别具有 XX/XY 或 ZZ/ZW 性别决定类型，且性别决定基因似乎位于不同的染色体上。有趣的是，琵琶湖周边的种群被证实是一个新的由 XX/XY 型转变而来的雌性异配群体（neo-ZW）（Miura，2007；Ogataet al.，2007）。人们在爪蟾中还发现同时存在 W、Z 和 Y 三种不同的性染色体，包括拥有 YZ、YW 和 ZZ 性染色体的三种雄性个体以及拥有 ZW 和 WW 性染色体的两种雌性个体（Roco et al.，2015）。这种在同一个物种中同时存在雌性异配和雄性异配个体的现象为研究性别系统之间的转换和新的性别决定基因的产生提供了一个独特研究系统（Schartl，2015）。

7.3.2　爬行动物性别决定和分化机制

自 1966 年法国动物学家 Madeleine Charnier 首次报道彩虹飞蜥的性别受孵化温度的影响之后，研究人员在多种爬行动物中发现它们的性别由温度决定，属于 TSD 性别决定类型（Pieau，1975；Bull，1979；Bull and Vogt，1981；陈贞年和王晓清，2019）。例如，黄喉拟水龟（*Mauremys mutica* Cantor）的受精卵在 29℃孵化产生雌雄各半的子代；在 25℃孵化时，雄性子代占优势（76.3%）；而在 33℃孵化时，雌性后代的比例为 94.7%（朱新平等，2006）。中华鳖的性别也受孵化温度调控，但不同实验室得出了不同结论，有的认为子代雄性率随孵化温度升高而上升；但有的研究者认为随孵化温度的升高，子代雌性率升高。除了温度以外，爬行动物的性别还易受到性激素的影响（高丽丽等，2018；陈贞年和王晓清，2019）。

在 TSD 现象被发现以后长达半个多世纪的时间里，其背后的关键分子机制一直是个未解之谜。研究人员发现哺乳动物性别决定和分化级联调控通路中的关键基因，如 *Sox9*、*Cyp19a1*、*Dmrt1*、*Dax1*、*SF-1*、*Mis*、*Foxl2* 和 *Amh* 等，在 TSD 动物中同样存在，而且随着温度的改变，在雌雄性腺中差异表达（Crews et al.，2006；Shoemaker，2007 和 2009；Matsumoto et al.，2012）。来自浙江万里学院的钱国英和葛楚天团队证实 *Dmrt1* 是启动红耳龟雄性性腺分化的关键基因（张一等，2016；Ge et al.，2017）。那么，温度是通过什么机制来激活或抑制这些基因的表达？对 TSD 动物雌雄个体的基因组分析表明，它们的序列完全一致，这提示可能是表观遗传因子参与调控了 TSD。钱国英和葛楚天团队敏锐地从红耳龟和美国短吻鳄（*Alligator mississippiensis*）转录组数据中发现了一个重要的调控组蛋白甲基化的表观遗传修饰的酶——H3K27 去甲基化酶 Kdm6b，它的表达水平随着孵化温度的置换发生明显改变（Czerwinski et al.，2016；Yatsu et al.，2016）。因此，他们首先通过 qPCR 和免疫荧光分析证实了 Kdm6b 在红耳龟未分化性腺中呈现温度依赖型的二态性表达，并且能快速地响应温度变化。接着，他们通过实验室建立的慢病毒介导的 RNA 干扰或过表达系统，发现将产雄温度的胚胎 Kdm6b 敲低后，80%～87%的胚胎出现从雄性向雌性的性转变。这些胚胎中的 *Dmrt1* 的 RNA 和蛋白水平都显著降低，而且 *Dmrt1* 的过表达能够恢复由 Kdm6b 缺陷引起的性反转。他们最后通过 ChIP 实验证明 *Dmrt1* 是 KDM6B 的直接目的基因，KDM6B 通过消除启动子区 H3K27me3 标记促进 *Dmrt1* 的表达（Ge et al.，2018）。该研究为“表观遗传机制调控 TSD”假说提供了首个直接的遗传证据，从而解开了 TSD 研究长达半个世纪的谜团。

此外，他们同样利用慢病毒介导的 RNA 干扰或过表达系统，证实 *Dmrt1* 和 *Amh* 基因是调控中华鳖雄性分化的关键基因（孙伟等，2015；蔡晗等，2016），而 Cypl9a1 是中华鳖早期卵巢分化的关键调控因子（包海声等，2017），为中华鳖性别分化机制研究奠定了基础。

7.3.3　两栖动物性别决定和分化机制

如前所述，人们在非洲爪蟾中鉴定了雌性性别决定基因 *Dm-w*（Yoshimoto et al.，2008）。受位于鸡 Z 染色体上 *Dmrt1* 基因和青鳉 Y 染色体上 *dmy* 基因的启发，研究者用爪蟾 *DMRT1* 基因的全长 cDNA 为探针进行 Southern blot 分析，除了鉴定到一个大小为 4.0kb、雌雄个体都有的片段外，还意外地鉴定到一个大小为 8.0kb、雌性特异的片段。进一步的分析表明，前者是位于常染色体上、在性别决定以后雌雄性腺均表达的 *Dmrt1* 基因；后者是位于 W 染色体上，仅在性别决定的关键时间点，且仅在雌性原始生殖嵴中瞬时表达的 *Dm-w* 基因。系统发生分析显示 *Dm-w* 是 *Dmrt1* 的一个重复拷贝，仅具有 *Dmrt1* 的 N 端区域，具有保守的 DM 结构域，但没有 *Dmrt1* 的转录激活结构域。一部分转 *Dm-w* 的 ZZ 非洲爪蟾出现卵睾巢，性腺中除了能观察到精原细胞以外，还能观察到卵原细胞和初级卵母细胞（Yoshimoto et al.，2008；2010）。在体外实验中，*Dm-w* 能够剂量依赖地拮抗 *Dmrt1* 的转录活性（Yoshimoto and Ito，2011）。非洲爪蟾的其他 8 个近缘种也具有 *Dm-w* 基因，但其在热带爪蟾（*Silurana tropicalis*）中不存在，这表明 *Dm-w* 基因是在爪蟾属与异爪蟾属分歧之后、在爪蟾属现存大多数或所有物种多样化之前进化获得的（Bewick et al.，2011）。与 *Dmrt1* 相比，*Dm-w* 具有更高的碱基替换速率，这提示它的雌性性别决定的功能可能是通过新功能进化而获得的（Mawaribuchi et al.，2012）。

尽管大多数两栖动物的性别决定基因仍然未知，但人们已从多种两栖动物中克隆了数十个在脊椎动物中保守的、调控性别分化的基因（Nakamura，2010；刘佳等，2011；田海峰等，2014；唐韵等，2017）。与其他脊椎动物的同源基因相似，它们中的大多数在两栖动物雌雄性腺中也表现出明显的差异表达，如 *Dmrt1*、*Sox9*、*Dax1* 和 *Amh* 等在幼体和（或）成体精巢中的表达水平明显高于它们在卵巢中的表达水平，而 *Foxl2*、*Rspo1*、*Sox3*、*cyp19* 和 *Fshr* 等的表达水平则与 *Dmrt1* 相反。例如，*Dmrt1* 基因在粗皮蛙中受精后 11d 就在雄性中高表达（Miura et al.，2011），且在非洲爪蟾及其他 5 个无尾目动物的幼体精巢中高表达（Piprek et al.，2013），这提示它在两栖动物的雄性性腺分化和维持中起至关重要的作用。有趣的是，在哺乳动物中 *Dax1* 基因是一个拮抗 *Sry* 作用的基因（Swain et al.，1998），但在两栖动物中，它与精巢发育过程密切相关（Haselman et al.，2015）。

两栖动物跟爬行类一样，很多物种的性别决定也受孵化温度的影响。早在 1914 年，研究者就发现适当的高温处理会导致欧洲林蛙（*R. temporaria*）蝌蚪的卵巢向精巢转化。之后，人们在包括美国牛蛙、中国林蛙（*R. chensinen*）、日本林蛙（*R. japonica*）等无尾两栖动物和欧非肋突螈（*Pleurodeles waltl*）、大鲵（*Andrias davidianus*）等有尾两栖动物中发现了类似现象，即较高孵化温度导致向雄性发育，而较低孵化温度导致后代性别偏向雌性；但在北非肋突螈（*P. poireti*）、滞育小鲵（*Hynobius retardatus*）中的情形相反（刘佳等，2011；田海峰等，2014；唐韵等，2017）。在性腺分化的关键时期，外源性激素暴露会影响两栖动物的性腺发育，例如，雄性激素二氢睾酮（dihydrotestosterone，DHT）的暴露能够使两栖动物的雌性个体雄性化，这表明性激素在性腺分化过程中起到了关键性作用（Nakamura，2013）。不同性激素对同一物种的性腺影响不尽相同，同一种性激素对不同物种的影响也存在差异，且受剂量影响（Piprek et al.，2012；Tamschick et al.，2016）。

已有的研究表明，温度或外源性激素诱发的性逆转与类固醇合成酶的活性有关。例如，当高温暴露诱导欧非肋突螈雌性蝌蚪向雄性发育逆转时，*Cyp19* 表达水平同时下降，且在促雌性化温度下比促雄性化温度下高；当向雌性蝌蚪注射睾酮后，*Cyp17* 的表达水平升高，而在高浓度雌二醇环境下，*Cyp19* 的表达受到一定抑制（Nakamura，2010）。自然状态下，在性腺未分化前，蝌蚪体内的睾酮和雌二醇等性激素就已经开始合成了，许多类固醇激素合成酶基因，如 *Cyp19*、*Cyp17*、*Cyp11a1*、*StAR*、*HSD3β*、*HSD17β* 等在性别决定前就已经在未分化的性腺中表达（Maruo et al.，2008），且有些基因呈现雌雄性别差异表达，如雄性个体中 *Cyp17* 的表达水平明显高于雌性个体，而 *Cyp19* 的表达水平情况则与之相反（Nakamura，2013；Fujii et al.，2014）。高浓度的 *Cyp19* 抑制剂会诱导热带爪蟾幼体完全的雄性化（Olmstead et al.，2009）。尽管已有的研究表明，*Dax1*、*Sf1*、*Foxl2*、*Sox3* 可能均参与芳香化酶基因 *Cyp17* 和 *Cyp19* 的表达（Maruo et al.，2008），但它们之间的相互作用还需要进一步证实。

第四节　其他水产养殖动物的性别决定和分化的机制

7.4.1　虾、蟹的性别决定和分化

除了主要具有的 GSD 和 ESD 性别决定机制外，甲壳动物特有的内分泌腺——促雄性腺也在虾、蟹的性别决定和分化中扮演着重要的角色（张银等，2018）。

由于虾、蟹的染色体数目较多且形态较小，采用传统核型分析很难鉴定其性染色体类型。研究人员早期采用性逆转和杂交或三倍体诱导等方法，后期采用性别连锁分子标记和遗传图谱的方法来确定虾、蟹的性染色体类型。虾、蟹的性染色体类型主要包括 XX/XY 型、ZZ/ZW 型及它们的衍生型。例如，日本绒螯蟹（*Eriocheir japonicus*）、绒毛近方蟹（*Hemigrapsus penicillatus*）、安

氏钩虾（*Anisogammarus annandalei*）等为XX/XY型，而罗氏沼虾（*Macrobrachium rosenbergii*）、凡纳滨对虾（*Litopenaeus vannamei*）、日本对虾（*Penaeus japonicus*）、斑节对虾（*Penaeus monodon*）、中华绒螯蟹（*Eriocheir sinensis*）、拟穴青蟹（*Scylla paramamosain*）等为ZZ/ZW型。此外，锯齿长臂虾（*Palaemon serratus*）和首颈刺铠虾（*Cervimunida princeps*）分别为X1X1X2X2/X1X2Y和X1X2Y/XX衍生型，细点圆趾蟹（*Ovalipes punctatus*）和春蟹（*Potamon fluviatile*）为XO/XX衍生型（张银等，2018）。有趣的是，由于蛤虾（*Eulimnadia texana*）存在雌雄同体的个体，其雄性个体拥有ZZ性染色体，雌雄同体的个体拥有ZW或WW性染色体（Baldwin-Brown et al.，2017）。

由于虾、蟹受精繁殖本身的特殊性，目前在鱼类已广泛运用的基因编辑等研究基因功能的方法还难以应用于虾、蟹中，因此其性别主效开关基因尚未鉴定。但通过同源基因克隆或转录组分析，研究者已经从不同虾、蟹中克隆鉴定了一批调控性别决定和分化的候选基因，包括脊椎动物性别级联调控通路中的*Dmrt1*、*Foxl2*、*Sox9*等，以及无脊椎动物模式生物果蝇和线虫的性别决定和分化通路中的*Sxl*、*Tra-2*、*Fem-1*等的同源基因，分析了它们在性腺中的表达谱，并采用RNA干扰的方法证实了它们在性腺发育中的作用。例如，人们从中华绒螯蟹中鉴定了在精巢中特异表达的*Dmrt-like*基因，当敲降其表达时可以抑制中华绒螯蟹精巢的发育（Zhang and Qiu，2010；Kato et al.，2013）。人们采用RNA干扰的方法在罗氏沼虾和中国对虾分别敲降了*Dmrt11E*和*Dsx*的表达水平，能显著降低促雄性激素（insulin-like AG hormone）基因*Agh*的表达（Yu et al.，2014；Li et al.，2018）。人们在东方多刺龙虾（*Sagmariasus verreauxi*）中鉴定了第一个Y染色体连锁的*Dmrt*基因*iDmy*，与日本青鳉*Dmy*相似，它也是常染色体*iDmrt1*基因的一个截短拷贝，可能通过显性负调控抑制*iDmrt1*基因的功能而发挥性别决定的作用（Chandler et al.，2017）。

甲壳动物的输精管或精巢附近具有其特有的一个内分泌腺——促雄性腺，能分泌促雄性激素AGH。摘除雄性个体的促雄性腺，将引起它雌性化；将其移植入雌性个体中，则导致受体雄性化（Ventura and Sagi，2012）。人们已在罗氏沼虾、拟穴青蟹等多种虾、蟹中鉴定了*Agh*基因，并且干扰其表达导致精巢发育受阻或是性反转（Ventura et al.，2009）。此外，摘除眼柄能促进AGH分泌和精巢发育，其作用可能是眼柄中的X器官——窦腺复合体分泌的性腺抑制激素GIH（gonad inhibiting hormone）和蜕壳抑制激素MIH（moltinginhibiting hormone）通过内分泌调控轴调控精巢发育（Chandler et al.，2016）。

与脊椎动物相比，虾、蟹的性别决定和分化更易受温度、光照周期、盐度及性激素等外界环境的影响（Wu and Xiang，2002；张银等，2018）。提高或降低培育中国对虾等的受精卵或亲虾的水温，会导致子代性别比例发生明显改变，甚至产生单一性别的子代；光照周期可能通过影响神经分泌细胞的分泌活动进而影响虾、蟹的生殖和性别；而盐度可能通过影响血淋巴中的性激素浓度进而影响性腺分化。甲基睾酮和雌二醇等脊椎动物性激素的暴露对甲壳动物的性腺发育有影响，但不影响其性别比例，而其促雄性腺提取物在很低浓度及剂量的情况下就可以引起虾、蟹动物性反转（刘红等，2006）。

7.4.2 贝类的性别决定和分化

到目前为止，研究者只在少数贝类中发现了异形性染色体，如中国圆田螺（*Cipangopaludina chinensis*）、中华圆田螺（*Cipangopaludina cathayensis*）等为XX/XY型（蔡岩等，2014）。

由于贝类种类繁多、繁殖和性别发育方式各异，研究者目前对贝类的性别决定和分化相关分子机制仍知之甚少。总的说来，贝类的性别决定机制也分为GSD和ESD两种。在GSD机制下，*dmrt-like*（*dml*）、*sox9*、*foxl2*、*SoxH*等基因参与了贝类的性别决定和分化，且温度、激素等因素也影响着贝类的性别决定和分化（Zhang et al.，2014；Song et al.，2017；周丽青等，2020）。周丽青等（2020）详细总结了主要经济双壳贝类的性别分化分子机制研究的主要进展。

目前研究者对太平洋牡蛎（*Crassostrea gigas*）的性腺发育和性别分化的研究开展得最多。研究者早期对性腺中性激素含量的测定，证实太平洋牡蛎性腺中也可合成雌性激素（Matsumoto et al.，1997）；发现太平洋牡蛎的*dml*和*foxl2*在雌雄性腺中也呈现性别二态型表达，且太平洋牡蛎性腺中存在一个天然的*foxl2*的反义转录本*Foxl2os*（Naimi et al.，2009；Santerre et al.，2012）。Santerre等发现在受精后28d升高幼体培育温度会导致其性别向雄性方向发育，且*dml*、*SoxE*、*β-catenin*、*foxl2*等表达水平也随之改变，进而提出太平洋牡蛎的性别是GSD+TSD的混合性别决定系统（Santerre et al.，2013）。

随着测序技术的发展，张国范等解析了太平洋牡蛎的全基因组信息，并揭示了牡蛎适应潮间带极端环境和贝壳生物矿化机制（Zhang et al.，2014）。在此基础上，研究者开展了性腺的转录组等分析，鉴定了一批包括*SoxH*或*Sry-like*、*Sox9*等在内的雌雄特异或差异表达的基因，认为*SoxH*可能是一个新的主要雄性性腺决定因子（Dheilly et al.，2012；Zhang et al，2014），发现神经递质相关的基因在与雌性性腺发育相关的基因中显著富集（Yue et al，2018）。同样，人们通过同源基因克隆和转录组等分析方法，在虾夷扇贝、马氏珠母贝、黑唇珠母贝（*P. margaritifera*）中鉴定了*Dmrt*、*Sox*和*Fox*基因家族的同源基因，并证实它们具有雌雄性腺差异表达的特征（于非非等，2009和2016；Teaniniuraitemoana et al.，2014和2015；Li et al.，2016和2018；Yang et al.，2016；Wang et al.，2018；Zhou et al.，2019）。在基因功能分析方面，人们采用RNA干扰或抗体阻断技术证实了*vasa-like*基因和TGF-β蛋白在太平洋牡蛎生殖细胞发育中的作用（Fabioux et al.，2009；Corporeau et al.，2011）。

贝类的性别决定和分化也受到很多环境生态因素的影响。营养丰富有利于僧帽牡蛎（*Saccostrea cucullata*）发育为雌性个体，而当营养缺乏时，雌性个体会经雌雄同体转变为雄性个体；而在珠母贝中的情形与之相反。牡蛎、马氏珠母贝、贻贝（*Mytilus edulis*）等贝类都被报道了性别受水温影响的现象。此外，僧帽牡蛎和马氏珠母贝的性别还受群体性别构成的影响。如将雌性僧帽牡蛎单独放养在水槽中，它们有慢慢变成雌雄同体的倾向，乃至转变成雄性（于非非等，2007）。

7.4.3　棘皮动物的性别决定和分化

棘皮动物门的海胆纲和海参纲的很多种类是重要的养殖动物，并且海胆是研究胚胎学和发育生物学的模式生物之一。早在20世纪初，一些学者就开始对海胆等棘皮动物进行核型分析，但关于它们是否具有性染色体的研究鲜有报道。Colombera认为棘皮动物没有可区分的性染色体（Colombera，1977），直到Lipani在拟球海胆（*Paracentrotus lividus*）中观察到异型性染色体，并根据带型分析提出其性别决定机制属于XX/XY型（Lipani，1996）。此外，研究人员还在马粪海胆（*Hemicentrotus pulcherrimus*）、紫海胆（*Strongylocentrotus purpuratus*）、绿海胆（*S. droebachiensis*）中也观察到了异型染色体的存在（常亚青等，2006；Eno et al.，2009）。

大多数棘皮动物不具有性别二态型，因此无法从外观上判断它们的性别。一些棘皮动物是雌雄同体的，如卵板步锚参（*Patinapta ooplax*）（Kubota，2000）；或在雌雄异体的群体中会偶尔出现一些功能型的雌雄同体的个体，且有些群体的性别比例偏离 1：1，如紫海胆和暗色刺参（*Isostichopus fuscus*）等（Gonor，1973）。

关于棘皮动物性别决定和分化的研究较少，才刚刚起步。研究工作主要集中在性腺发育和配子发生（Walker et al.，2013；Zhang et al.，2019）、性腺转录组分析等（Stewart et al.，2015；Gaitán-Espitia et al.，2016；Láruson et al.，2018；Sun et al.，2019）。例如，Sun 等对光棘球海胆（*Mesocentrotus nudus*）的卵巢和精巢进行高通量转录组分析，从中鉴定了一批差异表达的基因，包括在卵巢中高表达的 *foxl2*、*sox3* 和 *wnt4*，以及在精巢中高表达的 *dmrt1* 和 *sox9*，这些结果与脊椎动物中的相似，证实了这些调控性别分化基因功能的进化保守性。值得注意的是，研究者观察到 *amh* 和 *wt1* 在卵巢中的表达量远远高于精巢，与脊椎动物同源基因的性别二态型相反，这暗示它们可能在棘皮动物性别分化中起着不同的作用（Sun et al.，2019）。

第五节　发展趋势和展望

由于遗传信息和基因组资源短缺，过去几十年来水产养殖动物性别决定和分化机制研究进展缓慢。最近，由于高通量测序技术的发展以及测序成本的大幅下降，人们已完成了包括大西洋鳕、尼罗罗非鱼、斑点叉尾鮰、大西洋鲑、虹鳟、半滑舌鳎、鲤、大黄鱼、草鱼、银鲫、太平洋牡蛎、凡纳滨对虾、仿刺参（*Apostichopus japonicus*）等在内的许多重要水产养殖动物的全基因组解析，并为它们所表现出的一些独特的生命现象和适应性进化的研究提供了大数据支撑。这些水产养殖动物基因组和转录组的大数据信息及比较系统学方法，尤其是单细胞测序技术及转录组、表观组和蛋白质组等多组学联合分析等方法，将极大地推进水产养殖动物性别决定遗传基础研究的节奏。此外，CRISPR（clustered regularly interspaced short palindromic repeats）/Cas9（CRISPR-associated 9）等基因编辑技术已开始在养殖鱼类中运用，使得在体基因功能分析成为可能。可以预期，一个关于水产养殖动物性别决定和分化遗传基础的研究时代正在到来。未来研究重点包括如下几点。

（1）发展新型测序技术，以克服性染色体的高度特化、具有高比率重复序列的特征导致的测序和组装困难，研究不同类型的性染色体演化。

（2）重点关注表观遗传调控，以解析性别转换的分子机制及 GSD 和 ESD 的互换分子机制。

（3）在更多水产养殖动物中应用基因组编辑技术，鉴定性别决定和分化基因，解析它们的调控网络。

（4）解析性别异形的遗传基础，鉴定可以用于性别控制育种的关键基因，发展新型性别控制育种技术。

（周莉，李熙银，汪洋，桂建芳）

复习思考题

1. 简述水产动物性别决定和分化机制的多样性。

2. 以*DMRT1*基因为例，阐述性别决定和性腺分化相关基因的进化。
3. 如何研究一个与性别决定和性腺分化相关基因的功能？

主要参考文献

包海声，蔡晗，韩伟，等. 2017. *Cyp19a1*基因在中华鳖早期卵巢分化中的功能研究. 中国科学：生命科学，47：640-649.

蔡晗，孙伟，刘豪彬，等. 2016. 中华鳖*Amh*基因的克隆、表达及在雄性分化中的功能初探. 中国科学：生命科学，46：1423-1433.

蔡岩，周永灿，冯永勤，等. 2014. 中国贝类染色体研究现状与进展. 热带生物学报，5：297-306.

常亚青，曹洁，张彦娇，等. 2006. 马粪海胆的染色体制备及组型分析. 大连水产学院学报，21：247-250.

陈贞年，王晓清. 2019. 龟鳖类的性别决定机制研究进展. 水产学杂志，32：61-66.

丹成，王达，桂建芳. 2014. 黄颡鱼性别连锁标记 Pf62-Y 的染色体定位. 水生生物学报，38：184-186.

高丽丽，刁晓明，李云，等. 2018. 中华鳖性别决定中主导性因素的研究进展及思考. 生物技术通报，34：41-49.

桂建芳等. 2007. 鱼类性别和生殖的遗传基础及其人工控制. 北京：科学出版社.

郭超文，聂刘旺，汪鸣. 1995. 中国四种龟的细胞遗传研究. 遗传学报，22：40-45.

郭超文，聂刘旺，汪鸣. 1998. 中国水龟类的核型与银带带型研究. 水生生物学报，22：314-318.

李英文，林浩然. 1994. 鱼类性转变研究的进展. 水产学报，18：344-352.

刘红，蔡生力，张成锋，等. 2006. 注射中华绒螯蟹及锯缘青蟹促雄性腺提取物对中华绒螯蟹雌蟹雄性化的影响. 水产学报，30：577-585.

刘佳，忻怡，张育辉. 2011. 两栖动物性别决定相关基因的研究进展. 动物学杂志，46：134 -140.

孙伟，史思瑞，蔡晗，等. 2015. 中华鳖*Dmrt1*基因在雄性性别分化中的功能分析. 中国科学：生命科学，45：881-889.

唐韵，胡英超，郑乐舟，等. 2017. 两栖动物的性别决定和分化. 生态学杂志，36：2650-2657.

田海峰，孟彦，胡乔木，等. 2014. 两栖动物的性别决定研究新进展. 四川动物，33：772-777.

吴芮封，徐小曼，周琦. 2019. 性别决定机制和性染色体的演化. 中国科学：生命科学，49：403-420.

于非非，桂建芳，周莉，等. 2009. 马氏珠母贝*Dmrt5*基因的克隆及时序表达模式分析. 33：844-850.

于非非，王梅芳，桂建芳，等. 2016. 马氏珠母贝*Sox11*基因的克隆及时序表达模式分析. 水生生物学报，40：71-75.

于非非，余祥勇，王梅芳，等. 2007. 双壳类的性转换现象及其机理探讨. 水生生物学报，31：576-580.

昝瑞光，1980. 滇池两种类型鲫鱼的性染色体和C-带核型研究. 遗传学报，9：32-39.

张一，张海艳，张辉皇，等. 2016. *Dmrt1*基因在红耳龟温度依赖型性别决定中的功能研究. 中国科学：生命科学，46：735-743.

张银，林帆，石西，等. 2018. 虾蟹动物性别决定和分化机制研究现状与展望. 汕头大学学报（自然科学版），33：3-13.

周丽青，赵丹，吴宙，等. 2020. 主要经济双壳贝类性别分化的分子机制概述. 渔业科学进展，2020，41：1-7.

朱传炳，王瑛. 2006. 牛蛙（*Rana catesbeiana*）染色体研究. 激光生物学报，15：305-307.

朱新平，陈永乐，魏成清，等. 2006. 温度对黄喉拟水龟性别决定的影响. 生态学报，26：620- 625.

Allsop DJ，West SA. 2003. Changing sex at the same relative body size. Nature，425：783-784.

Anderson JL，Rodriguez Mari A，Braasch I，et al. 2012. Multiple sex-associated regions and a putative sex chromosome in zebrafish revealed by RAD mapping and population genomics. PLoS One，7：e40701.

Bachtrog D，Mank JE，Peichel CL，et al. 2014. Sex determination：why so many ways of doing it. PLoS Biol，12：e1001899.

Baldwin-Brown JG，Weeks SC，Long AD. 2017. A new standard for crustacean genomes：the highly contiguous，annotated genome assembly of the clam shrimp *Eulimnadia texana* reveals HOX gene order and identifies the sex chromosome. Genome Biol Evol，10：143- 56.

Baroiller JF，D'Cotta H，Saillant E. 2009. Environmental effects on fish sex determination and differentiation. Sex Dev，3：118-135.

Barrionuevo F，Bagheri-Fam S，Klattig Jr，et al. 2006. Homozygous inactivation of Sox9 causes complete XY sex reversal in mice. Biol Reprod，74：195-201.

Becak W，Becak ML，Nazareth HR. 1962. Karyotypic studies of two species of South American snakes *Boa constrictor amarali* and *Bothrops jararaca*. Cytogenetics，16：305-313.

Bell G. 1982. The masterpiece of nature：the evolution and genetics of sexuality. Berkeley：The University of California Press.

Bertho S，Herpin A，Branthonne A，et al. 2018. The unusual rainbow trout sex determination gene hijacked the canonical vertebrate gonadal differentiation pathway. Proc Natl Acad Sci USA，115：12781-12786.

Bewick AJ，Chain FJJ，Zimmerman LB，et al. 2013. A large pseudoautosomal region on the sex chromosomes of the frog *Silurana tropicalis*. Genome Biol Evol，56：1087-1098.

Brown EE，Baumann H，Conover DO. 2014. Temperature and photoperiod effects on sex determination in a fish. J Exp Mar Biol Ecol，461：39-43.

Bull JJ，Vogt RC. 1979. Temperature-dependent sex determination in turtles. Science，206：1186-1188.

Bull JJ，Vogt RC. 1981. Temperature-sensitive periods of sex determination in emydid turtles. J Exp Zool，218：435-440.

Bullough WS. 1947. Hermaphroditism in the lower vertebrates. Nature，160：9-11.

Camacho JPM，Schmid M，Cabrero J. 2011. B chromosomes and sex in animals. Sex Dev，5：155-166.

Capel B. 2017. Vertebrate sex determination：evolutionary plasticity of a fundamental switch. Nat Rev Genet，18：675-689.

Carré GA，Siggers P，Xipolita M，et al. 2018. Loss of p300 and CBP disrupts histone acetylation at the mouse Sry promoter and causes XY gonadal sex reversal. Hum Mol Genet，27：190-198.

Chaboissier MC，Kobayashi A，Vidal VIP，et al. 2004. Functional analysis of Sox8 and Sox9 during sex determination in the mouse. Development，131：1891-1901.

Chamier M. 1966. Action de la temperature sur la sex-ratio chez l'embryon d'Agama agama Agamirkle，Lacertilied. CR Sot Biol Paris，160：620-622.

Chandler JC，Aizen J，Fitzgibbon QP，et al. 2016. Applying the power of transcriptomics：understanding male sexual development indecapod crustacea. Integr Comp Biol，56：1144-1156.

Chandler JC，Fitzgibbon QP，Smith G，et al. 2017. Y-linked iDmrt1 paralogue（iDMY）in the Eastern spiny lobster，

Sagmariasus verreauxi：the first invertebrate sex-linked Dmrt. Dev Biol，430：337-345.

Chen J，Xiao L，Peng C，et al. 2019. Socially controlled male-to-female sex reversal in the protogynous orange-spotted grouper，*Epinephelus coioides*. J Fish Biol，94：414-421.

Chen S，Zhang G，Shao C，et al. 2014. Whole-genome sequence of a flatfish provides insights into ZW sex chromosome evolution and adaptation to a benthic lifestyle. Nature Genet，46：253-260.

Chen X，Wang Z，Tang S，et al. 2017. Genome-wide mapping of DNA methylation in Nile tilapia. Hydrobiologia，791：247-257.

Cioffi MB，Bertollo LAC. 2010. Initial steps in XY chromosome differentiation in *Hoplias malabaricus* and the origin of an X1X2Y sex chromosome system in this fish group. Heredity，105：554.

Colombera D. 1977. Chromosomes and DNA in the evolution of echinoderms. Biol zbl，96：43-49.

Corporeau C，Groisillier A，Jeudy A，et al. 2011. A functional study of transforming growth factor-Beta from the gonad of Pacific oyster *Crassostrea gigas*. Mar Biotechnol，13：971-980.

Cortez D，Marin R，Toledo-Flores D，et al. 2014. Origins and functional evolution of Y chromosomes across mammals. Nature，508：488-493.

Crews D，Lou W，Fleming A，et al. 2006. From gene networks underlying sex determination and gonadal differentiation to the development of neural networks regulating sociosexual behavior. Brain Res，1126：109-121.

Cui ZK，Liu Y，Wang WW，et al. 2017. Genome editing reveals *dmrt1* as an essential male sex-determining gene in Chinese tongue sole *Cynoglossus semilaevis*. Sci Rep，7：42213.

Czerwinski M，Natarajan A，Barske L，et al. 2016. A timecourse analysis of systemic and gonadal effects of temperature on sexual development of the red-eared slider turtle *Trachemys scripta elegans*. Dev Biol，420：166-177.

Dan C，Lin Q，Gong G，et al. 2018. A novel PDZ domain-containing gene is essential for male sex differentiation and maintenance in yellow catfish *Pelteobagrus fulvidraco*. Sci Bull，63：1420-1430.

de Oliveira RR，Feldberg E，dos Anjos MB，et al. 2007. Occurrence of multiple sexual chromosomes XX/XY1Y2 and Z1Z1Z2Z2/Z1Z2W1W2 in catfishes of the genus *Ancistrus Siluriformes*：Loricariidae from the Amazon basin. Genetica，134：243-249.

Devlin RH，Nagahama Y. 2002. Sex determination and sex differentiation in fish：an overview of genetic，physiological，and environmental influences. Aquaculture，208：191-364.

Dheilly NM，Lelong C，Huvet A，et al. 2012. Gametogenesis in the Pacific oyster *Crassostrea gigas*：A microarrays-based analysis identifies sex and stage specific genes. PLoS one，7：e36353.

Díaz N，Piferrer F. 2015. Lasting effects of early exposure to temperature on the gonadal transcriptome at the time of sex differentiation in the European sea bass，a fsh with mixed genetic and environmental sex determination. BMC Genomics，16：679.

Domingos JA，Budd AM，Banh QQ，et al. 2018. Sex-specifc *dmrt1* and *cyp19a1* methylation and alternative splicing in gonads of the protandrous hermaphrodite barramundi. PLoS One，13：e0204182.

Eggert C. 2004. Sex determination：the amphibian models. Reprod Nutr Dev，44：539-549.

Eno CC，Böttger SA，Walker CW. 2009. Methods for karyotyping and for localization of developmentally relevant genes on the chromosomes of the purple sea urchin，*Strongylocentrotus purpuratus*. Biol Bull，217：306-312.

Fabioux C，Corporeau C，Quillien V，et al. 2009. *In vivo* RNA interference in oyster-vasa silencing inhibits germ cell development. FEBS J，276：2566-2573.

Ferro JM，Cardozo DE，Suárez P，et al. 2018. Chromosome evolution in Cophomantini（Amphibia，Anura，Hylinae）. PLoS One，13：e0192861.

Fujii J，Kodama M，Oike A，et al. 2014. Involvement of androgen receptor in sex determination in an amphibian species. PLoS One，9：e93655.

Gaitán-Espitia JD，Sánchez R，Bruning P，et al. 2016. Functional insights into the testis transcriptome of the edible sea urchin *Loxechinus albus*. Sci Rep，6：36516.

Gamble T，Coryell J，Ezaz T，et al. 2015. Restriction site-associated DNA sequencing RAD-seq reveals an extraordinary number of transitions among gecko sex-determining systems. Mol Biol Evol，32：1296-1309.

Gao FX，Shi Y，Duan W，et al. 2020. A rapid and reliable method for identifying genetic sex in obscure pufferfish *Takifugu obscurus*. Aquaculture，519：734749.

Ge C，Ye J，Weber C，et al. 2018. The histone demethylase KDM6B regulates temperature-dependent sex determination in a turtle species. Science，360：645-648.

Ge C，Ye J，Zhang H，et al. 2017. Dmrt1 induces the male pathway in a turtle species with temperature-dependent sex determination. Development，144：2222-2233.

Ghiselin MT. 1969. The evolution of hermaphroditism among animals. Q Rev Biol，44：189-208.

Godwin J. 2010. Neuroendocrinology of sexual plasticity in teleost fshes. Front Neuroendocrinol，31：203-216.

Gonen N，Futtner CR，Wood S，et al. 2018. Sex reversal following deletion of a single distal enhancer of Sox9. Science，360：1469-1473.

Gonor JJ. 1973. Sex ratio and hermaphroditism in oregon intertidal populations of the Echinoid *Strongylocentrotus purpuratus*. Mar Biol，19：278-280.

Graham P，Penn JKM，Schedl P. 2003. Masters change，slaves remain. BioEssays，25：1-4.

Green DM. 1988. Cytogenetics of the endemic New Zealand frog，*Leiopelma hochstetteri*：extraordinary supernumerary chromosome variation and a unique sex-chromosome system. Chromosoma，97：55-70.

Gui JF，Zhou L. 2010. Genetic basis and breeding application of clonal diversity and dual reproduction modes in polyploid *Carassius auratus gibelio*. Sci China Life Sci，53：409-415.

Haselman JT，Olmstead AW，Degitz SJ. 2015. Global gene expression during early differentiation of Xenopus *Silurana tropicalis* gonad tissues. Gen Comp Endocr，214：103-113.

Hattori RS，Murai Y，Oura M，et al. 2012. A Y-linked anti-Mullerian hormone duplication takes over a critical role in sex determination. Proc Natl Acad Sci USA，109：2955-2959.

Holleley CE，O'Meally D，Sarre SD，et al. 2015. Sex reversal triggers the rapid transition from genetic to temperature-dependent sex. Nature，523：79-82.

Huang W，Zhou L，Li Z，et al. 2009. Expression pattern，cellular localization and promoter activity analysis of ovarian aromatase *Cyp19a1a* in protogynous hermaphrodite red-spotted grouper. Mol Cell Endocrinol，307：224-236.

Ieda R，Hosoya S，Tajima S，et al. 2018. Identification of the sex-determining locus in grass puffer *Takifugu niphobles* provides evidence for sex-chromosome turnover in a subset of *Takifugu* species. PLoS One，13：e0190635.

Janzen FJ，Phillips PC. 2006. Exploring the evolution of environmental sex determination，especially in reptiles. J

Evol Biol，19：1775-1784.

Jiang DN，Yang HH，Li MH，et al. 2016. *Gsdf* is a downstream gene of *dmrt1* that functions in the male sex determination pathway of the Nile tilapia. Mol Reprod Dev，83：497-508.

Jonas von Hofsten，Per-Erik Olsson. 2005. Zebrafish sex determination and differentiation：Involvement of FTZ-F1 genes. Reprod Biol Endocrinol，3：63.

Just W，Baumstark A，Süss A，et al. 2007. *Ellobius lutescens*：sex determination and sex chromosome. Sex Dev，14：211-221.

Kamiya T，Kai W，Tasumi S，et al. 2012. A trans-species missense SNP in *amhr2* is associated with sex determination in the tiger pufferfish，*Takifugu rubripes*（Fugu）. PLoS Genet，8：e1002798.

Kato H，Izumi K，Saito T，Ohnuki H，et al. 2013. Distinct expression patterns and roles of aldehyde dehydrogenases in normal oral mucosa keratinocytes：differential inhibitory effects of a pharmacological inhibitor and RNAi-mediated knockdown on cellular phenotype and epithelial morphology. Histochem Cell Biol，139：847-862.

Kawagoshi T，Uno Y，Matsubara K，et al. 2009. The ZW micro-sex chromosomes of the Chinese soft-shelled turtle（*Pelodiscus sinensis*，Trionychidae，Testudines）have the same origin as chicken chromosome 15. Cytogenet Genome Res，125：125-131.

Kawai A，Nishida C，Ishijima J，et al. 2007. Different origins of bird and reptile sex chromosomes inferred from comparative mapping of chicken Z-linked genes. Cytogenet Genome Res，117：92- 102.

Kim Y，Kobayashi A，Sekido R，et al. 2006. Fgf9 and Wnt4 act as antagonistic signals to regulate mammalian sex determination. PLoS Biol，4：e187.

Kitano J，Peichel CL. 2012. Turnover of sex chromosomes and speciation in fishes. Environ Biol Fishes，94：549-558.

Kitano J，Ross J A，Mori S，et al. 2009. A role for a neo-sex chromosome in stickleback speciation. Nature，461：1079-1083.

Koopman P，Gubbay J，Vivian N，et al. 1991. Male development of chromosomally female mice transgenic for *Sry*. Nature，351：117-121.

Kubota T. 2000. Reproduction in the apodid sea cucumber *Patinapta ooplax*：Semilunar spawning cycle and sex change. Zoolog Sci，171：75-81.

Kuroki S，Matoba S，Akiyoshi M，et al. 2013. Epigenetic regulation of mouse sex determination by the histone demethylase *Jmjd1a*. Science，341：1106-1109.

Láruson ÁJ，Coppard SE，Pespeni MH，et al. 2018. Gene expression across tissues，sex，and life stages in the sea urchin *Tripneustes gratilla*（Toxopneustidae，Odontophora，Camarodonta）. Mar Genomics，41：12-18.

Li MH，Sun YL，Zhao JE，et al. 2015. A tandem duplicate of anti-mullerian hormone with a missense SNP on the Y chromosome is essential for male sex determination in nile tilapia，*Oreochromis niloticus*. PLoS Genet，11：e1005678.

Li RJ，Zhang LL，Li WR，et al. 2018. *FOXL2* and *DMRT1L* are Yin and Yang genes for determining timing of sex differentiation in the bivalve mollusk *Patinopecten yessoensis*. Front Physiol，9：01166.

Li SH，Li FH，Yu KJ et al. 2018. Identification and characterization of a doublesex gene which regulates the expression of insulin-like androgenic gland hormone in *Fenneropenaeus chinensis*. Gene，649：1-7.

Li XY，Gui JF. 2018. Diverse and variable sex determination mechanisms in vertebrates. Sci China Life Sci，61：1503-1514.

Li XY，Liu XL，Ding M，et al. 2017. A novel male-specific SET domain-containing gene setdm identified from extra microchromosomes of gibel carp males. Sci Bull，62：528-536.

Li XY，Liu XL，Zhu YJ，et al. 2018. Origin and transition of sex determination mechanisms in a gynogenetic hexaploid fish. Heredity，121：64-74.

Li XY，Zhang QY，Li Z，et al. 2016. Extra microchromosomes play male determination role in polyploid gibel carp. Genetics，203：1415-1424.

Li YP，Zhang LL，Sun Y，et al. 2016. Transcriptome sequencing and comparative analysis of ovary and testis identifies potential key sex-related genes and pathways in scallop *Patinopecten yessoensis*. Mar Biotechnol，18：453-465.

Liew WC，Bartfai R，Lim Z，et al. 2012. Polygenic sex determination system in zebrafish. PLoS One，7：e34397.

Lipani C. 1996. Karyotype analysis of the sea urchin *Paracentrotus lividus* Echinodermata：evidence for a heteromorphic chromosome sex mechanism. Mar Biol，127：67-72.

Literman R，Badenhorst D，Valenzuela N，et al. 2014. qPCR-based molecular sexing by copy number variation in rRNA genes and its utility for sex identification in soft-shell turtles. Methods Ecol Evol，5：872-880.

Liu CK. 1944. Rudimentary hermaphroditism in the symbranchoid eel，*Monopterus javanensis*. Sinensia，15：1-8.

Liu H，Todd EV，Lokman PM，et al. 2017. Sexual plasticity：a fishy tale. Mol Reprod Dev，84：171-194.

Liu XL，Jiang FF，Wang ZW，et al. 2017a. Wider geographic distribution and higher diversity of hexaploids than tetraploids in *Carassius* species complex reveal recurrent polyploidy effects on adaptive evolution. Sci Rep，7：5395.

Liu XL，Li XY，Jiang FF，et al. 2017b. Numerous mtDNA haplotypes reveal multiple independent polyploidy origins of hexaploids in *Carassius* species complex. Ecol Evol，7：10604-10615.

Mackiewicz M，Tatarenkov A，Perry A，et al. 2006b. Microsatellite documentation of male-mediated outcrossing between inbred laboratory strains of the self-fertilizing mangrove killifish *Kryptolebias Marmoratus*. J Hered，97：508-513.

Mackiewicz M，Tatarenkov A，Taylor DS，et al. 2006c. Extensive outcrossing and androdioecy in a vertebrate species that otherwise reproduces as a self-fertilizing hermaphrodite. Proc Natl Acad Sci USA，103：9924-9928.

Mackiewicz M，Tatarenkov A，Turner BJ，et al. 2006a. A mixed-mating strategy in a hermaphroditic vertebra. Proc Biol Sci，273：2449-2452.

Martis MM，Klemme S，Banaei-Moghaddam AM，et al. 2012. Selfish supernumerary chromosome reveals its origin as a mosaic of host genome and organellar sequences. Proc Natl Acad Sci USA，109：13343-13346.

Maruo K，Suda M，Yokoyama S，et al. 2008. Steroidogenic gene expression during sex determination in the frog *Rana rugosa*. Gen Comp Endocr，158：87-94.

Matson CK，Zarkower D. 2012. Sex and the singular DM domain：insights into sexual regulation，evolution and plasticity. Nat Rev Genet，13：163-174.

Matsubara K，Tarui H，Toriba M，et al. 2006. Evidence for different origin of sex chromosomes in snakes，birds，and mammals and step-wise differentiation of snake sex chromosomes. Proc Natl Acad Sci USA，103：18190-18195.

Matsuda M，Nagahama Y，Shinomiya A，et al. 2002. DMY is a Y-specific DM-domain gene required for male development in the medaka fish. Nature，417：559-563.

Matsuda M. 2005. Sex determination in the teleost medaka，*Oryzias latipes*. Annu Rev Genet，39：293-307.

Matsumoto T，Osada M，Osawa Y，et al. 1997. Gonadal estrogen profile and immunohistochemical localization of steroidogenic enzymes in the oyster and scallop during sexual maturation. Comp Biochem Physiol B，118：811-817.

Matsumoto Y，Crews D. 2012. Molecular mechanisms of temperature-dependent sex determination in the context of ecological developmental biology. Mol Cell Endocrinol，354：103-110.

Mawaribuchi S，Yoshimoto S，Ohashi S，et al. 2012. Molecular evolution of vertebrate sex-determining genes. Chromosome Res，20：139-151.

Mei J，Gui JF. 2015. Genetic basis and biotechnological manipulation of sexual dimorphism and sex determination in fish. Sci China Life Sci 58：124-136.

Mitchell NJ，Nelson NJ，Cree A，et al. 2006. Support for a rare pattern of temperature-dependent sex determination in archaic reptiles：evidence from two species of tuatara Sphenodon. Front Zool，3：1-12.

Miura I，Kitamoto H，Koizumi Y，et al. 2011. An X-linked body color gene of the frog *Rana rugosa* and its application to the molecular analysis of gonadal sex differentiation. Sex Dev，55：250-258.

Miura I. 2007. An evolutionary witness：the frog *Rana rugosa* underwent change of heterogametic sex from XY Male to ZW Female. Sex Dev，1：323-331.

Myosho T，Otake H，Masuyama H，et al. 2012. Tracing the emergence of a novel sex-determining gene in medaka，*Oryzias luzonensis*. Genetics，191：163-170.

Naimi A，Martinez AS，Specq ML，et al. 2009. Identification and expression of a factor of the DM family in the oyster *Crassostrea gigas*. Comp Biochem Physiol，152：189-196.

Nakamura M. 2009. Sex determination in amphibians. Semin Cell Dev Biol，203：271-282.

Nakamura M. 2010. The mechanism of sex determination in vertebrates：are sex steroids the key-factor. J Exp Zool A Ecol Genet Physiol，313：381-398.

Nakamura M. 2013. Is a sex-determining gene necessary for sex-determination in amphibians? Steroid hormones may be the key factor. Sex Dev，7：104-114.

Navarro-Martín L，Viñas J，Ribas L，et al. 2011. DNA methylation of the gonadal aromatase *cyp19a* promoter is involved in temperature-dependent sex ratio shifts in the European sea bass. PLoS Genet，7：e1002447.

Ogata M，Hasegawa Y，Ohtani H，et al. 2007. The ZZ/ZW sex-determining mechanism originated twice and independently during evolution of the frog，*Rana rugosa*. Heredity，100：92.

Olmstead AW，Kosian PA，Korte JJ，et al. 2009. Sex reversal of the Amphibian，*Xenopus tropicalis*，following larval exposure to an aromatase inhibitor. Aquat Toxicol，91：143-150.

Ortega-Recalde O，Goikoetxea A，Hore TA，et al. 2020. The genetics and epigenetics of sex change in fish. Annu Rev Anim Biosci，8：47-69.

Ospina-Alvarez N，Piferrer F. 2008. Temperature-dependent sex determination in fish revisited：prevalence，a single sex ratio response pattern，and possible effects of climate change. PLoS One，3：e2837.

Paukstis GL，Gutzke WHN，Packard GC. 1984. Effects of substrate water potential and fluctuating temperatures on sex ratios of hatchling painted turtles *Chrysemys picta*. Can J Zool，62：1491-1494.

Pennell MW，Mank JE，Peichel CL. 2018. Transitions in sex determination and sex chromosomes across vertebrate species. Mol Ecol，27：3950-3963.

Pieau C. 1975. Temperature and sex differentiation in embryos of two chelonians，*Emys orbicularis* L and *Testudo graeca* L. Intersexuality in the Animal Kingdom. Springer Berlin Heidelberg，332-339.

Piferrer F. 2018. Epigenetics of sex determination and differentiation in fsh. ed. Wang HP，Piferrer F，Chen SL. Sex Control in Aquaculture. Chichester UK：John Wiley & Sons：65-83.

Piprek RP，Pecio A，Kubiak JZ，et al. 2012. Differential effects of testosterone and 17 beta-estradiol on gonadal development in five anuran species. Reproduction，144：257-267.

Piprek RP，Pecio A，Laskowska-Kaszub K，et al. 2013. Sexual dimorphism of AMH，DMRT1 and RSPO1 localization in the developing gonads of six anuran species. Int J Dev Biol，57：891-895.

Reichwald K，Petzold A，Koch P，et al. 2015. Insights into sex chromosome evolution and aging from the genome of a short-lived fish. Cell，163：1527-1538.

Rens W，O'Brien PC，Grützner F，et al. 2007. The multiple sex chromosomes of platypus and echidna are not completely identical and several share homology with the avian Z. Genome Biol，8：R243.

Rens，W，Grutzner F，O'Brien PCM，et al. 2004. Resolution and evolution of the duck-billed platypus karyotype with an X1Y1X2Y2X3Y3X4Y4X5Y5 male sex chromosome constitution. Proc Natl Acad Sci USA，101：16257-16261.

Roco ÁS，Olmstead AW，Degitz SJ，et al. 2015. Coexistence of Y，W，and Z sex chromosomes in *Xenopus tropicalis*. Proc Natl Acad Sci USA，112：E4752-E4761.

Rondeau EB，Messmer AM，Sanderson DS，et al. 2013. Genomics of sablefish *Anoplopoma fimbria*：expressed genes，mitochondrial phylogeny，linkage map and identification of a putative sex gene. BMC Genomics，14：452.

Santerre C，Sourdaine P，Marc N，et al. 2013. Oyster sex determination is influenced by temperature：first clues in spat during first gonadic differentiation and gametogenesis. Comp Biochem Physiol A，165：61-69.

Santerre C，Sourdaine P，Martinez AS. 2012. Expression of a natural antisense transcript of *Cg-Foxl2* during the gonadic differentiation of the oyster *Crassostrea gigas*：First demonstration in the gonads of a lophotrochozoa species. Sex Dev，6：210-221.

Sarre SD，Ezaz T，Georges A. 2011. Transitions between sex-determining systems in reptiles and amphibians. Annu Rev Genomics Hum Genet，12：391-406.

Sato Y，Shinka T，Sakamoto K，et al. 2010. The male-determining gene *SRY* is a hybrid of *DGCR8* and *SOX3*，and is regulated by the transcription factor *CP2*. Mol Cell Biochem，337：267-275.

Schartl M. 2004. Sex chromosome evolution in non-mammalian vertebrates. Curr Opin Genet Dev，14：634-641.

Schartl M. 2015. Sex determination by multiple sex chromosomes in *Xenopus tropicalis*. Proc Natl Acad Sci USA，112：10575-10576.

Schmid M，Feichtinge W，Steinlein C，et al. 2002. Chromosome banding in amphibia. Cytogen Genome Res，99：330-343.

Shang EH，Yu RM，Wu RS. 2006. Hypoxia affects sex differentiation and development，leading to a male-dominated population in zebrafish *Danio rerio*. Environ Sci Technol，409：3118-3122.

Shoemaker C，Crews D. 2009. Analyzing the coordinated gene network underlying temperature dependent sex determination in reptiles. Semin Cell Dev Biol，20：293-303.

Shoemaker CM，Queen J，Crews D. 2007. Response of candidate sex determining genes to changes in temperature reveals their involvement in the molecular network underlying temperature dependent sex determination. Mol Endocrinol，21：2750-2763.

Smith CA，Roeszler KN，Ohnesorg T，et al. 2009. The avian Z-linked gene DMRT1 is required for male sex determination in the chicken. Nature，461：267-271.

Song SS，Yu H，Li Q. 2017. Genome survey and characterization of reproduction-related genes in the Pacific oyster. Invertebr Reprod Dev，61：97-109.

Stewart MJ，Stewart P，Rivera-Posada J. 2015. *De novo* assembly of the transcriptome of *Acanthaster planci* testes. Mol Ecol Resour，15：953-966.

Sun ZH，Zhang J，Zhang WJ et al. 2019. Gonadal transcriptomic analysis and identification of candidate sex-related genes in *Mesocentrotus nudus*. Gene，698：72-81.

Sutou S，Mitsui Y，Tsuchiya K. 2001. Sex determination without the Y chromosome in two Japanese rodents *Tokudaia osimensis osimensis* and *Tokudaia osimensis* spp. Mamm Genome，12：17-21.

Swain A，Narvaez V，Burgoyne P，et al. 1998. Dax1 antagonizes Sry action in mammalian sex determination. Nature，391：761-767.

Takehana Y，Matsuda M，Myosho T，et al. 2014. Co-option of Sox3 as the male-determining factor on the Y chromosome in the fish *Oryzias dancena*. Nat Commun，5：4157.

Tamschick S，Rozenblut-Kościsty B，Ogielska M，et al. 2016. Sex reversal assessments reveal different vulnerability to endocrine disruption between deeply diverged anuran lineages．Sci Rep，6：23825.

Teaniniuraitemoana V，Huvet A，Levy P，et al. 2014. Gonad transcriptome analysis of pearl oyster *Pinctada margaritifera*：identification of potential sex differentiation and sex determining genes. BMC Genomics，15：491.

Teaniniuraitemoana V，Huvet A，Levy P，et al. 2015. Molecular signatures discriminating the male and the female sexual pathways in the pearl Oyster *Pinctada margaritifera*. PLoS One，103：e0122819

Tomoki S，Akinobu N. 1993. Sex change in both directions by alteration of social dominance in *Trimma okinawae*（Pisces：Gobiidae）. Ethology，94：339-345.

Tsakogiannis A，Manousaki T，Lagnel J，et al. 2018.The gene toolkit implicated in functional sex in *Sparidae hermaphrodites*：inferences from comparative transcriptomics. Front Genet，9：749.

Vandeputte M，Dupont-Nivet M，Chavanne H，et al. 2007. A polygenic hypothesis for sex determination in the European sea bass *Dicentrarchus labrax*. Genetics，176：1049-1057.

Ventura T，Manor R，Aflalo ED，et al. 2009. Temporal silencing of an androgenic gland-specific insulin-like gene affecting phenotypical gender differences and spermatogenesis. Endocrinology，150：1278-1286.

Ventura T，Sagi A. 2012. The insulin-like androgenic gland hormone in crustaceans：from a single gene silencing to a wide array of sexual manipulation-based biotechnologies. Biotechnol Adv，30：1543-1550.

Vidal VPI，Chaboissier MC，de Rooij DG，et al. 2001. Sox9 induces testis development in XX transgenic mice. Nat Genet，28：216.

Volff JN，Kondo M，Schartl M. 2003. Medaka *dmY/dmrt1Y* is not the universal primary sex-determining gene in fish. Trends Genet，19：196-199.

Walker CW，Lesser MP，Unuma T. 2013. Chapter 3. Sea Urchin Gametogenesis ：Structural，Functional and Molecular/Genomic Biology. ed. John Miller Lawrence. Sea Urchins：Biology and Ecology. 3rd. Amsterdam：

Elsevier: 25-38.

Wallis MC, Waters PD, Delbridge ML, et al. 2008. Sex determination in platypus and echidna: autosomal location of SOX3 confirms the absence of SRY from monotremes. Chromosome Res, 15: 949.

Wang Q, Shi Y, He MX. 2018. Pf-Dmrt4, a potential factor in sexual development in the pearl oyster *Pinctada fucata*. J Oceanol Limn, 366: 2337-2350.

Wang Y, Zhou L, Yao B, et al. 2004. Differential expression of thyroid-stimulating hormone beta subunit in gonads during sex reversal of orange-spotted and red-spotted groupers. Mol Cell Endocrinol, 220: 77-88.

Wang YP, Lu Y, Zhang Y, et al. 2015. The draft genome of the grass carp *Ctenopharyngodon idellus* provides insights into its evolution and vegetarian adaptation. Nat Genet, 47: 962-962.

Warner RR, Fitch DL, Standish JD. 1996. Social control of sex change in the shelf limpet, *Crepidula norrisiarum*: size-specific responses to local group composition. J Exp Mar Biol Ecol, 204: 155-167.

Webb GJ, Smith AM. 1984. Sex ratio and survivorship in the Australian freshwater crocodile *Crocodylus johnstoni*. Symp Zool Soc Lond, 319-355.

Wen AY, You F, Sun P, et al. 2014. CpG methylation of *dmrt1* and *cyp19a* promoters in relation to their sexual dimorphic expression in the Japanese flounder *Paralichthys olivaceus*. J Fish Biol, 84: 193-205.

Wilson CA, High SK. 2014. Wild sex in zebrafish: loss of the natural sex determinant in domesticated strains. Genetics, 198: 1291-1308.

Wittenrich ML, Munday PL. 2005. Bi-directional sex change in coral reef fishes from the family Pseudochromidae: an experimental evaluation. Zoolog Sci, 227: 797-803.

Wu CG, Xiang JH. 2002. Genetic determination and exogenous influence in sex differentiation in crustacean. Dev Reprod Biol, 11: 88-94.

Wu GC, Li HW, Huang CH, et al. 2016. The testis is a primary factor that contributes to epigenetic modifications in the ovaries of the protandrous black porgy, *Acanthopagrus schlegelii*. Biol Reprod, 94: 132.

Xia W, Zhou L, Yao B, et al. 2007. Differential and spermatogenic cell-specifc expression of DMRT1 during sex reversal in protogynous hermaphroditic groupers. Mol Cell Endocrinol, 263: 156-172.

Xu DD, Lou B, Bertollo LAC, et al. 2013. Chromosomal mapping of microsatellite repeats in the rock bream fish *Oplegnathus fasciatus*, with emphasis of their distribution in the neo-Y chromosome. Mol Cytogenet, 6: 12.

Yang D, Yin C, Chang YQ, et al. 2016. Transcriptome analysis of male and female mature gonads of Japanese scallop *Patinopecten yessonsis*. Genes Genom, 381: 1041-1052.

Yang YJ, Wang Y, Li Z, et al. 2017. Sequential, divergent, and cooperative requirements of *foxl2a* and *foxl2b* in ovary development and maintenance of zebrafish. Genetics, 205: 1551-1572.

Yano A, Guyomard R, Nicol B, et al. 2012. An immune-related gene evolved into the master sex-determining gene in rainbow trout, *Oncorhynchus mykiss*. Curr Biol, 22: 1423-1428.

Yao B, Zhou L, Wang Y, et al. 2007 Differential expression and dynamic changes of SOX3 during gametogenesis and sex inversion in protogynous hermaphroditic fish. J Exp Zool, 307A: 207-219.

Yatsu R, Miyagawa S, Kohno S, et al. 2016. RNA-seq analysis of the gonadal transcriptome during *Alligator mississippiensis* temperature-dependent sex determination and differentiation. BMC Genomics, 17: 77.

Yoshida K, Terai Y, Mizoiri S, et al. 2010. B chromosomes have a functional effect on female sex determination in Lake Victoria cichlid fishes. PLoS Genet, 7: e1002203.

Yoshimoto S，Ikeda N，Izutsu Y，et al. 2010. Opposite roles of DMRT1 and its W-linked paralogue，DM-W，in sexual dimorphism of *Xenopus laevis*：implications of a ZZ/ZW-type sex-determining system. Development，137：2519-2526.

Yoshimoto S，Ito M. 2011. A ZZ/ZW-type sex determination in *Xenopus laevis*. FEBS J，278：1020-1026.

Yoshimoto S，Okada E，Umemoto H，et al. 2008. A W-linked DM-domain gene，DM-W，participates in primary ovary development in *Xenopus laevis*. Proc Natl Acad Sci USA，105：2469-2474.

Yu YQ，Ma WM，Zeng QG. 2014. Molecular cloning and sexually dimorphic expression of two *Dmrt* genes in the giant freshwater prawn，*Macrobrachium rosenbergii*. Agric Res，3：181-191.

Yue CY，Li Q，Yu H. 2018. Gonad transcriptome analysis of the Pacific oyster *Crassostrea gigas* identifies potential genes regulating the sex determination and differentiation process. Mar Biotechnol，202：206-219.

Zhang EF，Qiu GF. 2010. A novel Dmrt gene is specifically expressed in the testis of Chinese mitten crab，*Eriocheir sinensis*. Dev Gene Evol，220：151-159.

Zhang GF，Fang XD，Guo XM，et al. 2012. The oyster genome reveals stress adaptation and complexity of shell formation. Nature，490：49-54.

Zhang J，Han X，Wang J，et al. 2019. Molecular cloning and sexually dimorphic expression analysis of nanos2 in the sea urchin，*Mesocentrotus nudus*. Int J Mol Sci，20：2705.

Zhang N，Xu F，Guo XM. 2014. Genomic analysis of the Pacific oyster *Crassostrea gigas* reveals possible conservation of vertebrate sex determination in a mollusc. G3（Bethesda），4：2207-2217.

Zhang Y，Zhang S，Liu Z，et al. 2013. Epigenetic modifications during sex change repress gonadotropin stimulation of Cyp19a1a in a teleost ricefeld eel *Monopterus albus*. Endocrinology，154：2881-2890

Zhang YQ，Qiao K，Wang SP，et al. 2014. Molecular identification of a new androgenic gland-specific insulin-like gene from the mud crab，*Scylla paramamosain*. Aquaculture，433：325- 34.

Zhou L，Gui JF. 2010. Molecular mechanisms underlying sex change in hermaphroditic groupers review. Fish Physiol Biochem，36：181-193.

Zhou L，Gui JF. 2016. Jian-Kang Liu：a pioneer of sex determination studies in vertebrates. Protein Cell，71：1-3.

Zhou LQ，Liu ZH，Dong YH，et al. 2019. Transcriptomics analysis revealing candidate genes and networks for sex differentiation of yesso scallop *Patinopecten yessoensis*. BMC Genomics，20：671.

Zhu YJ，Li XY，Zhang J，et al. 2018. Distinct sperm nucleus behaviors between genotypic and temperature-dependent sex determination males are associated with replication and expression-related pathways in a gynogenetic fish. BMC Genomics，19：437.

第三篇　水产遗传育种的生物技术及其育种实践

第八章 选 择 育 种

从达尔文创立的自然选择学说到人工选择育种，变异、遗传、驯化和选择是主导动物进化和养殖新品种培育过程的内在因素。选择育种是人类最古老的育种手段，但是直到今天它仍然是现代遗传育种方法的基础。人类依赖选择育种，或选择育种与其他生物技术方法结合，培育了众多的动、植物新品种。本章重点介绍选择育种的意义、选择育种的遗传原理和主要方法，并简要介绍主要基于选择育种方法培育水产养殖新品种等水产育种的应用案例。

第一节 选择育种的意义

8.1.1 选择与选择育种

选择（selection）就是选优去劣，是指从自然的或人工创造的群体中淘汰不良变异（variation），是积累和巩固优良变异的有效手段。无论采用哪种育种途径和哪类育种材料，都是根据个体的表现型或遗传标记挑选符合人类需要且适应自然环境的基因型，使选择的性状稳定地遗传。任何育种方法都离不开选择，因此选择是水产生物育种过程中不可缺少的重要环节（吴清江和桂建芳，1999；Gjedrem et al.，2012）。

自然选择（natural selection）在整个物种进化的过程中起主要的导向作用，它控制着变异积累的方向，并导致适应性（adaption）的形成。自然选择的过程一般很缓慢，形成一个新的性状或新的品种可能需要数千年甚至数万年。人工选择（artificial selection）的过程与自然选择基本相同，其显著特征是以人类需要为依据，定向地改变种群的基因频率（gene frequency），进而改变生物类型，打破种群在自然环境中繁殖的随机性，从而快速地形成各种不同的品种。金鱼的形成是我国古代在鱼类人工选择的经典范例。自然界中青灰色鲫（野生鲫）是金鱼的始祖，1800多年前还只是红黄色鲫，经过我国人民的家养化和人工选择，现在已形成拥有300个以上品种、遍布世界各地的庞大金鱼家族。因此，选择和培育是人类改造自然，改良和创造动、植物品种最基本的方法（范兆廷，2005）。

生物可遗传的变异是选择育种的基础。达尔文创立的生物进化学说的中心内容是变异、遗传和选择。变异（突变）是选择的基础，它提供选择所需的材料；没有变异，选择就无从谈起；遗传是选择的保证，没有遗传，选择就失去了意义；有了有利的变异，只有不断选择才能把它们保留和巩固下来。选择是人类按照自己的意愿，减少甚至剥夺那些不符合需要的变异个体的繁殖机会，使有利变异得以在群体中保留、巩固并遗传下去。选择的本质就是一个群体中不同基因型携带者对后代基因库做出不同的贡献。在育种工作中，变异、遗传、选择三者的关系：变异是选择的基础，遗传是选择的保证，选择是使变异能有效遗传下来的根本手段。

选择育种（selective breeding）简称选种，是根据育种目标（breeding goal），在现有品种或育种材料内出现的自然变异类型中，经比较鉴定，通过多种选择方法选优去劣，选出优良的变异个体或群体进而培育新品种的方法。

8.1.2 选择与驯化

人类按照自身的意志，将野生动、植物培育成家养动物或栽培植物的过程称为驯化。驯化是人类合理开发利用野生品种资源的重要途径，也是育种的重要组成部分。众所周知，人类对狼和野猪的长期驯化和选育，形成了现今世界上犬和家猪的众多品种。水产动物育种中的驯化和家养化（domestication），对于增加养殖品种、改善品质和扩大市场具有重要的意义。

驯化是动物通过自身的改变适应新环境的过程。驯化的实质是生物的遗传、变异、选择（包括人工选择和自然选择）、隔离诸要素之间的矛盾运动，使生物自身不断地发生变化，不断产生新的适应类型。驯化所引起的变异，是生物主动或被动适应驯化条件形成的。生物在驯化中逐渐由适应自然向依赖人类制定的目标方向变异，向适应人类需要的方向发展。驯化的内容很广泛，包括栖息条件（如海水与淡水养殖环境互换）、动物行为（如去除野性而变得温驯）、食性（天然饵料转为人工饲料）、繁殖习性（如降海洄游变为陆封）、对不良环境的适应能力（如耐寒、耐高温等）、抗病力的驯化等。野生水生动物的家化是驯化的一部分，开发野生动物原有的一些适应能力，使其超越野生状态下的适应范围完成家化养殖，已取得显著的经济效益（Gjedrem，2000，2010，2012；Gjedrem et al.，2012）。例如，海水养殖的尼罗罗非鱼不仅能充分发挥生长快速、产量高的优势，而且肉质更细嫩、味道更鲜美。虹鳟是野生鱼类驯化和选育的典型例证。然而，目前水产养殖的许多对象，仅仅完成初步的驯化，但其野性尚未消失，更没有形成人工育成的品种。例如，我国的传统养殖对象“四大家鱼”，每年养殖产量已经占到淡水鱼产量的 40%～50%，虽然也已驯化多年，但是并未能达到一定程度的家化。因此“四大家鱼”中除鲢有新品种以外，青鱼、草鱼、鳙实际上仍是野生鱼类，需要开展遗传选育和驯化，培育具有优良性状的养殖品种（吴清江和桂建芳，1999；范兆廷，2005）。

动物对新的环境的适应有两个途径：第一是直接适应；第二是定向改变遗传基础，也就是定向驯化。定向驯化是按照人类的意图，以满足人类自身需要为目的、在人为控制条件下的驯化和选育过程。然而，这样的进化过程是可逆的。影响动物定向进化进程的因素有三个，即自身的遗传因素、所处的环境因素和选择的作用。生物的进化是自然选择的结果，但是人工选择可以加速这一过程。新的环境对某些性状的抑制作用也起到了定向选择的作用。在人工驯化条件下，人为的选择作用会极大地加速生物的进化（驯化）。人类通过人工选择，积累有益的变异和基因组合，淘汰不利的变异和基因组合，控制该生物进化的方向，使之驯化。在人工选择条件下，驯化效果取决于人类掌握的方法和对各种变异的认知。变异量可以通过各种手段来刺激和增加，这就是诱变育种技术。采用现代生物技术对驯化对象进行遗传操作和改造，再实施定向的选择育种，可以极大地加快水产生物的物种进化进程和新品种培育速度（吴清江和桂建芳，1999）。

8.1.3 选择的意义和作用

如前所述，自然选择对生物界物种进化发挥了巨大作用，人类按照不同选择方向对物种进行的定向选择形成了各种不同的品种。无论是自然选择还是人工选择，其选择的最终结果是使种群内的一部分优良个体既能适应人工养殖的环境条件，又能满足人类需要。因此，简单来说，在存在遗传变异的群体中，选择的实质就是改变群体的基因频率。尽管在群体基因频率和基因型频率的改变中，突变（mutation）、遗传漂变（genetic drift）、基因迁移（gene migration）、选择四种因素都起作用，但归根结底，起主导作用的还是人工选择。对已经发生变异的生物个体，只要按一定的方向和目标，通过连续的选择，就能够使变异逐渐积累、巩固，直至能稳定地遗传。因此，选择的重要意义就在于其创造性的作用。这种创造性作用主要体现在以下 3 个方面：①选择能控制变异的积累方向。变异是多方向的，这是变异的基本特性。但人们通过选择可控制变异积累的方向，在育种工作中，通常是跟踪优良性状的表现型，结合其他育种与检测手段，多代选育，逐步降低表型分离，提高后代纯度。如建鲤的选育就结合了家系选育、系间杂交与雌核生殖技术，跟踪体色、体型等表型性状和生长、抗病力等生产性能，到第六代后遗传稳定性、一致性达 99.5%以上。②选择能逐代积累和加强变异特性，并使选育性状更加显著和稳固。例如，荷包红鲤抗寒品系的选育过程是抗寒能力的逐步积累和增加的过程。③创造新的品质是选择育种从量变到质变的必然结果。例如，我国古代渔民在野外或鱼池中偶然发现鲤和鲫的颜色变异个体，经过对体色的定向选择，逐渐形成了今天的红色鲤、彩色鲫及各种金鱼品种（范兆廷，2005）。

针对水产动物的存活率、生长速度、品质、抗病性、肉/壳比率、食物转化率等数量性状的改良，都必须经过长期连续的定向选择才能达到选择目标。通过定向选择，针对某种质量或数量性状进行系统的选育，积累有利的突变基因，选择有益的变异性状，就可以显著改变原始群体的面貌，从而选育出新的品种。这就是定向选择创造性作用的最终体现。

尽管选择在育种实践中具有巨大的创造性作用，它只能从现有品种群体中分离出最好的基因型（genotype）或对现有品种和群体的个别性状进行改良，而不能有目的地创造或产生新的基因型。因此，选择育种也有一定局限性。尽管如此，目前我国的水产优良新品种中，相当比例都是以各种选择育种方法培育而来。对于一些世代周期不长的水产生物来说，选择育种的效果直观可见，其效率也较高。如果与杂交育种、细胞工程育种、分子标记辅助选择育种（marker-assisted selection，MAS）等方法相结合，选择育种在许多水产养殖生物中都会产生很好的选育效果（吴清江和桂建芳，1999；Gjedrem，2012）。

第二节　选择育种的原理

8.2.1　达尔文的选择学说

著名的生物学家达尔文受到人工选择成果的影响而提出了自然选择理论。他认为，自然界存在的任何物种都具有高度的生殖力来使其种群生生不息地繁衍下去，但是生物之间甚至种群内部之间存在残酷的生存竞争。物种之间为了要赢得竞争，自身会产生细微的变异来适应这种竞争。这样，在复杂环境中有利的微小变异个体可能有机会得到生存，其他未变异或产生不利变异的种群或个体由于剧烈的竞争而被淘汰，不能获得生存空间。达尔文把这种有利变异的保存和/或不利变异的毁灭称为自然选择，即适者生存、不适者淘汰理论。达尔文后来在研究农业品种的起源时，进一步从人工选择的强大作用中，总结出自然选择的三大基本因素：变异、遗传和自然对变异的选择。

达尔文的人工选择学说包括有意识的人工选择和无意识的人工选择两种类型。前者是指选择者首先制定好选择目标，即要获得什么样的品种（breed or variety），如提高存活率、提高生长速度（growth rate）、改进品质（quality）、广泛的抗病能力（resistance）、提高幼（稚）体的存活率、改进生长率、提高壳/肉比例、提高饲料转化率（feed conversion efficiency）等，然后再有计划地进行选择培育。这样就可以在短时间内获得目标品种。后者是指人们无目的、无意识地把性状好的个体选出并留下来，把自认为性状的经济价值和实用价值不大的个体淘汰掉。如把短体型的红鲤留下，去掉长体型的，这种选择是无意识、无目的的。尽管这样的选择也起到了一定的选择效果，但是它的过程比较长。

人工选择和自然选择的主要区别在于：人工选择进行挑选的是人，而自然选择中发挥挑选作用的是自然条件，受大自然平衡所控制。例如，在对水产动物做抗病选育时，人工选择既可以在疾病流行的地区进行，也可以在人为控制的条件下将病原体接种到鱼体上来检测是否抗病。首先，人工选择一般只考虑对人有用的表现型，因此通过表现型只能选择有限的基因型。而自然选择则影响整个生物类型的生存适应性。人工选择后选育出来的新品种，必须进行一定面积的应用试验，也就是必须接受自然选择的考验。其次，人工选择只能控制少数个体的定向发展，不能形成种群或大群体的定向控制；而自然选择一般则在较大群体中随机交配，交配机会、交配频率只受自然条件的限制。最后，由于人工选择控制了交配对象，通过人工选择创造出一个新的品种只需几年到几十年的时间；而自然选择由于交配的随机性，形成一个新物种或品种可能需要 50 万～100 万年的时间。

8.2.2 纯系学说

纯系学说是丹麦植物学家 Jonannsen 1903 年提出来的，是纯系（pure line）育种方法的理论基础。植物学上的纯系指的是自花授粉植物一个纯合体自交产生的后代，即同一基因型组成的个体群。纯系学说主要包括以下两个方面的原理：一是在自花授粉植物原始品种群体内，如果通过单株选择，可以分离出一些不同的纯系，这表明原始品种是纯系的混合物。通过选择把它们的不同基因型从群体中分离出来，这样的选择是有效的选择。二是同一纯系内继续选择是无效的，因为同一纯系内各个体的基因型是相同的，它们出现的变异是受外界各种环境因素影响的结果，这种变异只影响了当代个体的表现型，所以是不可遗传的。纯系学说在遗传育种上具有深远的指导意义，但它本身也存在一定的局限性，因为纯系的存在是相对的，没有绝对的纯系。

在水产动物育种中，一般采用单性生殖技术（雌核生殖或雄核生殖）快速建立纯系。在人工单性生殖后代中，由于高度的纯合性，其可能会表现出明显的近亲交配衰退现象，从而快速淘汰劣质基因，进而挑选出有优良基因构成的纯合性高的选育系。在传统的育种方法中，要建立一个遗传纯系一般要经过连续数代的近亲交配来完成，而雌核生殖或雄核生殖后代的遗传物质完全来源于母本或父本，可在较短的时间内获得能稳定遗传的具有某些特定生物学性状的新品系。

8.2.3 育种性状的选择

水产动物的育种性状分为质量性状（qualitative trait）和数量性状（quantitative trait）两大类。质量性状是指符合孟德尔遗传定律、呈间断变异的一些性状，一般认为其表现型是由染色体上的一对或少数几对等位基因所控制，呈显、隐性关系，易于观察区别，且不易受外界环境的影响，因而选择相对比较容易。落实到品种的外部表型上则表现为鳞被、体色等不连续变异的性状。

相对于质量性状而言，那些呈连续变异、个体间表现的差异只能用数值来区别的客观指标如体长、体高、体重、抗病性、抗逆性等一系列的变异性状均为数量性状。数量性状受多个基因控制，包括少数主效基因和众多的微效基因，而且其表型受环境影响较大。近年来，随着对水产生物品质性状的重视，过去较少涉及、难度较大的诸如肌间刺数量、肉质、出肉率、饲料转化率等数量性状，也逐渐在一些种类中有所研究（Gjedrem，1997；Prchal et al.，2018；Tan et al.，2020）。由于水产生物的大多数经济性状都是数量性状，因此，本节只是略为介绍质量性状的选择，将重点介绍数量性状的选择育种原理和方法。

8.2.4 质量性状的选择

对质量性状选择的基本工作是对特定基因型的判别。鉴于大多数质量性状的不同基因型均有界限分明的表型效应，所以判别个体基因型的主要依据是其表现型。对于不同遗传方式的基因，判别其基因型的方法和难易度有所不同，除依据现有群体的表型分析和系谱分析外，必要时还需组织测交试验，以期基因型出现更典型的分离，然后再进一步做统计分析。随着科学技术的进步，在判别质量性状基因型方面，现在已经发展出了许多分子遗传学和分子生物学分析与检测技术，可提高判别基因型的准确性，从而提高质量性状选择的效率。

选择并不产生新的基因，但可增加一个群体中某些理想基因的频率，同时降低不理想基因的频率。假如一个基因座上有两个具有显隐性遗传关系的等位基因 A 和 a，其中 A 为理想的基因，再设初始群体均为杂合个体，则亲代为 Aa×Aa，子一代包括 AA（25%）、Aa（50%）、aa（25%）。

若在子一代中淘汰所有的 aa 个体，其后在群体中 A 基因频率由 0.5 上升到 0.67，而 a 的频率由 0.5 下降为 0.33。由此也将使下一世代群体中 AA 基因型个体的频率由 0.25 增加到 0. 449。

综上所述，质量性状选择的遗传效应在于提高被选择基因的频率，并减少被淘汰基因的频率。随着理想基因频率的提高，有利基因的纯合个体的频率也相应增高。

8.2.4.1 对隐性基因的选择

根据育种目标，如果受选性状是由隐性基因所控制，就必须对隐性基因进行选择，保留显现出隐性性状的个体。例如，有一对性状基因为 AA、Aa、aa，A 对 a 为完全显性，AA 和 Aa 为显性表型，设原始种群基因型频率为 $D=p^2$，$H=2pq$，$R=q^2$，淘汰率为 s，$1-s$ 即留种率，则选择种群的基因型与基因型频率计算结果如表 8.1 所示。

表 8.1 隐性基因选择种群的基因型与基因型频率

基因型	AA	Aa	aa
原始基因型频率	p^2	$2pq$	q^2
留种率	$1-s$	$1-s$	1
选择后基因型频率	$\dfrac{p^2(1-s)}{1-s(1-q^2)}$	$\dfrac{2pq(1-s)}{1-s(1-q^2)}$	$\dfrac{q^2}{1-s(1-q^2)}$

在表 8.1 中，选择后的基因频率按照式 8.1 计算：

$$\text{选择后基因型频率}=\frac{\text{原始基因型频率}\times\text{留种率}}{\sum(\text{原始基因型频率}\times\text{留种率})} \tag{8.1}$$

该选择后的基因型频率分别为D'、H'、R'，则选择后下一代基因型频率q_1为

$$q_1=\frac{1}{2}H'+R'=\frac{q-sq+sq^2}{1-s(1-q^2)} \tag{8.2}$$

如果$s=1$，则$q_1=1$；如果$s=0$，则$q_1=q$。

即当全部显性个体100%时，且不考虑突变，又假设所有含显性基因型的表型率为100%，则选择后子一代的隐性基因频率就可以达到1。但是，如果表现为显性的个体不能完全被淘汰，还留有一部分被繁殖，这样子一代的隐性基因频率就达不到1。例如，在对鲤体色基因选择时，红色鲤相对于青灰色为隐性，在一个100尾鲤的群体中，红色鲤为81尾（基因型aa），青灰色鲤为19尾（基因型AA和Aa）。红色的基因频率$q=\sqrt{R}=\sqrt{0.81}=0.9$，显性基因频率$p=1-q=1-0.9=0.1$。19尾青灰色鲤中杂合子Aa的基因型频率为$H=2pq=2\times0.1\times0.9=0.18$，即18尾；纯合子AA的基因型频率为$D=P^2=0.01$，即1尾。如果想要通过选择育种的方法育成红色鲤，但又由于一些原因对青灰色鲤只能部分淘汰，假设淘汰率为$s=50\%$，则其选择后下一代的隐性基因频率为$q_1=0.945$。这样经选择后，隐性基因频率增加了$q_1-q=0.045$，群体中红色鲤个体的比例可从81%提高到89.3%（范兆廷，2005）。

8.2.4.2 对显性基因的选择

根据育种目标，如果受选性状由显性基因控制，则对该性状的选择实际就是对显性基因的选择。表型相同的个体就存在AA和Aa两种可能的基因型。这样在选择显性基因时不仅要淘汰隐性基因纯合体，还要在显性表型中区分显性纯合子和杂合子，淘汰杂合子。淘汰需分两步进行。

第一步，根据表现型淘汰掉隐性纯合体，并将具有明显性状的个体作为亲本繁殖。例如，某种原始种群基因型频率分别为p^2（AA）、$2pq$（Aa）、q^2（aa），则基因型频率计算结果见表8.2。

表8.2　显性基因选择种群的基因型和基因型频率

基因型	AA	Aa	aa
原始基因型频率	p^2	$2pq$	q^2
留种率	1	1	0
选择后基因型频率	$\frac{p^2}{p^2+2pq}$	$\frac{2pq}{p^2+2pq}$	

其中$p^2+2pq=(1-q)^2+2(1-q)q=1-q^2$，下一代基因$a$的频率为

$$q_1=p_0q_0/(1-q_0{}^2)=(1-q_0)q_0/[(1-q_0)(1+q_0)]=q_0/(1+q_0)$$

$$q_2=q_1/(1+q_1)=q_0/(1+2q_0)$$

……

$$q_t=q_0/(1+tq_0) \tag{8.3}$$

式中，t为基因频率由q_0变化到q_t所需的代数。换算得到

$$t=(q_0-q_t)/q_0q_t \tag{8.4}$$

第二步，将选作亲本的显性个体进行测交或自交，然后根据测交或自交的结果，把杂合体淘汰掉，只留下全部显性纯合体。

8.2.4.3 对杂合子的选择

如果受选性状的表现型是受杂合基因型（Aa）控制，其等位基因是共显性、不完全显性或镶嵌显性，很容易根据表现型区分纯合子和杂合子。纯合子（AA、aa）的表型与杂合子（Aa）的表型区别极大，只需通过直观观察即可选出。例如，金鱼有两种纯合子（AA）和（aa），纯合子（AA）的表型为非透明鳞片，纯合子（aa）的类型为透明鳞片（整个鱼体看起来全透明）。非透明鱼的子代都是非透明鱼，透明鱼的子代都是透明鱼；透明鱼与非透明鱼杂交，其子代全为半透明鱼，鳞片介于透明鱼与非透明鱼之间，为既不完全透明也无完全反光的组织，所以其表现出的颜色是各种纯色的混合色（即五花鱼）。子二代中，五花鱼占 1/2，非透明鱼与透明鱼各占 1/4。试验结果表明，鳞片的透明与不透明二者之间没有明确的显隐性关系。这样在子二代中出现的三种表现型就代表了三种基因型（即 AA、Aa、aa）。无论是在子一代中还是在子二代中，凡是出现的五花鱼，其基因型全为杂合子（张兴忠等，1988）。

8.2.5 数量性状的选择

8.2.5.1 表型方差分析的数学模型

数量性状变异中，从观测值难以推算其基因型。遗传学理论认为，基因型值（G）和表现型值（P）之间存在数量相关关系：$P = G + E + I_{GE}$。其中，G 是由控制某个体的某一数量性状基因型所决定的部分，E 是由某个体的性状受到环境作用而产生的偏差，I_{GE} 是基因型和环境的互作偏差效应值。

对于大多数数量性状而言，基因型效应和环境效应之间没有互作，或互作很小，为简化对数量性状遗传规律的探讨，一般假设 $I_{GE} = 0$，则上述模型简化为 $P = G + E$。这一模型的意义正如孟德尔理论那样，将表型值与基因型值加以明确区分。表型值是由遗传效应和环境效应共同决定的，遗传效应是产生表型变异的内在原因，环境效应是表型变异的外部原因。对大量表型观察值做统计分析，在一般情况下，由于环境效应偏差是以离均差表示的，个体环境效应对各观察值的影响有大有小、有正有负，总和可抵消为 0，即假设有 $\overline{E} = 0$。因此，在同一固定环境条件下可以认为 $\overline{P} = \overline{G}$。然而，遗传性决定部分——基因型值（$G$）可以剖分为：①基因加性效应值（additive effect）（A），即所谓基因叠加效果引起的部分；②显性效应值（dominance effect）（D），是由优势基因产生的部分；③上位效应值（epistatic effect）（I），是由位于不同基因座的基因或基因型之间的相互作用引起的部分。因此，$P = G + E$ 可变为 $P = A + D + I + E$。了解表现型的方差并知道各成分的比率，对数量性状选择就更显重要了。将 $P = A + D + I + E$ 式中的各成分单独列出来，表型方差就是由各成分的方差构成的：$V_P = V_G + V_E = V_A + V_D + V_I + V_E$。其中，$V_G$、$V_E$、$V_A$、$V_D$ 及 V_I 分别被称为基因型方差、环境方差、基因加性效应方差、显性效应方差及上位效应方差。Gall and Cross（1978）采用加利福尼亚州两个虹鳟群体（H 和 V）进行了 10 个组合的杂交，得到每个系统正反交子代 F1、正反交 F2（♀HV×♂VH 和♀VH×♂HV）及两种回交（♀HV×♂H 和♀VH×♂V）。研究者反复进行两次同样的交配，在 1604 尾鱼满 2 龄时，测定产卵后的体重、卵粒数、卵粒大小（卵径）3 个性状，推断基因加性效应方差、显性效应方差及上位效应方差，由各世代的平均分析值计算方差的比率。其测定结果是，体重及卵粒大小呈显性的优势是上位效应方差，卵粒数量则是基因加性效应方差占多数。

表型方差的组分及其比率一般可用方差分析法计算，这种方差分析也是分析数量性状的基本方法。特别是基因加性效应方差分析，在某种程度上对于水产动物来说最为重要。研究者利用纯系或其他相近似的近亲系与杂交群体的比较，利用平行组的资料和实验设计的交配方法等可以对加性遗传方差进行解析，还能求得各种类群的方差值的比率表。但是，在基因型值（G）和环境值（E）存在互作效应时，研究者不能使用这些方差比率，而更多的是采用遗传力分析与选择参数估计（Kirpichnikov，1981；Lynch and Walsh，1998）。

8.2.5.2 遗传力分析

数量性状变异的遗传程度可用遗传力（heritability）(h^2)来评定，广义遗传力为$h^2 = V_G/V_P$。在基因型方差V_G的3个因素中，仅使用基因加性效应方差V_A的遗传力称为狭义遗传力，$h^2 = V_A/V_P$。人们在育种实践中常使用狭义遗传力。

遗传力也能表示种群的性状特征。例如，遗传力值较高的性状，人工选择效果遗传进展较快，适合于个体选择。一般认为，具有0.2以上遗传力值的性状就有选择效果。研究者根据种群遗传背景、种群所处环境的不同推断出特定的种群在特定的环境下的遗传力，综合考虑生物种群、生产设施、管理方法等因素，应用于选择育种工作实际，可作为判断特征性状选择育种成功与否的重要指标。

遗传力的推断基本上采用方差分析法、相关分析法和回归分析法，具体可分为：①亲本与子代的相关或回归分析；②完全同胞（full- sib）或半同胞（half- sib）的方差分析；③选择实验结果的分析；④求平行组的方差分析。

在这些方法中，究竟采用哪种方法应根据选择对象生物的繁殖方式、交配及饲养管理的难易程度等来决定。目前，在水产动物人们多采用全同胞（图8.1、表8.3）或半同胞（图8.2、表8.4）的方差分析方法进行推断。

(1)	(2)		(x)
$P_1 \times P_2$	$P_3 \times P_4$	…	$P_{(2x-1)} \times P_{2x}$
$1{\cdot}1\ \ 1{\cdot}2 \cdots 1{\cdot}y$	$2{\cdot}1\ \ 2{\cdot}2 \cdots 2{\cdot}y$	…	$x{\cdot}1\ \ x{\cdot}2 \cdots x{\cdot}y$

图8.1 全同胞关系图

x为交配组合，y为1个组合子的子代个数

表8.3 全同胞资料的方差分析和均方构成

因素	自由度	均方	均方的构成
同胞间	$x-1$	MS_S	$\delta_w^2 + y\delta_s^2$
同胞内	$x(y-1)$	MS_W	δ_w^2

全同胞方差分析得到遗传力：

$$h_s^2 = 2\delta_s^2 / (\delta_s^2 + \delta_w^2) \tag{8.5}$$

式中，δ_w^2为同胞内的方差组分，δ_s^2为同胞间的方差组分。

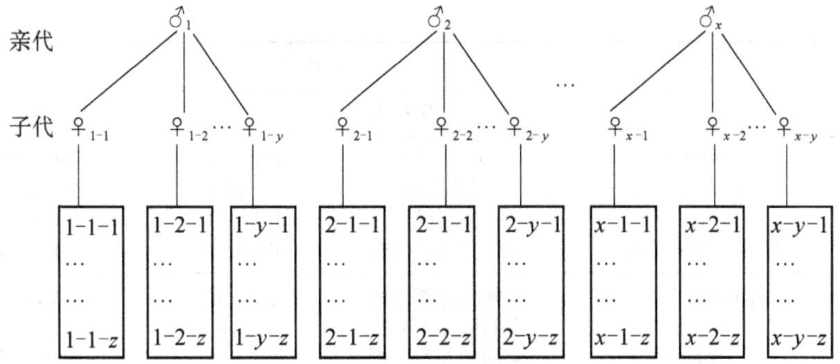

图 8.2　半同胞关系图

x 为副本数；*y* 为每个副本的母本数；*z* 为每一个组合子代个体性状测定值

表 8.4　半同胞资料的方差分析和均方构成

因素	自由度	均方	均方的构成
父本间	$x-1$	MS_S	$\delta_W^2+Z\delta_D^2+yz\delta_S^2$
母本间	$x(y-1)$	MS_D	$\delta_W^2+Z\delta_D^2$
完全同胞间	$xy(z-1)$	MS_W	δ_W^2

半同胞方差分析得到遗传力：①由父本可得

$$h_N^2=4\delta_S^2/(\delta_W^2+\delta_S^2+\delta_D^2) \tag{8.6}$$

②由母本可得

$$h_N^2=4\delta_D^2/(\delta_W^2+\delta_S^2+\delta_D^2) \tag{8.7}$$

③由父母双方可得

$$h_N^2=2(\delta_S^2+\delta_D^2)/(\delta_W^2+\delta_S^2+\delta_D^2) \tag{8.8}$$

式中，${\delta_W}^2$ 为全同胞内的方差组分；${\delta_S}^2$ 为父本间的方差组分；${\delta_D}^2$ 为母本间的（父本内的）方差组分。

由上述内容可见，根据全同胞或半同胞的方差分析得到的遗传力实际是狭义遗传力。部分水产生物的一些经济性状的遗传力如表 8.5 所示。

表 8.5　鱼类的几种经济性状的遗传力及估算方法

鱼类	经济性状	遗传力		参考文献
		估算方法	平均值	
鲤	2 月龄体长	全同胞方差分析	0.33～0.08	Vandeputte et al.，2004
	2 月龄体重	全同胞方差分析	0.33～0.07	Vandeputte et al.，2004
	成鱼成活率	全同胞方差分析	0.54～0.09	Nielson et al.，2010
	去头酮体/出肉率	全同胞方差分析	0.46～0.50	Prchal et al.，2018
	肌间刺总数	全同胞方差分析	0.15±0.08	Tang et al.，2020
	Y 形肌间刺数	全同胞方差分析	0.44±0.12	Tang et al.，2020
	S 形肌间刺数	全同胞方差分析	0.23±0.08	Tang et al.，2020
虹鳟	卵径	离差、相关分析	0.29～0.32	Gall and Cross，1978
	鱼种体长	相关（全同胞）分析	0.08～0.32	Chevassus，1976
	鱼种体重	全同胞相关分析	0.04～0.18	Chevassus，1976
	二龄体重	相关分析	0.2	Gall and Cross，1978
	仔鱼生存力	离差分析	0.06～0.14	Kanis et al.，1976

续表

鱼类	经济性状	遗传力		参考文献
		估算方法	平均值	
大西洋鲑	鱼种体长	离差分析	0.12～0.17	Refstie et al.，1978
	四龄体长	离差分析	0.28	Gunnes et al.，1978
	鱼苗生存力	离差分析	0.11～0.34	Kanis et al.，1976
	阿米巴鳃病抗性	全同胞方差分析	0.14～0.40	Kube et al.，2012
大菱鲆	抗鳗弧菌抗性	全同胞方差分析	0.20±0.10	Wang et al.，2019
	3 月龄体重	全同胞方差分析	0.40	马爱军等，2009
	6 月龄体重	全同胞方差分析	0.51	马爱军等，2009
草鱼	10 月龄体重	全同胞方差分析	0.37±0.10	Fu et al.，2016
	18 月龄体重	全同胞方差分析	0.34±0.07	Fu et al.，2016
	16 月龄体长	全同胞方差分析	0.47±0.45	姜鹏等，2018
大口黑鲈	4 月龄体长	全同胞方差分析	0.31±0.10	李镕等，2011
	4 月龄体重	全同胞方差分析	0.29±0.08	李镕等，2011
	6 月龄体长	全同胞方差分析	0.26±0.10	李镕等，2011
	6 月龄体重	全同胞方差分析	0.28±0.08	李镕等，2011
斑点叉尾鮰	鱼种体长	离差分析	0.12～0.67	Reagan et al.，1976
	鱼种体重	离差分析	0.61～0.75	Reagan et al.，1976
大黄鱼	40 日龄体长	全同胞方差分析	0.31	王晓清等，2010
	40 日龄体重	全同胞方差分析	0.29	王晓清等，2010
团头鲂	肌间刺数（背部）	全同胞方差分析	0.09±0.05	Xiong et al.，2019
	肌间刺数（腹部）	全同胞方差分析	0.41±0.08	Xiong et al.，2019
	肌间刺数（整体）	全同胞方差分析	0.35±0.08	Xiong et al.，2019
	6 月龄体长	全同胞方差分析	0.72±021	曹聪等，2014
	6 月龄体重	全同胞方差分析	0.49±0.14	曹聪等，2014
尼罗罗非鱼	3 月龄体长	全同胞方差分析	0.65	唐瞻杨等，2015
	3 月龄体重	全同胞方差分析	0.66	唐瞻杨等，2015
	5 月龄体长	全同胞方差分析	0.22	唐瞻杨等，2015
	5 月龄体重	全同胞方差分析	0.25	唐瞻杨等，2015
	罗非鱼湖病毒抗性	全同胞方差分析	0.48～0.56	Barría et al.，2020

8.2.5.3 选择参数估计

数量性状的选择效果受性状的变异程度、性状的遗传力和人工选择情况三方面因素影响。变异程度和遗传力是生物的内部属性，也是影响选择效果的主要因素；人工选择情况是影响选择效果的外部因素，在一定条件下对选择效果起决定性作用。用以说明人工选择情况与效果的参数有选择差、选择强度、选择压力、选择反应和世代间隔等。

1. **选择差**　选择差（selection differential，S）是指已选择个体性状的平均值与选择前整个群体该性状平均值间的差数。假定 Y_P 代表被选择个体供选性状的平均表型值，$\overline{Y}$ 为选择前整个群体该性状的平均表型值，则选择差 $S = Y_P - \overline{Y}$。选择差越大，说明供选择性状的变异程度越大，可选择的潜力也越大。例如，选择某水产动物的体重时，选择前群体平均体重为 500g，而被选择的个体平均体重为 800g，则选择差 $S = 800-500=300$g。

2. **选择强度**　选择强度（selection intensity，I）是标准化的选择差，在数值上等于选择差（S）除以被选择群体的表型值标准差（δ），即 $I = S/\delta$。群体的表型值标准差（δ）是描述群体性状表型值变量离中程度的一个指标，反映群体性状表型值变异的大小。根据资料介绍，鱼类在生长方面的变异为家畜的 3～5 倍，这说明水产动物在生长性状上有更大的选择潜力。假定上述水产动物群体体重的表型值标准差(δ)为 100g，则选择强度 $I = S/\delta$ =300/100=3。

3. 选择压力　选择压力（selection pressure，P）是指选作育种对象的个体数(n)占选择前群体总个体数(N)的百分比值，即中选比率，则 $P = \frac{n}{N} \times 100$（%）。假如每 1000 尾鱼中选出 1 尾，那么选择压力 $P = 0.1\%$；每 10 000 尾选择 1 尾，选择压力就是 0.01%。

水产动物多具有繁殖力强的特性，这对淘汰更多的个体、加大选择强度是十分有利的。现有资料表明，当 P 值小于 0.1%，选择强度几乎再无明显提高。实际工作中常以 0.1%～0.2%作为最大选择压力，此时选择强度为 3.4～3.2；当中选比率提高到 1%～2%时，选择强度为 2.66～2.4；对于低繁殖力水产动物可以采用约 5%的选择压力，选择强度约为 2.55。如果再继续提高中选率（如 P>5%），则选择强度急剧下降，选择效果较差。

4. 选择反应　选择反应（selection response，R）又称选择效应，是衡量受选择的性状经一个世代选择后性状平均值的变化情况，在数值上等于选择亲本所繁殖的子代表型平均值(Y_f)减去选择前群体的表型平均值(Y)，即 $R = Y_f - Y$。例如，在对某种鱼的体重进行选择时，从池塘捕获的群体平均重 500g，而被选择的个体平均重 725g，则选择差等于 225g。被选择的个体经过相互交配后，所繁殖的后代在同等条件下饲养同样长的时间，子代平均体重为 522.5g。因此，选择效应 R=522.5−500=22.5g，即在一个世代中平均每尾鱼增重 22.5g。

5. 世代间隔　世代间隔（generation interval，G）是指子代出生时其父母的平均年龄。对于一个群体来说，其平均世代间隔可用式（8.9）计算。

$$L = \sum_{i=1}^{m} n_i T_i \bigg/ \sum_{i=1}^{m} n_i \tag{8.9}$$

式中，n_i 为第 i 个全同胞家系的有效后代数；T_i 为第 i 个全同胞家系后代出生时父母的平均年龄；m 为群体中的家系数。根据公式，遗传进展与世代间隔成反比。

前面已提到，遗传力（h^2）是指某一性状的表型变异量中遗传变异所占的分量，也可表述为选择差(S)可以遗传给下一代的百分率，表示每单位选择差在一个世代所取得的选择效应，即 $h^2 = R/S$。由此推知选择效应的另一种表述为 $R = Sh^2$，而由 $I = S/\delta$ 得出 $S = I\delta$。因此，选择效应还可以按下式计算：$R = Sh^2 = I\delta h^2$。式中，R 为选择效应；I 为选择强度；δ 为选择性状的表型值标准差；h^2 为遗传力。

因此，影响选择效果的 3 要素是性状的遗传力 h^2、性状的变异程度（用标准差 δ 表示）和人工选择的情况（用选择强度 I 表示）。遗传力强的性状，选择容易奏效；遗传力低的性状，选择见效较慢。被选择群体的性状变异量大小对选择效果有很大影响：变异大则表型值标准差也就越大，选择也就越有效。选择强度直接影响选择效果，人工选择最好以变异量大的群体作为育种对象，并加大选择差以提高选择强度（Refstie et al.，1978；Kirpichnikov，1981；Gjedrem and Rye，2018）。

8.2.5.4　数量性状间的相关性

生物体作为一个有机整体，它的表型之间必然存在着内在的联系。从数量遗传学角度，可采用遗传相关（genetic correlation）来描述不同性状之间由于各种遗传原因造成的相关程度大小，与亲属个体间的亲缘相关区别开来。

与对数量性状表型变量的剖分一样，研究性状间的相关也需要区分表型相关和遗传相关。所谓表型相关（phenotypic correlation）就是两个数量性状表型变量间的相关。造成这一相关的原因很多而且十分复杂。一般而言，可将这些原因区分为两大类，一类是由于基因的一因多效和基因间的连锁不平衡造成的性状间遗传上的相关。不同基因间的连锁造成的遗传相关，由于基因间的互换而丧失，因此随着连续世代的基因互换，基因连锁逐渐消失，由此造成的遗传相关也逐渐减小。一般而言，除非是基因间高度紧密连锁，由基因连锁造成的遗传相关是不能稳定遗传的。但是，由基因的一因多效造成的遗传相关则是能够稳定遗传的。即使非连锁基因也可能由于它们对个体生活力有类似的效应，而造成部分遗传相关。另一类是由于两个性状受个体所处相同环境造成的相关，称之为环境相关（environmental correlation）。此外，由于等位基因间的显性效应和非等位基因间的上位效应所造成的一些相关也不能真实遗传，因此一般被并入环境相关之中（Refstie et al.，1978；Kirpichnikov，1981；Lynch and Walsh，1998）。

第三节　选择育种方法和技术

选择育种的主要目的是从某一个原始群体或某一个品种材料中选出最优良的个体或类型。选择育种的方法比较多，根据所选性状的数量和具体选择育种的层次，包括个体选择、家系选择、后裔鉴定、综合选择和多性状选择等。

8.3.1　个体选择

个体选择是根据个体性状的表现型进行选择的方法，又被称为混合选择或集体选择（mass selection）。对于遗传力较高的性状，采用该选择方法简单易行，且容易成功。选择的具体过程如下所示。

研究者从原始群体中选择具有目标性状的个体（如鲤选头短、背厚、体高等）并对其编号标记，将其特点记录存档，以备对其后代进行跟踪检测。经过一段时间的培育，研究者再对所选对象进行复选、确认优良性状的稳定性，然后将选定的个体进行专池培育，并根据性状进行配组，完成一代繁殖。在目标性状表现明显的各个生长发育期，研究者对每一亲本对的 F1 代进行仔细观察测定、严格选优和复选，保留几个、几十个甚至更多优良个体，使其成为优良性状群体。个体经过数代选育后，入选的个体在目标性状上表现整齐一致，则目标品系初步形成。形成品系的整个过程工作量庞大，需要逐代跟踪检测目标性状，优选个体。品系稳定遗传以后，经过大群体繁殖，参加对比试验。对个别表现优异但尚有分离的个体，可继续对其进行选择，以后仍参加优良个体性状的选择（张兴忠等，1988）。

8.3.2　家系选择

人们在尽可能一致的环境条件下建立若干个家系，并对家系进行比较和测量观察，以家系为单位进行选择；将具有目标性状和优势性状的个体挑选出来作为亲本繁育，逐代选择表现良好的个体，这种选择育种方法称为家系选择（family selection）。

近交和选择是家系选育中建系的重要手段。一个群体近亲繁殖，如果不经选择，后代群体中的显性基因和隐性基因数目的比例并不改变。一般显性性状对生长发育有较好的作用，隐性性状有不良作用，所以表面上近交只看到不良性状的暴露，如生活力下降等。另一方面，增加生活力和其他优良性的显性基因同样有纯合机会。优良个体不再分离是选择育种上必须遵循的原则。因此，在近亲繁殖的同时进行选择，有积累显性基因、减少隐性基因的作用。通过严格选择可以防止近亲繁殖所带来的不良后果。同时，从一个混杂的群体中或从一个杂交体中，人们通过近亲繁殖可以分离出若干性状有别的家系或近交系，系内的个体由于有比较高而又相同的纯合百分率，就有基本一致的表现型。这样性状就相当稳定，良种选育上将其称为固定。这种家系就可以称为纯系或纯种。

为了使不同家系的遗传性状更具有可比性，研究者要在尽可能相同的条件下进行家系选育，包括：不同家系亲本的交配产卵或人工授精的时间尽可能一样；放养鱼种的大小尽可能一致；各家系单养时养殖鱼塘或水体的大小尽可能一致，并保证有一定数据的重复试验。研究者最好是用不同的标记方法（如电子标记、荧光标记和分子标记亲子鉴定等）对不同家系进行同塘混养，最大限度地减少养殖条件不同造成不同家系间的差异。由于家系选育牵涉到的家系一般都比较多，各家系之间不允许有混杂，因此选育时要建立系谱档案，以便能根据记载的资料进行分析研究，得出可靠的结论。

8.3.3　后裔鉴定

后裔鉴定（progeny testing）又称后裔测定，是依据繁殖亲本后代的质量来评定亲本的种用价值的选择育种技术，其优点是能直接判别亲本的基因型，如可以知道一个显性性状个体是纯合子或杂合子。

1. 后裔鉴定的遗传学基础　两性繁殖生物的受精过程表明，父本与母本为其后代各贡献一半的遗传物质，即每一后代从每一个亲本得到一半的遗传物质。由于决定子代平均基因型值的是其亲本基因，因此对一个亲本个体的遗传评价就可以根据其子代性状的平均数值来进行。

2. 后裔鉴定在鱼类选择育种中的几种应用方法　①成对亲鱼（“一窝”交配）后裔的比较鉴定，苏联在鲤鱼选育中较多利用此方法（图 8.3a，b）；②单一性别亲鱼的后裔鉴定（图 8.3c）；③多系交配亲鱼后裔鉴定（图 8.3d，e，f）。第 3 种方法能较好地选出两种性别的亲鱼，困难是要在相同的环境条件下饲养很多后代，在所有试验池中放养同一个比较容易区分的对照组，可能得到比较精确的结果。研究者最好是像家系选择法一样，将多系交配组合的所有后裔经过物理或分子标记后进行同池塘养殖。

8.3.4　综合选择法

所谓综合选择（combined selection）是将家系选择、混合选择和后裔鉴定等选择技术相结合进行的选择育种方法。其特点是结合每一选择方法的优点，克服单一选择方法的一些技术局限。

综合选择法的实施步骤如下：第一阶段，采用无亲缘关系的品种、种群等交配建立若干个家系，并通过养殖对比实验对这些家系做出生产性能（生命力、生长速度、肉质等）鉴定，筛选出表现优良的家系。第二阶段，在 2～3 个或更多的优良家系中进行个体选择；每个家系如果有几千尾鱼时，可以采用较大的选择强度和较高的选择压力。第三阶段，根据后代的表现评价每个家系的质量，进而确定每个家系的育种价值。

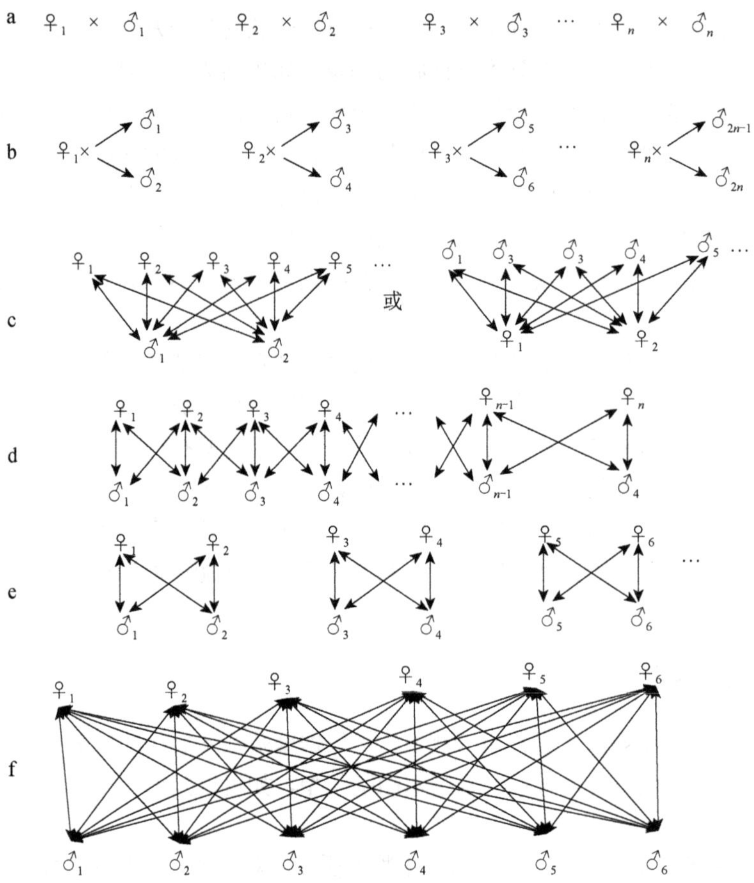

图 8.3　后裔鉴定时的不同交配示意图

a. 成对交配；b.“一窝”交配；c. 雌鱼或雄鱼的测验；d. 不完全多系交配；e、f. 完全多系交配

在对综合选择效果进行评估时，在理论上综合选择效应等于所利用的每种选择方法效应的总和，即 $R=R_{\mathrm{f}}+R_{\mathrm{m}}+R_{\mathrm{pr}}$，式中 R_{f} 为家系选择效应，R_{m} 为混合选择效应，R_{pr} 为根据后代检验亲鱼的效应（楼允东，1999）。

8.3.5　多性状选择

1. *顺序选择法*　顺序选择法（tandem selection）又称依次选择法或单项选择法，是指针对计划选择的多个性状逐一选择，每个性状选择一代或几代，待得到满意的选择效果后，再选择第二个性状，然后再选择第三个性状，顺序递选。这种选择方法的不足主要有两方面：一是费时，要想使所有重要的经济性状都有很大改善需要很长的时间；二是性状间的相互影响和自然选择的回归作用，往往影响选择的效果。

2. *独立淘汰法*　独立淘汰法（independent culling）也称独立水平法或限值淘汰法，即将所要选择的各性状分别确定一个选择界限，凡是要留种的个体，必须同时超过各性状的选择标准。如果有一项低于选择界限，不管其他性状优劣程度如何，均予淘汰。这种方法显然同时考虑了多个性状的选择，但不可避免地容易将那些在大多数性状上表现十分优秀，而仅在个别性状上有所不足的个体淘汰，却将在各性状上都表现平平的个体保留下来。

3. 综合指数法　　综合指数法（index selection）是按照一个非独立的选择标准确定选留个体的方法，将所涉及的各性状根据其遗传基础和经济重要性分别给予适当的加权，然后综合到一个指数中。个体的选择不再依据个别性状表现的好坏，而是依据这个综合指数的大小。这种方法可以将候选个体在各性状上的优点和缺点综合考虑，并用经济指标表示个体的综合遗传素质。因此，这种选择方法往往具有最好的选择效果（图 8.4）。

假设考虑两个性状，性状间相互独立，两性状有相同的经济重要性和相同的遗传力，则在独立淘汰法中的两性状均数就是选择界限。但当被选个体只是一个性状表现十分突出，另一个性状却不甚理想时，按独立淘汰法的原则，这些个体均在淘汰之列，而各方面均不突出的个体只因它在两个性状上都超过选择界限而被保留。而在指数选择法中，选择界限是以综合考虑两性状的总体价值为标准，它一般低于单一性状的选择界限。因此，这种在一个性状上具有突出表现而在另一个性状上表现尚符合综合指数要求的个体即在选留之例，而两性状的水平均一般的个体则因综合种用价值不高而被淘汰。综合选择指数的制订是考虑了各目标性状的遗传变异及其相互间的遗传相关，按照其经济重要性分别予以适当的加权，这个指数与个体的综合育种价值有最紧密的相关。由此可见，综合指数法能将个体在单个性状上的突出优点与其他性状上可容忍的缺点结合起来，因此它优于独立淘汰法。当然，确定合适的加权值和指数有时也不太容易（楼允东，1999；Ødegärd et al.，2011）。

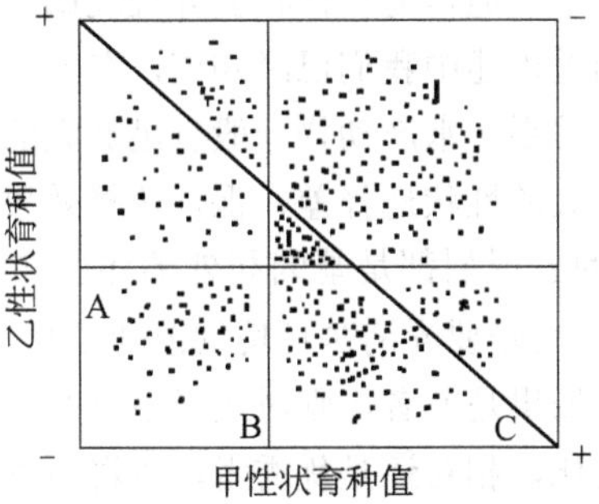

图 8.4　综合指数法选择示意图

图中每个点代表 1 个个体，A 代表乙性状的育种值，B 为甲性状育种值，假定甲、乙性状同等重要，那么 C 线下方的个体全部淘汰。如果甲、乙性状的重要性不同，C 线的斜率会有所变化

8.3.6　影响选择效果的因素和提高选择效果途径

水产动物的选择育种效果，必然受到选择对象的内部因素与选择中面临的各种外因的相互作用和影响。要提高选择效果，研究者就必须全面了解各种可能的影响因素，有针对性地采取一些技术和方法（Reagan et al.，1976；Ødegärd et al.，2011）。

1. 选择对象的内部因素　　在水产动物的育种实践中，我们总是要对某些性状进行选择，因为只有通过性状的表型才能识别控制这些性状的基因。实际上，对某一性状的选择归根结底是对基因的选择。根据基因效应的大小，基因可以分为主效基因（major gene）和微效多基因（minor gene）。主效基因是指具有比较显著作用的遗传基因，即对一个性状起主要作用的基因；微效多基因是指基因的效应是微弱的，需要许多作用相同的基因在一起才能表现出显著的效应。

可利用的遗传变异是水产动物选择育种的基础。在水产动物中，与生产性能相关的性状多为数量性状，由主效基因及微效多基因控制。对于质量性状，如鱼类的全鳞、青灰体色等一些外显率（penetrance）很高的基因，而且在表型上无差异，进行选择就相对较容易。但如果基因的外显率很低，或者在表现型上易变，要取得对这类性状的成功选择就不只是凭个体的表型那么简单，还必须考虑其上下代和旁系亲属的表型，把这些因素全部结合起来，才能取得选择的成功。

等位基因的相互作用称为基因的超显性（superdominance）。超显性作用经常会使后代某些性状平均值超过亲代同一性状的平均值，也就是杂合型的表型总比纯合基因型的表型好。由于超显性的杂合性，人们就不可能把超显性性状固定，因而不可能把一些超显性的基因组合到一个优良品种内。如果从杂合体的后代中选择在某些性状具有最高表型值的个体，则所选择的肯定都是杂合体，用它们配种繁殖不可能培育出纯系，但是可在育种中利用种内品系间的杂交优势来进行遗传改良。

影响选择效果的另一个重要因素是遗传力大小。鱼类的经济性状不同，其遗传力大小也不同：大于 0.4 为高遗传力，0.2～0.4 属中等遗传力，小于 0.2 为低遗传力。

2. *人为因素*　人们在选育中一般认为个体大、体型漂亮、颜色鲜艳等外观特征就是优良性状的表现，希望使这些性状得到遗传和巩固。但是在选择中如果只注重高表现型，就有可能将大量的杂合子留下来，因为杂合子的表型往往比纯合子好。由于选择了大量的杂合子，势必降低纯化效果，无意识地使杂合型占了优势。对于一些群体较大的种类，靠较高的杂合度维持其良好的生产性能，需要考虑保留高度的杂合性。

在影响选择效果的三大因素中，遗传力和性状变异程度属于选择对象的内部因素，选择强度则体现为人为因素。从前面的相关论述中我们已经知道，在一定范围内，选择强度与留种率呈直线对应关系，与选择差呈正相关关系。水产动物一般有足够大的选择基数，可以采用较大的选择强度与较低的留种率，以保持较大的性状选择差，保证选择效果（Gjedrem and Rye，2018）。

3. *生态环境*　任何生物的表现型都是基因和外部环境共同作用的结果。当环境因素改变时，其表型值也会随之改变。重要的是要弄清楚环境的改变是使种群的表型值按一定的比例增减，还是有的增减多、有的增减少。如果是前者，则对选择不会有什么影响，因为在这种环境下选出的是优秀者，则不管环境如何变化，相对还是优秀者，种群所处的生态环境就不是那么重要了。但实际情况却有可能是后者，即在优秀条件下选择出来的卓越个体到了较差条件下的表型反而不如在原条件下表现一般的个体。这就说明，某些基因存在基因型与环境的互作，即某些基因型适合于这一种环境条件，而另一种基因型可能适合另一种环境条件。有研究表明，基因型与环境的互作情况因性状的不同而不同。遗传与环境互作的原因，是因为性状的表现是受一系列生理生化过程制约的。在一种环境条件下，控制某个生理生化过程的基因起主导作用，而在另一种环境下，控制另一种生理生化过程的基因起主要作用。例如，对鱼类的生长速度的选择，在饵料不足的条件下，饵料利用能力起主要作用；而在饵料充足时，摄食量的作用大大增强。因此，在饵料充足条件下对生长速度进行选择，主要是选择摄食量；而摄食量最大的个体在饵料不足的条件下，其生长速度有可能还不如食量较小但饵料利用率高的个体。

4. *合理地利用育种原始群体*　在进行选择育种时，首先必须有优良的育种材料，也就是要在优良的品种或自然种群中进行选择，因为它们的基础好或具备可遗传的各种优良性状。在优良品种中选拔出具有特色的优良个体，就是优中选优，往往就能达到最佳、最准确的效果。引进的品种常常受环境的影响、自然杂交或品种本身突变而形成丰富多样的变异类型，而这些变异新类型就是优良的原始选择材料。

5. *在最适宜的选择时间选择*　在选择过程中，研究者必须对选育对象的生长和发育做仔细的观察测量并认真记录。如果在某发育时期发现优良变异类型或性状，研究者都必须及时地做好标记和记载以备查阅，以免因为疏忽记录而造成选育时间的延长或选育结果不理想，导致人力、物力的浪费。例如，一般养殖鱼类在 1～2 龄时，其生长速度、抗病力、成活率等性状的表现最佳，所以人们在对这些性状进行选择时就必须准确把握住这 1～2 龄的生长旺盛时期进行选择，有可能选出符合选择目标的优良品种。对抗病性状选择时应该在病害严重流行季节、病害发生率最高的时期进行，通过仔细观察水产动物不同发育阶段对这些病害的抵抗力，才能最终选择出对某种致病菌具有抗性的品种（范兆廷，2005）。

6. *选择的标准*　水产养殖上一般要求一个品种具备优良的综合性状。如果某品种只是单一性状比较突出，而其他性状并不理想，也很难成为广泛应用的养殖品种。这就需要对选择对象做全面分析，明确其基本优点和存在的主要缺点，确定哪些优良性状是要保持和提高的，哪些不良性状必须改进和克服。例如，荷包红鲤适应性强、食性广、肉中含脂量高，缺点是抗病力弱、起捕率低。中国水产科学研究院淡水渔业研究中心以提高抗病力和起捕率为目标，从荷包红鲤与元江鲤杂交后代中选育出抗病力强、生理代谢快、饲料系数低、空壳率和含肉率都高的新品种“建鲤”。

选择标准应根据水产动物的种类特点、消费用途和育种目标，尽可能在育种开始时就明确具体。例如，许多水产动物可用产量高低作为生产经济效益的指标；但对于生长速度与肉质的鲜嫩程度呈负相关的水产动物类，则要考虑把肉质的质量作为性状选择标准（Gjedrem，1997）。选择标准还应定得适当，当选择标准定得太高时，则入选个体太少，选择压力过大可能影响对其他性状的选择，致使多数综合性优良的个体落选；当标准定得太低时，则入选个体太多，工作量加重，遗传进展缓慢（Gjedrem，2000；Gjedrem and Rye，2018）。

7. *对优势个体进行选择的条件*　对优势个体的选择要在保持原有品种优良特点、养殖条件较好的养殖环境中进行。如果在发生人为混杂或养殖条件过差的养殖环境中进行，则由于品种的优良遗传潜能不能顺利地表达出来而达不到选择目标。对个体选择要在均匀一致的生长条件下进行，保证能正确鉴别个体间遗传的差异，挑选出遗传性状优良的优势个体。因为品种性状的表现是基因型和环境条件共同作用的结果，如果养殖水环境等客观养殖条件欠佳，管理条件不一致，就有可能使遗传性状不优良，却偶然得到优势条件的个体因一时表现好而当选；也可能因环境条件差，使具有优良遗传性状的个体未能表现出优良性状而落选。

8. *选择个体的数量和时期*　选择育种是建立在自然变异的基础上，可遗传变异的频率不是太高，出现优良变异的概率更小，因此供选的群体越大，供选择的个体数量越多，则成功的可能性越大。但选择的个体的具体数目，则需视具体情况而定。如果育种者对品种习性和性状非常熟悉，育种经验丰富，观察鉴别能力强，可以适当少选一些个体。如果为了改良品种的某些性状，而这些性状的变异又不十分明显时，就要利用较大量的个体进行选择。

为了提高选择的准确性，研究者要在水产生物的生长发育过程中多看、精选。因为品种的不同性状是在不同生长发育时期和不同条件下所表现出来的表型，因此必须在性状表露最明显的时期进行观察和选择。例如，对饲料转化率的选择需在饱食的条件下进行；对生长速度的选择，在幼鱼、稚鱼期和二龄之前比在成鱼期的选择效果好；对体色的选择则需在成鱼阶段进行，因为幼鱼的体色表现还不充分。由于选择育种观察鉴定的材料来源于同一品系，个体间的差异往往不是特别大，优劣不易识别。因此，对选育的目标性状要做细致观察和测量，做到精心选择（张兴忠等，1988；范兆廷，2005；Ødegärd et al.，2011）。

第四节 水产动物选择育种实例

如上所述，选择育种是历史悠久的传统选育方法，直到现在它还具有很强的生命力。实际上，选择育种对很多水产生物都很有效果，通过单独使用或与其他方法结合，国内外已经选育了许多水产优良品种，为淡水和海水养殖发挥了重要的作用。下面简要介绍一些主要利用选择育种而获得的优良水产养殖品种。

8.4.1 道氏虹鳟

美国华盛顿州立大学的道纳尔逊教授（Donaldson）最早从 1949 年开始对上溯到华盛顿州立大学内河中的野生虹鳟进行了长达 23 年的群体选择和个体选择，选育目标是提高生长速度、提早产卵和增加怀卵量。选育方法是选出生长快、产卵早和怀卵量多的个体，如此逐代选择，直至达到育种目标。经过多年精心选育，他育成了生长快、早熟、怀卵量高、耐寒性强和高产的“超级虹鳟”（图 8.5）。“超级虹鳟”与未选择的野生虹鳟相比，在二龄时产卵量几乎增加 100%，一龄鱼的体重增加了一倍（Donaldson，1969）。这是鱼类早期遗传育种研究依据传统选择育种取得重要进展的经典代表。我国引进该品种在国内养殖（引进品种编号：GS-03-007-1996），养殖结果表明该虹鳟品种生长快，孵化后 20 个月平均体重达 2250g。其生长特点是当年鱼养成过程中，绝对增长前期慢于后期，而相对增长前期快于后期。相对生长速度在 8 月龄以前较快，月增重率为 90%～152%。在 5 月龄前，生长速度以长度增加较快、体重的增加较慢；在 5 月龄后，长度和体重的增长同时加快；8 月龄后则以体重增加为主（楼允东，1999）。

图 8.5 道氏虹鳟（“超级虹鳟”）

8.4.2 建鲤

建鲤是研究者利用荷包红鲤和元江鲤作为亲本，采用家系选育、多系杂交和雌核生殖技术相结合的综合育种技术和快速育种方法育成的鲤优良新品种（育种单位为中国水产科学研究院淡水渔业研究中心，图 8.6），是农业部全国水产原、良种审定委员会首批审定的水产优良品种（编号 GSOl-004-1996）。其主要优点：生长快，体型优，青灰色，肉质、肉味好，饲料转化率高，性温顺，易驯养，易起捕，适应性、抗逆性强，适宜全国各地及各种养殖方式饲养。建鲤遗传性状稳定，无须杂交制种，能普遍增产 30%以上，在全国推广取得了显著的经济效益和社会效益（范兆廷，2005）。

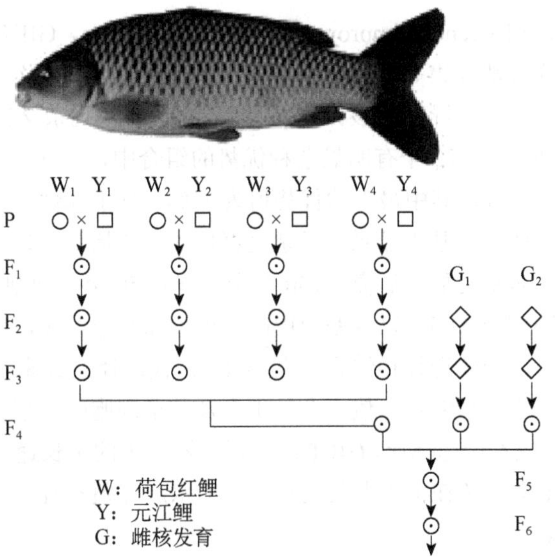

图 8.6 建鲤（上图）及其培育中所采用的技术路线（下图）

8.4.3 中国对虾“黄海 1 号”

中国水产科学研究院黄海水产研究所和山东省日照市水产研究所，于 1997 年从海捕的中国对虾亲虾中筛选经检疫证明无特定病原（对虾白斑综合征，WSSV）的个体，作为亲本来源进行育苗、养成和选育。研究者采用个体选择方法，逐代选择个体大、健壮的个体，每代冬、春两次选择，每代总选择强度为 1%～3%，每代用于育苗的亲虾 500～1000 尾，选择至 2003 年，获第 7 代中国对虾“黄海 1 号”（GS-01-001-2003）（图 8.7）。该品种生长速度快，比对照群体体长增长 8.4%、体重增长 9%，抗逆性强，发病率低至不足 10%（对照池发病率 30%～40%）。同野生群体相比，其遗传多样性明显降低，有较大程度的纯化。该品种的养成中间试验表明，平均产量为 2745～2775kg/hm^2，受到养殖者欢迎，在我国北方沿海对虾养殖区均可养殖（范兆廷，2005）。

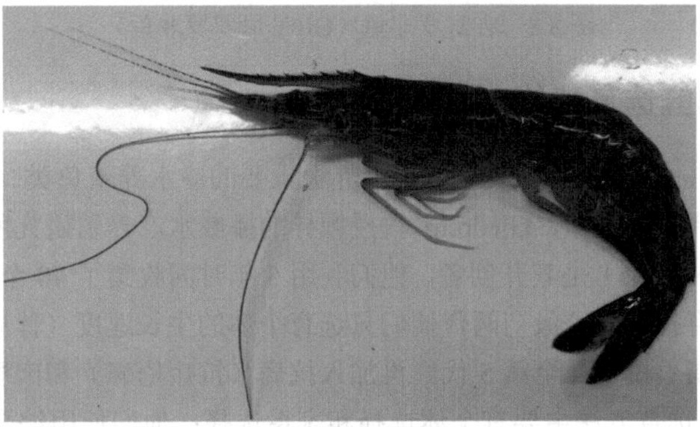

图 8.7 中国对虾“黄海 1 号”

8.4.4 吉富罗非鱼

罗非鱼是联合国粮农组织（FAO）向全世界推荐养殖的鱼类之一。为改变亚洲罗非鱼经济性状严重退化的问题，1988 年世界鱼类中心、挪威水产养殖研究所和菲律宾渔业研究机构共同开展了养殖罗非鱼遗传改良计划（genetic improvement of farmed tilapia，GIFT）。1988—1989 年间，该计划分别从非洲及菲律宾等地收集 8 个尼罗罗非鱼品系，通过形态学及蛋白质电泳、线粒体 DNA 分析了不同品系的遗传背景与差异性。该计划采用完全 8×8 双列杂交试验，在 8 种不同的试验环境中饲养尼罗罗非鱼 90d，在 22 个有明显杂种优势的组合中，只有 7 个组合的性能比最好的纯系（肯尼亚品系）表现得更好，其中最大的优势值为 11%。基于加性遗传方差的选择育种计划被确定为优先的育种策略。研究者基于品系内及杂交群体的生长情况，选择 25 个表现最好的群体组成一个混合的基础群，对基础群的后裔（150 个全同胞和 50 个半同胞）进行个体标记，并在 7 种不同的测试环境下共同饲养 90d，以普遍使用的以色列品系作对照，估计遗传参数。具体的选育方法是家系选择与家系内个体选择相结合；在第 1～3 代选择生长速度，从第 4 代开始将雌性早熟比例加入选择目标；实验鱼的育种值由个体本身及其全同胞的表型记录来进行估计，并对估计育种值进行排序。在完成 6 代选择后，GIFT 品系尼罗罗非鱼的生长速度比基础群体提高了 85%（Gjedrem，2012）。GIFT 罗非鱼在世界尤其亚洲国家的水产养殖和脱贫事业中产生了重大的经济效益和社会效益（图 8.8）。

在 GIFT 品系推出以后，挪威育种机构 Norfima 与中国公司合作，在广东和海南又继续在 GIFT 品系的基础上选育了 6 代，并比较了网箱、土池、淡水和咸水等养殖环境下的养殖效果，选育性状为生长速度和出肉率。选育得到了可观的效果，累计平均体重增加了 200g 以上，平均每一代的选择效应为 8%，每代近交系数约 5%（Thodesen et al.，2011）。

图 8.8　吉富罗非鱼（GIFT 尼罗罗非鱼）

8.4.5　大西洋鲑选育群体

大西洋鲑（*Salmo salar*，俗称三文鱼）是世界上重要的冷水养殖鱼类。自 1971 年起，挪威开始对大西洋鲑进行选择育种工作，Gjedrem 教授领导的挪威水产养殖研究所（后改名挪威水产养殖和食品研究所，即 Nofima）是其开创者。他们利用 5 年时间收集了 40 个水系的大西洋鲑样本，构建基础群体，确定育种目标。最初两代他们只选育个体的生长速度（体质量）；至第 3 代，将性成熟年龄加入选择指数模型；至第 5 代，再加入抗病（抗疖疮病）和肉质性状（脂肪含量、脂肪分布和肌肉颜色）。选育方法主要有个体选择和家系选择；他们使用综合选择指数法对留种个体进行选择，选择指数的加权值由性状的方差、遗传力和经济重要性决定。

在大西洋鲑饲养和配种中，育种工作者采用 1 尾雄鱼与 3～5 尾雌鱼配种的策略，培育了许多全同胞和半同胞家系。育种值的估计主要通过家系均值进行，所有选育个体与商品群体尽可能保持一致的饲养环境。经过 5 代选育之后的遗传进展：选育群体的生长速度比野生群体快 77%，即每代至少增加遗传进展 15%；饲料转化率性状上，选育群体的料肉比为 0.86，显著低于野生群体的料肉比（1.08）（图 8.9）。为了维持大西洋鲑选育群体的优良经济性状，挪威现在每年仍测试和配组大量的家系。据挪威育种机构 AquaGen AS 估算，每年的测试成本与选育群体商业养殖产量（约 22 万吨）的产值之比（即每年育种的投入产出比）高达 1∶15（Gjedrem，2010）。

图 8.9 大西洋鲑选育群体（AquaGen AS）

8.4.6 团头鲂“华海 1 号”

团头鲂“华海 1 号”的选育单位为华中农业大学、湖北百容水产公司。团头鲂亲本来源为湖北梁子湖、淤泥湖和江西鄱阳湖的野生群体，在研究者评估遗传多样性的基础上，繁育子代作为选育基础群体。选育主要性状为生长速度和成活率。选育方法采取家系选育和群体选育相结合，研究者分析评估个体育种值、性状遗传力、性状遗传相关和表型相关等参数，充分提高选育的效应值。研究者从 2009 年开始选育 F1，连续 4 代选育，选育压力分别为 0.03%、0.2%、0.16%、0.04%，培育成遗传稳定、生长快、成活率高的团头鲂养殖品种（国审水产良种编号 GS-01-001-2016）（图 8.10）。在生长速度上，一龄鱼比未经选育群体快 24.3%～30.6%，二龄鱼比未经选育群体快 22.9%～28.7%；在成活率上，一龄鱼比未经选育群体高 22.2%～32.6%，二龄鱼比未选育群体高 20.5%～30.0%（王卫民等，2018）。团头鲂“华海 1 号”是继“浦江 1 号”（上海海洋大学李思发教授团队）之后的又一个团头鲂优良养殖品种。

图 8.10 团头鲂“华海 1 号”

8.4.7 大口黑鲈“优鲈 1 号”

大口黑鲈俗称加州鲈，是我国的引进养殖品种之一，然而在养殖生产中出现了生长速度下降、性早熟等现象，制约了该品种养殖产业的发展。中国水产科学研究院珠江水产研究所以国内的 4

个养殖大口黑鲈群体作为基础群体，从 2005 年开始群体选育，目标性状是生长速度和体型；每个世代在 4 月龄和 9 月龄进行选择，选留体长/体高比值在 3.0～3.2，体长/尾柄长比值在 5.5～7.0 的健壮个体，选择率为 5%～10%；经 5 代连续选育获得大口黑鲈“优鲈 1 号”（水产新品种登记号 GS-01-004-2010）（图 8.11）。该品种的生长速度比普通大口黑鲈快 17.8%～25.3%，体型好，高背短尾的畸形率由 5.2%降低到 1.1%，适宜在我国南方地区淡水水域进行池塘主养或套养、网箱养殖（白俊杰和李胜杰等，2013）。由于该品种的市场前景较好，近年来中原以及部分北方地区也开始养殖“优鲈 1 号”，全国养殖产量逐年增加，经济效益良好。

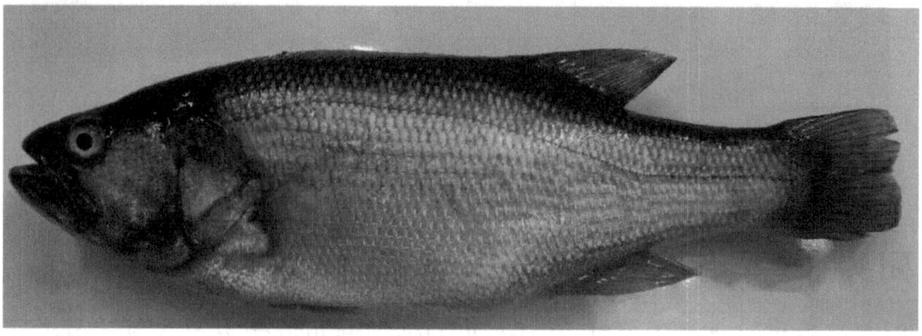

图 8.11　大口黑鲈“优鲈 1 号”

8.4.8　三角帆蚌“申紫 1 号”

颜色是评估珍珠质量的六大指标之一，显著影响珍珠价值，如名贵的金色珍珠、黑色珍珠。我国三角帆蚌培育的淡水珍珠产量高，所产珍珠以白色为主，紫色珍珠产量稀少、价格较高。贝壳珍珠质颜色与所育珍珠颜色显著相关。从 1998 年起，上海海洋大学开始从鄱阳湖、洞庭湖收集紫色内壳的三角帆蚌基础群体，以贝壳珍珠质深紫色、个体大为选育指标，经连续 5 代选育，培育出产优质紫色珍珠的三角帆蚌“申紫 1 号”新品种（水产新品种登记号 GS-01-011-2017，图 8.12）。该品种最大特点是贝壳珍珠质呈深紫色，紫色个体比例达 95.6%，插珠 18 个月后，所育紫色珍珠比例达 45.8%；在相同养殖条件下，与未经选育的三角帆蚌相比，所育紫色珍珠比例提高 43.0%以上。该新品种的培育实现了稀有紫色珍珠定向培育和批量生产，丰富了珍珠产品种类，产生了显著的经济价值。

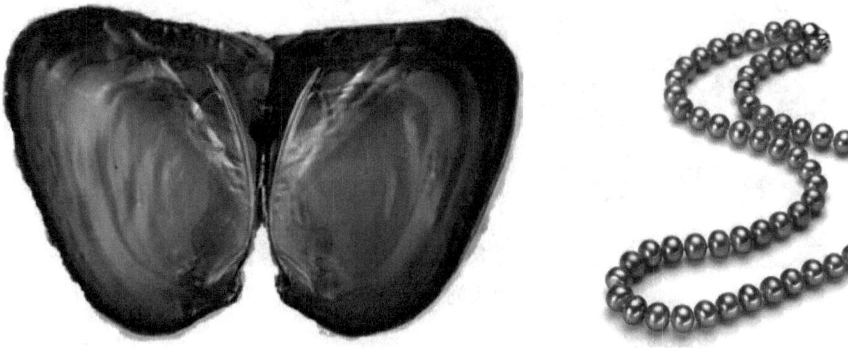

图 8.12　三角帆蚌“申紫 1 号”（左）与所产紫色珍珠（右）

（童金苟，俞小牧，王新华）

复习思考题

1. 生物的性状通常分为哪几类？他们之间有什么区别？

2. 自然选择的三要素是什么？它们之间的关系如何？自然选择与人工选择的区别有哪些？列举人类通过选择育种而驯化成功的2～3种动物和2个以上的鱼类品种。

3. 何为选择反应？影响选择反应的因素有哪些？

主要参考文献

白俊杰，李胜杰等. 2013. 大口黑鲈遗传育种. 北京：海洋出版社.

范兆廷. 2005. 水产动物育种学. 北京：中国农业出版社.

姜鹏，韩林强，白俊杰，等. 2018. 草鱼生长性状的遗传参数和育种值估计. 中国水产科学，25：18-25.

李镕，白俊杰，李胜杰，等. 2011. 大口黑鲈生长性状的遗传参数和育种值估计.中国水产科学，4：766-773.

楼允东. 1999. 鱼类育种学. 北京：中国农业出版社.

马爱军，王新安，雷霁霖. 2009. 大菱鲆（*Scophthalmus maximus*）不同生长阶段体重的遗传参数和育种值估计. 海洋与湖沼，40：187-194.

唐瞻杨，陈文治，罗永巨，等. 2015. 尼罗罗非鱼（*Tilapia nilotica*）不同月龄数量性状遗传力估计. 海洋与湖沼，46：1180-1185.

王卫民，高泽霞，刘红，等. 2018. 团头鲂"华海1号". 中国水产，（5）：65-70.

王晓清，王志勇，何湘蓉. 2010. 大黄鱼40日龄体长和体重遗传力估计. 集美大学学报（自然科学版），15：7-10.

吴清江，桂建芳. 1999. 鱼类遗传育种工程. 上海：上海科学技术出版社.

杨纪珂. 1979. 数量遗传学基础知识. 北京：科学出版社.

曾聪，曹小娟，高泽霞，等. 2014. 团头鲂生长性状的遗传力和育种值估计.华中农业大学学报，33：89-95.

张兴忠，仇潜如，陈曾龙，等. 1988. 鱼类遗传育种. 北京：中国农业出版社.

Barría A，Trinh TQ，Mahmuddin M，et al. 2020. Genetic parameters for resistance to Tilapia Lake Virus（TiLV）in Nile tilapia（*Oreochromis niloticus*）. Aquaculture，522：735126.

Chevassus B. 1976. Variability and heritability of growth performances in Rainbow-trout（*Salmo-gairdnerllrichardson*）. Annales de Genetique et de Selection Animale，8（2）：273-283.

Donaldson LR. 1969. Marine Aquaculture. Corvallis：Oregon State University Press.

Fu JJ，Shen YB，Xu XY，et al. 2016. Genetic parameter estimates for growth of grass carp，*Ctenopharyngodonidella*，at 10 and 18 months of age. Aquacultue，450：342-348.

Gall GAE，Gross SJ. 1978a. Genetic analysis of performance of 3 Rainbow-trout broodstocks. Aquaculture，15（2）：113-127.

Gall GAE，Gross SJ. 1978b. Genetics studies of growth in domesticated Rainbow-trout. Aquaculture，13（3）：

225-234.

Gjedrem T. 1997. Fresh quality improvement in fish by breeding. Aquaculture International，5：197-205.

Gjedrem T. 2000. Genetic improvement of cold-water fish species. Aquaculture Research，31：25-33.

Gjedrem T. 2010. The first family-based breeding program in aquaculture. Reviews in Aquaculture，2：2-15.

Gjedrem T. 2012. Genetic improvement for the development of efficient global aquaculture：a personal opinion review. Aquaculture，344-349：12-22.

GjedremT，Robinson N，Rye M. 2012. The importance of selective breeding in aquaculture to meet future demands for animal protein：a review. Aquaculture，350-353：117-129.

Gjedrem T，Rye M. 2018. Selection response in fish and shellfish：a review. Reviews in Aquaculture，10：168-179.

Gunnes K，Gjedrem T. 1978. Selection experiments with salmon：Ⅳ. growth of Atlantic salmon during two years in sea. Aquaculture，15（1）：19-33.

Kanis E，Refstie T，Gjedrem T. 1976. A genetic-analysis of egg，alevin and fry mortality in salmon（*Salmo salar*），sea trout（*Salmo trutta*）and rainbow trout（*Salmo gairdneri*）. Aquaculture，8（3）：259-268.

Kirpichnikov VS. 1981. Genetic basis of fish selection. Heideberg：Springer-Verlag.

Kube PD，Taylor RS，Elliott NG，et al. 2012. Genetic variation in parasite resistance of Atlantic salmon to amoebic gill disease over multiple infections. Aquaculture，364-365：165-172.

Lynch M，Walsh B. 1998. Genetics and analysis of quantitative traits. New York：Sinauer Association Inc.

Nielsen HM，Ødegård J，Olesen I，et al. 2010. Genetic analysis of common carp（*Cyprinus carpio*）strains I：genetic parameters and heterosis for growth traits and survival. Aquaculture，304：14-21.

Ødegärd J，Baranski M，Gjerde B，et al. 2011. Methodology for genetic evaluation of disease resistance in aquaculture species：challenges and future prospects. Aquaculture Research，42：103-114.

Prchal M，Bugeon J，Vandeputte M，et al. 2018. Potential for genetic improvement of the main slaughter yields in common carp with *in vivo* morphological predictors. Frontier in Genetics，9：283.

Reagan RE，Pardue GB，Eisen EJ，et al. 1976. Predicting selection response for growth of channel catfish. Journal of Heredity，67（1）：49-53.

Refstie T，Stein TA. 1978. Selection experiments with salmon：Ⅲ. genetic and environmental sources of variation in length and weight of Atlantic salmon in freshwater phase. Aquaculture，14（3）：221-234.

Tan GP，Lv WH，Sun ZP，et al. 2020. Heritability and quantitative trait locus analyses of intermuscular bones in mirror carp（*Cyprinus carpio*）. Aquaculture，515：734601.

Thodesen J，Rye M，Wang YX，et al. 2011. Genetic improvement of tilapias in China: Genetic parameters and selection responses in growth of Nile tilapia（*Oreochromis niloticus*）after six generations of multi-trait selection for growth and fillet yield. Aquaculture，322：51-64.

Vandeputte M，Kocour M，Mauger S，et al. 2004. Heritability estimates for growth-related traits using microsatellite parentage assignment in juvenile common carp（*Cyprinus carpio* L.）. Aquaculture，235：223-236.

Wang XA，Ma AJ. 2019. Genetic parameters for resistance against *Vibrio anguillarum* in turbot *Scophthalmus maximus*. J Fish Dis.，42：713-720.

第九章　杂 交 育 种

第一节　杂交育种基本原理

杂交育种通过选择不同父母本，将父母本杂交，形成具有杂种优势的杂交后代群体。具有杂种优势的杂交后代群体既可直接利用，也可通过进一步选育，获得具有父母本优良性状，且不带有父母本中不良性状的新品种。杂交育种可以将父母本不同优良性状聚合于一体，或将父母本控制同一性状的不同微效基因积累起来，从而获得杂种优势。杂交育种是培育养殖鱼类新品种的重要途径之一，杂交育种的亲本通常经过了 2 至 4 代选育，杂交产生的子代通常不具备繁育能力。2019 年统计数据显示，全国水产原种和良种审定委员会审定了 110 个鱼类新品种，其中 42 个是采用杂交育种技术培育的新品种，这表明杂交育种在我国水产遗传育种中的重要作用。

9.1.1　杂种优势

杂种优势（heterosis）是指不同种类、品种、品系间杂交产生的杂种后代，其生活力、生长势和生产性能在一定程度上优于两个亲本纯繁群体的现象。研究者迄今尚未完全揭示杂种优势的遗传机制，以下是几种比较常见的解释。

显性说（dominant hypothesis）认为多数显性基因是有利基因，而大多数有害基因是隐性基因，显性基因可以抑制和掩盖隐性基因并且在杂种后代中产生累加效应。如果两个种群各有一部分显性基因且调控的性状有所不同，则杂种后代可表现出显性基因的累加效应。

超显性说（over dominant hypothesis）认为杂种优势来源于双亲基因的异质结合后等位基因间的相互作用，具有不同调控作用的一对等位基因相互激活，使杂种后代中的杂合子在生活力和适应性等方面的表现比纯合子都更优越。

上位说（epistasis hypothesis）认为杂种优势来源于各种非等位基因之间的相互作用，杂交增加杂种后代群体非等位基因的杂合程度，非等位基因间互作加强，使杂种后代优于双亲。

遗传平衡说（genetic equilibrium hypothesis）认为杂种优势不能用任何一种单一的遗传原因解释，也不能用某种遗传因子相互影响的形式加以说明；而更倾向于认为这种现象是各种遗传过程相互作用的总效应。

综上所述，根据遗传因子相互影响的任何一种方式而提出的假说均不能作为杂种优势的一般理论，而只是其中一部分（张劳，2003）。虽然杂种优势已经被广泛接受与应用，但是其遗传机制亟待研究与系统阐释。

9.1.2　杂交育种的分类

根据育种目的的不同，人们将杂交育种分为育成杂交和经济杂交。育成杂交用两个或两个以上的品种进行杂交，在后代中选优固定，其目的是获得新品种。经济杂交是指利用不同遗传类型的亲本通过杂交产生的具有杂种优势的 F1 代进行生产的一种育种方式，其目的是充分利用杂种优势。经济杂交所产生的 F1 代只可利用一次，F1 代所产生的后代不能再作为亲本进行繁殖，如二元杂交、三元杂交、四元杂交、轮回杂交、顶交、近交系杂交等。

根据选取的亲本之间亲缘关系的远近，杂交育种又可分为种内杂交育种和远缘杂交育种。种内杂交育种指不同品系、不同品种、不同生态类型、不同种群的个体进行交配、繁育后代，以获取杂种优势（经济杂交）或育成新品种（育成杂交），如“丰鲤”“荷元鲤”“岳鲤”“芙蓉鲤”“三杂交鲤”“颖鲤”“建鲤”等就是通过鲤种内杂交而获得的新品种。远缘杂交育种是不同种、不同属、不同亚科、不同科甚至不同目的生物个体间进行交配、繁育后代，以获得杂种优势（经济杂交）或育成新品种（育成杂交）。如“兴国红鲤”和草鱼都属于鲤科，但“兴国红鲤”属于鲤亚科，草鱼属于雅罗鱼亚科，“兴国红鲤”和草鱼的杂交后代的体形近似草鱼，染色体组为 $4n$（148，异源），经过 5 代选育后育成抗病杂种后代，其抗病力比草鱼高 54.69%，生长比草鱼快（刘焕亮，2000）。种内杂交育种选取的双方亲本并无生殖隔离，往往可进行自然交配，亲合力强，成功率高；而远缘杂交育种的双方亲本在自然界中往往存在生殖隔离，无法进行自然交配。

9.1.3 杂交育种的方法

1. *增殖杂交育种*　　增殖杂交育种是指经过一次杂交之后，从杂种子代筛选优良个体交配，从繁殖后代中选育新品种的育种方式。这种只涉及一次杂交和两个群体的交配也称为单交，其后代称为单交种。当两个群体杂交所产生的后代能综合双亲的有益性状并能作为下一代的亲本时可以采用这种育种方法。这种育种方式主要特征是增殖杂交的同时需要在杂种子代自交群体中进行选择育种，因为从 F2 代起，基因的自由组合不仅可以形成具有双亲优良性状的后代，也可以形成具有双亲缺点的后代，若不进行选择，长期近交的结果必然导致隐性有害基因的显现和扩散，并使具有双亲优良性状的后代逐代减少，以至消失。反之，选择育种则可保留双亲优良性状并逐步改变基因频率，使优良性状的基因逐步纯合并得以稳定。如“建鲤”就是“荷包红鲤”与“元江鲤”通过增殖杂交育种获得的新品种，是经过 4 代家系选育，再与子 2 代的连续雌核发育后代杂交育种形成的杂种后代。

2. *回交育种*　　利用杂交子代与亲本之一进行交配，以期获得加强杂种世代某一亲本性状的育种方法，称为回交育种，而通过这种方式产生的后代常称为回交杂种。在生产实践中，如果想将某品种 B 的性状引入另一群体 A 中时常采用回交育种。值得注意的是，回交也受分离、自由组合和连锁互换规律的支配，因此，回交杂种后代并不是所有个体都保留了期待引入的优良性状，必须对回交杂种群体进行严格筛选，获得那些既有引入的优良性状又具备一定的自身优良性状的回交杂种个体作亲本，进一步回交培育品种。若要将两个品种的优良性状综合在一个新品种中，往往还可以将这两个品种的杂交子一代先与一个亲本回交，然后将第 1 代回交杂种再与另一亲本回交，如此交替回交几代，既能极大地避免近亲交配又能使双亲的优良性状较好地综合，这种称为交替回交育种（图 9.1）。例如，苏联的“尼夫昌斯基鲤”就是由生存力强的“罗普莎鲤”与高产的“乌克兰鲤”杂交子 1 代回交，然后再与“乌克兰鲤”回交两世代，进而选育出来的新品种（吴仲庆，2000）。

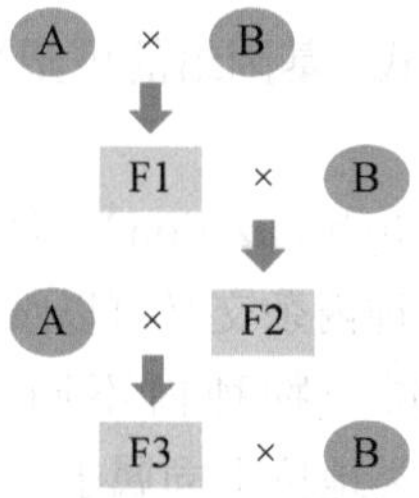

图 9.1 交替回交育种的示意图

A 表示拟接受引入性状的原种群体；B 表示携带引入性状的品种；F1、F2、F3 分别代表杂交后代群体

3. 复合杂交育种 通过杂交将三个或三个以上品种或群体的优良性状综合传递到杂交后代，产生杂种优势或培育新品种的育种方法称为复合杂交育种。该育种方法所采用的交配方式不同于上文讲述的单交，而是通过杂交将多个品种的遗传物质进行重组，力求创造更广泛的变异，让多个种群的优良性状有机会组合在一起，形成更优越的杂种后代。根据参加杂交的种群数目多少，复合杂交可以分为三交和双交等。以三交为例，三交是由三个品种之间，先使两个品种杂交得到 F1 代，再用 F1 代与第三个品种杂交，其过程可表示为（A×B）×C→ABC。例如，伍惠生等利用三交育种，将“水泡眼”和“龙背金鱼”杂交，选出“龙背灯泡眼”个体，再与“狮子头”金鱼杂交，形成“虎头龙背灯泡眼”杂交种，最后经几代选留培育而形成具有很高观赏价值的新品种——“虎头龙背灯泡眼”金鱼。双交是由四个种群，先分别进行两次单交，再将两个单交种杂交，双交产生的杂种称为双交种，整个过程可以简示为（A×B）×（C×D）→ABCD。双交的优点是能产生更多的显性优良基因互补和更多的互作类型的杂交后代，从而有更大的概率获得更多杂种优势，既可以利用杂种雌性的优势，也可以利用杂种雄性的优势。

9.1.4 杂交育种的特点

杂交育种以其独特的优势已应用于多种鱼类的选育中，杂交后代通常会在以下几个方面表现出显著优于亲本的性状：更快的生长速度，对寒冷等养殖环境表现出更高的耐受能力，对疾病等表现出更好的免疫能力等。例如，“荷包红鲤”♀与“元江鲤”♂杂交，选育后获得“建鲤”，“建鲤”具备体型优、肉质好、生长快、饲料转化率高、性温顺（易驯养和易起捕）、抗逆能力强等优良性状（张建森和孙小异，2006）。

但是，杂交育种也有局限。育种学家获得了具有杂种优势的品种后，并不一定知道、也无法控制是什么基因在获得的这些新品种中发挥了作用；两亲本间的基因交换和转移重组随机发生，杂交子代群体中会出现大量的不可控变异，亲本优良基因转移的同时，可能也伴随着其他非优良基因的转移，要经过较漫长的严格选育才可能获得同时具备父母本双方优良特性的新品种。因此通过杂交育种培育优良品种，往往需要多次杂交和选育才能得到预期的目的品种，需要较长的育种周期。

第二节 种内杂交

获得杂种优势是杂交育种的主要目的之一，通过杂交进而选育新品种或新品系。鱼类具有体外受精、水中受精和体外发育的生殖方式，基因组的可塑性大，比其他脊椎动物更容易发生杂交，因此杂交被广泛应用于鱼类品种改良。

近缘杂交即种内杂交（intraspecific hybridization），是分类上同属于种目录内的不同品系、不同品种或不同种群的个体之间的交配。种内杂交又可以细分为同一品种内不同个体之间的品种内杂交（intravarietal hybridization）和同一物种内不同品种之间的品种间杂交（intervarietal hybridization）。近缘杂交的亲本来自分类地位上同属于一个种目录下，杂交亲本遗传物质的相容性较强，一般不会出现杂交不孕和杂种不育的情况。尽管近缘杂交的变异幅度不是很大，但如果亲本选择得当、配组合理，仍然可以得到比较理想的育种效果。正是因为亲本间亲缘关系较近，杂种后代可育，种内杂交在育种中被广泛采用。

9.2.1 种内杂交亲本的选择

种内杂交是通过人工选取亲本配对，使一个遗传群体的基因转移到另一个遗传群体。种内杂交在育种中主要具备以下积极作用：增加异质性，产生双亲所没有的某些新性状，产生可利用的杂种优势，综合父母本的优良性状。一般说来，杂交种不会产生完全的新性状，大多数情况下是综合双亲的优良性状后部分地或全部地表现出来，表现程度往往是介于双亲之间的中间状态或杂种优势。

根据育种目标，正确地选择亲本和合理地分组交配是杂交育种成功的关键。亲本的选择和配组时应遵循以下两个原则。

（1）亲本不但要具备突出的优良性状，而且要无明显的生理机能缺陷，特别是无生殖缺陷，如果双方的性状能互补最佳。一个种内有多个品种，或多种地理种群，或多种生态类群，由此可以获得具有明显杂交优势的组合。抗寒的“库尔斯克鲤”就是苏联学者选择“欧洲镜鲤”与黑龙江野鲤杂交培育而成。我国学者选取长江流域的地方品种“兴国红鲤”和黑龙江流域地方品种“散鳞镜鲤”作为亲本进行杂交选育，培育了“丰鲤”。“兴国红鲤”和“散鳞镜鲤”分别生活在温带和亚寒带，具有适应不同气候带的遗传基础，其杂交后代“丰鲤”表现出很强的温度适应的杂种优势。除此之外，“红鲤”杂交亲和力强，容易与其他鲤杂交，杂种大多具有明显的杂种优势，我国学者随后陆续培养了如“荷元鲤”“岳鲤”“三杂交鲤”和“芙蓉鲤”等新品种。在这些品种的培育过程中，科学家逐步总结开发了采用分子标记等技术分析亲本亲和力的方法辅助杂交育种，有助于提高杂交成功率，增强预见性，减少盲目性。

（2）具有相同优良性状的亲本数量丰富，父本和母本之间的生物学差异显著，特别是生态学差异，最好双方的亲和力强、易于交配。双亲性状互补，更有助于性状自由组合后重组产生优良杂种。任何一个好的杂交组合产生的性状要稳定遗传并保持其杂种优势，就需要亲本中调控这些性状的基因处于纯种状态。因此，进行杂交育种时，亲本通常经过 2～4 代的选育，确保亲本的双亲具有稳定的遗传基因型，其杂交后代呈现规律性变化，便于进行遗传分析和预见选择的效果，有利于缩短选育年限。若亲本是杂合型，则杂交后代性状分离程度大、难以进行遗传学分析，将延长选育年限。

9.2.2 近缘杂交育种的应用

我国关于鱼类杂交育种的系统研究始于 20 世纪 50 年代末。1972 年和 1974 年，我国分别在湖北沙市和湖南株洲召开了两次全国淡水养殖鱼类优良品种选育和基础理论研究协作会议，总结了我国鱼类杂交育种工作，强调了种内杂交。这两次会议对鱼类杂交育种的总结与交流，成为了我国鱼类杂交育种研究的里程碑。从此，广大研究人员在全国范围开展了各种鱼类种内杂交育种的探索，取得了显著成效，其中以鲤不同品种间杂交的成果最为丰硕，获得了“丰鲤”“岳鲤”“建鲤”“荷元鲤”“松荷鲤”“松浦鲤”“芙蓉鲤”“三杂交鲤”和“荷包红鲤”抗寒品系等 10 多个具有明显杂种优势的杂交组合。种内杂交育种技术也从淡水养殖鱼类逐步拓展到海水养殖鱼类，科学家已培育出大菱鲆“多宝 1 号”、牙鲆“鲆优 2 号”等优良品种。

9.2.3 近缘杂交育种的优势

近缘杂交在鱼类遗传育种上的应用非常广泛，除了主要用于改良生长速度、提高抗病性和抗逆性等性状外，还用于改善品质、提高起捕率、培育观赏鱼和品种保护等方面。

（1）近缘杂交育种能有效提高生产效率及肌肉营养成分。以“荷元鲤”为例，它的体型介于父母本之间但更偏向于母本，头小、体高、肉厚。一龄“荷元鲤”的空壳率和含肉率分别为 85.5% 和 77.8%；二龄鱼各项指标也均高于作为父母本的“荷包红鲤”和“元江鲤”；第三代杂交鲤的肌肉中粗蛋白的含量为 18.86%，比 F1 代的杂交“荷元鲤”（18.00%）和“镜鲤”（16.85%）都高，肌肉中 10 种必需氨基酸的总含量为 39.74%，也比 F1 代的“荷元鲤”（35.24%）和“散鳞镜鲤”（29.41%）高，这些都表明杂交鲤生产效率高且肉质较优。

（2）近缘杂交育种会提高起捕率。鲤属于底栖性鱼类，具有在水体下层活动的习性，导致生产捕捞时的起捕率很低。为了解决这个生产问题，张建森等曾采用杂交的方法培育新品种，选用在水域中上层活跃的、容易起捕的“柏氏鲤”做父本；选用生长较快、个体较大的“元江鲤”做母本，进行杂交，获得了一种容易起捕的杂交种——“柏元鲤”。文献报道“柏元鲤”在夏花或冬片鱼种阶段的起捕率可达 80%以上，成鱼阶段的起捕率在 70%以上，在较大的水体中也容易起捕，显著高于亲本（张建森和孙小异，2007）。

（3）近缘杂交在观赏鱼新品种的培育上有突出表现。金鱼是起源于中国的观赏鱼，经过长期的自然突变、人工选择和人工杂交后，由野生鲫演化而来，其中人工选择与杂交是形成目前众多形态各异、体型优美、体色绚丽的金鱼品种的主要原因。金鱼培育人员常常选用两种甚至三四种不同的金鱼相互杂交，期待将各个品种的特征集中到杂交后代，培育出新品种（张纯等，2010）。例如，培育人员将“龙眼翻鳃”的金鱼品种与“五花珍珠球”的金鱼品种杂交，培育出“五花珍珠翻鳃龙眼”的金鱼新品种，这种新品种具备了双亲各自独特的龙眼、绒球、翻鳃和珍珠鳞四种性状特征。

（4）近缘杂交育种还应用于濒临绝种的优良品种的抢救。一个典型成功案例是“鹅头红”金鱼品种的抢救。“鹅头红”金鱼全身洁白，只有头顶上部长有一个红色的肉瘤，是消费者青睐的优良观赏品种。“鹅头红”金鱼曾经只剩下一尾雌鱼，面临着绝种。培育人员将两尾雄性红头金鱼品种与这尾“鹅头红”金鱼雌鱼杂交，得到 2000 尾类似红花白虎头的杂交子代，其中部分鱼的尾巴有红点；从这些子代中精选 6 尾的仔鱼饲养至成年，两年后再选取两尾雄性红头和一尾子一代雌性杂交获得子二代群体；再从子二代中选出类似“鹅头红”性状的鱼体进行自群繁育，终于在第三代获得了标准的“鹅头红”金鱼，拯救了濒临灭绝的“鹅头红”金鱼品种。

9.2.4 近缘杂交育种的局限

种内杂交又可分为近亲杂交（近亲交配）和远亲杂交（非亲缘交配）。近亲杂交能显著增加后代中等位基因的纯合率，因此，也会导致某些有害的隐性基因转变为纯合状态，造成近交衰退。近交对养殖鱼类优良种质的影响比较普遍，只有观赏鱼（如金鱼）例外，主要原因在于观赏鱼育种所追求的表型以新奇的体型和体色为目的，畸形和变异之间难于明确区分（楼允东，2006）。此外，近交后的观赏鱼往往经过严格的筛选，这些筛选可能抵偿了近交衰退。

根据经典遗传理论，父母本的亲缘关系越近，等位基因的纯合概率越高，而且发生纯合的基因位点也会越多。为了科学描述近交造成基因纯合化的程度，研究人员引入近交系数的概念（吴仲庆，1985）。近交系数是指个体由于父母本近交所造成的纯合基因位点占原有杂合位点的百分率，有时也用小数表示。在雌雄异体的鱼类中，同胞兄妹连续交配十代，单一基因位点上的纯合率可达 0.886；在半同胞交配中，经过十代交配，单一基因位点上的纯合率可达 0.691。在同步性雌雄同体鱼类中，当自交达到六代时，单一基因位点上的纯合率可达 0.984。有研究报道在虹鳟中研究近交系数与生长、存活率的关联性，发现生长被抑制的程度随近交系数的增加而增强。

此外，近缘杂交育种还存在杂交种再繁殖产生的后代中优良性状消失等局限。如“丰鲤”和“荷元鲤”等通过近缘杂交获得的杂合体，自交后产生分离，优良性状不能遗传给下一代。因此，在实际生产应用中，只能利用杂种当代养殖而不能用杂交种再作为亲本繁育下一代。另外，从生态安全的角度考虑，杂交种养殖的范围也应限定在捕捞干净的池塘等相对封闭的小水体中，严禁将杂交种投放在湖泊和水库等大水面养殖，这是为了避免杂交种逃逸后与其他鱼类杂交，导致这些水体中的原有鱼类种质受到影响。

第三节 远缘杂交

9.3.1 鱼类远缘杂交概述

远缘杂交（distant crossing）是亲缘关系属于不同种的个体之间进行的交配，又称种间杂交，包括不同种、不同属、不同亚科、不同科甚至不同目之间的杂交。远缘杂交将不同物种的基因组组合在一起，使得杂交后代在表型和基因型都发生显著变化，如果远源杂交产生了优异变异，而且这种变异是可遗传的，那么就可能形成新品系乃至新品种。与近缘杂交相比，远缘杂交后代在表型与基因型方面的变化要大于近缘杂交后代。

我国开展鱼类远缘杂交的研究虽然起步较晚，但是以湖南师范大学刘筠院士和刘少军院士领导的团队为代表，主要利用鲤科鱼类开展了长达半个世纪的研究，突破了脊椎动物远缘杂交的禁锢，取得了鱼类远缘杂交基础理论探索与育种技术的重要发现，并进一步拓展到其他鱼类，研制成功多个远缘杂交的新品系乃至新品种，创造了我国鱼类远缘杂交育种研究的辉煌。

目前报道的鱼类远缘杂交主要涉及 3 个目（鲤形目、鲈形目、鲇形目）、7 个科（鲤科、鮨科、鲕科、鲷科、鲇科、胡子鲇科、鲿科）的 40 多种鱼类，其中，淡水鱼类已进行过近百个组合的远缘杂交操作。科间杂交大多数组合都能得到杂种胚胎，但是往往在孵化前死亡，未见有成活的杂种个体。亚科间的杂交大部分都可获得成活的杂种个体，但畸形率高，而且杂交后代的生殖细胞都不能正常分化发育，如鲤与草鱼的杂交无法获得二倍体的杂交种。鲤科的属间杂交有数十个组合。其中 5 个组合鲤×鲫、鲮×湘华鲮、鲢×鳙、草鱼×赤眼鳟、黄尾密鲴×细鳞斜颌鲴已获得的杂交后代能产生有功能的杂种配子。其余的杂交组合虽然都能获得杂交后代，但在鱼苗阶段出现大量畸形，即使部分杂交后代能发育至鱼种阶段，但生长和发育状况等都不正常（王石等，2018）。

造成鱼类种间不亲和的主要原因可能有如下几种：两亲本染色体组的染色体数不同，所携带的基因就有很大差异；虽然有的杂交组合两个亲本的染色体数目相同，但核型有很大差异，因而染色体上所携带的基因有较大的差异；基因组中编码酶的结构或调控基因不同，影响杂交后代酶的结构及表达时时空顺序上的紊乱，导致发育和代谢的不正常；核质不相容。卵子细胞质与精子染色体携带的基因不协调，基因的表达受到抑制或加速，最终导致杂交胚胎发育不正常。

远缘杂交可诱发多倍体。研究者在鲤科鱼类的远缘杂交中已发现有若干组合能产生多倍体杂种。这些多倍体杂种大多含有两份母本染色体组，如草鱼×鲤。鱼类的远缘杂交中也经常发现有单性发育，特别是雌核发育的现象。这可能是由于杂交两亲本不亲和，发育过程中引起染色体组受排斥所致。

一般认为，由于种间生殖隔离的存在，远缘杂交难以产生可育品系。因此，在鱼类远缘杂交研究中，创制两性可育的杂交品系是一项极富挑战的创新研究工作。对鱼类远缘杂交遗传和繁殖规律认识的不足，造成了育种实践中单纯地选择表型优势互补的远缘父母本进行杂交培育杂交种，相当长的时间里远缘杂交育种处于盲目摸索阶段，常常出现杂交后代没有杂交优势，难以形成品系甚至死亡等结果。因此，鱼类远缘杂交育种亟待解析远缘杂交的繁殖规律和遗传机制。

9.3.2 远缘杂交组合与双亲染色体数关系

染色体（chromosome）是遗传物质的载体，主要由 DNA 与组蛋白组成，是生物体遗传特征的直观表现形式。生物的体细胞中染色体数目、组型及倍性是决定其性状的关键因素，是杂交育种研究的理论基础。从染色体水平阐明生物性状，可在一定程度上避免单纯用双亲表型特征互补来设计育种的缺陷。

在远缘杂交育种中，尽管他们亲缘关系较远，但是，当母本和父本的染色体数目相同时，母本的核物质与父本的核物质、母本的核物质与其细胞质、父本的核物质与其细胞质之间存在较好的协调性，因此，实践证明这类父母本杂交产生的杂交种仍然具有较高的存活率。当母本染色体数大于父本染色体数时，在杂交子代中，母本遗传物质占主要地位，杂交子代具有一定的发育潜力。在这类杂交组合中，母本的核物质与父本的核物质、母本的核物质与其细胞质、父本的核物质与其细胞质之间的协调性下降，但染色体整体相容性仍然较好，这类杂交组合产生的杂交种有相当比例的存活率。而当母本染色体数小于父本染色体数时，母本遗传物质不占主要地位的杂交子代的发育能力较差，在这类杂交组合中，母本的核物质与父本的核物质、母本的核物质与其细胞质、父本的核物质与其细胞质之间协调性下降非常显著，这类杂交组合产生的杂交种存活率一般都非常低。

因此，种间杂交组合中，杂交子代中的母本的核物质与父本的核物质、母本的核物质与其细胞质、父本的核物质与其细胞质之间的相容性，不但影响杂交种的染色体相容性等生物学特征，而且直接影响杂交种的存活率，进而直接影响这种组合的远缘杂交育种能否成功。

9.3.3 鱼类远缘杂交形成多倍体的机制

鱼类远缘杂交通常形成多倍体，探索多倍体形成的机制不仅有助于揭示鱼类远缘杂交的遗传机制，而且对于育种实践非常重要。研究者已在多种鱼类远缘杂交的后代中发现了多价配子。目前认为鱼类远缘杂交时多价配子产生的机制可能主要有三种假设，一种认为是第一次减数分裂被抑制，另一种认为是第二次减数分裂被抑制，第三种认为是在减数分裂前细胞染色体加倍。第一次减数分裂抑制即不发生同源重组，仅经过第二次减数分裂将姐妹染色单体平均分入配子中，最终产生的配子完全保留母细胞的染色体。第二次减数分裂抑制则是经过同源重组，两个姐妹染色单体保留在同一配子中。两次减数分裂的抑制现象在植物中报道的较多，主要原因是在两次分裂期无法产生纺锤体（De Storme et al.，2013）。

在减数分裂前染色体加倍也有不同的形式，主要有在减数分裂前进行核内复制（endoreduplication）及在减数分裂前进行细胞融合（cell fusion）。核内复制指在不经历细胞分裂与细胞核分裂的情况下，细胞核内基因组发生复制的现象。核内复制使细胞内染色体数目加倍，是核多倍体化的一种形式，可导致染色体的多个均匀拷贝。核内复制过程在植物和动物中很常见，尤其是在具有高代谢活性的组织中，并且通常发生在终末分化的细胞中。在植物中，内胚核复制常见于发育中的种子的胚乳和子叶，也可发生在整个植物的许多组织中。有学者认为核内复制提供了增加基因表达水平的机制，但是该过程的功能尚未被阐明。

湖南师范大学刘筠院士团队及其合作者以红鲫（*Carassius auratus* red var.）为母本，以湘江野鲤（*Cyprinus carpio* L.）为父本进行杂交，结果在杂交三代（F3）中选育出异源四倍体鲫鲤群体，这是世界上首例通过远缘杂交创制的雌雄两性可育、遗传性状稳定的四倍体鱼品系。在此基础上，他们进一步系统研究并揭示了鱼类远缘杂交品系形成的生物学机制及不同倍性鱼的重要生物学特征。从此，我国鱼类远缘杂交育种研究从摸索阶段迈进基于理论指导的新的发展时期。

红鲫与鲤杂交得到杂交子一代鲫鲤 F1，按照传统的种间生殖隔离理论，鲫鲤 F1“应该”不具备正常繁殖能力，但是，刘筠院士团队却发现该群体中 44.3%的雌性可育，而且雌性个体在繁殖期可以产生成熟的卵子，有 4.7%的雄性个体可以在繁殖期产生呈水样的精液。该团队通过鲫鲤 F1 自交后获得了鲫鲤 F2，更有趣的是，在鲫鲤 F2 群体中发现了少数个体仍然可育，这些可育的雄性个体在繁殖期能产生水样的精液。刘筠院士团队继续筛选与培育鲫鲤 F2 中可育个体自交，通过不断的努力，在鲫鲤 F3 代群体中筛选获得了雌性和雄性均可育的异源四倍体鲫鲤个体（Liu et al.，2001）。这一重要成果是我国乃至国际鱼类远缘杂交育种领域的里程碑事件之一，异源四倍体鲫鲤品系遗传性状稳定，目前已经正常繁育达到 25 代（F25）以上。

通过远缘杂交育种获得异源四倍体鲫鲤品系的同时，研究人员仍有一个重要的科学问题亟待解决：鲫鲤 F2 通过减数分裂产生配子又通过自交形成合子，理应是二倍体，为什么会产生异源四倍体 F3？刘筠院士团队的刘少军等从受精生物学、染色体倍性、性腺发育及性腺染色体特征、配子特性等方面对鲤鲫 F2 个体开展了系统深入的研究。结果发现，鲫鲤 F2 中部分雌性个体能够产生三种大小不同的卵子：一种是直径为 0.2cm 的大卵子，另一种是直径为 0.17cm 的中等卵子，第三种是直径为 0.13cm 的小卵子，成熟卵子中三者的比例分别是 50%、35.9%和 14.1%。研究者进一步分析这些卵子的染色体倍性后发现中等卵子是二倍体，小卵子是单倍体卵子，大卵子是三倍体卵子。同样，在雄性鲫鲤 F2 中也分离到了三种以上的精子，这些精子中的染色体倍性包括单倍体、二倍体和四倍体，精液中三者的比例分别是 40%、48.75%和 2.5%。当鲫鲤 F2 父母本分别产生的二倍体卵子和二倍体精子受精后就会形成四倍体，这也就是产生四倍体鲫鲤的细胞学原理（图 9.2）。除此之外，研究人员还发现鲫鲤 F2 的精巢和卵巢中有特殊的双核精原细胞和卵原细胞，以及成熟精子。这些新发现都能从不同角度解释：鲫鲤 F2 能产生二倍体配子，二倍体配子受精产生合子，合子为四倍体是形成四倍体鲫鲤的遗传基础。研究鲫鲤 F2 产生配子的特征发现：雌性鲫鲤 F2 所产生的成熟卵子数目明显少于其原始母本（红鲫）和雌性四倍体鲫鲤产生的卵子数目，雄性鲫鲤 F2 所产生的精子数目也明显少于其原始父本（鲤）和雄性四倍体鲫鲤产生的精子数目；雄性鲫鲤 F2 只能产生水状精液而雄性鲤和四倍体鲫鲤均产生白色精液，这也说明了鲫鲤 F2 产生的精液中精子含量较少。另一方面，鲫鲤 F2 需要两年才能性成熟，而红鲫和四倍体鲫鲤只需一年就能性成熟。这些都表明鲫鲤 F2 虽然可育，但繁殖能力显著弱于其父母本。刘少军等总结阶段性成果后，指出二倍体鲫鲤杂交鱼产生不减数的二倍体配子是形成杂交四倍体鲫鲤的关键因素（刘少军，2010）。鲫鲤 F2 的配子形成过程中，经历了不发生减数分裂事件，从而产生不减数的二倍体配子，以克服鲫鲤 F2 繁殖能力不足的劣势，进而演化成为在生殖能力方面有优势的四倍体鲫鲤。

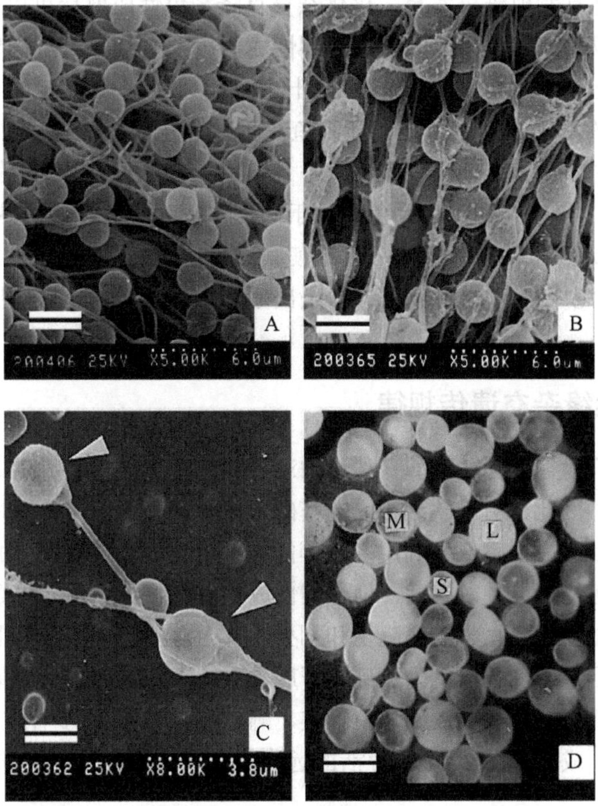

图 9.2　四倍体鲫鲤精子的扫描电镜图与卵子光镜图（引自 Liu S，2001）

A. 从鲤精液中剥离出的精子的扫描电镜图；B. 从四倍体鲫鲤精液中剥离出的精子的扫描电镜图；C. 从一年龄四倍体鲫鲤精液中分离的精子的扫描电镜图，白色箭头示意精子，上面的箭头示意单倍体精子，下面的箭头示意二倍体精子；D. 光镜下观察雌性四倍体鲫鲤产的卵。图中展示了三种尺寸的卵，L 示意大尺寸卵子，M 示意中等尺寸卵子，S 示意小尺寸卵子那么，染色体数目不减半的配子又是如何产生的呢？相关研究还在深入，现有研究提示这与减数分裂前核内遗传物质复制、核内有丝分裂和生殖细胞发生等有关。细胞生物学研究显示部分细胞会发生核内再复制，核内再复制是指细胞多次进入 S 期而没有进入有丝分裂阶段和经历细胞质分裂，这主要是由于细胞进入有丝分裂前被阻止在 G2 期。核内再复制将导致具有不同倍性特征的、特大核的细胞产生。核内有丝分裂与核内再复制相似，但是核内有丝分裂是由于细胞在完成有丝分裂之前被阻止在 M 期，并且导致了具有多叶核的细胞产生，每叶核包含一个二倍体的基因组。随着时间的推移，这些叶片可能会分开并最终形成一个多核细胞。由此推测，鲫鲤 F2 中的生殖细胞在进行减数分裂之前可能进行了不同程度的核内再复制，从而在减数分裂时克服因缺少同源染色体而无法正常联会的现象。

非末端分化细胞在生长过程中都会经历分裂这一过程，但也存在一类在发育过程中进行融合的细胞。两个或两个以上的细胞进行融合，从而允许交换内腔内容物并使得遗传物质加倍，根据细胞融合种类可将细胞融合分为同源细胞融合与异源细胞融合，其中同源细胞融合产生的细胞中来自两个细胞的细胞核大概率会发生融合，并可进行正常的有丝分裂。细胞融合是发育和有性繁殖的基本过程，甚至可能是第一个真核细胞起源的重要途径之一。刘筠和刘少军团队利用四倍体鲫鲤的卵进行雌核发育，获得了雌核发育二倍体杂交克隆系（gynogenetic diploid hybrid clone line，GDH）后代，并且发现雌核发育二倍体杂交克隆系鱼性成熟后可以稳定地产生二价配子。红鲫与鲤杂交得到的四倍体 F3 代在一年龄达到性成熟；雌核发育二倍体杂交克隆系鱼却需要两年性成熟，其性腺处于发育一期的时间长达十个月。研究者利用延时显微技术（time-lapse microscopy）发现雌核发育二倍体杂交克隆系鱼在六月龄之前，其性腺中只观察到有丝分裂，而在这之后，其性腺中细胞融合现象逐渐增多，最终在其性成熟后，性腺中大部分细胞含有四套染色体。雌核发育二倍体杂交克隆系鱼相比于四倍体鲫鲤，其细胞内缺少同源染色体配对，一般认为其生殖细胞无法正常进行减数分裂，使其染色体加倍是解决这种困局的一种思路，而其自身通过细胞融合完成染色体加倍也的确是出乎想象，但产生这种现象的机制还需进一步研究。

9.3.4 鱼类远缘杂交遗传规律

鱼类近缘杂交符合孟德尔遗传定律，传统的观点认为由于种间生殖隔离，鱼类远缘杂交难以直接形成可育的品系。因此，由于缺乏相应的基础理论指导，在相当长的时间内，鱼类远缘杂交育种研究存在杂交盲目、成功率低和利用率低等问题。通过远缘杂交获得的子代要么无法存活，要么存活率低。即使远缘杂交种能存活，但他们性成熟后性腺无法正常减数分裂产生正常的配子导致无法繁育后代。湖南师范大学刘筠院士和刘少军院士自主培育了世界上首例两性可育、性状稳定遗传的鲫鲤异源四倍体，并以此为突破口开展了系统深入的远缘杂交基础理论研究，通过理论研究的突破又将远缘杂交育种拓展到草鱼、鲢、鳙、鳊、鲴等 10 多种重要经济鱼类 30 多个亚科或属间的杂交育种，成功获得 20 多个存活的远缘杂交 F1 组合，终于掀开了鱼类远缘杂交遗传规律的神秘面纱。

刘少军总结了鱼类远缘杂交的遗传规律，指明父母本的染色体数目是决定鱼类远缘杂交育种成功与否的关键因素（刘少军，2015）。详细规律如下：①当鱼类远缘杂交的母本的染色体数目等于或大于父本染色体数目时，远缘杂交可以获得存活的后代。②当双亲的染色体数目相等时，如以红鲫（2n=100）为母本、湘江野鲤（2n=100）为父本的杂交，可以形成稳定遗传的异源四倍体鲫鲤（4n=200）（图 9.3）。③当母本的染色体数目大于父本的染色体数目时，如以红鲫（2n=100）为母本、团头鲂（2n=48）为父本的杂交，在形成 F1 异源四倍体鲫鲂（4n=148）的基础上，F1 自交可以形成同源四倍体鲫鲂（4n=200）。④远缘杂交鱼产生不减数的二倍体配子是形成四倍体鱼的关键因素，而不减数配子的形成则与生殖细胞核内复制机制有关。⑤当鱼类远缘杂交的母本的染色体数目小于父本的染色体数目时，则难以获得存活的后代，远缘杂交不会成功。

值得注意的是：远缘杂交鱼除了表型发生改变外，基因组结构发生了基因重组、嵌合等事件；同源四倍体鱼以母本基因组为主，父本 DNA 片段插入其中；异源四倍体鱼则是父母本基因组共存；而且嵌合基因可以在四倍体鱼的不同世代稳定遗传，推测其可能降低亚基因组之间的不协调性，并与 DNA 修复、前体 RNA 转录拼接有关；此外，远缘杂交鱼很多基因的表达模式也发生了加性效应、显现效应和超显现效应，而且加性效应随远缘杂交鱼的世代更替而逐步降低，但显现效应和超显现效应在不同世代间逐步增加（Liu et al.，2016；Ren et al.，2019）。

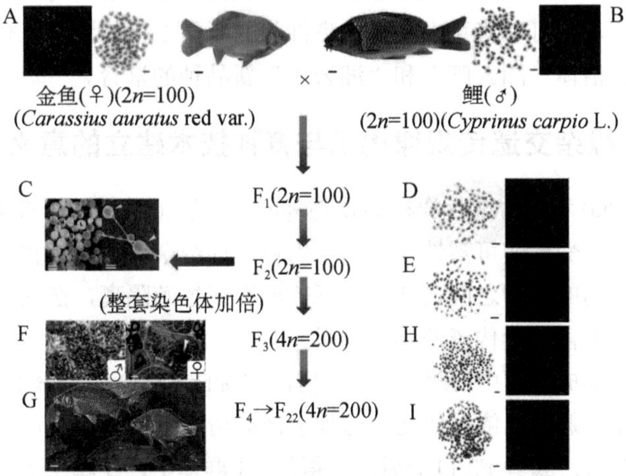

图 9.3　金鱼、鲤和四倍体杂合后代染色体特征和性腺发育（引自 Liu et al.，2016）

9.3.5　鱼类远缘杂交技术

鱼类远缘杂交遗传规律的阐明为建立有效的远缘杂交育种技术奠定了理论基础。正如前文所述，只有当母本的染色体数目等于或大于父本的染色体数目时，才可以得到存活的远缘杂交后代。因此，在鱼类育种中，父母本的染色体数目是否匹配是选择鱼类远缘杂交组合亲本必须首先考虑的因素。目前，鱼类远缘杂交针对亲本染色体数目差异采取了不同的育种方式。当亲本雌鱼与亲本雄鱼染色体数目相同时，其配子相容性较高，杂交后代可正常发育，采取相同染色体的亲鱼进行远缘杂交的成功报道较多。总体而言，鱼类远缘杂交育种技术主要可以分为两类：一步法育种技术与多步法育种技术（王石等，2018）（图 9.4）。

1. *一步法育种技术*　　一步法育种技术指选择染色体数目相同的鱼种作为父母本，在 F1 代杂交群体中筛选具有杂交优势个体的育种技术。该类杂交组合的 F1 具有外形和经济性状等表型一致的特点，杂交鱼 F1 可以直接作为良种应用。如以团头鲂（2n=48）为母本、黄尾密鲴（2n=48）为父本的杂交组合得到的鳊鲴杂交鱼（2n=48），生长速度、含肉率和耐低氧能力等性状均表现出明显的杂交优势。

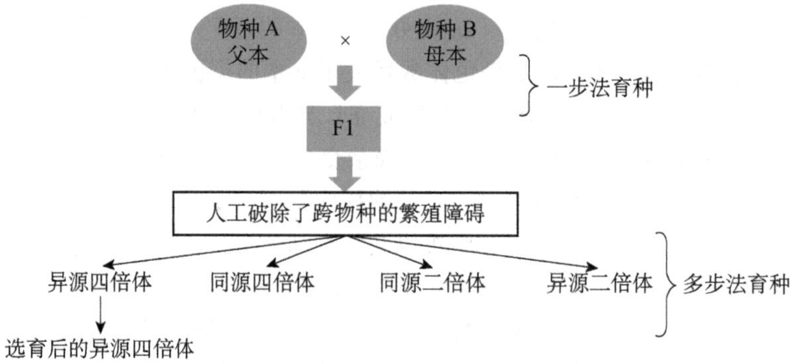

图 9.4　一步法育种与多步法育种流程图（改自王石等，2018）

2. *多步法育种技术*　多步法育种技术指在鱼类远缘杂交遗传规律的指导下，首先选择染色体数目匹配的远缘父母本进行杂交，在杂交种 F1 代群体中筛选突破生殖隔离的个体，即获得可育的二倍体鱼品系和四倍体鱼品系；在此基础上，以获得的远缘杂交可育品系为种质资源，分别与不同的二倍体鱼杂交，则可以培育出具有优良性状的新型二倍体鱼和三倍体鱼。多步法育种技术最成功的实例就是三倍体“湘云鲫”和“湘云鲤”新品种的培育。

9.3.6　鱼类远缘杂交遗传规律揭示与育种技术建立的意义

鱼类种类超过 28 000 种，占现存脊椎动物物种的一半以上，具有非常丰富的遗传资源；而且鱼类行体外受精和发育，受精卵可塑性非常高，为鱼类远缘杂交育种提供了极大的便利。但是，由于长期演化造成了不同的物种之间自然状态下普遍存在生殖隔离，在缺少鱼类远缘杂交育种理论指导的情况下，鱼类丰富的遗传资源难以利用。

鲫鲤异源四倍体的形成过程中，鲫鲤 F1 中仅有 4.7%的雄性个体在繁殖季节排出水样的精液，鲫鲤 F2 雄性个体的性成熟情况依然如此，这种水样的精液受精力非常低，受精后胚胎的孵化率及鱼苗的成活率也非常低。鲫鲤 F2 自交后，获得的 F3 群体中，受精率为 40%，孵化率仅 6.0%，胚胎脱膜后畸形苗为 90.0%，鲫鲤 F3 鱼苗的饲养存活率低于 10%。肾细胞染色体制片检测发现，鲫鲤 F3 中仅存在约 6.7%的异源四倍体（$4n$=200）。据此推算鲫鲤杂交获得可育异源四倍体的成功概率低于 2/10000！而且由于雌性鲫鲤 F1 和 F2 的性成熟时间明显滞后于母本红鲫，则从鲫鲤杂交开始至鲫鲤 F3 群体中检测出异源四倍体鱼，至少要耗时 4 年以上。显然，研究者只有具有锲而不舍的精神，进行严谨细致的工作，才可能突破传统观点的束缚，打破种间生殖隔离的禁锢，从极小概率的表象中分析出内在的规律，从而建立鱼类远缘杂交的理论，并以此为指导建立鱼类远缘杂交育种技术。这种迎难而上、勇于创新、善于总结的精神不仅是鱼类远缘杂交理论探索与育种实践的成功所在，而且理应成为科研不可或缺的要素禀赋。

事实上，国内外学者已经进行的鱼类远缘杂交和近缘杂交试验超过了 1000 种组合，其中也有成功的案例，如在罗非鱼中开展的一系列种间杂交试验。尼罗罗非鱼（*Oreochromis niloticus*，$2n$=44，♀）母本与奥利亚罗非鱼（*Oreochromis aureus*，$2n$=44，♂）父本杂交获得全雄杂种 F1；奥利亚罗非鱼母本与尼罗罗非鱼父本杂交形成新品种“奥尼鱼”；尼罗罗非鱼（$2n$=44，♀）母本与莫桑比克罗非鱼（*Oreochromis mossambicus*，$2n$=44，♂）父本杂交形成新品种“福寿鱼”等。这些成功的远缘杂交组合父母本的染色体数目相同，杂交鱼 F1 具有优良的养殖性状，可以直接用于养殖生产。其实质属于远缘杂交一步法育种技术的应用。但是如果没有阐明鱼类远缘杂交的遗传规律，则这些成功的案例就难以发展成为共性的育种技术。对于染色体数目不同的鱼类，则需要采用多步法育种技术。远缘杂交育种的重点首先在于突破种间生殖隔离的难关，建立可育的品系，从而获得新的种质，然后以这些可育的新品系为亲本，培育具有优良养殖性状的新品种，杂种优势的利用需要通过多步杂交才能实现。

第四节　鱼类杂交育种技术典型应用实例

杂交育种是将经过多代选育的两性亲本的优势基因进行整合从而获得杂种优势，根据父本和母本的亲缘关系可分为近缘杂交（种内杂交）和远缘杂交。但由于其不定向性的育种特征，杂交育种往往还需要选择育种的辅助，从而逐渐整合优势基因来获得杂种优势。下面将介绍近缘杂交和远缘杂交的经典案例及其特征。

9.4.1　鱼类的近缘杂交育种的应用

苏联水产科技工作者在20世纪40年代以“欧洲镜鲤”为母本、黑龙江野鲤为父本进行杂交，获得的杂交子一代既具有黑龙江野鲤的耐寒性和对环境的高度适应性，同时又有镜鲤产量较高的特点，苏联的鲤养殖区域因此向北纬推进了6度。由于该研究首先在库尔斯克进行，因此该杂种后代被命名为“库尔斯克鲤”。

1949年，伍献文先生报道了殷墟出土的鲤骨骼。2019年，日本、德国、英国和中国学者联合分析了新石器时期的贾湖遗址出土的鱼骨，发现中国的鲤养殖历史可以追溯到公元前6200年至公元前5700年（Nakajima et al.，2019）。我国是世界上公认的养殖鲤历史最悠久的国家。在长期的养殖实践中，鲤还被赋予丰富的文化意蕴，如“点额成龙”的黄河鲤、“飞跃江湖”的鲤鱼函、“琴高乘鲤”的祈盼乃至“明贵贱”的随身鱼符等等。或许正是鲤丰富的食用价值与文化内涵，鲤在我国被有意和无意中选育形成了多个品种，并且在20世纪70年代杂交育种技术兴起后，成为杂交育种的首选对象——科研人员先后培育出了“丰鲤”“荷元鲤”“建鲤”“芙蓉鲤”“岳鲤”和大菱鲆“多宝1号”等具有显著杂交优势的多个淡水近缘杂交新品种。

1.“丰鲤”　“丰鲤”是我国最早研制成功并最先用于生产推广的杂交鲤。20世纪70年代初，中国科学院水生生物研究所以“兴国红鲤”为母本、“散鳞镜鲤”为父本进行杂交，培育了“丰鲤”（“兴国红鲤”♀×“散鳞镜鲤”♂）。父母本为地理远缘种群，形态、习性等存在很大差异。“兴国红鲤”食性广，耐粗饲，抗病力强；“散鳞镜鲤”生长快，个体大，肉质好，饵料转换率高。该杂种一代形态性状介于双亲之间，具有明显的杂种优势。F1代生长速度快，在鱼种阶段，生长速度为母本的1.5～1.6倍，为父本的2.4倍；在成鱼阶段，生长速度为母本的1.3倍，为父本的1.8倍。因为增产效果明显，该品种被渔民命名为“丰鲤”，意为丰收之鲤。“丰鲤”还具有适应性广、成活率高、白头白嘴病抵抗力较强和容易捕捞等优点（吴清江和桂建芳，1999）。“丰鲤”于1996年被全国水产原种和良种审定委员会审定为具有杂种优势的水产杂交种。由于杂交育种的不定向性特征，“丰鲤”在获得杂交优势的同时也同样继承了亲本的部分不良性状，如腹部偏大，这种体型不符合人们对鲤的审美认知，影响了“丰鲤”的市场接受度。为了进一步改良“丰鲤”养殖性状，鱼类育种学家采用了三杂交的近缘杂交方法，解决“丰鲤”腹部偏大的问题。

他们以“丰鲤”为母本、体型瘦长的湘江野鲤为父本进行杂交，在杂交后代群体中筛选既保持了“丰鲤”杂交优势、又具备正常鲤腹部体型的三交鲤。

2.“荷元鲤”和“建鲤”　“丰鲤”出现后的十多年间，不同品系鲤的杂交育种探索如火如荼，产生了多种不同的建系方法，也获得了许多具有杂种优势的水产杂交种，“荷元鲤”就是其中的突出代表。“荷元鲤”由“荷包红鲤”母本和“元江鲤”父本杂交选育获得，经蛋白质电泳分析发现具有优良性状相关的超显性（overdominance）基因（罗俊烈，1990），因此表现出杂种优势。

在获得具有杂种优势的 F1 代杂合子“荷元鲤”后，张建森等采用了两种方法培育新品系。第一种方法是回交法（back cross），即将杂合 F1 代与亲本进行杂交，产生的品系称为“荷元鲤”回交鱼。“荷元鲤”回交鱼的表型与回交的亲本有关，与母本回交时表型偏向母本，当与父本回交时表型偏向父本。“荷元鲤”回交鱼的生长较亲本快，产量较高，适应能力强（张建森，1985）。第二种方法是综合育种法（integrated breeding technology），该技术结合了家系选育、多系杂交和雌核发育（gynogenesis）等方法，最终培育出的品系即“建鲤”（*Cyprinus carpio* var . Jian）。“建鲤”的母本是体色为红色的“荷包红鲤”，父本是体色为青灰色的“元江鲤”，杂交产生的 F1 代“荷元鲤”体色与父本“元江鲤”一致，为青灰色。F1 代自交后，F2 代发生性状分离，出现了一定数量的红色鲤。从第二代开始通过家系选育法连续选育至 F4 代，此时青灰色的鲤比例达 99%以上，遗传性状趋于稳定。进一步将 F4 代的长体型品系与两个同型的雌核发育系鲤相结合，经过选择横交固定产生遗传性状稳定的“建鲤”品系（张建森，2007）。“建鲤”的个体增重是“荷包红鲤”的 2.5 倍、“元江鲤”的 1.8 倍，是 F1 代“荷元鲤”的 1.4 倍，而且还具有体型好、饲料转化效率高、适应性抗逆能力强等优良性状（孙小异，1994；张建森，2007）。“荷元鲤”和“建鲤”被全国水产原种和良种审定委员会审定为具有杂种优势的水产杂交种。

3.“芙蓉鲤”　湖南省水产研究所以“散鳞镜鲤”为母本、“兴国红鲤”为父本选育出“丰鲤”的反交种，将其命名为“芙蓉鲤”（“散鳞镜鲤”♀×“兴国红鲤”♂）。“芙蓉鲤”具有生长快和耐低温等特点，其生长速度比母本快 40%左右，比父本快 69%左右。“芙蓉鲤”于 1996 年被全国水产原种和良种审定委员会审定为具有杂种优势的水产杂交种（李传武，1999）。

4.“岳鲤”　湖南师范学院生物系和长沙岳麓渔场以“荷包红鲤”为母本、湘江野鲤为父本选育出“岳鲤”（“荷包红鲤”♀×湘江野鲤♂）。“岳鲤”杂种优势明显，生长速度快，成活率高，含肉率、营养成分达到或超过亲本，制种简便容易推广。杂种后代在相同条件下生长速度比母本快 25%～50%，比父本快 50%～100%（范遵新，1985）。“岳鲤”于 1996 年被全国水产原种和良种审定委员会审定为具有杂种优势的水产杂交种。

5. 大菱鲆“多宝 1 号”　该品种于 2014 年由中国水产科学研究院黄海水产研究所、烟台开发区天源水产有限公司培育。研究者以 2002—2003 年从英国、法国、丹麦和挪威分别引进的 4 个地理群体的大菱鲆构建基础群体，以生长速度和成活率为选育指标，经过 1 代群体选育、2 代家系选育，培育出快速生长核心群体和高成活率核心群体，以快速生长核心群体为母本、高成活率核心群体为父本，杂交获得的 F1 代即大菱鲆“多宝 1 号”。该品种在相同养殖条件下，与普通大菱鲆相比，15 月龄平均体重提高 36.0%以上，养殖成活率提高 25.0%以上，主要经济性状遗传稳定性达 90.0%以上，适宜在我国沿海人工可控的海水水体中养殖（马爱军，2016）。

6. 牙鲆“鲆优 2 号”　该品种于 2016 年由中国水产科学研究院黄海水产研究所、山东海阳市黄海水产有限公司培育。母本来源于中国牙鲆抗病群体与日本群体杂交后，经过 3 代家系选育获得的快速生长品系；父本来自韩国牙鲆群体与中国牙鲆抗病群体杂交后代经过2代家系选育后获得的抗迟缓爱德华氏菌病品系。研究者将选育出的快速生长品系与抗迟缓爱德华氏菌病品系杂交，杂交子代具有抗病力强、养殖成活率高、生长快速等优良性状，比普通牙鲆体重提高30%左右，成活率提高20%左右。因此，这一杂交组合被定名为“鲆优2号”牙鲆新品种（陈松林等，2018）。

9.4.2 鱼类的远缘杂交育种的应用

远缘杂交指亲缘关系在种间或种间以上的两个物种之间的杂交，是通过对杂交后代的筛选，获得具有父母本优良性状，且不带有父母本中不良性状的新品种的育种方法。与近缘杂交比较，远缘杂交可以充分利用鱼类种类多、遗传资源丰富的优势，而且远缘杂交后代的表型和基因型变化幅度显著提高，产生杂种优势的可能性也相应地提高。从亲本的亲缘关系的角度而言，近缘杂交可以视为一种特殊的远缘杂交。迄今，我国鱼类远缘杂交试验包括目间杂交、科间杂交、亚科间杂交、属间杂交、种间杂交，主要涉及3个目（鲤形目、鲈形目、鲇形目）、7个科（鲤科、鮨科、鲡科、鲷科、鲇科、胡子鲇科、鮠科）、40多种鱼类、100多个杂交组合，其中大多数远缘杂交是在鲤科鱼的不同种间、属间和不同亚科之间进行，鲫鲤属间的杂交是最突出的代表。

9.4.2.1 目间杂交

鱼类目间杂交是迄今亲缘关系最远的远缘杂交尝试，相关的研究包括鲤形目的鲢（*Hypophthalmichthys molitrix*）（♀）与鲈形目的鲷（*Pagrosomus major*）（♂）杂交，以及鲤形目的团头鲂（*Megalobrama amblycephala*）（♀）与鲈形目的鳜（*Siniperca chuatsi*）（♂）杂交。虽然这两个目的杂交能孵出鱼苗，但并未用于生产。鱼类目间杂交育种的试验目前尚处于理论探索阶段，并没有在生产实践中使用。

9.4.2.2 科间杂交

科间杂交的研究主要涉及鲤科、牙鲆科、鲇科、鲷科、慈鲷科、真鲈科、鮨科、丽鱼科等多种鱼类。以鮨科的鳜和丽鱼科的奥利亚罗非鱼（*Oreochromis aureus*）的科间杂交为例，奥利亚罗非鱼染色体为22对，鳜染色体为24对；同时，它们的组型也有较大差异，鳜染色体端粒有部分中位，而奥利亚罗非鱼则大部分为端位，由于染色体数目和结构的巨大差异导致了它们之间的杂交成活率较低（成活率0.3%～0.5%）。迄今，没有报道发现科间杂交获得的F1杂交种群体中能同时获得雌雄两性均可育的杂交组合，所以不能通过F1代杂交种自交获得远缘杂交品系而用于生产。

9.4.2.3 亚科间杂交

近年来，鱼类亚科间的远缘杂交主要在鲤科鱼中进行，有30多个已报道的成功杂交组合，其中未形成品系的组合有鳙与团头鲂、鳙与草鱼、草鱼与团头鲂、草鱼与鲢、草鱼与鲤、草鱼与三角鲂、兴国红鲤与草鱼、鲢与团头鲂、鲢与黄尾密鲴等正反交试验。形成品系组合有红鲫（♀）×团头鲂（♂）、白鲫（♀）×团头鲂（♂）、鲤（♀）×团头鲂（♂）、锦鲤（♀）×团头鲂（♂）等。

刘少军等以红鲫（*Carassius auratus* red var.，$2n$=100，♀）×团头鲂（$2n$=48，♂）为亲本，杂交后建立了新品系，并系统研究了鱼类远缘杂交与不同倍性鱼类形成的关系。红鲫属于鲤亚科，团头鲂属于鲌亚科，红鲫（♀）与团头鲂（♂）杂交后产生两性可育的四倍体鲫鲂（$4n$=148）、不育的三倍体鲫鲂（$3n$=124）和两性可育的天然雌核发育二倍体鲫（$2n$=100）（刘少军，2010）。研究者利用红鲫特有的序列进行 FISH 检测，发现三倍体鲫鲂由两套红鲫染色体和一套团头鲂染色体组成（$3n$=100+24）；四倍体鲫鲂则是两套红鲫染色体和两套团头鲂染色体共存（$4n$=100+48）；天然雌核发育二倍体红鲫除两套红鲫染色体（$2n$=100）外，还含有 1～3 个来自团头鲂的微小染色体。

研究者进一步分析远缘杂交鱼的配子特性后发现：亲本在第一次减数分裂被抑制，配子染色体数加倍是形成四倍体鲫鲂的原因；受精卵第二极体的排除受阻使得杂交后代出现三倍体鲫鲂；母本红鲫第二极体无法排出则导致天然雌核发育二倍体红鲫的出现；父本遗留的微小染色体可能是雄性天然雌核发育红鲫形成的原因。

就 F1 代雌性四倍体鲫鲂的卵子形成而言，其不仅能产生不减数的四倍体卵子，而且可以与团头鲂和红鲫的单倍体精子受精，并产生两种类型的五倍体鲫鲂（$5n$=172 和 $5n$=198）。$4n$=148 的四倍体鲫鲂自交可以产生 $4n$=148 的子代和 $4n$=200 的同源四倍体鲫，$4n$=200 的鲫与 $2n$=100 的鲫杂交能产生 $3n$=150 的三倍体鲫（覃钦博，2008）。

显而易见，鲫鲂远缘杂交形成的这些不同倍性鱼类，不仅能运用于新品系/品种培育，而且还为研究鱼类多倍体形成的机制提供了独特的试验模型。

9.4.2.4 属间杂交

我国迄今已有 50 种左右的属间杂交报道：红鲫（♀）×湘江野鲤（♂）、方正银鲫（♀）×兴国红鲤（♂）、长春鳊（♀）×三角鲂（♂）、团头鲂（♀）×长春鳊（♂）、青鱼（♀）×草鱼（♂）、平鲷（♀）×真鲷（♂）、黄鳍鲷（♀）×平鲷（♂）、平鲷（♀）×黑鲷（♂）、细鳞斜颌鲴（♀）×黄尾密鲴（♂）、鲮（♀）×湘华鲮（♂）、草鱼×鳡正反交、团头鲂×翘嘴红鲌正反交、团头鲂×短臀近红鲌正反交、锦鲤×红鲫正反交等，这些属间杂交能产生正常的受精卵并获得成活的鱼苗，杂交后代也通常具备杂种优势，具有培育优良品种的潜力。但是，属间杂交后代的育性与繁殖特性非常复杂，有完全可育的，如鲢鳙杂种、鳊鲂杂种和鲮与湘华鲮杂种等；也有完全不育的，如鲑鳟鱼类的属间杂种（楼允东，2006）。鱼类属间杂交培育的新品种中，最具代表性的成功范例是“湘云鲫”“湘云鲤”新品种。

湖南师范大学刘筠和刘少军团队及其合作者创制出世界上首例雌雄两性可育、遗传性状稳定的异源四倍体鲫鲤群体后，系统深入地研究了鲫鲤异源四倍体产生的机制，揭示了鱼类远缘杂交成功的规律与遗传基础，建立了鱼类远缘杂交的育种技术。研究者将异源四倍体鲫鲤与二倍体日本白鲫（*Carassius auratus cuvieri*）和“丰鲤”分别进行杂交，培育出三倍体“湘云鲫”和“湘云鲤”。

刘少军等在之前工作的基础上，又进一步改进了“湘云鲫”的研制方法。新的方法实质上是利用鲫鲤异源四倍体产生的配子特性，通过雌核发育等多种手段对“湘云鲫”的父母本进行改良。研究者将鲫鲤异源四倍体鱼进行雌核发育获得了二倍体卵子，从中选育优良种，再与普通四倍体鲫鲤的精子受精，获得改良的四倍体鲫鲤。研究者将改良的四倍体鲫鲤自交，从中选育出高背型的四倍体鲫鲤，该鲫鲤再自交会产生二倍体高背型红鲫；将这个红鲫作为母本，与改良的异源四倍体鲫鲤父本杂交，从而培育出新型“湘云鲫”，命名为“湘云鲫 2 号”。“湘云鲫 2 号”的含肉率更高（刘少军，2010）。

9.4.2.5 种间杂交

种间杂交是最为常见的远缘杂交，也是种类最多的远缘杂交形式。种间杂交的成功率非常高，获得的杂交子代通常具有杂种优势。从国内外已报道的属内的种间杂交来看，F1 均完全可育，即杂种的雌雄性腺都能发育成熟并繁殖后代，如野鲮属、鲑属、大麻哈鱼属、红点鲑属、狗鱼属、太阳鱼属、食蚊鱼属、斗鱼属、罗非鱼属、鲴属、鲂属、鲢属以及鲟属等。

最有代表性的种间杂交育种是罗非鱼。如我国台湾地区 1969 年以莫桑比克罗非鱼（*Oreochromis mossambicus*）为母本、尼罗罗非鱼（*O. niloticus*）为父本，杂交后产生新品种“福寿鱼”，“福寿鱼”的生长速度比莫桑比克罗非鱼快 96.6%，比尼罗罗非鱼快 56.7%，并且适应力更强，表现出非常明显的杂种优势。1996 年，中国水产科学院淡水渔业研究中心培育出新品种“奥尼鱼”。“奥尼鱼”又称全雄罗非鱼，是以奥利亚罗非鱼为父本和尼罗罗非鱼为母本杂交而成。“奥尼鱼”的雄性率可高达 90%以上，生长速度比父本快 17%～72%，比母本快 11%～24%，而且短时间可耐最低水温为 4℃，适应性强。中国水产科学研究院珠江水产研究所将橙色莫桑比克罗非鱼和荷那龙罗非鱼分别经 8 代群体选育后作为母本和父本进行杂交，得到的杂交子代莫荷罗非鱼“广福 1 号”具有耐盐能力强、适盐范围广的特点，可在盐度 0～30 的水域中正常生长，2015 年被审定为新品种。中国水产科学研究院珠江水产研究所以生长速度、体型和子代性别比例为主要指标，选择经过连续 5 代选育的尼罗罗非鱼雌性个体为母本，以尼罗罗非鱼超雄罗非鱼（YYn♂）与经选育的奥利亚罗非鱼雌鱼（ZW♀）杂交，子代中雌鱼（WY♀）再与 YYn 超雄罗非鱼杂交获得的雄性子代（YYa♂）为父本，两者杂交获得的 F1 代，命名为罗非鱼“粤闽 1 号”。罗非鱼“粤闽 1 号”自然雄性率达 97%以上；相同养殖条件下，生长速度比普通吉富罗非鱼提高 20%以上；同等规格和相同加工工艺条件下，出肉率比普通吉富罗非鱼的平均出肉率高 2%以上。

近年来，海水鱼的种间杂交育种也取得了重要突破。广东省海洋渔业试验中心、中山大学、海南大学和海南晨海水产有限公司合作，以经过三代严格选育的棕点石斑鱼为母本、经过三代严格选育的鞍带石斑鱼为父本进行杂交，培育了“虎龙杂交斑”。“虎龙杂交斑”生长速度快，养殖周期比母本缩短了一半以上，而且养殖成活率高、抗逆性强，适应池塘养殖和工厂化养殖模式。2016 年，“虎龙杂交斑”通过了国家水产原种和良种审定委员会审定，成为第一个石斑鱼新品种。

（胡炜，罗大极）

复习思考题

1. 鱼类远缘杂交成功的规律与遗传基础是什么？
2. 如何根据亲本的遗传特性进行杂交育种？

主要参考文献

陈松林. 2018. 牙鲆“鲆优 2 号”. 中国水产，4：65-72.

段巍，刘少军. 2018. 鱼类远缘杂交育种技术的建立及应用. 中国科学：生命科学，48（12）：68-87.

范遵新. 1985. 岳鲤的展望.湖南水产：13-15.

桂建芳，朱蓝菲，魏雪虹，等. 1997. 雌核发育银鲫的遗传多样性及其育种意义. 遗传，1997. 000（0z1）：37-38.

李传武. 1999. 水产优良品种介绍（连载一）：芙蓉鲤与芙蓉鲫. 湖南农业，1999，(1)：23.
李建中，刘少军，张轩杰，等. 2004. 异源四倍体鲫鲤雌雄差异的 RAPD 标记.水生生物学报，28 (6)：674-676.
刘焕亮. 2000. 水产养殖学概论. 青岛：青岛出版社.
刘少军. 2010. 远缘杂交导致不同倍性鱼的形成. 中国科学：生命科学，40 (2)：104-114.
刘少军. 2015. 鱼类远缘杂交. 北京：科学出版社.
楼允东，李小勤. 2006. 中国鱼类远缘杂交研究及其在水产养殖上的应用. 中国水产科学，13 (1)：151-158.
楼允东. 2006. 鱼类育种学（修订版）. 北京：中国农业出版社.
楼允东. 2007. 我国鱼类近缘杂交研究及其在水产养殖上的应用. 水产学报，31 (4)：532-538.
罗俊烈. 杂种优势在鱼类生产上的利用. 动物学杂志，1990，025 (003)：54-57.
马爱军，王新安，杨志，曲江波，雷霁霖，黄智慧. 大菱鲆“多宝 1 号”. 中国水产，2016：61-63.
马仲波，张兴忠，仇潜如，等. 1981. 元江鲤与荷包红鲤的生态类型及其杂交后代（荷元鲤）经济性状的分析. 水产学报，5 (3)：187-198.
孙小异，朱根荣. 1994. 建鲤遗传特性的研究. 水产学报，18 (3)：205-213.
王培成. 1986. 荷元鲤杂交优势的利用. 水利渔业，(3)：13.
王石，汤陈宸，陶敏，等. 2018. 鱼类远缘杂交育种技术的建立及应用. 中国科学：生命科学，48 (12)：68-87.
吴清江，桂建芳. 1999. 鱼类遗传育种工程. 上海：上海科学技术出版社.
吴仲庆. 2000. 水产生物遗传育种学. 厦门：厦门大学出版社.
张纯，刘少军，李涛，等. 2010. 金鱼生殖细胞多倍化现象分析. 水产学报，34 (10)：1502-1505.
张建森，孙小异. 2006. 建鲤综合育种技术的公开和分析. 中国水产，(09)：69-72.
张建森，孙小异. 2007. 建鲤新品系的选育. 水产学报，31 (3)：287-292.
张建森. 1985. 荷元鲤（荷包红鲤♀×元江鲤♂）回交试验及其经济效益的研究. 水产科技情报，(3)：17-19.
张劳. 2003. 动物遗传育种学. 北京：中国广播电视大学出版社.
Liu S ，Liu Y，Zhou G ，et al. 2001.The formation of tetraploid stocks of red crucian carp×common carp hybrids as an effect of interspecific hybridization. Aquaculture，192 (2)：171-186.
Liu S，Luo J，Chai J，et al. 2016.Genomic incompatibilities in the diploid and tetraploid offspring of the goldfish x common carp cross. Proceedings of the national academy of sciences of the United States of America，113：1327-1332.
Liu SJ. 2010. Distant hybridization leads to different ploidy fishes. Science China Life Sciences，53 (4)：416-425.
Nakajima T，Hudson MJ，Uchiyama J，et al. 2019.Common carp aquaculture in Neolithic China dates back 8000 years. Nature Ecology Evolution，3 (10)：1415-1418.
Ren L，Li W，Qin Q，et al.2019.The subgenomes show asymmetric expression of alleles in hybrid lineages of *Megalobrama amblycephala*×*Culter alburnus*. Genome Research，29：1805-1815.
Song C，Liu S，Xiao J，et al. 2012.Polyploid organisms. Science China Life Sciences，55 (4)：301-311.

第十章 染色体组操作技术与倍性育种

染色体组或基因组（chromosome set 或 genome）是指细胞中一组完整非同源、携带着控制一种生物生长、发育、遗传和变异的全部信息的染色体，简单地说就是单倍体的一整套染色体。染色体组操作（chromosome set manipulation）又称基因组操作或基因组工程（genome engineering），主要包括人工雌核生殖技术、人工雄核生殖技术和多倍体诱导技术。这些方法已在水产养殖动物遗传育种中取得了广泛应用，并卓有成效。

第一节 人工雌核生殖技术

10.1.1 人工雌核生殖技术的原理

雌核生殖（gynogenesis）是指需要两性亲缘种精子的刺激而促使卵子活化、导致卵子发育的一种生殖方式。行雌核生殖的动物一般产生没有减数的卵子，两性亲缘种的精子进入卵子后，仅起激活作用，精核一般呈致密状态，不发生原核化，不与雌性原核融合，产生与母本遗传性状一致的全雌性子代。天然雌核生殖动物的杂交起源、遗传多样性、生态适应性以及雌核生殖银鲫遗传基础和其育种应用将在第十一章专题介绍。

人工雌核生殖（artificial gynogenesis）技术是指通过物理、化学或生物方法，人工模拟天然雌核生殖方式的一种操控染色体组的遗传育种技术，其技术要点主要包括两个方面：一是通过紫外线等处理使单倍体精子的遗传物质失活，但仍能激活单倍体卵子启动胚胎发育；二是进行染色体组操作，即通过抑制极体外排或者抑制卵裂等方法使得受精卵中的单倍体卵核的染色体加倍。贝类和鱼类的卵子分别停滞于第一次减数分裂的前中期和第二次减数分裂的中期，授精后恢复完成减数分裂（Colas and Dubé，1998；吴清江和桂建芳，1999；桂建芳等，2017）。大多数水产养殖动物怀卵量大、行体外受精，这些繁殖特性为诱导人工雌核生殖和多倍体提供了潜在的可能性。

10.1.2 已进行人工雌核生殖的水产动物

人工雌核生殖技术是 20 世纪 50 年代后期发展起来的，随后各国学者开始在不同养殖鱼类中探讨和优化技术方案（吴清江和桂建芳，1999），已在包括鲤（*Cyprinus carpio*）（吴清江等，1981；Nagy and Csányi，1982；Komen et al.，1988；刘静霞等，2002；Xiao et al.，2011）、虹鳟（*Oncorhynchus mykiss*）（Chourrout and Quillet，1982；Chourrout，1984，1986a；Dobosz et al.，2015；Polonis et al.，2018）、泥鳅（*Misgurnus anguillicaudatus*）（Suzuki et al.，1985）、银石首鱼（*Puntius gonionotus* Bleeker）（Pongthana et al.，1995）、鲢（*Hypophthalmichthys molitrix*）（杨书婷和桂建芳，1999；毛晗等，2003）、草鱼（*Ctenopharyngodon idellus*）（罗琛和刘筠，1991；Zhang et al.，2011）、非洲鲶（*Clarias gariepinus*）（Vάradi et al.，1999）、斑点叉尾鮰（*Ictalurus punctatus*）（Goudie et al.，

1995)、北美狗鱼(*Esox masquinongy*)(Lin and Dabrowski，1998)、欧洲黑鲈(*Dicentrarchus labrax* L.)(Peruzzi and Chatain，2003)、大菱鲆(*Scophthalmus maximus*)(Castro et al.，2003；Piferrer et al.，2004；Meng et al.，2016)、漠斑牙鲆(*Paralichthys lethostigma*)(Luckenbach et al.，2004)、大西洋比目鱼(*Hippoglossus hippoglossus*)(Tvedt et al.，2006)、大黄鱼(*Larimichthys crocea*)(许建和等，2006；王晓清等，2006)、金鱼(*Carassius auratus*)(肖俊等，2009)、大口鲶(*Silurus glanis*)(Fopp-Bayat，2010)、半滑舌鳎(*Cynoglossus semilaevis*)(Chen et al.，2009；Molina-Luzón et al.，2015)、牙鲆(*P. olivaceus*)(Liu et al.，2011，2012，2013；Fan et al.，2016；刘海金等，2010，2017)、团头鲂(*Megalobrama amblycephala*)(陶敏等，2013；张东辉等，2015)、黄姑鱼(*Nibea albiflora*)(杨育凯等，2013；徐冬冬等，2013)、裸腹鲟(*Acipenser nudiventris*)(Hassanzadeh et al.，2014)、褐鳟(*Salmo trutta m. fario*)(Michalik et al.，2015；Jagiełło et al.，2017)、西伯利亚鲟(*A. baerii*)和小体鲟(*A. ruthenus*)(Lebeda et al.，2018)、棕点石斑鱼(*Epinephelus fuscogutatus*)(张维炜等，2019)等近百种养殖鱼类，太平洋牡蛎(*Crassostrea gigas*)、贻贝(*Mytilus edulis*)、皱纹盘鲍(*Haliotis discus hannai*)、栉孔扇贝(*Azumapecten farreri*)等数十种贝类(潘英等，2002；常亚青等，2013；陈亮等，2014)，以及刺参(*Stichopus japonicus*)(聂鸿涛等，2011)等棘皮动物中诱导获得了人工雌核生殖子代或幼体。

10.1.3 人工雌核生殖的主要技术方法

人工雌核生殖技术已广泛地运用于水产养殖动物育种中，中外学者总结了其主要技术方法(吴清江和桂建芳，1999；Hulata，2001；Piferrer et al.，2009；Song et al.，2012；Xu et al.，2014；Zhou and Gui，2017，2018；张晓娟等，2019)。

德国科学家哈特维希在1911年发现了著名的哈特维希效应，即γ射线可以使蛙的精子遗传物质失活，但精子仍然保持着受精能力。在适宜的剂量和时间处理下，辐射处理同样可以有效地破坏鱼类等水产养殖动物精子的遗传物质，使其失去遗传活性，进入卵内后不参与子代的发育，但基本不影响精子的受精能力(Purdom，1969)。γ射线、X射线和紫外线(UV)照射，会导致精子染色体断裂或DNA的相邻嘧啶发生二聚化、胞嘧啶水合物的形成和碱基对的置换，从而导致遗传物质失活(Ijiri，1980；Chourrout，1982)。如果需要进行大量精子的处理，一般选择穿透力较强的γ射线和X射线，但处理时需要特殊的辐射源和防护设备，且γ射线处理时常出现父本染色体片段或微量DNA片段的残留并对子代产生影响，即产生异精效应。目前运用最广泛的精子灭活方法是UV照射，其装置廉价易得，操作简便，效果较好。但UV穿透力较弱，因此需要通过精液铺薄、搅拌和降温等处理措施来弥补(吴清江和桂建芳，1999；Hulata et al.，2001)。不同水产养殖动物精子的理化性质不同，最佳照射剂量、时间和距离以及精子稀释液的配方和浓度等都需要根据水产养殖动物的种类进行优化。此外，一些化学药品，如甲苯胺蓝、乙烯脲、二甲基硫酸、吖啶黄和噻嗪等，也可用于精子的遗传失活处理，但由于其化学毒性目前很少使用。

如果用遗传失活的精子激发卵子，受精卵会发育成单倍体，这些单倍体的胚胎发育在囊胚期后开始出现异常，大多数在原肠胚中期以前死亡，少数胚胎能发育到孵化期，但通常表现出胚体缩短、卵黄囊肿大、脊椎弯曲、围心腔扩大以及心血管畸形等单倍体综合征，一般在出膜前后死亡。因此，人工雌核生殖成功的第二个关键在于卵子染色体组二倍化的方法。在育种学范畴上，人工雌核生殖技术中的卵核二倍化和诱导多倍体都属于染色体组操作，二者的差别在于入卵的精子是遗传失活的精子还是正常的精子。染色体组操作目前常用的方法包括静水压、冷休克或热休克等物理方法，秋水仙素、细胞松弛素等化学方法以及杂交等生物学方法。

温度或静水压休克是最常用的进行染色体组操作的物理方法，其机制是温度的剧烈变化引起受精卵内微管蛋白或某些酶构型的改变，抑制纺锤丝的形成，染色体无法正常向两极移动，从而阻遏第一极体或第二极体的排出或卵裂的发生。根据是抑制第一或第二极体排出还是抑制卵裂使染色体组加倍，该技术可以分为减数分裂雌核生殖（meiotic gynogenensis）（图 10.1A）和有丝分裂雌核生殖（mitotic gynogenesis）（图 10.1B）。一般采用略高于或略低于致死温度，选择在第一极体或第二极体排出的关键时间点以及第一次卵裂中期来进行热或冷休克处理。温度诱导的最佳处理条件较易掌握，程序易标准化，不需特殊设备，且对受精卵的损伤小，诱导率高，目前应用较广泛。与温度休克的方法相比，静水压法诱导率高一些，但需静水压机等专门的设备。此外，物理的方法还有高盐高碱法和电休克法等。一些化学物质，如细胞松弛素 B、咖啡碱、秋水仙素、聚乙二醇等也可通过阻止分裂沟形成、抑制细胞质分裂或者阻止极体的排出从而导致卵核二倍化，但由于其化学毒性以及易产生嵌合体和畸形率高等缺点，一般较少使用。6-甲氨基嘌呤（6-DMAP）具有低毒、高效、价格便宜等优点，广泛应用于贝类染色体组操作。对物理或化学处理方法而言，处理的起始时间、处理时的水温或压力强度、持续的时间等，是诱导成功与否的重要因素。不同的水产养殖动物，特别是温水性鱼类和冷水性鱼类，因其孵化水温和胚胎发育时间差异显著，需要根据物种的特性优化处理方案。Piferrer 等详细总结了诱导鱼类三倍体的不同方法，提供了处理起始时间、强度和持续处理时间等主要变量的代表性阈值（Piferrer et al.，2009），也可用于指导人工雌核生殖技术操作，相关内容将在第四节详细介绍。在进行远缘杂交时，如草鱼×鲤、白鲢×鲤、“散鳞镜鲤”×草鱼、银大麻哈鱼（*O. kisutch*）×溪红点鲑（*Salvelinus fontinalus*）、马苏大麻哈鱼（*O. masu*）×大麻哈鱼（*O. keta*）、红鲫×团头鲂、红鲫×黄尾密鲴（*Xenocypris davidi* Bleeker）、红鲫×翘嘴红鲌（*Erythroculteri lishaeformis*）等组合的子代中出现了少数与母本性状一致的雌核生殖二倍体个体（Stanley，1976；杨永铨等，1981；刘少军，2015；陈婕等，2016）。

由于进行精子的遗传失活并非能百分之百成功，因此当进行人工雌核生殖操作时，必须对其子代进行遗传评估，分析精子遗传物质是否对人工雌核生殖子代有影响以及影响有多大。首先要区分子代是人工雌核生殖二倍体还是正常受精产生的二倍体，这就涉及精子是选择与母本同种的还是异种的精子。同源精子可以保证受精成功，但存在着可能遗传失活不彻底，而与卵子正常受精的问题。这些正常受精产生的子代很难从形态特征等方面与人工雌核生殖子代区分开，导致后期鉴定困难。选择亲缘关系较远的物种作为精子的供体则可有效解决这个问题。如果精子遗传失活失败，产生的杂交子代不能存活，则能保证获得的全部是人工雌核生殖二倍体子代，或者杂交子代在形态或遗传特征上与人工雌核生殖子代存在着明显差异，则可区分两者。人工雌核生殖子代中可能存在着异精效应，即少量或微量的来自异源精子的遗传物质渗入到子代中，对子代性状有遗传贡献（Peek et al.，1997；Mao et al.，2019）。研究者一般采用核型分析、倍性测定、同工酶、微卫星 DNA 等多种分子标记对雌核生殖子代进行遗传鉴定（刘海金等，2017）。例如，刘静霞等（2002）、张新辉等（2015）和 Hassanzadeh 等（2014）分别采用微卫星 DNA 标记，证实锦鲤、团头鲂和裸腹鲟的减数分裂雌核生殖群体的遗传纯合度已获得了明显提高。Lebeda 等（2018）采用流式细胞仪术测定倍性和微卫星 DNA 标记的方法，检测紫外线灭活的二倍体小体鲟的精子刺激四倍体西伯利亚鲟的卵子发育获得的子代，证实成功进行了人工雌核生殖操作。但这些有限的标记位点可能不足以检测到所有微量异源精子遗传物质的渗入。随着测序技术的飞速发展和成本的降低，很多水产养殖生物已经完成了全基因组解析，所以可以采用重测序的方法，全面评估人工雌核生殖子代的杂合性以及异精效应的大小。

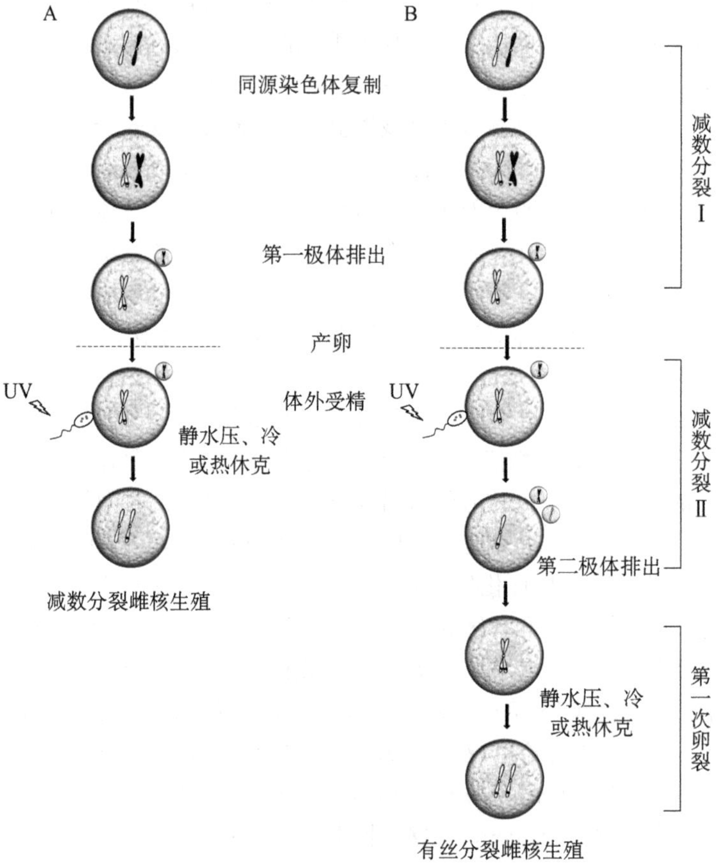

图 10.1　鱼类人工减数分裂雌核生殖和有丝分裂雌核生殖的原理示意图

A. UV 灭活的精子刺激卵子发育后，再通过静水压、冷或热休克阻止第二极体的排出诱导减数分裂雌核生殖。由于鱼类的卵子停滞于第二次减数分裂的中期，此时同源染色体已经完成了重组交换，因此减数分裂雌核生殖子代存在杂合基因型。B. UV 灭活的精子刺激卵子发育后，通过静水压、冷或热休克抑制卵裂的发生诱导有丝分裂雌核生殖。由于每一对同源染色体中的一条是以另一条为模板复制获得的，因此有丝分裂雌核生殖子代所有基因均为纯合

10.1.4　人工雌核生殖技术在水产遗传育种中的应用

人工雌核生殖技术可以快速稳定优良性状和建立纯系，也可以结合性反转培育单性群体，还可用于探讨性别决定类型、构建突变体来研究基因功能等基础研究。人工雌核生殖技术所制备的近交系、双单倍体以及克隆系，不但可以作为育种核心材料，还可以为全基因组解析和基因组编辑等提供理想的实验材料。

减数分裂雌核生殖操作简便，诱导成功率高，因此在水产养殖动物新品种选育过程中，常常采用该方法，快速纯化以获得遗传稳定、具有优良性状的新品种，如“建鲤”“太湖鲂鲌”“长丰鲢”、大黄鱼“闽优 1 号”、扇贝“蓬莱红”“湘云鲫 2 号”等的选育过程中就将人工雌核生殖技术与选择育种技术相结合。例如，研究者选择个体大、体质健壮的长江野生鲢雌性个体为母本，用遗传灭活的鲤精子刺激发育，经连续 2 代减数分裂雌核生殖，并以生长性状为主要指标进行 2

代的群体选育，培育出长丰鲢。该品种生长速度快、体型较高且整齐、遗传纯度高，2 龄鱼体重增长平均比普通鲢快 13.3%～17.9%，3 龄鱼体重增长平均比普通鲢快 20.5%（邹桂伟，2011）。研究者利用异源四倍体鲫鲤产生的二倍体卵子，不经过染色体组加倍处理获得了雌核生殖二倍体鲫鲤子代，并经过长期的选育建立了雌核生殖二倍体鲫鲤克隆系（刘少军等，2007）；将其产生的二倍体卵子与异源四倍体鲫鲤产生的二倍体精子受精，获得了改良异源四倍体鲫鲤群体；再将改良四倍体鲫鲤与改良二倍体红鲫交配培育出“湘云鲫 2 号”（陈松等，2009）。

作为理想的实验动物，纯系具有来源清晰、个体间遗传均一等特点，能克服个体间遗传差异导致的实验误差，在医学、生物学、环境毒理学等研究领域被广泛应用。通过连续 20 代的全同胞交配后，理论近交系数为 0.986（Casellas，2011），达到了实验动物的标准，但仍然存在 2%左右的遗传变异，而且随着近交代数的增加，近交系数的增加速度呈现递减趋势。此外，通过全同胞交配的方法来建立近交系，不仅耗时长，养殖工作量大，而且还可能因近交衰退及饲养条件限制对部分个体的淘汰而造成部分育种材料的丢失。采用人工雌核生殖技术可以大大加速纯化过程。由于鱼类的卵子停滞于第二次减数分裂的中期，此时同源染色体已经完成了重组交换，因此减数分裂雌核生殖子代存在杂合基因型（图 10.1A），但可以通过连续多代减数分裂雌核生殖来降低杂合性，从而快速建立近交系。例如，经过一次减数分裂雌核生殖的牙鲆家系内个体间的遗传相似系数为 0.9595（刘海金等，2010），而经过连续三代减数分裂雌核生殖获得的牙鲆家系内个体间的遗传相似系数为 0.9838～0.9918（王桂兴等，2012）。

有丝分裂雌核生殖是在第一次卵裂中期时破坏纺锤体，通过抑制有丝分裂的正常进行来实现染色体组加倍的。传统的观点认为这种处理方法是抑制第一次卵裂（Streisinger et al.，1981），但通过细胞学观察发现，虹鳟和牙鲆的有丝分裂雌核生殖，是通过抑制了第二次卵裂来实现染色体组加倍的。尽管纺锤体在第一次有丝分裂中期时一度被破坏，但很快又重新形成了，因此第一次有丝分裂是正常进行的；在第二次有丝分裂周期中，每个卵裂球只形成了一个单极纺锤体，细胞分裂受到抑制；第三次有丝分裂又恢复正常了（Zhang and Onozato，2004；Zhu et al.，2006，2007；Hou et al.，2016a）。由于每一对同源染色体中的一条是以另一条为模板复制获得的，因此所有基因均为纯合，获得的子代称为双单倍体（doubled haploid，DH）（图 10.1B），将双单倍体的成熟个体所产的卵子再次诱导减数分裂雌核生殖即可制备纯合克隆系（Streisinger et al.，1981；Naruse et al.，1985）。该方法难度大，后代的成活率低，但具有耗时短（只需 2 代）和近交系数高（F=1.00）的特点。研究者利用该方法首先在斑马鱼（*Danio rerio*）和青鳉（*Oryzias latipes*）中获得成功（Streisinger et al.，1981；Naruse et al.，1985），随后也在鲤（Komen et al.，1991）、尼罗罗非鱼（*Oreochromis niloticus*）（Hussain et al.，1993）、石川氏鲑（*Oncorhynchus rhodurus*）（Kobayashi et al.，1994）、香鱼（*Plecoglossus altivelis*）（Valle et al.，1995）、真鲷（*Pagrus major*）（Kato et al.，2011）、牙鲆（Yamamoto，1999；Hou et al.，2016b；刘海金等，2017）、虹鳟（Jagiełło et al.，2018）等养殖鱼类中也建立了雌核生殖纯合克隆系。在牙鲆中，研究者已诱导获得多个人工雌核生殖克隆系（Liu et al.，2011，2012，2013；刘海金等，2017）。例如，Hou 等通过一次有丝分裂雌核生殖和两次连续减数分裂雌核生殖，获得了一个牙鲆克隆系。当选择分别覆盖牙鲆 24 个连锁群的 24 对微卫星 DNA 标记进行检测时，研究者发现这些克隆子代的纯合度为 1.00，子代个体间、子代与母本间的遗传相似度为 1.00。限制性酶切位点关联 DNA 测序（restriction-site-associated DNA sequencing，RAD-seq）进一步在全基因组水平证实了它们的纯合性和遗传一致性（Hou et al.，

2016b）。因个体间的遗传一致性高，因此它们可以作为遗传学和环境毒理学等研究的理想实验材料。例如，牙鲆纯合克隆系对 Hg^{2+}更加敏感，且死亡同步性优于普通牙鲆（姜宏波等，2014）。纯合克隆系一般都是雌性个体，为了维持其世代传递，可以通过将部分个体投喂雄性激素进行性别逆转为雄性个体，再经过雌雄个体间的交配以实现。此外，以双单倍体为材料进行全基因组解析，也可显著提升基因组的组装质量。例如，以红鳍东方鲀（*Takifugu rubripes*）的双单倍体为材料进行全基因组测序和组装时，其 contig N50 和 scaffold N50 的质量比以野生个体为材料组装的基因组质量分别提升了 5.4 倍和 2.6 倍（Zhang et al.，2014）。

由于鱼类染色体多且小，雌雄个体之间难以找到存在形态差异的性染色体，因此从染色体水平区分是 XX/XY 型还是 ZZ/ZW 型性别决定机制存在一定困难，但可以通过人工雌核生殖技术进行初步的判别。从理论上讲，如果是雌性同配型（XX/XY），人工雌核生殖获得的子代为100%雌性个体；如果是雌性异配型（ZW/ZZ），则产生雌雄两种性别的后代。例如，草鱼的减数分裂雌核生殖子代和有丝分裂的雌核生殖子代都是雌性，且其中 88%的个体的卵巢能正常发育，因此草鱼的性别决定机制是雌性同配型的（Zhang et al.，2011）；而大鳞鲆的减数分裂雌核生殖子代的雌雄性别比为 1∶1，因此是雌性异配型的（ZW/ZZ）（Meng et al.，2016）。但由于鱼类性别决定机制复杂、易受外界环境因素影响，部分研究结果和上述结论并不完全一致。例如，牙鲆雌核生殖子代中的雌性个体比例为 97.1%（Tabata，1991），而半滑舌鳎超雌个体（WW）未能成活到 5cm 左右的稚鱼阶段（戈文龙等，2005），其人工雌核生殖子代的雌雄性别比不是1∶1。

基于上述的原理，在 XX/XY 型鱼类中，人工雌核生殖技术加性反转获得 XX 生理雄鱼，接着将 XX 生理雄鱼和 XX 雌鱼产生的后代再次用甲基睾酮处理以批量生产 XX 生理雄鱼，最后批量生产的 XX 生理雄鱼和正常雌鱼交配就能够大规模生产全雌鱼。在实践养殖中，鲤和牙鲆等一些鱼类的雌性个体生长速度明显快于同胞雄性个体，因此养殖全雌群体经济效应明显高于养殖普通两性群体。研究者通过上述技术路线已成功培育出全雌鲤、牙鲆“北鲆 1 号”和“北鲆 2 号”、全雌虹鳟、全雌大西洋鲑（*S. salar*）和全雌大麻哈鱼等（吴清江等，1986；吴清江和桂建芳，1999；桂建芳等，2017；Hulata et al.，2001；Mei and Gui，2015）。其中牙鲆“北鲆 1 号”的雌性比例约为 90%，生长比普通牙鲆约快 20%，规格整齐，互相残食少，容易饲养。在育种中，研究者还可以选择具有不同优良性状的两个雌核生殖家系，将其中一个家系投喂激素进行性别转换后，再进行两个家系间的种内杂交，以期获得集中了父母本的遗传特征和优良性状的杂合克隆。该方法有望实现定向选育。牙鲆“北鲆 2 号”就是以一个优良雌核生殖家系作为母本，以优良伪雄鱼家系作为父本进行杂交获得的新品种。牙鲆“北鲆 2 号”比普通牙鲆生长快 35%，全雌性，且个体间差异小。基于上述育种进展，刘海金等（2017）提出了一个“鱼类雌核发育育种体系”，包括全雌化、良种化和克隆化三步走策略，其中牙鲆“北鲆 1 号”和“北鲆 2 号”是良种化的范例（图 10.2）。

在基因型纯合的雌核生殖二倍体鱼中，隐性突变基因所编码的性状得以表达，从而呈现突变表型（Streisinger et al.，1981；Luo and Li，2003）。例如，在斑马鱼中，研究者可以通过人工雌核生殖技术筛选母源效应基因（Pelegri and Schulte-Merker，1999）。徐晓锋等（2015）以 UV 灭活的鲤精子刺激草鱼卵子发育，从一尾母本的 287 尾人工雌核生殖二倍体个体中发现了 5 尾鳞片显著变大、数目变少且散鳞的突变个体。X 射线透视显示其中 1 尾个体为无肌间刺突变体，在其

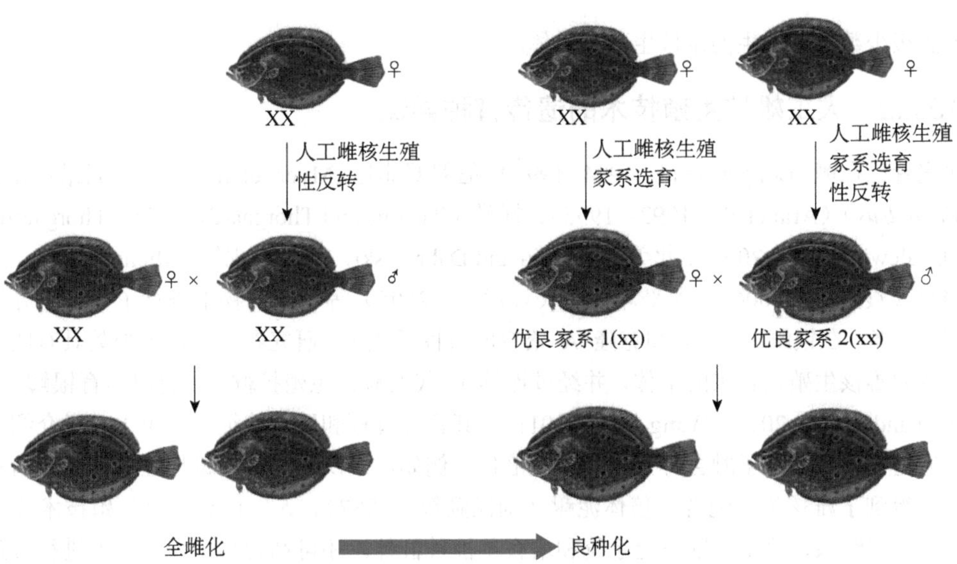

图 10.2　人工雌核生殖技术在牙鲆遗传育种中的应用（改自刘海金等，2017）

背部肌肉中仅有少量不均匀的粗大折光条纹，没有成型的肌间刺，但它的体型、附肢、脊椎以及生长都正常。因此，肌间刺并不是鱼类身体支撑和运动所必需的，肌间刺的发育调控机制与脊椎骨和附肢骨的调控机制存在差异（徐晓锋等，2015）。因此，研究者有望运用现代生物技术培育淡水主养鱼类的无肌间刺品种。

第二节　人工雄核生殖技术

10.2.1　人工雄核生殖技术的原理

与人工雌核生殖技术相反，人工雄核生殖技术首先将卵子进行遗传失活操作，再与正常精子受精，然后通过抑制一次卵裂的发生，诱导染色体组加倍。跟精子遗传失活的方法相似，辐射处理也是常用的卵子遗传物质失活的方法。但较高剂量的辐射处理使得卵核遗传信息遭受破坏的同时，卵质中的线粒体 DNA、信使 RNA 等也遭受严重损坏；而低剂量的辐射处理可能引起基因突变、染色体构象改变或断裂，但并不能完全阻止卵子的 DNA 参与到子代中发育。母源 DNA 的残留可能是人工诱导雄核生殖子代生存能力差的一个原因（Lin and Dabrowski，1998）。研究者在健康且形态正常的雄核发育虹鳟子代中检测到了母源 DNA 的存在，且它们可能通过重组参与到子代的发育中（Ocalewicz et al.，2009）。Thorgaard 等将 γ 射线处理的虹鳟卵子用二倍体虹鳟的精子受精后再诱导加倍，以及与四倍体虹鳟的精子正常受精两种方法获得了雄核生殖二倍体子代，后者的存活率显著高于前者，这表明抑制卵裂的处理是人工诱导雄核生殖子代生存能力差的另一个原因（Thorgaard et al.，1990）。因此，相比人工雌核生殖，成功诱导获得雄核生殖子代的报道并不多。此外，报道发现在虹鳟中卵子的过熟或老化也可诱发雄核发育单倍体（Yamazaki，1981）。人工诱发雄核生殖二倍体的方法与诱导雌核生殖和多倍体的方法基本相同，包括静水压和温度休克等物理方法、化学药品处理以及生物方法。也有报道在鲤×草鱼、红鲫×草鱼等远缘杂交组合中观察到极少数自发产生的雄核生殖二倍体。

10.2.2 人工雄核生殖技术的遗传育种尝试

研究者已在鲤（Bongers et al.，1994；1995）、尼罗罗非鱼（Myers et al.，1995）、泥鳅（*Misgurnus anguillicaudrus*）（Arai et al.，1992；1995）、虹鳟（Parsons and Thorgaard，1985；Thorgaard et al.，1990；Ocalewicz et al.，2009）、北美狗鱼（Lin and Dabrowski，1998）、褐鳟（Michalik et al.，2015）、栉孔扇贝（袁媛等，2006）、太平洋牡蛎（袁媛等，2005）等水产动物中进行了人工诱导雄核生殖的相关实验。在银鲫克隆 D 和克隆 A 繁育的有性后代中，研究者也发现了少数具有明显优势生长性状的雄核生殖发育来的个体，并经过连续 6 代的雌核生殖扩群，培育出异育银鲫“中科 3 号”（Gui and Zhou，2010；Wang et al.，2011）。其育种过程和遗传特征将在第十一章介绍。研究者还可通过核移植、精子融合等方法实现二倍化。例如，刘汉勤等利用雄核生殖和核移植相结合的方法，得到了雄核生殖纯合二倍体泥鳅（刘汉勤等，1987）。人工诱导雄核生殖技术除了同样具有快速建立纯系、鉴别性别决定系统和培育单性种群外，还可结合精子保存技术进行濒危物种保护（赵振山等，2000）。

第三节 天然多倍体动物在水产养殖中的应用

10.3.1 多倍体的定义和进化

多倍化（polyploidization）是指基因组中加入了一套或多套完整的基因组，从而产生含有 3 套或 3 套以上染色体组的生物体，即多倍体（polyploid）。基因组多倍化为物种新基因和新性状的形成提供了有利的机会，是物种演化的主要驱动力之一（Comai，2005；Leitch and Leitch，2008；Van de Peer et al.，2009，2017；Jiao et al.，2011；Zhou and Gui，2017；Cheng et al.，2018；Clark and Donoghue，2018），几乎影响着物种进化的各个方面（Sessa，2019）。

所有的植物和大多数现存的典型二倍体脊椎动物都是从多倍体祖先进化来的（Otto，2007；Jiao et al.，2011）。多倍化在植物中非常普遍，所有的被子植物都是古多倍体（Bowers et al.，2003），大约 95%的蕨类植物是多倍体（Grant，1981）。通过全基因组序列解析和比较基因组研究，研究者已在植物系统发生树的不同谱系上定位了 49 个全基因组复制事件（whole genome duplication，WGD）（Vanneste et al.，2014；Van de Peer et al.，2017；Cheng et al.，2018）。基于 hox（homobox）基因簇或是全基因组的分析结果，一般认为脊椎动物经历了两轮（2 rounds，2R）WGD 事件（Ohno，1970；Smith et al.，2013），产生了染色体数为 48（$2n$=48）的二倍体脊椎动物；辐鳍鱼类在从四足类动物分离出来后又发生了第 3 轮 WGD，被称为鱼类特异的 WGD（fish-specific genome duplication，FSGD 或 teleost-specific 3rd WGD，Ts3R）（Amores et al.，2011；Braasch et al.，2016；Jaillon et al.，2004；Kasahara et al.，2007；Meyer and van de Peer，2005；Pasquier et al.，2016）。古老的多倍化事件造就了当今多姿多彩的生物世界（Van de Peer et al.，2009），例如，两轮 WGD 事件的发生引发了脊椎动物的物种大爆发，而 Ts3R 被认为是硬骨鱼类物种急剧增加和快速辐射的主要驱动力（Jaillon et al.，2004；Meyer and Van de Peer，2005；Kasahara et al.，2007；Braasch et al.，2016），推测其发生的时间正处在“物种极度丰富”的硬骨鱼谱系（真骨总目，共 425 科 23 637 种）和“物种贫乏”的谱系（辐鳍鱼纲基部的类群，共 5 科 44 种）出现分歧的时间点（Meyer and Van de Peer，2005）。此外，多倍化事件还在鲤形目、鲑形目、鲈形目、鲇形目、鲟形目、电鳗目、脂鲤目等一些鱼类的进化历程中重复地发生（Leggatt and Iwama，2003；Taylor et al.，2003；Van de Peer et al.，2003）。例如，在鲤亚科 1300 多种鱼类中，有超过 400 种是多倍体，分布在鲤属、原鲤属、鲫属、金线鲃属、鲃属、倒刺鲃属、须鲫属、拟鳡属等（Yang et al.，2015）。

10.3.2　多倍体的发生和优势

一般来说，多倍化的结果导致了生物的复杂性、可变性和多样性，特别是提升了其短期的适应性潜能（Van de Peer et al.，2017）和长期的可进化性（Cheng et al.，2018）。基因组的多倍化也可能对多倍体造成细胞核质比例失衡、有丝分裂和减数分裂同源染色体配对紊乱、表观遗传不稳定等不利影响，但多倍体一般具有杂种优势、基因冗余或单性生殖等优势（Comai，2005）。根据染色体的组成和形成，多倍体可分为同源多倍体（autopolyploid）和异源多倍体（allopolyploid）。当细胞内染色体组加倍、配子未减数或多精受精等现象发生时，同一物种内的染色体组加倍将形成同源多倍体。环境变化，如环境温度的突然降低，可能导致产生没有发生正常减数分裂的配子，这些配子受精后产生多倍体（Leggatt and Iwama，2003）。属间或种间杂交偶尔也会导致异源多倍体的发生（Piferrer et al.，2009；Song et al.，2012；刘少军，2015），它们可能因整合了双亲有益的性状，常常表现出比其二倍体祖先更具活力。增加的一套基因组或亚基因组产生了大量重复基因，可以保护多倍体不受有害突变的影响。更为重要的是，基因冗余提供了额外的自由度（degrees of freedom），为基因功能的歧化和创新提供了原始材料（Otto，2007；Otto and Whitton，2000）。获得单性生殖能力的多倍体可以在缺乏有性配偶的情况下快速扩张种群（Otto，2007；Zhou and Gui，2017）。在已分析的 179 种昆虫或脊椎动物的多倍体中，大约有 60%的多倍体（106 种）是通过单性生殖进行繁殖的（Otto，2007）。Choleva 等通过花鳅（*Cobitis taenia*）和似长鳅（*C. elongatoides*）之间一系列的交配组合实验，重建了从二倍体有性生殖向多倍体克隆生殖的进化路线，证明雌核生殖可能是由种间杂交直接触发的，在花鳅属中多倍化是单性生殖的结果（Choleva et al.，2012）。

新形成的多倍体在经历“基因组冲击（genomic shock）”的混乱后（Mcclintock，1984；Ng et al.，2012），发生一系列复杂的、非孟德尔的基因组变化来突破不稳定的瓶颈，对多倍体基因组进行改组和重建，赋予其新的细胞遗传学特征，产生新的二倍体物种。这些变化包括染色体重排和染色质重构（Xiong et al.，2011；He et al.，2017），基因转换、部分同源基因（homeologs）的丢失、沉默或偏性表达（Doyle et al.，2008；Grover et al.，2012；Yang et al.，2016；Edger et al.，2017；Lloyd et al.，2018），嵌合或融合基因的产生（Liu et al.，2016），转座子的重激活（Kashkush et al.，2003；Parisod et al.，2010），表观遗传重塑（Guan et al.，2014；Song and Chen，2015；Jackson，2017；Qiu et al.，2017；Song et al.，2017），以及亚基因组的转录表达响应和基因共表达网络的改变（Schnable et al.，2011；Zhang et al.，2015；Yang et al.，2016；Edger et al.，2017，2018；Ramírez-González et al.，2018）。例如，在这个过程中大量重复基因或失去功能（non-function），或亚功能化（sub-function），或新功能化（neo-function）（Comai，2005；Otto，2007；Scannell et al.，2006；Wapinski et al.，2007）。对大西洋鲑全基因组解析的结果表明，在 80～100 百万年前（million years ago，Mya）时发生了一次同源加倍事件，并在其随后的二倍化过程中发生了全基因组大规模的大片段重组，且这些重组是由转座子介导的重复序列扩张爆发所驱动的（Lien et al.，2016）。对异源四倍体鲫鲤的研究发现，在其产生后的初期世代中存在着大量的部分同源基因重组、DNA 片段丢失、嵌合基因的形成（Wang et al.，2015；Liu et al.，2016），且在其回交子代异源三倍体“湘云鲫”和“湘云鲤”中都呈现出母本红鲫的不完全显性和剂量补偿的部分同源基因表达谱式（Ren et al.，2019）。对行杂种生殖的异源三倍体 *Squalius alburnoides*（基因型为 PAA）的亚基因组特异等位基因表达谱式的分析表明，它采用一种等位基因特异性沉默的方式，将三倍体的转录水平调整到二倍体的转录水平（Pala et al.，2010）。

这一“多倍化-二倍化”过程创造了二倍体不可能获得的变异，增加了等位基因的多样性，改变了基因组的复杂性，使得多倍体产生新的性状，获得更高的适应性，并驱动改变生态位和扩大地理分布（Comai，2005；Otto，2007；Wapinski et al.，2007；Soltis et al.，2014）。对全球多倍体植物的生物地理分布研究表明，具有极端恶劣气候的地区，如北极圈的冻土带生物群落区，比热带和亚热带地区具有更高比率（50% vs 30%）的多倍体植物（Rice et al.，2019）；对鲤亚科 1680 种二倍体鱼类和 372 种多倍体鱼类在全球的分布研究表明，高海拔地区以及具有较低年平均气温的地区，其多倍体发生的频率明显高于全球多倍体发生的频率，且中新世以来青藏高原的持续升高和气候的同步变化可能促使了多倍体鲤科鱼类物种发生和辐射（Li and Guo，2020）。关于多倍体比其二倍体祖先具有更强耐受高低温、干旱、高盐、低氮等能力的报道很多（Chao et al.，2013；Van de Peer et al.，2017；Liu and Sun，2019；Wei et al.，2019）。我们对全国 34 个采样点的 3105 尾鲫复合种（*Carassius* complex）的地理分布分析结果表明，六倍体银鲫（*C. gibelio*）比四倍体鲫（*C. auratus*）具有更强的生态适应性，六倍体银鲫可以分布在海拔纬度较高、降水量较少的地区，而四倍体鲫则倾向广泛分布于海拔纬度较低、降水量较多的中东部地区（Jiang et al.，2013；Liu et al.，2017a，2017b）（详细描述见第十一章）。目前，这些多倍体祖先是如何突破基因组多倍化带来的不利影响，通过怎样一种机制来完成二倍化的转变，一直是一个重大生命科学之谜，也是研究物种进化演变的核心命题。

10.3.3 用于水产养殖的天然多倍体动物

从理论上说，由于基因组倍性的增加，往往细胞尺寸会随之增加，多倍体常常表现出比二倍体近亲生长更快，营养器官或个体更大（Dunham，2011）。对野生植物和作物中多倍体的统计结果表明，全基因组复制是作物驯化的关键因素（Salman-Minkov et al.，2016）。以单子叶植物为例，作物中的多倍体比例（54%）高于野生物种中的多倍体比例（40%）。事实上，农作物中小麦、棉花、土豆、玉米、油菜等都是多倍体（Leitch and Leitch，2008）。更多的多倍体作物被驯化，表明多倍化的优势和变异使得一些多倍体具有生长快、适应性和抗病力强等优良农艺性状，从而被人们选择进行驯化种植。基于相同原因，许多重要的养殖鱼类，如鲤、银鲫、鲫、鲑和鲟等，以及几种甲壳动物或软体动物，如克氏原螯虾（*Procambarus clarkii*）、日本小龙虾（*Cambarus japonicas*）、峨螺（*Neptunea cumingi*）等，是天然多倍体或是从多倍体祖先进化而来。早在 3000 多年前，具有 100 条染色体的鲤因其快速的生长和广泛的适应性被选择为第一个水产养殖对象。对鲤的全基因组序列的解析表明，它在 12 Mya 时发生了一次全基因组异源加倍事件，并且可能的一个祖先二倍体类群来自鲃亚科（Xu et al.，2014；2019）。如前所述，全球最重要的养殖鱼类——鲑科鱼类——均是古老的同源四倍体（Berthelot et al.，2014；Lien et al.，2016）。六倍体银鲫的生长速度平均比四倍体鲫快 20%（Zhou et al.，2018）。

表 10.1 列举了 FAO（http：//www.fao.org/figis/servlet/TabSelector）网站或文献报道的已用于水产养殖的天然多倍体动物。鲟的鱼子酱价值极高。一般认为鲟科和白鲟科的所有物种都起源于具有 60 条染色体的二倍体祖先，现存的物种为四倍体（$4n≈120$）和八倍体（$8n≈240$）（Birstein et al.，1997；Lanfredi et al.，2001；Leggatt and Iwama，2003）。胭脂鱼科的所有物种都是四倍体（$4n=100$），鲃亚科、鲤亚科和裂腹鱼亚科中有二倍体（$2n=50$）、四倍体（$4n=100$）、六倍体（$6n≈150$）、八倍体（$8n≈200$）等（Berrebi and Rab，1998；桂建芳等，1985；Leggatt and Iwama，2003；Li et al.，2014；Xu et al.，2014；余先觉等，1989；Zhou and Gui，2002；Zhu et al.，2006）。青藏高原特有的裂腹鱼类都是多倍体物种，对它们倍性水平的祖先状态重建结果表明，鲤亚科是二倍体起源的，而裂腹鱼类是四倍体起源。多倍化后使得它们具有更强的对低温和低氧的适应性，从而成功占据高海拔栖息地（Wang et al.，2016）。泥鳅的天然种群中存在着二倍体（$2n=50$）、三倍体（$3n=75$）、四倍体（$4n=100$）、五倍体（$5n=125$）和六倍体（$6n=150$）（Arai et al.，1991，2003；Abbas et al.，2009；Zhong et al.，2019）。尽管不同鲑鳟鱼类的染色体数目差异较大（$4n=52$～102），但鉴于它们的基因组大小（$2.5×10^9$ bp）以及染色体臂数（NF=74～170）是其二倍体近缘种（NF=48～60）的两倍，因此被认为是四倍体（Allendorf and Thorgaard，1984；Phillips and Rab，2001）。全基因组序列解析进一步证实它们是同源四倍体（Berthelot et al.，2014；Lien et al.，2016）。

表 10.1 用于水产养殖的天然多倍体动物（Zhou and Gui，2017）

分类		染色体数目	倍性	参考文献
科	种			
1. 鱼类				
白鲟科	密西西比匙吻鲟，*Polyodon spathula*	120	$4n$	Birstein et al.，1997；Lanfredi et al.，2001；Leggatt and Iwama，2003
鲟科	俄罗斯鲟，*Acipenser gueldenstaedtii*	236±2	$8n$	
	中华鲟，*A. sinensis*	240	$8n$	
	小体鲟，*A. ruthenus*	116±4	$4n$	
	史氏鲟，*A. schrenckii*	238±8	$8n$	
	西伯利亚鲟，*A. baerii*	～245	$8n$	
	俄罗斯鲟，*A. gueldenstaedtii*	240～264	$8n$	
	白鲟，*A. transmontanus*	240～264	$8n$	
	意大利鲟，*A. naccarii*	240～264	$8n$	
	达氏鳇，*Huso dauricus*	268±4	$8n$	
	欧洲鳇，*H. huso*	～120	$4n$	
鲤科	鲤，*Cyprinus carpio*	100	$4n$	Xu et al.，2014
	鲫，*Carassius auratus*	100	$4n$	Zhou and Gui，2002；Zhu et al.，2006；Li et al.，2014
	金鱼，*C. auratus*	100	$4n$	
	银鲫，*C. gibelio*	156 or 162	$6n$	

续表

分类		染色体数目	倍性	参考文献
科	种			
1. 鱼类				
鲤科	鲃，*Barbus barbus*	100	4*n*	桂建芳等，1985；Berrebi and Ráb，1998
	阿尔及利亚鲃，*B. callensis*	100	4*n*	
	锯齿倒刺鲃，*Spinibarbus denticulatus*	100	4*n*	
	齐口裂腹鱼，*Schizothorax prenanti*	148	6*n*	李渝成等，1987
	重口裂腹鱼，*S. davidi*	98	4*n*	
鳅科	泥鳅，*Misgurnus anguillicaudatus*	75，100，150	3*n*，4*n*，6*n*	Ojima and Takai，1979；Arai，2003；Abbas et al.，2009
胭脂鱼科	大口牛胭脂鱼，*Ictiobus cyprinellus* Valenciennes	100	4*n*	Leggatt and Iwama，2003
鲑科	欧洲白鱼，*Coregonus lavaretus*	80 or 81	4*n*	Ohno，1970；Phillips and Ráb，2001；Leggatt and Iwama，2003
	高白鲑，*Coregonus peled*	74	4*n*	
	北极红点鲑，*Salvelinus alpinus*	78	4*n*	
	溪红点鲑，*S. fontinalis*	84	4*n*	
	大西洋鲑，*Salmo salar*	54～58	4*n*	
	褐鳟，*S. trutta*	78～84	4*n*	
	塞尔湖鳟，*S. ischchan*	80～82	4*n*	
	大鳞大麻哈鱼，*Oncorhynchus tshawytscha*	68	4*n*	
	大麻哈鱼，*O. keta*	74	4*n*	
	银大麻哈鱼，*O. kisutch*	60	4*n*	
	虹鳟，*O. mykiss*	58～64	4*n*	
	金鳟，*O. mykiss aguabonita*	58	4*n*	
	马苏大麻哈鱼，*O. masou*	66	4*n*	
	红大麻哈鱼，*O. nerka*	57 or 58	4*n*	
	多瑙哲罗鱼，*Hucho hucho*	82	4*n*	
	茴鱼，*Thymallus thymallus*	102	4*n*	
胡瓜鱼科	池沼公鱼，*Hypomesus olidus*	56	4*n*	
银鱼科	大银鱼，*Protosalanx hyalocranius*	56	4*n*	
胡子鲇科	胡鲇，*Clarias batrachus*	100	4*n*	Leggatt and Iwama，2003
囊鳃鲇科	印度囊鳃鲇，*Heteropneustes fossilis*	87，116	3*n*，4*n*	Pandian and Koteeswaran，1999
棘甲鲇科	下口鲇，*Hypostomus Plecostomus*	54	3*n*	Ráb，1981
鲇科	叉尾鲇，*Wallago attu*	86	4*n*	Ohno，1970
	欧鲇，*Silurus glanis*	60	3*n*	

续表

分类		染色体数目	倍性	参考文献
科	种			
2. 甲壳动物				
螯虾科	克氏原螯虾，*Procambarus clarkii*	192/188	4*n*	Murofuchi and Deguchi，1990；王先志等，2005
	日本螯虾，*Cambarus japonicas*	196 or 200	4*n*	
海螯虾科	龙虾，*Nephropsis carpenter*	152	4*n*	
	日本龙虾，*N. Japonicus*	136 or 164	4*n*	
3. 软体动物				
蛾螺科	峨螺（*Neptunea cumingi*）	60	4*n*	王青等，1990

第四节　人工多倍体育种技术

10.4.1　人工多倍体育种技术的原理和应用

多倍体除了具有可能比二倍体近亲生长更快，营养器官或个体更大这个优势外（Dunham，2011），在育种中还具有人工合成的三倍体不育或性腺发育迟缓这个优势。在养殖鱼类和贝类中，最常用的一种多倍体育种（polyploid breeding）技术是人工合成三倍体，用以解决性成熟所带来的问题（Piferrer et al.，2009）。由于进入青春期后，动物会将一部分能量转向提供性腺发育，因此性成熟通常会导致生长率下降，而在现行水产养殖模式下，水产养殖动物常常比它们的野生同类提前进入青春期（Thorpe，2004）。一些水产养殖动物，如大菱鲆，性成熟往往与较高的发病率有关；鲑鳟鱼类以及牡蛎在性成熟后，可食用部分的口感下降。这些问题可以通过生产不育的三倍体水产养殖动物来解决。在实际生产和养殖中，不育的三倍体还可用于控制养殖密度和防止种质混杂。此外，研究人员也常常选用不育的三倍体作为生殖细胞移植即"借腹怀胎"的受体。例如，选择不育的三倍体马苏大麻哈鱼作为受体，将富集的虹鳟精原细胞移植入受体仔稚鱼中，其性成熟后只产生虹鳟的精子和卵子（Okutsu et al.，2007）。该项应用将在第十六章详述。

中外学者从不同角度综述了水产养殖动物的多倍体育种技术的发展（Arai，2001；Hulata，2001；Rothbard，2006；Tiwary et al.，2004；Maxime，2008；Piferrer et al.，2009；Song et al.，2012；Xu et al.，2014；Zhou and Gui，2017，2018；张晓娟等，2019）。作为一种经典且卓有成效的细胞工程育种技术，多倍体育种已广泛地运用于动植物育种中，包括在养殖鱼类和贝类的品种选育中（Hulata，2001；Piferrer et al.，2009；Song et al.，2012；Xu et al.，2014；Ye et al.，2015；Zhou and Gui，2017，2018）。在水产养殖动物中，成功的范例有三倍体太平洋牡蛎（Guo and Allen，1994；Guo et al.，1996）。自 20 世纪 90 年代以来，由于生长速度加快，性腺发育迟缓，三倍体太平洋牡蛎能够全年以高品质上市，在美国已占据一半市场。大多数用于商业化养殖的人工三倍体鱼类是从鲤科和鲑科等天然多倍体鱼类中创制合成的同源或异源多倍体（Zhou and Gui，2017），如三倍体虹鳟、褐鳟、美洲红点鲑、大西洋鲑等鲑鳟鱼类（Arai，2001；Hulata，2001；Rothbard，2006；Piferrer et al.，2009）；在我国，由于易于批量生产和具有生长快、肉质好等优良经济性状，从鲤、鲫等天然多倍体鱼类中合成的异源多倍体已被广泛用于水产养殖，如“湘云鲫”“湘云鲫 2 号”等（Liu，2001；Song et al.，2012；Xu et al.，2014；Zhou and Gui，2017，2018）。

如前所述，贝类和鱼类的卵子分别停滞于第一次减数分裂的前、中期以及第二次减数分裂的中期，受精后恢复完成减数分裂（Colas and Dubé，1998；吴清江和桂建芳，1999）。因此，当采用静水压、冷休克或热休克等方法处理它们的受精卵时，能阻止第一极体或第二极体的排出，从而产生三倍体（图 10.3A）。早在 20 世纪 40 年代，研究人员通过低温处理的方法在鲤和白鲑（*Coregonus iavaretus*）中开始尝试诱导三倍体（Makino and Ozima，1943；Svrdson，1945）。最早报道获得三倍体个体的研究是在三棘刺鱼（*Gasterostus aculeatus*）中开展的（Swarup，1959），自此研究人员在许多重要的水产养殖动物中开展了相关的研究工作。在鱼类中，研究者迄今已在草鱼、鲤、水晶彩鲫（*C. auratus* transparent colored var.）、半滑舌鳎、黄颡鱼（*Pelteobagrus fulvidraco*）、鲢、鳙（*Aristichthys nobilis*）、泥鳅、大鳞副泥鳅（*Paramisgurnus dabryanus*）、虹鳟、大黄鱼、牙鲆、大菱鲆、大西洋鲑、红鳍东方鲀等 40 余种养殖鱼类中开展了三倍体诱导试验。同样，研究者在美洲牡蛎（*Crassostrea virginica*）、太平洋牡蛎（*C. gigas*）、欧洲平牡蛎（*Ostrea edulis*）、九孔鲍（*Haliotis diversicolor supertexta*）、杂色鲍（*H. diversicolor*）、皱纹盘鲍（*H. discus*）、华贵栉孔扇贝（*Chlamys nobilis*）、海湾扇贝（*Argopecten irradians*）、紫贻贝（*Mytilus edulis*）、马氏珠母贝（*Pinctada martensii*）、毛蚶（*Scapharca subcrenata*）和文蛤（*Meretrix meretrix*）等许多贝类中都成功诱导获得了三倍体（Arai，2001；Hulata，2001；Rothbard，2006；Tiwary et al.，2004；Maxime，2008；Piferrer et al. 2009；Song et al.，2012；Xu et al.，2014；Zhou and Gui，2017，2018）。关于甲壳动物的多倍体诱导的报道较少，仅在日本绒螯蟹（*Eriochier japonica*）、中华绒螯蟹（*E. sinensis*）、中国对虾（*Fenneropenaeus chinensis*）、罗氏沼虾（*Macrobrachium rosenbergii*）等少数物种中进行了相关研究（柏爱旭和周鑫，2012）。

诱导多倍体的方法与人工雌核生殖技术中采用的染色体组技术的原理和方法相同，详见本章第一节。远缘杂交是最常用的诱导产生多倍体的生物学方法。例如，草鱼×鳙、“兴国红鲤”×草鱼、白鲫×红鲤、湘江野鲤×红鲫、草鱼×三角鲂、团头鲂×红鲫等许多远缘杂交组合中产生了异源三倍体或四倍体（Liu et al.，2010；Song et al.，2012；刘少军，2015）。此外，研究者还进行过核移植和细胞融合等人工合成产生多倍体的尝试。Piferrer 等详细总结了诱导三倍体的不同方法，提供了处理起始时间、强度和持续处理时间等主要变量的代表性阈值，以指导鱼类和贝类的多倍体诱导（Piferrer et al.，2009）。结合我们的实践育种经验，细节阐述如下。

1. *处理起始时间的阈值*　应选择第一极体或是第二极体排出前的关键时间点。对不同的鱼类或贝类，可以选择受精后的不同时间，并通过对受精卵进行组织切片或是整体胚胎 DAPI（4′, 6-二脒基-2-苯基吲哚，4′，6-diamidino-2-phenylindole）等荧光观察，确定第一或第二极体排出的关键时间点。处理起始时间跟受精卵孵育的水温密切相关。一般温水性鱼类是受精后 2～7min，冷水性鱼类是受精后 15～20min；水温 20℃时，太平洋牡蛎在受精后 15min 排出第一极体，40 min 时排出第二极体。

2. *冷休克*　处理温度范围为−1～4℃，温水性鱼类的持续时间范围为 2～20min；冷水性鱼类需要处理更长的时间，为 35min～3h；对贝类而言，处理温度范围为 0～5℃，持续时间范围为 15～20min。

3. 热休克 对温水性鱼类而言，处理温度范围为34～41℃，持续时间范围为45s～3.5min；对冷水性鱼类而言，处理温度范围为24～32℃，持续时间范围为10～25min；对贝类而言，处理温度范围为25～38℃，持续时间范围为15～20min。

4. 静水压 鱼类的压力范围是58～85MPa，最适为62MPa，持续时间为2～6min；贝类的最适压力约为60MPa，持续时间为10～15min。

5. 化学处理 主要用于贝类。细胞松弛素B和6-DMAP在海水中配置，浓度分别为0.1～1.0mg/L和20～60mg/L，最终使用浓度为300μmol/L，处理持续时间为15～20min。

总体而言，冷休克和静水压处理均适合卵子体积小的鱼类，而静水压适合漂浮性鱼卵和体积较大的鱼卵。黏性卵在用静水压处理前一般需要进行脱黏处理。在采用直接诱导三倍体的方法时，每个处理变量的最佳阈值在不同水产动物中是不同的，因此需要针对物种，对所有变量进行优化以获得最高诱导率和较低的畸形率。

同样利用静水压或冷、热休克的方法来抑制卵裂可以获得四倍体（图10.3B），如果将获得的可育四倍体与二倍体回交，则可获得100%的三倍体。因此，研究人员在斑点叉尾鮰（Bidwell et al.，1985）、虹鳟（Chourrout et al.，1986b）、罗非鱼（*Oreochromis* spp.）（Myers，1986）、水晶彩鲫（桂建芳等，1991）、丁鲹（*Tinca tinca*）（Flajshans et al.，1993）、泥鳅（Nam et al.，2001）、团头鲂（Zou et al.，2004）、半滑舌鳎（李文龙等，2012）等鱼类，以及在美洲牡蛎、近江牡蛎（*C. rivularis*）、栉孔扇贝等贝类中开展了大量四倍体育种研究，但绝大多数的研究工作只获得了四倍体胚胎、贝类幼虫，未能获得成体或仅获得极少成体（Bidwell et al.，1985；Zhang et al.，1993；Flajšhans，1997；王昭萍等，2004）。取得成功的例子是虹鳟和太平洋牡蛎（Chourrout et al.，1986b；Guo and Allen，1994；Guo et al.，1996；Hershberger and Hostuttler，2007）。例如，Guo和Allen将三倍体太平洋牡蛎产生的卵子与精子受精后，抑制其第一极体排放，成功获得了四倍体太平洋牡蛎，3月龄时比例为66%，它们可以性成熟，并与正常的二倍体杂交产生了100%三倍体（Guo and Allen，1994；Guo et al.，1996）。采用冷、热休克或静水压等物理方法直接诱导三倍体的方法，需要极高的诱导率、较低的死亡率和畸形率才可以在生产上推广运用。因此，从理论上讲，利用可育的四倍体来生产不育三倍体，可以避免因经常育种增加的生产成本，且能获得100%的三倍体，这样更有效且可预测子代三倍率。更为重要的是，可以选择具有改良经济性状的四倍体和二倍体亲本，通过倍间杂交获得性状改良的三倍体（Hershberger and Hostuttler，2007）。例如，将改良的四倍体鲫鲤与改良的二倍体红鲫通过倍间杂交获得改良的三倍体“湘云鲫2号”（陈松等，2009）。

早期检测倍性的方法包括形态学检查、红细胞和红细胞核体积测量、核仁组织区分析（nucleolar-organising region，NOR）、染色体核型分析、生化和分子标记分析等。目前研究者主要采用流式细胞仪法测定DNA含量，该方法简易，可大规模检测，准确率高。

10.4.2 人工合成三倍体与二倍体生产性能的比较

研究人员也比较了人工合成的三倍体和二倍体在存活率、生长、行为、繁殖和抗病力等方面的差异（Benfey，1999；Piferrer et al.，2009）。

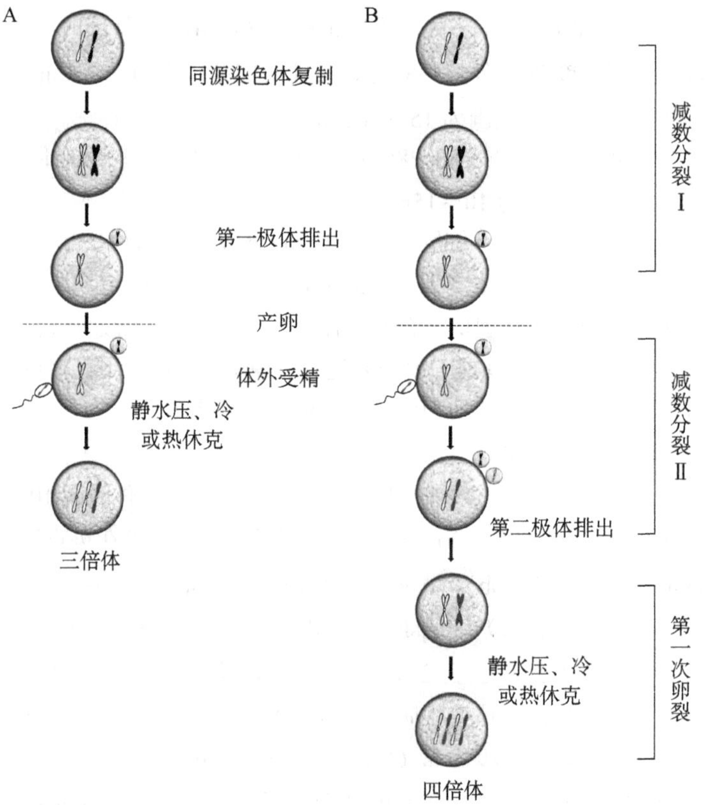

图 10.3　鱼类人工三倍体或四倍体的诱导技术原理示意图（引自 Zhou and Gui，2017）

A. 通过静水压、冷或热休克阻止第二极体的排出诱导三倍体；B. 通过静水压、冷或热休克抑制卵裂的发生诱导四倍体。鱼类产生的成熟卵子停滞在第二次减数分裂的中期阶段

很多研究均表明休克处理会导致胚胎和初孵仔稚鱼较低的成活率和较高的畸形率；在幼鱼阶段，有较多研究报道表明在大西洋鲑、虹鳟、鲤等多种鱼类中都观察到了同池饲养的三倍体成活率低于二倍体的现象；而在成鱼阶段，尽管相关研究报道较少，但一般认为二倍体因繁殖导致损伤和死亡，所以三倍体的成活率高于二倍体。幼鱼阶段三倍体的死亡率高于二倍体的原因可能是氧气、水温等饲养条件并不适合三倍体生存，因此需要优化养殖条件。

尽管三倍体的细胞比二倍体的细胞大，但在早期的比较研究中发现在性腺发育前三倍体的生长速度跟二倍体相比没有显著差异。在进入青春期后，三倍体将供应给性腺发育所需的能量继续用于生长，因此三倍体的生长显著高于二倍体，这个现象在贝类中更为明显（Piferrer et al.，2009）。最近的研究表明，三倍体和二倍体对营养物质的需求存在差异，如三倍体大西洋鲑对磷、组氨酸比二倍体具有更高的需求（Taylor et al.，2015，2019；Fjelldal et al.，2016）。因此，随着对三倍体的营养需求的了解以及养殖方式的优化，三倍体常见的畸形率高、成活率低、生长速度慢等问题可以通过精细化饲养和管理来解决。例如，在投喂饲料 6 周后，三倍体大西洋鲑的生长速度就显著高于二倍体，且两种倍性的鱼在成活率和畸形率之间没有差异（Taylor et al.，2011；2013）。值得注意的是，有些三倍体鱼类倾向于将多余的能力转化为脂肪沉积，而不是肌肉生长。因此养殖者需要调整饲料中的营养组成以解决这个问题。

此外，也有少量研究比较了不同倍性鱼类对环境或病原体的抗性差异，获得了不同的结果。

例如，虹鳟、银大麻哈鱼（*O. kisutch*）和大西洋鲑的三倍体对环境以及病毒、细菌和寄生虫等病原体的抗性没有差异或是具有更高的敏感性（Yamamoto and Iida，1995；Jhingan et al.，2003；Ozerov et al.，2010；Weber et al.，2013；Frenzl et al.，2014；Chalmers et al.，2017；Herath et al.，2017）。然而，一些人工合成的异源多倍体显示出比其二倍体更强的对环境或病原的抗性能力（Parsons et al.，1986；Liu et al.，2018；Xiao et al.，2019）。因此，三倍体对环境和病原菌胁迫的耐受能力有待进一步研究。

对鱼类而言，由于三套同源染色体组配对紊乱，三倍体的减数分裂受到阻抑，因此三倍体常常不育。一般卵巢中仅含有少量的卵原细胞和极少数的初级卵母细胞，因此卵巢的大小是显著小于同时期二倍体卵巢的，不能产生成熟卵子。尽管三倍体雄性个体的减数分裂异常，但其精原细胞仍然能够进行大量有丝分裂增殖，因此就精巢大小而言，与二倍体差异不大，但不能产生精子或产生非整倍性的精子，不能正常受精。在贝类中，三倍体的性腺发育迟缓，育性受损严重，但仍能产生少量的卵子和精子，如太平洋三倍体牡蛎的育性大约是二倍体的 2%。

10.4.3 人工合成的多倍体水产养殖动物

已经用于商业化生产的主要包括三倍体鲑鳟鱼类、泥鳅、草鱼、太平洋牡蛎等（Arai，2001；Hulata，2001；Rothbard，2006；Piferrer et al.，2009）（表 10.2）。例如，三倍体虹鳟主要在加拿大、法国、中国、日本、英国等国养殖，三倍体褐鳟主要在英国和法国养殖，三倍体溪红点鲑主要在加拿大和法国养殖，三倍体大西洋鲑主要在加拿大和智利养殖，而三倍体北极红点鲑主要在法国、加拿大、冰岛和奥地利养殖。此外，美国还养殖了三倍体草鱼，日本养殖了琵琶鳟、马苏大麻哈鱼、银大麻哈鱼、香鱼、牙鲆和泥鳅等。商业化的三倍体贝类主要是太平洋牡蛎。用于养殖的异源三倍体鱼类包括虹鳟×琵琶鳟、胡鲇×非洲鲇、大麻哈鱼×白斑红点鲑等。

由于虹鳟雄性个体一年就性成熟，因此自 1980 年以来，欧洲养殖业者更倾向于养殖全雌二倍体虹鳟，即将 XX 雌鱼与 XX 伪雄鱼交配以生产全雌子代（Sheehan et al.，1999；Piferrer，2001）。然而 14～16 个月时二倍体雌鱼就性成熟了，此时平均体重约为 450g。由于加工新鲜或烟熏鱼片，需要体重达 1.2kg 或 2.5～3.0kg 的成鱼，因此养殖二倍体虹鳟已经不能满足消费者对鱼片日益增长的需求。因此，养殖业者通过冷、热休克或静水压处理或通过倍间杂交的方法获得三倍体虹鳟，以养殖出更大个体的商品鱼（Solar et al.，1984；Sheehan et al.，1999；Hulata，2001；Hershberger and Hostuttler，2007；Piferrer et al.，2009）。由于三倍体虹鳟雄性个体的生长没有得到明显改善，因此自从 1990 年以来，欧洲的养殖业者更喜欢养殖全雌三倍体鲑鳟鱼类。他们将冷、热休克或静水压处理与性反转方法结合生产全雌三倍体虹鳟（Sheehan et al.，1999；Piferrer et al.，2009），或是将种间杂交、热休克和性反转方法结合生产全雌的虹鳟×琵琶鳟、虹鳟×日本红点鲑或大麻哈鱼×日本红点鲑的杂交群体（Hattori and Seko，1998；Arai，2001）。与欧洲的情况不同，在美国大多数鲑鳟鱼类都是在第一次性成熟前收获的，因此在美国养殖的主要还是二倍体。

有趣的是，大多数成功应用的人工多倍体鱼类是从鲑科和鲤科等天然多倍体鱼类中创制合成的同源或异源多倍体。在六倍体银鲫中，研究者通过整入异源精子的染色体组，获得了几个具有 212 条或 208 条染色体的异源八倍体克隆系（Gui et al.，1993a，1993b；Zhu and Gui，2007；Gui and Zhou，2010）。其中一个克隆系由于具有明显的生长优势，已被审定为水产新品种，被命名为“长丰鲫”（Li et al.，2016）。研究者在湘江野鲤（♂）×红鲫（♀）杂交组合中获得了部分可育的二倍体 F1 个体（$2n$=100），并在 F2 自交子代中发现了能产生不减数配子的个体，进而建立了一个遗传性状稳定、雌雄两性可育的异源四倍体鲫鲤（$4n$=200）品系。研究者将其雄性个体分别与父母本回交，可大规模生产不育的“湘云鲫”和“湘云鲤”（Liu，2010；Xu et al.，2014）。在此基础上，研究者进一步揭示了淡水鱼类远缘杂交的主要遗传和繁殖规律，建立了关键共性技术，研制出“湘云鲫 2 号”等改良三倍体鱼和更多两性可育的新型四倍体鱼品系（Liu，2010；刘少军，2015）。如研究者将红鲫（$4n$=100）与团头鲂（$2n$=48）杂交，获得了具有 148 条染色体的可育的异源四倍体鲫鲂（Qin et al.，2014；Xu et al.，2014）。

表 10.2　人工合成的多倍体水产养殖动物（Zhou and Gui，2017）

分类		倍性	诱导或合成方法	参考文献
科	种或品种			
1. 鱼类				
鲤科 Cyprinidae	草鱼，*C. idella*	$3n$	静水压	Allen and Wattendorf，1983
	湘云鲫	$6n$	远缘杂交和倍间杂交	陈松等，2009；Liu，2010；Xu et al.，2014
	湘云鲫 2 号	$6n$		
	长丰鲫	$8n$	天然雌核生殖银鲫整合鲤精子染色体	Li et al.，2016；Zhou et al.，2017
鳅科 Cobitidae	泥鳅，*M. anguillicaudatus*	$3n$	倍间杂交	Hulata，2001；Piferrer et al.，2009
鲑科 Salmonidae	虹鳟，*O. mykiss*	$3n^*$	冷、热休克或静水压，或是倍间杂交	Solar et al.，1984；Sheehan et al.，1999；Hulata，2001；Hershberger and Hostuttler，2007；Piferrer et al.，2009
	褐鳟，*S. trutta*	$3n^*$	静水压	Preston et al.，2016
	溪红点鲑，*S. fontinalis*	$3n^*$		Schafhauser-Smith and Benfey，2001
	大西洋鲑，*S. salar*	$3n^*$		Benfey，2001
	大鳞大麻哈鱼，*O. tshawytscha*	$3n^*$		Garner et al.，2008
	北极红点鲑，*S. alpinus*	$3n^*$		Gillet et al.，2001
	琵琶鳟，*O. masou*	$3n^*$		Arai，2001
	马苏大麻哈鱼，*O. masou*	$3n^*$		Arai，2001
	银大麻哈鱼，*O. kisutch*	$3n^*$		Small and Randall，1989
	虹鳟×琵琶鳟	$3n^*$	种间杂交和热休克	Hattori and Seko，1998
	虹鳟×日本红点鲑	$3n^*$		Arai，2001
鲇科	胡鲇×非洲鲇	$3n$	种间杂交和热休克	Na-Nakorn et al.，2004
香鱼科	香鱼，*P. altivelis*	$3n$	冷、热休克或静水压	Arai，2001；Hulata，2001；Piferrer et al.，2009
牙鲆科	牙鲆，*P. olivaceus*	$3n$		
2. 贝类				
牡蛎科	太平洋牡蛎，*C. gigas*	$3n$	冷、热休克或静水压，或是倍间杂交	Guo and Allen，1994；Guo et al.，1996

续表

分类		倍性	诱导或合成方法	参考文献
科	种或品种			
2. 贝类				
扇贝科	卡塔里娜扇贝，*Argopecten ventricosus*	3*n*	细胞松弛素B	Ruiz-Verdugo et al., 2000

*指三倍体，由于鲑鳟鱼类已经完成了二倍体化，一般认为是二倍体，因此人工合成的同源多倍体或异源多倍体通常被称为三倍体或三倍体杂种

第五节　染色体组操作育种技术展望

10.5.1　人工雌核生殖育种技术展望

虽然人工雌核生殖技术已在生产实践方面有着广泛的应用，但是还存在成活率低等方面的难题。未来研究重点应包括如下几方面。

（1）需针对物种特性，在不同水产养殖动物中建立最适和最精准的人工雌核生殖技术，尤其是解决有丝分裂雌核生殖获得双单倍体成功率低的问题。

（2）创制遗传背景纯化的单性生殖家系/群体或融入有异源精子遗传物质的新种质，为育种提供核心育种材料。

（3）培育遗传改良的纯合克隆系以及构建改良的杂合克隆系，实现定向育种。

（4）在性成熟周期长的养殖鱼类中，摸索建立在体卵子基因组编辑技术，结合最适人工雌核生殖技术，以期建立P0代获得纯合基因组编辑子代的技术。

10.5.2　染色体组倍性育种技术展望

在过去的三十年中，许多天然的多倍体动物和一些人工合成的同源多倍体或异源多倍体已成功用于水产养殖。为了在水产养殖中进一步开发和利用天然多倍体和人工合成多倍体，研究重点应包括如下几方面。

（1）解析天然水产养殖多倍体动物的复杂基因组信息，揭示其亚基因组转录协调表达机制以及重要经济性状的遗传机制。

（2）人工合成经济性状改良的新多倍体，揭示基因组复制或异源基因组整入是如何创制新种质，并导致水产养殖动物经济性状改良的遗传机制，包括基因组结构、转录组表达特征、表观遗传变化以及新转录本或新基因产生及其与新的优良性状之间的关联等多个方面。

（3）在更多水产养殖动物中建立直接诱导三倍体的标准化程序，优化和建立人工诱导四倍体的方法；同时发展新的、高效的倍性操作技术，创制优异种质，为新品种培育提供核心育种材料。

（4）精准评估人工合成多倍体与其二倍体在生物学性状和经济性状的差异，了解人工合成多倍体的营养需求，优化养殖方式。

（周莉，汪洋，桂建芳）

复习思考题

1. 人工雌核生殖的原理是什么？其主要方法有哪些？可以应用于哪些研究领域？

2. 多倍体的优势和劣势各是什么？产生多倍体的途径有哪些？

3. 多倍体育种的原理是什么？其主要方法有哪些？与二倍体相比，多倍体的生物学性状和经济性状有哪些改变？

主要参考文献

柏爱旭，周鑫. 2012. 中华绒螯蟹多倍体诱导的研究进展. 江苏农业科学，40：248-251.

常亚青，田燚，张伟杰. 2013. 我国海洋水产生物遗传育种技术进展. 中国农业科技导报，15：8-15.

陈婕，罗觅，陶敏，等. 2016. 动物和植物远缘杂交比较研究. 中国科学：生命科学，46：1139-1161.

陈亮，赵柏淞，李玲，等. 2014. 人工诱导栉孔扇贝雌核发育胚胎的 SNP 标记分析. 中国海洋大学学报（自然科学版），44：48-52.

陈松，王静，刘少军，等. 2009. 改良三倍体鲫鱼的生物学特性研究. 中国科学：生命科学，39：479-484.

陈松林，李文龙，季相山，等. 2011. 半滑舌鳎三倍体鱼苗的人工诱导与鉴定. 水产学报，35：925-931.

戈文龙，张全启，齐洁，等. 2005. 异源精子诱导牙鲆雌核发育二倍体. 中国海洋大学学报（自然科学版），35：1011-1016.

桂建芳，李渝成，李康，等. 1985. 中国鲤科鱼类染色体组型的研究Ⅵ.50 亚科 3 种四倍体鱼和鲤亚科 1 种四倍体鱼的核型. 遗传学报，12：302-308.

桂建芳，肖武汉，梁绍昌，等. 1995. 静水压休克诱导水晶彩鲫三倍体和四倍体的细胞学机理初探. 水生生物学报，28：49-55.

桂建芳等. 2007. 鱼类性别和生殖的遗传基础及其人工控制. 北京：科学出版社.

姜宏波，王桂兴，刘海金，等. 2014. Hg^{2+}对克隆牙鲆和普通牙鲆的急性毒性. 渔业科学进展，35：68-73.

李文龙，陈松林，季相山，等. 2012. 半滑舌鳎四倍体鱼苗的诱导与鉴定. 中国水产科学，19：196-201.

李渝成，李康，桂建芳，等. 1987. 中国鲤科鱼类染色体组型的研究Ⅺ.裂腹鱼亚科二种鱼和鳅鮀亚科三种鱼的染色体组型. 水生生物学报，11：184-186.

刘海金，侯吉伦，刘奕. 2017. 牙鲆雌核发育研究进展. 中国水产科学，24：902-912.

刘海金，刘永新，王玉芬，等. 2010. 牙鲆减数分裂与有丝分裂雌核发育的遗传差异. 水产学报，34：898-904.

刘汉勤，易泳兰，陈宏溪. 1987，泥鳅雄核发育纯合二倍体的产生. 水生生物学报，11：241-246.

刘静霞，周莉，赵振山，等. 2002. 锦鲤 4 个人工雌核发育家系的微卫星标记研究. 动物学研究，23：97-105.

刘少军，段巍，陶敏，等. 2007. 雌核发育二倍体鲫鲤杂交克隆品系建立. 中国科学：生命科学，37：28-34.

刘少军. 2015. 鱼类远缘杂交. 北京：科学出版社.

罗琛，刘筠. 1991. 人工诱导草鱼和鲫鱼雌核发育的研究. 湖南师范大学自然科学学报，14：154-159.

毛晗，周莉，桂建芳. 2003. 鲢两个人工雌核发育家系的 RAPD 分析. 水生生物学报，27：547-550.
聂鸿涛，李琪，于瑞海. 2011. 刺参雌核发育二倍体的诱导及其早期生长发育. 中国海洋大学学报（自然科学版），41：31-35.
潘英，李琪，王如才，等. 2002. 海洋贝类雌核发育研究进展和展望. 水产学报，26：465-471.
宋立民，杨毅，王卫民，等. 2010. 热休克诱导黄颡鱼三倍体的研究. 水产科学，29：352-355.
陶敏，宋祯彦，肖军，等. 2013. 翘嘴红鲌（*Erythroculteri lishaeformis*）精子诱导的雌核发育团头鲂（*Megalobrama amblycephala*）细胞及其分子遗传学分析. 动物学研究，34：479-486.
王桂兴，刘海金，张晓彦，等. 2012. 牙鲆连续两代减数分裂雌核发育家系的遗传特征. 中国水产科学，19：381-389.
王青，孔晓瑜，于珊珊，等. 2005. 十足目染色体研究进展. 海洋科学，29：60-65.
王先志，王桂云，马庆惠，等. 1990. 蛾螺科三种螺的核型观察. 动物学研究，11：259-262.
王晓清，王志勇，柳小春，等. 2006. 大黄鱼人工诱导雌核发育后代的微卫星标记分析. 遗传，28：831-837.
王昭萍，李慷均，于瑞海，等. 2004. 贝类四倍体育种研究进展.中国海洋大学学报（自然科学版），34：195-202.
吴清江，陈荣德，叶玉珍，等. 1981. 鲤鱼人工雌核发育及其作为建立近交系新途径的研究. 遗传学报，8：50-55.
吴清江，桂建芳. 1999. 鱼类遗传育种工程. 上海：上海科学技术出版社.
吴清江，叶玉珍，陈荣德. 1986. 鲤鱼染色体组人工调控的核型证明. 水生生物学报，10：265-270.
肖俊，彭德娇，段巍，等. 2009. 用团头鲂精子诱导金鱼雌核发育研究. 水生生物学报，33：76-81.
徐冬冬，楼宝，薛宝贵，等. 2013. 黄姑鱼（*Nibea albiflora*）雌核发育的人工诱导及鉴定. 海洋与湖沼，44：310-317.
徐晓锋，郑建波，钱叶青，等. 2015. 生长发育正常的无肌间刺草鱼突变体. 科学通报，60：52-57.
许建和，尤锋，吴雄飞，等. 2006. 大黄鱼雌核发育二倍体的人工诱导. 海洋科学，30：37-42.
杨书婷，桂建芳. 1999. 两个雌核发育白鲢群体同工酶分析及遗传标记的确定. 水生生物学报，23：264-268.
杨永铨，刘爱知，林克宏，等. 1981. 人工诱导鱼类雌核发育的实验研究. 淡水渔业，4：1-4.
杨育凯，谢仰杰，蔡明夷，等. 2013. 黄姑鱼雌核发育诱导及鉴定. 水产学报，37：1297-1303.
余先觉，周暾，李渝成，等. 1989. 中国淡水鱼类染色体. 北京：科学出版社.
袁媛，李琪，于瑞海，等. 2005. 紫外线诱导太平洋牡蛎雄核发育的研究. 中国海洋大学学报（自然科学版），35：29-32.
袁媛，李琪，于瑞海，等. 2006. 栉孔扇贝雄核发育二倍体的人工诱导. 中国水产科学，13：585-590.
张维炜，梁业松，何靖，等. 2019. 雌核发育棕点石斑鱼 EST-SSR 的开发验证. 海南大学学报（自然科学版），37：140-147.
张晓娟，周莉，桂建芳. 2019. 遗传育种生物技术创新与水产养殖绿色发展. 中国科学：生命科学，49：1409-1429.
张新辉，高泽霞，罗伟，等. 2015. 雌核发育团头鲂的形态和遗传特征分析. 水生生物学报，39：126-132.
赵振山，吴清江，高贵琴. 2000. 鱼类雄核发育的研究进展. 遗传，22：109-113.
邹桂伟. 2011. 长丰鲢新品种实用养殖技术. 科学养鱼，11：46-47.
Abbas K，Li MY，Wang WM，et al. 2009. First record of the natural occurrence of hexaploid loach *Misgurnus anguillicaudatus* in Hubei Province，China. J Fish Biol，75：435-441.
Allen Jr. SK，Wattendorf RJ. 1983. Triploid grass carp：status and management implications. Fisheries，12：20-24.

Allendorf FW，Thorgaard GH. 1984. Tetraploidy and the evolution of salmonid fishes. B. J.，Turner（Ed.）. Evolutionary Genetics of Fishes New York：Plenum Press：1-53.

Amores A，Catchen J，Fontenot Q，et al. 2011. Genome evolution and meiotic maps by massively parallel DNA sequencing：spotted gar，an outgroup for the teleost genome duplication. Genetics，188：799-808.

Arai K，Ikeno M，Suzuki R. 1995. Production of androgenetic diploid loach *Misgurnus anguillicaudatus* using spermatozoa from natural tetraploids. Aquaculture，137：131-138.

Arai K，Masaoka T，Suzuki R. 1992. Optimum conditions of UV ray irradiation for genetic inactivation of loach eggs. Nippon Suisan Gakk，58：1197-1201.

Arai K，Matsubara K，Suzuki R. 1991. Karyotype and erythrocyte size of spontaneous tetraploidy and triploidy in the loach *Misgurnus anguillicaudatus*. Nippon Suisan Gakk，57：2157-2172.

Arai K. 2001. Genetic improvement of aquaculture finfish species by chromosome manipulation techniques in Japan. Aquaculture，197：205-228.

Arai K. 2003. Genetics of the loach，*Misgurnus anguillicaudatus*，recent progress and perspective. Folia Biological（Krakow），51（suppl）：107-117.

Benfey TJ. 1999. The physiology and behavior of triploid fishes. Rev. Fish Sci，7：39-67.

Benfey TJ. 2001. Use of sterile triploid Atlantic salmon（*Salmo salar* L.）for aquaculture in New Brunswick，Canada. ICES J Mar Sci，58：525-529.

Berrebi P，Ráb P. 1998. The‘Barbus’intermedius species flock in Lake Tana（Ethiopia）：Ⅲ - cytogenetic and molecular genetic data. Italian J Zool，65：15-20.

Berthelot C，Brunet F，Chalopin D，et al. 2014. The rainbow trout genome provides novel insights into evolution after whole-genome duplication in vertebrates. Nat Commun，5：3657.

Bidwell CA，Chrisman CL，Libey G. 1985. Polyploidy induced by heat shock in channel catfish. Aquaculture，51：25-32.

Birstein VJ，Hanner R，DeSalle R. 1997. Phylogeny of the Acipenseriformes：Cytogenetic and molecular approaches. Environ Biol Fish，48：127-155.

Bongers ABJ，Boza Abarca J，Zandieh Doulabi B，et al. 1995. Maternal influence on development of androgenetic clones of common carp，*Cyprinus carpio* L. Aquaculture，137：139-147.

Bongers ABJ，in't Veld EPC，Abo-Hashema K，et al. 1994. Androgenesis in common carp（*Cyprinus carpio* L.）using UV irradiation in a synthetic ovarian fluid and heat shocks. Aquaculture，122：119-132.

Bowers JE，Chapman BA，Rong JK，et al. 2003. Unravelling angiosperm genome evolution by phylogenetic analysis of chromosomal duplication events. Nature，422：433-438.

Braasch I，Gehrke AR，Smith JJ，et al. 2016. Corrigendum：The spotted gar genome illuminates vertebrate evolution and facilitates human-teleost comparisions. Nat Genet，48：427-437.

Casellas J. 2011. Inbred mouse strains and genetic stability：a review. Animal，5：1-7.

Castro J，Bouza C，Sanchez L，et al. 2003. Gynogenesis assessment using microsatellite genetic markers in turbot（*Scophthalmus maximus*）. Mar Biotechnol，5：584-592.

Chalmers L，Taylor JF，Roy W，et al. 2017. A comparison of disease susceptibility and innate immune response between diploid and triploid Atlantic salmon（*Salmo salar*）siblings following experimental infection with Neoparamoeba perurans，causative agent of amoebic gill disease. Parasitology，144：1229-1242.

Chao DY，Dilkes B，Luo H，et al. 2013. Polyploids exhibit higher potassium uptake and salinity tolerance in Arabidopsis. Science，341：658-659.

Chen SL，Tian YS，Yang JF，et al. 2009. Artificial gynogenesis and sex determination in half-smooth tongue sole（*Cynoglossus semilaevis*）. Mar Biotechnol（NY），11：243-251.

Cheng F，Wu J，Cai X，et al. 2018. Gene retention，fractionation and subgenome differences in polyploid plants. Nat Plants，4：258-268.

Choleva L，Janko K，De Gelas，K，et al. 2012. Synthesis of clonality and polyploidy in vertebrate animals by hybridization between two sexual species. Evolution，66：2191-2203.

Chourrout D，Chevassus B，Krieg F，et al. 1986b. Production of second generation triploid and tetraploid rainbow trout by mating tetraploid males and diploid females：potential of tetraploid fish. Theor Appl Genet，72：193-206.

Chourrout D，Quillet E. 1982. Induced gynogenesis in the rainbow trout：sex and survival of progenies production of all-triploid populations. Theor Appl Genet，63：201-205.

Chourrout D. 1982. Gynogenesis caused by ultraviolet irradiation of salmonid sperm. J Exp Zool，223：175-181.

Chourrout D. 1984. Pressure-induced retention of second polar and suppression of first cleavage in rainbow trout. Production of all triploids，all tetraploids，and heterozygous and homozygous diploid gynogenesis. Aquaculture，36：111-126.

Chourrout D. 1986a. Use of grayling sperm（*Thymallus thymallus*）as a marker for the production of gynogenetic rainbow trout（*Salmo gairdneri*）. Theor Appl Genet，72：633-636.

Clark JW，Donoghue PCJ. 2018. Whole-genome duplication and plant macroevolution. Trends Plant Sci，23：933-945.

Colas P，Dubé F. 1998. Meiotic maturation in mollusk oocytes. Semin Cell Dev Biol，9：539-548.

Comai L. 2005. The advantages and disadvantages of being polyploid. Nat Rev Genet，6：836-846.

Dobosz S，Dębowska M，Krom J，et al. 2015. Application of the UV-irradiated homologous and heterologous sperm for activation of the rainbow trout（*Oncorhynchus Mykiss*）eggs and production of the gynogenetic stocks. Ann Anim Sci，15：919-928.

Doyle JJ，Flagel LE，Paterson AH，et al. 2008. Evolutionary genetics of genome merger and doubling in plants. Rev Genet，42：443-461.

Dunham RA. 2011. Aquaculture and fisheries biotechnology：genetic approaches. Wallingford：CABI Publishing.

Edger PP，McKain MR，Bird KA，et al. 2018. Subgenome assignment in allopolyploids：challenges and future directions. Curr Opin Plant Biol，42：76-80.

Edger PP，Smith R，McKain MR，et al. 2017. Subgenome dominance in an interspecific hybrid，synthetic allopolyploid，and a 140-year-old naturally established neo-allopolyploid monkeyflower. Plant Cell，29：2150-2167.

Fan Z，Wu Z，Wang L，et al. 2016. Characterization of embryo transcriptome of gynogenetic olive flounder *Paralichthys olivaceus*. Mar Biotechnol（NY），18：545-553.

Fjelldal PG，Hansen TJ，Lock EJ，et al. 2016. Increased dietary phosphorus prevents vertebral deformities in triploid Atlantic salmon（*Salmo salar* L.）Aquac Nutr，22：72-90.

Flajshans M，Linhart O，Kvasnicka P. 1993. Genetic studies of tench（*Tinea tinea* L.）：induced triploidy and tetraploidy and first performance data. Aquaculture，113：301-312.

Flajšhans M. 1997. Reproduction sterility caused by spontaneous triploidy in tench (*Tinca tinca*). Polskie Archiwum Hydrobiologii，44：39-45.

Fopp-Bayat D. 2010. Induction of diploid gynogenesis in Wels catfish（*Silurus glanis*）using UV-irradiated grass carp（*Ctenopharyngodon idella*）sperm. J Exp Zool A Ecol Genet Physiol，313：24-27.

Frenzl B，Migaud H，Fjelldal PG，et al. 2014. Triploid and diploid Atlantic salmon show similar susceptibility to infection with salmon lice *Lepeophtheirus salmonis*. Pest Manag Sci，70：982-988.

Garner SR，Madison BN，Bernier NJ，et al. 2008. Juvenile growth and aggression in diploid and triploid Chinook salmon *Oncorhynchus tshawytscha*（Walbaum）. J Fish Biol，73：169-185.

Gillet C，Vauchez C，Haffray P. 2001. Triploidy induced by pressure shock in Arctic charr（*Salvelinus alpinus*）: growth，survival and maturation until the third year. Aquat Living Resour，14：327-334.

Goudie CA，Simco BA，Davis KB，et al. 1995. Production of gynogenetic and polyploid catfish by pressure-induced chromosome set manipulation. Aquaculture，133：185-198.

Grant V. 1981. Plant Speciation，2nd ed. New York：Columbia University Press.

Grover CE，Gallagher JP，Szadkowski EP，et al. 2012. Homoeolog expression bias and expression level dominance in allopolyploids. New Phytol，196：966-971.

Guan XY，Song Q，Chen ZJ. 2014. Polyploidy and small RNA regulation of cotton fiber development. Trends Plant Sci，19：516-528.

Gui JF，Liang SC，Zhu LF，et al. 1993a. Discovery of two different reproductive development modes of the eggs of artificial multiple tetraploid allogynogenetic silver crucian carp. Chinese Sci Bull，38：332-337.

Gui JF，Liang SC，Zhu LF，et al. 1993b. Preliminary confirmation of gynogenetic reproductive mode in artificial multiple tetraploid allogynogenetic silver crucian carp. Chinese Sci Bull，38：67-70.

Gui JF，Zhou L. 2010. Genetic basis and breeding application of clonal diversity and dual reproduction modes in polyploid *Carassius auratus gibelio*. Sci China Life Sci，53：409-415.

Guo X，Allen SK. 1994. Viable tetraploids in the Pacific oyster（*Crassostrea gigas* Thunberg）produced by inhibiting polar body in eggs from triploids. Mol Mar Biol Biotechnol，3：42-50.

Guo X，DeBrosse GA，Allen SK. 1996. All-triploid Pacific oysters（*Crassostrea gigas* Thunberg）produced by mating tetraploids and diploids. Aquaculture，142：149-161.

Hassanzadeh Saber M，Noveiri SB，et al. 2014. Induction of meiotic gynogenesis in ship sturgeon *Acipenser nudiventris* using UV-irradiated heterologous sperm. J Appl Genet，55：223-229.

Hattori K，Seko Y. 1998. Production of spotless allotriploids from female non-spotted rainbow trout (Houraimasu)，*Oncorhynchus mykiss*，and male amago salmon，*O. rhodurus*. J Appl Aquacult，8：11-16.

He ZS，Wang L，Harper AL，et al. 2017. Extensive homoeologous genome exchanges in allopolyploid crops revealed by mRNAseq-based visualization. Plant Biotechnol J，15：594-604.

Herath TK，Ashby AJ，Jayasuriya NS，et al. 2017. Impact of Salmonid alphavirus infection in diploid and triploid Atlantic salmon（*Salmo salar* L.）fry. PLoS One，12：e0179192.

Hershberger WK，Hostuttler MA. 2007. Protocols for more effective induction of tetraploid rainbow trout. N Ame J Aquacult，69：367-372.

Hou J，Wang G，Zhang X，et al. 2016a. Cytological studies on induced mitogynogenesis in Japanese flounder *Paralichthys olivaceus*（Temminck et Schlegel）. Zygote，24：700-706.

Hou J，Wang G，Zhang X，et al. 2016b. Production and verification of a 2nd generation clonal group of Japanese flounder，*Paralichthys olivaceus*. Sci Rep，6：35776.

Hulata G. 2001. Genetic manipulations in aquaculture：a review of stock improvement by classical and modern technologies. Genetica，111：155-173.

Hussain MG，Penman DJ，Mcandrew BJ，et al. 1993. Suppression of first cleavage in the Nile tilapia，*Oreochromis niloticus* L.：a comparison of the relative effectiveness of pressure and heat shocks. Aquaculture，111：263-270.

Ijiri K. 1980. Gamma-ray irradiation of the sperm of the fish *Oryzias latipes* and induction of gynogenesis. J Radiat Res，21：263-270.

Jackson SA. 2017. Epigenomics：dissecting hybridization and polyploidization. Genome Biol，18：117.

Jagiełło K，Dobosz S，Zalewski T，et al. 2018. Developmental competence of eggs produced by rainbow trout Doubled Haploids（DHs）and generation of the clonal lines. Reprod Domest Anim，53：1176-1183.

Jagiełło K，Zalewski T，Dobosz S，et al. 2017. High rate of deformed larvae among gynogenetic brown trout（*Salmo Trutta* n. Fario）doubled haploid. Biomed Res Int，2017：2975187.

Jaillon O，Aury JM，Brunet F，et al. 2004. Genome duplication in the teleost fish Tetraodon nigroviridis reveals the early vertebrate proto-karyotype. Nature，431：946-957.

Jhingan E，Devlin RH，Iwama GK. 2003. Disease resistance，stress response and effects of triploidy in growth hormone transgenic coho salmon. J Fish Biol，63：806-823.

Jiang FF，Wang ZW，Zhou L，et al. 2013. High male incidence and evolutionary implications of triploid form in northeast Asia *Carassius auratus* complex. Mol Phylogenet Evol，66：350-359.

Jiao Y，Wickett NJ，Ayyampalayam S，et al. 2011. Ancestral polyploidy in seed plants and angiosperms. Nature，473：97-102.

Kasahara M，Naruse K，Sasaki S，et al. 2007. The medaka draft genome and insights into vertebrate genome evolution. Nature，447：714-719.

Kashkush K，Feldman M，Levy AA. et al. 2003. Transcriptional activation of retrotransposons alters the expression of adjacent genes in wheat. Nat Genet，33：102-106.

Kato K，Hayashi R，Yuasa D，et al. 2002. Production of cloned red sea bream，*Pagrus major*，by chromosome manipulation. Aquaculture，207：19-27.

Kobayashi T，Ide A，Hiasa T，et al. 1994. Production of cloned amago salmon *Oncorhynchus rhodeus*. Fish Sci，60：275-281.

Komen H，Thorgaard GH. 2007. Androgenesis，gynogenesis and the production of clones in fishes：a review. Aquaculture，269：150-173.

Komen J，Bongers ABJ，Richter CJJ，et al. 1991. Gynogenesis in common carp（*Cyprinus carpio* L.）. Ⅱ. The production of homozygous gynogenetic clones and F1 hybrids. Aquaculture，92：127-142.

Komen J，Duynhouwer J，Richter CJJ，et al. 1988. Gynogenesis in common carp（*Cyprinus carpio* L.）. I. Effects of genetic manipulation of sexual products and incubation conditions of eggs. Aquaculture，69：227-239.

Lanfredi M，Congiu L，Garrido-Ramos MA，et al. 2001. Chromosomal location and evolution of a satellite DNA family in seven sturgeon species. Chromosome Res，9：47-52.

Lebeda I，Steinbach C，Flajšhans M. 2018. Flow cytometry for assessing the efficacy of interspecific gynogenesis induction in sturgeon. J Fish Biol，92：1819-1831.

Leggatt RA，Iwama GK. 2003. Occurrence of polyploidy in the fishes. Rev Fish Biol Fisher，13：237-246.

Leitch AR，Leitch IJ. 2008. Genomic plasticity and the diversity of polyploid plants. Science，320：481-483.

Li X，Guo B. 2020. Substantially adaptive potential in polyploid cyprinid fishes：evidence from biogeographic，phylogenetic and genomic studies. Proc Biol Sci，287：20193008.

Li XY，Zhang XJ，Li Z，et al. 2014. Evolutionary history of two divergent Dmrt1 genes reveals two rounds of polyploidy origins in gibel carp. Mol Phylogenet Evol，78：96-104.

Li Z，Liang HW，Wang ZW，et al. 2016. A novel allotetraploid gibel carp strain with maternal body type and growth superiority. Aquaculture，458：55-63.

Lien S，Koop BF，Sandve SR，et al. 2016. The Atlantic salmon genome provides insights into rediploidization. Nature，533：200-205.

Lin F，Dabrowski K. 1998. Androgenesis and homozygous gynogenesis in muskellunge（*Esox masquinongy*）：evaluation using flow cytometry. Mol Reprod Dev，49：10-18.

Liu B，Sun G，2019. Transcriptome and miRNAs analyses enhance our understanding of the evolutionary advantages of polyploidy. Crit Rev Biotechnol，39：173-180.

Liu S，Luo J，Chai J，et al. 2016. Genomic incompatibilities in the diploid and tetraploid offspring of the goldfish×common carp cross. Proc Natl Acad Sci USA，113：1327-1332.

Liu S. 2010. Distant hybridization leads to different ploidy fishes. Sci China Life Sci，53：416-425.

Liu W，Wen Y，Wang M，et al. 2018. Enhanced resistance of triploid crucian carp to cadmiuminduced oxidative and endoplasmic reticulum stresses. Curr Mol Med，18：400-408.

Liu XL，Jiang FF，Wang ZW，et al. 2017b. Wider geographic distribution and higher diversity of hexaploids than tetraploids in *Carassius* species complex reveal recurrent polyploidy effects on adaptive evolution. Sci Rep，7：5395.

Liu XL，Li XY，Jiang FF，et al. 2017a. Numerous mitochondrial DNA haplotypes reveal multiple independent polyploidy origins of hexaploids in *Carassius* species complex. Ecol Evol，7：10604-10615.

Liu YX，Han HZ，Wang QL，et al. 2013. Choice of microsatellite markers for identifying homozygosity of mitotic gynogenetic diploids in Japanese flounder *Paralichthys olivaceus*. J Fish Biol，82：588-599.

Liu YX，Wang G，Liu Y，et al. 2011. Production and confirmation of clones using gynogenesis in Japanese flounder. Afr Biotechnol，10：12142-12146.

Liu YX，Wang GX，Liu Y，et al. 2012. Genetic verification of doubled haploid Japanese flounder，*Paralichthys olivaceus* by genotyping telomeric microsatellite loci. Aquaculture，324-325：60-63.

Lloyd A，Blary A，Charif D，et al. 2018. Homoeologous exchanges cause extensive dosage-dependent gene expression changes in an allopolyploid crop. New Phytol，217：367-377.

Lu M，Wang ZW，Hu CJ，et al. 2018. Genetic identification of a newly synthetic allopolyploid strain with 206 chromosomes in polyploid gibel carp. Aquac Res，491：1-10.

Luckenbach JA，Godwin J，Daniels HV，et al. 2004. Induction of diploid gynogenesis in southern flounder（*Paralichthys lethostigma*）with homologous and heterologous sperm. Aquaculture，237：499-516.

Luo C，Li B. 2003. Diploid-dependent regulation of gene expression：a genetic cause of abnormal development in fish haploid embryos. Heredity，90：405-409.

Makino S，Ozima Y. 1943. Formation of the diploid egg nucleus due to suppression of the second maturation division induced by refrigeration of fertilized eggs of the carp *Cyprinus carpio*. Cytologia（Tokyo），13：55-60.

Mao Z，Fu Y，Wang Y，et al. 2019. Evidence for paternal DNA transmission to gynogenetic grass carp. BMC Genet，20：3.

Maxime V. 2010. The physiology of triploid fish：current knowledge and comparisons with diploid fish. Fish & Fisheries，9：67-78.

Mcclintock B. 1984. The significance of responses of the genome to challenge. Science，226：792-801.

Mei J，Gui JF. 2015. Genetic basis and biotechnological manipulation of sexual dimorphism and sex determination in fish. Sci China Life Sci，58：124-136.

Meng Z，Liu X，Liu B，et al. 2016. Induction of mitotic gynogenesis in turbot *Scophthalmus Maximus*. Aquaculture，451：429-435.

Meyer A，van de Peer Y. 2005. From 2R to 3R：evidence for a fish-specific genome duplication（FSGD）. BioEssays，27：937-945.

Michalik O，Dobosz S，Zalewski T，et al. 2015. Induction of gynogenetic and androgenetic haploid and doubled haploid development in the brown trout（*Salmo trutta*，Linnaeus 1758）. Reprod Domes Anim，50：256-262.

Molina-Luzón MJ，López JR，Robles F，et al. 2015. Chromosomal manipulation in *Senegalese sole*（Solea senegalensis Kaup，1858）：induction of triploidy and gynogenesis. J Appl Genet，56：77-84.

Murofuchi M，Deguchi Y. 1990. Karyotype evolution in *Decapoda Crustacea*. In：Hirano R，and Hanyu I.（eds.）. Proc Second Asian Fisheries Forum. Japan Asian Fisheries（Tokyo）：549-553.

Myers JM，Penman DJ，Basavaraju Y，et al. 1995. Induction of diploid androgenetic and mitotic gynogenetic Nile tilapia（*Oreochromis niloticus* L.）. Theor Appl Genet，90：205-210.

Myers JM. 1986. Tetraploid induction in *Oreochromis* spp. Aquaculture，57：281-287.

Nagy A，Csányi V. 1982. Changes of genetic parameters in successive gynogenetic generations and some calculations for carp gynogenesis. Theor Appl Genet，63：105-110.

Nam YK，Choi GC，Park DJ，et al. 2001. Survival and growth of induced tetraploid mud loach. Aquacult Int，9：61-71.

Na-Nakorn U，Rangsin W，Boon-ngam J. 2004. Allotriploidy increases sterility in the hybrid between *Clarias macrocephalus* and *Clarias gariepinus*. Aquaculture，237：73-88.

Naruse K，Ijiri K，Shima A，et al. 1985. The production of cloned fish in the medaka（*Oryzias latipes*）. J Exp Zool，236：335-341.

Ng DWK，Lu J，Chen ZJ. et al. 2012. Big roles for small RNAs in polyploidy，hybrid vigor，and hybrid incompatibility. Curr Opin Plant Biol，15：154-161.

Ocalewicz K，Dobosz S，Kuzminski H，et al. 2009. Formation of chromosome aberrations in androgenetic rainbow trout（*Oncorhynchus mykiss*，Walbaum）. J Fish Biol，75：2373-2379.

Ohno S. 1970. Evolution by gene duplication. New York：Springer-Verlag.

Ojima Y，Takaii A. 1979. The occurrence of spontaneous polyploid in the Japanese common loach，*Misgurnus anguillicaudatus*. P Jan Acad B-Phys，55：487-491.

Okutsu T，Shikina S，Kanno M，et al. 2007. Production of trout offspring from triploid salmon parents. Science，317：1517.

Otto SP，2007. The evolutionary vonsequences of polyploidy. Cell，131：452-462.

Otto SP，Whitton J. 2000. Polyploid incidence and evolution. Annu Rev Genet，34：401-437.

Ozerov MY，Lumme J，Päkk P，et al. 2010. High Gyrodactylus salaris infection rate in triploid Atlantic salmon *Salmo salar*. Dis Aquat Organ，91：129-136.

Pala I，Schartl M，Brito M，et al. 2010. Gene expression regulation and lineage evolution：the North and South tale of the hybrid polyploid *Squalius alburnoides* complex. P Roy Soc B Biol Sci，277：3519-3525.

Pandian TJ，Koteeswaran R. 1999. Natural occurrence of monoploids and polyploids in the Indian catfish，*Heteropneustes fossilis*. Currentence，76：1134-1137.

Parisod C，Holderegger R，Brochmann C. 2010. Evolutionary consequences of autopolyploidy. New Phytol，186：5-17.

Parsons JE，Busch RA，Thorgaard GH，et al. 1986. Increased resistance of triploid rainbow trout×coho salmon hybrids to infectious hematopoietic necrosis virus. Aquaculture，57：337-343.

Parsons JE，Thorgaard GH. 1985. Production of androgenetic diploid rainbow trout. J Hered，76：177-181.

Pasquier J，Cabau C，Nguyen T，et al. 2016. Gene evolution and gene expression after whole genome duplication in fish：the PhyloFish database. BMC Genomics，17：368.

Peek AS，Wheeler PA，Ostberg CO，Thorgaard GH. 1997. A minichromosome carrying a pigmentation gene and brook trout DNA sequences in transgenic rainbow trout. Genome，40：594-599.

Pelegri F，Schulte-Merker S. 1999. A gynogenesis-based screen for maternal-effect genes in the zebrafish，*Danio rerio*. Methods Cell Biol，60：1-20.

Peruzzi S，Chatain B. 2003. Induction of tetraploid gynogenesis in the European sea bass（*Dicentrarchus labrax* L.）. Genetica，119：225-228.

Phillips R，Rab P. 2001. Chromosome evolution in the Salmonidae（Pisces）：an update. Biol Rev，76：1-25.

Piferrer F，Beaumont A，Falguiere J，et al. 2009. Polyploid fish and shellfish：Production，biology and applications to aquaculture for performance improvement and genetic containment. Aquaculture，293：125-156.

Piferrer F，Cal RM，Gomez C，et al. 2004. Induction of gynogenesis in the turbot（*Scophthalmus maximus*）：effects of UV irradiation on sperm motility，the Hertwig effect and viability during the first 6 months of age. Aquaculture，238：403-419.

Polonis M，Fujimoto T，Dobosz S，et al. 2018. Genome incompatibility between rainbow trout（*Oncorhynchus mykiss*）and sea trout（*Salmo trutta*）and induction of the interspecies gynogenesis. J Appl Genet，59：91-97.

Pongthana N，Penman DJ，Karnasuta J，et al. 1995. Induced gynogenesis in the silver barb（*Puntius gonionotus* Bleeker）and evidence for female homogamety. Aquaculture，135：267-276.

Preston AC，Taylor JF，Fjelldal PG，et al. 2016. Effects of temperature on feed intake and plasma chemistry after exhaustive exercise in triploid brown trout（*Salmo trutta* L）. Fish Physiol Biochem，13：1-14.

Purdom CE. 1969. Radiation-induced gynogenesis and androgenesis in fish. Heredity（Edinb），24：431-444.

Qin QB，Wang YD，Wang J，et al. 2014. The autotetraploid fish derived from hybridization of *Carassius auratus* red var.（female）×Megalobrama amblycephala（male）. Biol Reprod，91：93.

Qiu T，Dong YZ，Yu XM，et al. 2017. Analysis of allopolyploidy-induced rapid genetic and epigenetic changes and their relationship in wheat. Genet Mol Res，16：1-14.

Ráb P. 1981. Karyotype of European catfish *Silurus glanis*（Siluridae，Pisces），with remarks on cytogenetics of siluroid fishes. Folia Zool，30：271-286.

Ramírez-González RH，Borrill P，Lang D，et al. 2018. The transcriptional landscape of polyploid wheat. Science，361：6403.

Ren L，Yan X，Cao L，et al. 2019. Combined effects of dosage compensation and incomplete dominance on gene expression in triploid cyprinids. DNA Res，26：485-494.

Rice A，Šmarda P，Novosolov M，et al. 2019. The global biogeography of polyploid plants. Nat Ecol Evol，3：265-273.

Rothbard S. 2006. A review of ploidy manipulations in aquaculture：the Israeli experience. The Israeli journal of aquaculture = Bamidgeh，58：266-279.

Ruiz-Verdugo CA，Ramírez JL，AllenJrSK，et al. 2000. Triploid catarina scallop（*Argopecten ventricosus* Sowerby Ⅱ，1842）：growth，gametogenesis，and suppression of functional hermaphroditism. Aquaculture，186：13-32.

Salman-Minkov A，Sabath N，Mayrose I. 2013. Whole-genome duplication as a key factor in crop domestication. Nat Plants，2：16115.

Scannell DR，Byrne KP，Gordon JL，et al. 2006. Multiple rounds of speciation associated with reciprocal gene loss in polyploid yeasts. Nature，440：341-345.

Schafhauser-Smith D，Benfey TJ. 2001. The reproductive physiology of three age classes of adult female diploid and triploid brook trout（*Salvelinus fontinalis*）. Fish Physiol Biochem，25：319-333.

Schnable JC，Springer NM，Freeling M. 2011. Differentiation of the maize subgenomes by genome dominance and both ancient and ongoing gene loss. Proc Natl Acad Sci USA，108：4069-4074.

Sessa EB. 2019. Polyploidy as a mechanism for surviving global change. New Phytol，221：5-6.

Sheehan RJ，Shasteen SP，Suresh AV. 1999. Better growth in all-female diploid and triploid rainbow trout. T Am Fish Soc，128：491-498.

Small SA，Randall DJ. 1989. Effects of triploidy on the swimming performance of coho salmon（*Oncorhynchus kisutch*）. Can J Fish Aquat Sci，46：243-245.

Smith JJ，Kuraku S，Holt C，et al. 2013. Sequencing of the sea lamprey（*Petromyzon marinus*）genome provides insights into vertebrate evolution. Nat Genet，45：415-421.

Solar II，Donaldson EM，Hunter GA. 1984. Induction of triploidy in rainbow trout（*Salmo gairdneri* Richardson）by heat shock，and investigation of early growth. Aquaculture，42：57-67.

Soltis PS，Liu X，Marchant DB，et al. 2014. Polyploidy and novelty：Gottlieb's legacy. Philosophical Transactions of the Royal Society of London，369：20130351.

Song C，Liu SJ，Xiao J，et al. 2012. Polyploid organisms. Sci China Life Sci，55：301-311.

Song Q，Chen ZJ. 2015. Epigenetic and developmental regulation in plant polyploids. Curr Opin Plant Biol，24：101-109.

Song QX，Zhang T，Stelly DM，et al. 2017. Epigenomic and functional analyses reveal roles of epialleles in the loss of photoperiod sensitivity during domestication of allotetraploid cottons. Genome Biol，18：99.

Stanley JG. 1976. production of hybrid androgenetic and gynogenetic grass carp and carp. Trans Am Fish Soc，105：10-16.

Streisinger G，Walker C，Dower N，et al. 1981. Production of clones of homozygous diploid zebrafish（*Brachydanio rerio*）. Nature，291：293-296.

Suzuki R，Oshiro T，Nakanishi T. 1985. Survival，growth，and fertility of gynogenetic diploids induced in the cyprinid loach, *Misgurnus anguillicaudatus*. Aquaculture, 48: 45-55.

Swarup H. 1959. Effect of triploid on the body size, general organization and cellular structure in *Gasterosteus aculeatus* (L.). J Geneti, 56: 143-155.

Tabata K. 1991. Induction of gynogenetic diploid males and presumption of sex determination mechanisms in the hirame *Paralichthys olivaceus*. Bull Japan Soc Scientific Fish, 57: 845-850.

Taylor JF, Preston AC, Guy D, et al. 2011. Ploidy effects on hatchery survival, deformities, and performance in Atlantic salmon (*Salmo salar*). Aquaculture, 315: 61-68.

Taylor JF, Sambraus F, Mota-Velasco J, et al. 2013. Ploidy and family effects on Atlantic salmon (*Salmo salar*) growth, deformity and harvest quality during a full commercial production cycle. Aquaculture, 410-411: 41-50.

Taylor JF, Vera LM, De Santis C, et al. 2019. The effect of micronutrient supplementation on growth and hepatic metabolism in diploid and triploid Atlantic salmon (*Salmo salar*) parr fed a low marine ingredient diet. Comp Biochem Physiol B Biochem Mol Biol, 227: 106-121.

Taylor JF, Waagbø R, Diez-Padrisa M, et al. 2015. Adult triploid Atlantic salmon (*Salmo salar*) have higher dietary histidine requirements to prevent cataract development in seawater. Aquac Nutr, 21: 18-32.

Taylor JS, Braasch I, Frickey T, et al. 2003. Genome duplication, a trait shared by 22 000 species of ray-finned fish. Genome Res, 13: 382-390.

Thorgaard GH, Scheerer PD, Hershberger WK, et al. 1990. Androgenetic rainbow trout produced using sperm from tetraploid males show improved survival. Aquaculture, 85: 215-221.

Thorpe JE. 2004. Life history responses of fishes to culture. J Fish Biol, 65 (Suppl. A): 263-285.

Tiwary BK, Kirubagaran R, Ray AK. 2004. The biology of triploid fish. Rev Fish Biol Fish, 14: 391-402.

Tvedt HB, Benfey TJ, Martin-Robichaud DJ, et al. 2006. Gynogenesis and sex determination in Atlantic Halibut (*Hippoglossus hippoglossus*). Aquaculture, 252: 573-583.

Valle GD, Taniguchi N. 1995. Genetic variation of some physiological traits of clonal ayu (*Plecoglossus altivelis*) under stressed and non-stressed conditions. Aquaculture, 137: 193-202.

Van de Peer Y, Maere S, Meyer A. 2009. The evolutionary significance of ancient genome duplications. Nat Rev Genet, 10: 725-732.

Van de Peer Y, Mizrachi E, Marchal K. 2017. The evolutionary significance of polyploidy. Nat Rev Genet, 18: 411-424.

Van de Peer Y, Taylor JS, Meyer A. 2003. Are all fishes ancient polyploids. J Struct Funct Genomics, 3: 65-73.

Vanneste K, Baele G, Maere SV, et al. 2014. Analysis of 41 plant genomes supports a wave of successful genome duplications in association with the Cretaceous-Paleogene boundary. Genome Res, 24: 1334-1347.

Váradi L, Benkó I, Varga J, et al. 1999. Induction of diploid gynogenesis using interspecific sperm and production of tetraploids in African catfish, *Clarias gariepinus* Burchell 1822. Aquaculture, 173: 401-411.

Wang J, Ye LH, Liu QZ, et al. 2015. Rapid genomic DNA changes in allotetraploid fish hybrids. Heredity, 114: 601-609.

Wang XZ, Gan XN, Li JB, et al. 2016. Cyprininae phylogeny revealed independent origins of the Tibetan Plateau endemic polyploid cyprinids and their diversifications related to the Neogene uplift of the plateau. Sci China Life Sci, 59: 1149-1165.

Wang ZW, Zhu HP, Wang D, et al. 2011. A novel nucleo-cytoplasmic hybrid clone formed via androgenesis in polyploid gibel carp. BMC Res Notes，4：82.

Wapinski I，Pfeffer A，Friedman N，et al. 2007. Natural history and evolutionary principles of gene duplication in fungi. Nature，449：54-61.

Weber GM，Wiens GD，Welch TJ，et al. 2013. Comparison of disease resistance between diploid，induced-triploid，and intercross-triploid rainbow trout including trout selected for resistance to *Flavobacterium psychrophilum*. Aquaculture，410-411：66-71.

Wei N et al. 2019. Functional trait divergence and trait plasticity confer polyploid advantage in heterogeneous environments. New Phytol，221：2286-2297.

Xiao J，Fu Y，Wu H，et al. 2019. MAVS of triploid hybrid of red crucian carp and allotetraploid possesses the improved antiviral activity compared with the counterparts of its parents. Fish Shellfish Immunol，89：18-26.

Xiao J，Zou TM，Chen L，et al. 2011. Microsatellite analysis of different ploidy offspring of artificial gynogenesis in *Cyprinus carpio*. J Fish Biol，78：150-165.

Xiong ZY，Gaeta RT，Pires JC，et al. 2011. Homoeologous shuffling and chromosome compensation maintain genome balance in resynthesized allopolyploid *Brassica napus*. Proc Natl Acad Sci USA，108：7908-7913.

Xu K，Duan W，Xiao J，et al. 2015. Development and application of biological technologies in fish genetic breeding. Sci China Life Sci，58：187-201.

Xu P，Xu J，Liu G，et al. 2019. The allotetraploid origin and asymmetrical genome evolution of the common carp *Cyprinus carpio*. Nat Commun，10：4625.

Xu P，Zhang X，Wang X，et al. 2014. Genome sequence and genetic diversity of the common carp，*Cyprinus carpio*. Nat Genet，46：1212-1219.

Yamamoto A，Iida T. 1995. Susceptibility of triploid rainbow trout to IHN，furunculosis and vibriosis. Fish Pathol，30：69-70.

Yamamoto E. 1999. Studies on sex-manipulation and production of cloned populations in hirame，*Paralichthys olivaceus*（Temminck et Schlegel）. Aquaculture，173：235-246.

Yamazaki K. 1981. Chromosome variations in salmons. Chromosomal aber-ration by overriping and irradiation. Kaiyo Kagaku，13：71-80.

Yang JH，Liu DY，Wang XW，et al.，2016. The genome sequence of allopolyploid Brassica juncea and analysis of diff erential homoeolog gene expression influencing selection. Nat Genet，48：1225-1232.

Yang L，Sado T，Vincent HM，et al. 2015. Phylogeny and polyploidy：resolving the classification of cyprinine fishes（Teleostei：Cypriniformes）. Mol Phylogen Evol，85：97-116.

Ye D，Zhu ZY，Sun YH. 2015. Fish genome manipulation and directional breeding. Sci China Life Sci，58：170-177.

Zhang H，Liu S，Zhang C，et al. 2011. Induced gynogenesis in grass carp（*Ctenopharyngodon idellus*）using irradiated sperm of allotetraploid hybrids. Mar Biotechnol（NY），13：1017-1026.

Zhang H，Tan E，Suzuki Y，et al. 2014. Dramatic improvement in genome assembly achieved using doubled-haploid genomes. Sci Rep，4：e6780.

Zhang SM，Zhang XZ，Zeng Y. 1993. Induced tetraploidy in grass carp（*Ctenopharyngodon idella* Val）by heat shock. Asian Fish Scicence，6：213-217.

Zhang T，Hu Y，Jiang W，et al. 2015. Sequencing of allotetraploid cotton（*Gossypium hirsutum* L. acc. TM-1）provides a resource for fiber improvement. Nat Biotech，33：531-537.

Zhang XL，Onozato H. 2004. Hydrostatic pressure treatment during the first mitosis does not suppress the first cleavage but the second one. Aquaculture，240：101-113.

Zhong J，Yi S，Ma L，et al. 2019. Evolution and phylogeography analysis of diploid and polyploid *Misgurnus anguillicaudatus* populations across China. Proc Biol Sci，286：20190076.

Zhou L，Gui JF，2017. Natural and artificial polyploids in aquaculture. Aquac Fish，2（3）：103-111.

Zhou L，Gui JF. 2002. Karyotypic diversity in polyploid gibel carp，*Carassius auratus gibelio* Bloch. Genetica，115：223-232.

Zhou L，Gui JF. 2018. Applications of genetic breeding biotechnologies in Chinese aquaculture. Gui JF，Tang QS，Li ZJ，et al. Aquaculture in China：success stories and modern trends. Oxford：John Wiley & Sons Ltd.：465-496.

Zhou L，Wang ZW，Wang Y，et al. 2018. Crucian carp and gibel carp culture. Gui JF，Tang QS，Li ZJ，et al. Aquaculture in China：success stories and modern trends. Oxford：John Wiley & Sons Ltd.：149-157.

Zhu HP，Gui JF. 2007. Identification of genome organization in the unusual allotetraploid form of *Carassius auratus gibelio*. Aquaculture，265：109-117.

Zhu HP，Ma DM，Gui JF. 2006. Triploid origin of the gibel carp as revealed by 5S rDNA localization and chromosome painting. Chromosome Res，14：767-776.

Zhu XP，You F，Zhang PJ，et al. 2006. Effects of cold shock on microtubule organization and cell cycle in gynogenetically activated eggs of olive flounder（*Paralichthys olivaceus*）. Mar Biotechnol，8：312-318.

Zhu XP，You F，Zhang PJ，et al. 2007. Effects of hydrostatic pressure on microtubule organization and cell cycle in gynogenetically activated eggs of olive flounder（*Paralichthys olivaceus*）. Theriogenology，68：873-881.

Zou SM，Li SF，Cai WQ，et al. 2004. Establishment of fertile tetraploid population of blunt snout bream（*Megalobrama amblycephala*）. Aquaculture，238：155-164.

第十一章　性别控制技术与性控育种

性别是物种内个体间差异最大的性状，依据性别不同，人分男女，动物分雌雄。鱼类等水产动物两性间在生长速度和个体大小存在显著差异，揭示这一差异的遗传基础及其调控机制、研发性别控制技术、创制性控育种方案、培育全雌性或全雄性新品种，将是本章重点介绍和讨论的内容。因此，本章将着重回顾近 20 年来有关鱼类性别差异和性别决定的遗传基础及其调节机制研究的突破性进展以及性别控制育种生物技术的成功事例，并由此分析和展望未来的发展前景。

第一节　鱼类等水产动物的性别异形及其遗传基础

11.1.1　鱼类性别大小异形及其多样性

性别异形（sexual dimorphism）也称性别二形，广泛意义上指同一物种雌性个体与雄性个体之间的差异。鱼类的性别异形既包括性别大小异形（sexual size dimorphism）、性别形态异形（sexual shape dimorphism）和性别颜色异形（sexual color dimorphism），又包括生理和行为等在雌雄间的差异（Leinonen et al.，2011；Dean et al.，2014；Mei and Gui，2015）。长期以来的研究积累发现，许多鱼类的雌雄个体间存在显著大小差异，因此水产育种主要关注性别大小异形。表 11.1 列出了迄今已报道的具有性别大小异形的 30 种养殖鱼类，如尼罗罗非鱼（*Oreochromis niloticus*）、黄颡鱼（*Pelteobagrus fulvidraco*）、斑点叉尾鮰（*Ictalurus punctatus*）和锈色鹦嘴鱼（*Scarus ferrugineus*）等 11 种鱼类的精巢成熟比卵巢晚，雄性生长速率比雌性快，因而雄性个体大。特别是在一些先雌后雄的性变鱼类中，其雄性的快速生长更为明显。相反，在鲤（*Cyprinus carpio*）、虹鳟、日本牙鲆（*Paralichthys olivaceus*）和半滑舌鳎（*Cynoglossus semilaevis*）等 19 种鱼类中，卵巢成熟一般比精巢晚，性成熟期间大部分营养物质转化为身体的增长，因而雌性个体比雄性大。

此外，在一些观赏鱼类中雌雄个体的形态和体色有明显的差异，如雄性鳍条剑尾鱼（*Xiphophorus helleri*）的尾鳍下缘延伸出一针状鳍条，比雌性更具有观赏价值（Rosenthal and Evans，1998）；雄性鳑鲏（*Rhodeus ocellatus*）在繁殖季节体色变得非常鲜艳，而雌性则全身为银白色（Casalini et al.，2009）。研究还发现，鱼类的雌雄个体在神经系统和感觉器官的生理反应水平上也明显不同，进而导致个体行为上的差异（Desjardins and Fernald，2009）。

表 11.1　雌雄间存在显著大小异形的已知水产养殖鱼类

特征	种名	性别决定类型	参考文献
雄性个体大	黄颡鱼，*Pelteobagrus fulvidraco*	XY	Wang et al.，2009
	尼罗罗非鱼，*Oreochromis niloticus*	XY	Beardmore et al.，2001
	奥利亚罗非鱼，*Oreochromis aureus*	ZW	Melard，1995

续表

特征	种名	性别决定类型	参考文献
雄性个体大	乌苏里拟鲿，*Pseudobagrus ussuriensis*	XY	Pan et al.，2015
	斑点叉尾鮰，*Ictalurus punctatus*	XY	Goudie，1994
	乌鳢，*Channaargus Cantor*	XY	姜龙等，2013
	蓝鳃太阳鱼，*Lepomis macrochirus*	XY	Gao et al.，2009
	背斑拟鲈，*Parapercis snyderi*	?	Walker et al.，2007
	蓝鳍金枪鱼，*Thunnus maccoyii*	?	Farley et al.，2014
	沙塘鳢，*Odontobutis obscura*	?	朱邦科和谢从新，1999
	锈色鹦嘴鱼，*Scarus ferrugineus*	?	Afeworki et al.，2014
雌性个体大	鲤，*Cyprinus carpio*	XY	吴清江，2017
	鲫，*Carassius auratus*	XY	桂建芳，2017
	银鲫，*Carassius gibelio*	XY	桂建芳，2017
	牙鲆，*Paralichthys olivaceus*	XY	Yoneda et al.，2007
	漠斑牙鲆，*Paralichthys lethostigma*	XY	Fischer and Thompson，2004
	大菱鲆，*Scophthalmus maximus*	ZW	Imsland et al.，2008
	虹鳟，*Oncorhynchus mykiss*	XY	Bye and Lincoln，1986
	大西洋鲑，*Salmo salar*	XY	Johnstone and Youngson，1984
	大鳞鲑，*Oncorhynchus tshawystscha*	XY	Hunter et al.，1983
	银鲑，*Oncorhynchus kisutch*	XY	Donaldson，1996
	狗鲑，*Oncorhynchus keta*	XY	Young KA. 2005
	粉红鲑，*Oncorhynchus gorbuscha*	XY	Young KA. 2005
	欧洲鲈，*Dicentrarchus labrax*	XY	Saillant et al.，2001
	黄金鲈，*Perca flavescens*	XY	Headley and Lauer，2008
	大西洋庸鲽，*Hippoglossus hippoglossus*	XY	Björnsson，1995
	半滑舌鳎，*Cynoglossus semilaevis*	ZW	Chen et al.，2007
	欧洲鳗鲡，*Anguilla Anguilla*	?	Degani et al.，2003
	金钱鱼，*Scatophagus argus*	?	吴波等，2014
	银腹鲃，*Puntius gonionotus*	?	Pongthana et al.，1999

11.1.2 龟鳖类性别大小异形及其多样性

与鱼类相比，龟鳖类的性别大小异形在不同种类间差异更大，多样性更强。与鱼类类似，龟鳖类既有雄性大于雌性的物种，也有雌性大于雄性的物种。Agha 等（2018）对分布于世界上 9 科共 135 种龟类所处的不同生态与地理环境进行了大数据分析，发现龟类性别大小二型与该种龟所处的地理纬度、温度变化、年降水量，特别是龟的生活习性是水生、半水生还是陆生这几个因素相关。就水生龟类来说，一般雌性个体偏大，雄性个体偏小。

罗志喜等（2017）曾对现今普遍养殖龟鳖类的性别大小异形进行了总结。一般来说，乌龟（*Chinemys reevessi*）、中华花龟（*Ocadia sinensis*）和四眼斑水龟（*Sacalia quadriocellata*）等多数养殖龟类在成体龟阶段都是雌性大于雄性，雄性大于雌性的在黄喉拟水龟（*Mauremys mutica*）中有报道；中华鳖的生长速度是雄性显著大于雌性，加上雄性个体的裙边大，雄性养殖的优势更明显。

11.1.3　鱼类等水产动物性别异形的遗传基础

性别异形虽在动物界中普遍存在，但人们对其产生的机制还了解不足。大量研究表明，脊椎动物性别异形主要是进化过程中遗传选择的结果（Bonduriansky and Chenoweth，2009），是胚胎、幼体和成体在发育和生长过程中基因差异表达的产物（Williams and Carroll，2009；Parsch and Ellegren，2013），许多人类的复杂性状如患病率和老化起始等几乎都表现有一定程度的两性差异（Khramtsova et al.，2019）。理论上，性染色体及位于其上的基因在性别异形中可能起了重要的作用（Fairbairn and Roff，2006；Bachtrog，2013），但性染色体有时也被发现并不是性别异形的主导者，因为在性别异形的数量遗传研究中，性染色体的作用尚不明确（Dean and Mank，2014）。例如，三刺棘鱼（*Gasterosteus aculeatus*）的许多特征虽表现出显著的性别异形，但其两性间的遗传构架非常相似，意味着对性别异形进化的遗传约束力（genetic constraints）并非像通常认为的那样严重和绝对（Leinonen et al.，2011）。最近对 5 种全雌的单性竹节虫进行转录组研究也得出了一个与预期相反的结果，这些无性的雌性反而突现出雄性化的基因表达（Parker et al.，2019）。

越来越多模式鱼类和养殖鱼类基因组的破译以及转录组和蛋白质组数据的积累，为探索性别异形的遗传和分子机制提供了前期基础（Gui and Zhu，2012）。众所周知，脊椎动物的个体大小差异主要是由生长速率不同导致的，且生长由下丘脑-垂体-性腺轴和其他组织分泌的生长激素/类胰岛素生长因子等调控（Hyun，2013）。目前在鱼类中已发现的促生长激素轴因子包括生长激素（growth hormone，GH）、生长激素受体（growth hormone receptor，GHR）、胰岛素生长因子（insulin-like growth factor，IGF）、促肾上腺皮质激素释放激素（corticotropin-releasing hormone，CRH）、阿黑皮素（proopiomel- anocortin，POMC）和黑皮质素受体（melanocortin receptor，MCR）等（Reindl and Sheridan，2012；Sebag et al.，2013）。在 *Xiphophorus* 属的剑尾鱼中，黑皮质素受体基因 *mc4r* 被发现在 XX 雌性或雄性、小 XY 雄性和大 XY 雄性个体中的表达水平呈递增趋势，其缺乏胱氨酸基的等位基因仅在 XY 雄鱼中表达，且其表达与雄鱼的个体大小密切相关（Lampert et al.，2010）。在大西洋鲑（*Salmo salar*）中，Barson 等（2015）通过分析 57 个野生群体重测序的高密度单核苷酸多态性数据，发现了一个肥胖症调节因子 VGLL3 表现有性别依赖的显性作用，其在雄性可促进性早熟，在雌性中可促进性晚熟。

此外，一些鱼类的颜色、体型、生理和行为等在雌雄之间的差异也被发现受一些关键基因的控制，如马拉维湖慈鲷的雌雄颜色异形与 *pax7* 的表达密切相关（Roberts et al.，2009），而三刺棘鱼的新性染色体与雌雄鱼的生理和繁殖行为异形有明显的关联（Kitano et al.，2009）。

第二节　天然单性脊椎动物及其遗传基础

11.2.1　天然单性鱼类和单性脊椎动物的发现

作为较原始的脊椎动物，鱼类、两栖类和爬行类的生殖对策（reproduction strategy）和生殖方式（reproduction mode）存在丰富的多样性和特殊性（Jalabert，2005；桂建芳，2007；Heule et al.，2014；Neaves and Baumann，2011），其中最特殊的是其繁育群体完全由雌性个体组成。最早的天然单性鱼类是美国鱼类学家于 90 年前发现的亚马孙莫莉（*Poecilia formosa*）（Hubbs and Hubbs，1932）。此后九十年来，科研人员已在包括鱼类、两栖类和爬行类在内的脊椎动物近 100 个分类单元中发现了单性形式（unisexual form）或单性生物型（unisexual biotype）（Vrijenhoek，1989；桂建芳，1989；Avise，2008，2015）。

迄今为止发现的单性鱼类包括二倍体和三倍体的亚马孙莫莉，花鳉科 *Poeciliopsis* 属中的异源二倍体（allodiploid）生物型 *Poeciliopsis monacha-lucida*、*P. monacha-occidentalis*、*P. monacha-latidens* 和三倍体生物型 *P. 2 monacha-lucida*、*P. monacha-2lucida*、*P. monacha-lucida-ocicdentai*，银汉鱼科（Atherinidae）的分布于墨西哥海湾的 *Menidae clarkhubbsi*，鲅属的杂种复合种 *Phoxinus eos-neogaeu*，刺鳅属的 *Cobitis elongatoides-taenia* 二倍体和三倍体杂种复合种、*Cobitis hankugensis-longicorpus* 二倍体和三倍体杂种复合种，泥鳅属 *Misgurnus anguillicaudatus* 的二倍体、三倍体和四倍体复合种，鲤科鲫属的六倍体银鲫（*Carassius gibelio*）和日本关东鲫（*Carassius auratus langsdorfii*），鲤科的拟鲤 *Squalius alburnoides*（过去又称 *Leuciscus alburnoides* 和 *Rutilus alburnoides*）二倍体、三倍体和四倍体复合种，底鳉属 *Fundulus diaphanus* 和 *Fundulus heteroclitus* 的异源二倍体杂种，以及分布于北海道南部和俄罗斯普里莫斯基海岸带的六线鱼属两个行杂种生殖的 *Hexagrammos octogrammus-otakii* 和 *Hexagrammos octogrammus- agrammus*（桂建芳，2007；Kimura-Kawaguchi et al.，2014；Suzuki et al.，2017）。

已发现的单性两栖动物包括行杂种生殖的欧洲水蛙 *Pelophylax esculentus* 三倍体、四倍体和五倍体复合种，行雌核生殖的钝口螈属（*Ambystoma*）的三倍体、四倍体和五倍体复合种等（Schmid et al.，2015；Bogart，2019）。

单性爬行动物主要分布于有鳞目蜥蜴科、壁虎科、美洲蜥蜴科、石龙子科和盲蛇科（Wynn et al.，1987；Sites et al.，1999；Murphy et al.，2000；Adams et al.，2003），已发现有 30 多种，且以蜥蜴属（*Lacerta*）和鞭尾蜥属（*Cnemidophorus*）的种类为多。

11.2.2 天然单性鱼类和单性脊椎动物的生殖方式

与两性鱼类和其他动物通过减数分裂分别形成成熟的单倍体卵子和精子、然后经受精卵核和精核相互融合形成二倍体合子而发育成为雌雄个体的有性生殖不同，单性鱼类、两栖类和爬行类的生殖方式主要有三种，第一种是雌核生殖（gynogenesis），第二种是杂种生殖（hybridogenesis），第三种是孤雌生殖（parthenogenesis）（图 11.1）。

雌核生殖是需要两性亲缘种精子的刺激而促使卵子活化和发育的一种生殖方式。行雌核生殖的鱼类产染色体没有减数的卵子，即卵子与一般两性鱼类的单倍体卵子不同，染色体数仍与体细胞的染色体数相同，当两性亲缘种的精子进入卵子后，仅起激活作用，精核一般呈致密状态，不发生原核化，不与雌性原核融合，所产生的后代与母本相似，因而形成单性的雌性群体。20 世纪 70 年代末至 80 年代初，蒋一珪等（1983）在用“兴国红鲤”（*Cyprinus carpio*）精子授精诱导银鲫卵子雌核生殖时，发现了所获银鲫后代表现有少量的父本性状，并依据这一异精雌核生殖生物学效应现象提出了异精雌核生殖（allogynogenesis）概念。该观点突破了鱼类雌核生殖的传统概念，开拓了鱼类雌核生殖的调控理论与应用基础研究，由此培育的全雌性异育银鲫自 20 世纪 80 年代初在全国开始推广养殖后，已带动了银鲫养殖产业的发展。进入 21 世纪后，Bogart 等（2007）

在研究钝口螈属（*Ambystoma*）单性蝾螈（unisexual salamanders）时，也在其雌核生殖后代中发现了源于异源精子的遗传物质，并将这种可窃取异源精子遗传物质的雌核生殖称为偷窃生殖（kleptogenesis）。实质上，异精雌核生殖和偷窃生殖的本质是一样的，含意也是一样的，只是表述不同罢了。

杂种生殖的卵子发生了减数分裂，但形成的单倍体卵子仅含一组完整的母性基因组，两性亲缘种为其提供精子，受精后雌雄原核融合形成合子，发育成全雌性后代。后代中来自母本和父本基因组的基因都表达，但在成熟分裂即形成卵子的过程中，父本基因组被全部排除，形成的卵子仅具有母本的基因组，即只有母本的单倍体基因型（haplotype）世代相传。由此产生的单性鱼实质上是一永久性的 F1 杂种，因此其生殖方式被称为杂种生殖。为与雌核生殖克隆相区别，Vrijenhoek（1984）将这一母性遗传的基因组称为半克隆（hemiclone）。

孤雌生殖的英文名称 parthenogenesis 来源于希腊语词根，意为“处女生产”，即个体从未受精卵发育而来，可分为专性（obligate）和兼性（facultative）两类。专性孤雌生殖的动物产生未减数的卵子，不经受精可直接发育，产生与母本遗传性状一致的全雌性子代。对孤雌生殖鞭尾蜥（*Aspidoscelis tesselata*）卵母细胞的 DNA 含量测定、生发泡（germinal vesicle）染色体形态和联会复合体观察等研究表明，其多发生一次减数分裂前内复制并形成 DNA 含量为 8C 的卵母细胞，进而，这些染色体数加倍的卵母细胞完成第一次和第二次减数分裂，产生 DNA 含量为 2C 的卵子。在减数分裂过程中，其可以观察到联会复合体和重组交叉，但其二价体是由姐妹染色体组成的，也就是说在鞭尾蜥减数分裂过程中，发生了姐妹染色体之间的重组，而没有发生同源染色体之间的重组，因此，孤雌生殖鞭尾蜥可以在世代间维持稳定的遗传异质性（Lutes et al.，2010；Newton et al.，2016）。

此外，在没有雄性个体存在的情况下，两性生殖的缅甸蛇 *Python molurus* 和鲨 *Sphyrna tiburo* 等的雌性个体也能采用孤雌生殖的方式生育与母本遗传性状一致的全雌子代（Groot et al.，2003；Chapman et al.，2007），这种生殖方式为兼性孤雌生殖。

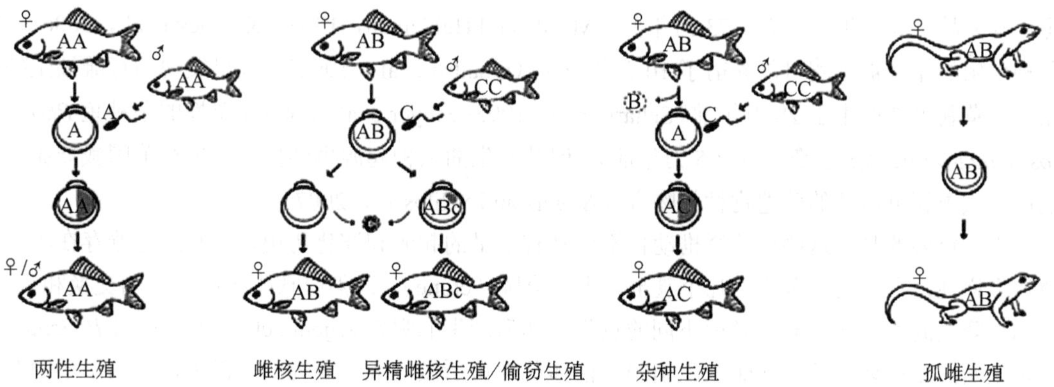

图 11.1　两性生殖、雌核生殖与异精雌核生殖/偷窃生殖、杂种生殖和孤雌生殖的比较示意图

11.2.3　天然单性动物的遗传基础

天然单性鱼类，特别是具有雌核生殖方式的单性鱼类，与两栖类和爬行类在内的单性动物类似，大都具有多倍化的染色体组，一般为三倍体，也有少数为四倍体甚至六倍体和八倍体等。就

是在二倍体雌核生殖的 *Poecilia formosa* 和 *Menidia clarkhubbsi* 中，也同时发现有三倍体的雌核生殖类型。因此，多倍化（polyploidy）是雌核生殖等单性脊椎动物的共同特征，似乎与雌核生殖等单性生殖方式有着某些内在的必然联系。因而也有人认为，雌核生殖等是多倍化后多倍体动物为了越过减数分裂障碍和生殖瓶径而衍生出来的替代有性生殖的单性（unisexual）或无性（asexual）生殖方式（Gui and Zhou，2010；Neaves and Baumann，2011；Van de Peer et al.，2017；Zhou and Gui，2017，2018）。

由于雌核生殖鱼类所产的卵子与一般两性物种所产的单倍体卵子不同，其染色体数仍与体细胞的染色体数相同，即卵子中保存有发育成为一个完整个体的全部遗传信息，因而雌核生殖所产生的后代不但与母本相似，而且个体间也会表现出高度的相似性。

一般认为，单性动物由于其单性生殖失去了遗传重组机会，不断积累的有害突变得不到及时纠错，必在很短时间内走向消亡。因而，摩尔根的三个弟子之一、诺贝尔奖获得者、著名的遗传学家缪勒（Muller HJ）在他晚年发表的关于重组与突变相关性的论文中，就以齿轮作比，认为单性动物在生命进化的长河中，将如同机器齿轮不断磨损一样，必将步入演化的死胡同（Muller，1964）。这就是著名的缪勒氏齿轮（Muller's ratchet）效应（Crow，1999）。然而，近 30 多年的研究特别是对单性脊椎动物的线粒体和核基因组序列的比较分析表明，这些单性动物的进化历史要比理论预测的古老得多。例如，孤雌生殖蜥蜴 *Loxopholis percarinatum* 二倍体和三倍体复合种在进化历程中发生了两次杂交事件：第一次杂交发生在中新世晚期（约 7.21Mya），以 *L. percarinatum* 的两性种群的祖先谱系（A）作为母本，以 *L. ferreirai* 的祖先谱系为父本，杂交产生了 *L. percarinatum* 二倍体杂种；在上新世-更新世时（3.82Mya～0.47kya），*L. percarinatum* 二倍体和来自其两性种群的共同祖先的一个雄性个体（B）之间发生了第二次杂交事件，产生了 *L. percarinatum* 三倍体（Brunes et al.，2019）。此外，单性蝾螈与其亲缘关系最近的两性物种在 2.4～5Mya 时已开始分开（Bogart et al.，2007；Hedges et al.，1992；Spolsky et al.，1992），因而也被认为是最古老的单性脊椎动物；行孤雌生殖的壁虎（*Heteronotia binoei*）被发现具有两个截然不同的母系起源，其分歧时间发生在 5 万～73 万年前（Moritz and Heideman，1993；Kearney et al.，2006）；行杂种生殖的花鳉被推测可能繁衍了 10 万代以上（Quattro et al.，1992）；最早发现的行雌核生殖的亚马孙莫莉可能产生于 28 万年前（Schartl et al.，1995；Meyer et al.，2006）；单性的杂种鱼 *Phoxinus eos-neogaeus* 虽起源较晚（小于 5 万年前），但其发生的杂种起源事件恰与发生在美国威斯康星州最后一次更新世冰期的残遗物种相吻合（Angers and Schlosser，2007）。

更为重要的是，这些单性脊椎动物不但具有很早的起源和演化历史，而且还普遍存在丰富的遗传多样性，有的具有多达十几个甚至几十个克隆（clone）。既然雌核生殖缺乏基因交换和重组，它们克隆之间的遗传差异或者说不同的克隆是如何产生的呢？Vrijenhoek（1984）在对 *Poeciliopsis* 杂种生殖的二倍体单性鱼和雌核生殖的三倍体单性鱼所做的大量研究的基础上，提出了多源杂种起源（polyphyletic hybrid origin）的观点。他认为，对于 *Poeciliopsis* 单性鱼来说，有性物种 *P.monacha* 和 *P.lucidia* 或 *P.monacha* 和 *P.occidentais* 之间的每一次杂交，只要杂交所产生的杂种能存活下来并通过杂种生殖延续下来，就等于从 *P.monacha* 有性基因库中隔开了一个基因组，也就等于形成了一个新克隆。这样由具有变异性和多态性的有性祖先，通过一系列的种间杂交必然产生一系列的新克隆，从而使每一个克隆各自具备一定的遗传、生理和生态特性。Bogart（2019）对单性蝾螈的克隆多样性进行了系统分析，发现这些单性蝾螈可以产生克隆后代和倍性提升的后代，克隆变异的多样性可归因于供体精子单倍体基因组及其内涵物对倍性提升、基因组替代、突变和自然选择的贡献（图 11.2）。Bogart 等（2007）将在单性蝾螈发现的这种独特的雌核生殖称为偷窃生殖（kleptogenesis），实质上与 20 世纪 80 年代初蒋一珪等（1983）发现银鲫异精雌核生殖的生物学效应而提出的异精雌核生殖概念基本类似（图 11.1）。

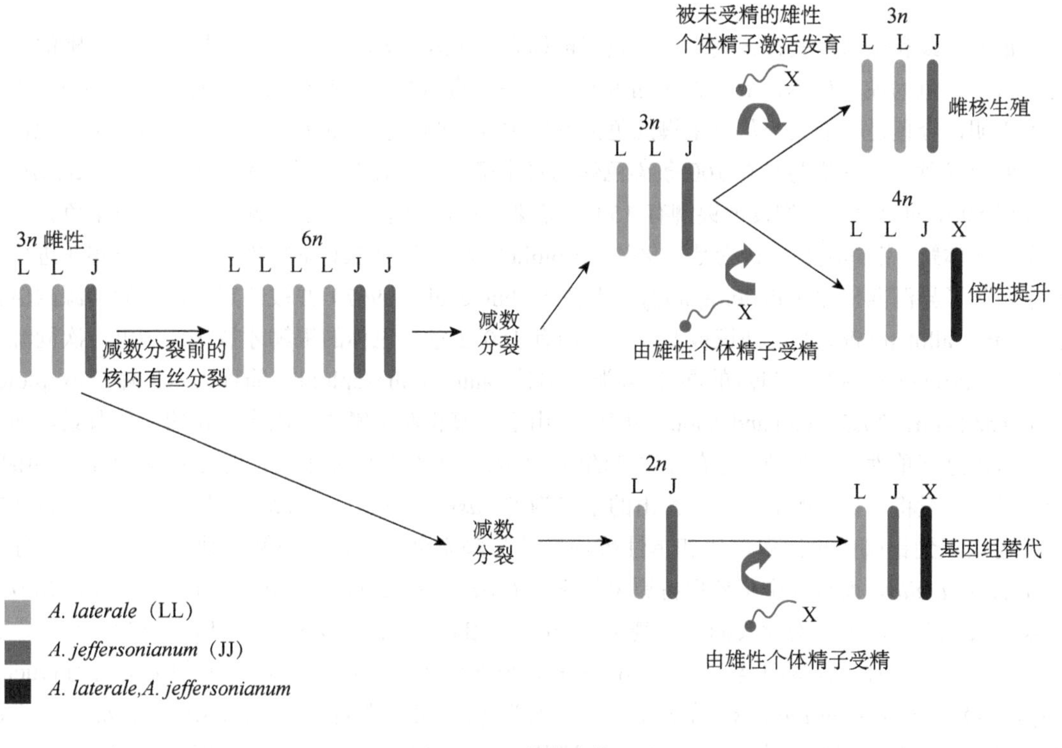

图 11.2　单性蝾螈偷窃生殖及其供体精子对雌核生殖、倍性提升和基因组替代贡献的示意图（Bogart，2019）

Warren 等（2018）对最早发现的亚马孙莫莉这个独身者的基因组进行了解析，确证了其种间杂交起源和克隆多态性，发现单性亚马孙莫莉的杂合性（heterozygosity）比其有性亲本种要高 10 倍。这些发现表明，无性或单性脊椎动物之所以罕见不是因为它们处于不利的条件，而是因为必须越过减数分裂并且组成一个可行使功能的杂种基因组的基因组组合在自然界很难遇到。这篇文章发表时，有人评论说："单性生殖亚马孙莫莉的基因组不仅没有显露出衰败状态，而且呈现出高度的遗传多样性。单性脊椎动物这种遗传健康状况正在震惊由无性生殖所预期的基因组损毁而假定的积聚作用"（Samani and Reuter，2018）。

杂交和多倍化为这种难得的相遇提供了演化成单性生殖的天赐良机，因而许多进化遗传学专家一直认为，这些单性生殖的脊椎动物是一类尚未用于生态和进化遗传研究的生物资源，它们将能突破传统实验设计的边界，将会对解答生态和进化遗传领域的重大基础问题有所贡献（Gui and Zhou，2010；Laskowski et al.，2019）。

第三节　单性生殖多倍体银鲫的遗传基础及其育种应用

11.3.1　银鲫的两轮多倍化起源与多倍体鲫属复合种

银鲫、鲫和金鱼过去在分类学上一般都被称为 *Carassius auratus*，由于林奈最先对鲫的命名是用家养金鱼为模式标本，故在许多西方文献中还一直将野生鲫甚至银鲫也称为 goldfish。长期研究表明，金鱼是我们人类从野生鲫红色突变体中经 1800 多年的人工选育而成的，尽管现已有近 300 个品种，但它们与具有 100 条染色体的野生鲫一样，在分类学上都是 *Carassius auratus*。经过近 50 年的研究，人们发现银鲫有 150 多条染色体，由于其近缘种鲫具有 100 条染色体，相对于二倍体鲫，银鲫起初被认为是三倍体（triploid）；随着具有 100 条染色体的鲫被证实在进化历程中发生了异源四倍化（allotetraploidy）事件（Ohno et al.，1967）并被认定为古老的异源四倍体（ancestral allotetraploid）的知识被普及后，拥有 150 多条染色体的银鲫才被认定为再一次同源多倍化（recurrent autopolyploidy）的同源-异源六倍体（auto-allohexaploid），简称为六倍体（hexaploid）（Zhou and Gui，2002；Gui and Zhou，2010）。由于银鲫相对于鲫再一次多倍化的遗传背景，加上银鲫可以进行单性雌核生殖，与有性生殖的野生鲫和家养金鱼明显不同，我们*在最初发表银鲫的论文时，一般将它称为鲫的亚种，给出的学名为 *Carassius auratus gibelio*。进入 21 世纪后，西方学者也认识到银鲫的再次多倍化和单性雌核生殖与鲫完全不同，将银鲫单独分为一个种，称为 *Carassius gibelio*，而鲫和金鱼还保持原来的学名 *Carassius auratus*（Kottelat and Freyhof，2007；Rylkova et al.，2010），对此我们十分赞同（Gui and Zhou，2010；Zhang et al.，2015）。因此，我们现在发表文章时，银鲫的英文名为 gibel carp，学名为 *Carassius gibelio*；鲫的英文名为 crucian carp，学名为 *Carassius auratus*；家养金鱼英文名为 goldfish，学名也为 *Carassius auratus*。至于过去分类学上的黑鲫和欧鲫等应是在不了解遗传背景时的同种异名，这样才澄清了鲫属的分类混乱。

由于鲫和银鲫都是多倍化起源，再加上我们实验室的李熙银在进行博士论文研究时，用鲫、银鲫的 *Dmrt1* 基因序列进行歧化分析，揭示出鲫和银鲫为两轮的多倍化起源（图 11.3），即一次早期发生于 18.49Mya 的异源四倍化形成了异源四倍体，异源四倍体经二倍化进化出现了古老的异源四倍体鲫（*Carassius auratus*），异源四倍体鲫在 0.51Mya 再一次发生了同源三倍化，产生了现存的同源-异源六倍体（auto-allohexaploid）银鲫（*Carassius gibelio*）（Li et al.，2014）。因而，四倍体鲫和六倍体银鲫有时又被统称为多倍体鲫属复合种（polyploid *Carassius* species complex）。

11.3.2　银鲫的地理分布和克隆多样性

银鲫广泛分布于从北欧至亚洲各地。进入 21 世纪后，银鲫和鲫作为多倍体复合种已分别在英国、意大利、德国、匈牙利、希腊、捷克、哈萨克斯坦以及波兰等欧亚大陆的多个国家被广泛报道（Liu et al.，2017a，2017b；Przybył et al.，2020）。

* 本章中的“我”指桂建芳院士。——编者

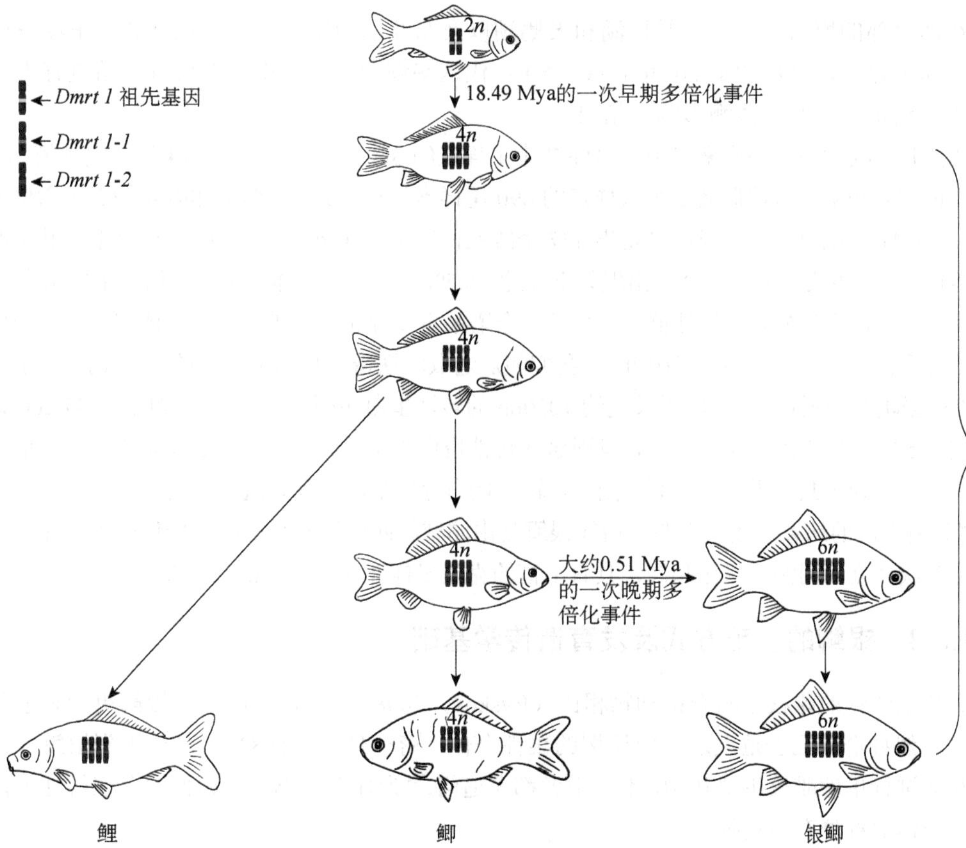

图 11.3　*Dmrt1* 基因序列歧化揭示的鲫和银鲫两轮的多倍化起源（Li et al.，2014）

从 2007 年起，我们实验室对分布于中国大江、大河和大湖的多倍体鲫属复合种进行了全方位的采样和普查，从广布于各地的 34 个采样点共采集了 3105 尾活体样本，经 DNA 含量测定和血清转铁蛋白电泳表型分析，共鉴定出 2211 尾六倍体银鲫、894 尾四倍体鲫。接着，我们对这些采样点相应的地理/气候因子进行了冗余分析，发现六倍体银鲫的分布比例与海拔高度和纬度呈正相关，与降水量呈负相关，即六倍体银鲫分布在海拔纬度较高、降水量较少的东北和西北地区，而四倍体鲫则更多地分布于海拔纬度较低、降水量较多的中东部地区，这显示出六倍体银鲫比四倍体鲫具有更强的生态适应性。进而，我们还获得六倍体银鲫的比例参数与 3 个显著性地理/气候变量的回归方程式，即六倍体比例参数=0.833×海拔高度+0.681×纬度−0.322×降水量。通过将下载的全国 237 个（包括本研究中的 34 个采样点）湖泊或是河流的海拔高度、纬度和降水量的数据代入方程式，我们计算出了这 237 个样点的六倍体比例参数，并由此得到预测的中国内地（大陆）六倍体银鲫和四倍体鲫的分布预测图。我们预测的六倍体比例参数与 34 个采样点的实际六倍体银鲫和四倍体鲫的分布比例高度相关，由此还画出以六倍体比例参数−97（紫红线）和−176（绿线）作为临界值的两条分布线，即位于紫红线以北以西的几乎都为六倍体银鲫，位于绿线以南的六倍体银鲫比例少于 50%，介于两线之间的为中间带，六倍体银鲫比例在 50%以上，但也达不到 100%。中国西部、北部、西北部、东北部以及西南部几乎都为六倍体银鲫，而南部和西南部则以四倍体鲫居多。因此，六倍体银鲫比四倍体鲫具有更有更广泛的地理分布，且能在高海拔、高纬度且降水量较少的地区生存。当然，在实际采集的样品中，我们也在西北部的博斯腾湖、达吾松湖和天鹅湖以及东北部的镜泊湖、松花湖和查干湖发现有少量四倍体鲫存在，这可能是 20 世纪 60～80 年代这些湖泊从长江中下游引进鱼苗进行人工增殖等人类活动带入的四倍体鲫影响的结果。

与此同时，我们还搜集到来自中国另外 7 个采样点的 364 尾样本信息（114 尾四倍体鲫和 250 尾六倍体银鲫）和来自琉球群岛 8 个采样点的 690 尾样本信息（328 尾四倍体鲫和 362 尾六倍体银鲫）。在总共 4159 尾个体中，我们鉴定出 427 个线粒体控制区（control region）单倍型，其中四倍体和六倍体共有的单倍型有 74 个，出现频率高达 75.5%。所有线粒体控制区单倍型主要聚为 4 个谱系，其中一个谱系只分布于琉球群岛，另外三个谱系主要分布于中国，且四倍体和六倍体的单倍型共聚于每个谱系中（Liu et al.，2017b）。我们随后选取转铁蛋白基因 *Tf* 作为分子标记，分别在采集的 3105 尾鲫复合种样本中扩增了长度约 1050bp 的转铁蛋白序列片段，从共计测试的 37 260 条序列中鉴定出 526 个转铁蛋白等位基因，发现这些转铁蛋白等位基因主要聚为 3 个谱系，且四倍体和六倍体的等位基因也共聚于每个谱系。因此，转铁蛋白等位基因序列系统发生的分析结果与线粒体 DNA 序列所得出的结果一致，表明六倍体银鲫是由同域的四倍体鲫经同源三倍化而来，即六倍体银鲫具有多次独立的同源三倍化起源，具有丰富的克隆多样性（Liu et al.，2017a）。

11.3.3　银鲫的生殖方式及发育遗传学基础

与其他全雌性的雌核生殖脊椎动物相比（Ryskov，2008；Avise，2008），银鲫更为有趣和独特，在其天然种群中已普遍发现一定比例的雄性个体（蒋一珪等，1983）。从认识到银鲫为天然多倍体和能进行单性雌核生殖开始，不少学者都在追问：“为什么银鲫天然种群中存在雄性个体？这些雄性个体对种群有何贡献？”

为了回答这些问题，我们首先进行了不同克隆间的人工繁育实验，且通过细胞遗传学观察和分子遗传标记分析获得了交配后代遗传重组的证据（Zhou et al.，2000）；还通过比较分析 10 个转铁蛋白等位基因的编码区序列揭示了基因重组发生，共检测到了 26 个重组事件（Yang et al.，2004a；2004b）；进而还通过 β-tubulin 和 Spindlin 共定位纺锤体示踪卵母细胞发育、成熟、卵子受精和胚胎早期发育全过程，首次在银鲫 D 系观察到卵母细胞粗线期的二价体和排出的第一极体，揭示其卵母细胞似乎完成了成熟减数分裂，受精后又排出了第二极体，产生了基因组倍性减半的卵子。DAPI 染色和 BrdU 掺入示踪显示，银鲫 D 系卵子当与同一克隆雄鱼的精子受精时行有性生殖，当与异种红鲤雄鱼的精子受精时行单性雌核生殖，当与不同克隆的雄鱼精子受精时行类杂种生殖，并且这三种不同的应答机制进入第一次有丝分裂所需时间存有差异。由此，行单性雌核生殖和类杂种生殖时其基因组倍性恢复可能是通过第一次有丝分裂前一次额外的内复制所致的假说（Zhang et al.，2015）首次被提出，深入剖析了银鲫的发育遗传学机制（图 11.4）。

我们还利用银鲫雌核生殖产生遗传克隆系、避免有性生殖精子基因组对胚胎性别影响的优势，设计出银鲫生殖细胞发育必需基因 *dnd* 序列特异的 *dnd*-MO，将其注入雌核生殖银鲫的一胞期胚胎，在完全去除了原始生殖细胞的基础上，经与正常对照比对分析，发现完全去除原始生殖细胞导致性偏向基因的偏雌表达向偏雄表达发生改变，性腺中原本支持卵母细胞发育的颗粒细胞（granulosa cell）、鞘细胞（thecal cell）和雌激素生成细胞（estrogen-producing cell）消失，取而代之的是体细胞前体细胞（somatic precursor cell）分化成的精巢支持细胞，如雄激素生成细胞（androgen-producing cell）、支持细胞（Sertoli cell）和间质细胞（Leydig cell），从而导致不育的全

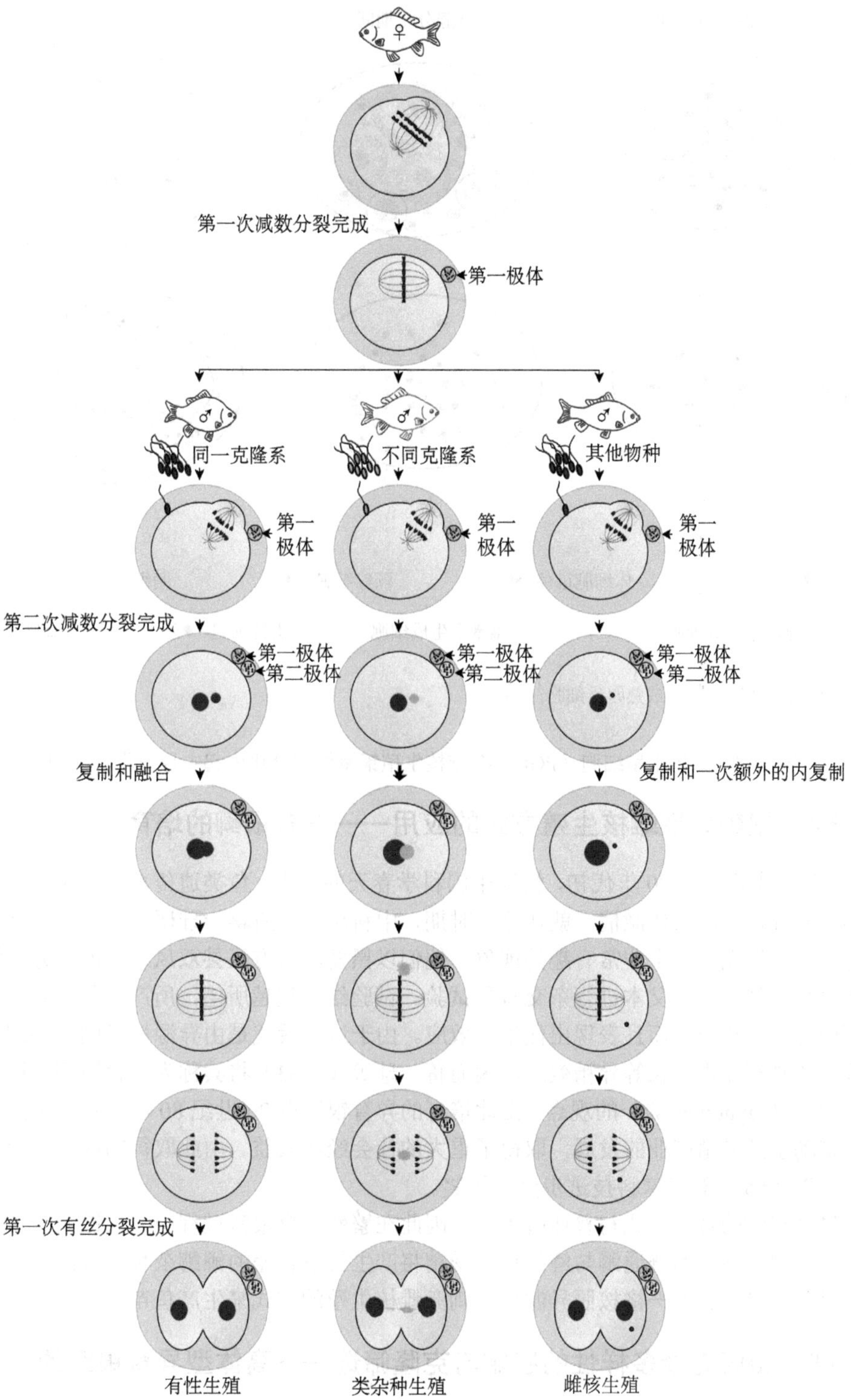

图 11.4　D 系银鲫应答同系精子、不同系精子和另一不同种鱼精子采用不同生殖方式的发育示意图

雄个体出现（图 11.5）（Liu et al.，2015）。由于这一研究设计新颖、结果明确，已成为探索配子细胞特别是原始生殖细胞与性腺体细胞相互作用的重要文献之一。

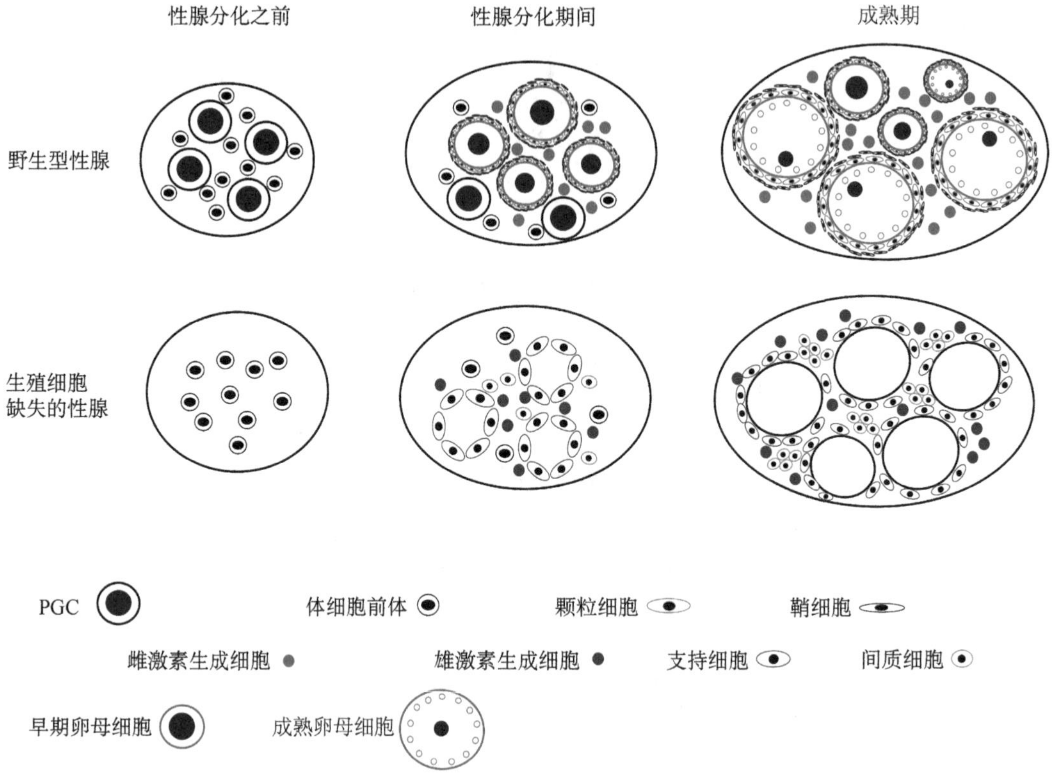

图 11.5　原始生殖细胞（PGC）在雌核生殖银鲫性腺分化中起主导作用示意图

11.3.4　银鲫单性雌核生殖方式的应用——异育银鲫的培育

20 世纪 70 年代末至 80 年代初，恰逢中国科学春天的到来。鱼类遗传育种学家与全国各个领域的科学家一样，充满科研激情。就在这一时期，中科院水生所蒋一珪研究员等在进行鲤鲫鱼类的杂交育种时，发现了一个非常有趣的现象。他们以黑龙江省方正县双凤水库的“方正银鲫”作母本，用“兴国红鲤”作父本进行杂交育种试验。试验结果超越所望，所产后代不是鲤鲫杂种，其表型不但与母本相似，而且表现出促生长效应。由于这些后代是由异源精子刺激银鲫卵子雌核生殖而来，并具有促进生长等异精效应，因而蒋一珪等（1983）将其称为异育银鲫，还提出了异精雌核生殖（allogynogenesis）的观点。由此培育的异育银鲫自 20 世纪 80 年代初在全国开始推广养殖后，带动了鲫养殖产业的发展，取得了重大的社会经济效益。由此取得的成果“异育银鲫及其应用研究”1985 年获国家科技进步奖二等奖。

由于异育银鲫的育苗方式与普通鲫不同，因此在繁殖异育银鲫过程中，关键的一步是要杜绝混入普通鲫，因为混入的普通鲫与鲤的精子受精将产生价值较差的鲤鲫杂种，因此亲鱼要做到专塘饲养。另外，操作者要严格按照异源精子刺激雌核生殖的方式来生产鱼苗。

11.3.5　银鲫克隆多样性的鉴定与克隆筛选——高体型异育银鲫的培育

如前所述，银鲫具有广泛的地域分布和丰富的克隆多样性。其实在异育银鲫培育和推广的早期年代，科学家就已开始发现了银鲫群体和个体间显著的差异。由于异育银鲫是“异精雌核发育”银鲫的通称，而最初培育异育银鲫所用的“方正银鲫”来自天然水体，未经选择就用作母本，所以在随后多年的研究和生长养殖试验中发现，无论是中科院水生所 1976 年、1977 年和 1982 年先后三次引种的“方正银鲫”亲本还是经异精雌核生殖繁育的异育银鲫群体，不但生长速度有明显的个体差异，而且体型也有高矮胖瘦之分。受当时美国学者在亚马孙帆鳉和花鳉属单性雌核生殖鱼类中发现天然群体存在遗传异质性和克隆多样性的启发，蒋一珪等（1983）认为，“方正银鲫”可能也有多个不同的雌核生殖系，于是开展了试图揭示其遗传异质性、以求从中鉴定不同克隆以及由此筛选更优克隆的选择育种研究。

如何选呢？首先是要找到可区分其遗传差异又可供明确识别的标记。此时，与蒋一珪先生一起工作多年、具有生化遗传学研究背景的高级工程师朱蓝菲女士可谓有了用武之地。她很快发现，银鲫血清蛋白电泳带型不但在群体中存在明显的差异，而且可将当时引进的“方正银鲫”群体区分出 4 个不同的类型，各类之间表现出明显不同的差异，且其表型特征和生长特性能通过繁殖传给后代，因此这 4 个类型被分别命名为 4 个不同的雌核生殖系（或克隆），即 A 系、B 系、C 系和 D 系。生长对比试验表明，不同系间的生长差异可高达 45%。与此同时，陈本德高级工程师和梁绍昌高级工程师等在中试试验点上也取得了相同的结果，发现以 D 系银鲫为母本繁育的高体型异育银鲫比未经选育混合品系的异育银鲫产量提高了 20%（朱蓝菲，蒋一珪，1993）。由于克隆 D 体型较高，因而被命名为“高体型异育银鲫”，简称“高背鲫”。可以简洁地说，异育银鲫是在揭示“方正银鲫”拥有异精雌核生殖能力而利用这一生殖能力培育出来的具有促生长效应的全雌性群体，而“高背鲫”则是从银鲫群体中筛选出的优异克隆再经异精雌核生殖培育出来的高体型克隆群体（图 11.6）。“高背鲫”的推广使异育银鲫养殖又上了一个台阶，开创了鱼类品系选育的成功范例。

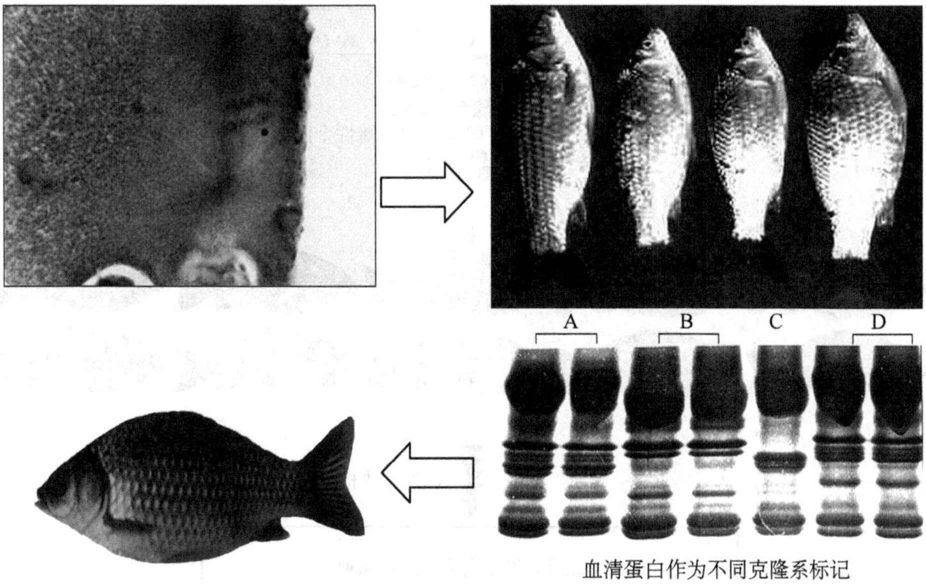

图 11.6　异育银鲫（上）和高体型异育银鲫（下）培育的简明示意图

11.3.6　银鲫多重生殖潜能的发掘与新克隆创制——异育银鲫“中科 3 号”的培育

异育银鲫“中科 3 号”是科学家在发现银鲫卵子存在多重生殖潜能（Zhou et al.，2000；Gui and Zhou，2010；Zhang et al.，2015）以及发掘出可区分银鲫不同克隆系分子遗传标记（Yang and Gui，2004；Guo and Gui，2007）的基础上，利用银鲫多重生殖潜能，通过十多个不同克隆系雌雄间大量的交配试验，从遗传背景差异较大的两个克隆系 D 系和 A 系间的交配所产生的存活后代中甄选出少数优良个体，经人工筛选和 5 代单性雌核生殖扩群，形成了一个新的克隆系 A⁺，再经多代生长对比养殖试验评价培育出来的新品种（Wang et al.，2011）（图 11.7）。

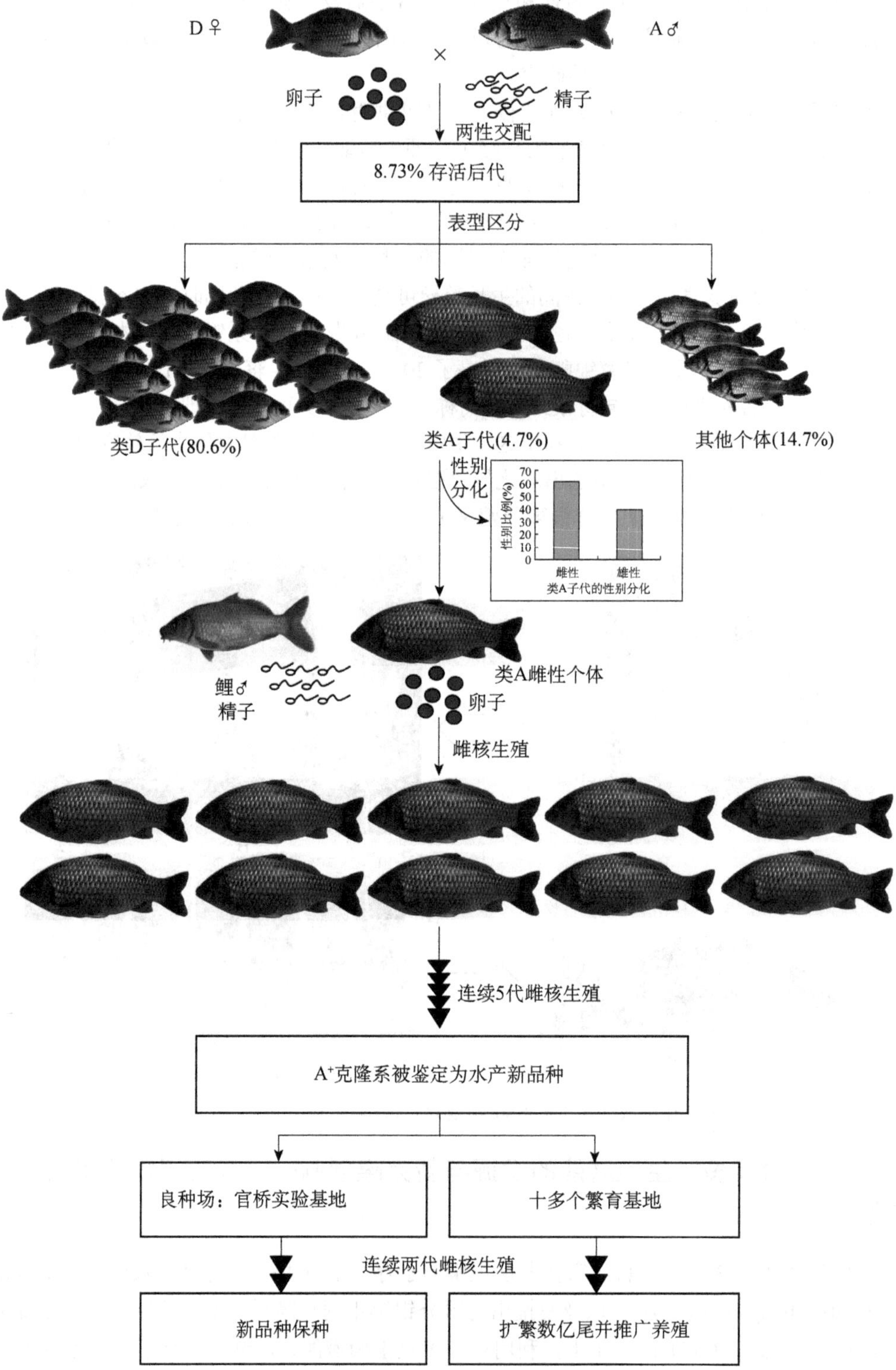

图 11.7　异育银鲫“中科 3 号”培育过程示意图（Wang et al.，2011）

为了揭示异育银鲫“中科3号”这个新克隆的遗传特性，我们对异育银鲫“中科3号”的遗传特征进行了染色体计数、Cot-1 DNA荧光显带核型、微卫星DNA标记、AFLP标记、转铁蛋白等位基因序列以及线粒体DNA全序列等比较分析。研究结果表明，异育银鲫“中科3号”的核基因组与A系银鲫的核基因组相同，而线粒体DNA全序列与D系银鲫的线粒体DNA相同。由此可见，异育银鲫“中科3号”是一个新的核质杂种克隆，其形成的机制是A系银鲫的精子在D系银鲫的卵质中经雄核生殖产生。人工繁育实验及其连续七代的微卫星DNA和AFLP标记分析表明，异育银鲫“中科3号”仍然保留了单性雌核生殖能力，产生遗传性状与其克隆繁殖用的核质杂种母本完全一致的后代，遗传性状稳定。科研人员进而在遗传标记检测下进行了多年生长对比试验和其他经济性状评估，发现异育银鲫“中科3号”具有明显的生长优势，其生长速度比已推广的“高背鲫”平均快20%以上，出肉率高6%以上。该品种于2008年被审定为水产新品种。异育银鲫“中科3号”作为国家大宗淡水鱼类产业技术体系推介的第一个水产新品种和农业农村部多年推介的渔业主导品种之一，已在全国建有十多个苗种繁育基地，在湖北、江苏等25个地区进行了大规模推广养殖，取得了重大的社会经济效益。

异育银鲫“中科3号”的培育成功证实了银鲫不同克隆系之间的有性交配能够产生核质重构，可以创制新的克隆；可由此甄选出优良个体，通过单性雌核生殖快速扩群，形成新的核质杂种克隆，培育出用于养殖的新品种。这是一条独特而实用的银鲫遗传育种技术路线，由此产生的核质杂种克隆避免了在人工诱导雄核生殖和核移植中的辐射和物理休克所造成的遗传和发育损伤（Wang et al.，2011）。

11.3.7 银鲫亚基因组整入的新克隆创制——异育银鲫“中科5号”的培育

异育银鲫“中科5号”的培育历时20多年，它源于1995年利用团头鲂精子授精激活银鲫E系的卵子、再辅以冷休克处理而获得的异精雌核生殖核心群体。在该核心群体经半年养殖成活的37尾个体中，体型分化明显，一些表现出单尾、短尾和尾鳍单边变长等畸形，但也有一些个体在头与背部之间呈现类似团头鲂的隆起性状；在生长性能上也表现出显著差异，最大个体236g，最小个体仅79g，意味着我们辅以冷休克处理的异精雌核生殖可能创制出整合了团头鲂亚基因组遗传物质的新克隆。为此，我们选择8尾具有隆背性状和生长优势的较大个体（大于200g）用鲤精子进行异精雌核生殖扩繁，保存这批人工创制的遗传资源。经染色体分析，这批新的遗传资源的确整入有团头鲂的微小染色体片段（Yi et al.，2003）。

这批新的遗传资源经“兴国红鲤”精子连续三代异精雌核生殖扩群后，个体间的分化和生长差异仍较显著。从第四代开始，我们甄选出体型最大且有隆背性状的1尾个体作为母本，以“兴国红鲤”精子进行连续两代（G_5，G_6）异精雌核生殖进行扩繁，试图由此创建一个选育的克隆系。从2010年起，我们继续以生长优势和隆背性状为选育指标，每代甄选出最好的200尾个体为母本，用“兴国红鲤”精子异精雌核生殖扩繁进行了连续四代（G_7～G_{10}）选育。在第七代（G_7），我们还发现了1尾返回到其原始母本克隆E平背型的个体，意味着这个新克隆由于源于团头鲂遗传物质的丢失到第七代还不稳定。为此，我们启动了基于银鲫和团头鲂基因组reads测序的深度比较从这个新克隆系中筛选鉴定来自团头鲂的DNA片段、再以这些片段为遗传标记开展新品种培育的育种策略。利用这一育种策略，我们共筛选鉴定出12个源于团头鲂的DNA片段，将这些DNA片段转化为选育的SCAR遗传标记；又经多代选育，到G_{13}代，100%个体都可检出具有SCAR遗传标记，又都表现有隆背性状，最终选育出遗传性状趋于稳定的新品种异育银鲫“中科 5 号”（图 11.8）。进一步地，染色体定位和序列特征分析还揭示出一个片段稳定地整入到银鲫基因组的证据（Chen et al.，2020）。

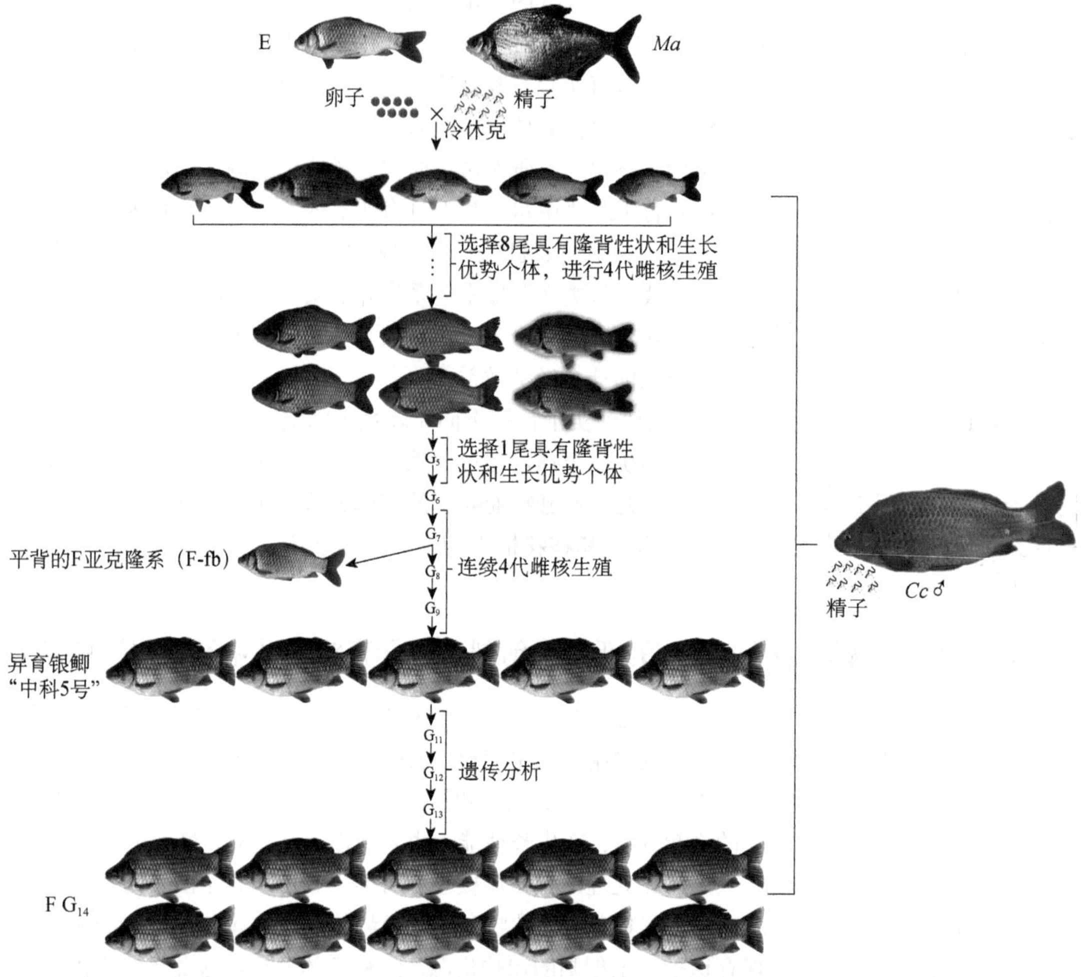

图 11.8　异育银鲫“中科 5 号”培育过程示意图（Chen et al.，2020）

异育银鲫“中科 5 号”的成功培育进一步表明，异精雌核生殖整入的源于精子的 DNA 片段不仅可以增加遗传多样性，还可引入或创造有益于新品种培育的优良性状。相比异育银鲫“中科 3 号”，“中科 5 号”具有两个明显的优势。第一，它可以在较廉价饲料下获得较快的生长，即投喂低蛋白质（27%）低鱼粉（5%）含量饲料时一龄鱼的生长速度平均比“中科 3 号”提高 18%；而“中科 3 号”则需要在 31%～32%的蛋白质饲料下才能生长较好。第二，“中科 5 号”的抗病能力较强，与“中科 3 号”相比，感染鲫疱疹病毒时存活率平均提高 12%；养殖过程中对体表黏孢子虫病有一定的抗性，成活率平均提高 20%（Gao et al.，2017，2018；Lu et al.，2019）。此外，“中科 5 号”6 月龄和 18 月龄时肌间骨总数分别减少 9.47%和 4.45%（李志等，2017），在有利于食用方面也表现出一定的优势。因此，养殖“中科 5 号”无疑会降低养殖成本、提高养殖效益，同时也能减缓对资源和自然环境的压力，是非常适宜在全国范围内推广养殖的新一代异育银鲫新品种。

11.3.8 外源基因组整入——倍性更高的合成多倍体银鲫创制与育种应用

作为异源四倍化和再次同源三倍化起源进化而来的多倍体鲫属复合种，其早期经历的种间杂交产生的异源四倍体整合了两个祖先物种的基因组及其生物学性状，由此进化而来的拥有100条染色体的古老四倍体鲫表现有不同于一般二倍体鱼类的生命活力；异源四倍体再次同源三倍化使基因组再次加倍而形成的六倍体银鲫，其基因组更大，重复基因更多，尤其是大量的基因冗余提供了额外的自由度，为基因组重构以及基因功能歧化和创新提供了充裕的原始材料（Gui and Zhou，2010；Otto，2007；Otto and Whitton，2000）。特别是异源四倍化和再次同源三倍化两轮加倍后重塑的基因组不仅使六倍体银鲫获得了单性雌核生殖能力及其雄性发生后（Li et al.，2016；2018）而导致的多重生殖潜能（Zhang et al.，2015），而且还使其具有更强的包容性和可塑性（Zhou and Gui，2017）。事实上，我们早在20世纪90年代初期进行银鲫异精雌核生殖繁育高体型异育银鲫时，就已在其群体发现了整入鲤基因组含有212条染色体的八倍体（当时称为复合四倍体，因为当时银鲫被普遍称为三倍体）。尽管比例不到千分之三，但这些八倍体仍保持有异精雌核生殖能力，并被发现同时还具备有性生殖等多重生殖潜能，还由此滋生了银鲫多重生殖方式研究的萌芽（Gui et al.，1993a，1993b，1993c；Gui and Zhou，2010）。正是基于这一早期发现，20多年后我们还与中国水产科学研究院长江水产研究所合作培育出具有208条染色体的异育银鲫新品种"长丰鲫"（Li et al.，2016）（如按水生所系列排即"中科4号"）。重要的是，这些合成的异源八倍体由于基因组重构等原因，尽管在染色体数上存在一定差异，有报道的212、208和206条之分（Gui et al.，1993a；Li et al.，2016；Lu et al.，2018），但一旦形成克隆系，其遗传和表观遗传特征稳定，仍保持着雌核生殖能力（Shao et al.，2018）。

为了提高合成八倍体的获得率，我们建立了一种高效创制合成异源八倍体银鲫的方法（李志等，2020），获得一批融入有不同父本精子染色体组、表现出不同生物学性状和生长速度的合成八倍体。这些新的合成多倍体不仅父母本来源清晰，可以组合它们的遗传特征和经济性状，而且两种或多种鱼类基因组重构后还会产生新的生物学性状和经济性状，因而新的合成多倍体既是异育银鲫新品种培育难得的遗传资源，也是进行多倍化作用、性别发生机制以及养殖鱼类经济性状形成遗传机制研究的理想材料。2020年，我们实验室博士研究生鲁蒙经过五年多持续研究，将一套行两性生殖的四倍体鲫的基因组整合到了行雌核生殖的六倍体银鲫基因组中，从而获得了一个性比为1∶1的合成八倍体鲫群体；通过基因组重测序结合荧光原位杂交技术，鉴定出了异型的X染色体和Y染色体；然后，以性染色体为标记追踪X/Y性别决定系统在四倍体鲫、六倍体银鲫以及合成八倍体鲫之间的形成、转移和重建过程，发现X/Y性别决定系统随着四倍体鲫基因组转移到了六倍体银鲫中并最终决定八倍体鲫的性别。繁殖能力检测的结果显示八倍体雌鱼虽然保持了雌核生殖的能力，但部分个体获得了增强的整合外源基因组的能力，它们还能继续整合一套四倍体鲫基因组形成十倍体。有意思的是，部分八倍体雄鱼恢复了育性，其中有一尾特殊个体还获得了与四倍体鲫雄鱼基本接近的两性生殖能力，它与四倍体鲫雌鱼回交后又能形成合成六倍体（Lu et al.，2021）。重要的是，这一研究分别从性别决定系统、生殖方式、基因组整体表达模式等方面揭示多倍化对合成多倍体产生的直接影响，为揭示多倍体脊椎动物的形成机制提供了一个典型范例。由天然的六倍体银鲫和四倍体鲫，以及人工合成的八倍体、十倍体和六倍体共同组成的不同倍性多倍体群体已经成为研究多倍体脊椎动物形成机制的理想系统，其创制的多种合成多倍体也将是银鲫育种的核心材料（鲁蒙，2020）。

第四节　两性鱼类等水产动物性控育种技术

第二节和第三节以较大的篇幅讲了单性鱼类和单性鱼类的一个特例多倍体银鲫在性别发生方面的遗传基础及其性控育种应用，然而，绝大多数鱼类和水产动物为雌雄两性个体组成，且不少还表现有雌雄个体的大小异形，因而从两性鱼类和水产动物出发培育全雌或全雄的养殖群体对水产养殖具有重要意义。尤其要提到的是，就在我们开设“水产遗传育种学”这门研究生课程的第二年即 2018 年，国际上一批从事水产性控研究的专家联合出版了一本大部头的《水产养殖性别控制》专著，分上下两卷，共 41 章 850 多页，可见规模之巨，且四位主编中三位是中国人（Wang et al.，2018）。因而，本节将重点介绍已在两性鱼类等水产动物中应用相对成功的性控育种技术及其发展前景。

11.4.1　基于种间杂交生产高雄性或全雄性养殖群体的性控育种技术

种间杂交（interspecies hybridization）是最早用来实现养殖鱼类性别控制的一种简易技术，其最具有代表性的应用范例是在罗非鱼的种间杂交中发现可获得高雄性率或全雄子代。早在 1960 年，Hickling 首次在以 XX/XY 性别决定型的莫桑比克罗非鱼（*Oreochromis mossambicus*）为母本和以 ZW/ZZ 性别决定型的霍诺鲁姆罗非鱼（*O. hornorum*）为父本的种间杂交中，发现产生了全雄性子代，并由此开创了罗非鱼种间杂交生产全雄罗非鱼的研究热潮。迄今为止，研究者已在尼罗罗非鱼和奥利亚罗非鱼（*O. niloticus*×*O. aureus*）、尼罗罗非鱼和长鳍罗非鱼（*O. niloticus*×*O. macrochir*）、尼罗罗非鱼和霍诺鲁姆罗非鱼（*O. niloticus*×*O. hornorum*）、莫桑比克罗非鱼和尼罗罗非鱼（*O. mossambicus*×*O. niloticus*），以及莫桑比克罗非鱼和霍诺鲁姆罗非鱼（*O. mossambicus*×*O. hornorum*）等杂交组合中获得了高雄性率的杂种，特别是尼罗罗非鱼和奥利亚罗非鱼的杂交组合可得到具有显著生长优势的全雄杂种（Rahman et al.，2018）。

由于近 40 年来罗非鱼在我国养殖广泛，其人工杂种和天然水体中的杂种混杂非常严重，因而全雄或高雄性率杂种罗非鱼性控育种的主要难点之一是要获得不同种类的纯系。杨虹等（2005）将通过群体选育技术培育的“夏奥 1 号”奥利亚罗非鱼与尼罗罗非鱼杂交时，其奥尼杂交子代的雄性率高达 93%以上，已在广西、广东等南方地区用于大规模生产养殖。

11.4.2　基于人工雌核生殖与性反转相结合生产全雌鱼的性控育种技术

人工雌核生殖一般是指单倍体卵子经异源或遗传失活的精子激活后再经染色体加倍而发育成二倍体子代的过程，其所获子代的遗传信息基本来自母本（桂建芳，2007）。如果人工雌核生殖的对象为 XY 性别决定系统，就可得到 XX 全雌性子代；如果为 ZW 性别决定系统，理论上只能产生 ZZ 雄性和 WW 雌性，不可能产生全雌性后代。

由于人工雌核生殖技术的限制，一次所获的子代在数量上难以满足养殖生产需求，为此，吴清江等在鲤中率先成功创建出人工雌核生殖与性反转相结合生产全雌鱼的性控育种技术（Wu et al.，1990），培育出全雌鲤。全雌鲤培育的核心技术是在获得“散鳞镜鲤”人工雌核生殖后代的基础上，将其人工转性为“生理雄性”个体，然后用该“生理雄性”个体与也经过两代雌核生殖纯化的“兴国红鲤”纯系进行交配，即将遗传型为雌性的 XX 生理雄鲤与正常的 XX 雌鲤交配，产生全雌性后代鲤（图 11.9）（吴清江，2007）。由于全雌鲤既有“散鳞镜鲤”与“兴国红鲤”的杂种“丰鲤”显著的杂种优势，又有雌鲤比雄鲤生长快 20%的优势，在水产养殖实践中效益显著，迅速在全国主养地区推广，成果“全雌鲤的培育及推广”曾获国家科技进步三等奖。

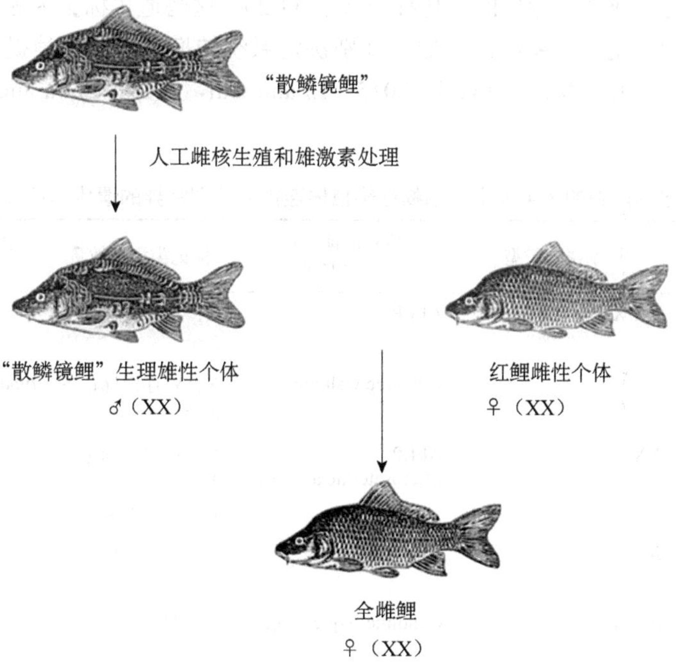

图 11.9　全雌鲤生产示意图（吴清江，2007）

在海水鱼类中，人工雌核生殖也已在牙鲆（*Paralichthys olivaceus*）（Yamamoto，1999）、真鲷（*Pagrosomus major*）（Kato et al.，2001）、欧鲈（*Dicentrarchus labrax*）（Francescon et al.，2004）、圆斑星鲽（*Verasper variegatus*）（Ji et al.，2010）和半滑舌鳎（*Cynoglossus semilaevis*）（Chen et al.，2012）等海水养殖鱼类中大量尝试过。特别是在牙鲆中，研究者已诱导获得多个人工雌核生殖克隆系（Liu et al.，2011；2012；2013）。在此基础上，中国水产科学研究院北戴河实验站刘海金等以经选育的优良雌核生殖系为母本，以另外一个雌核生殖系经高温诱导成的生理雄鱼为父本，培育出雌性率超过 90％的牙鲆养殖新品种“北鲆 1 号”。他们还以渤海秦皇岛海域采捕的野生雌性牙鲆经诱导雌核生殖选出的一个优良家系为母本，以另一个优良家系诱导成伪雄鱼为父本，经两个家系交配，培育出雌性比例达 90%以上的牙鲆养殖新品种“北鲆 2 号”。

11.4.3　基于性染色体连锁标记快速鉴别生产全雄或全雌性控育种技术

日益递增的研究证据表明，尽管大多数鱼类性染色体因分化程度低以致从形态上难以识别，但绝大多数鱼类存在性染色体分化。因此，寻找到可以快速识别鱼类性别遗传差异的性别连锁乃至性染色体连锁的遗传标记，发展基于性染色体连锁标记快速鉴别的性控育种技术是鱼类乃至水产动物性控育种的重要方向。近十五年来，研究者采用扩增片段长度多态性（amplified fragment length polymorphism，AFLP）、单核苷酸多态性（SNP）、随机扩增多态性 DNA（random amplified polymorphic DNA，RAPD）、微卫星重复顺序（microsatellite repeats）、数量性状位点（quantitative trait locus，QTL）、限制性位置 DNA 测序（restriction-site-associated DNA sequencing，RAD-seq）及 2b-限制性位置 DNA 测序（2b-restriction-site-associated DNA sequencing，2b-RAD-seq）等分子遗传标记鉴别技术，已从近 50 种存在两性大小异形的水产养殖鱼类等水产养殖动物中成功筛选到一批性染色体连锁或性别特异的遗传标记（表 11.2）。这些遗传标记为相应物种的遗传性别确定、性染色体和性别决定系统的鉴定、性别决定系统转换及性控育种提供了重要的先决条件（Gui and Zhu，2012；Mei and Gui，2015；Li and Gui，2018；Zhou and Gui，2018；张晓娟等，2019）。

表 11.2 已筛选到的鱼类等水产动物性染色体连锁或性别特异的遗传标记及其相关特征

种名	性别决定类型	性别连锁位点鉴定方法	标记类型及数量	关联基因	参考文献
黄颡鱼，*Pelteobagrus fulvidraco*	XX/XY	AFLP	X、Y 连锁标记各 2 个		Wang et al.，2009a
		Genomic walking	X、Y 连锁标记各 2 个	*pfpdz1*	Dan et al.，2013；2018
乌苏里拟鲿，*Pseudobagrus ussuriensis*	XX/XY	AFLP Microsatellite analysis	X、Y 连锁标记各 3 个 雄性特异标记 1 个		Pan et al.，2015 Zhu et al.，2018
丝尾鳠，*Mystus wyckioide*	XX/XY	2b-RAD-seq	X、Y 连锁标记各 2 个		Zhou et al.，2019
南方大口鲶，*Silurus meridionalis*	XX/XY	Genomic sequencing	性连锁标记 8 个		Zheng et al.，2020
斑点叉尾鮰，*Ictaluru spunctatus*	XX/XY	Genomic sequencing	雄性特异标记 1 个		Ninwichian et al.，2012
非洲鲶，*Clarias gariepinus*	XX/XY	RAPD	雄性特异标记 2 个		Kovacs et al.，2000
银鲫，*Carassius gibelio*	XX/XY	AFLP	雄性特异标记 1 个		Wang et al.，2009b
鲤，*Cyprinus carpio*	XX/XY	RAPD	雄性特异标记 1 个		Chen et al.，2009
草鱼，*Ctenopharyngodon idellus*	XX/XY	Genomic re-sequencing	Y 特异标记 6 个		Zhang et al.，2017
鲢，*Hypophthalmichthys molitrix*	XX/XY	Genomic sequencing QTL mapping	雄性特异标记 3 个 鲢、鳙共有性别标记 2 个		Liu et al.，2018 Zhou et al.，2020
鳙，*Hypophthalmichthys nobilis*	XX/XY	Genomic sequencing QTL mapping	雄性特异标记 3 个 鲢、鳙共有性别标记 2 个		Liu et al.，2018 Zhou et al.，2020
翘嘴红鲌，*Erythroculter ilishaeformis*	XX/XY	AFLP	雄性特异标记 1 个		刘祥芳等，2017

续表

种名	性别决定类型	性别连锁位点鉴定方法	标记类型及数量	关联基因	参考文献
乌鳢，*Channa argus*	XX/XY	Sequencing analysis Re-sequencing genomes	Y 连锁标记 1 个 性别特异标记 1 个		Ou et al.，2017 Wang et al.，2019
尼罗罗非鱼，*Oreochromis niloticus*	XX/XY	AFLP AFLP Microsatellite analysis	雄性特异标记 3 个 雄性特异标记 1 个 Y 连锁标记 1 个		Lee et al.，2011 Sun et al.，2014 Sultana et al.，2020
虹鳟，*Oncorhynchus mykiss*	XX/XY	AFLP	雄性特异标记 15 个		Felip et al.，2005
		gene expression	Y 连锁标记 1 个	*sdY*	Yano et al.，2012
红鳍东方鲀，*Takifugu rubripes*	XX/XY	SNP	Y 连锁标记 1 个	*Amhr2*	Kamiya et al.，2012
暗纹东方鲀，*Takifugu obscurus*		Gene sequencing	雄性特异标记 2 个	*amhr2*	Gao et al.，2020
黄金鲈，*Perca flavescens*		Genome sequencing and assembly	Y-specific markers	*Amhr2by*	Feron et al.，2020
大黄鱼，*Larimichthys crocea*	XX/XY	Genomic re-sequencing	雄性特异标记 1 个	*Dmrt1*	Lin et al.，2017
黄姑鱼，*Nibea albiflora*		Genomic re-sequencing	雄、雌特异标记各 1 个	*Dmrt1*	Sun et al.，2018
棘头黄鱼，*Collichthys lucidus*	$X_1X_1X_2X_2/X_1X_2Y$	Genomic sequencing	雄、雌特异标记各 1 个		Xiao et al.，2020
牙鲆，*Paralichthys olivaceus*	XX/XY	Microsatellite analysis	雌性纯合标记 21 个		Liu et al.，2012
大菱鲆，*Scophthalmus maximus*	ZZ/ZW	RAPD RAPD	雌性特异标记 1 个 雌性特异标记 1 个	*Wnt4*，*Foxl2* *Amh* *Dmrta2*	Vale et al.，2010 Vinas et al.，2012
半滑舌鳎，*Cynoglossus semilaevis*	ZZ/ZW	AFLP，SSR，Genomic sequencing	Z 连锁标记 1 个 雌性特异标记 3 个	*Dmrt1*	Chen et al.，2014 Zhang et al.，2019
圆斑星鲽，*Verasper variegatus*	ZZ/ZW	AFLP	雌性特异标记 2 个		Ma et al.，2010
狭鳞庸鲽，*Hippoglossus stenolepis*		SSR	雌性特异标记 3 个		Galindo et al.，2011
条石鲷，*Oplegnathus fasciatus*	$X_1X_1X_2X_2/X_1X_2Y$	AFLP	雄性特异标记 4 个		Xu et al.，2013
黄尾鱼鰤，*Seriola quinqueradiata*	ZZ/ZW	SSR	雌性特异标记 1 个		Fuji et al.，2010
肉色平鲉，*Sebastes carnatus*	XX/XY	ddRAD-seq	雄性特异标记 17 个	*gsdf*	Fowler and Buonacorsi，2016

续表

种名	性别决定类型	性别连锁位点鉴定方法	标记类型及数量	关联基因	参考文献
黄黑平鲉，*Sebastes chrysomelas*	XX/XY	ddRAD-seq	雄性特异标记 17 个	*gsdf*	Fowler and Buonacorsi，2016
日本青鳉，*Oryzias latipes*	XX/XY	Gene sequencing	Y 连锁标记 1 个	*dmy*	Matsuda et al.，2002
吕宋青鳉，*Oryzias luzonensis*	XX/XY	Gene sequencing	Y 连锁标记 1 个	*gsdf*	Myosho et al.，2012
恒河青鳉，*Oryzias dancena*	XX/XY	Gene sequencing	Y 连锁标记 1 个	*Sox3*	Takehana et al.，2014
肥头鲤，*Pimephales promelas*	XX/XY	AFLP	雄性特异标记 8 个 雌性特异标记 1 个		Olmstead et al.，2011
剑尾鱼，*Xiphophorus maculatus*	XX/XY	Sequence analysis	Y 连锁标记 1 个	*MC4R*	Lampert et al.，2010
牙汉鱼，*Odontesthes hatcheri*	XX/XY	AFLP	雄性特异标记 1 个 Y 连锁标记 1 个	*Amhy*	Hattori et al.，2012 Koshimizu et al.，2010
八棘多刺鱼，*Pungitius pungitius*		SSR	雄性特异标记 1 个		Shikano et al.，2011
亚马孙石脂鲤，*Brycon amazonicus*		RAPD	雌性特异标记 1 个	*PIGW*	da Silva et al.，2012
凡纳滨对虾，*Litopenaeus vannamei*		sex-determining locus mapping	雌、雄特异标记 3 个	LG_18	Yu et al.，2017
罗氏沼虾，*Macrobrachium rosenbergii*	ZZ/ZW	ZW-derived BAC sequencing	雌性特异标记 1 个		Ma et al.，2019
梭子蟹，*Portunus trituberculatus*	XY	sex QTL mapping	性别特异标记 2 个		Lv et al.，2018
拟穴青蟹，*Scylla paramamosain* 紫螯青蟹，*Scylla tranquebarica* 锯缘青蟹，*Scylla serrate*	ZW	RAD-seq	雌性特异标记 1 个 雌性特异标记 9 个 雌性特异标记 4 个		Shi et al.，2018
花蟹，*Charybdis feriatus*	XX/XY	RAD-seq，SNP	雄性特异标记 5 个		Fang et al.，2020
大鲵，*Andrias davidianus*	ZZ/ZW	RAD-seq	雌、雄特异标记 4 个		Hu et al.，2019
中华鳖，*Pelodiscus sinensis*	ZZ/ZW	RAD-seq	雌性特异标记 1 个 Z-specific 18S rRNA gene		Liang et al.，2019 Zuo et al.，2020

对于任何一种养殖鱼类，只要有了其性染色体连锁或性别特异遗传标记这一先决条件，即可设计出精准高效的基于性染色体连锁标记快速鉴别的性控育种技术路线（Mei and Gui，2015；Zhou and Gui，2018）。如黄颡鱼“全雄 1 号”就是在鉴定出 Y 染色体和 X 染色体连锁标记（Wang et al.，

2009；Dan et al.，2013）的基础上，结合人工雌核生殖和激素诱导性反转技术，可在人工控制条件下快速鉴别并持续获得YY超雄鱼；然后将YY超雄鱼提供给育苗场，用YY超雄鱼与XX雌鱼交配，从而大规模生产用于养殖的XY全雄鱼（Liu et al.，2013；Mei and Gui，2015）。由于避开了雌鱼生长缓慢的劣势，提高了养殖产量，全雄黄颡鱼于2010年被审定为水产新品种黄颡鱼“全雄1号”。可以说，培育黄颡鱼“全雄1号”的性控育种技术为国内首创，特别是其Y染色体和X染色体连锁标记的研发与应用、YY超雄鱼的批量生产和XY全雄鱼的规模化养殖在鱼类性控育种和水产养殖中起到领跑作用，是鱼类遗传育种的一个成功范例（Mei and Gui，2018；Zhou and Gui，2018）。

受黄颡鱼“全雄1号”育种实践的启示，我们还提出了一条有普适性意义的采用雌二醇（EE2）处理、Y染色体特异标记（YSM）与X染色体特异标记（XSM）遗传鉴定、大规模生产全雄鱼的鱼类性控育种技术路线（图11.10），即在有两性大小异形的XX/XY性别决定系统且已鉴定出Y染色体和X染色体特异标记的鱼类中，首先使用YSM和XSM从EE2诱导的两性繁殖鱼苗的性反转后代中鉴定出XY生理雌鱼，再通过YSM和XSM遗传鉴定，从XY生理雌鱼与XY雄鱼交配后代中得到25%的YY超雄鱼；然后，YY生理雌鱼能从EE2处理的YY小鱼中诱导并鉴别出来；接着，通过YY生理雌鱼与YY超雄鱼交配，即可持续生产YY超雄鱼；最后，将YY超雄鱼与XX雌鱼交配可用来大规模生产商品化养殖的全XY雄鱼（Gui and Zhu，2012）。

在有两性大小异形的XX/XY性别决定系统且已鉴定出Y染色体和X染色体特异标记的鱼类中，全雌鱼生产的技术路线更为简单（Mei and Gui，2015）。它可通过人工雌核生殖加性逆转得到XX生理雄鱼，也可直接用甲基睾酮（17α-methyltestosterone，MT）诱导子代性逆转再通过YSM和XSM筛选出XX生理雄鱼；接着，将XX生理雄鱼和XX雌鱼产生的后代再次用MT处理批量扩增出XX生理雄鱼；最后，批量的XX生理雄鱼和雌鱼交配就能够大规模生产全雌鱼（图11.11）。

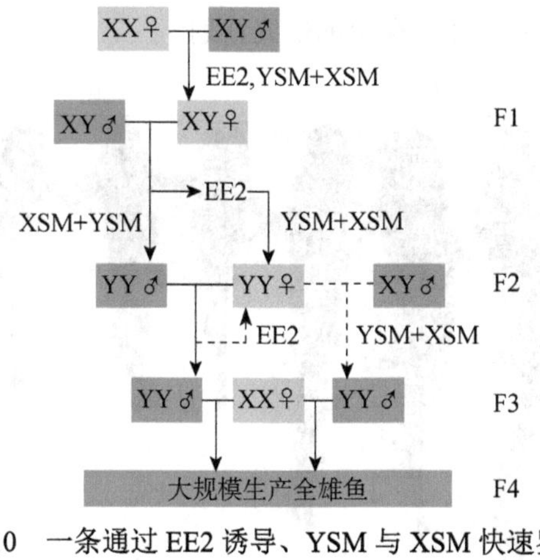

图11.10　一条通过EE2诱导、YSM与XSM快速鉴别、大规模生产全雄鱼的性控育种技术路线（Gui and Zhu，2012）

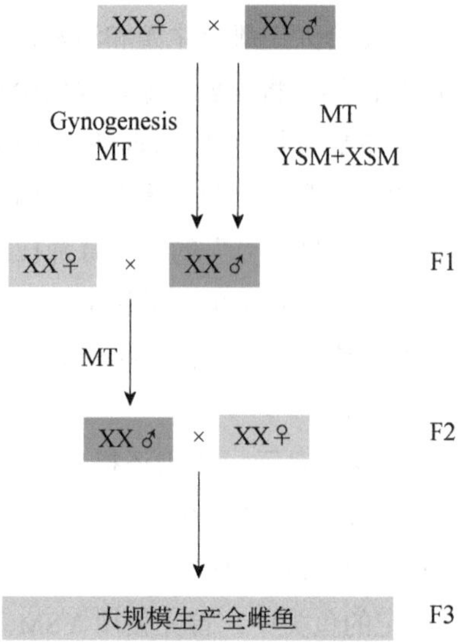

图 11.11 一条通过 MT 诱导、YSM 与 XSM 快速鉴别、大规模生产全雌鱼的性控育种技术路线（Mei and Gui，2015）

第五节 鱼类性控育种的范例——黄颡鱼“全雄 1 号”的培育

11.5.1 显著的雌雄大小异形催生了生产全雄黄颡鱼的设想

长期的养殖实践表明，一龄雄性黄颡鱼比同胞雌鱼的生长速度快 30%左右；当养到二龄成体时，雄鱼可达 150～200g，而雌鱼却多为 75g 左右，两者大小相差显著（图 11.12）。这种极为显著的雌雄大小异形催生了生产全雄黄颡鱼用于养殖的设想，即如果能够通过性控育种技术培育出全雄黄颡鱼，将大大提高产量、降低养鱼成本、提高经济效益。为此，中科院水生所陈宏溪和刘汉勤等从 2002 年起启动了培育全雄黄颡鱼的研究计划。

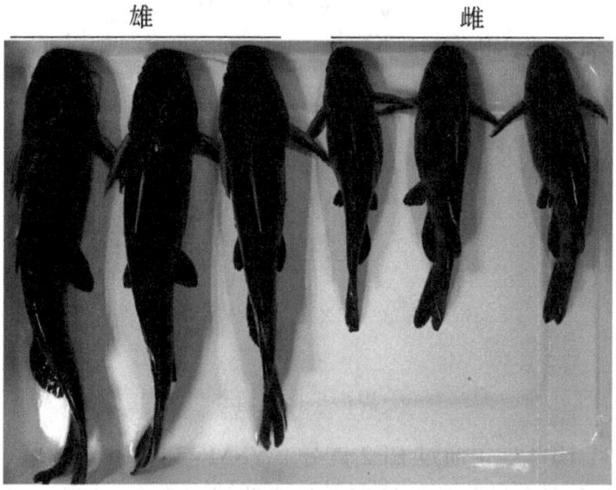

图 11.12 黄颡鱼成体的雌雄大小异形（Mei and Gui，2018）

11.5.2　YY 超雄鱼的获得和 XY 性别决定系统的阐明

如前所述，开展鱼类性控育种的首要前提是要明确该种鱼类属于何种性别决定系统，即性染色体是雄性异形（XY），还是雌性异形（ZW）。为此，刘汉勤等（2007）首先假定黄颡鱼的性别决定系统为雄性异形的 XY 型，于是采用 EE2 人工诱导，试图将普通的 XY 雄鱼性反转成 XY 生理雌鱼，再将疑似的 XY 生理雌鱼经人工雌核生殖，产生候选的 YY 超雄鱼和 XX 雌鱼；然后将候选的 YY 超雄鱼与普通雌鱼测交，发现 4 尾候选的 YY 超雄鱼的测交后代全为雄鱼，既表明候选 YY 超雄鱼的确为 YY 超雄鱼，又证实黄颡鱼的性别决定系统为雄性异形的 XY 型。同时，因为雌鱼经人工雌核生殖所产的后代绝大多数为雌鱼，也表明雌性为同形的 XX 型。因而，这些早期结果阐明了黄颡鱼的性别决定系统是 XX♀/XY♂型，并由此提出了生产全雄黄颡鱼的技术路线（刘汉勤等，2007）。

11.5.3　Y 染色体和 X 染色体连锁标记的筛选鉴定

YY 超雄鱼的获得与 XX♀/XY♂性别决定系统的阐明可以说为全雄鱼的生产指明了研究方向，但要批量获得 YY 超雄鱼尚有三个难以克服的挑战：一是激素诱导性反转和人工雌核生殖的难度大，每次获得 YY 超雄鱼的比例很低，且每年都需要不断地重复这些过程，无法建立可复制的生产体系，更无法达到商品化生产规模；二是 XY 雌鱼经人工雌核生殖产生了数量相当的 XY 正常雄鱼和 YY 超雄鱼，它们之间形态上难以区分，要通过测交试验来鉴别；三是测交试验鉴别 YY 超雄鱼和 XY 雄鱼时，由于黄颡鱼挤不出精液，通常要杀掉雄鱼剖腹取精巢再从精巢获取精液进行人工授精测交，而一旦测交成功 YY 超雄鱼已经牺牲，无法通过测交试验直接获得活的 YY 超雄鱼用于持续生产全雄黄颡鱼。因此，建立性染色体连锁或性别特异的遗传标记，用来快速筛选鉴定 YY 超雄鱼、XY 雄鱼和 XX 雌鱼成为黄颡鱼性控育种和生产全雄鱼的关键技术难题。

为此，在陈宏溪先生和刘汉勤研究员的提议下，我的博士研究生王达在我指导下，采用扩增片段长度多态性（AFLP）和集群分离分析法（bulk segregant analysis，BSA）相结合的研究方案，对这一技术难题发起了探索性研究。首先，研究者从正常有性繁殖家系中筛选得到 2 个雄性连锁的 AFLP 片段；接着从一个人工雌核生殖子代中，筛选出 1 个 Y 染色体连锁和 4 个 X 染色体连锁的 AFLP 片段；通过克隆和测序，共鉴定出 6 个黄颡鱼性染色体连锁的 AFLP 片段，序列比对显示其中的 4 个片段（*Pf62-Y*、*Pf62-X*、*Pf33-Y* 和 *Pf63-X*）分别为两对等位基因。研究者进而通过基因组步移技术，共克隆得到等位基因 *Pf62* 的核苷酸序列共 3578bp 和等位基因 *Pf33* 的核苷酸序列共 1987bp。为比较这两个等位基因分别在黄颡鱼 X 和 Y 染色体上的序列差异，研究者分别从黄颡鱼 XX、XY 和 YY 基因组中扩增这两个等位基因的部分序列，分析得到 *Pf33* 的两个等位序列 *Pf33-Y* 和 *Pf33-X*，其片段大小分别为 1503bp 和 1502bp；以及 *Pf62* 的三个等位序列 *Pf62-Y*、*Pf62-X* 和 *Pf62-Xs*，其片段大小分别为 1382bp、1415bp 和 1102bp，*Pf62-X* 和 *Pf62-Xs* 序列差异为一个 313bp 的插入/缺失序列；其中，*Pf33-Y* 和 *Pf62-Y* 为 Y 染色体连锁的序列，*Pf33-X*、*Pf62-X* 和 *Pf62-Xs* 为 X 染色体连锁的序列。通过序列比对分析，研究者分别在这些等位序列上发现了一些 X 或 Y 染色体特异的多态位点；基于这些多态位点，设计了 4 对特异引物，成功地将它们转换成黄颡鱼 X 和 Y 染色体连锁的 SCAR 标记，从而建立了黄颡鱼遗传性别 PCR 鉴定方法，由此开拓出一条基于 X 和 Y 染色体连锁标记快速鉴别 YY 超雄鱼的全雄黄颡鱼培育技术路线（Wang et al.，2009）。

由于这对性别连锁 SCAR 标记仅在序列的延伸端有 2～3 个核苷序列的差异，其在实际生产应用上尚有一定的局限性。为了寻找更多更高效准确的标记，我的另一位博士研究生丹成在王达博士工作的基础上，在我和我早期的学生、当时已受聘为华中农业大学水产学院教授的梅洁博士共同指导下，进一步利用染色体步移技术，获得了黄颡鱼 Y 染色体连锁标记 *Pf62*-Y 共 8102bp 的连续基因组序列和 X 染色体连锁标记 *Pf62*-X 共 5362bp 的连续基因组序列，其相应序列间的核苷酸一致性仅为 87.36%，揭示出两者在相应的 Y 染色体和 X 染色体之间存在显著的遗传分化，由此设计研发的 3 对新的性别连锁标记 Y_1、X_1 和 XY_1 高效稳定，可用于黄颡鱼性控育种和全雄鱼生产中 YY 超雄鱼、XY 雄鱼和 XX 雌鱼（图 11.13）及不同地理野生群体中 XY 雄鱼和 XX 雌鱼的快速检测和精准验证，体现出新发展的遗传分子标记的高效性与稳定性，为黄颡鱼遗传性别鉴定及全雄黄颡鱼性控育种提供了扎实的技术支撑（Dan et al.，2013）。

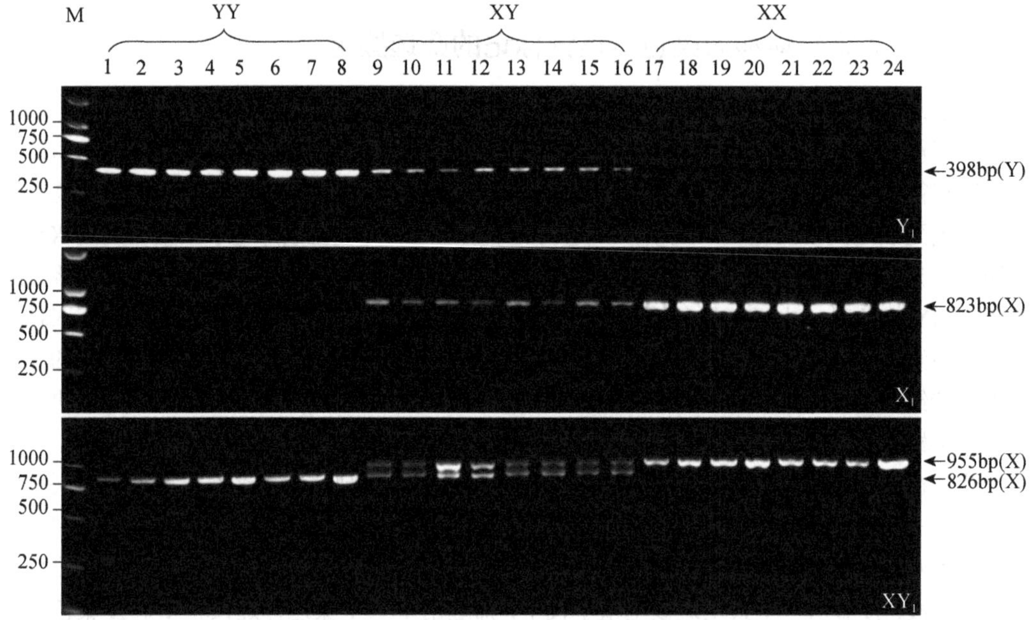

图 11.13　Y_1、X_1 和 XY_1 3 对标记在 8 尾 YY 超雄个体、8 尾 XY 雄性个体和 8 尾 XX 雌性个体中的检测结果（Dan et al.，2013）

右侧箭头分别标识 Y_1 标记扩增出的 398bp 大小的 Y 染色体特有片段、X1 标记扩增出的 823bp 大小的 X 染色体特有片段，以及 XY_1 标记扩增出的 955b 大小 X 片段和 826bp 大小 Y 片段，DNA marker DL2000 大小在左侧注明

11.5.4　YY 超雄鱼繁育技术体系的建立和全雄黄颡鱼的规模化生产

有了这些精准高效的 Y 染色体和 X 染色体连锁的遗传标记 Y_1、X_1 和 XY_1，加上遗传型 YY 超雄鱼也可通过 EE2 人工诱导性反转成为遗传型 YY 的生理雌鱼，我们就可精准设计出建立 YY 超雄鱼繁育技术体系和规模化生产全雄黄颡鱼的技术路线图。如图 11.14 所示，研究者首先采用 EE2 人工诱导和 XY_1 性染色体遗传标记检测，从普通的 XX 雌鱼与 XY 雄鱼交配后代中诱导并检测出性反转的 XY 生理雌鱼；再将其与 XY 雄鱼交配，一部分后代通过 XY_1 性染色体遗传标记检测直接鉴别出 YY 超雄鱼，另一部分后代经 EE2 人工诱导和 XY_1 性染色体遗传标记检测鉴别出遗传型 YY 的生理雌鱼；然后，将 YY 超雄鱼与 YY 生理雌鱼交配即可批量繁育出 YY 超雄鱼，建

立 YY 超雄鱼繁育技术体系；接着，将已形成批量的 YY 超雄鱼与 XX 雌鱼交配，即可大规模生产用于商业化养殖的全雄黄颡鱼。在这整个过程中，研究者仅用可分别从 X 染色体扩增出 955bp 的条带和从 Y 染色体扩增出 826bp 的条带的这一个 XY_1 性染色体遗传标记用来检测，就可使这一 YY 超雄鱼繁育技术体系和全雄黄颡鱼规模化生产达到精准高效（Mei and Gui，2018）。正是这一基于性染色体连锁标记建立的精准高效性控育种技术，全雄黄颡鱼自被审定为黄颡鱼“全雄 1 号”新品种以来，已在全国进行了普遍推广应用，连续多年抽样检测的雄性率均为 100%（Liu et al.，2012），取得了重大的社会效益和经济效益。

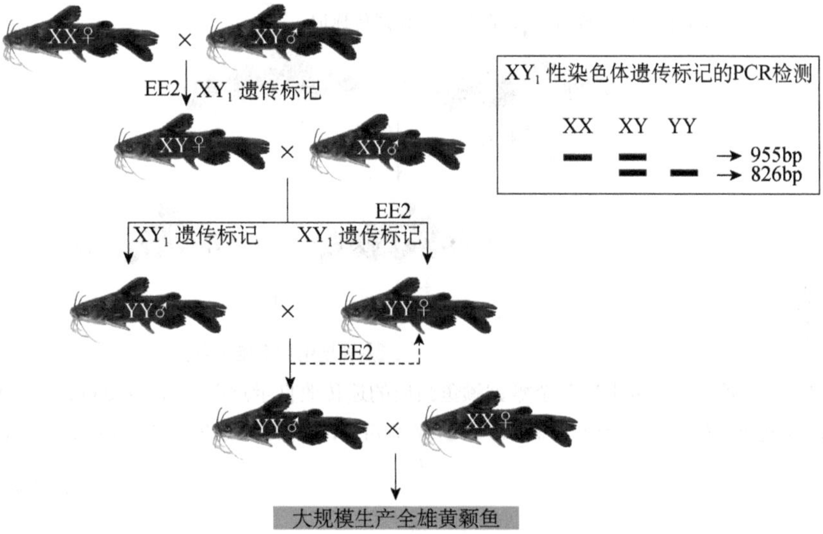

图 11.14　EE2 人工诱导性反转和 XY_1 性染色体遗传标记检测建立 YY 超雄鱼繁育技术体系和规模化生产全雄黄颡鱼的技术路线示意图（Mei and Gui，2018）

11.5.5　黄颡鱼性控育种的基础与应用基础及其未来发展

2012 年，我稍早一点的学生梅洁博士从美国完成他的博士后研究、受聘为华中农业大学水产学院教授时，曾向我咨询他未来的研究定位和方向，我极力推荐他从事黄颡鱼性别决定机制和性别分化的基础与应用研究，并由此支撑黄颡鱼性控育种的未来发展。他和他所带的一群研究生从黄颡鱼雌雄大小异形的分子机制入手，分析了 GH/IGF 调控轴基因在雌雄间的差异表达特征（Ma et al.，2016），发现黄颡鱼雌雄大小异形可能与饥饿素（ghrelin）和生长激素促分泌素受体（GHSR）偏雄性表达相关（Zhang et al.，2016）。为了研究黄颡鱼性别决定和分化的分子机制，他们解析了黄颡鱼全基因组序列（Gong et al.，2018），比较分析了黄颡鱼精巢和卵巢的转录组，挖掘出一批特异于卵巢或精巢（Chen et al.，2015）及特异于 YY 精巢或 XY 精巢（Wu et al.，2015）差异表达的与性别决定和分化相关的基因。同时，他们还构建了黄颡鱼的 BAC 文库，筛选到了性别连锁标记所在的 BAC 克隆，鉴定出了性别标记的连锁基因 *pfpdz1*；发现转入 *pfpdz1* 基因导致 XX 雌性黄颡鱼向雄性反转，而 CRISPR/Cas9 技术敲除 *pfpdz1* 基因促使 XY 雄性向雌性反转，证实 *pfpdz1* 基因在黄颡鱼雄性性别决定和分化过程中起了重要作用（Dan et al.，2018）。

近年来，由于全雄黄颡鱼繁育所用的母本没有经过系统选育，较为混杂，制约了全雄黄颡鱼的推广应用。为此，梅洁等提出了通过改良母本来提升全雄黄颡鱼品质的遗传改良途径（Mei and

Gui，2018）（图 11.15）。该改良途径的首要步骤是要通过性激素等因子诱导鉴别出遗传型为 XX 的生理雄鱼。目前，他们已建立了一种使用芳香化酶抑制剂和性染色体特异标记遗传鉴定相结合创制黄颡鱼 XX 雄鱼的方法，还通过 XX 生理雄鱼与雌鱼交配人工繁殖构建了黄颡鱼全雌家系。有趣的是，他们还发现人工性反转可促使黄颡鱼从遗传性别决定向温度依赖型性别决定发生转换（Xiong et al.，2020）。

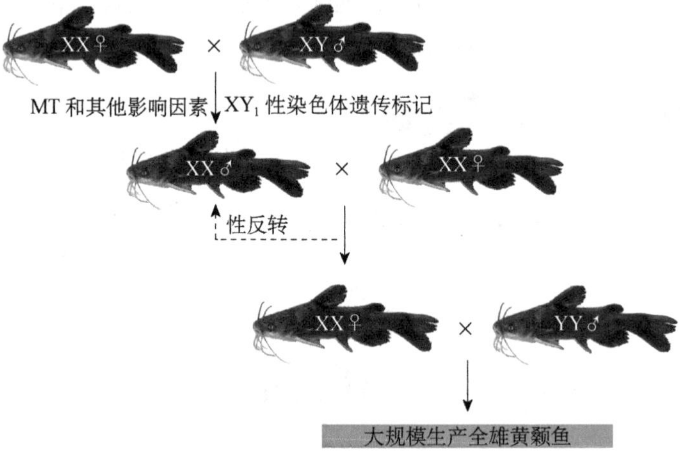

图 11.15　通过改良母本提升全雄黄颡鱼品质的遗传改良示意图（Mei and Gui，2018）

每代应选出具有优良生长性状的亲本，其遗传性别用 XY_1 性染色体遗传标记通过 PCR 方法鉴定

（桂建芳，周莉）

复习思考题

1. 水产养殖动物的性别异型和遗传基础是什么？
2. 性别控制育种的技术有哪些？其原理是什么？

主要参考文献

桂建芳. 1989. 单性脊椎动物的进化遗传学. 自然杂志，12：116-121.

桂建芳等. 2007. 鱼类性别和生殖的遗传基础及其人工控制. 北京：科学出版社.

姜龙，王忠卫，周莉，等. 2013. 乌鳢一个养殖群体中性别连锁 AFLP 标记的筛选. 水生生物学报，37：1174-1178.

蒋一珪，梁绍昌，陈本德，等. 1983. 异源精子在银鲫雌核发育子代中的生物学效应.水生生物学报，8：1-13.

李志，鲁蒙，周莉，等. 2020. 外源精子基因组整入雌核生殖银鲫卵子创制异源八倍体的有效方法. 水生生物学报，44：26 -35.

李志，周莉，王忠卫，等. 2017. 异育银鲫 A^+系和 F 系肌间骨的比较分析. 水生生物学报，41：860-869.

刘汉勤，崔书勤，侯昌春，等. 2007. 从 XY 雌鱼雌核发育产生 YY 超雄黄颡鱼. 水生生物学报，31：718-725.
刘祥芳，郑建波，贾永义，等. 2017. 翘嘴红鲌雌雄基因组差异及太湖野生群体遗传多样性现状的 AFLP 分析. 水生生物学报，41：1200-1206.
鲁蒙，桂建芳. 2020. 银鲫合成多倍体的生物学特征及其形成机制研究. 武汉：中国科学院水生生物研究所.
罗志嘉，王佩，彭娜，等. 2017. 水产动物生长性别差异研究进展. 水产学杂志，30：56-60.
吴波，张敏智，邓思平. 2014. 金钱鱼雌雄个体的形态差异分析. 上海海洋大学学报，23：64-69.
吴清江. 2007. 鲤鱼的性别控制与全雌鲤生产. 桂建芳等.鱼类性别和生殖的遗传基础及其人工控制. 北京：科学出版社：125-142.
杨弘，吴婷婷，夏德全. 2005. 三种奥尼杂交罗非鱼养殖效果比较. 科学养鱼，3：18.
杨永铨，张海明，陈远生. 2013. WY♀-YY♂型罗非鱼繁殖体系研究. 淡水渔业，43：89-93.
张晓娟，周莉，桂建芳. 2019. 遗传育种生物技术创新与水产养殖绿色发展. 中国科学：生命科学，49：1409-1429.
朱邦科，谢从新. 1999. 保安湖沙塘鳢的食性、繁殖、年龄及生长的研究. 水生生物学报，23：316-323.
朱蓝菲，蒋一珪. 1993. 银鲫不同雌核发育系的生物学特性比较研究. 水生生物学报，17：112-120.
Adams M，Foster R，Hutchinson MN. et al. 2003. The Australian scincid lizard Menetia greyii：a new instance of widespread vertebrate parthenogenesis. Evolution，57：2619-2627.
Afeworki Y，Videler JJ，Berhane YH，et al. 2014. Seasonal and life-phase related differences in growth in *Scarus ferrugineus* on a southern Red Sea fringing reef. J Fish Biol，84：1422-1438.
Agha M，Ennen JR，Nowakowski AJ，et al. 2018. Macroecological patterns of sexual size dimorphism in turtles of the world. J. Evo. Biol. 31：336-345.
Angers B，Schlosser IJ. 2007. The origin of Phoxinus eos-neogaeus unisexual hybrids. Mol Ecol，16：4562-4571.
Avise JC. 2008. Clonality：The Genetics，Ecology，and Evolution of Sexual Abstinence in Vertebrate Animals. Oxford：Oxford Univ Press.
Avise JC. 2015. Evolutionary perspectives on clonal reproduction in vertebrate animals. PNAS，112：8867-8873.
Bachtrog D. 2013. Y chromosome evolution：emerging insights into processes of Y chromosome degeneration. Nat Rev Genet，14：113-124.
Barson N，Aykanat T，Hindar K. et al. 2015. Sex-dependent dominance at a single locus maintains variation in age at maturity in salmon. Nature，528：405-408.
Beardmore JA，Mair GC，Lewis RI. 2001. Monosex male production in finfish as exemplified by tilapia：applications，problems，and prospects. Aquaculture，197：283-301.
Björnsson B. 1995. The growth pattern and sexual maturation of Atlantic halibut（*Hippoglossus hippoglossus* L.）reared in large tanks for 3 years. Aquaculture，138：281-290.
Bogart JP，Bi K，Fu J，et al. 2007. Unisexual salamanders（genus *Ambystoma*）present a new reproductive mode for eukaryotes. Genome，50：119-136.
Bogart JP. 2019. A family study to examine clonal diversity in unisexual salamanders（genus *Ambystoma*）. Genome，62：549-561.
Bonduriansky R，Chenoweth SF. 2009. Intralocus sexual conflict. Trends Ecol Evol，24：280-288.
Brunes TO，da Silva AJ，Marques-Souza S. et al. 2019. Not always young：The first vertebrate ancient origin of true parthenogenesis found in an Amazon leaf litter lizard with evidence of mitochondrial haplotypes surfing on the

wave of a range expansion. Mol Phylogenet Evol，135：105-122.

Bye VJ，Lincoln RF. 1986. Commercial methods for the control of sexual maturation in rainbow trout（*Salmo gairdneri* R.）. Aquaculture，57：299-309.

Casalini M，Agbali M，Reichard M，et al. 2009. Male dominance，female mate choice，and intersexual conflict in the rose bitterling（*Rhodeus ocellatus*）. Evolution，63：366-376.

Chapman DD，Shivji MS，Louis E. et al. 2007. Virgin birth in a hammerhead shark. Biol Lett，3：425-427.

Chen F，Li XY，Zhou L. et al. 2020. Stable genome incorporation of sperm-derived DNA fragments in gynogenetic clone of gibel carp. Mar Biotechnol，22（1）：54-66.

Chen JJ，Wang YL，Yue YY，et al. 2009. A novel male-specific DNA sequence in the common carp，*Cyprinus carpio*. Mol Cell Probes，23：235-239.

Chen S，Zhang G，Shao C，et al. 2014.Whole-genome sequence of a flatfish provides insights into ZW sex chromosome evolution and adaptation to a benthic lifestyle. Nat Genet，46：253-260.

Chen SL，Ji XS，Shao CW，et al. 2012. Induction of mitogynogenetic diploids and identification of WW super-female using sex-specific SSR markers in half-smooth tongue sole（*Cynoglossus semilaevis*）. Mar Biotechnol（NY），14：120-128.

Chen SL，Li J，Deng SP，et al. 2007. Isolation of female-specific AFLP markers and molecular identification of genetic sex in half-smooth tongue sole（*Cynoglossus semilaevis*）. Mar Biotechnol（NY），9：273-280.

Chen X，Mei J，Wu J. et al. 2015. Comprehensive transcriptome provides candidate genes for sex determination/differentiation and SSR/SNP markers in yellow catfish. Mar Biotechnol（NY），17：190-198.

Crow JF. 1999. The odds of losing at genetic roulette. Nature，397：293-294.

da Silva EM，Wong MS，Martins C，et al. 2012. Screening and characterization of sex-specific DNA fragments in the freshwater fish matrincha，*Brycon amazonicus*（Teleostei：Characiformes：Characidae）. Fish Physiol Biochem，38：1487-1496.

Dan C，Lin Q，Gong G. et al. 2018. A novel PDZ domain-containing gene is essential for male sex differentiation and maintenance in yellow catfish（*Pelteobagrus fulvidraco*）. Science Bulletin，63：1420-1430.

Dan C，Mei J，Wang D. et al. 2013. Genetic differentiation and efficient sex-specific marker development of a pair of Y- and X-linked markers in yellow catfish. Int J Biol Sci，9：1043-1049.

Dean R，Mank JE. 2014. The role of sex chromosomes in sexual dimorphism：discordance between molecular and phenotypic data. J Evol Biol，27：1443-1453.

Degani G，Tzchori I，Yom-Din S，et al. 2003. Growth differences and growth hormone expression in male and female European eels [*Anguilla anguilla*（L.）]. Gen Comp Endocrinol，134：88-93.

Desjardins JK，Fernald RD. 2009. Fish sex：why so diverse？. Curr Opin Neurobiol，19：648-653.

Donaldson EM. 1996. Manipulation of reproduction in farmed fish. Anim Reprod Sci，42：381-392.

Fairbairn DJ，Roff DA. 2006. The quantitative genetics of sexual dimorphism：assessing the importance of sex-linkage. Heredity（Edinb），97：319-328.

Fang S，Zhang Y，Shi X. et al. 2020. Identification of male-specific SNP markers and development of PCR-based genetic sex identification technique in crucifix crab（*Charybdis feriatus*）with implication of an XX/XY sex determination system. Genomics，112：404-411.

Farley JH，Eveson JP，Davis TL，et al. 2014. Demographic structure，sex ratio and growth rates of southern bluefin tuna（*Thunnus maccoyii*）on the spawning ground. PLoS One，9：e96392.

Felip A，Young WP，Wheeler PA，et al. 2005. An AFLP-based approach for the identification of sex-linked markers in rainbow trout（*Oncorhynchus mykiss*）. Aquaculture，247：35-43.

Feron R，Zahm M，Cabau C. et al. 2020. Characterization of a Y-specific duplication/insertion of the anti-Mullerian hormone type Ⅱ receptor gene based on a chromosome-scale genome assembly of yellow perch，*Perca flavescens*. Mol Eco Resou，20：531-543.

Fischer AJ，Thompson BA. 2004.The age and growth of southern flounder，*Paralichthys lethostigma*，from Louisiana estuarine and offshore waters. B Mar Sci，75：63-77.

Fowler BL，Buonaccorsi VP. 2016. Genomic characterization of sex-identification markers in *Sebastes carnatus* and *S. chrysomelas* rockfishes. Mol.Ecol，25：2165-2175.

Francescon A，Libertini A，Bertotto D，et al. 2004. Shock timing in mitogynogenesis and tetraploidization of the European sea bass *Dicentrarchus labrax*. Aquaculture，236：201-209.

Fuji K，Yoshida K，Hattori K，et al. 2010. Identification of the sex-linked locus in yellowtail，*Seriola quinqueradiata*. Aquaculture，308：51-55.

Galindo HM，Loher T，Hauser L. 2011. Genetic sex identification and the potential evolution of sex determination in Pacific halibut（*Hippoglossus stenolepis*）. Mar Biotechnol（NY），13：1027-1037.

Gao FX，Lu WJ，Wang Y，et al. 2018. Differential expression and functional diversification of diverse immunoglobulin domain-containing protein（DICP）family in three gynogenetic clones of gibel carp. Dev Comp Immunol，84：396-407.

Gao FX，Shi Y，Duan W，et al. 2020. A rapid and reliable method for identifying genetic sex in obscure pufferfish（*Takifugu obscurus*）. Aquaculture，519：734749.

Gao FX，Wang Y，Zhang QY，et al. 2017. Distinct herpesvirus resistances and immune responses of three gynogenetic clones of gibel carp revealed by comprehensive transcriptomes. BMC Genomics，18：561.

Gao Z，Wang HP，Rapp D，et al. 2009. Gonadal sex differentiation in the bluegill sunfish *Lepomis macrochirus* and its relation to fish size and age. Aquaculture，294：138-146.

Gong G，Dan C，Xiao S，et al. 2018. Chromosomal-level assembly of yellow catfish genome using third-generation DNA sequencing and Hi-C analysis. Gigascience，7：1-9.

Goudie CA. 1994. Production of Monosex Populations：the Channel Catfish Model. Davis KB，Simco BA. International Fish Physiology Symposium. Vancouver：150-155.

Groot TVM，Bruins E，Breeuwer JAJ. 2003. Molecular genetic evidence for parthenogenesis in the Burmese python，Python molurus bivittatus. Heredity（Edinb），90：130-135.

Gui JF，Liang SC，Zhu LF，et al.，1993. Discovery of multiple tetraploids in artificially propagated populations of allogynogenetic silver crucian carp and their breeding potentialities. Chinese Science Bulletin，38：327-331.

Gui JF，Zhou L. 2010. Genetic basis and breeding application of clonal diversity and dual reproduction modes in polyploid *Carassius auratus gibelio*. Sci China Life Sci，53：409-415.

Gui JF，Zhu ZY. 2012. Molecular basis and genetic improvement of economically important traits in aquaculture animals（review）. Chin. Sci. Bull.，57：1751-1760.

Guo W，Gui JF. 2008. Microsatellite marker isolation and cultured strain identification in *Carassius auratus gibelio*. Aquaculture International，16：497-510.

Hattori RS，Murai Y，Oura M，et al. 2012. A Y-linked anti-Mullerian hormone duplication takes over a critical role in sex determination. Proc Natl Acad Sci USA，109：2955-2959.

Headley HC，Lauer TE. 2008. Density-dependent growth of yellow perch in southern Lake Michigan，1984～2004. N Am J Fish Manage，28：57-69.

Hedges SB，Bogard JP，Maxson LR. 1992. Ancestry of unisexual salamanders. Nature，356：708-710.

Heule C，Salzburger W，Bohne A. 2014. Genetics of sexual development：an evolutionary playground for fish. Genetics，196：579-591.

Hickling CF. 1960. The Malacca tilapia hybrids. J Genet，57：1-10.

Hu Q，Chang C，Wang Q，et al. 2019. Genome-wide RAD sequencing to identify a sex-specific marker in Chinese giant salamander *Andrias davidianus*. BMC Genomics，20：415.

Hubbs CL，Hubbs LC. 1932. Apparent pathenogenesis in nature，in a form of fish hybrid origin. Science，76：628-630.

Hunter GA，Donaldson EM，Stoss J，et al. 1983. Production of monosex female groups of chinook salmon（*Oncorhynchus tshawytscha*）by the fertilization of normal ova with sperm from sex-reversed females. Aquaculture，33：355-364.

Hyun S.2013. Body size regulation and insulin-like growth factor signaling. Cell Mol Life Sci，70：2351-2365.

Imsland AK，Folkvord A，Grung GL，et al. 2008. Sexual dimorphism in growth and maturation of turbot，*Scophthalmus maximus*（Rafinesque，1810）. Aquaculture Research，28：101-114.

Jalabert B. 2005. Particularities of reproduction and oogenesis in teleost fish compared mammals. Reprod Nutr Dev，45：261-279.

Ji ZS，Chen SL，Yang JF，et al. 2010. Artificial gynogenesis and assessment of homozygosity in meiotic gynogens of spotted halibut（*Verasper variegatus*）. Aquacult Int，18：1151-1161.

Johnstone R，Youngson AF. 1984. The progeny of sex-inverted female Atlantic salmon（*Salmo salar* L.）. Aquaculture，37：179-182.

Kamiya T，Kai W，Tasumi S，et al. 2012. A trans-species missense SNP in *Amhr2* is associated with sex determination in the tiger pufferfish，*Takifugu rubripes*（fugu）. PLoS Genet，8：e1002798.

Kato K，Murata O，Yamamoto S，et al. 2001. Viability，growth and external morphology of meiotic-and mitotic-gynogenetic diploids in red sea bream，*Pagrus major*. J Appl Ichthyol，17：97-103.

Kearney M，Blacket MJ，Strasburg JL，et al. 2006. Waves of parthenogenesis in the desert：evidence of the parallel loss of sex in a grasshopper and a gecko from Australia. Mol Ecol，15：1743-1748.

Khramtsova EA，Davis LK，Stranger BE. 2019. The role of sex in the genomics of human complex traits. Nat Rev Genet，20：173-190.

Kimura-Kawaguchi MR，Horita M，Abe S，et al. 2014. Identification of hemiclonal reproduction in three species of *Hexagrammos* marine reef fishes. J Fish Biol，85：189-209.

Kitano J，Ross JA，Mori S，et al. 2009. A role for a neo-sex chromosome in stickleback speciation. Nature，461：1079-1083.

Koshimizu E，Strussmann CA，Okamoto N，et al. 2010. Construction of a genetic map and development of DNA markers linked to the sex-determining locus in the Patagonian pejerrey（*Odontesthes hatcheri*）. Mar Biotechnol（NY），12：8-13.

Kottelat M，Freyhof J. 2007. Handbook of European Freshwater Fishes. Cornol：Publications Kottelat.

Kovacs B，Egedi S，Bartfai R，et al. 2000. Male-specific DNA markers from African catfish（*Clarias gariepinus*）. Genetica，110：267-276.

Lampert KP，Schmidt C，Fischer P，et al. 2010. Determination of onset of sexual maturation and mating behavior by melanocortin receptor 4 polymorphisms. Curr Biol，20：1729-1734.

Laskowski KL，Doran C，Bierbach D，et al. 2019. Naturally clonal vertebrates are an untapped resource in ecology and evolution research. Nat Ecol Evol，3：161-169.

Lee BY，Coutanceau JP，Ozouf-Costaz C，et al. 2011. Genetic and physical mapping of sex-linked AFLP markers in Nile tilapia（*Oreochromis niloticus*）. Mar Biotechnol（NY），13：557-562.

Leinonen T，Cano JM，Merilä J. 2011. Genetic basis of sexual dimorphism in the threespine stickleback *Gasterosteus aculeatus*. Heredity（Edinb），106：218-227.

Li XY，Gui JF. 2018. Diverse and variable sex determination mechanisms in vertebrates. Sci China Life Sci，61：1503-1514.

Li XY，Liu XL，Zhu YJ，et al. 2018. Origin and transition of sex determination mechanisms in a gynogenetic hexaploid fish. Heredity（Edinb），121：64-74.

Li XY，Zhang QY，Zhang J，et al. 2016. Extra microchromosomes play male determination role in polyploid gibel carp. Genetics，203：1415-1424.

Li XY，Zhang XJ，Li Z，et al. 2014. Evolutionary history of two divergent Dmrt1 genes reveals two rounds of polyploidy origins in gibel carp. Mol Phylogenet Evol，78：96-104.

Li Z，Liang HW，Wang ZW，et al.，2016. A novel allotetraploid gibel carp strain with maternal body type and growth superiority. Aquaculture，458：55-63.

Liang H，Wang L，Sha H，et al. 2019. Development and Validation of Sex-Specific Markers in *Pelodiscus Sinensis* Using Restriction Site-Associated DNA Sequencing. Genes，10：302.

Lin A，Xiao S，Xu S，et al. 2017. Identification of a male-specific DNA marker in the large yellow croaker（*Larimichthys crocea*）. Aquaculture，480：116-122.

Liu H，Guan B，Xu J，et al. 2013. Genetic manipulation of sex ratio for the large-scale breeding of YY super-male and XY all-male yellow catfish[*Pelteobagrus fulvidraco*（Richardson）]. Mar Biotechnol（NY），15：321-328.

Liu H，Pang M，Yu X. et al. 2018. Y Sex-specific markers developed by next-generation sequencing confirmed an XX/XY sex determination system in bighead carp（*Hypophthalmichthys nobilis*）and silver carp（*Hypophthalmichthys molitrix*）. DNA Research，25：257-264.

Liu W，Li SZ，Li Z，et al. 2015. Complete depletion of primordial germ cells in an all-female fish leads to sex-biased gene expression alteration and sterile all-male occurrence. BMC Genomics，16：971.

Liu XL，Jiang FF，Wang ZW，et al. 2017a. Wider geographic distribution and higher diversity of hexaploids than tetraploids in *Carassius* species complex reveal recurrent polyploidy effects on adaptive evolution. Sci Rep，7：5395.

Liu XL，Li XY，Jiang FF，et al. 2017b. Numerous mitochondrial DNA haplotypes reveal multiple independent polyploidy origins of hexaploids in *Carassius* species complex. Ecol Evol，7：10604-10615.

Liu YX，Han HZ，Wang QL，et al. 2013. Choice of microsatellite markers for identifying homozygosity of mitotic gynogenetic diploids in Japanese flounder *Paralichthys olivaceus*. J Fish Biol，82：588-599.

Liu YX，Wang GX，Liu Y，et al. 2011. Production and verification of heterozygous clones in Japanese flounder，*Paralichthys olivaceus* by microsatellite marker. Afr J Biotechnol，10：17088-17094.

Liu YX，Wang GX，Liu Y，et al. 2012. Genetic verification of doubled haploid Japanese flounder，*Paralichthys olivaceus* by genotyping telomeric microsatellite loci. Aquaculture，324-325：60-63.

Lu M，Li XY，Li Z，et al. 2021. Regain of sex determination system and sexual reproduction ability in a synthetic octoploid male fish. Sci China Life Sci，64：77-87. https：//doi.org/10.1007/s11427-020-1694-7.

Lu M，Wang ZW，Hu CJ，et al. 2018. Genetic identification of a newly synthetic allopolyploid strain with 206 chromosomes in polyploid gibel carp. Aquac Res，491：1-10.

Lu WJ，Gao FX，Wang Y，et al. 2019. Differential expression of innate and adaptive immune genes in the survivors of three gibel carp gynogenetic clones after herpesvirus challenge. BMC Genomics，20：432.

Lutes AA，Neaves WB，Baumann DP，et al. 2010. Sister chromosome pairing maintains heterozygosity in parthenogenetic lizards. Nature，464：283-286.

Lv J，Sun D，Huan P，et al. 2018. QTL Mapping and marker identification for sex-determining：indicating XY sex determination system in the swimming crab（*Portunus trituberculatus*）. Front Genet，9：337.

Ma HY，Chen SL，Yang JF，et al. 2010. Isolation of sex-specific AFLP markers in Spotted Halibut（*Verasper variegatus*）. Environ Biol Fish，88：9-14.

Ma K，Yu S，Du Y，et al. 2019. Construction of a Genomic Bacterial Artificial Chromosome（BAC）Library for the Prawn *Macrobrachium rosenbergii* and Initial Analysis of ZW Chromosome-Derived BAC Inserts. Mar Biotechnol，21：206-216.

Ma W，Wu J，Zhang J，et al. 2016. Sex differences in the expression of GH/IGF axis genes underlie sexual size dimorphism in the yellow catfish（*Pelteobagrus fulvidraco*）. Science China Life Sciences，59：431-433.

Matsuda M，Nagahama Y，Shinomiya A，et al. 2002. DMY is a Y-specific DM-domain gene required for male development in the medaka fish. Nature，417：559-563.

Mei J，Gui JF. 2015. Genetic basis and biotechnological manipulation of sexual dimorphism and sex determination in fish. Science China Life Sciences，58：124-136.

Mei J，Gui JF. 2018. Sexual size dimorphism，sex determination，and sex control in Yellow catfish. Wang HP，Piferrer F，Chen SL，et al. Sex Control in Aquaculture. Oxford：John Wiley & Sons Ltd.：495-506.

Melard C. 1995. Production of a high percentage of male offspring with 17α-ethynylestradiol sex-reversed *Oreochromis aureus*. I. Estrogen sex-reversal and production of F2 pseudofemales. Aquaculture，130：25-34.

Meyer MM，Salzburger W，Schartl M. 2006. Hybrid origin of a swordtail species（*Teleostei：Xiphophorus clemenciae*）driven by sexual selection. Mol Ecol，15：721-730.

Moritz C，Heideman A. 1993. The origin and evolution of parthenogenesis in *Heteronotia binoei*（Gekkonidae）：reciprocal origins and diverse mitochondrial DNA in western populations. Syst Biol，42：293-306.

Muller HJ. 1964. The relation of recombination to mutational advance. Mutat Res，1：2-9.

Murphy RW，Fu J，Macculloch RD，et al. 2000. A fine line between sex and unisexuality：the phylogenetic constraints on parthenogenesis in lacertid lizards. Zool J Linn Soc，130：289-301.

Myosho T，Otake H，Masuyama H，et al. 2012. Tracing the emergence of a novel sex-determining gene in medaka，*Oryzias luzonensis*. Genetics，191：163-170.

Neaves WB，Baumann P. 2011. Unisexual reproduction among vertebrates. Trends Genet，27：81-88.

Newton AA，Schnittker RR，Yu Z，et al. 2016. Widespread failure to complete meiosis does not impair fecundity in parthenogenetic whiptail lizards. Development，143：4486-4494.

Ninwichian P，Peatman E，Perera D，et al. 2012. Identification of a sex-linked marker for channel catfish. Anim Genet，43：476-477.

Ohno S，Muramoto J，Christian L. 1967. Diploid-tetraploid relationship among Old-World members of fish family *Cyprinidae*. Chromosoma，23：1-9.

Olmstead AW，Villeneuve DL，Ankley GT，et al. 2011. A method for the determination of genetic sex in the fathead minnow，*Pimephales promelas*，to support testing of endocrine-active chemicals. Environ Sci Technol，45：3090-3095.

Otto SP，2007. The Evolutionary Consequences of Polyploidy. Cell，131：452-462.

Otto SP，Whitton J. 2000. Polyploid incidence and evolution. Annual Review of Genetics，34：401-437.

Ou M，Yang C，Luo Q，et al. 2017. An NGS-based approach for the identification of sex-specific markers in snakehead（*Channa argus*）. Oncotarget，8：98733-98744.

Pan ZJ，Li XY，Zhou FJ，et al. 2015. Identification of sex-specific markers reveals male heterogametic sex determination in *Pseudobagrus ussuriensis*. Mar Biotechnol（NY），17：441-451.

Parker DJ，Bast J，Jalvingh K，et al. 2019. Sex-biased gene expression is repeatedly masculinized in asexual females. Nat Commun，10：4638.

Parsch J，Ellegren H. 2013. The evolutionary causes and consequences of sex-biased gene expression. Nat Rev Genet，14：83-87.

Pongthana N，Penman DJ，Baoprasertkul P，et al. 1999. Monosex female production in the silver barb（*Puntius gonionotus* Bleeker）. Aquaculture，173：247-256.

Przybył A，Przybylski M，Spóz A，et al. 2020. Sex，size and ploidy ratios of *Carassius gibelio* from Poland. Aquatic Invasions，15：335-354.

Quattro JM，Avise JC，Vrijenhoek RC. 1992. An ancient clinal lineage in the fish genus *Poeciliopsis*（Atheriniformes：Poeciliidae）. Proc Natl Acad Sci USA，89：348-352.

Rahman MA，Lee SG，Yusoff FM，et al. 2018. Hybridization and Its Application in Aquaculture：Sex Control in Aquaculture. Wiley press.

Reindl KM，Sheridan MA. 2012. Peripheral regulation of the growth hormone-insulin-like growth factor system in fish and other vertebrates. Comp Biochem Physiol A Mol Integr Physiol，163：231-245.

Roberts RB，Ser JR，Kocher TD. 2009. Sexual conflict resolved by invasion of a novel sex determiner in Lake Malawi cichlid fishes. Science，326：998-1001.

Rosenthal GG，Evans CS. 1998. Female preference for swords in *Xiphophorus helleri* reflects a bias for large apparent size. Proc Natl Acad Sci USA，95：4431-4436.

Rylkova K，Kalous L，Slechtova V，et al. 2010. Many branches，one root：first evidence for a monophyly of the morphologically highly diverse goldfish（*Carassius auratus*）. Aquaculture，302：36-41.

Ryskov AP. 2008. Genetically unstable microsatellite-containing loci and genome diversity in clonally reproduced unisexual vertebrates. Int Rev Cell Mol Biol，270：319-349.

Saillant E，Fostier A，Menu B，et al. 2001. Sexual growth dimorphism in sea bass *Dicentrarchus labrax*. Aquaculture，202：371-387.

Samani P，Reuter M. 2018. Genomic health in an asexual fish. Nat Ecol Evol，2：595-596.

Schartl M，Wilde B，Schlupp I，et al. 1995. Evolutionary origin of a parthenoform，the Amazon molly *Poecilia formosa*，on the basis of a molecular genealogy. Evolution，49：827-835.

Schlupp I. 2005. The evolutionary ecology of gynogenesis. Annu Rev Ecol Evol Syst，36：399-417.

Schmid M，Evans BJ，Bogart JP. 2015. Polyploidy in Amphibia. Cytogenet Genome Res，145：315-330.

Sebag JA，Zhang C，Hinkle PM，et al. 2013. Developmental control of the melanocortin-4 receptor by MRAP2 proteins in zebrafish. Science，341：278-281.

Shao GM，Li XY，Wang Y，et al. 2018. Whole genome incorporation and epigenetic stability in a newly synthetic allopolyploid of gynogenetic gibel carp. Genome Biol Evol，10：2394-2407.

Shi X，Waiho K，Li X，et al. 2018. Female-specific SNP markers provide insights into a WZ/ZZ sex determination system for mud crabs *Scylla paramamosain*，*S. tranquebarica* and *S. serrata* with a rapid method for genetic sex identification. BMC Genomics，19：981.

Shikano T，Herczeg G，Merila J. 2011. Molecular sexing and population genetic inference using a sex-linked microsatellite marker in the nine-spined stickleback（*Pungitius pungitius*）. BMC Res Notes，4：119.

Sites JW，Peccinini-Seale DM，Moritz C，et al. 1990. The evolutionary history of parthenogenetic *Cnemidophorus lemniscatus*（Sauria，Teiidae）. I. Evidence for a hybrid origin. Evolution，44：906-921.

Spolsky CM，Phillips CA，Uzzell T. 1992. Antiquity of clonal salamander lineages revealed by mitochondrial DNA. Nature，356：706-708.

Sultana N，Khan MGQ，Hossain MAR. 2020. Allelic segregation of sex-linked microsatellite markers in Nile tilapia（*Oreochromis niloticus*）and validation of inheritance in YY population. Aquaculture Research，51（5）：1923-1932. https：//doi.org/10.1111/are.14543.

Sun S，Li W，Xiao S，et al. 2018. Genetic sex identification and the potential sex determination system in the yellow drum（*Nibea albiflora*）. Aquaculture，492：253-258.

Sun YL，Jiang DN，Zeng S，et al. 2014. Screening and characterization of sex-linked DNA markers and marker-assisted selection in the Nile tilapia（*Oreochromis niloticus*）. Aquaculture，433：19-27.

Suzuki S，Arai K，Munehara H. 2017. Karyological evidence of hybridogenesis in Greenlings（Teleostei：Hexagrammidae）. PLoS One，12：e0180626.

Takehana Y，Matsuda M，Myosho T，et al. 2014. Co-option of *Sox3* as the male-determining factor on the Y chromosome in the fish *Oryzias dancena*. Nat Commun，5：4157.

Vale L，Dieguez R，Sanchez L，et al. 2014. A sex-associated sequence identified by RAPD screening in gynogenetic individuals of turbot（*Scophthalmus maximus*）. Mol Biol Rep，41：1501-1509.

Van de Peer Y，Mizrachi E，Marchal K. 2017. The evolutionary significance of polyploidy. Nat Rev Genet，18：411-424.

Vinas A，Taboada X，Vale L，et al. 2012. Mapping of DNA sex-specific markers and genes related to sex differentiation in Turbot（*Scophthalmus maximus*）. Mar Biotechnol（NY），14：655-663.

Vrijenhoek RC.1984. The evolution of clonal diversity in *Poeciliopsis*. Turner BJ. Evolutionary Genetics of Fishes. New York：Springer-Verlag：399-429.

Vrijenhoek RC，Dawley RM，Cole CJ，et al. 1989. Dawley RM，Bogart JP. Evolution and Ecology of Unisexual Vertebrates. Albany（NY）：New York State Museum：19-23.

Walker SPW，Ryen CA，McCormick MI. 2007. Rapid larval growth predisposes sex change and sexual size dimorphism in a protogynous hermaphrodite，*Parapercis snyderi* Jordan & Starks 1905. J Fish Biol，71：1347-1357.

Wang D，Mao HL，Chen HX，et al. 2009a. Isolation of Y- and X-linked SCAR markers in yellow catfish and application in the production of all-male populations. Animal Genetics，40：978-981.

Wang D，Mao HL，Peng JX，et al. 2009b. Discovery of a male-biased mutant family and identification of a male-specific SCAR marker in gynogenetic gibel carp *Carassius auratus* gibelio. Progress in Natural Sciences，19：1537-1544.

Wang HP，Piferrer F，Chen S，et al. 2018. Sex Control in Aquaculture. West Sussex：John Wiley & Sons.

Wang L，Xie N，Shen Y，et al. 2019. Constructing High-Density Genetic Maps and Developing Sexing Markers in Northern Snakehead（*Channa argus*）. Mar Biotechnol，21：348-358.

Wang ZW，Zhu HP，Wang D，et al. 2011. A novel nucleo-cytoplasmic hybrid clone formed via androgenesis in polyploid gibel carp. BMC Res Notes，4：82.

Warren WC，García-Pérez R，Xu S，et al. 2018. Clonal polymorphism and high heterozygosity in the celibate genome of the Amazon molly. Nat Ecol Evol，2：669-679.

Williams TM，Carroll SB. 2009. Genetic and molecular insights into the development and evolution of sexual dimorphism. Nat Rev Genet，10：797-804.

Wu C，Chen R，Ye Y，et al. 1990. Production of all-female carp and its applications in fish cultivation. Aquaculture，85：327-335.

Wu J，Xiong S，Jing J，et al. 2015. Comparative transcriptome analysis of differentially expressed genes and signaling pathways between XY and YY testis in yellow catfish. PLoS One，10：e0134626.

Wynn AL，Cole CJ，Gardner AL. 1987. Apparent triploidy in the unisexual Brahminy blind snake *Rhamphotyphlops braminus*. Am Mus Novit，2868：1-7.

Xiao J，Zou Y，Xiao S，et al. 2020. Development of a PCR-based genetic sex identification method in spinyhead croaker（*Collichthys lucidus*）. Aquaculture，522：735130.

Xiong S，Jing J，Wu J，et al. 2015. Characterization and sexual dimorphic expression of Cytochrome P450 genes in the hypothalamic-pituitary-gonad axis of yellow catfish. General and Comparative Endocrinology，216：90-97.

Xiong Y，Wang S，Gui JF，et al. 2020. Artificially induced sex-reversal leads to transition from genetic to temperature-dependent sex determination in fish species. Sci China Life Sci，63：157-159.

Xu D，Lou B，Xu H，et al. 2013. Isolation and characterization of male-specific DNA markers in the rock bream *Oplegnathus fasciatus*. Mar Biotechnol（NY），15：221-229.

Yamamoto E. 1999. Studies on sex-manipulation and production of cloned populations in hirame，*Paralichthys olivaceus*（*Temminck et Schlegel*）. Aquaculture，173：235-241.

Yang L，Gui JF. 2004. Positive selection on multiple antique allelic lineages of transferrin in the polyploid *Carassius auratus*. Mol Biol Evol，21：1264-1277.

Yang L，Zhou L，Gui JF. 2004. Molecular basis of transferrin polymorphism in goldfish（*Carassius auratus*）. Genetica，121：303-313.

Yano A，Guyomard R，Nicol B，et al. 2012. An immune-related gene evolved into the master sex-determining gene in rainbow trout，*Oncorhynchus mykiss*. Curr Biol，22：1423-1428.

Yi MS，Li YQ，Liu JD，et al. 2003. Molecular cytogenetic detection of paternal chromosome fragments in allogynogenetic gibel carp，*Carassius auratus gibelio* Bloch. Chromosome Research，11：665-671.

Yoneda M，Kurita Y，Kitagawa D，et al. 2007. Age validation and growth variability of Japanese flounder *Paralichthys olivaceus* off the Pacific coast of northern Japan. Fisheries Science，73：585-592.

Young KA. 2005. Life-history variation and allometry for sexual size dimorphism in Pacific salmon and trout. Proc R Soc Lond B，272：167-172.

Yu Y，Zhang X，Yuan J，et al. 2017. Identification of sex-determining loci in Pacific white shrimp *Litopeneaus vannamei* using linkage and association analysis. Marine Biotechnology，19：277-286.

Zhang A，Huang R，Chen L，et al. 2017. Computational identification of Y-linked markers and genes in the grass carp genome by using a pool-and-sequence method. Sci Rep，7：8213.

Zhang B，Zhao N，Liu Y，et al. 2019. Novel molecular markers for high-throughput sex characterization of *Cynoglossus semilaevis*. Aquaculture，513：734331.

Zhang J，Ma W，He Y，et al. 2016. Sex biased expression of ghrelin and GHSR associated with sexual size dimorphism in yellow catfish. Gene，578：169-176.

Zhang J，Sun M，Zhou L，et al. 2015. Meiosis completion and various sperm responses lead to unisexual and sexual reproduction modes in one clone of polyploid *Carassius gibelio*. Sci Rep，5：10898.

Zheng S，Wang X，Zhang S，et al. 2020. Screening and characterization of sex-linked DNA markers and marker-assisted selection in the Southern catfish（*Silurus meridionalis*）. Aquaculture，517：734783.

Zhou L，Gui JF. 2002. Karyotypic diversity in polyploid gibel carp，*Carassius auratus gibelio* Bloch. Genetica，115：223-232.

Zhou L，Gui JF. 2018. Applications of Genetic Breeding Biotechnologies in Chinese Aquaculture. Gui JF，Tang Q，Li Z，et al. Aquaculture in China：Success Stories and Modern Trends. Oxford：John Wiley & Sons Ltd.：465-496.

Zhou L，Wang Y，Gui JF. 2000. Genetic evidence for gonochoristic reproduction in gynogenetic silver crucian carp（*Carassius auratus gibelio* Bloch）as revealed by RAPD assays. J Mol Evol，51：498-506.

Zhou L，Wang ZW，Wang Y，et al. 2018. Crucian Carp and Gibel Carp Culture. Gui JF，Tang Q，Li Z，et al. Aquaculture in China：Success Stories and Modern Trends. Oxford：John Wiley & Sons Ltd.：149-157.

Zhou Y，Liu H，Wang X，et al. 2020. QTL Fine Mapping for Sex Determination Region in Bighead Carp（*Hypophthalmichthys nobilis*）and Comparison with Silver Carp（*Hypophthalmichthys molitrix*）. Mar Biotechnol，22：41-53.

Zhou Y，Wu J，Wang ZW，et al. 2019. Identification of sex-specific markers and heterogametic XX/XY sex determination system by 2b-RAD sequencing in redtail catfish（*Mystus wyckioides*）. Aquaculture Research，50：2251-2266.

Zhu C，Pan Z，Wang H，et al. 2018. A novel male-associated marker for sex identification in Ussuri catfish *Pseudobagrus ussuriensis*. J Ocean Limnol，36：850-852.

Zuo F，Shen Y，Wang W. 2020. A minimally-invasive protocol for molecular sex identification of the Chinese soft-shelled turtle *Pelodiscus sinensis*. Freshwater Science，39：147-155.

第十二章　基因转移、基因编辑定向育种

基因转移和基因编辑定向育种是人类按自己的主观意愿，对水产生物有目的、有计划、有根据、有预见地进行快速、定向的分子设计和遗传改良。基因转移育种可视为一种特殊的杂交育种方式，即以一个目标性状基因与待改良水产生物的全套基因组“杂交”，是一种精准定向的“分子杂交育种技术”，是传统杂交育种的逻辑延伸。基因编辑育种则可视为一种特殊的突变育种方式，即对一个或多个决定水产生物优良性状的基因进行高效、特异的靶向精细操作并刻画表型，实现优异基因型的高效创制和快速聚合，是一种精准定向的“分子突变育种技术”。基因转移和基因编辑定向育种具有明确的定向性、精确性和可控性，是现代生命科学发展的结晶。

第一节　细胞核移植技术及育种

“细胞核移植”（nuclear transfer）实际上就是通常所说的“克隆”（clone）。细胞核移植技术又称为克隆技术，是指将一个二倍体的细胞核（包含一些核周围的细胞质）与一个已经去掉（或未去掉）单倍体核的卵子（生殖细胞）的细胞质重组在一起后，在一定条件下，使它们能够像受精卵一样启动发育并形成胚胎、幼体甚至成体的技术。

12.1.1　细胞核移植发展简史

历史上，对于动物细胞核的全能性，细胞核和细胞质在发育、分化和遗传中的功能问题，遗传学家和胚胎学家存在不同的争议，为此，德国胚胎学家 Spemann 于 1938 年提出了“核移植”即“克隆”的设想，以此来研究遗传、发育和细胞分化等方面的基本理论问题。依据这一设想，1952 年，美国学者 Bridges 和 King 将豹蛙（*Rana pipiens*）囊胚时期的细胞核移入去核卵母细胞，获得了发育正常的蝌蚪和幼蛙（Bridges and King，1952）。20 世纪 60 年代，牛津大学 Gurdon 教授等以爪蟾为对象进行了一系列开创性的研究工作（Gurdon，1962；1966）；与此同时，童第周先生在我国首创鱼类细胞核移植研究，并于 20 世纪 70 年代在中国科学院水生生物研究所指导完成了鲤鲫间的异种克隆（童第周，1980）。在随后的几十年间，众多研究者以两栖类、鱼类和哺乳类为对象活跃竞逐，创造了动物细胞核移植研究领域的辉煌。如 1997 年，体细胞克隆羊“多莉”横空问世（Wilmut et al.，1997），轰动了全世界，进一步促成动物克隆研究从高深的科学殿堂飞入寻常大众的视野。2012 年，Gurdon 教授因其在细胞核移植中的突破性工作，与建立了 iPS 技术的日本学者 Shinya Yamanaka 教授分享了 2012 年诺贝尔生理学或医学奖。2018 年，中国科学院上海神经科学研究所首次真正意义上利用核移植技术获得了体细胞克隆猴（食蟹猴）“中中”和“华华”（Liu et al.，2018）。

必须指出，中国学者以鱼类为研究对象取得的辉煌成就书写了动物克隆研究的灿烂篇章。童

第周先生指导获得鲤鲫、鲫鲤核质配合的核质杂种克隆鱼，迄今异种脊椎动物间的细胞核移植仍然只能在鱼类中得到具有发育“全能性”的核质杂种克隆鱼。1986 年，中科院水生所陈宏溪等人报道用鲫（*Crucian carp*）的体细胞为供体进行核移植，获得了发育性成熟的体细胞克隆鱼（陈宏溪，1986），这是世界上关于脊椎动物分化的体细胞具有发育全能性的首次证明，虽然这项成果曾经静置于历史的长河中 10 多年而鲜有人知晓，但不掩其堪称动物克隆研究的里程碑光芒（图 12.1）。

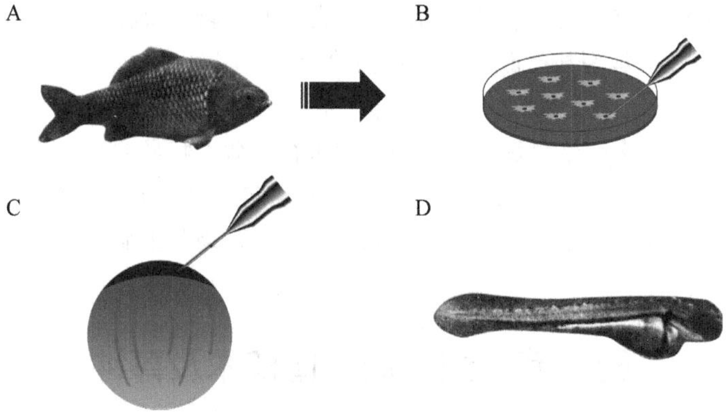

图 12.1 体细胞克隆鱼（三倍体鲫）（改自陈宏溪等，1986）

A. 鲫（核移植供体细胞的提供者）；B. 鲫肾细胞的分离与培养；C. 细胞核移植操作示意图；D. 体细胞克隆鱼（仔鱼）

12.1.2 鱼类细胞核移植研究与应用

1963 年，童第周等以金鱼（*Carassius auratus*）和中华鳑鲏（*Rhoedus sinensis*）的囊胚细胞核为供体，进行鱼类同种间的细胞核移植，获得正常发育的胚胎和幼鱼，不仅证明鱼类的囊胚细胞具有发育的全能性，而且奠定了鱼类细胞核移植研究的技术基础（童第周和叶毓芬，1963）。从此，细胞核移植技术被广泛应用于鱼类核质关系等基础理论探索。

童第周先生早期致力于探索细胞核/质对发育、分化和遗传的影响，晚年的信念是希望将基础研究的成果应用到生产实践中去。由于在同种鱼类中通常难以区别细胞核和细胞质所代表的遗传特性，难以确定细胞核和/或细胞质对遗传和发育的影响。因此，大量的细胞核移植研究是在鱼类异种间进行。通过重构核质杂种胚，重构胚进一步发育为核质杂交鱼，不仅可以根据表型的直观观察，鉴定核/质对发育和分化的影响，研究细胞核的再程序化机制等理论问题，而且可以通过对具有不同优良性状的鱼类进行核质配合，探索鱼类种质改良。

1973 年，童第周等将金鱼囊胚细胞核移植到鳑鲏去核卵，重构胚发育至囊胚后回移至金鱼去核卵中，约 1.6%的重构胚发育至晚期胚胎或幼鱼，首次证实鱼类囊胚细胞可以克服异种间的核质差异而支持重构胚发育（童第周等，1973）。此后，童第周及其合作者以鲤（*Cyprinus carpio*）的囊胚细胞为供体，鲫的去核卵为受体，进行不同属间的细胞核移植，获得了鲤鲫核质杂种鱼（童第周，1980）；将鲫的囊胚细胞核移入鲤的去核卵后，也能得到鲫鲤核质杂种鱼（严绍颐等，1984）。1985 年，严绍颐等将雅罗鱼亚科（Leucinae）的草鱼（*Ctenopharyngodon idellus*）囊胚细胞核移植至鳊亚科（Abramidinae）的团头鲂（*Megalobrama amblycephata*）的去核卵中，得到了“草团”核质杂种鱼。无论是“鲤鲫”“鲫鲤”还是“草团”核质杂种鱼都能正常发育且能繁殖，这就为养殖鱼类新品种培育提供了新的种质资源。潘光碧等以鲤鲫核质杂种鱼 F2 代为父本，散鳞镜鲤为母本，通过有性杂交获得的杂交后代具有生长速度快、肌肉蛋白质含量高、抗病力强等生产性状，被命名为“颖鲤”。

当采用新鲜的鱼类囊胚细胞为供体时，供体核与受体卵的获取在时间配合上存在诸多困难，而且无法对新鲜分离的供体细胞实施定向的遗传操作。为此，中科院水生所尝试利用培养细胞为供体进行鱼类细胞核移植。陆仁后等将长期培养并经秋水仙素诱导的草鱼尾鳍细胞为供体进行核移植，得到了发育至心跳期的胚胎。引人瞩目的是，1986 年，陈宏溪等采用连续核移植法，将性成熟三倍体鲫短期培养的肾细胞核移植入二倍体鲫的去核卵中，获得了体细胞克隆鱼。这是第一次成功实现了成体脊椎动物的体细胞克隆，证明了成体动物的体细胞核也可以完成去分化和再程序化，同时是细胞核移植育种新策略的可贵探索。

进入 21 世纪后，模式鱼的细胞核移植研究得到了越来越多的关注。2001 年，中科院水生所在不同品系斑马鱼中开展了细胞核移植探索，将 AB 品系的囊胚细胞核移入长鳍品系的去核卵中，得到了斑马鱼核移植鱼苗（胡炜等，2001）。2002 年，Lee 等用长期培养的带有 GFP 报告基因的斑马鱼胚胎纤维原细胞核为供体进行细胞核移植，获得可育的转基因斑马鱼。日本学者则取得了青鳉核移植技术的突破。Wakamatsu 等以转 *gfp* 基因青鳉囊胚细胞为供体移植到橘红色青鳉去核卵中，得到了克隆鱼，且供体核的体色标记及转植基因 *gfp* 都能稳定遗传。

总之，鱼类细胞核移植技术不断完善和发展，将在细胞分化与再分化、核质关系、细胞核发育全能性等理论问题的研究，以及动物体细胞育种和珍稀濒危动物保护等方面发挥重要作用。

第二节　鱼类基因转移育种

转基因鱼育种是将决定生物优良性状（如高产、抗病、抗逆等）的基因分离出来，转移到缺乏此优良性状鱼的基因组里去，从而培育优良性状的新品种。比较杂交育种和转基因育种，两者都是不同生物间基因的转移或重组，但是前者是两个亲本鱼的全基因组之间众多基因的随机交换与转移，不定向也很难控制，后者则是按预先设计锁定的单一优良性状，转移相关基因而培育优良品种，是“量体裁衣”式的精确的育种技术。

12.2.1　转基因鱼育种研究模型

20 世纪 70 年代，随着现代分子生物学的发展，世界范围内悄然兴起了一股基因工程的旋风，中科院水生所朱作言敏锐地意识到这一前沿研究所蕴藏的重要科学意义和巨大应用前景，开始构思和探索鱼类基因工程育种。但是，当时世界上仅在欧美等极少数实验室有能力开展基因克隆，获得功能基因。因此，在 20 世纪 70 年代中期，朱作言首先尝试将具有耐寒特性的雅罗鱼的总 DNA 转移到土鲮鱼受精卵中，期望提高土鲮鱼的耐寒特性，改良其性状。在当时的历史背景和实验条件下，总 DNA 转移育种的朴素研究可称是鱼类基因工程育种研究的可贵探索，而且总 DNA 转移后的少数土鲮鱼表现出耐寒表型，这一令人鼓舞的初步结果为开辟鱼类基因工程育种投射了希望的曙光。1985 年，朱作言等采用胚胎显微操作技术，将重组人生长因子基因导入鲤、鲫和泥鳅受精卵中，获得了快速生长的转基因鱼，这是世界上首次成功进行农艺性状的转基因研究。随后，朱作言团队又系统研究了外源基因的整合特性、表达及其在不同世代间的传递规律等，建立了一个高效、简洁、完整的转基因鱼育种理论模型，由此开拓成为鱼类基因工程育种新领域（Zhu et al.，1985；朱作言等，1986；朱作言等，1989）。1990 年，美国《纽约时报》在长篇述评中指出，中国研究组关于鱼类基因工程的研究成果领先美国 3 年。“世界首例转基因鱼的诞生”与童第周先生领导完成的“首次实现脊椎动物的种间克隆”作为近代中国科技领域的两大重要科学技术成就被载入《世界科学年史》（Hellemans and Bunch，1988）。

转基因鱼育种理论模型指出，外源基因在受体鱼基因组的整合是一个渐进的过程，整合行为的发生开始于鱼类胚胎发育的原肠早期，外源基因以随机方式整合到受体鱼基因组中。转植基因在不同组织细胞中的整合呈非均一性，存在“有效整合”“沉默整合”和“毒性整合”，转基因鱼是转植基因的嵌合体（Zhu et al.，1985）。由于外源基因的“有效整合”是一个小概率事件（朱作言，1989），因此，充分利用鱼类怀卵量大的特点进行大样本操作是获得外源基因有效整合且能稳定遗传的转基因鱼个体的重要保证。

12.2.2 转基因鱼研制

转基因鱼研制通常指获得重要经济性状相关功能基因后，进行的基因重组、基因转移及转基因鱼家系建立等一系列操作。

鱼类占现存脊椎动物的一半以上，遗传资源非常丰富。不同种的鱼分别具有生长、优质、抗病、抗逆和高效饵料转化等不同的优良性状基因。研究者采用正向遗传学和反向遗传学的方法，获得这些重要经济性状相关的功能基因后，通过转基因技术可以将这些优良基因在亲缘关系很远的鱼种之间转移，对养殖品种进行不受物种间生殖隔离制约的优良基因转移和定向育种。

目前已用于转基因鱼育种实践的功能基因主要包括生长激素等促生长相关基因、脂肪酸脱氢酶等肉质调控相关基因、抗菌肽等抗病相关基因、抗冻蛋白等抗逆相关基因、荧光蛋白等外观表型相关基因以及重组金鱼黄体生成素（luteinizing hormone，LH）等有药用蛋白价值的生物活性物质基因。

12.2.2.1 转基因载体构建

基因重组操作是构建转基因载体的过程。转基因载体的构建主要是通过分子克隆的手段，将目的基因与启动子等表达元件重组，在克隆载体基本骨架的基础上，增加启动子、功能基因及其终止子等表达元件以及介导重组基因整合至受体基因组的载体元件。

选择适当的启动子是使功能基因能够按育种目的正常表达的重要因素，启动子的选择通常考虑以下几个方面。为增强目的基因在受体鱼的表达量，应选择强启动子；为了使基因在受体鱼的特异组织中表达，则应选择组织特异性启动子；如果要使目的基因在受体鱼的特定时期表达，则要选择相应时期特异表达启动子。另外，无论是哪一类启动子，都应选择来源于鱼自身的启动子，以便构建的重组基因元件全部来自鱼类，而且进行基因转移育种时，必须剔除克隆载体骨架，只进行重组基因的转移，从而研制出“全鱼”（all-fish）转基因鱼，确保转基因鱼的生态和食用安全。随着分子生物学、遗传学和生物信息学的高速发展，研究者可根据转基因鱼育种的需要选择或人工构建合适的启动子，从转录水平、翻译水平等不同水平调控目的基因的表达。

根据转基因鱼模型，外源基因在受体鱼基因组中存在三种整合方式，其中有效整合的效率非常低。转座子是可以在基因组上插入和切离并能改变自身位置的一段 DNA 序列。转座子的自主转座特性使其成为一种有效的转基因载体，提高基因转移的效率。青鳉 Tol2、金鱼 Tgf2 等转座子是目前常用的鱼类基因转移载体工具。日本学者发现的青鳉 Tol2 转基因表达载体可实现单拷贝的高效转座，转座的外源基因可在受体染色体上稳定整合，在子代中稳定遗传；Tol2 转基因元件接受外源 DNA 的容量可达 10kb，并且转座效率不受转移目的片段大小的影响（Urasaki and Morvan，2006），Tol2 转座子可供同时转入若干个功能基因来完成某一育种目标；而且 Tol2 转基因表达载体的两个末端均存在与插入序列同方向的小片段重复序列，方便转植基因整合位点的检测。中国学者在金鱼中发现的鲤科鱼类 Tgf2 转座元件能有效介导外源基因整合，尤其是在养殖鱼类中介导的转植基因整合效率高于 50%，较青鳉 Tol2 转座子的整合效率提高约 10%；具有大容量转移和整合特征，最大可携带 10kb 以上的外源基因；并可实现精确切离和整合，且具有后代畸形率低、整合位点检测方便等特点；适用于海淡水养殖鱼类的黏性、浮性和沉性等不同类型卵的胚胎显微注射基因转移操作（邹曙明等，2010）。

12.2.2.2 外源基因导入方法

鱼类基因转移的常用技术有显微注射法、基因枪法、电脉冲法及精子介导法等方法。

显微注射法是最经典、最有效也是应用最广的基因转移方法。显微注射法进行基因转移的成功率高，尤其适合卵壳较软的鱼类，一般在受精卵发生第一次卵裂前的单细胞期进行外源基因的显微注射。对于卵壳较硬或难以采用胰蛋白酶消化去除的鱼类，研究者也可以通过调整注射位置，选择合适的注射时间或注射针材质等方法，仍然利用显微操作法完成基因转移，如从受精孔将 DNA 溶液注入受精卵，在受精卵卵壳尚未变硬时注射，利用金属针对卵壳穿孔后再进行显微注射等。

基因枪法是利用加速装置将包裹有外源基因的金、钨等金属微粒导入受精卵或靶细胞，外源基因进入受体以后整合入受体基因组。基因枪法适合于受精卵难以进行显微操作鱼类的基因转移。基因枪法操作简单、快速，可以批量实施基因转移操作；但是在鱼类中进行基因转移成功的效率比较低。

电脉冲法的技术原理是细胞在外加短时长、高强度电压条件下，细胞膜的磷脂双分子层上形成瞬时微孔，细胞膜的通透性增强，使得在正常情况下不能通过细胞膜的外源 DNA 片段得以通过。该方法操作简单，可以实现大规模基因转移，如用电穿孔法把 DNA 导入精子后，再通过精子介导受精实现基因转移，获得了转基因的草鱼、鲤、泥鳅、非洲鲇、罗非鱼、大鳞大麻哈鱼和大珠母贝等水产动物（胡炜等，2000；Mao et al.，2004；Tsai et al.，1995；Khoo et al.，1992）。目前电穿孔法已成为除显微注射法之外获得转基因鱼的有效方法之一。

精子因在受精过程中的独特作用，而被认为是转移外源 DNA 的理想载体。Lavitrano 等首先用精子作为载体进行了小鼠基因转移（Lavitrano et al.，1989）。受精过程中，精子携带的细胞核能精确地找到卵子细胞核，精子介导法简单、方便，可以进行大规模基因转移，尤其适合于其他基因转移方法难以进行的鱼类，但是精子介导法能否成功转移的不确定性比较高，通常需要结合电脉冲等处理介导基因转移。

12.2.2.3 转植基因整合的分子机制与转基因鱼家系建立

转基因鱼模型指出，外源基因以随机整合的方式整合到受体鱼基因组中。此后的研究进一步发现外源基因主要采用非同源重组的机制分两步整合进宿主基因组。线性化的重组基因首先通过非同源末端连接机制（non homologous end joining，NHEJ）加工外源基因双链断裂末端（double strand breaks，DSBs）形成串联体；然后，宿主细胞内源 DSBs 对外源基因 DSBs 修复的干扰导致外源基因整合的发生，由于宿主基因组 DSBs 产生的随机性，因此串联体以随机形式整合进宿主基因组。只有转植基因整合的拷贝数较少的转基因鱼，外源基因表达效率才呈现较高水平，并能建立稳定遗传的转基因鱼家系（Dai et al.，2010；Chen et al.，2015）。

由于转植基因在 P0 代转基因鱼中的随机整合，而转植基因的表达特性存在位置效应关系，因此 P0 群体中的转基因鱼个体的生物学特性可能各不相同，需要进一步建立纯合的转基因鱼家系，并进一步结合选育，培育出具有优良养殖性状的转基因鱼新品种。以快速生长的转“全鱼”*GH* 基因黄河鲤的研制为例，外源基因在转基因鱼 P0 代 2～3 条染色体上整合，不同整合位点转基因促生长效应存在差异（汪亚平等，2001）。在此基础上，中科院水生所建立了多个转“全鱼”*GH* 基因黄河鲤家系（图 12.2），筛选出生长速度快、饵料转化效率高的 TG2 家系（Zhong et al.，2012），将其命名为“冠鲤”（图 12.3）。

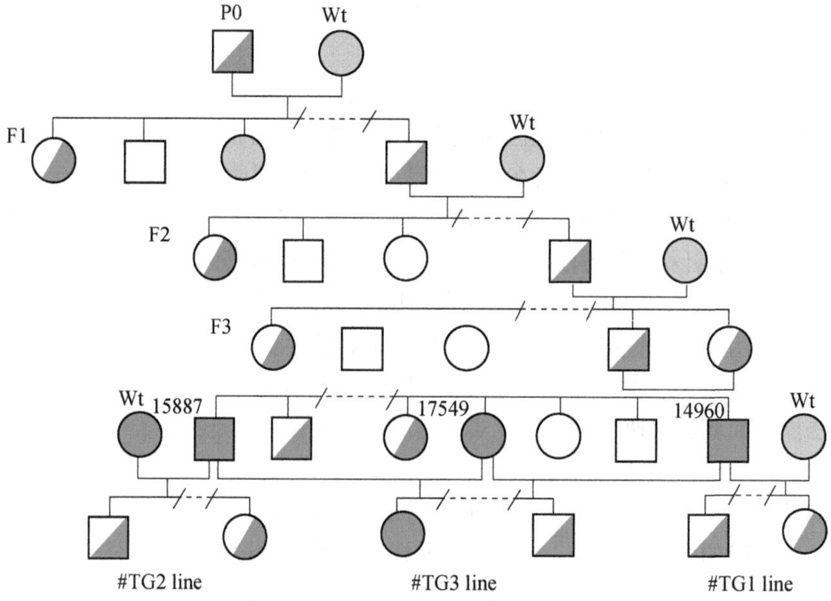

图 12.2　转“全鱼”GH 基因黄河鲤家系（引自 Zhong et al.，2012）

图 12.3　“冠鲤”（下）与对照鲤（上）（8 月龄）

12.2.3　转基因鱼育种应用

自中科院水生所培育出世界上第一批转基因鱼以来，以提供优质食品蛋白来源为目的，世界范围内研制成功的转基因鱼有 30 多种，这些转基因鱼包含了鲤、罗非鱼、鲇类及鲑鳟类等世界水产养殖的许多重要品种。通过转基因技术改良的鱼类遗传性状主要有快速生长、高效饵料转化、抗病抗逆、品质优良和性别控制等。此外，2003 年，美国食品药品监督管理局（Food and Drug Administration，FDA）批准了转荧光蛋白基因斑马鱼作为观赏鱼进行商业化。

12.2.3.1　改善生长

生长是养殖鱼类遗传改良最有价值的经济性状之一。世界范围内研制的 30 多种转基因鱼中，大多数是改善养殖鱼类的生长特性，其中有 5 种快速生长的转生长激素基因鱼建立了稳定遗传的家系，包括中国的转基因鲤（“冠鲤”）（汪亚平等，2001；Zhong et al.，2012），加拿大的转基因大西洋鲑（水优三文鱼）和银大麻哈鱼（Devlin et al.，2004；Fletcher et al.，2004），英国和古巴的转基因罗非鱼（Martinez et al.，1999），以及韩国的转基因泥鳅（Nam et al.，2002）。

中科院水生所将鲤 β 肌动蛋白（β-actin）基因的启动子与草鱼生长激素基因重组，构建为世界上第一批转植基因元件全部来自鱼类自身的“全鱼”*GH* 基因，采用显微注射法导入黄河鲤后，经过多年选育，获得了具有完全自主知识产权的转“全鱼”*GH* 基因鲤（“冠鲤”）。“冠鲤”具有优良的养殖性状，在同等养殖条件下，不同家系的生长速度比对照鲤提高 42%～114.92%；养殖当年就可达到上市规格，缩短了约一半的养殖周期，因而降低了养殖的时间成本和劳动强度，同时，也相应地降低了缺氧、疾病等养殖过程中的突发养殖风险；而且，与对照鲤比较，“冠鲤”的饵料转化效率提高 17.1%～18.2%，养殖饲料成本也因此而降低。

加拿大学者 Hew CL 等将绵鳚（*Ocean Pout*）的抗冻蛋白（antifreeze protein，AFP）基因的启动子和终止子与大鳞大麻哈鱼（*Chinook salmon*）的生长激素基因 cDNA 重组，构成“全鱼”生长激素基因，利用显微注射法将重组基因导入大西洋鲑（*Atlantic salmon*），培育出转“全鱼”*GH* 大西洋鲑，一年龄转 *GH* 大西洋鲑的平均体重为对照鱼的 2～6 倍，最大个体体重达到对照鱼的 13 倍（图 12.4）。转 *GH* 大西洋鲑只需 18 个月就养成为商品规格，此外，由于转 *GH* 大西洋鲑的商品规格生长期缩短，因此降低了寒冷低温等造成的养殖风险，转 *GH* 大西洋鲑潜在的商业化价值非常高。2015 年 11 月 19 日，经过了长达 20 年的严格审核后，美国 FDA 批准转 *GH* 大西洋鲑（“水优三文鱼”）为世界上第一种可供食用的转基因动物产品，标志着世界转基因动物育种研究与产业化的历史性突破。2016 年 5 月 19 日，加拿大健康部（Health Canada）和食品检验检疫局（Canadian Food Inspection）也正式批准“水优三文鱼”进入市场销售。2017 年 8 月 4 日，加拿大首批售出约 4535kg 的“水优三文鱼”，这标志着首个获批食用的转基因动物产品终于被端上人类餐桌。这是世界转基因动物育种研发和产业化应用的里程碑，对目前和今后转基因动物的研发将产生深远的影响（胡炜和朱作言，2016）。

图 12.4　“水优三文鱼”（上）及对照三文鱼（下）（18 月龄）（Hew CL 提供）

12.2.3.2 抗病抗逆

研究者通常从两方面进行转基因鱼抗病育种。一方面，通过导入免疫相关基因，以提高受体鱼的免疫能力。如转人转铁蛋白基因的草鱼增强了抗嗜水气单胞菌感染的能力（Mao et al.，2004）；转溶菌酶基因大西洋鲑表现出较好的抗病性能；转 *Mx* 基因的稀有鮈鲫对草鱼出血病病毒的抵抗力明显提高（Su et al.，2009）；转铁调素和抗菌肽的斑马鱼在创伤弧菌和无乳链球菌的感染下存活率明显提高（Pan et al.，2011）。另一方面，研究者通过干扰和抑制病原体特异基因在受体鱼的表达，提高转基因鱼的抗病能力。如研究者针对草鱼出血病病毒 VP7 基因设计的小发卡 RNA 表达构建体（shRNA），使转基因稀有鮈鲫获得了抗出血病性状（廖莎等，2010）。

转基因鱼抗逆育种研究的成功报道较少，中科院水生所与北京大学合作，将透明颤菌血红蛋白（VHb）基因导入到斑马鱼基因组中，发现 *vhb* 基因可以提高鱼类的氧和能量的供给，缓解其低氧胁迫的氧化应激水平，显著增强鱼类低氧耐受能力（Guan et al.，2011）。

12.2.3.3 改善品质

所有的高等动物因缺乏 Δ12 去饱和酶和 Δ15 去饱和酶，而无法合成生长发育必需的 Omega-3 多不饱和脂肪酸（n3 PUFA）和 omega-6 PUFA（n6 PUFA）。2014 年，中科院水生所采用转基因技术，将 ω-3 长链不饱和脂肪酸合成途径中的两个关键基因（ω-3 去饱和酶 *fat1* 和 Δ12 去饱和酶 *fat2*）成功导入斑马鱼，首次获得“从头合成（de novo synthesis）”n6 和 n3 PUFA 能力的脊椎动物斑马鱼模型（Pang et al.，2014）。

12.2.3.4 性别控制

从能量分配的角度而言，鱼类摄入的营养物质和能量在性成熟前主要用于躯体生长，许多鱼类的性成熟年龄存在性别差异，因此其生长特性具有明显的性别二态性。有的鱼如鲤和半滑舌鳎等雌性性成熟晚，因此其雌性个体比雄性个体大；有的鱼如黄颡鱼和罗非鱼等则是雄性性成熟晚，雄性较雌性具有明显的生长优势。因此性别控制育种一直是水产遗传育种研究和水产养殖实践的迫切需求。基于对鱼类性别决定与分化调控机制的研究结果，研究者采用转基因技术调控性别分化通路相关基因的表达，就可以建立鱼类转基因性控育种技术。研究者在XX个体中过表达*Dmrt1*、*amhy* 和 *gsdf* 等雄性性别决定与分化相关的重要基因，能抑制雌性信号通路中的重要信号分子 *Cyp19a* 的表达，罗非鱼性腺将发育为精巢，成功获得性逆转的转基因罗非鱼。研究者若在 XY 个体中过表达雌性性别决定与分化相关的重要基因 *Foxl2*，则能诱导 *Cyp19a* 基因的表达，升高转基因鱼血清雌激素水平，罗非鱼性腺则发育为卵巢，获得性逆转的转基因罗非鱼（Li and Wang，2017）。

12.2.4 转基因鱼的安全性

作为一种定向培育新品种的精准育种技术，转基因鱼育种是水产养殖持续发展可依赖的主导性技术之一。但是，从世界首例转基因鱼 1985 年在中国诞生后，直到 2015 年世界上首个获批食用的转基因动物产品——“水优三文鱼”在美国上市，历时跨世纪的 30 年漫长岁月。人们对包括转基因鱼在内的转基因产品的安全性担忧是制约其产业化的瓶颈因素（朱作言和胡炜，2017）。

转基因鱼的安全性包括食用安全性和生态安全性。我国及世界各国对包括转基因鱼在内的转基因产品有严格的管理制度和上市实施管理细则。针对转基因产品安全性的监管体系非常严格，贯穿了从转基因受体生物的选择及其安全性、转移基因及其产物的安全性、基因操作的安全性、获得的转基因生物的安全性等产品研发和产业化的全过程。转基因产品安全性评价和监管采用个案评估的方式进行，不能笼统而言。迄今被批准商业化的每一种转基因产品所经过的生物安全性检验可谓有史以来最为严格，可以说没有任何一种产品经过了像转基因产品这样严格的管理和检验。正是因为设计了如此严格的生物安全性评价与监管体系针对转基因产品的安全性，所以，联合国粮农组织、世界卫生组织、欧盟食品安全局、美国 FDA 以及中国农业农村部等监管机构和国际社会主流科学界一致认为：各个国家批准上市、获得安全证书的转基因产品与非转基因产品一样安全，可以放心食用。

就转基因鱼而言，按照科学、个案和逐步原则进行严格的安全性评价和监管。在研制转基因鱼的过程中，从实验室的研究阶段开始就要对受体鱼、目的基因、基因操作及获得的转基因鱼的安全性进行评价。只有通过了安全性评价，在严格按照国家农业转基因生物安全管理规定所建造的实验养殖鱼池中进行对比试验，筛选具有优良性状的转基因鱼品系后，才可以向国家农业转基因生物安全管理的专门机构提出申请，在具有严格安全监控的养殖场池塘中逐步进行中间试验、环境释放试验、生产性试验等不同规模的试验，对转基因鱼的安全性进行逐步、严格、系统的科学评价。评价包括进行基因转移操作的受体鱼安全性，育种所选择的目的基因所编码的蛋白质，基因操作对受体鱼生物安全等级的影响，目的基因的整合特征与拷贝数和表达模式与水平等，获得的转基因鱼的繁殖、遗传、存活能力等生物学特征，以及转基因鱼生产加工获得的转基因产品的安全性等一系列个案评价内容。只有完成上一阶段的试验工作并提交总结报告，经农业转基因生物安全委员会审核评价合格，并由农业农村部发文批准后，方可根据农业转基因生物安全审批书的要求进行相应的后一阶段试验。依次逐步完成各试验阶段的安全评价后，才可以向国家相关部门申请该转基因品系的安全生产证书，获得安全证书之后还需要有关部门审批品种审定、养殖生产和市场准入等。其繁琐和严格的程度由此可见一斑。

就转基因食品安全而言，包括转基因鱼在内的所有转基因生物的食用安全性评价依据是国际食品法典委员会制定的一系列转基因食品安全评价指南，按照实质等同性原则进行个案评估。实质性等同原则是将转基因食品及食品成分与目前市场上销售的传统食品进行比较，评估转基因食品与传统食品是否具有实质等同性，是对两者相对的安全性进行比较，评价内容涵盖营养学、毒理学、致敏性及结合其他资料进行的综合评价。研究表明，“冠鲤”和普通黄河鲤实质等同（Liu et al.，2011；Yong et al.，2012；刘玉梅等，2010；张甫英等，2000）。加拿大的“水优三文鱼”也如此，经过长达 20 年的严格评估，发现“水优三文鱼”与普通三文鱼一样可供人类安全食用。

就生态安全而言，人们对转基因鱼的生态安全性担忧包括两方面：一方面是担忧转基因鱼释放或逃逸到自然水体后，是否因其具有较强的生存力而挤占其他鱼的生态位，进而影响自然水体中的物种多样性；另一方面，担忧转基因鱼与普通鱼杂交后，产生基因漂移，影响自然水体中的遗传多样性。生态安全评估主要是评估转基因鱼的繁殖力和生存力这两个重要种群适合度参数。

中科院水生所从分子、个体、种群和群落等不同水平，并采用人工模拟湖泊的试验系统，全面系统评价了“冠鲤”释放或逃逸到自然水体后对生态环境的可能影响，结果表明在鲤自然分布的水域，“冠鲤”对水生态系统的压力远低于普通鲤。“水优三文鱼”的相关研究也表明了其安全性，其安全评估已经涵盖和解决了人们所担心的问题（胡炜等，2007；Hu and Zhu，2010；胡炜和朱作言，2016；王大元，2016；朱作言和胡炜，2017）。当然，生态学研究的明确结论还需要更大的空间和更长的时间。人们对转基因鱼生态安全问题担忧的实质与其生殖特性密切相关，控制转基因鱼的生殖将从根本上解决其生态安全问题。中科院水生所与湖南师范大学合作，采用倍间杂交的方法，将二倍体的“冠鲤”与鲤鲫异源四倍体鱼杂交，培育出三倍体转基因鱼——“吉鲤”（于凡等，2010）。“吉鲤”具有生长速度快和饵料转化效率高的优良性状，而且三倍体“吉鲤”完全没有生态安全之忧（图 12.5）。

图 12.5 三倍体“吉鲤”（左）及其对照鲤（右）（引自 Yu et al.，2011）

回顾转基因鱼育种研究的历史、分析制约其产业化瓶颈因素的科学实质，无论是从现实还是从长远的观点看，我们认为，转基因鱼生态安全评价及生态安全防范对策研究均是转基因鱼育种体系中不可或缺的重要组成，而有效的转基因鱼育性控制的生态安全防范对策是顺利进行转基因鱼育种研发的重要保证，必须与转基因鱼育种同步进行（胡炜等，2007）。

第三节 基因组编辑与育种应用

12.3.1 基因组编辑

基因组编辑（genome editing）是 21 世纪最具颠覆性的前沿生物技术之一。该技术利用序列特异核酸酶（sequence-specific nucleases，SSNs）在基因组特定位点产生 DNA 双链断裂（double-strand breaks，DSBs），从而激活细胞自身修复机制——非同源末端连接（non-homologous end joining，NHEJ）或同源重组（homologous recombination，HR），实现基因敲除、染色体重组及基因定点插入或替换等。基因组编辑技术克服了物种限制，赋予人类颠覆性的工具改造和设计自然界的所有生物，可以实现“人定胜天”般的神奇操作。毫不夸张地说，基因组编辑技术的诞生可谓掀起了生命科学基础理论研究与应用的革命。

近年来，建立的靶向基因组编辑工具包括锌指核酸酶（zinc finger nucleases，ZFNs）、转录激活因子样效应物核酸酶（transcription activator-like effector nucleases，TALENs）和成簇规律间隔短回文重复系统（clustered regularly interspaced short palindromic repeats，CRISPR/Cas）特别是 CRISPR/Cas9 系统。其中，TALEN 和 CRISPR/Cas9 基因组编辑技术多次被 *Science* 等列入世界年度十大科学进展和重要突破之一。

12.3.1.1 人工核酸酶介导的锌指核酸酶基因编辑技术

锌指核酸酶基因编辑技术利用一种由锌指蛋白（zinc finger protein，ZFP）结构域和核酸内切酶 *Fok* I 的切割结构域人工融合而成的人工核酸酶。ZFP 能够特异识别和结合 DNA 靶位点，*Fok*

Ⅰ是一种限制性内切酶，ZFNs 进入细胞核后通过二聚化造成靶位点之间的 DNA 双链断裂，在机体自身的 DNA 修复机制的工作下，根据非同源末端连接或同源重组得到突变的原理达到基因组编辑的效果（图 12.6）。

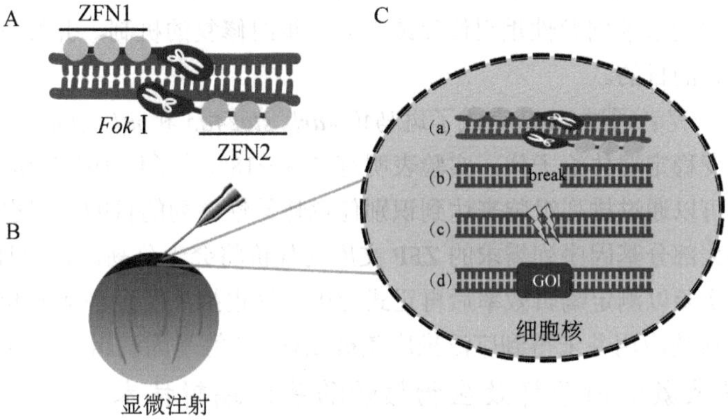

图 12.6 ZFNs 作用原理

A. ZFNs 识别序列与发挥作用的示意图，ZFN1、ZFN2 分别为识别 DNA 序列对应的 ZFN 序列，*Fok* Ⅰ标示 *Fok* Ⅰ限制性内切酶；B. 通过显微注射 ZFNs 进行基因编辑的示意图；C. 示意 ZFN 进入细胞核后，破坏 DNA 双链并引发 DNA 修复，从而达到基因敲除的目的

ZFN 发挥功能及其特异性主要取决于锌指蛋白。锌指蛋白是一种自然界广泛存在的具有能够结合特定 DNA 序列的蛋白。锌指（zinc finger，ZF）是 ZFP 结构域的基本组成单位，单个的锌指即能特异性地识别与结合某一类核酸、蛋白质或其他小分子物质，而 ZFP 是由多个 ZF 串联后形成的，因此不同的 ZFP 能够识别不同的 DNA 特异性序列（Klug et al.，2010）。在人类基因组中共有 757 个（占全部基因的 3.21%）基因包含锌指蛋白结构。ZFP 结构域通常包含串联分布的 3～6 个 C2H2 类型的锌指重复单位，其基本骨架大多来自人或小鼠的天然锌指蛋白 ZIF268。每个锌指单元包含有 1 个 α 螺旋和 2 个 β 折叠结构，同时螯合 1 个锌原子。ZFP 与 DNA 结合是将 α 螺旋插入到 DNA 双螺旋的大沟中，单个 ZFP 能直接特异识别基因组单链上 3 个连续的核苷酸（即一个三联体密码子），因此将多个 ZFP 串联而成的 ZFP 结构域可识别更长的靶序列，从而增加锌指蛋白识别目标序列的特异性，降低脱靶率（Miller et al.，1985；Durai et al.，2005）。由此可见，提高 ZFN 特异性的关键在于筛选高质量的锌指蛋白，已报道的有 CompoZr® custom ZFN service、OPEN（the oligomerized pool engineering）、模块组装（modular assembly）和 CoDA（context-dependent assembly）等锌指核酸酶技术平台来筛选特异锌指蛋白（Miller et al.，2007；Maeder et al.，2008；Kim et al.，2011；Sander et al.，2011），ZFN 的特异性也得到了进一步的提升。

Fok Ⅰ限制性内切酶在自然界具有野生型，是一种从海床黄杆菌（*Flavobacterium okeanokoites*）中发现的ⅡS 类限制性内切酶，主要的功能域由识别结构域和切割结构域组成，可以识别一段特异序列，之后在识别位点附近切割造成 DNA 断裂。其发挥功能有赖于识别结构域首先识别非回文序列（5′-GGATG-3′），随后切割结构域在这段序列下游的同一条 DNA 链上 9bp 处及互补链的 13bp 处发生切割（Sugisaki et al.，1981）。野生型 *Fok* Ⅰ在单独存在的情况下没有切割活性，只有以二聚体的形式发挥作用，且以异源二聚体发挥功能时具有最高的切割效率。ZFN 应用的 *Fok* Ⅰ是在天然 *Fok* Ⅰ基础上进行生物学改造后的产品，在对序列的特异性要求降低的同时，切割效

率也得到了较大的改善。因此，构建锌指核酸酶时，应针对 DNA 各链上的邻近区域设计两条 ZFN，这样能够使其 DNA 切割域能够位于双链的同一位置，以达到最佳的切割效果。两条 ZFN 之间具有 spacer 结构，被称为“间隔区”。该结构的长度应该在 5～7bp，其中 5～6bp 时效果最好，7bp 也能正常工作，ZFN 发挥功能的最佳时空需要设计合理的“间隔区”。ZFN 通过切割双链 DNA 造成 DSB，之后可以通过非同源性重组修复或者同源重组修复的机制，引入突变或者设计好的分子，达成基因组编辑的目的。

早在 2008 年，研究者通过 ZFN 完成了斑马鱼 *kdrl*、*slc24a5* 和 *ntl* 基因的敲除，其中超过 30% 的突变个体能将突变稳定遗传给子代，实验表明有 7%～18%的子代中携带引入的突变。ZFN 的种类繁多，理论上可以通过排列组装来达到识别任意特异性序列的目的，但也正因如此，维持和表达一个能够覆盖大部分基因序列需求的 ZFP 文库的代价将会十分高昂，而且由于其操作复杂，一般需要先进行预实验以测定编辑效率后再正式应用，这也推高了经济成本和时间成本。因此，ZFN 在基因编辑领域的应用并未得到广泛推广就被 TALEN 等基因编辑的新技术取代。

12.3.1.2 转录激活因子样效应物核酸酶基因编辑技术

ZFN 因其高昂的成本、烦琐的操作及容易产生脱靶效应促使研究人员开发新的基因编辑技术。随后，转录激活因子样效应物核酸酶技术应运而生，TALENs 具有更广泛的 DNA 序列识别特性，且几乎不受 DNA 序列的影响，并且具有更高识别特异性和切割效率，模块化组装更加容易，目前已经形成了完备的工业化试剂盒产品。TALEN 技术已被广泛应用于靶向基因的操作，经大量实验证明具有稳定的效果，这为反向遗传学研究和稳定的生产基因改良物种提供了有利的基础。

TALENs 是利用 TALE 的 DNA 结合域和 *Fok* Ⅰ 的切割结构域合成的人工核酸酶。TALE 是从植物致病菌黄单胞杆菌（*Xanthomonas*）中分离到的一类蛋白效应子，这种蛋白通过Ⅲ型分泌系统注入到宿主细胞内后能够特异性地结合 DNA 分子。1989 年，Bonas 等发现 TALE 家族的第一个成员 AvrBs3，其编码基因 *avrBs3* 的中心区有 17.5 个几乎相同的 102bp 重复序列，编码 34 个氨基酸（Bonas et al.，1989）。对 TALE 的研究揭示了 TALE 特异结合 DNA 序列的分子机制——TALE 家族的蛋白结构单元与 DNA 靶序列之间存在一一对应的关系，它能特异识别并结合 DNA 序列。

TALE 蛋白 N 端为转运信号（translocation signal，TS），C 端为核定位信号（nuclear localization signal，NLS）和转录激活结构域（activation domain，AD），中部具备介导 TALE 蛋白与 DNA 特异识别与结合的结构域，这个结构域包含 1.5～33.5 个串联排列的重复序列，是结合 DNA 的重要组成部分（Boch et al.，2009；2010）。串联重复序列（单元）组成串联重复区，每个重复单元含 34 个氨基酸，其中第 12 和 13 位氨基酸高度可变，被称为重复可变区（repeat-variable diresidue，RVD）。每个重复单元的第 12 和 13 位氨基酸是特异识别 DNA 碱基的关键位点，随靶点核苷酸序列的不同而有所差异，其余氨基酸残基则相对不变（图 12.7）。不同的 RVD 能特异识别腺嘌呤（A）、胸腺嘧啶（T）、胞嘧啶（C）、鸟嘌呤（G）四种碱基中的一种或多种（Boch et al.，2009），最常见的 4 种 RVD 分别是 NI（Asn Ile）、NG（Asn Gly）、HD（His Asp）和 NN（Asn Asn）。施一公等利用没有结合 DNA 的 TALE 和结合了 DNA 的 TALE 进行晶体结构解析，比较发现 TALE 以一种螺旋-转角-螺旋的方式结合到 DNA 上，其中第 12 位氨基酸主要起到稳定 RVD 环的功能，发现只有第 13 位氨基酸是真正识别特异碱基的氨基酸（Yin et al.，2012）。因此，TALE 的重复单元与靶序列有很好的识别特异性，靶位点十分广泛，在识别靶点的特异性方面比 ZFN 更有优势。

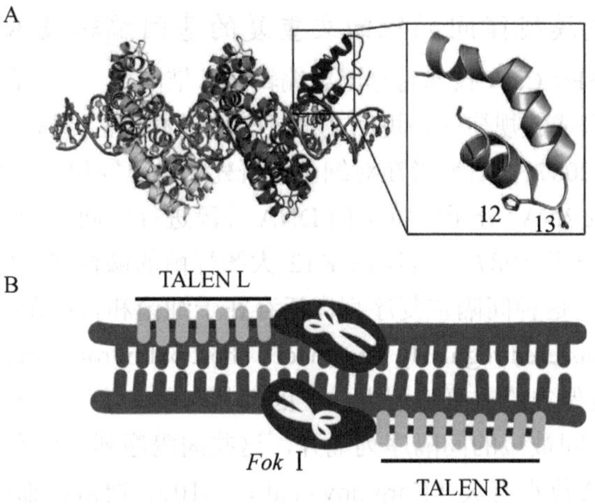

图 12.7　TALENs 作用方式

A. TALE 识别位点的结构信息，TALEN 靶点中第 12、13 位氨基酸是关键识别 DNA 的位点（引自 Gaj et al.，2013）；B. *Fok* I 形成二聚体，才能具有切割活性

基于 TALEs 蛋白特异识别与结合 DNA 的特点，研究者将 TALEs 重复序列与 *Fok* I 核酸内切酶的切割域融合，即产生能够在特定位点产生双链断裂的融合酶 TALENs。与 ZFNs 介导的基因编辑一样，两个 TALENs 单体通过 TALE 部分特异性结合靶序列，*Fok* I 核酸内切酶以异二聚体对识别位点间的间隔序列进行切割，造成 DNA 双链断裂，以实现基因编辑（Christian et al.，2010）。TALE 的串联是 TALEN 面临的主要技术瓶颈。为此，研究人员开发了多种技术来解决这一问题，目前主要包括以下 4 类：①golden gate 克隆法（Cermak et al.，2011）；②单元组装法（unit assembly）（Huang et al.，2011）和限制性酶切-连接法（restriction enzyme and ligation，REAL）（Sander et al.，2011）；③基于固相合成的高通量 FLASH 法（Reyon et al.，2012）和 ICA 法（Briggs et al.，2012）；④基于长黏末端的 LIC（ligation-independent cloning）组装方法（Schmid-Burgk et al.，2012）。

TALEN 靶位点的选择：①靶序列 5′端的第 0 位为胸腺嘧啶（T）；②单侧靶点最好控制在 14～20bp（不包括 0 位的 T）；③在 TALEN 靶位点中 4 种碱基各占一定比例；④spacer 碱基数最好控制在 12～21bp。通过高通量 TALEN 合成技术 FLASH 对 TALEN 活性进行大规模的检测表明靶位点选择需严格遵守第一条原则。因此，TALEN 靶位点选择的限制因素很小，有利于对基因组任意位置进行靶向修饰，这是 ZFN 技术不可比拟的。此外，目前已建立多个网站进行 TALEN 靶点的预测，如 Bogdanove 和 Voytas 实验室建立了 TALE-NT 网站（https: //tale-nt.cac.cornell.edu/），利用该网站可以选择两侧 TALEN 结合位点所含碱基数量及两侧位点间的 spacer 的长度范围，并在结果中标出 spacer 中所含有的限制性酶切位点，这有利于后续通过酶切筛选突变体。Joung 实验室建立了 ZiFiT 网站（http: //zifit.partners.org/ZiFiT/），用户可以指定希望产生 DSB 的碱基位置，该网站会给出该碱基周围的 2 对 TALEN 的预测序列。这些网站的建立极大地方便了寻找任意 DNA 序列的 TALEN 靶点。

TALENs 作为第二代基因组编辑技术，跟 ZFN 相比具有操作简化、细胞毒性低、特异性高和对序列特征要求低等特点。但 TALENs 没有摆脱对 DNA 特异性结合蛋白的依赖，这就决定了其难以进行多靶点同时编辑，且组装周期仍然较长，同时识别位点会受到 T 碱基的影响，这些无疑阻碍了 TALENs 的大规模应用。

12.3.1.3 基于成簇规律间隔短回文重复的基因编辑技术

2013 年报道的 CRISPR/Cas9 技术将基因组编辑技术推向了一个新的高峰。CRISPR/Cas9 是一种全新的人工核酸内切酶成簇规律间隔短回文重复序列技术，主要基于细菌获得性免疫系统改造而成（Barrangou et al.，2007）。研究者在对细菌的研究中早已发现有一种细菌编码的酶能够利用引导 RNA（guide RNA，gRNA）分子对特定的 DNA 片段进行定向切割，从而达到抵御外源 DNA 入侵的功效。日本科学家于 1987 年首次在 K12 大肠杆菌的碱性磷酸酶基因附近发现串联间隔重复序列，多项研究证明这种间隔重复序列广泛存在于细菌和古细菌中，人们把它命名为规律性重复短回文序列簇（clustered regularly interspaced short palindromic repeats，CRISPRs）。CRISPR 由长度 21～48bp 的高度保守的重复序列组成，因其具有回文序列而可形成发卡结构（Grissa et al.，2007）。重复序列之间被短的间隔序列隔开，这些间隔序列长度在 26～72bp，具体的长度则跟细菌种类和 CRISPR 位点有关（Karginov et al.，2010）。通常在临近 CRISPR 的区域还包含一组保守的蛋白质编码基因，被称为 *Cas*（CRISPR-associated）基因，其编码的蛋白质包括核酸酶、聚合酶、解旋酶，具有与核糖核酸结合的功能。这些 Cas 蛋白与 CRISPR 转录出的 RNA 结合形成核糖核蛋白复合物，能够特异性识别入侵的 DNA 并将其切断从而保护自身基因组。研究人员后续利用这种特点开发出能够对细胞乃至整个生物体基因组进行特异性定点改造的工具。

CRISPR 系统大致分为 3 类，其中Ⅰ型及Ⅲ型 CRISPR 系统由复杂的 Cas 复合物介导 DNA 或 RNA 的降解，其过程复杂且难以跟踪，因此最简单也最常用的是Ⅱ型。Ⅱ型 CRISPR 系统首先在产脓链球菌（*Streptococcus pyogenes*）中被发现，该系统发挥作用依赖 3 个元件，这 3 个元件也是完成其所有功能的所有成分，分别是 Cas9 蛋白和两个非编码 RNA 即 tracrRNA（反式激活 crRNA）与 crRNA。在 CRISPR/Cas9 系统中，当外源 DNA 侵入细胞内，细菌 RNase Ⅲ催化 crRNA 成熟，成熟的 crRNA 通过碱基配对首先与 tracrRNA 互补结合从而形成双链 RNA 结构。crRNA：tracrRNA 二元复合体能够指引 Cas9 蛋白在 crRNA 引导序列靶标的特定位点剪切双链 DNA 以造成 DSB。Cas9 蛋白的本质是一种有两个功能结构域的核酸酶，其发挥功能依赖于 RuvC 和 HNH 这两种结构域，HNH 结构域在与 crRNA 引导序列互补的位点剪切互补链，RuvC 结构域则剪切非互补链（Makarova et al.，2011）。切割位点是激活 Cas9 的必要条件，对 Cas9 发挥功能来说至关重要，位于原型间隔序列毗邻基序（protospacer adjacent motif，PAM）上游 3 个核苷酸处。研究表明 tracrRNA 的 5′端与成熟 crRNA 3′端的部分序列能互补配对而形成茎环结构，这种结构对维持 crRNA 与靶点的配对而言是必需的因素。科学家根据这种结构特性优化了Ⅱ型 CRISPR/Cas 系统，直接将 tracrRNA 和 crRNA 融合为能够形成这种结构的 gRNA，实验证明了 gRNA 在体内和体外都能够发挥 tracrRNA 和 crRNA 的功能（Jinek et al.，2012）。简化后的系统机制更加明确，整体的过程是 Cas9 蛋白与 gRNA 结合形成一种能够识别和切割 DNA 序列的 RNA-蛋白质复合体，首先在 gRNA 的引导下通过碱基互补配对原则特异性寻找和结合到靶位点，然后由 Cas9 蛋白作为核酸酶切割双链 DNA。随后，研究者采用改造的 Cas9/gRNA 系统在多种脊椎动物和无脊椎动物中实现了成功敲除内源基因（Hwang et al.，2013）（图 12.8）。

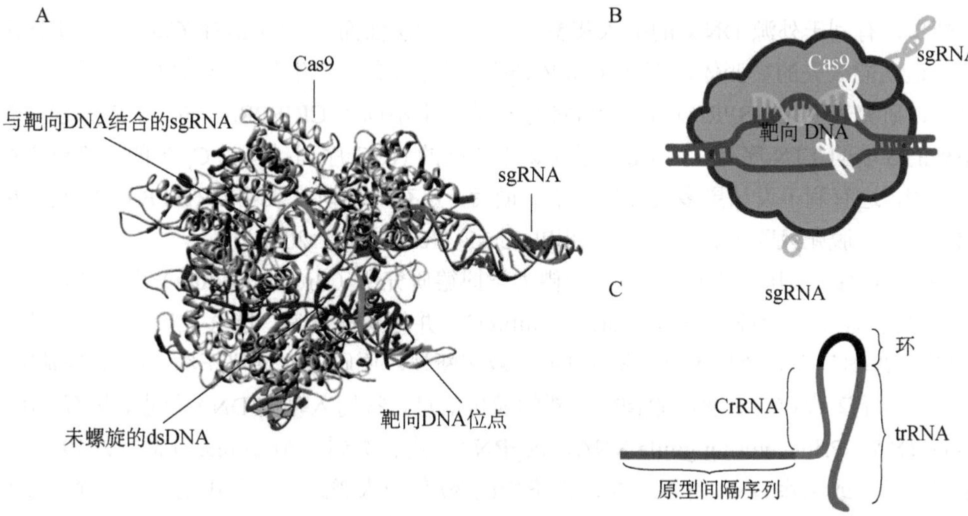

图 12.8　CRISPR/Cas9 作用原理图

A. CRISPR/Cas9 复合体的晶体结构图；B. CRISPR/Cas9 复合体的工作模式图；C. sgRNA 的结构示意图

研究者在改进和拓展 CRISPR/Cas9 技术方面也取得了很多创新性的成果。CRISPR 干扰技术（CRISPRi）是在对缺乏催化活性的 dCas9 改造的基础上，在细菌和哺乳动物细胞等实现基因表达的激活和抑制，将 dCas9 不同的基因进行融合后可以进行转录激活/抑制、表观调控和 RNA 编辑等研究（Qi et al.，2013）；同样地，Cas9 蛋白能被改造成为 DNA 缺口酶以便利同源重组修复，以产生最小的突变活性以及多个 gRNA 同时编辑培养细胞、哺乳动物及鱼类的多个基因组位点（Cong et al.，2013）。这些基于 CRISPR/Cas9 系统的技术丰富了基因编辑工具箱，为进一步研究打下了坚实的基础。

CRISPR/Cas9 系统相对于 ZFN 和 TALEN 系统而言，具有效率高、操作简单、成本低、可同时对多个基因或者位点进行编辑等优点。基于该系统的基因编辑技术得到了广泛的应用和推广，不仅应用于科研领域，而且在基因编辑育种和临床基因治疗方面也有着长足的推动作用。但该技术仍然存在脱靶效应，且可能造成基因组重排等问题。

12.3.1.4　CRISPR/Cpf1 等其他新兴的基因编辑技术

CRISPR/Cas9 存在的较为严重的脱靶效应无疑影响了该技术在精确编辑领域的应用。一直致力于 CRISPR/Cas9 技术发展的张峰团队持续在 CRISPR 家族内完善该方法，最终发现了基因编辑效率较高的 Cpf1 蛋白。该蛋白属于 CRISPR/Cas 蛋白家族的 V 型，为三角形单体，且同样具有结合 crRNA 和切割靶序列的能力。张峰团队在此蛋白性能的基础上开发出了新版本的 CRISPR/Cpf1 系统。CRISPR/Cpf1 系统中产生 crRNA 无须 tracrRNA 和 RNaseⅢ核酸酶的功能。成熟的 crRNA 自身的一部分可以形成发卡结构，该结构能够紧密结合 Cpf1 的核酸结构域并且对 Cpf1 的切割过程具有关键性作用；另一部分则类似 gRNA，能够通过碱基互补配对的方式结合靶位点，从而引导 Cpf1 对指定位置进行切割。该系统发挥功能同样依赖于 PAM 序列的存在，其切割后造成 DSB，形成两个长度为 5nt 的黏性末端。

该系统发挥功能的过程跟 CRISPR/Cas9 高度相似，但组成和切割方式则具有较大的不同。CRISPR/Cpf1 系统的组成要简单于 CRISPR/Cas9，并且其蛋白质量较小，细胞毒性更低。另一方面，CRISPR/Cas9 切割后造成的 DSB 为平末端，更有利于引入突变；而 Cpf1 切割后形成了黏性末端的断口，有利于外源 DNA 的插入和整合。从这一层面而言，CRISPR/Cas9 系统更适用于大批量的制造功能缺失的突变体，而 CRISPR/Cpf1 则更有利于产生具有显著精确性的设计型突变体。另外，研究表明 CRISPR/Cpf1 对 PAM 序列的要求不同于 CRISPR/Cas9，前者识别并利用前间隔序列的 5′端的 TTN 序列，而 Cas9 系统识别 3′端的 NGG 序列；同时 Cpf1 的切割位点在识别位点的远端，这有利于设计更多的编辑位点。最后，已有对比研究表明 CRISPR/Cpf1 具有更精准的靶向效应，在脱靶风险上表现高于 CRISPR/Cas9（Kim et al.，2016）。

2019 年 10 月，美国麻省理工学院-哈佛大学博德研究所（Broad Institute）声称开发了一种新的基因编辑技术，称之为先导编辑（prime editing），并将其描述为“能够准确地重写遗传密码的‘遗传文字处理器’”。该技术可以避免 DNA 双链断裂，原则上能够修正约 75 000 种基因缺陷。这种方法融合了工程逆转录酶和 Cas9，将新的遗传信息直接写入靶向 DNA 位点，从而使用 prime 编辑导向 RNA（Prime editing guide RNA，PegRNA）进行编辑（Anzalone et al.，2019）。该技术可以准确地插入或删除 DNA 片段，从而精确修改 30 亿个人类遗传密码中的特定一个“字母”。目前，该技术已对 175 种不同的 DNA 进行编辑，包括遗传性血液病、镰状细胞贫血、泰-萨克斯氏病等。但“先导编辑”是一种新型基因组编辑方法，还需要开展进一步的研究来理解其效果，增强其功能。

12.3.2 鱼类基因组编辑技术应用

我国是鱼类基因工程技术的发源地，在鱼类基因组编辑技术的研发和育种应用领域也处于国际第一梯队。我国是少数几个最早将基因组编辑技术成功应用于模式动物斑马鱼的国家之一。全国 20 多家机构联合完成“斑马鱼 1 号染色体全基因敲除计划（ZKO 计划）”，是国际上首例针对动物整条染色体的全基因敲除计划，为水产遗传育种提供了前所未有的大规模育种模型，为基因功能解析研究奠定基础，为基因组编辑提供重要靶标（Sun et al.，2019）。

国内外已先后成功实现黄颡鱼、罗非鱼、鲤、黄鳝、小体鲟、半滑舌鳎、鲫、脊尾白虾、太平洋牡蛎等 10 多种水产养殖动物的基因组编辑（表 12.1）。目前基因组编辑技术在水产动物中主要应用于性别决定与分化相关基因的发掘及性控育种、鱼类生殖控制策略探索以及高产、抗病、体色控制等新种质创制方面。其中，基因组编辑技术在养殖鱼类中应用成功报道最多的是鱼类性别决定与分化相关基因的鉴别与作用机制及鱼类性控育种等相关研究。

表 12.1　建立基因组编辑技术的水生动物

编号	物种	基因编辑技术			初始文献
		ZFN	TALEN	CRISPR/Cas9	
1	黄颡鱼	√	√		Dong et al.，2011
2	虹鳟	√			Yano et al.，2011
3	罗非鱼		√	√	Li et al.，2013 Li et al.，2014
4	洞穴鱼		√		Ma et al.，2014
5	海胆		√	√	Hosioi et al.，2014 Lin et al.，2016
6	斑点叉尾鮰	√		√	Qin et al.，2016
7	南方鲇			√	Li et al.，2016

续表

编号	物种	基因编辑技术			初始文献
		ZFN	TALEN	CRISPR/Cas9	
8	鲤		√	√	Zhong et al.，2016
9	大西洋鲑			√	Edvardsen et al.，2016
10	稀有鮈鲫			√	He et al.，2016
11	黄鳝		√		Feng et al.，2017
12	半滑舌鳎		√		Cui et al.，2017
13	脊尾白虾			√	Sun et al.，2017
14	小体鲟		√	√	Chen et al.，2018
15	真鲷			√	Kishimoto et al.，2018
16	鲫			√	Liu et al.，2019
17	太平洋牡蛎			√	Yu et al.，2019

黄颡鱼是第一个成功进行基因编辑技术育种探索的养殖鱼类。我国学者以肌肉发育抑制基因 *mstn* 为目的基因，利用 ZFN 和 TALEN 技术成功获得 *mstn* 纯合突变的黄颡鱼家系（Dong et al.，2011；2014），发现 *mstn* 突变的黄颡鱼出现明显的双肌表型。此后，国内外学者也先后采用基因编辑技术获得了 *mstn* 突变的鲤和真鲷（Zhong et al.，2016；Kishimoto et al.，2018），创制出快速生长的新种质，并且通过基因编辑技术突变鲤 *sp7* 等骨骼发育相关基因，探索了鲤肌间刺的遗传改良（Zhong et al.，2016）。

法国学者在虹鳟建立了 ZFN 基因编辑技术，敲除了虹鳟的性别决定候选基因 *irf9*，发现 XY 个体缺失 Irf9 时性腺发育为卵巢，由此证明 *irf9* 为虹鳟的性别决定基因（Yano et al.，2012）。西南大学建立了尼罗罗非鱼 TALEN 和 CRISPR/Cas9 基因编辑技术平台，鉴定出尼罗罗非鱼的性别决定基因 *amhy*，并获得了 *foxl2*、*dmrt1*、*cyp19a1a* 等一系列性别决定与分化基因的突变家系，证实了这些信号分子在罗非鱼性别决定与分化中的重要作用，建立了罗非鱼基因编辑性控育种技术（Li et al.，2013，2014；Li and Wang，2017）。中国水产科学院黄海水产研究所采用基因组测序技术组装性染色体，鉴定出半滑舌鳎 *dmrt1* 基因与雄性发育密切相关，随后与香港中文大学合作建立了海水鱼基因组编辑技术，通过基因编辑技术确证 *dmrt1* 基因在半滑舌鳎中的性别决定功能（Chen et al.，2014；Cui et al.，2017）。

黄鳝是中科院水生所刘建康先生在世界上首次发现的第一个具有雌雄同体特性的脊椎动物，黄鳝性反转的分子遗传机制研究一直是极富挑战性的科学问题，而且黄鳝性反转的特性在生产上又导致严重的苗种短缺。但是，研究者一直缺乏开展黄鳝基因功能研究和遗传育种的有效技术。中科院水生所取得了黄鳝全人工繁殖和高效特异的黄鳝靶向基因编辑等核心技术的重要突破，利用该技术平台对黄鳝性别分化相关基因 *dmrt1*、*cyp19a1a* 和 *foxl2* 成功进行了基因编辑（Feng et al.，2017；Luo et al.，2018），创制出一系列黄鳝突变体，为阐明黄鳝性反转的遗传机制，创制性别分化发育可控的黄鳝新种质提供了重要的技术支持。

12.3.3　鱼类基因组编辑育种展望

基因组编辑技术不仅是最具颠覆性的前沿技术，而且由于基因组编辑技术仅涉及目的基因的少数碱基改变，甚至单个碱基替换，在科学上可以完全视作与自然界广泛存在的基因突变或者单核苷酸多态性（single nucleotide polymorphism，SNP）等效。因此，美国、德国、日本等发达国家都将基因组编辑新品种视作与常规育种实质等同，不纳入基因改良物种的监管范围，即无须对基因组编辑育种进行特别的监管和安全评估。

可以预见，随着基因组编辑技术在水产养殖动物中的突破与迅猛发展，必将掀起水产养殖动物基因功能解析和经济性状调控分子精准设计育种的科技革命，势必重塑国际水产业格局，催生新型产业集群，给未来社会经济发展赋予新动能，在保障和提升食物蛋白品质、水产品安全、水域生态和谐和国家产业地位等方面发挥不可替代的作用。发展水产养殖品种基因组编辑技术已成为世界各国抢占水产种业制高点，提高水产种业国际竞争力的战略选择。

因此，我国应该把握基因组编辑育种的重大历史机遇，依托我国在水产动物基因组编辑技术方面的技术和资源积累，加强我国在水产养殖动物基因组编辑技术方面的研发，大力开展水产动物经济性状调控基因功能解析研究，努力创建和储备一批高产优质、抗病抗逆、繁殖高效、营养健康的水产新品种，彰显我国水产种业的国际竞争力，保障国家粮食安全和绿色发展。

（胡炜，罗大极）

复习思考题

1. 进行基因转移育种时，外源基因在 F0 代转基因鱼基因组中的整合行为与分子机制是什么？如何培育转基因鱼纯系？转基因生物的安全性评价原则是什么？

2. 采用基因编辑技术在鱼类中对靶基因进行精细编辑时，如何证明基因编辑操作的特异性？

主要参考文献

陈宏溪，易詠兰，陈敏容，等. 1986. 鱼类培养细胞核发育潜能的研究. 水生生物学，10：1-7.
胡炜，汪亚平，陈尚萍，等. 2001. 不同品系间斑马鱼的细胞核移植. 科学通报，46：2062-2064.
胡炜，汪亚平，朱作言. 2007. 转基因鱼生态风险评价及其对策研究进展. 中国科学，37：377-381.
胡炜，喻达辉，汪亚平，等. 2000. 大珠母贝精子介导外源基因转移研究. 生物工程学报，16：165-168.
胡炜，朱作言. 2016. 美国转基因大西洋鲑产业化对我国的启示. 中国工程科学，18：105-109.
廖莎，陈芸，杜富宽，等. 2010. 抗草鱼出血病病毒转基因稀有鮈鲫的初步研究. 水生生物学报，34：837-842.
潘光碧. 1990. 鲤卿移核鱼的遗传改良及其后代性状遗传的研究. 遗传，12：10-14.
童第周，叶毓芬. 1963. 细胞核的移植. 动物学报，15：151-167.
童第周. 1973. 鱼类不同亚科间细胞核移植. 动物学报，19：201-209.
童第周. 1980. 硬骨鱼类的细胞核移植：鲤鱼细胞核和鲫鱼细胞质配合的杂种鱼. 中国科学，（4）：376-380.
汪亚平，胡炜，吴刚，等. 2001. 转“全鱼”生长激素基因鲤鱼及其 F1 遗传分析. 科学通报，46：226-229.
王大元. 2016. 美国转基因三文鱼商业化的启示. 科学通报，61：289-295.
严绍颐，陆德裕，杜淼，等. 1984. 硬骨鱼类的细胞核移植：鲫鱼细胞核和鲤鱼细胞质配合的杂种鱼. 中国科学，14（8）：729-732.

于凡，肖俊，梁向阳，等. 2010. 转生长激素基因三倍体鲤鱼的快速生长与不育特性. 科学通报，55：1987-1992.

张甫英，汪亚平，胡炜，等. 2000. 摄食转“全鱼”基因黄河鲤小鼠的生理和病理分析. 高技术通讯，7：17-19.

朱作言，胡炜. 2017. 转基因鱼及其安全性. 科学，69：25-27.

朱作言，许克圣，李国华，等. 1986. 人生长激素基因在泥鳅受精卵显微注射转移后的生物学效应. 科学通报，5：387-389.

朱作言，许克圣，谢岳峰，等. 1989. 转基因鱼模型的建立. 中国科学，2：147-155.

邹曙明，杜雪地，袁剑，等. 2010. 金鱼 *hAT* 家族转座子 *Tgf2* 的克隆及其结构. 遗传，32：1263-1268.

Anzalone AV，Randolph PB，Davis JR，et al. 2019.Search-and-replace genome editing without double-strand breaks or donor DNA. Nature，576：149-157.

Barrangou R，Fremaux C，Deveau H，et al. 2007.CRISPR provides acquired resistance against viruses in prokaryotes. Science，315：1709-1712.

Boch J，Bonas U. 2010.Xanthomonas AvrBs3 family-type Ⅲ effectors：discovery and function. Annu Rev Phytopathol，48：419-436.

Boch J，Scholze H，Schornack S，et al. 2009.Breaking the code of DNA binding specificity of TAL-type Ⅲ effectors. Science，326：1509-1512.

Bonas U，Stall RE，Staskawicz B. 1989.Genetic and structural characterization of the avirulence gene avrBs3 from *Xanthomonas campestris pv. vesicatoria*. Mol Gen Genet，218：127-136.

Briggs AW，Rios X，Chari R，et al.2012. Iterative capped assembly：rapid and scalable synthesis of repeat-module DNA such as TAL effectors from individual monomers. Nucleic Acids Res，40：e117.

Briggs R，King TJ.1952.Transplant ation of living cell nuclei from blastula cells into enucleated frog eggs. Proc Nat Acad Sci USA，38 ：455-463.

Cermak T，Doyle EL，Christian M，et al.2011. Efficient design and assembly of custom TALEN and other TAL effector-based constructs for DNA targeting. Nucleic Acids Res，39：e82.

Chen J，Luo Q，Bao H，et al. 2015.The integration characteristics of the exogenous growth hormone gene in a transgenic common carp（*Cyprinus carpio* L.）with fast-growth performance. Science Bulletin，60：1654-1660.

Chen S，Zhang G，Shao C，et al. 2014.Whole-genome sequence of a flatfish provides insights into ZW sex chromosome evolution and adaptation to a benthic lifestyle. Nat Genet，46：253-260.

Cong L，Ran FA，Cox D，et al. 2013.Multiplex genome engineering using CRISPR/Cas systems. Science，339：819-823.

Cui Z，Liu Y，Wang W，et al. 2017.Genome editing reveals dmrt1 as an essential male sex-determining gene in Chinese tongue sole（*Cynoglossus semilaevis*）. Sci Rep，7：42213.

Dai J，Cui X，Zhu Z，et al. 2010.Non-Homologous End Joining Plays a Key Role in Transgene Concatemer Formation in Transgenic Zebrafish Embryos. International Journal of Biological Sciences，6：756-768.

Devlin RH，Biagi CA，Yesaki TY. 2004.Growth，viability and genetic characteristics of GH transgenic coho salmon strains. Aquaculture，236：607-632.

Dong D，Ren K，Qiu X，et al.2016. The crystal structure of Cpf1 in complex with CRISPR RNA. Nature，532：522-526.

Dong Z，Ge J，Li K，et al.2011. Heritable targeted inactivation of myostatin gene in yellow catfish（*Pelteobagrus fulvidraco*）using engineered zinc finger nucleases. PLoS One，6：e28897.

Dong Z，Ge J，Xu Z，et al.2014. Generation of myostatin B knockout yellow catfish（*Tachysurus fulvidraco*）using transcription activator-like effector nucleases. Zebrafish，11：265-274.

Durai S，Mani M，Kandavelou K，et al.2005. Zinc finger nucleases：custom-designed molecular scissors for genome engineering of plant and mammalian cells. Nucleic Acids Res，33：5978-5990.

Feng K，Luo H，Li Y，et al.2017. High efficient gene targeting in rice field eel *Monopterus albus* by transcription activator-like effector nucleases. Science Bulletin，62：162-164.

Fletcher GL，Shears MA，Yaskowiak ES，et al.2004. Gene transfer：potential to enhance the genome of Atlantic salmon for aquaculture. Australian Journal of Experimental Agriculture，44：1095-1100.

Gaj T，Gersbach CA，Barbas CF 3rd. 2013.ZFN，TALEN，and CRISPR/Cas-based methods for genome engineering. Trends Biotechnol，31：397-405.

Grissa I，Vergnaud G，Pourcel C. 2007.The CRISPR db database and tools to display CRISPRs and to generate dictionaries of spacers and repeats. BMC Bioinformatics，8：172.

Guan B，Ma H，Wang Y，et al.2011. Vitreoscilla hemoglobin（VHb）overexpression increases hypoxia tolerance in Zebrafish（Danio rerio）. Mar Biotechnol，13：336-344.

Gurdon JB，Uehlinger V. 1966."Fertile" intestine nuclei. Nature，210：1240-1241.

Gurdon JB. 1962.The developmental capacity of nuclei taken from intestinal epithelium cells of feeding tadpoles. J Embryol Exp Morphol，10：622-640.

Hellemans A，Bunch B. 1988. The timetables of science：A chronology of the most important people and events in the history of science. New York：Simon and Schuster.

Huang P，Xiao A，Zhou MG，et al.2011. Heritable gene targeting in zebrafish using customized TALENs. Nat Biotechnol，29：699-700.

Hwang WY，Fu Y，Reyon D，et al.2013. Efficient genome editing in zebrafish using a CRISPR-Cas system. Nat Biotechnol，31：227-229.

Jinek M，Chylinski K，Fonfara I，et al.2012. A programmable dual-RNA-guided DNA endonuclease in adaptive bacterial immunity. Science，337：816-821.

Karginov FV，Hannon GJ. 2010.The CRISPR system：small RNA-guided defense in bacteria and archaea. Mol Cell. 2010，37：7-19.

Khoo HW，Ang LH，Lim HB，et al.1992. Sperm cells as vectors for introducing foreign DNA into zebrafish. Aquaculture，107：1-19.

Kim D，Kim J，Hur JK，et al.2016. Genome-wide analysis reveals specificities of Cpf1 endonucleases in human cells. Nat Biotechnol，34：863-868.

Kim S，Lee MJ，Kim H，et al.2011. Preassembled zinc-finger arrays for rapid construction of ZFNs. Nat Methods，8：7.

Kishimoto K，Washio Y，Yoshiura Y，et al.2018. Production of a breed of red sea bream Pagrus major with an increase of skeletal muscle mass and reduced body length by genome editing with CRISPR/Cas9. Aquaculture，495：415-427.

Lavitrano M，Camaioni A，Fazio VM，et al.1989. Sperm cell as vector for introducing foreign DNA into eggs：genetic transformation of mice. Cell，57：717-723.

Li M，Wang D. 2017.Gene editing nuclease and its application in tilapia. Science Bulletin，62：165-173.

Liu Y，Zhang W，Yong L，et al.2011. An assessment of androgenic/antiandrogenic effects of GH transgenic carp by Hershberger assay. Biomed Environ Sci，24：445-449.

Liu Z，Cai Y，Wang Y，et al.2018. Cloning of macaque monkeys by somatic cell nuclear transfer. Cell，172：881-887.

Luo DJ，Feng K，Zhu ZY，et al. 2018.Generating gene knockout *Oryzias Latipes* and rice field eel using TALENs method. Liu CY and Du YB. Microinjection：Methods and Protocols，Methods in Molecular Biology. Springer Protocols：Humana Press：489-506.

Maeder ML，Thibodeau-Beganny S，Osiak A，et al.2008. Rapid "open-source" engineering of customized zinc-finger nucleases for highly efficient gene modification. Mol Cell，31：294-301.

Makarova KS，Haft DH，Barrangou R，et al.2011. Evolution and classification of the CRISPR-Cassystems. Nat Rev Microbiol，9：467-477.

Mao W，Wang Y，Wang W，et al.2004. Enhanced resistance to *Aeromonas hydrophila* infection and enhanced phagocytic activities in human lactoferrin-transgenic grass carp（*Ctenopharyngodon idellus*）. Aquaculture，242：93-103.

Martinez R，Arenal A，Estrada MP，et al. 1999. Mendelian transmission，transgene dosage，and growth phenotype in transgenic tilapia（*Oreochromis hornorum*）showing ectopic expression of homologous growth hormone. Aquaculture，173：271-283.

Miller J，McLachlan AD，Klug A. 1985. Repetitive zinc-binding domains in the protein transcription factor IIIA from *Xenopus* oocytes. EMBO Journal，4：1609-1614.

Miller JC，Holmes MC，Wang J，et al. 2007. An improved zinc-finger nuclease architecture for highly specific genome editing. Nat Biotechnol，25：778-785.

Nam YK，Cho YS，Cho HJ，et al. 2002. Accelerated growth performance and stable germ-line transmission in androgenetically derived homozygous transgenic mud loach，Misgurnus mizolepis. Aquaculture，209：257-270.

Pan CY，Peng KC，Lin CH，et al. 2011. Transgenic expression of tilapia hepcidin 1-5 and shrimp chelonianin in zebrafish and their resistance to bacterial pathogens. Fish Shellfish Immunol，31：275-285.

Pang S，Wang H，Li K，et al. 2014. Double transgenesis of humanized fat1 and fat2 genes promotes omega-3 polyunsaturated fatty acids synthesis in a zebrafish model. Mar Biotechnol（NY），16：580-593.

Qi LS，Larson MH，Gilbert LA，et al. 2013. Repurposing CRISPR as an RNA-guided platform for sequence-specific control of gene expression. Cell，152：1173-1178.

Reyon D，Tsai SQ，Khayter C，et al. 2012. FLASH assembly of TALENs for high-throughput genome editing. Nat Biotechnol，30：460-465.

Sander JD，Cade L，Khayter C，et al. 2011. Targeted gene disruption in somatic zebrafish cells using engineered TALENs. Nat Biotechnol，29：697-698.

Sander JD，Dahlborg EJ，Goodwin MJ，et al. 2011. Selection-free zinc-finger-nuclease engineering by context-dependent assembly（CoDA）. Nat Methods，8：67-69.

Schmid-Burgk JL，Schmidt T，Kaiser V，et al. 2012. A ligation-independent cloning technique for high-throughput assembly of transcription activator-like effector genes. Nat Biotechnol，31：76-81.

Su J，Yang C，Zhu Z，et al. 2009. Enhanced grass carp reovirus resistance of Mx-transgenic rare minnow

（*Gobiocypris rarus*）. Fish Shellfish Immunol，26：828-835.

Sugisaki H，Kanazawa S. 1981.New restriction endonucleases from *Flavobacterium okeanokoites*（*k*）and *Micrococcus luteus*（*Mlu*I）. Gene，16：73-78.

Sun Y，Zhang B，Luo L，et al. 2019. Systematic genome editing of the genes on zebrafish Chromosome 1 by CRISPR/Cas9. Genome Research，30：118-126.

Tsai HJ，Tseng FS，Liao IC. 1995.Electroporation of sperm to introduce foreign DNA into the genome of louch（*Misgurnus anguillicaudatus*）. Can J Fish Aquat Sci，52：2776-2787.

Urasaki A，Morvan G. 2006.Functional dissection of the Tol2 transposable element identified the minimal cis-sequence and a highly repetitive sequence in the subterminal region essential for transposition. Genetics，174：639-649.

Wilmut I，Schnieke AE，McWhir J，et al. 1997. Viable offspring derived from fetal and adult mammalian cells. Nature，385（6619）：810-813.

Yano A，Guyomard R，Nicol B，et al. 2012. An immune-related gene evolved into the master sex-determining gene in rainbow trout，*Oncorhynchus mykiss*. Curr Biol，22：1423-1428.

Yin P，Deng D，Yan C，et al. 2012. Specific DNA-RNA hybrid recognition by TAL effectors. Cell Rep，2（4）：707-713.

Yong L，Liu YM，Jia XD，et al. 2012. Subchronic toxicity study of GH transgenic carp. Food and Chemical Toxicology，50：3920-3926.

Zhong C，Song Y，Wang Y，et al. 2012. Growth hormone transgene effects on growth performance are inconsistent among offspring derived from different homozygous transgenic common carp（*Cyprinus carpio* L.）. Aquaculture，356-357：404-411.

Zhong Z，Niu P，Wang M，et al. 2016. Targeted disruption of sp7 and myostatin with CRISPR-Cas9 results in severe bone defects and more muscular cells in common carp. Sci Rep，6：22953.

Zhu Z，He L，Chen S.1985. Novel gene transfer into the fertilized eggs of gold fish（*Carassius auratus* L. *1758*）. J Appl Ichthyol，1（1）：31-34.

第四篇　水产遗传育种的潜在生物技术创新及其育种价值

第十三章　高产和优质性状的遗传基础和设计育种

提高产量（高产）和提升品质（优质）是鱼类等水产育种实践中最为经典和永恒追求的目标。对养殖者而言，研制快速生长的鱼类新品种不但能提高生产产量，同时能缩短养殖周期，降低患病风险，减少养殖成本；对于消费者而言，则期待获得色泽诱人、肌间刺少、味道鲜美、营养健康的高品质鱼肉。如何获得兼具高产和优质性状的养殖鱼类新品种，对鱼类遗传育种提出了更高的要求。

鱼类育种方式主要包括传统育种和分子设计育种，传统育种方法主要有杂交育种、单倍体育种、多倍体育种、性别控制育种及诱变育种等；分子设计育种则包括全基因组选择育种、分子模块育种、转基因育种、基因编辑育种等。一个新品种的培育往往结合了多种育种技术，经过多代的繁殖选育才能诞生具有优良性状且遗传稳定的养殖品种。随着现代分子生物学技术的迅速发展和后基因组时代的到来，分子设计育种正逐渐运用到高产优质水产新品种的培育之中。

对高产优质的水产品种的分子设计育种实践而言，系统解析水产动物高产和优质性状的遗传基础是最为重要和最为基础的一环。

第一节　高产性状的遗传基础

高产性状是包括水产育种在内的所有动植物育种所追求的第一目标。高产性状既可以通过增加个体的生长速度来获得，也可以通过提高群体的生长强度来获得。本节主要介绍调控个体生长的遗传基础。

生长激素（growth hormone，GH）-类胰岛素生长因子（insulin-like growth factor，IGF）调控轴目前被认为是调控包括鱼类在内的多数脊椎动物生长的主要信号通路。高产品种生长较普通品种快，其本质在于其体内的 GH/IGF 信号通路活性较高。在促生长激素释放激素（growth hormone -releasing hormone，GHRH）的作用下，GH 由脑垂体前叶分泌，经血液运输到肝脏等组织，与细胞膜上的生长激素受体（growth hormone receptor，GHR）相结合，激活下游因子 IGF-1 等的转录。肝脏表达的 IGF-1 和 IGF 结合蛋白 3（IGF binding protein 3，IGFBP-3）、不耐酸亚基（acid-labile subunit，ALS）形成三元复合物，被运输到肌肉、骨骼等靶组织中发挥促进生长的作用，该三元复合物的形式能够延长游离的 IGF-1 在血清中的半衰期。在这一过程中，下丘脑分泌的 GHRH 和生长抑素（somatostatin，SST；又称 growth hormone inhibiting hormone，GHIH）等也密切参与到 GH/IGF-1 信号轴的调控（图 13.1）。除了调控生长之外，GH/IGF-1 轴还能调节能量代谢、渗透压平衡、繁殖、行为及免疫等多种生命过程（Ranke and Wit，2018；Waters and Brooks，2011）。

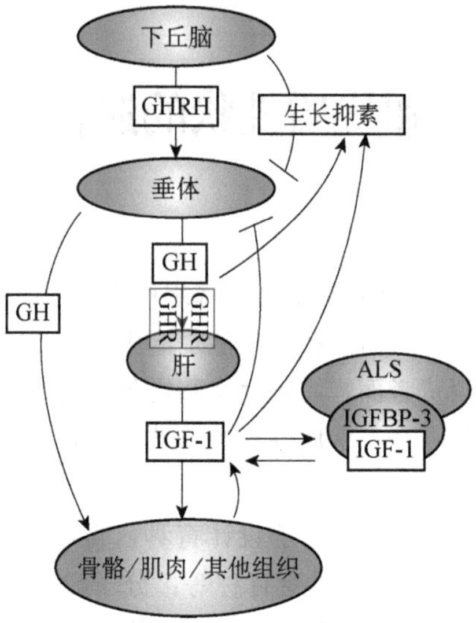

图 13.1　GH/IGF-1 信号轴及其调控因子示意图（改自 Rosengren，2007）

13.1.1　生长激素

人类对 GH 的研究，始于对巨人症或患有肢端肥大症的成年人的临床表现及解剖学分析（de Herder，2009）。1884 年，瑞士医生 Fritsche 发现一位 44 岁的患有肢端肥大症的病人的脑垂体显著增大，以发现糖尿病起源于胰腺而闻名的 Minkowski 首次将垂体增大与肢端肥大症进行联系。Babinski 和 Fröhlich 分别发现了身材矮小且伴有肥胖的临床症状是由下丘脑-垂体瘤造成的，从而提出了垂体可能存在具有促进生长作用的物质的假说。此后，神经外科医生 Cushing 提出了“生长激素”这一概念，并致力于寻找垂体特异的激素，而后垂体提取物在大鼠和犬中被证实对生长具有促进作用。美籍华人科学家李卓皓首次分离、纯化并合成了人 GH，解析了其初级结构（Li and Evans，1944；Li and Dixon，1971）。李卓皓在 GH 研究领域做出了非常卓越的贡献，他一共发表了 1100 多篇论文，获得美国 Albert Lasker 基础医学奖，并两次被提名为诺贝尔生理学或医学奖候选人。至今，已有很多物种的 GH 得到了分离、纯化和鉴定。

鱼类 GH 是由脑垂体前叶嗜酸性细胞分泌的单链蛋白类激素，具有明显的种属特异性。鱼类 GH 编码基因首先被日本科学家在大麻哈鱼（*Oncorhynchus keta*）中克隆鉴定（Sekine et al.，1985）。GH 几乎对除神经组织外的鱼体所有组织的生长（细胞体积和数量）都有明显的促进作用。GH 的合成和分泌则主要受下丘脑分泌的 GHRH 和 GHIH 的双重调控；低血糖、应激反应、运动等都能刺激 GH 的分泌。GH 促进细胞生长增殖的基础是增强了机体的合成代谢，它可以调节营养物质在不同组织间的分配：在脂肪组织中刺激脂肪的酶解作用，减少脂肪的沉积；在肌肉组织中加强肌肉细胞蛋白质的合成和氨基酸的摄取，提高蛋白质的沉积量；促进肝糖原的消耗（Leung et al.，1991），增强对碳水化合物的利用能力。

人们通过改变 GH 的表达水平，可以调控鱼类的生长速度。*GH* 突变的斑马鱼的生长变得迟缓，死亡率升高，杂合子雄鱼不能自然受精（Hu et al.，2019；McMenamin et al.，2013）。1985 年，朱作言等将人的重组 *GH* 基因转入金鱼受精卵，构建了世界上首批快速生长的转基因鱼，成功揭示了 GH 对硬骨鱼类的促生长作用（Zhu et al.，1985）。利用转基因手段，GH 的促生长作用还在多种鱼类中得到了进一步验证（叶鼎等，2014）。转 *GH* 基因的银大麻哈鱼的肌纤维生成量是野生型银大麻哈鱼的两倍，生长体态大小也超过同龄野生型银大麻哈鱼（Johnston et al.，2014）。有研究者将体外表达的重组 GH 作为饲料添加剂投喂鱼类，发现其可以显著促进鱼类生长，提高食物转换效率（王伟等，2000）。

由于 GH 作用于机体生长的重要作用，国内外诸多实验室开展了 *GH* 转基因鱼的育种研究。朱作言院士及其团队克隆了鲤 β-肌动蛋白启动子和草鱼 *GH* 基因，构建了由鲤 β-肌动蛋白启动子驱动草鱼 *GH* 基因表达的"全鱼"转基因载体，并研制出了快速生长的转"全鱼"*GH* 的转基因黄河鲤——"冠鲤"（Wang et al.，2001）。八月龄的"冠鲤"体重即能达到对照黄河鲤的 2 倍之多，不同家系的"冠鲤"生长速度提高了 42%～114.92%，当年即可达到上市规格（朱作言和胡炜，2017）。加拿大学者将大鳞大麻哈鱼的 *GH* 基因转入了大西洋鲑鱼，获得了转"全鱼"*GH* 的转基因大西洋鲑。2015 年，美国 FDA 批准了转基因鲑的上市许可，使得转基因鲑成为第一例摆上人类餐桌的转基因动物产品。

13.1.2　生长激素受体

GH 通过结合两个生长激素受体分子的膜外区，使其形成活化的二聚体形式，从而激活下游与生长和代谢相关的基因表达（图 13.2）。

GHR 是首个被克隆鉴定的 I 类细胞因子受体，其含有两个细胞因子受体特有的 β 夹心、一个单次跨膜结构域和胞内富含脯氨酸的 box1 序列，box1 序列召集附近的 box2 序列后使其持续与 JAK2 结合。JAK2 是目前为止发现的唯一被 GHR 激活的激酶，其能够使受体胞内端的酪氨酸磷酸化（Lanning and Carter-Su，2006）。GH 的结合能够促进和稳定 GHR-JAK2 复合物的形成（Argetsinger et al.，1993）。Brown 等发现 GHR 在没有配体的情况下也以二聚体的形式存在于细胞膜上，当 GH 与 GHR 二聚体的胞外端结合之后，GHR 的跨膜结构域发生顺时针旋转，N 端的 box 序列与 JAK2 的 FERM 结构域结合（Brown et al.，2005；Waters and Brooks，2011）。每一个 GHR 分子的胞内端与一个 JAK2 分子结合，这种旋转构象的发生允许 JAK2 磷酸化更多的其他 JAK2 分子的酪氨酸残基，进而促进下游 STAT5 的磷酸化和稳定入核，从而与核内的转录因子相结合，激活 JAK/STAT 信号通路的下游目的基因，如 *IGF-1* 等。

鱼类的 GHR 编码基因首先由西班牙和法国科学家在大菱鲆（*Scophthalmus maximus*）中克隆鉴定（Calduch-Giner et al.，2001）。研究发现，虽然 *GH* 转基因可以促进受体鱼的生长，然而，这一促生长效应在不同物种，或同一物种的不同遗传背景的群体中存在显著的差异，这是由于 GHR 信号通路的负反馈机制所致。有研究将 GHR 的膜外区域用亮氨酸拉链替代，设计构建持续二聚化激活型的 GHR（constitutively activated GHR，CA-GHR）。研究者将 CA-GHR 转入斑马鱼后，CA-GHR 转基因鱼的 GH/GHR 信号通路活性远远高于对照组，生长速度明显加快；相反地，人为缺失 GHR 的胞内区域形成显性负调控的 GHR，则高效地抑制了 GHR 信号通路的活性（Ishtiaq Ahmed et al.，2010）。因此，人们通过对 GHR 进行遗传改良，也有望培育生长快速的鱼类新品种。

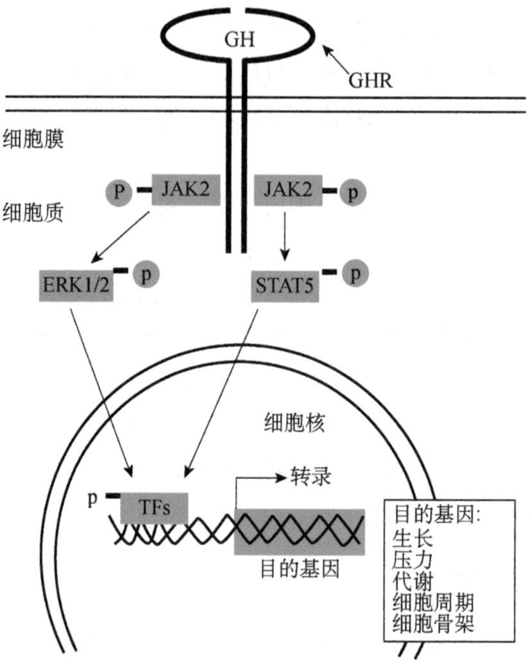

图 13.2 GH/GHR 信号激活及胞内信号转导示意图（引自 Bartke and Quainoo，2018）

13.1.3 类胰岛素生长因子

GH 对生长的促进作用主要是通过提高其下游目的基因类胰岛素生长因子 1（IGF-1）的表达水平来实现。IGF-1 主要在肝脏中表达，其他组织也会以旁分泌或自分泌的形式表达 IGF-1。IGF-1 和 IGF-2 与酪氨酸激酶受体 IGF1R 结合，激活与细胞生长和增殖相关的信号通路（如 PI3K/Akt）的表达和活性水平，从而参与调控生长和发育过程（Wang et al.，2004；Ranke and Wit，2018）。

类胰岛素生长因子是与胰岛素原结构相似的一类蛋白，具有类胰岛素代谢和促有丝分裂的功能。硬骨鱼类 IGFs 系统包含 3 个配体（IGF-1、IGF-2、IGF-3）、2 个受体（IGF1R、IGF2R）和 3 个 IGF 结合蛋白（IGFBP）。一般认为 IGF-1 主要在出生后及成年期发挥介导 GH 的促生长作用；IGF-2 主要在胚胎早期发育过程中发挥作用；IGF-3 是 IGF 家族的新成员，首先在罗非鱼和斑马鱼中被发现，是一种鱼类特有的 IGF 配体，在精巢和卵巢中高表达，调节鱼类性腺的发育过程（Li et al.，2011；Wang et al.，2008；Schlueter et al.，2007）。

IGF-1、IGF-2 与 IGF 受体结合，引起 IGF 受体空间构象上的改变，从而激活其胞内结构域的磷酸化，招募 IRS 等信号蛋白，从而激活下游信号通路；包括 PI3K/Akt 途径和 Ras/MAPK 途径，这些信号通路与蛋白质合成和有丝分裂的启动直接相关（图 13.3）。斑马鱼 IGF1R 在胚胎发育早期表达水平较低，在幼鱼阶段表达上升，IGF2R 则相反，这说明 IGF1R 和 IGF2R 在调控斑马鱼生长和发育的过程中发挥着不同的作用。血液中的大部分 IGFs 与 IGFBP 相结合，调节细胞的增殖和代谢。IGFBP 除了负责将 IGFs 运送到靶细胞，延长 IGFs 的半衰期外，还可能参与胚胎的早期发育（Chen et al.，2004）。

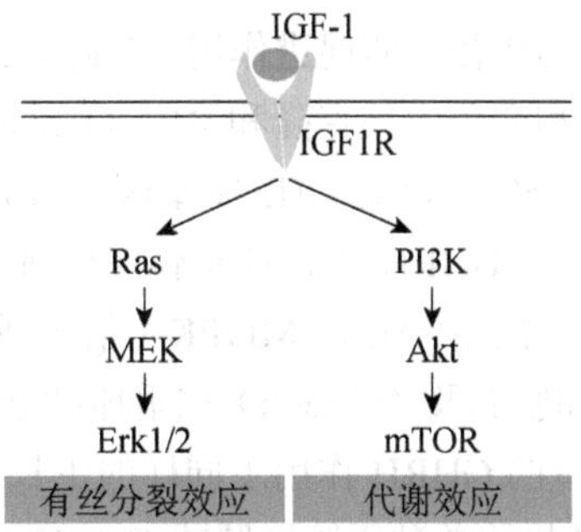

图 13.3　IGF-1/IGFR 信号通路示意图

由于 IGF 系统成员的作用非常广泛，参与多种信号通路的激活和传导，因此人们通过对 IGF 相关基因的表达调节以调控鱼类生长的情况比较复杂。多数关于 IGFs 促进肌肉生长的研究均是体外实验。转 *IGF-1* 基因的鲫并没有表现出比对照鱼更高的生长速度，其体重反而小于对照鱼，且肌肉含量出现显著下降（Li et al.，2014），这说明通过过表达 IGFs 家族单一因子，不一定能达到快速生长的效果。

13.1.4　调控生长的神经内分泌因子

如前所述，GHRH 和 SST（又称 GHIH）等诸多神经内分泌因子通过正向或负向的途径参与对生长的密切调控（代向燕等，2014）（图 13.4）。

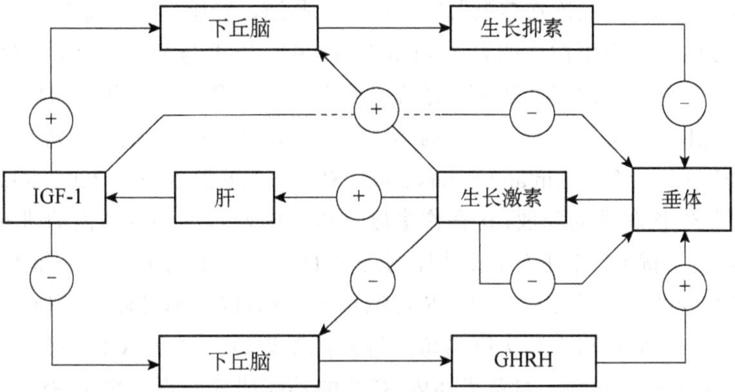

图 13.4　GHRH 和 SST 等神经内分泌因子对 GH 分泌及作用的调控

GHRH 是小丘脑分泌的一种多肽类激素，其具有刺激 GH 释放的功能。GHRH 最初从人的胰腺肿瘤组织中分离和鉴定，哺乳动物的 GHRH 包含 44 个氨基酸，主要与垂体中分泌 GH 的细胞上表达的 GHRH 受体（growth hormone-releasing hormone receptor，GHRH-R）结合，激活下游包括 GH 在内的多种信号（Jansson and Dickson，1999）。GHRH-R 是一类 7 次跨膜的 G 蛋白偶联受体，与 GHRH 结合后，激活细胞内的腺苷环化酶（adenylyl cyclase，AC）水平，从而提高环磷酸腺苷（cyclic adenosine monophosphate，cAMP）的表达，继而诱导蛋白激酶 A（protein kinase A，PKA）的激活，导致包括钙离子通路在内的多种信号的激活。AC/cAMP/PKA 调控环磷酸腺苷反应元件结合蛋白（cAMP response element binding protein，CREB）的表达，促进了细胞核内 *GH* 基因的转录，钙离子则促进了 GH 的释放（Malagon et al.，2013）。此外，一氧化氮/一氧化氮合成酶信号通路也参与了 GHRH 对 GH 释放的促进作用（Luque et al.，2005）。

鱼类的 GHRH 最早在斑马鱼和金鱼中被克隆和鉴定（Lee et al.，2007），其由 27 个氨基酸组成，与人的 GHRH 同源性高达 81.5%。鱼类 GHRH 基因一般高表达于下丘脑、端脑、脊髓，在卵巢中也有较低的表达。硬骨鱼类中 GHRH/GHRH-R 体系促进 GH 释放、调控免疫和性别差异生长，并且其对 GH 分泌的刺激作用也是由 AC/cAMP/PKA 信号通路和一氧化氮/一氧化氮合成酶信号通路所介导的。此外，GHRH 和脑肠肽（ghrelin）在垂体细胞中具有协同促进 GH 分泌的效果。研究者相继用金鱼的脑肠肽和鲑鱼的 GHRH 作用于同样的生长激素分泌细胞，都能提高细胞内游离的钙离子水平，且共同作用的结果比单独用脑肠肽或 GHRH 对 GH 的分泌具有更强的促进作用（Hataya et al.，2001；Arvat et al.，2001；Grey and Chang，2008）。目前没有报道干扰 GHRH 的表达之后是否影响鱼类的生长，因此关于 GHRH 对 GH 的促分泌和生长的促进作用有待进一步研究。

SST 是在下丘脑前叶表达的一种抑制生长的激素，于 1968 年首次在大鼠中发现（Krulich et al.，1968）。该激素是由 14 个氨基酸组成的环状肽。SST 基因转录形成 SST 前体激素，该前体激素经过加工成为多种不同形式的成熟多肽，在哺乳动物和鱼类中主要有两种形式，即 SST-14 和 SST-28。它们的区别在于 SST-28 比 SST-14 的 N 末端多出 14 个氨基酸。SST-14 主要存在于中枢神经系统和多种外周器官中，而 SST-28 主要在消化道黏液中。SST-14 和 SST-28 在不同细胞中的差异分布提示了 SST 调控功能的多样性。SST 受体（somatostatin receptor，SSTR）家族一共有 5 名成员，SSTR1-5 是 G 蛋白偶联受体家族的成员，包含一个含有 α 螺旋的七次跨膜结构域、胞外 C 末端和胞内 N 末端结构。SSTR 广泛表达于大脑及其周围组织中，包括大脑皮层、小脑、垂体、下丘脑、海马体、核仁体、嗅球等，其次在包括肝脏、胰腺、肠道、肾脏、胃、骨骼肌、视网膜等组织中也发现了 SSTR mRNA 或者蛋白质的表达（Patel，1999）。SST 与细胞膜上的 SSTR 结合之后，降低了细胞内的乙酰环化酶的水平和钙离子浓度。目前为止，鱼类中发现了四种 SSTR（SSTR1、SSIR2、SSIR3、SSIR5）及一些 SSTR 异构体，如 SSTR1A/1B（金鱼和虹鳟）、SSTR3A/3B（金鱼）和 SSTR5A/5B/5C（金鱼）（Lin and Peter，2003；Slagter and Sheridan，2004；Klein and Sheridan，2008）。SST 能抑制生长激素的释放，这在许多硬骨鱼类中通过体外或体内的研究已被广泛证明。虹鳟注射 SST-14 会干扰 GH-IGF 轴的作用，引起 GH 和 IGF-1 的水平下降和生长迟缓。在体外培养的细胞中瞬时表达金鱼的 SSTR1A、SSTR1B 和 SST-14，都可显著抑制腺苷酸环化酶的活性和释放。用 SST14-对金鱼和大鳞大麻哈鱼进行外源处理，可以降低 GH 的分泌（Melamed et al.，1995；Cook and Peter，1984）。对鱼类体内 SST 的功能研究发现，鱼类 SSTR2 的激活与垂体 GH 分泌的抑制具有相关性；鱼类的 SST 参与了肝细胞对 GH 敏感性的调解，降低了 GHR 的表达水平，从而降低 IGF-1 的合成和分泌；SST 对 GH 的抑制作用与发育阶段、喂食和营养状况相关（代向燕等，2014）。因此干扰 SST 家族的表达，可能对研制快速生长的鱼类新品系有所启示。

在 SST 敲除的小鼠中，仅观察到血液中 GH 水平的少量增加，且垂体中 GH 的含量显著下降，SST 敲除小鼠体内 IGF-1 的表达和小鼠体长也没有显著变化（Low et al.，2001），这些提示 SST 对 GH 的分泌抑制可能还受其他因子的调控。在鱼类中，SST 对 GH 的分泌作用受到其他神经内分泌因子，如多巴胺、雌二醇及 IGF-1 的影响。金鱼多巴胺可以通过其受体刺激或抑制 SST 基因的表达；虹鳟注射雌二醇会降低血浆中 SST-14 的水平，提高血浆中 GH 的水平；金鱼中埋植雌二醇会导致血浆 GH 升高，同时导致 SSTR2 的下调表达；虹鳟中 IGF-1 能够刺激胰岛细胞表达生长抑素前体激素，导致 SST 合成的增加（李文笙和林浩然，2010）。目前 GH 和 IGF-1 在垂体生长激素分泌细胞水平上对 SST 的直接作用尚不清楚，SST 对生长的作用机制有待进一步阐明。

13.1.5　调控生长的负因子

除了 SST 之外，还有许多负调控因子抑制 GH 信号通路的活性，进而抑制肌肉生长。理论上干扰或破坏生长负调控因子的功能或表达，也能够促进鱼类生长。

1. 细胞因子信号抑制子（suppressor of cytokine signaling，SOCS）　GH-IGF 信号通路对生长的促进是通过 JAK/STAT 传递的，而 SOCS 通过负反馈调控抑制 JAK/STAT 信号通路的传导（Ahmed and Farquharson，2010）。SOCS 家族一共有 8 个成员，其中 SOCS-1、SOCS-2、SOCS-3 和 CIS（cytokine-inducible SH2-containing protein）受 GH 的调控。SOCS 家族基因均具有一个 SH2 结构域和 C 端的 SOCS box。SOCS-1 被认为与 JAK 上磷酸化的酪氨酸位点结合，抑制 JAK2 的活性（Yasukawa et al.，1999）。SOCS-3 同样能与 JAK2 结合，同时磷酸化 GHR；SOCS-3 对 JAK2 的抑制作用依赖于 SOCS-3 与 GHR 的结合（Hansen et al.，1999）。SOCS-2 和 CIS 对 GH 信号的抑制作用可能是通过抑制 STAT5b 与 GHR 的结合实现的，其抑制作用要弱于 SOCS-1 和 SOCS-3。此外，SOCS-1、SOCS-2、SOCS-3 还介导了 GHR-JAK2 复合物的泛素化降解（Flores-Morales et al.，2006）。Leung 等发现雌激素能够通过上调 SOCS-2 的表达，从而抑制 GH 信号通路的活性（Leung et al.，2003）。SOCS-2 敲除的纯合子小鼠的个体尺寸、骨长度、器官尺寸均比野生型小鼠显著增大（Metcalf et al.，2000）。因此通过干扰 SOCS 家族基因的表达，可能为培育高产量鱼类新品系提供理论依据和新方向。目前人们已在斑马鱼中发现，敲除了 SOCS2 或 SOCS1a 的突变体表现出更快的生长速率（王华林等，2015；Dai et al.，2015）。

2. 肌肉生长抑制素（myostatin，MSTN）　其又称 GDF8（growth differentiation factor 8），是转化生长因子（transforming growth factor beta，TGFβ）超家族的一员，在骨骼肌中广泛表达，通过调节目的基因的表达，改变肌肉纤维的组成及造成肌肉重量的变化，是肌肉生长发育的负调控因子。MSTN 对骨骼肌生长的抑制机制主要包括：通过增强 p21 的转录、抑制细胞周期蛋白复合物的形成，从而抑制肌细胞周期从 G1-S 期向 G2-M 期的过渡（Shin et al.，2015）；MSTN 抑制肌遗传因子 MyoD 及参与肌肉增殖分化、生长发育相关的磷酸激酶的表达，从而抑制肌肉细胞分化（Wang et al.，2013）；通过抑制生肌调控因子（myogenic regulatory factors，MRFs）蛋白家族的表达而抑制机体骨骼肌的生成等（McFarlane et al.，2006）。*mstn* 基因的过表达会阻碍动物机体骨骼肌的生长，部分、完全缺失或表达降低均会导致动物机体出现双肌现象（double muscle phenomenon，DMP）（曹婷等，2017；Fan et al.，2017），如比利时蓝牛、皮埃蒙特牛、英国惠比特犬即因为 *mstn* 基因功能区的突变导致 MSTN 丧失了抑制肌肉增殖、分化及生长发育的功能，出现了 DMP 的表型。*mstn* 突变的小鼠也表现出明显的 DMP 现象。

鱼类体内 *mstn* 基因表达更为广泛，骨骼肌、鳃、肠、大脑、眼、性腺均能检测到 *mstn* 基因的转录本。在斑马鱼、鲶和鲫中敲除 *mstn* 的表达，突变体表现出脂质代谢加快、骨骼肌细胞增多、体重增加等性状（Gao et al.，2016；Khalil et al.，2017；Wu et al.，2020）。因此，利用基因组编辑技术创制 *mstn* 突变体，有望培育高肌肉含量的“双肌鱼”，为高产量鱼类育种提供新的思路。

13.1.6　生长与生殖相互作用

脊椎动物的生长与生殖活动有着密切的联系并相互作用。生长激素信号可能促进肝脏卵黄蛋白原的合成。在原代培养的鳗鲡（*Anguilla anguilla* L.）肝脏细胞中，单独添加 GH 虽然不能激活肝细胞卵黄蛋白原（vitellogenin，Vtg）的合成，但是能够增强由 17-β-雌二醇（E2）介导 Vtg 的合成，这表明 GH 能够直接作用于肝脏并增强 E2 信号在 Vtg 合成上的效应（Peyon et al.，1996）。

GH 也可能具有类似促类固醇激素合成和促性腺激素的活性，直接作用与性腺并促进性激素的合成。GHR 表达于鱼类的性腺组织，暗示生长激素信号在性腺中可能发挥作用（Le Gac et al.，1993）。在底鳉（*Fundulus heteroclitus*）中，GH 能够直接作用于精巢、促进睾酮（testosterone）和 11-酮基睾酮（11-ketotestosterone）的合成，也可以直接作用于卵巢、促进 E2 的合成（Singh et al.，1988）。石首鱼（*Cynoscion nebulosus*）中的实验也显示出类似的结果，即利用 GH 处理体外培养的卵巢能够增强睾酮和 E2 的合成（Singh and Thomas，1993）。

综上所述，高产性状的遗传基础实际上是由 GH-IGF 信号轴等多因素共同决定的，同时生长信号对生殖和代谢等又具有重要的调控作用，对这些因素的综合研究工作尚需开展，更多有价值的定向育种靶标尚有待发掘。

第二节　优质性状的遗传基础

国以民为本，民以食为天。随着国民生活水平和消费能力的逐步提升，人们的饮食结构与理念正在发生巨大的变化。健康、高品质的高蛋白食材在人们日常膳食结构中的比例逐渐升高。鱼类等水产品作为一种优质的动物蛋白成为了越来越多人的选择。因此培育具有优良性状的鱼类新品种是鱼类育种的新目标。综观消费者喜好和市场需求，影响鱼肉品质的性状包括肌间刺、肌内脂肪、肉色、多不饱和脂肪含量等（Lie，2001）。

13.2.1　肌间刺

很多淡水鱼类普遍存在复杂的肌间刺（俗称鱼刺），肌间刺的存在是影响鱼肉制品的加工、食用安全性和咀嚼感的重要因素。由于鲤科鱼类占据世界水产养殖总量的 50%以上，在亚欧及中南美地区的淡水养殖中占比很大，而多数的鲤科鱼类，如草鱼、鲢、鳙、鲫、鲂等大多有肌间刺，因此选育无肌间刺或肌间刺少的养殖品系将大大提高水产养殖价值，为消费者提供更加愉悦的消费体验。

肌间刺的起源主要被认为是骨化的肌膈结缔组织：①肌间刺是一种呈轴向分布的连接肌肉和骨骼的骨组织；②肌间刺的功能与肌膈结缔组织类似，起到将肌肉的力量从肌节传递到骨骼的作用。在硬骨鱼类中，根据附着于肌间刺上的组织定位，肌间刺可分为 3 类：一是连接在髓弓上的髓弓小骨，二是连到椎体上的椎体小骨，三是附在腹肋或脉弓上的脉弓小骨（图 13.5）（Gemballa and Britz，1998；Patterson and Johnson，1995）。青海湖裸鲤和鲢中只有髓弓小骨和脉弓小骨，没有椎体小骨（柯中和等，2008；丛淑品等，1982）。

根据形态，肌间刺可分为 7 类：①“I”形（无分叉）；②“Y”形（一端不分叉，另一端等长双分叉）；③一端多叉形（一端不分叉，一端 3 个或 3 个以上分叉）；④“卜”形（一端不分叉，另一端不等长双分叉）；⑤两端多叉形（两端均有 2 个或 2 个以上的分叉）；⑥树枝形（两端均有

4 个以上的分叉，并且在分叉的基础上再分叉）；⑦两端两分叉形（两端均有两分叉）（图 13.6）（Nie et al.，2019）。肌间刺的主要作用是支撑大侧肌肉，进行肌肉力量的传导，对于肉质比较疏松的鱼类，肌间刺不仅数目相对较多，且肌间刺上的分枝也较多，如鲢、鳙等。肌间刺与鱼类的系统演化密切相关，肌间刺的出现与消失是真骨鱼类演化过程中的阶段产物，是一种痕迹器官。

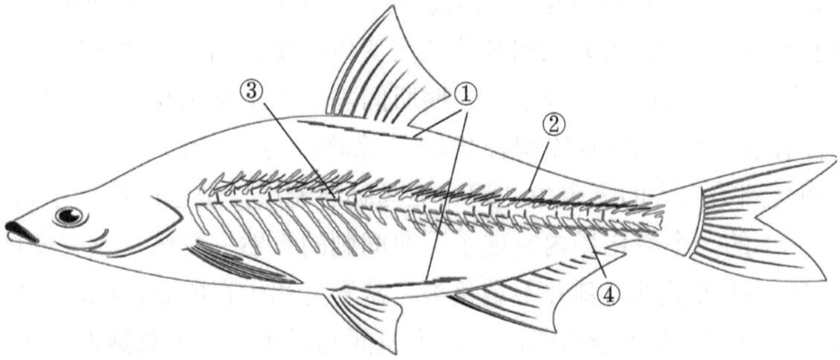

图 13.5　鱼类中不同类型肌间刺的分布（Nie et al.，2019）

①横纹刺；②髓弓小骨；③椎体小骨；④脉弓小骨

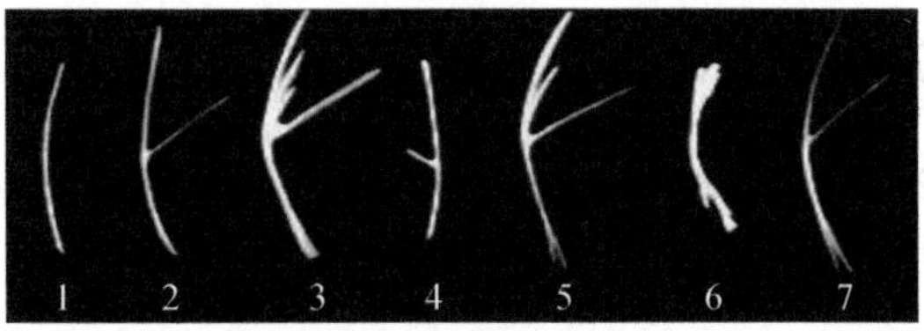

图 13.6　鱼肌间刺的形态分类（Nie et al.，2019）

1.“I”形；2.“Y”形；3.一端多叉形；4.“卜”形；5. 两端多叉形；6. 树枝形；7. 两端两分叉形

近年来，越来越多的研究关注肌间刺发育和形成的分子机制。团头鲂的研究显示 BMP 家族可能参与了肌间刺的形成与维持（Zhang et al.，2018），其中 BMP4 在肌间刺的分布决定中发挥剂量依赖的关键作用（Su and Dong，2018）。硬骨素（sclerostin，SOST）是一种延迟分泌的抑制骨形成的骨细胞产物，在淇河鲫的研究中显示 SOST 的转录和蛋白翻译水平均在背侧的肌肉中显著高于尾部肌肉，免疫组化结果也显示 SOST 在背侧肌膈组织中特异性表达，说明 SOST 在淇河鲫中影响肌隔组织中肌间骨的骨化，影响背部和尾部肌间骨形态的发生（王良炎等，2016）。对唇䱻（*H. labeo*）的肌节同源基因 C（muscle segment homeobox C，*msxC*）的表达谱分析发现 *msxC* 的表达时空与肌间刺的骨化过程一致，提示 *msxC* 可能参与了唇䱻肌间刺的发育和形成（Lv et al.，2015）。敲除了 *sp7a* 的突变体鲤其肌间刺比野生型鲤明显变短（Zhong et al.，2016），说明 *sp7a* 可能参与调控肌间刺的发育。此外，对肌间刺形成的四个时期［S1 期（肌间刺还未在尾部发生）、S2 期（少数小肌间刺在尾部骨化形成）、S3 期（更多的肌间刺在尾部骨化但形态还未成熟）、S4 期（所有的肌间刺已形成且形态成熟）］及三种重要组织（肌间刺、附着在肌间刺上的组织和六月龄团头鲂的背侧肌肉），进行高通量转录组和高通量 miRNA 测序分析，结果显示肌间刺发育的分子机制与其他由软骨骨化而来的骨骼组织如肋骨、椎骨等显著不同（Liu et al.，2017；Wan et al.，2015；Wan et al.，2016）。对四个时期的差异基因分析发现，胶原蛋白、肌球蛋白结合蛋白、肌动蛋白、钙调素等基因在肌间刺形成过程中动态调控了细胞的迁移、运动及肌肉的组装。对三种组织的差异基因表达分析发现，GTPase、ECM 及钙调蛋白在肌间刺中显著高表达。GTPase 是调控肌动蛋白细胞骨架和细胞迁移的分子开关，而 ECM 蛋白与 integrin 结合通过调控肌球蛋白收缩力影响细胞的迁移。这说明肌间刺不仅调控肌肉的收缩，且在协调骨-肌界面的重塑及细胞事件中发挥重要作用（Nie et al.，2019）。

一些研究表明，肌间刺的缺失并不影响鱼类的生长发育。在斑马鱼中，研究表明肌间刺的缺失对斑马鱼胚胎发育及胚胎发育过程中肌肉的发育没有影响（杨建等，2019）；有研究者通过人工诱导雌核生殖纯合二倍体筛选到无肌间刺草鱼突变体，观察到无肌间刺突变体的脊椎、附肢和整个形体都正常，生长和运动也没有异常，表明肌间刺并不是草鱼身体支撑和运动所必需的，其发育有不同于脊椎骨和附肢骨的遗传调控机制（徐晓锋等，2015）。大盖巨脂鲤（*Colossoma macropomum*）是南美洲第二大的无磷鱼，遍布亚马孙河流域，是巴西第一个人工养殖的本土种。研究人员在巴西西北部的一个孵化场内发现了无肌间刺的天然突变体，该突变体的形态、生长发育、繁殖特征均正常，证实了肌间刺并不是鱼类正常发育和生存所必需的。研究人员用超声波扫描了 120 尾亲鱼，发现其中 28 尾没有肌间刺，无肌间刺亲鱼占亲鱼总数的约 1/4，符合孟德尔遗传定律（Perazza et al.，2016）。这些无刺品系鱼的培育不仅将为解开肌间刺的发育和形成机制提供材料，更为培育其他无刺品系鱼提供了借鉴。

13.2.2 肌内脂肪

肌内脂肪（intramuscular fat，IMF）是指沉积在肌肉内的脂肪，由肌内脂肪组织和肌纤维中的脂肪组成，是影响肉质性状（包括肉质嫩度、风味和多汁性）的重要因素（图 13.7）（Listrat et al.，2016）。

图 13.7 三文鱼肉的肌内脂肪

肉的嫩度是指肉在咀嚼或切割时所需的剪切力，表示熟肉在入口后被咀嚼时柔软、多汁和容易嚼烂的程度，它决定了肉在食用时的口感，在一定程度上反映了肌肉中肌原纤维、结缔组织及肌内脂肪的含量、分布和化学结构。肌内脂肪含量增加，切断了肌纤维束之间的交联结构，咀嚼过程中肌纤维更容易断裂，因而使得肉质更嫩。肉的风味主要包括滋味和香味两方面，其中肉的滋味来源于蛋白质、核酸、无机盐等，肉的香味来源于肌内脂肪的氧化降解物。由于 IMF 富含磷脂，磷脂是影响肉品挥发性风味成分的重要前体物，其中包含大量多不饱和脂肪酸，通过美拉德反应（Maillard reaction）而产生香味。

IMF 的含量在不同物种中，或同一物种不同养殖群体中，或同一物种的不同肌肉类型中均有所不同，也因性别、年龄和喂养方式的不同而有所区别。IMF 含量差异主要与肌内脂肪细胞的数量和大小有关。IMF 的累积率取决于肌肉的生长速度。例如，具有高肌张力和高糖酵解活性的动物显示出 IMF 发育程度的降低。这表明肌肉细胞和脂肪细胞在生长过程中相互作用。此外，影响肌肉内脂肪生成的早期事件（如脂肪细胞增殖分化、结缔组织嵌入脂肪细胞）可能与 IMF 含量的个体间差异有关。增加肌肉也会稀释肌肉的最终脂肪含量。在代谢水平上，三酸甘油酯的摄取、合成和降解的平衡决定了 IMF 的含量，这涉及脂肪细胞和肌纤维的多种代谢途径。

多项实验表明，IMF 水平与脂肪酸结合蛋白（FABP）的肌肉含量、氧化酶活性或 Δ6 脂肪酸去饱和酶（Δ6 fatty acid desaturase）水平之间存在相关性。然而，这种相关性暂未得到体内功能性研究的证实（Hocquette et al.，2010）。FABP 将细胞膜外的脂肪酸运送到 β 氧化和三酰甘油及磷脂合成的部位。FABP 在细胞内与脂肪酸结合，使细胞内外保持一定的浓度差，促使细胞摄取脂肪酸。*fabp* 基因的多态性显著影响肌内脂肪含量。脂蛋白酯酶（LPL）是脂肪细胞、心肌细胞、骨骼肌细胞、乳腺细胞及巨噬细胞等合成和分泌的一种糖蛋白，催化与蛋白质相连的甘油三酯的分解代谢，它可以将血液中的乳糜微粒和极低密度脂蛋白所携带的甘油三酯水解成甘油和脂肪酸，以供组织贮存利用。LPL 活性的高低是脂肪沉积的标志，也是决定脂肪细胞大小的重要因素（Hocquette et al.，2010）。

鱼类的脂肪沉积部位主要是在皮下组织、肝脏、肌间隔等。对于行动缓慢的鱼类，肝脏和腹部脂肪等组织是其脂肪储藏的主要场所，而远海鱼类需要进行长途跋涉，因此会将大量脂肪贮存在肌肉组织中（Sheridan，1988）。

对鱼类脂肪性状相关的基因的研究起步较晚，目前主要发现有脂肪酸合成酶（fatty acid synthase，FASN）、脂蛋白酯酶（lipoprotein lipase，LPL）、乙酰辅酶 A 羧化酶（acetyl-CoA carboxylase，ACC）及脂肪酸结合蛋白（fatty acid binding protein，FABP）等的基因（Ayisi et al.，2018）。对这些基因功能的研究也主要集中在饲喂高脂饲料后检测基因的表达变化，研究体内脂肪沉积与基因表达水平的相关性。如投喂高脂肪水平的饲料能够抑制 *fasn* 和 *acc* 基因的表达，并随着脂肪水平升高，抑制作用越发显著（Zhou et al.，2014）。在虹鳟中，IMF 和极低密度脂蛋白（VLDL）的受体以及脂肪酸转运蛋白 FAT/CD36 的表达呈正相关（Kolditz et al.，2010）。

环境和营养条件也影响了鱼类的脂肪沉积。环境和营养等因素主要也是通过调节基因表达来调控脂肪的沉积，因此，正确了解脂肪在肌肉沉积规律和决定因素，以及脂肪代谢关键基因在脂肪沉积过程中的作用机制是肌内脂肪品质改良的基础。“脆肉鲩”的诞生就是通过营养和环境条件提升鱼肉品质的良好事例。“脆肉鲩”是在广东中山市的长江水库中将草鱼以单一饲料蚕豆喂养 120d，运用活水密集养殖法养殖而成的特色水产品，其肉质结实、爽脆、可口，完全不同于普通的草鱼。研究显示投喂蚕豆增强了 Smad4 介导的 TGF-β 信号的转导，增加了草鱼肌肉 I 型胶原蛋白的含量（Yu et al.，2019），提升了肉的口感，因而表现出“脆肉”的特性。

13.2.3　肉色

肉色是肉质优劣的直观体现。多数经济鱼类以纯白色、晶莹剔透为上乘。也有一些鱼类的肉为红色或橘红色，如三文鱼和金枪鱼，颜色越深其营养价值越高（Lie，2001）。

对于大多数畜禽类，肌肉的颜色是由肌肉中的肌红蛋白和血红蛋白的含量与变化状态决定的（刘贤敏等，2010）。鱼类的肌肉主要由白肌组成，多数鱼类仅含有少量的红肌，白肌肌纤维中含

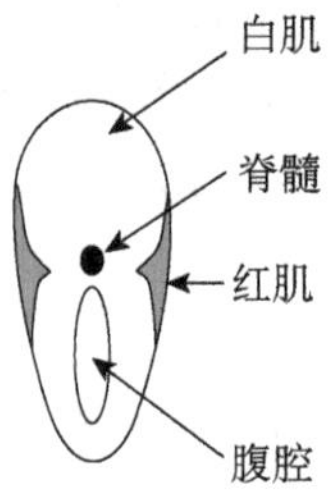

图 13.8 鱼类肌肉的组成——红肌和白肌

有较少的肌红蛋白及细胞色素，外观呈白色，具有快速收缩的能力来适应快速的游泳运动，是大多数鱼类中可食用价值较高的肌肉类型；红肌肌纤维中含有更多的细胞色素，分布有更多的筋膜和血管，与慢速游泳有关（图13.8）。肌肉被咀嚼时，其肌纤维直径越大、筋膜越丰富、血管越多越不易咀嚼；而肌纤维直径越小、密度越大，肉质越细腻鲜嫩，也就是说肌纤维密度与嫩度呈负相关、直径与嫩度呈正相关（关文静等，2008）。

另一方面，某些鱼类肌肉的颜色还与肌肉中天然色素——如类胡萝卜素的含量等密切相关，因此其在一定程度上表征着肌肉的营养价值。野生大西洋鲑在其生活史中摄食了大量的甲壳类动物，而它具有一种特殊的能力，即能够在肌肉中积累一种特殊的类胡萝卜素——虾青素，从而使得野生大西洋鲑（俗称三文鱼）的肌肉呈现鲜艳的红色（García-Chavarría and Lara-Flores，2013）。在养殖鲑科鱼类中，人们常通过在饲料中添加虾青素来加深鱼肉中的红色（García-Chavarría and Lara-Flores，2013）。软体动物（贻贝、蛤）和甲壳类动物（虾等）的独特颜色也是由类胡萝卜素（在某些情况下为类胡萝卜素蛋白）造成的（Maoka，2011）。然而，大多数鱼类虽能在身体某些部位（如表皮和性腺）中积累类胡萝卜素，但遗憾的是，无法在主要的食用部位——肌肉中积累。

在扇贝（*Chlamys nobilis*）中，橙色扇贝的贝壳和肌肉均呈现橙色，而棕色扇贝的贝壳呈棕色，肌肉呈白色。橙色扇贝的类胡萝卜素含量比棕色扇贝的要高得多（Zheng et al.，2010）。通过转录组测序发现，一个编码 B 型清道夫受体（scavenger receptor class B，SRB）的同源基因 *srb-like-3* 只表达在橙色扇贝中，而在棕色扇贝中不表达。在橙色扇贝中，利用 RNA 干扰的方法敲降 *srb-like-3* 基因的表达，使得血液中类胡萝卜素的浓度下降，这提示 *srb-like-3* 与外壳和肌肉的颜色相关（Liu et al.，2015）。

大西洋鲑（*Salmo salar*）有两个清道夫受体基因 *scarb1* 和 *scarb1-2*。*scarb1-2* 与 *scarb1* 具有89%的一致性。*scarb1* 在中肠中的表达量是其在肝脏和肌肉中表达量的 5 倍多，而 *scarb1-2* 在这三种组织中表达量没有明显差异，但整体表达量比 *scarb1* 要低。通过数量性状基因座（quantitative trait loci，QTL）定位发现，*scarb1-2* 可能与有效吸收类胡萝卜素有关（Sundvold et al.，2011）。值得注意的是，在同一饲养环境下，不同的个体中类胡萝卜素在肌肉中的含量不同，提示遗传因素影响着类胡萝卜素的吸收和存储（Torrissen and Naevdal，1988）。但到目前为止，人们对水产动物吸收和储存类胡萝卜素背后的遗传机制仍然知之甚少。

13.2.4 多不饱和脂肪含量

鱼肉是人类生长发育和维持健康所需的多不饱和脂肪酸（poly-unsaturated fatty acid，PUFA）的重要食物来源。脂肪酸作为一种营养物质，除了被氧化产生能量外还有许多重要的生物学功能，尤其是 ω-3（又称 Ω-3、n-3）长链多不饱和脂肪酸（ω-3 PUFA），对于人体发育、智力发展、健康维持和慢性病的防治有着不可替代的作用（Bazan et al.，2011）。

研究表明，ω-3 PUFA 在环氧化酶和脂氧化酶通路作用下生成消退素和保护素，具有在多种细胞中抑制炎症信号，促进炎症消退的作用；ω-3 PUFA 还有助于神经系统的发育，对一些神经系统疾病如阿尔茨海默病有很好的缓解和预防作用。特别值得一提的是，二十碳五烯酸（eicosapentaenoic acid，EPA）和二十二碳六烯酸（docosahexaenoic acid，DHA）等 ω-3 PUFA 还可以降低心脑血管疾病、癌症等 50 多种疾病的风险。遗憾的是，包括人类和鱼类在内的脊椎动物基因组缺乏 Δ12 去饱和酶和 ω-3 去饱和酶，不具备“从头合成”这类脂肪酸的能力，因此必须从食物中获取。

与畜禽相比，鱼类含有较高的长链多不饱和脂肪酸。这是因为：一方面，鱼类的食物链中具有相对较高含量的 ω-3 PUFA 类脂肪酸来源；另一方面，鱼类特别是淡水鱼类基因组编码的脂肪酸脱饱和酶（fatty acid desaturase，Fads）和延长酶（elongase of very long fatty acids，Elovl）具有较高的酶活，淡水鱼类普遍可以利用食物中的 18 碳 ω-3 PUFA 和 ω-6 多不饱和脂肪酸（ω-6 PUFA）在体内通过脂肪酸的延长和去饱和反应，生成 20 碳和 22 碳的 ω-3 PUFA 和 ω-6 PUFA（图 13.9）。因此，鱼类体脂中相对富含长链多不饱和脂肪酸，尤其是 ω-3 PUFA，如 DHA、EPA。世界卫生组织、联合国粮农组织、美国心脏学会、中国营养学会等官方和民间组织均推荐，成年人每周均需要适量摄入至少一顿富含 EPA 和 DHA 的鱼肉。

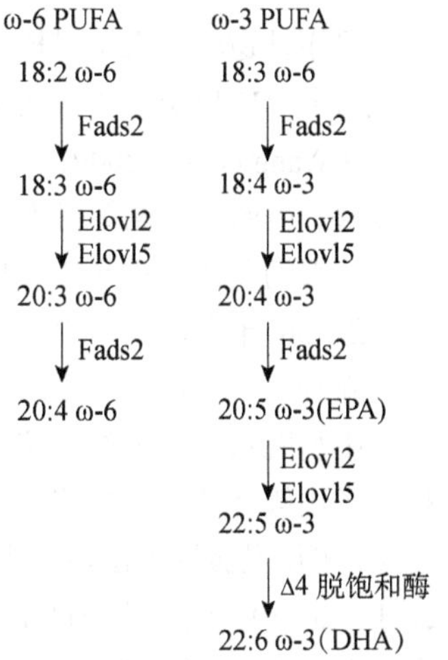

图 13.9　淡水鱼体内多不饱和脂肪酸的合成路径

与其他品质性状，如鱼肉的色泽和咀嚼性等相比，富含 ω-3 PUFA 是可以被科学定义和精确测量的；同时，这一性状也是被学术界所公认的“高品质”性状。因此，开展鱼类多不饱和脂肪酸合成代谢的基础研究，探索提升鱼类多不饱和脂肪酸含量的遗传育种，对鱼肉品质的提升具有重要的意义。

第三节　高产优质鱼类育种实例

通过有性杂交和细胞工程技术相结合的方式，湖南师范大学刘筠、刘少军院士团队以鲫鲤杂交获得的四倍体鱼为父本，二倍体日本白鲫为母本，杂交获得了三倍体不育的“湘云鲫”。“湘云鲫”相比普通鲫，其生长速度快 3～5 倍，且具有体形美观、肉质鲜嫩、肌间刺少、营养价值高等优势。而且，“湘云鲫”为三倍体不育，故可以在任何养殖水域放养，不会造成其他鲫、鲤品种资源混杂，也不会出现繁殖过量导致商品鱼质量下降。目前，“湘云鲫 2 号”已通过了全国水产原种和良种审定委员会的审定，在全国各地进行推广养殖。

利用雌核生殖和多代选育技术，中科院水生所桂建芳院士团队通过从高体型（D 系）银鲫与平背型（A 系）银鲫交配所产后代中筛选出少数优良个体，再经“兴国红鲤”精子刺激后进行雌核生殖，经多代生长对比养殖试验评价培育出异育银鲫新品种——“中科 3 号”（Wang et al.，2011）。“中科 3 号”具有遗传性状稳定、体色银黑、鳞片紧密不易脱鳞、生长速度快、出肉率高且抗病等优势。2018 年，该团队又在创制出整合了团头鲂亚基因组遗传物质的核心群体的基础上（团头鲂精子授精激活银鲫 E 系卵子，辅以冷休克处理的异精雌核生殖），经连续 13 代雌核生殖强化选育后，最终选育出既含有团头鲂遗传标记又表现有隆背性状的新品种异育银鲫“中科 5 号”（Chen et al.，2020）。异育银鲫“中科 5 号”因生长快、抗病性能更强，增产效果明显，另外还具有易垂钓等特点，深受广大养殖户和消费者的欢迎，目前已在全国范围内进行推广养殖。

利用黄颡鱼雄鱼体型较大的“两性异形”特征，中科院水生所桂建芳院士团队和刘汉勤研究员等采用性逆转、人工雌核发育等技术获得染色体均为YY的超雄鱼与生理雌鱼，再将两者交配后获得的YY超雄鱼作为父本，与普通雌鱼进行交配，培育出了子代全为雄鱼的“全雄1号”黄颡鱼（Wang et al.，2009；Dan et al.，2013；Liu et al.，2013）。“全雄1号”具有雄性率高、生长速度快、养殖产量高等优点，其在鱼种养殖阶段生长速度比普通黄颡鱼提高18%以上，成鱼养殖阶段比普通黄颡鱼提高43.5%～56.8%，产量平均提高45.5%。

近30年来，我国学者利用转基因这一“分子杂交”育种技术，研制出高产且具优良性状的鱼类新种质，实现了由传统选育向定向育种的转变。

中科院水生所朱作言院士团队在20世纪80年代克隆了鲤β-肌动蛋白启动子和草鱼*GH*基因，构建了由鲤β-肌动蛋白启动子驱动草鱼*GH*基因表达的“全鱼”转基因载体，以黄河鲤受精卵为对象，采用显微注射法，研制出了世界上第一例快速生长的转“全鱼”*GH*的转基因黄河鲤（Wang et al.，2001）。该团队经过10多年的努力，在2012年取得了转基因鱼育种的重要突破，培育出具有完全自主知识产权的转“全鱼”生长激素基因黄河鲤纯合子及其家系——“冠鲤”。“冠鲤”具有优良的养殖性状，在同等养殖条件下，生长速度比对照鲤快约114.92%，而且性腺指数仅为同龄对照鲤的1/4，可食肌肉多；此外，“冠鲤”饵料转化效率提高约18.2%，当年达到上市规格，缩短了一半的养殖周期，降低了养殖成本、风险和劳动强度。

1989年，加拿大学者Hew等将绵鳚的抗冻蛋白启动子和终止子与大鳞大麻哈鱼的*GH*基因重组后转入大西洋鲑中，获得转“全鱼”*GH*的大西洋鲑。与对照鱼相比，转基因大西洋鲑养殖一年即可达到对照鱼体重的2～6倍，且只需要18个月就能达到商品规格（Du et al.，1992），这不但缩短了养殖周期，且降低了鲑因寒冷、低温而造成的养殖风险。2015年11月，经过20多年的产业化申请和安全性审核，美国FDA终于批准了加拿大水丰技术公司（AquaBounty Technologies）的转“全鱼”*GH*鲑（又称“水优三文鱼”）的上市许可。“水优三文鱼”也成为第一种获准端上人类餐桌的转基因动物产品，成为转基因动物产业化的典范，是世界转基因动物育种研究与开发应用取得的历史性突破。

ω-3 PUFA常见于深海鱼类、少数藻类及某些植物中，对胎儿的神经发育和人体健康发挥着至关重要的作用。然而，包括人类在内的脊椎动物均不具备从头合成ω-3多不饱和脂肪酸的能力，只能从食物中获取。中科院水生所孙永华团队在鱼类育种中引入“合成生物学”理念，将线虫中编码Δ12-去饱和酶（fat2）和Δ15-去饱和酶（fat1）的基因进行鱼类密码子优化，构建了ω-3多不饱和脂肪酸含量显著上升的转基因鱼模型，这是首次使得鱼类获得“从头合成”ω-6和ω-3多不饱和脂肪酸的能力（Pang et al.，2014）。进一步，他们将*fat1*基因转入到黄河鲤，研制筛选出鱼肉中富含ω-3多不饱和脂肪酸的基因工程鲤家系——“海优鲤”。与对照鲤相比，“海优鲤”中四类ω-3多不饱和脂肪酸的含量均出现了显著的上升，花生四烯酸（ALA）的含量上升了4.4倍，EPA的含量上升了4.8倍，二十二碳五烯酸（DPA）的含量上升了2.4倍，DHA的含量上升了1.9倍。最终，“海优鲤”的EPA和DHA的总百分比含量与市售三文鱼相当（Zhang et al.，2019），这使得淡水黄河鲤的营养和健康品质得到根本性提升。

总之，随着对高产和优质性状的遗传基础有着更加深入的认识，科学家借助基于基因序列-表型模块的分子模块设计育种技术，乃至与基因组编辑、转基因等定向设计育种技术进行有机结合，将会为未来的水产养殖业和消费者提供更为精准高效的高产优质育种技术体系和育种产品。

（孙永华，叶鼎，何牡丹）

复习思考题

1. 简述 GH-IGF 信号轴及其调控因子的作用。
2. 鱼类的优质性状可分为哪些方面？
3. 如何确定某个候选基因是否参与调控鱼类的生长？尝试研究其作用机制并指导高产育种。

主要参考文献

曹婷，周汉林，荀文娟，等. 2017. MSTN 基因对猪骨骼肌发育调控的作用及其研究进展. 基因组学与应用生物学，36：1511-1517.

丛淑品，徐剑，李家坤. 1982. 青海湖裸鲤肌间骨（Os.intermusculare）的初步观察. 西北师范大学学报（自然科学版）：80-83.

代向燕，张玮，卓子见，等. 2014. 鱼类生长的神经内分泌调控. 中国科学：生命科学，44（12）：1213-1226.

关文静，朱艺峰，陈芝丹. 2008. 鱼类肌纤维特性与鱼肉品质关系. 水产科学：101-104.

柯中和，张炜，蒋燕，等. 2008. 鲢肌间小骨发育的形态学观察. 动物学杂志，43：88-96.

李文笙，林浩然. 2010. 鱼类生长激素合成与分泌的内分泌调控网络：垂体生长激素分泌细胞中的信号整合. 中国科学：生命科学，40：149-158.

刘贤敏，张璐，刘丽艳，等. 2010. 淡水鱼类肉质评价方法. 科学养鱼：69-70.

王华林，朱作言，孙永华. 2015. 斑马鱼 socs2 的 TALEN 敲除及其敲除胚胎的生长研究. 水生生物学报，39：831-836.

王良炎，田雪，庞小磊，等. 2016. 硬化蛋白基因在淇河鲫成鱼不同肌间骨相邻肌组织的表达差异分析. 中国生物化学与分子生物学报，32：1354-1359.

王伟，汪亚平，孙永华，等. 2000. 酵母表达的重组草鱼生长激素对鲤鱼的促生长效应. 高技术通讯，10：5-8.

徐晓锋，郑建波，钱叶青，等. 2015. 生长发育正常的无肌间刺草鱼突变体. 科学通报，60：52-57.

杨弘，吴婷婷，夏德全. 2005. 三种奥尼杂交罗非鱼养殖效果比较. 科学养鱼：18.

杨建，佟广香，郑先虎，等. 2019. 肌间刺缺失突变对斑马鱼胚胎发育过程中肌肉发育的影响. 中国水产科学，26：296-303.

叶鼎，朱作言，孙永华. 2014. 鱼类基因组操作与定向育种. 中国科学：生命科学，44：1253-1261.

佚名.2015. 北鲟 2 号. 中国水产：44-46.

朱作言，胡炜. 2017. 转基因鱼及其安全性. 科学（上海），69：25-27.

Ahmed SF，Farquharson C. 2010. The effect of GH and IGF1 on linear growth and skeletal development and their modulation by SOCS proteins. J Endocrinol，206：249-259.

Argetsinger LS，Campbell GS，Yang X，et al. 1993. Identification of JAK2 as a growth hormone receptor-associated tyrosine kinase. Cell，74：237-244.

Arvat E，Maccario M，Vito L，et al. 2001. Endocrine activities of ghrelin，a natural growth hormone secretagogue（GHS），in humans：comparison and interactions with hexarelin，a nonnatural peptidyl GHS，and GH-releasing hormone. The Journal of clinical endocrinology and metabolism，86：1169-1174.

Ayisi CL，Cheng Y，Zhao J. 2018. Genes，transcription factors and enzymes involved in lipid metabolism in fin fish. Agri Gene，7：7-14.

Bartke A，Quainoo N. 2018. Impact of growth hormone-related mutations on mammalian aging. Front Genet，9.

Bazan NG，Molina MF，Gordon WC. 2011. Docosahexaenoic acid signalolipidomics in nutrition：significance in aging，neuroinflammation，macular degeneration，Alzheimer's，and other neurodegenerative diseases. Annu Rev Nutr，31：321-351.

Brown RJ，Adams JJ，Pelekanos RA，et al. 2005. Model for growth hormone receptor activation based on subunit rotation within a receptor dimer. Nature Structural & Molecular Biology，12：814-821.

Calduch-Giner J-Al，Duval Hln，Chesnel F，et al. 2001. Fish growth hormone receptor：molecular characterization of two membrane-anchored forms. Endocrinology，142：3269-3273.

Chen F，Li XY，Zhou L，et al. 2020. stable genome incorporation of sperm-derived dna fragments in gynogenetic clone of gibel carp. Mar Biotechnol，22：54-66.

Chen JY，Chen JC，Huang WT，et al. 2004. Molecular cloning and tissue-specific，developmental-stage-specific，and hormonal regulation of IGFBP3 gene in zebrafish. Mar Biotechnol（NY），6：1-7.

Cook A，Peter R. 1984. The effects of somatostatin on serum growth hormone levels in the goldfish，Carassius auratus. General and Comparative Endocrinology，54：109-113.

Dai Z，Wang H，Jin X，et al. 2015. Depletion of suppressor of cytokine signaling-1a causes hepatic steatosis and insulin resistance in zebrafish. Am J Physiol Endocrinol Metab，308：E849-859.

Dan C，Mei J，Wang D，et al. 2013. Genetic differentiation and efficient sex-specific marker development of a pair of Y- and X-linked markers in yellow catfish. Int J Biol Sci，9：1043-1049.

de Herder WW. 2009. Acromegaly and gigantism in the medical literature. Case descriptions in the era before and the early years after the initial publication of Pierre Marie（1886）. Pituitary，12：236-244.

Du SJ，Gong ZY，Fletcher GL，et al. 1992. Growth enhancement in transgenic Atlantic salmon by the use of an all fish chimeric growth-hormone gene construct. Bio-Technology，10：176-181.

Duan M，Zhang T，Hu W，et al. 2009. Elevated ability to compete for limited food resources by 'all-fish' growth hormone transgenic common carp Cyprinus carpio. Journal of fish biology，75：1459-1472.

Fan X，Gaur U，Sun L，et al. 2017. The growth differentiation factor 11（GDF11）and myostatin（MSTN）in tissue specific aging. Mechanisms of Ageing and Development，164：108-112.

Flores-Morales A，Greenhalgh CJ，Norstedt G，et al. 2006. Negative regulation of growth hormone receptor signaling. Mol Endocrinol，20：241-253.

Fu C，Li D，Hu W，et al. 2007. Growth and energy budget of F2 'all-fish' growth hormone gene transgenic common carp. Journal of fish biology，70：347-361.

Gao Y，Dai Z，Shi C，et al. 2016. Depletion of myostatin b promotes somatic growth and lipid metabolism in zebrafish. Front Endocrinol（Lausanne），7：88.

García-Chavarría M，Lara-Flores M. 2013. The use of carotenoid in aquaculture. Research Journal of Fisheries and Hydrobiology，8：38-49.

Gemballa S，Britz R. 1998. Homology of intermuscular bones in acanthomorph fishes. Am. Mus. Novit.，3241：1-25.

Grey C，Chang J. 2008. Ghrelin-induced growth hormone release from goldfish pituitary cells involves voltage-sensitive calcium channels. General and Comparative Endocrinology，160：148-157.

Hansen JA，Lindberg K，Hilton D，et al. 1999. Mechanism of inhibition of growth hormone receptor signaling by suppressor of cytokine signaling proteins. Molecular endocrinology（Baltimore，Md.），13：1832-1843.

Hataya Y，Akamizu T，Takaya K，et al. 2001. A low dose of ghrelin stimulates growth hormone（GH）release synergistically with GH-releasing hormone in humans. The Journal of clinical endocrinology and metabolism，86：4552.

Hocquette JF，Gondret F，Baeza E，et al. 2010. Intramuscular fat content in meat-producing animals：development，genetic and nutritional control，and identification of putative markers. Animal，4：303-319.

Hu Z，Ai N，Chen W，et al. 2019. Loss of growth hormone gene（gh1）in zebrafish arrests folliculogenesis in females and delays spermatogenesis in males. Endocrinology，160：568-586.

Ishtiaq Ahmed AS，Xiong F，Pang SC，et al. 2010. Activation of GH signaling and GH-independent stimulation of growth in zebrafish by introduction of a constitutively activated GHR construct. Transgenic Res，20：557.

Jansson JO，Dickson SL. 1999. Neuroendocrine control of growth hormone secretion. Reiter EO.Growth Hormone. New York：Springer US：3-15.

Johnston IA，de la Serrana DG，Devlin RH. 2014. Muscle fibre size optimisation provides flexibility for energy budgeting in calorie-restricted coho salmon transgenic for growth hormone. J Exp Biol，217：3392-3395.

Khalil K，Elayat M，Khalifa E，et al. 2017. Generation of myostatin gene-edited channel catfish（*Ictalurus punctatus*）via zygote injection of CRISPR/Cas9 system. Sci Rep，7：7301.

Klein SE，Sheridan MA. 2008. Somatostatin signaling and the regulation of growth and metabolism in fish. Mol Cell Endocrinol，286：148-154.

Kolditz CI，Plagnes-Juan E，Quillet E，et al. 2010. Changes in white muscle transcriptome induced by dietary energy levels in two lines of rainbow trout（Oncorhynchus mykiss）selected for muscle fat content. British Journal of Nutrition，103：629-642.

Krulich L，Dhariwal AP，Mccann SM. 1968. Stimulatory and inhibitory effects of purified hypothalamic extracts on growth hormone release from rat pituitary *in vitro*. Endocrinology，83：783.

Lanning NJ，Carter-Su C. 2006. Recent advances in growth hormone signaling. Reviews in Endocrine & Metabolic Disorders，7：225-235.

Le Gac F，Blaise O，Fostier A，et al. 1993. Growth hormone（GH）and reproduction：a review. Fish Physiol Biochem，11：219-232.

Lee LT，Siu FK，Tam JK，et al. 2007. Discovery of growth hormone-releasing hormones and receptors in nonmammalian vertebrates. Proc Natl Acad Sci USA，104：2133-2138.

Leung KC，Doyle N，Ballesteros M，et al. 2003. Estrogen inhibits GH signaling by suppressing GH-induced JAK2 phosphorylation，an effect mediated by SOCS-2. Proc Natl Acad Sci USA，100：1016-1021.

Leung TC，Ng TB，Woo NYS. 1991. Metabolic effects of bovine growth hormone in the tilapia Oreochromis mossambicus. Comparative Biochemistry and Physiology Part A：Physiology，99：633-636.

Li CH，Dixon JS. 1971. Human pituitary growth hormone. 32. the primary structure of the hormone：revision. Arch

Biochem Biophys，146：233-236.

Li CH，Evans HM. 1944. The isolation of pituitary growth hormone. Science，99：183-184.

Li D，Lou Q，Zhai G，et al. 2014. Hyperplasia and cellularity changes in IGF-1-overexpressing skeletal muscle of crucian carp. Endocrinology，155：2199-2212.

Li J，Liu Z，Wang D，et al. 2011. Insulin-like growth factor 3 is involved in oocyte maturation in zebrafish. Biol Reprod，84：476-486.

Lie O. 2001. Flesh quality - the role of nutrition. Aquaculture Research，32：341-348.

Lin X，Peter RE. 2003. Somatostatin-like receptors in goldfish：cloning of four new receptors. Peptides，24：53-63.

Listrat A，Lebret B，Louveau I，et al. 2016. How muscle structure and composition influence meat and flesh quality. The Scientific World Journal，2016：3182746.

Liu H，Chen C，Gao Z，et al. 2017. The draft genome of blunt snout bream（Megalobrama amblycephala）reveals the development of intermuscular bone and adaptation to herbivorous diet. GigaScience，6.

Liu H，Guan B，Xu J，et al. 2013. Genetic manipulation of sex ratio for the large-scale breeding of YY super-male and XY all-male yellow catfish [*Pelteobagrus fulvidraco*（Richardson）]. Mar Biotechnol（NY），15：321-328.

Liu H，Zheng H，Zhang H，et al. 2015. A de novo transcriptome of the noble scallop，Chlamys nobilis，focusing on mining transcripts for carotenoid-based coloration. BMC genomics，16：44.

Low MJ，Otero-Corchon V，Parlow AF，et al. 2001. Somatostatin is required for masculinization of growth hormone-regulated hepatic gene expression but not of somatic growth. J Clin Invest，107：1571-1580.

Luque RM，Rodriguez-Pacheco F，Tena-Sempere M，et al. 2005. Differential contribution of nitric oxide and cGMP to the stimulatory effects of growth hormone-releasing hormone and low-concentration somatostatin on growth hormone release from somatotrophs. J Neuroendocrinol，17：577-582.

Lv YP，Yao W，Chen J，et al. 2015. Newly identified gene muscle segment homeobox C may play a role in intermuscular bone development of Hemibarbus labeo. Genetics and molecular research ：GMR，14：11324-11334.

Malagon MM，Vazquez-Martinez R，Martinez-Fuentes AJ，et al. 2013. Chapter 105：GHRH. Kastin AJ. Handbook of Biologically Active Peptides.2nd ed. Boston：Academic Press：784-791.

Maoka T. 2011. Carotenoids in marine animals. Mar Drugs，9：278-293.

McFarlane C，Plummer E，Thomas M，et al. 2006. Myostatin induces cachexia by activating the ubiquitin proteolytic system through an NF-kappaB-independent，FoxO1-dependent mechanism. Journal of cellular physiology，209：501-514.

McMenamin SK，Minchin JE，Gordon TN，et al. 2013. Dwarfism and increased adiposity in the gh1 mutant zebrafish vizzini. Endocrinology，154：1476-1487.

Melamed P，Eliahu N，Sivan B，et al. 1995. Hypothalamic and thyroidal regulation of growth hormone in tilapia. General and Comparative Endocrinology，97：13-30.

Metcalf D，Greenhalgh CJ，Viney E，et al. 2000. Gigantism in mice lacking suppressor of cytokine signalling-2. Nature，405：1069-1073.

Nie C-H，Hilsdorf A，Wan S. 2019. Understanding the development of intermuscular bones in teleost：status and future directions for aquaculture. Reviews in Aquaculture，12（2）：759-772.

Pang SC，Wang HP，Li KY，et al. 2014. Double Transgenesis of Humanized fat1 and fat2 Genes Promotes Omega-3

Polyunsaturated Fatty Acids Synthesis in a Zebrafish Model. Mar Biotechnol（NY），16：580-593.

Patel YC. 1999. Somatostatin and its receptor family. Front Neuroendocrinol，20：157-198.

Patterson C，Johnson GD. 1995. The intermuscular bones and ligaments of teleostean fishes. Smithson Contribution to Zoology，1995：1-83.

Perazza CA ，De Menezes JTB ，Ferraz JBS，et al. 2016. Lack of intermuscular bones in specimens of Colossoma macropomum：an unusual phenotype to be incorporated into genetic improvement programs. Aquaculture：S0044848616302496.

Peyon P，Baloche S，Burzawa-Gerard E. 1996. Potentiating effect of growth hormone on vitellogenin synthesis induced by 17 beta-estradiol in primary culture of female silver eel（Anguilla anguilla L.）hepatocytes. Gen Comp Endocrinol，102：263-273.

Ranke MB，Wit JM. 2018. Growth hormone：past，present and future. Nature Reviews Endocrinology，14：285-300.

Schlueter PJ，Sang X，Duan C，et al. 2007. Insulin-like growth factor receptor 1b is required for zebrafish primordial germ cell migration and survival. Dev Biol，305：377-387.

Sekine S，Mizukami T，Nishi T，et al. 1985. Cloning and expression of cdna for salmon growth hormone in escherichia coli. Proc Natl Acad Sci USA，82：4306-4310.

Sheridan MA. 1988. Lipid dynamics in fish：aspects of absorption，transportation，deposition and mobilization. Comparative Biochemistry and Physiology Part B：Comparative Biochemistry，90：679-690.

Shin S，Song Y，Ahn J，et al. 2015. A novel mechanism of myostatin regulation by its alternative splicing variant during myogenesis in avian species. AJP Cell Physiology，309：C650-659.

Singh H，Griffith RW，Takahashi A，et al. 1988. Regulation of gonadal steroidogenesis in fundulus-heteroclitus by recombinant salmon growth-hormone and purified salmon prolactin. General and Comparative Endocrinology，72：144-153.

Singh H，Thomas P. 1993. Mechanism of stimulatory action of growth hormone on ovarian steroidogenesis in spotted seatrout，*Cynoscion nebulosus*. Gen Comp Endocrinol，89：341-353.

Slagter BJ，Sheridan MA. 2004. Differential expression of two somatostatin receptor subtype 1 mRNAs in rainbow trout（*Oncorhynchus mykiss*）. J Mol Endocrinol，32：165-177.

Su S，Dong Z. 2018. Comparative expression analyses of bone morphogenetic protein 4（BMP4）expressions in muscles of tilapia and common carp indicate that BMP4 plays a role in the intermuscular bone distribution in a dose-dependent manner. Gene Expression Patterns，27：106-113.

Sundvold H，Helgeland H，Baranski M，et al. 2011. Characterisation of a novel paralog of scavenger receptor class B member I（SCARB1）in Atlantic salmon（*Salmo salar*）. BMC Genet，12：52.

Wan S，Yi S，Zhong J，et al. 2015. Identification of microRNA for intermuscular bone development in blunt snout bream（*Megalobrama amblycephala*）. International journal of molecular sciences，16：10686-10703.

Wan S，Yi S，Zhong J，et al. 2016. Dynamic mRNA and miRNA expression analysis in response to intermuscular bone development of blunt snout bream（*Megalobrama amblycephala*）. Scientific Reports，6：31050.

Wang D，Mao HL，Chen HX，et al. 2009. Isolation of Y- and X-linked SCAR markers in yellow catfish and application in the production of all-male populations. Animal Genetics，40：978-981.

Wang DS，Jiao B，Hu C，et al. 2008. Discovery of a gonad-specific IGF subtype in teleost. Biochem Biophys Res Commun，367：336-341.

Wang J，Zhou J，Cheng CM，et al. 2004. Evidence supporting dual，IGF-I-independent and IGF-I-dependent，roles for GH in promoting longitudinal bone growth. J Endocrinol，180：247-255.

Wang K，Li Z，Li Y，et al. 2013. Muscle-specific transgenic expression of porcine myostatin propeptide enhances muscle growth in mice. Transgenic research，22.

Wang Y，Hu W，Wu G，et al. 2001. Genetic analysis of "all-fish" growth hormone gene trans ferred carp（Cyprinus carpio L.）and its F1 generation. Chinese Science Bulletin，46：a1-a4.

Wang ZW，Zhu HP，Wang D，et al. 2011. A novel nucleo-cytoplasmic hybrid clone formed via androgenesis in polyploid gibel carp. BMC Res Notes，4：82.

Waters MJ，Brooks AJ. 2011. Growth hormone receptor：structure function relationships. Horm Res Paediatr，76（s1）：12-16.

Wu B，Sun Y，Wang Y，et al. 2005. Characterization of transgene integration pattern in F4 hGH-transgenic common carp（Cyprinus carpio L.）. Cell research，15：447-454.

Wu B，Sun YH，Wang YP，et al. 2004. Sequences of transgene insertion sites in transgenic F4 common carp. Transgenic Res，13：95-96.

Wu L，Li Y，Xu Y，et al. 2020. The roles of two myostatins and immune effects after inhibition in Qi river crucian carp（Carassius auratus）. Fish Shellfish Immunol，98：710-719.

Yamamoto TO. 1967. Estrone-induced white YY females and mass production of white YY males in the medaka，Oryzias latipes. Genetics，55：329-336.

Yasukawa H，Misawa H，Sakamoto H，et al. 1999. The JAK-binding protein JAB inhibits Janus tyrosine kinase activity through binding in the activation loop. The EMBO Journal，18：1309-1320.

Yu EM，Ma LL，Ji H，et al. 2019. Smad4-dependent regulation of type I collagen expression in the muscle of grass carp fed with faba bean. Gene，685：32-41.

Zhang WZ，Lan T，Nie CH，et al. 2018. Characterization and spatiotemporal expression analysis of nine bone morphogenetic protein family genes during intermuscular bone development in blunt snout bream. Gene，642：116-124.

Zhang X，Pang S，Liu C，et al. 2019. A novel dietary source of EPA and DHA：metabolic engineering of an important freshwater species-common carp by fat1-transgenesis. Mar Biotechnol（NY），21：171-185.

Zheng H，Liu H，Zhang T，et al. 2010. Total carotenoid differences in scallop tissues of Chlamys nobilis（Bivalve：Pectinidae）with regard to gender and shell colour. Food chemistry，122：1164-1167.

Zhong S，Wang YP，Pei D-S，et al. 2009. A one-year investigation of the relationship between serum GH levels and the growth of F-4 transgenic and non-transgenic common carp Cyprinus carpio. Journal of fish biology，75：1092-1100.

Zhong Z，Niu P，Wang M，et al. 2016. Targeted disruption of sp7 and myostatin with CRISPR-Cas9 results in severe bone defects and more muscular cells in common carp. Scientific Reports，6：22953.

Zhou JC，Han D，Jin JY，et al. 2014. Compared to fish oil alone，a corn and fish oil mixture decreases the lipid requirement of a freshwater fish species，Carassius auratus gibelio. Aquaculture，428-429：272-279.

Zhu Z，He L，Chen S. 1985. Novel gene transfer into the fertilized eggs of gold fish（*Carassius auratus* L. 1758）. Journal of Applied Ichthyology，1：31-34.

第十四章　抗病和抗逆性状的遗传基础与设计育种

水产养殖动物种类多样，包括鱼类、贝类、甲壳类等。在我国，进行规模化养殖的水产动物品种达 60 多种，但几乎所有的养殖品种都会受到疾病的威胁。据不完全统计，全国水产养殖病害种类高达200余种，其中常见病达几十种，病原主要包括病毒、细菌、真菌、寄生虫等。每年，我国水产养殖因病害造成的经济损失率超过10%，年损失近500亿元。缺少抗病优良品种已成为制约我国水产养殖业可持续健康发展的一个主要瓶颈因素。此外，与陆生环境相比，水环境具有其特殊性，水产养殖动物还面临一些逆境因素的制约，如低氧、低温、高温、高氨氮等因素。近年来，分子遗传学技术的发展和在水产养殖业的应用，特别是水产养殖动物功能基因的挖掘技术和基因编辑技术的建立和优化，不仅为抗病、抗逆新品种培育提供了大量候选靶标基因，而且还提供了高效、便捷的遗传操作手段。本章将重点回顾近年来有关鱼类抗病与抗逆遗传基础的研究进展，以及抗病、抗逆育种的技术路线，并分析和展望其发展前景。

第一节　水产动物抗病性状的遗传基础

我国鱼类病害研究始于20世纪50年代初，由中科院水生所主导。早期的研究主要集中于病原体的鉴定和鱼病防治药物的筛选。由于受当时技术条件的限制，最早开展的主要是鱼类寄生虫病原的分类鉴定研究。研究者们通过大量的野外调查，鉴定了危害我国水产养殖的主要寄生虫种类，如多子小瓜虫、鲤斜管虫、隐鞭毛虫、车轮虫、黏孢子虫、单殖吸虫、复口吸虫、锚头鳋等（湖北省水生生物研究所，1973）。随着技术的进步，人们也陆续开展了鱼类细菌病和病毒病的研究（图 14.1）。研究者们在开展病原分类鉴定的同时，也针对严重危害水产养殖的主要病害，开展了防治药物的筛选和综合防治技术的探索（倪达书，1994）。

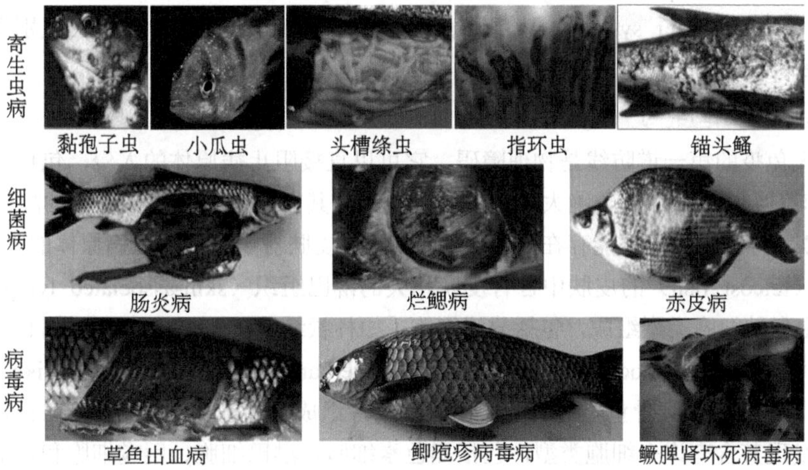

图 14.1　常见鱼类寄生虫病、细菌病和病毒病

人们近年来发现，许多以前筛选到的、在防治鱼类病害方面的有效药物，如硝酸亚汞、孔雀石绿等，会造成水体污染和药物残留。随着我国水环境污染防控的升级和食品安全管控措施的进一步加强，许多以前在鱼病防控中常用的抗生素和化学药物将被严格禁止使用，这对当今鱼病防治提出了新的挑战。

此外，在水产养殖中，饲料的投喂和人工“培水”施肥，给水体带来富营养化和不同程度的污染。在我国，随着水产养殖面积的不断扩大，以及对水产品高产量和高产值的追求，水产养殖带来的水体污染也日趋引起大众的关注。为了保护水环境，大水面养殖会受到越来越严格的管控。然而，为了满足国民对日趋增长的水产品消费需求，以提高单位水体水产品产量为目标的集约化和工厂化养殖成为我国水产养殖的重要发展方向。在集约化和工厂化养殖中，鱼类病害是主要制约因素。其实，人们早已意识到，鱼病的药物防治，不仅可能造成水体污染，而且还会造成鱼体药物残留，带来食品安全隐患。因此，为最终解决这一矛盾，抗病养殖鱼类新品种的培育与推广将是水产养殖业发展的主要方向。

近年来，随着现代分子生物学技术的发展及其在鱼病研究领域的广泛应用，人们从病原体的致病机制和鱼体抗病感染的遗传基础等方面开展了许多研究工作，以期阐明鱼类抗病的分子机制，在此基础上培育抗病鱼类新品种（Flores-Kossack et al.，2020；Ina-Salwany et al.，2019；Maekawa et al.，2019；Sudhagar et al.，2018）。

14.1.1 先天性免疫系统及其抗病机制

与其他脊椎动物一样，应对病原体的侵袭，鱼类的免疫系统发挥重要作用。鱼类是同时具有先天免疫系统（非特异性免疫系统）（innate immune system）和获得性免疫系统（特异性免疫系统）（adaptive immune system）的低等脊椎动物（Wang et al.，2020）。但与哺乳类相比，其获得性免疫机制还不够完善，因此，一般认为鱼类在应对外界病原体侵袭时，先天免疫系统发挥着更为重要的作用（Adams，2019；Zhang et al.，2019）。先天免疫系统最先对病原体的入侵发生反应，但对以前的反应不保留记忆。先天免疫反应比获得性免疫反应更古老，其成分在所有的多细胞动物中都可发现（Smith et al.，2019）。

鱼类先天免疫系统的组成主要包括：物理障碍（physical barriers），如皮肤、胃肠道；免疫细胞，如巨噬细胞（macrophages）和中性粒细胞（neutrophils）；体液组分（humoral components），如补体系统（complement system）、溶菌酶、抗菌肽等；细胞组分，如模式识别受体（pattern recognition receptors）。

14.1.1.1 物理障碍

鱼类先天免疫的第一道防线是物理障碍，它可以直接阻止病原体的入侵，包括皮肤（鳞片和黏液）、鳃和胃肠道表皮。对于绝大多数生物，皮肤是其首先阻止病原体入侵的障碍。终生生活于水中的鱼类，持续暴露于可能存在病原体的水环境，皮肤对于它们阻止病原体的入侵尤为重要。在真骨鱼类（teleost fish）的皮肤中含有皮肤相关的淋巴组织（skin-associated lymphoid tissue，SALT），它由多种细胞类型组成，包括分泌细胞［如杯状细胞（goblet cells）］、淋巴细胞（B 细胞和 T 细胞）、粒细胞（granulocytes）、巨噬细胞和 Langerhans 样细胞（Langerhans-like cells）等（Xu et al.，2013）。绝大多数真骨鱼类的真皮层由骨状鳞片组成，覆盖于皮肤外层。在软骨鱼类的皮肤中，人们也发现其含有许多细胞类型，包括黑色素细胞、淋巴细胞、巨噬细胞和粒细胞。

鱼类的皮肤除了鳞片覆盖和含多种具免疫功能的细胞外，其另一重要的功能就是分泌黏液。

鱼类黏液既可通过直接包裹病原体以物理障碍的形式阻止病原体入侵，还可作为一个化学障碍，抑制和杀灭病原体。真骨鱼类的黏液含有凝集素（lectin）、溶菌酶（lysozyme）、补体蛋白（complement proteins）和抗菌肽（antimicrobial peptides，AMPs）等，可以直接中和病原体，达到阻止病原体繁殖或杀灭病原体的作用（Fast et al.，2002）。

鱼类另一个特殊的器官就是鳃。鱼类的鳃除了在离子平衡和气体交换中起作用外，也是一个很重要的物理障碍，含有先天免疫和获得性免疫的一些成分。鳃的物理障碍由鳃表皮、糖萼层（glycocalyx layer）和黏液层组成。人们在真骨鱼类的鳃相关淋巴组织中（the gill associated lymphoid tissues，GIALT）发现了免疫细胞，包括巨噬细胞、中性粒细胞、嗜酸性粒细胞（eosinophilic granulocytes）等（Salinas，2015）。鱼类的胃肠道上皮除了具有吸收营养的功能外，也能阻止病原体的入侵。像皮肤和鳃一样，消化道也含有一些先天免疫和获得性免疫的细胞成分。人们在真骨鱼和软骨鱼中都发现了消化道相关淋巴组织（gut-associated lymphoid tissue，GALT）。真骨鱼的肠道，特别是后肠含有先天和获得性免疫细胞，包括巨噬细胞、肥大细胞、嗜酸性粒细胞、树突状细胞、B 细胞和 T 细胞（Salinas，2015；Tafalla et al.，2016）。

14.1.1.2　免疫细胞

如果病原体通过了物理障碍，它们将面临细胞和体液先天免疫系统。鱼类先天免疫系统的细胞由许多不同的细胞类型组成，包括单核细胞/巨噬细胞、粒细胞（如嗜碱性/嗜酸性粒细胞和中性粒细胞）、树突状细胞和自然杀伤细胞等。在真骨鱼类，白细胞初始发生的位置在头肾和胸腺。在软骨鱼类，白细胞的初始发生位置在会厌器（epigonal organ）、Leydig 器、胸腺和脾脏（Icardo et al.，2012）。当先天免疫细胞遭遇病原体时，它们将识别病原体中的病原体相关分子模式（pathogen-associated molecular patterns，PAMPs）。一旦 PAMPs 被识别，先天免疫细胞被激活。根据细胞亚型的不同，先天免疫细胞主要参与几类反应，如内吞（phagocytosis）。随着病原体被免疫细胞破坏，产生的多种细胞因子通过抗原呈递，在细胞因子的共刺激下激活获得性免疫反应。

单核细胞/巨噬细胞和中性粒细胞首先到达病原体入侵点，对初始感染产生反应。巨噬细胞来源于血液干细胞，它分化为循环单核细胞和组织定居巨噬细胞。脊椎动物巨噬细胞的分化被集落刺激因子 1 受体（colony-stimulating factor 1 receptor，CSFIR）控制。几种真骨鱼类和象鲨（*Callorhinchus milii*）的集落刺激因子 1 受体已被鉴定出来（Venkatesh et al.，2014）。巨噬细胞在先天免疫和获得性免疫中都起作用，特别是在炎症反应、病原体感染和组织稳态中起关键作用。在先天免疫反应系统，几种真骨鱼类的巨噬细胞能通过内吞来摧毁病原体，产生活性氧（rective oxygen species，ROS）和一氧化氮（NO），释放细胞因子（cytokine）和趋化因子（chemokine），类似于哺乳动物的巨噬细胞（Grayfer et al.，2018）。真骨鱼类的巨噬细胞在功能上也分为几个亚型：M1（经典激活巨噬细胞）型产生炎症细胞因子，如 TNFα 和 IL-1β，ROS 和 NO；M2（替代激活巨噬细胞）型与免疫抑制和伤口修复相关，增加精氨酸酶水平和抗炎症细胞因子，如 IL-10。对真骨鱼类 M1 巨噬细胞了解得最为清楚的是：它可以通过酸化（acidification）、营养限制、产生多种细胞因子和趋化因子等来摧毁病原体（Grayfer et al.，2018）。真骨鱼类中最多的粒细胞是中性粒细胞。它跟巨噬细胞一样，在抗病原的先天免疫中至关重要（Havixbeck and Barreda，2015）。中性粒细胞通过多种胞内和胞外机制来发挥其抗病原作用，包括释放含细胞毒性和抗微生物酶的颗粒、释放中性胞外包裹体（neutrophil extracellular traps，NETs）、内吞、产生 ROS 和 NO 等（Havixbeck and Barreda，2015）。一些真骨鱼的粒细胞与哺乳类、鸟类的中性粒细胞有相似的形态。但总的来说，鱼类的粒细胞在形状、数量和类型上在不同的鱼类间呈现出很大的差异。

14.1.1.3 体液组分

补体（complement system）是一类介导防御反应的血清蛋白，它通过调理作用和内吞来清除病原体，提升炎症反应。哺乳动物的补体系统大概由 30 个蛋白组成，有 3 条激活通路：①经典通路被抗原-抗体复合体激活，是连接先天免疫和获得性免疫的一个桥梁；②替代通路不依赖于抗体，直接被病原体激活；③凝集素通路被甘露糖结合凝集素（mannnose-binding lectin，MBL）、纤维凝胶蛋白（ficolin）或病原体表面的甘露糖残基等激活（Boshra et al.，2006）。最终，这些通路的激活导致 C3 转换酶的激活，将非活性的 C3 切割为 C3a 和 C3b。在多种真骨鱼类，包括虹鳟、斑马鱼和沟鲶等都有与哺乳类同源的补体组分（Rebl and Goldammer，2018）。在一些鱼类，3 条通路的组分和编码基因已被鉴定出来。它们在进化上非常保守（Kimura and Nonaka，2009）。然而，并不是所有的鱼类都有这 3 条通路。一些鱼类有多种类型的补体因子（Nakao et al.，2000）。

溶菌酶（lysozyme）是一类溶解酶，作用于细菌胞壁的肽聚糖层，通过水解 1-4 β 糖苷键来溶解细菌。它也参与其他防御，如调理作用（opsonization）、吞噬和激活补体系统。在鱼类，人们已报道了 C 型和 g 型溶菌酶，存在于中性粒细胞、单核细胞和一些组织（如肝、肾、脾、鳃）的巨噬细胞及黏液中（Myrnes et al.，2013）。合成的 C 型和 g 型溶菌酶可以裂解鱼类的一些病原菌（如 *V. anguilarum*、*Aeromonas hydrophila* 和 *Micrococcus lysodeikticus*）（Buonocore et al.，2014）。

抗菌肽（antimicrobial peptides，AMPs）是一类宿主防御肽，通常是由不同数量氨基酸组成的寡肽，带正电荷，在先天免疫中起重要作用。抗菌肽能直接摧毁病原菌或在细菌胞膜上形成孔洞来防御多种细菌的入侵。在鱼类，已有超过 90 种抗菌肽被报道，它们属于 β 防御素（β-defensin）、组织蛋白酶抑制素（cathelicidin）、铁调素（hepcidin）、Histone-derived peptide、鱼毒素（fish-specific piscidin）。一些抗菌肽的基因已被克隆，其抗菌功能已得到阐明（Cuesta et al.，2011）。

14.1.1.4 细胞组分

先天免疫反应的发生是由病原体的病原体相关分子模式（PAMPs）被宿主细胞的细胞内和细胞外模式识别受体（pattern recognization receptors，PRRs）的识别所启动的。病原体相关分子模式包括细菌脂多糖（LPS）、病毒 RNA、病毒和细菌 DNA 及其他危险相关分子模式（danger-associated molecular pattern，DAMP）。所有的细胞模式识别受体有一个能识别 PAMP 的功能域，它能与下游信号分子相关联。在哺乳类，模式识别受体至少可以分为 5 大类：Toll 样受体（toll-like receptors，TLRs）、视黄酸诱导基因 I 样受体［retinoic acid inducible gene I（RIG-I）-like receptors，RLRs］、C 型凝集素（C-type lectins，CLRs）、核苷结合域（nucleotide-binding domain）、富含亮氨酸重复序列的蛋白质（leucine-rich repeat containing proteins，NLRs）、黑色素瘤缺失样受体［absent in melanoma（AIM）-like receptors］。在鱼类，这些哺乳动物模式识别受体的同源物都被鉴定到。一旦病原体相关分子模式被模式识别受体所识别，引起细胞内一系列级联反应，宿主细胞就会产生抗病原体作用或炎症反应。

近年来，人们在鱼类应对病毒反应的 IFN 系统研究上进展很快（Langevin et al.，2019）。许多鱼类抗病毒先天免疫反应的重要因子被克隆，其功能和机制已得到阐明。一些重要的细胞识别病毒感染分子的发现，加深了我们对机体干扰素介导抗病毒先天免疫的认识。按病毒核酸类型来区分，病毒主要包括单链 RNA 病毒、双链 RNA 病毒和 DNA 病毒。它们入侵细胞，通过复制产生的病毒核酸，能快速被宿主细胞的模式识别受体分子所识别，然后激活一连串的级联反应，最后诱导机体细胞产生 IFN、促炎因子和其他下游效应蛋白的表达，以清除病毒在细胞中的感染

（Schlee and Hartmann，2016）；或者病毒通过劫持（haijack）反应，负调控这一通路，以逃逸宿主对病毒的抵抗和清除。哺乳类细胞主要表达二类模式识别受体感知病毒 RNA 和一类模式识别受体感知病毒 DNA 诱导的 IFN 抗病毒免疫反应：表达于内吞体（endosome）膜上的 TLR3/7/8/9（Toll-like receptor 3，7，8，9），识别细胞内吞的病毒 RNA；表达于细胞质中的 RLR 受体，识别病毒复制时在细胞质中产生的 RNA；表达于细胞质中的 cGAS，识别病毒复制时在细胞质中产生的 DNA。RLR 受体家族主要有两个成员：RIG-Ⅰ（retinoic acid-inducible gene I）和 MDA5（melanoma differentiation-associated protein 5）。TLR 受体一般在免疫细胞中表达，而 RIG-Ⅰ和 MDA5 在大多数细胞类型中表达，只是表达量很低，仅在病毒感染后被大量诱导表达（Schlee and Hartmann，2016）。自 2003 年在斑马鱼首次鉴定出第一个鱼类 *ifn* 基因后，鱼类干扰素介导的抗病毒免疫反应研究取得了重要进展（Chen et al.，2017；Langevin et al.，2017；Zhang and Gui，2012）。鱼类同样存在 RLR 介导的抗病毒免疫反应途径（Chang et al.，2011；Sun et al.，2011；Zhang et al.，2018）。鱼类 RIG-Ⅰ和 MDA5 一旦结合了病毒 RNA 之后，就会与定位于线粒体上的关键接头蛋白 MAVS（也被称为 VISA、CARDIF 或 IPS-1）结合。MAVS 作为一个信号平台，继续招募并激活蛋白激酶 TBK1，激活后的 TBK1 随即磷酸化激活转录因子 IRF3/7，并促使 IRF3/7 从细胞质进入到细胞核与 *ifn* 基因启动子结合，从而诱导 *ifn* 基因的表达。*ifn* 然后通过 JAK-STAT 信号通路最终诱导下游干扰素刺激基因（IFN-stimulated genes，ISGs）的表达。有些 *isg* 编码抗病毒蛋白直接发挥抗病毒作用（Langevin et al.，2013；Liu et al.，2011；Sun et al.，2014；Zhu et al.，2008），而有些 *isg* 编码蛋白则在 RLR 介导的 IFN 抗病毒反应的不同阶段发挥调控作用（Wu et al.，2019a；Wu et al.，2019b），使机体触发的 IFN 反应程度实时与病毒感染相协调，避免因 IFN 反应不足导致病毒不易消除干净，也避免因过度反应导致机体产生自身免疫性疾病。因此，RLR 介导的 IFN 信号途径受到多方面的严格调控（图 14.2）。目前，许多调控这一通路的因子被鉴定出来，为培育抗病鱼类新品种提供了候选靶标（Du et al.，2015；Liu et al.，2020；Yu et al.，2019；Zhu et al.，2020）。

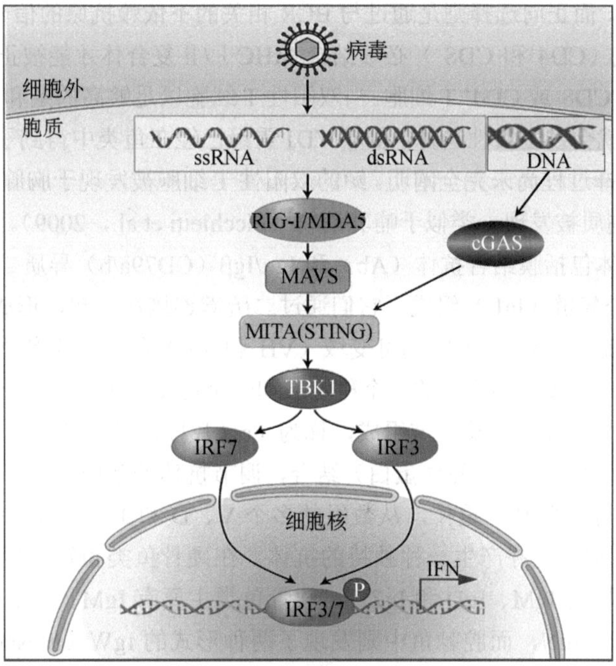

图 14.2　病毒感染诱导的宿主 RLR 信号通路

14.1.2 获得性免疫系统及其抗病机制

如果病原体持续存在，除了先天免疫系统的防御，获得性免疫系统将被激活，参与病原体特异性识别，并保留记忆。尽管有人基于 VLRs、B 样和 T 样细胞的存在，认为无颌类已有获得性免疫系统，但是一些获得性免疫系统的特异组分，包括免疫球蛋白（immunoglobulins，Igs）、T 细胞受体（T cell receptors，TCR）和组织相容性复合体（major histocompatibility complex，MHC），被认为最早是从有颌类脊椎动物（Gnathostomata）才开始出现（Casanova，2018；Flajnik，2018；Pancer and Cooper，2006；Smith et al.，2019；Wilson，2017）。

像先天免疫系统一样，获得性免疫系统也包括体液组分和细胞组分。B 细胞是体液获得性免疫的关键组分。B 细胞的主要功能是针对抗原产生高亲和力的抗体（Ig），并作为抗原呈递细胞去激活 T 细胞。抗体有两种形式：细胞分泌的可溶性抗体和膜结合抗体。膜结合抗体与信号分子 Igα/Igβ 结合，形成 B 细胞受体（B cell receptor，BCR）。T 细胞是细胞获得性免疫的另一主要组分。T 细胞受体总是结合在膜上，一旦受到呈递抗原的刺激，并在共刺激（Co-stimulation）作用下，T 细胞能被激活成辅助 T 细胞［helper（$CD4^+$）T cell］、调节性 T 细胞［regulatory（$CD4^+$）T cell］或毒性 T 细胞［cytotoxic（$CD8^+$）T cell］。B 细胞和 T 细胞识别抗原的特异性是分别由 B 细胞受体和 T 细胞受体决定。它们的形成是通过可变基因片段（V）、多样性基因片段（D）和加入基因片段（J）在体细胞中的重组来完成的，由 RAG 1 和 RIG2、末端脱氧核苷酸转移酶（TdT）的 DNA 重组力来决定的。RAG1 和 RIG2、TdT 及 V、D 和 J 基因片段在所有颌类脊椎动物中都存在（Mashoof and Criscitiello，2016），这导致了 BCRs 和 TCRs 的高度多样性，它们能够识别无数不同的特异性抗原，这也是获得性免疫系统所特有的。由于 VDJ 重组的随机性，一些 BCRs 和 TCRs 可能会将自身抗原识别为外来抗原。因此，发育中的 B 细胞和 T 细胞必须经过负性选择，以确保只有识别外来抗原的细胞才能存活。当 B 细胞识别自身抗原时，就会发生负性选择，诱导细胞凋亡或受体编辑。而正向选择则是通过与 BCR 相关的不依赖抗原的信号传导来实现。对于 T 细胞，双阳性 T 细胞（$CD4^+$和 $CD8^+$）必须结合 MHC Ⅰ/Ⅱ 复合体才能被正向选择，从而诱导存活的 T 细胞分别变为 $CD8^+$或 $CD4^+$ T 细胞。当双阳性 T 细胞以足够高的亲和力与 MHC Ⅰ/Ⅱ 结合，接收到凋亡信号时，就会发生负性选择。虽然 VDJ 重组已经在鱼类中得到了阐述，但鱼类 B 和 T 细胞的负性和正向选择过程尚未完全阐明。鲈的双阳性 T 细胞被发现于胸腺皮质，而单一的 $CD4^+$ 和 $CD8^+$细胞在胸腺髓质被发现，类似于哺乳动物（Picchietti et al.，2009）。

B 细胞产生的抗体包括膜结合抗体（Ab）和 Igα/Igβ（CD79a/b）异质二聚体。抗体蛋白由两个重链（IgH）和两个轻链（IgL）组成，它们通过二硫键连接在一起，形成一个“Y”形的四聚体结构。IgH 和 IgL 链都包含一个 N 端可变域（VH 和 VL）和一个或多个 C 端稳定域（CH 和 CL）。“Y”臂由来自每个重链和轻链的一个稳定域和一个可变域组成，是抗原结合的位点，称为 Fab 区。“Y”的底部由两个重链稳定域组成，称为 Fc（片段，可结晶）区域。Fc 区域通过与特定类别的 Fc 受体和其他分子（如补体蛋白）结合，调节抗体的效应功能。可变区域的重链与轻链基因座组装是通过体细胞基因重排，从数组的多个 V、D 和 J 段通过重排而来。在 B 细胞的发展过程中，每个 B 细胞允许产生一种独特的抗体。在硬骨鱼类和软骨鱼类，抗体的种类已得到确定。硬骨鱼类主要有 IgM、IgD 和 IgZ/T，软骨鱼类主要有 IgM、IgW 和 IgNAR。肺鱼中已经鉴定出 IgM、IgW 和 IgN，而腔棘鱼中则发现了两种形式的 IgW（Mashoof and Criscitiello，2016）（图 14.3）。

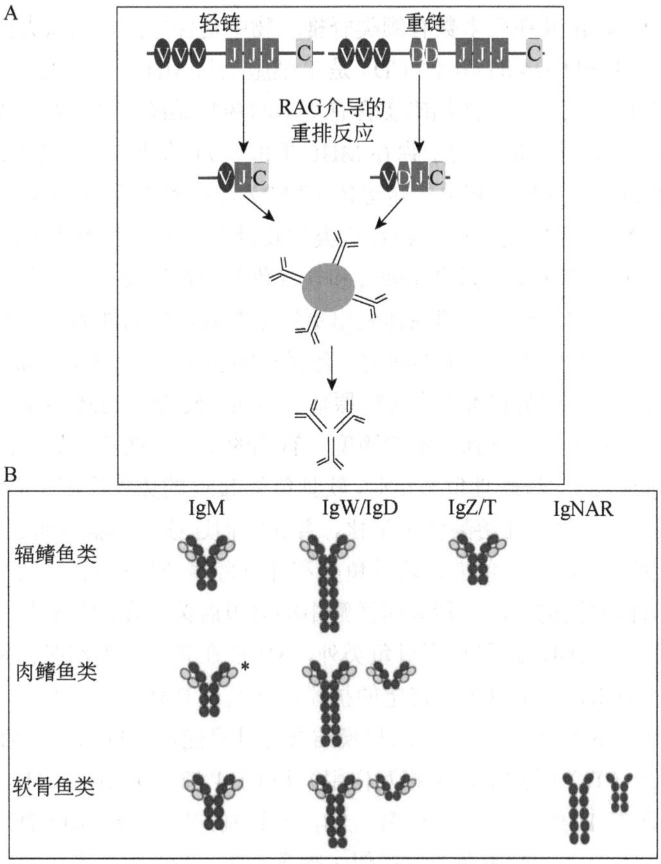

图 14.3　鱼类抗体产生过程及抗体种类

硬骨鱼类和软骨鱼类都缺乏骨髓（哺乳动物造血的主要部位）和生发中心（GC）。生发中心是哺乳动物成熟 B 细胞增殖、分化和选择高亲和力 BCR 的特殊部位。相反，在硬骨鱼中，造血的主要部位是前（或头）肾。研究者在前肾中发现了祖 B 细胞和浆细胞，而在后肾和脾脏中发现了成熟的 B 细胞和浆细胞。前肾 B 细胞发育的证据是 RAG-1/2 和 TdT 的表达，以及由此产生的表面有 Ig 的未成熟 B 细胞。有人提出，成熟的 B 细胞被释放到血液中，在那里它们遇到抗原，并进一步成熟成浆母细胞或浆细胞。浆细胞随后迁移回前肾，在那里它们可能成为长寿的浆细胞，支持 Ig 分泌细胞的储存。脾脏被认为是硬骨鱼唯一的二级淋巴器官（SLO），在该器官中已经观察到 AID 的表达，这表明脾脏是抗原刺激的部位。与硬骨鱼一样，RAG1 和 TdT 在上皮层的表达，证明了脾脏是 B 细胞发育的一个位点。此外，在 B 细胞和 T 细胞发育中的重要造血转录因子，在晶吻鳐（*Raja eglanteria*）胚胎的 Leydig 器中表达（Anderson et al.，2004）。软骨鱼类的脾脏包含清晰的白髓（WP）和红髓（RP）区，被认为是二级淋巴器官。白髓由淋巴细胞和成熟发育的浆细胞组成，而红髓由巨噬细胞、红细胞和浆细胞组成。

B 细胞、巨噬细胞和树突状细胞等抗原呈递细胞的主要功能是处理和呈递抗原，以激活 T 细胞。然而，T 细胞只识别与 MHC Ⅰ/Ⅱ结合的抗原片段，MHC Ⅰ/Ⅱ是在抗原呈递细胞上发现的细胞表面蛋白。虽然 MHC 的结构在不同物种中都是保守的，但是编码 MHC 的基因在哺乳动物、硬骨鱼和软骨鱼类中显示出高度的多态性。在大多数硬骨鱼类中，MHC Ⅰ和 MHC Ⅱ位于不同的染色体上，而在软骨鱼类和所有其他脊椎动物中，MHC Ⅰ和 MHC Ⅱ位于相同的染色体上。有趣的是，虽然 MHCⅠ和 MHCⅡ在大多数有颌类脊椎动物中是保守的，但像大西洋鳕这样的双体型动物已经失去了 MHCⅡ和 CD4 的基因。CD4 是 T 细胞上与 MHC Ⅱ相互作用的一种协同受体。然而，与其他脊椎动物相比，大西洋鳕确实含有更多与免疫系统的 MHCⅠ成分相关的基因，以及一些 TLR 分支的扩展，这可能有助于弥补 MHCⅡ和 CD4 的缺失。由 MHCⅠ呈递的抗原经免疫蛋白酶处理后，通过与抗原处理相关的转运体（TAP）转移到内质网（ER），并与 MHCⅠ结合，最终运输到细胞膜。MHCⅠ广泛存在于硬骨鱼类和软骨鱼类的各种组织中，包括脾脏和头肾。MHCⅠ相关的免疫蛋白酶和 *tap* 基因也在硬骨和软骨鱼类中被发现。硬骨和软骨鱼类都被证明可以发展免疫记忆，即对以前遇到过的病原体做出更快更有效反应的能力。最早确定的鱼免疫记忆的研究之一是在虹鳟中。其他在鱼类上的研究，包括虹鳟和大菱鲆（*Psetta maxima*），已经表明中和抗体可以对抗各种病毒、细菌和寄生虫等病原体。然而，硬骨鱼 IgM 的反应时间比哺乳动物慢得多，在免疫后 3～4 周才能检测到特定的滴度。有趣的是，一些鱼类如大西洋鳕，在免疫后似乎没有产生特定的抗体反应。与硬骨鱼类相似，软骨鱼类 IgM 的免疫反应时间比哺乳动物长得多。由 MHCⅡ提供的抗原被内吞，在溶酶体中消化，并在它们迁移到细胞表面之前加载到 MHCⅡ分子上。MHCⅡ类基因已经在硬骨鱼类、软骨鱼类和非洲腔棘鱼中被发现。已有研究表明，MHCⅡ会影响对细菌病原体的抵抗力，包括大西洋鲑中的气单胞菌。在硬骨和软骨鱼类中对 MHCⅠ和 MHCⅡ类基因的鉴定表明，除了鳕型目鱼类外，MHC 在其他鱼类都保存完好。

T 细胞拥有一种 TCR，它可以识别特定的抗原，并通过 RAG 介导的 V（D）J 重排形成不同的氨基酸序列。但是，不像 BCR，TCR 总与膜结合并且只能识别抗原。T 细胞主要分为 2 类：$CD8^{+}$细胞毒性 T 细胞（Tc）（与 MHCⅠ相互作用）和 $CD4^{+}$辅助 T 细胞（Th）（与 MHCⅡ相互作用）。除 MHC 外，所有 TCR 均具有 CD3 复合物，并识别共同刺激（如 CD28）和共同抑制（如 CTLA-4）分子。在硬骨鱼类和软骨鱼类，类似于哺乳动物，T 细胞都是在胸腺中产生的。肠道可能也是硬骨鱼体内 T 细胞的主要淋巴器官。

对鱼类的免疫系统的认识仍有很多有待深入的地方，如人们对 TLR 配体的信息的了解就非常有限，特别是在软骨鱼类和肉鳍鱼类中。此外，人们对于肉鳍鱼类的补体蛋白的认识也很有限。为了更好地了解肉鳍鱼类的免疫系统，人们必须先确定造血的部位。与哺乳动物相比，关于辐鳍鱼类、软骨鱼类和肉鳍鱼类的 B 细胞和 T 细胞的归巢和再循环的知识也很有限。许多鱼类免疫学的比较研究都是基于基因组的数据，而鱼类基因组往往还没有很好地组装和/或注释。高质量、组装良好、注释清晰的鱼类基因组将帮助我们识别更多与免疫相关的转录本，如 NITRs。此外，鱼类蛋白质特异性抗体的缺乏也阻碍了许多研究领域的发展，如流式细胞术和细胞特异性分析等。对软骨鱼类、肉鳍鱼类和辐鳍鱼类比较研究的完成，将使我们对鱼类免疫系统有更加全面和深入的了解（Smith et al.，2019）。

14.1.3 寄主和病原的相互作用与抗病育种

除了从免疫学角度阐明鱼类抗病机制，从遗传背景差异寻找抗病相关分子或分子标记，也是抗病育种的重要策略。绝大多数病原体对鱼类的侵袭具有种属特异性，因此许多病原体对鱼体的侵袭往往只针对特异的养殖对象，例如，在同一养殖水体，感染草鱼的病毒或细菌可能并不感染鲫、团头鲂等同水体的其他养殖鱼类，这些鱼类对感染草鱼的病毒或细菌具有先天抗性。现有研究表明：病原体感染的特异性既可能是由病原体进入宿主机制的差异，也可能是由宿主对病原体免疫反应的差异所造成的。正是由于这一特性，人们为了获得某一养殖对象对其特异病原体具有抗性的养殖品种，试图通过远缘杂交的方式来获得抗病品种。例如，为了获得草鱼抗出血病品种，人们进行了草鱼×团头鲂、草鱼×“兴国红鲤”等杂交尝试，然而由于远缘杂交品种性状的严重分离，导致目标品种许多优良性状丢失。此外，还由于杂交子代不育性的普遍存在，因此，还未有成功的大面积推广品种（长江水产研究所，1973；吴维新等，1978）。吴维新等还将杂交一代与草鱼回交获得三倍体草鱼型杂种，并经多年从杂交一代异源四倍体中选育出可育的二倍体 83-2 系抗病草鱼（吴维新等，1988；吴维新等，1997）。

除了物种间对不同病原体敏感性的差异普遍存在外，物种内不同群体或个体对同一病原体的敏感性也存在差异。同种养殖对象的不同群体或个体对同一病原体的侵袭经常表现出不同的抗性，这可能是由于群体间或个体间的遗传差异决定的。利用水产动物不同个体或种群间对病原体敏感程度的不同，通过病原体持续攻毒获得抗病群体，筛选抗病相关分子或分子标记，再通过杂交和分子标记追踪筛选的方式来进行抗病品种的培育，是许多研究者多年来所采用的主要手段（苏建明等，2002）。

在淡水养殖鱼类中，培育草鱼抗病品种一直是我国水产界孜孜以求的目标（苏建明等，2002）。草鱼具有生长快、肉质鲜美、适应范围广、饲料易获、经济效益高等特点，一直是我国养殖产量最高的鱼类。然而，草鱼多病也一直是困惑水产养殖业的重大问题，特别是由草鱼呼肠孤病毒（GCRV）引起的出血病，经常对草鱼养殖业造成毁灭性打击。研究发现：草鱼不同家系对 GCRV 的抗性存在显著差异，其抗性性状具有较高遗传力（0.63±0.11）。因此，汪亚平等在完成草鱼基因组框架图绘制后，对一个草鱼全同胞群体感染 GCRV 后存活个体和死亡个体进行基因组重测序，依据草鱼基因组 SNP 电子芯片对存活个体和死亡个体的测序数据进行基因分型，筛选出存活/死亡显著差异的 1822 个基因型位点（$p<0.01$，$df=1$）；接着通过对存活/死亡组数据的比较分析，从草鱼基因组中筛选到 9 个抗病相关基因及其 10 个显性等位基因位点，为通过人工繁殖配组繁育抗病群体奠定了基础。

近年来，爆发于苏北地区的鲫急性出血病给水产业造成了重大经济损失。中科院水生所桂建芳院士团队在鉴定鲫急性出血病病原为鲫疱疹病毒（CaHV）后（Zeng et al.，2016），通过人工感染的方式筛选出银鲫应对 CaHV 的易感克隆系和抗性克隆系，并进一步通过转录组分析，揭示出银鲫是通过激活干扰素（IFN）系统和抑制补体系统来抵御 CaHV 的侵染。其中抗 CaHV 野生克隆系 H 显著激活了 IFN 系统基因和免疫球蛋白基因等，而易感克隆系“中科 3 号”则显著上调表达了凋亡或坏死相关的基因（Gao et al.，2017）。他们还进一步鉴定了 8 个 IFN 系统基因作为抗病分子模块，为后续的异育银鲫抗病育种奠定了基础（Mou et al.，2018）。

与淡水鱼类的相关工作相比较，当前海洋鱼类抗病遗传基础的研究相对滞后，目前可利用基因资源尚很少。但鉴于海洋是巨大的基因资源库，不失时机地对海洋鱼类抗病基因进行开发利用，对促进我国海洋渔业的健康可持续发展具有重要意义。

第二节　水产动物抗逆的遗传基础

以鱼类为代表的水生动物为变温动物，终生生活于水中，主要通过鳃组织摄取水中溶解氧。因此与陆生恒温动物相比，它们的生存、生长和繁殖还受到许多水体生境因素的制约，如水温、溶解氧、氨氮含量等。它们会经常面对低温或高温、低氧、高氨氮等逆境因素的胁迫，这些逆境因素严重影响鱼类的生存、生长、繁殖和抗病。集约化和工厂化养殖的发展使养殖鱼类受到这些逆境因素的威胁愈来愈大，因此，培育抗逆鱼类新品种也是我国水产养殖持续、健康发展的重要保证。本节重点阐述鱼类耐低氧和耐低温这两个主要抗逆性状的遗传基础。

14.2.1 水产动物耐低氧的遗传基础

水体溶解氧随地理位置、季节、水体组成、水体环境、水体植被、水流状态、水体海拔高度等多种因素变化而发生显著的变化。鱼类在长期演化历程中，发展出各种不同的适应策略。在现存的 2 万余种鱼类中，它们对低氧的耐受能力表现出很大的差异。那些完全依赖有氧代谢来进行快速游泳的种类，如鲑和金枪鱼，它们对低氧状态呈现出中度或超级敏感。然而，如鲤、鳗鲡和狗鱼等，它们在低氧条件仍能生活（Bickler and Buck，2007）。对鱼类低氧适应与耐受遗传基础的了解，是培育耐低氧鱼类新品种的基本前提。下面从鱼类对低氧的适应的生理策略、遗传变异、基因调控等方面进行叙述，以期对鱼类耐低氧的遗传基础有一全面而系统的认识。

14.2.1.1 鱼类对低氧的长期适应策略

为了长期适应不同的水体溶解氧环境，鱼类一般通过基因突变，引起一些相应的生理、生化变化，以及组织器官形态结构的改变，以具备三个方面的能力：①在低氧环境下，能够降低代谢率；②能够忍受一些代谢副产物的毒性；③能够避免或修复复氧过程（reoxygeneration）中引起的细胞损伤（Bickler and Buck，2007）。

通过呼吸器官结构的改变或发展鳃以外的器官辅助呼吸是一些鱼类为了适应水体低氧环境的特殊策略。例如，泥鳅除鳃外，还发展了皮肤和肠来进行辅助呼吸；黄鳝发展了口腔及喉腔的内壁表皮作为呼吸的辅助器官。

改变代谢途径和代谢方式也是鱼类长期适应低氧环境的策略之一。鲫是目前已知最能耐受低氧的鱼类物种，在低温、低氧条件下可以生存数月（Nilsson and Renshaw，2004）。其近缘品种——金鱼，在 5℃，其缺氧的半致死时间为 45h；而在 20℃，其缺氧的半致死时间为 22h。在低氧条件下，代谢率的抑制被认为是鲫能够生存的关键（Lutz and Nilsson，2004；Nilsson，2001；Stecyk et al.，2004）。在极度缺氧的条件下，鲫可行无氧代谢，能够将无氧糖酵解过程中产生的乳酸直接转化为乙醇，并分泌到水中（Shoubridge and Hochachka，1980）。与一些需要冬眠的龟类相比，鲫在低氧或缺氧条件下仍保持活力，而不是进入冬眠状态（Lutz and Nilsson，2004）。这主要是由于鲫具备能利用储藏在肌肉和肝脏中的糖原、减少代谢、把乳酸转化为乙醇和二氧化碳来规避乳酸的酸性等特征（Nilsson，2001；Shoubridge and Hochachka，1980）。

此外，鱼类能够增加红细胞的数量和提高血红蛋白的载氧能力，也是它们长期适应低氧环境的策略之一（Roesner et al.，2008）。

大量统计数据表明，在水产养殖场，增氧机的日趋广泛使用是近年来水产品产量逐年提高的关键因素。如果鱼类长期处于亚缺氧状态，尽管不会在短期内造成鱼类的大量死亡，但也会严重影响鱼类的生长和抗病力。这一现象的原因和机制还有待深入研究。

14.2.1.2 鱼类对低氧的急性应激反应

由于水体成分、水体温度或季节的改变，特别是在较高养殖密度的养殖水体，其经常会出现短期急性缺氧。鱼类对于短期急性缺氧会产生强烈的应激反应。首先，鱼类会试图利用“口”到水面直接进行呼吸，以尽可能获得空气中的氧，这就是我们常见的鱼类“浮头”现象。其次，鱼类通过腮形态和结构的改变，以增加氧气的交换（Dhillon et al., 2013；Mitrovic et al., 2009；Nilsson et al., 2012；Turko et al., 2012；Tzaneva et al., 2014；Zachar and Jonz, 2012）。最后，改变心肌ATP敏感钾离子通道、代谢速率，以及增加红细胞的数量也是许多鱼类应对急性低氧的重要策略（Cameron et al., 2013；Capossela et al., 2012）。

尽管鱼类可通过一些急性应激反应来应对水体短期缺氧，以维持其正常生理活动，但是水体的严重急性缺氧往往引起鱼类瞬间大量死亡，这就是在水产养殖上通常所称的“翻塘”现象。研究表明：鱼类脑细胞和心肌细胞在缺氧状态下的凋亡是导致“翻塘”、引起鱼类瞬间大量死亡的主要原因。

14.2.1.3　低氧信号转导

鱼类如何感知水环境氧的变化，并产生相应的生理、生化反应？现有大量研究证据表明：与其他哺乳动物一样，经典的低氧信号转导仍是鱼类应对环境氧变化的主要调控途径（图 14.4）。目前已知，低氧信号转导通路在动物界非常保守，从线虫到人类，低氧信号都启动结构相同或相似的同源基因转录和调控，并激活相类似的生理、生化反应。低氧诱导因子（HIF）是被鉴定到的低氧信号转导途径中最为关键的因子。HIF 由 HIF-1α/HIF-2α 和 HIF-1β 两个亚单位组成。每个亚单位包含基本的 basic-helix-loop-helix-PAS（bHLH-PAS）结构域，它们介导异源二聚体的形成以及与 DNA 的结合。HIF-1β 与其他 bHLH-PAS 蛋白形成异源二聚体并超量存在，而 HIF-1α 水平决定 HIF-1 的转录活性（Greer et al., 2012；Semenza, 2012）。在常氧条件下，脯氨酸羟化酶（包括 PHD1、PHD2 和 PHD3，其中 PHD2 起主要作用）利用氧分子作为底物对低氧诱导因子（HIF-1α 和 HIF-2α）的特异脯氨酸位点进行羟基化（Aragones et al., 2009）。在这一反应中，一个氧原子插入脯氨酸残基，另一个氧原子插入 α-酮戊二酸，将它分解成 CO_2 和琥珀酸酯。羟基化后的低氧诱导因子被 VHL 识别并结合，VHL 招募 VBC（VHL、Elongin B、Elongin C）E3 泛素连接酶复合体，导致低氧诱导因子的蛋白酶体降解（Kaelin, 2007）。然而，在低氧条件下，由于缺乏氧分子，脯氨酸羟化酶的活性受到抑制，PHD2 不能羟化低氧诱导因子（HIF-1α 和 HIF-2α），因此低氧诱导因子不能与 VBC E3 泛素连接酶复合体结合，使得低氧诱导因子的蛋白得到稳定。稳定的低氧诱导因子转运到细胞核中，与 HIF-1β 结合，形成异源二聚体，该二聚体与其下游基因的低氧反应原件（hypoxia response element, HRE）结合，再在一些转录激活因子（如 p300/CBP）的共同作用下，激活下游基因的表达，从而引起一系列的生理、生化反应（Dunwoodie, 2009；Semenza, 2012）。

正是由于低氧诱导因子（HIF-α）在低氧信号转导中的关键作用，对低氧诱导因子的调控成为对低氧信号转导调控的主要方式。对低氧诱导因子的调控包括在转录水平的调控和翻译后的调控。目前对 HIF-α 的转录水平调控的报道较少，现有工作主要集中在对其翻译后调控的研究上。NF-kb 被发现可以诱导 HIF-1α 的转录表达，并进而在先天免疫和炎症反应中发挥作用（Rius et al., 2008）。HIF-α 的翻译后调控呈现在许多方面，除了上述 VHL 介导 HIF-α 的降解这一经典调控方式外，还存在 HIF-α 的乙酰化/去乙酰化、磷酸化/去磷酸化（Flugel et al., 2007）、SUMO 化、Neddylation 化（Ryu et al., 2011）等调控方式。乙酰化转移酶 p300/CBP 与 HIF-1α C 末端的结合可以显著增强 HIF-1α 的转录活性（Sang et al., 2002）。依赖 NAD^+ 的去乙酰化酶 Sirt1、Sirt3、Sirt6

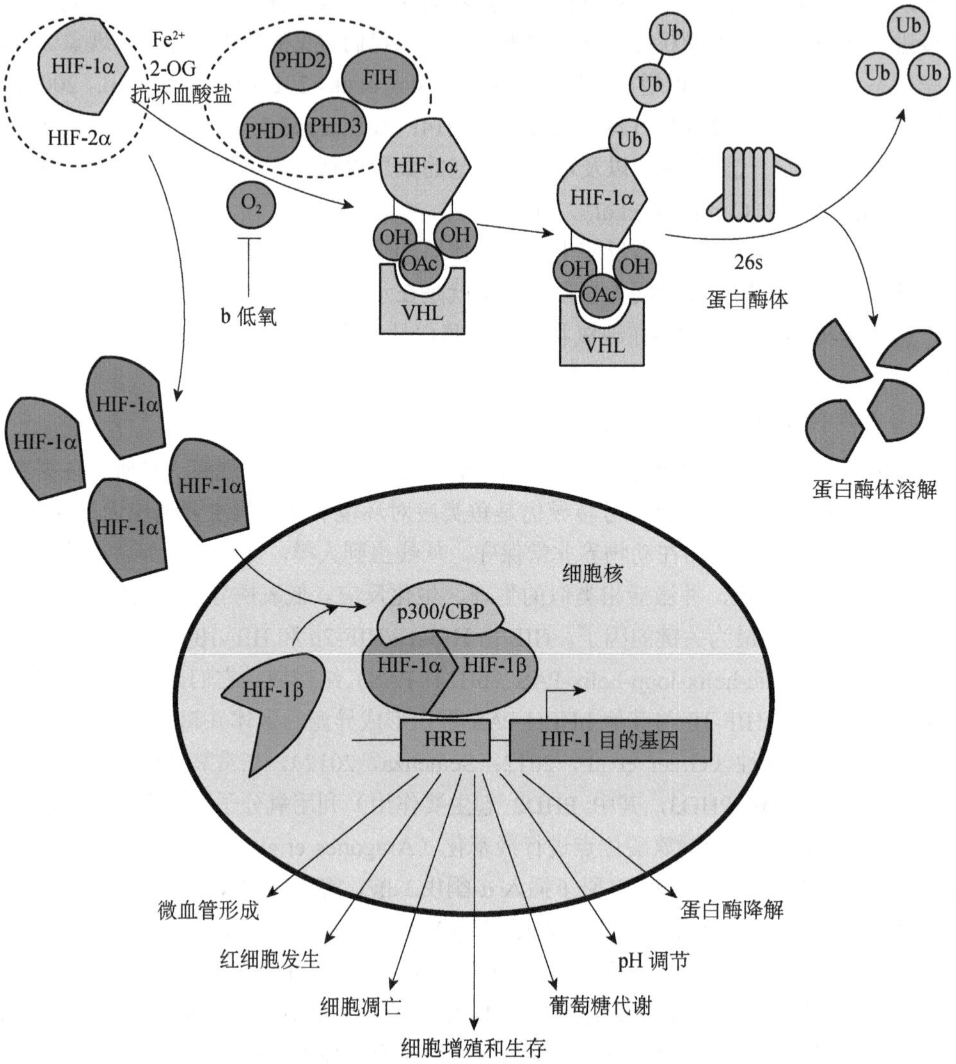

图 14.4 低氧信号转导通路

和 Sirt7 都可对 HIF-1α 和 HIF-2α 进行正向或者反向调控，这些调控在细胞代谢、寿命、肿瘤发生、心血管疾病等方面发挥重要功能（Chen et al.，2009；Dioum et al.，2009；Finley et al.，2011；Gomes et al.，2013；Hubbi et al.，2013；Lim et al.，2010；Mehta et al.，2009；Zhong et al.，2010）。Shao 等研究表明，低氧刺激导致 SUMO-1 的 mRNA 水平和蛋白水平显著增加；SUMO-1 与 HIF-1α 在低氧情况下共同定位于核内，并使 HIF-1α 发生 SUMO 化；而 SUMO 化的 HIF-1α 可使其稳定性或转录激活活性增强（Carbia-Nagashima et al.，2007；Cheng et al.，2007；Shao et al.，2004）。此外，已发现的能与 HIF-1α 和 HIF-2α 相互结合的许多蛋白，尽管它们不能对 HIF-1α 或 HIF-2α 蛋白进行直接的修饰，但它们可以通过一些特殊的机制对 HIF-1α 和 HIF-2α 蛋白稳定性或转录活性产生正面或负面的影响。PKM2 能够直接跟 HIF-1α 结合，通过增强 HIF-1 招募 p300，来达到增强 HIF-1α 的转录活性的目的；PHD3 还能够通过羟化 PKM2 来增强 PKM2 发挥共激活因子的作用（Luo et al.，2011）。SHARP1 通过把 HIF-α 推介到蛋白酶体上，来加强 HIF-α 的降解（Montagner et al.，2012）。*eaf2* 是一个特异性受 HIF-1α 调控的基因，只跟 HIF-1α 结合，并通过阻碍 p300/CBP 与 HIF-1α 的结合来抑制 HIF-1α 的转录活性（Chen et al.，2014）。还有一些蛋白分子，尽管不能直接与 HIF-α 结合，但是可以通过与调控 HIF-α 的其他重要因子相互结合，如与 E3 泛素连接酶 pVHL 结合、与脯氨酸羟基化酶 PHDs 结合等，来间接调控 HIF-α 的活性。E3 泛素连接酶 Siah2 通过调控脯氨酸羟基化酶 PHDs 的蛋白稳定性来影响细胞中 HIF-1α 蛋白质的含量，并介导低氧生理反应（Nakayama et al.，2004）。E2-EPF 泛素运载蛋白（UCP）通过降解 pVHL 来调控 HIF-1α 的稳定性（Jung et al.，2006）。PML 通过抑制 mTOR 信号途径来抑制 HIF-1α 的翻译（Bernardi et al.，2006）。Sentrin/SUMO 特异性蛋白酶 SENP3 在轻微的氧化应激压力下通过对 p300 的去 SUMO 化修饰，来增强 p300 与 HIF-1 的结合，从而增强 HIF-1 的转录活性（Huang et al.，2009）。LIMD1 蛋白作为桥梁分子通过增强 PHDs 与 pVHL 间的结合，来抑制 HIF-1 的活性（Foxler et al.，2012）。

总之，HIF-α 作为低氧信号转导途径中最关键的分子，对其直接或间接调控在低氧信号转导途径中起至关重要的作用（Greer et al.，2012），在鱼类也不例外。

14.2.1.4　鱼类对环境氧感应的信号转导

与其他许多脊椎动物一样，低氧信号转导途径中的一些重要因子严格调控鱼类对环境氧的感知（Feng et al.，2011）。迄今，人们对一些与鱼类低氧适应相关的、低氧信号转导通路中的一些重要因子进行了研究。鱼类拥有 HIF-α 和 HIF-β 的同源基因，它们在感受低氧信号中也起与哺乳类 HIF 类似的作用。虹鳟的 HIF-1α 首先被报道，它由 766 个氨基酸组成，包含 HIF-α 的主要功能域（bHLH-PAS 和 ODD）（Soitamo et al.，2001）。到目前为止，HIF-1α 被克隆和报道的鱼类有细须石首鱼（*Micropogonias undulates*）（Rahman and Thomas，2007），斑马鱼（Rojas et al.，2007；Shen et al.，2010），武昌鱼（Shen et al.，2010），裸鲤（Cao et al.，2008），梅花鲈（*Gymnocephalus cernuus*）、比目鱼（*Platichthys flesus*）、河鲈（*Perca fluviatilis*）、三棘鱼（*Gasterosterus aculeatus*）、俄罗斯鲟（*Acipencer gueldenstaedtii*）（Rytkonen et al.，2007），美黑鲈（*Dicentrarchus labrax*）（Terova et al.，2008），印度鲶（*Clarias batrachus*）（Mohindra et al.，2013）和沟鲶（*Ictalurus punctatus*）（Geng et al.，2014）等。HIF-2α 被克隆和报道的有斑马鱼（Rojas et al.，2007）、细须石首鱼（*Micropogonias undulates*）（Rahman and Thomas，2007）、草鱼（Law et al.，2006）、印度鲶（*Clarias batrachus*）（Mohindra et al.，2013）和沟鲶（*Ictalurus punctatus*）（Turko et al.，2012）等。鉴于 *hif* 基因在低氧信号转导中的重要作用，*hif* 基因的表达与低氧的关系已在一些鱼类得到阐明。河鲈是一类对低氧敏感的淡水鱼类，急性低氧能增强 HIF-1α 在其脑和肝中的表达，然而慢性低氧导致其肌肉中 HIF-1α 的表达发生变化（Rimoldi et al.，2012）。印度鲶是一类对低氧耐受性较强的鱼类，短期低氧暴露导致 HIF-1α 和 HIF-2α 在脑、肝和肾中的表达增加，但长期低氧暴露导致 HIF-1α 在脾和 HIF-2α 在肌肉中的表达增加（Mohindra et al.，2013）。此外，在另一类对低氧具有极高耐受性的鱼类——沟鲶中，HIF-α mRNA 的表达量在低氧条件下，首先表达量减少（1.5h），随后表达量增高（5h）（Turko et al.，2012）。

鱼类在演化历程中经过多次的遗传分离，在其许多的与低氧适应相关的基因上呈现出结构和功能上的多态性。在鲤科鱼类，低氧诱导因子基因（*hif-α*）被发现在基因组中进行了加倍。尽管其一个拷贝仍然保留古老类型的低氧刺激反应，但另一个拷贝却变得对低氧压力更为敏感，因此，鲤科鱼类的 *hif-α* 基因在物种形成过程中，已经发生了亚功能的分化（Rytkonen et al.，2013）。此外，Chi 等还发现，在辐鳍鱼类和软骨鱼类的分化基部，*hif-α* 基因呈现出不同型式的演化模式（Chi et al.，2013）。

鱼类的脯氨酸羟化酶(PHD)也有报道。PHD蛋白隶属于Fe(Ⅱ)和 2-酮戊二酸(2-oxoglutarate)依赖的加氧酶超家族，它们的活性紧紧依赖于氧，因此被认为是细胞的氧感应器（oxygen sensor）（Kaelin and Ratcliffe，2008）。迄今，已有大西洋鲑、沟鲶、尼罗河罗非鱼和斑马鱼的PHD蛋白被鉴定和报道（Koivunen et al.，2007）。尽管目前对鱼类PHD蛋白的功能知之较少，但一般认为它们可能跟其他物种的PHD蛋白类似，对于HIF-α蛋白的稳定性起决定作用。

天冬氨酸羟化酶（HIF-1 asparaginyl hydroxylase，FIH-1）也是一类羟化酶，与PHD有类似的地方，但它对HIF-α的羟化并不导致HIF-α的蛋白酶体降解，而是阻碍一些转录激活因子与HIF-α蛋白的结合，如p300/CBP与HIF-α的结合，从而抑制HIF-α的活性。迄今，已有斑马鱼（Nikinmaa and Rees，2005）和沟鲶（Geng et al.，2014）的FIH-1蛋白被鉴定和报道。对于FIH-1的功能分析发现，它在鱼类耐低氧中至关重要，*fih-1*敲除的斑马鱼低氧耐受能力显著增强（Cai et al.，2018）。

VHL蛋白是VBC E3泛素连接酶复合体的主要成员，起E3泛素连接酶的作用。在常氧条件下，它与羟基化的HIF-α结合，引起HIF-α的蛋白酶体降解，因此在低氧信号的调控中起重要作用。迄今，对斑马鱼*vhl*基因的功能已有了较为清楚的了解。通过突变体的筛选，人们已获得*vhl*基因突变的斑马鱼品系。与哺乳动物类似，*vhl*突变纯合体也导致胚胎致死。此外，该突变体还发生多红细胞症（van Rooijen et al.，2009）。

14.2.1.5 鱼类对低氧适应与耐受的生理和遗传机制

鱼类对低氧长期适应最关键的生理反应方面就是减少代谢率和代谢需求。但是，低氧耐受鱼类在缺氧情况下，如何将其代谢率降低到最低水平？其机制其实仍不清楚，到底是ATP供应的调节？还是ATP需求的调节？或者是它们两者的共同调节？蛋白质合成需要消耗大量ATP。对于耐低氧的鲫，在低氧或缺氧条件下，其蛋白质合成迅速降低；但对于不耐低氧的鱼类，在低氧或缺氧条件下，其蛋白质合成并不降低。在这一过程中，AMP激酶可能是一个感应器，它能调节低氧介导的蛋白合成。在细胞内AMP增加时，AMPK被激活；而细胞内ATP增高时，它被抑制。此外，它还受磷酸化修饰的调节（Lindsley and Rutter，2004）。

腺苷（adenosine）被认为是一个鱼类低氧感知信号分子。在低氧耐受性鱼类，如鲫，腺苷对于蛋白质合成和钠-钾ATP酶活性具有强烈的抑制作用（Krumschnabel et al.，2000a）。腺苷受体的封闭可以提高3倍乙醇的释放（Nilsson，1991）。另外，腺苷和腺苷受体的封闭对于鲫的脑血流还有奇特的效果。在缺氧条件下，鲫脑血流增加2.2倍，然而灌注氨茶碱使得脑血流增加消失。因此，腺苷似乎是一个重要的缺氧信号分子，介导血管舒张和脑血流（Nilsson et al.，1994）。

对乳酸代谢终产物的耐受也代表了鱼类低氧耐受的一个机制。鲫可利用乙醇作为无氧代谢的终产物。在缺氧条件下，鲫的肝细胞具备保持离子梯度和将乳酸转化为乙醇的能力。乙醇再通过鳃排出体外，避免了乳酸的积累（Krumschnabel et al.，2000b）。

鱼类低氧耐受的另一个重要的方面就是避免在复氧过程中由自由氧所带来的损伤。一些鱼类，如鲫，不能持续表达一些抗自由氧的典型分子，但在低氧或复氧状态时能够增加那些抗自由氧分子的表达（Hermes-Lima and Zenteno-Savin，2002）。在缺氧条件下，一般类型酶的活性不增加，但抗氧化酶的活性特异性增加，如脑Se-GPX、肝过氧化氢酶、葡萄糖六磷酸脱氢酶等（Lushchak et al.，2001）。低氧处理几个小时后，鲤肝、脑和鳃中超氧化物歧化酶活性显著增强（Vig et al.，1989）。

此外，由于低氧诱导因子及其调控的分子网络在低氧信号转导中的关键作用，鉴定低氧诱导因子激活的下游基因并解析它们的生物学功能是阐明鱼类低氧适应分子机制的主要手段。Zhong 等利用鲫囊胚细胞系，通过抑制性消减杂交技术筛选到一些在鲫细胞系中受低氧调控的基因，如 *ero1-l*、*p53*、*cpo*、*ho-1*、*mkp2*、*pfk-2*、*cystatin b*、*glut1*、*btg1*、*tgf-beta1*、*pgam1* 等（Zhong et al.，2009）。Liao 等（2013）还针对鲫耐低氧的特性，进行了鲫转录组的测序，发现了一些与低氧耐受相关的、糖酵解和糖异生途径中的酶类基因（Liao et al.，2013）。Everett 等分析了短期低氧暴露对鱼类代谢基因表达的影响（Everett et al.，2012）。此外，利用斑马鱼模型，Chen 等对低氧诱导的肌肉蛋白变化进行了分析（Chen et al.，2013）。

到目前为止，已有许多受低氧诱导的、与鱼类低氧适应与耐受相关的基因被鉴定和报道。受低氧诱导、与鱼类代谢相关的基因有 *gluts*。它们产物是细胞膜上的葡萄糖转运蛋白，在低氧条件下被诱导，加强细胞葡萄糖的转运，以增强细胞能量需求。草鱼的 *glut*（*gcglut*）已被克隆，受低氧诱导并在肾脏中高表达（Zhang et al.，2003）。当暴露于低氧条件下，大西洋鳕的 *glut1* mRNA 在鳃中诱导表达（Hall et al.，2005）。Terova 等发现，在一种对低氧敏感的美黑鲈，*glut2* mRNA 对于低氧的刺激，其拷贝数发生相应变化，这支持了 *glut1* 与低氧适应性相关的认识（Terova et al.，2009）。

受低氧诱导、与鱼类红细胞生成相关的基因是红细胞生成素（erythropoietin，EPO）基因。它的产物是一类糖蛋白激素，控制红细胞的发生。第一个被克隆的鱼类 *epo* 是河豚（*Takifugu rubripes*）*epo*。河豚 *epo* 同样受低氧的诱导，主要表达在心脏（Chou et al.，2004；Chu et al.，2007；Paffett-Lugassy et al.，2007）。但在其他硬骨鱼类，如虹鳟、鲤和鳗鲡等，其肾脏中表达较高的 *epo*，这与肾脏是硬骨鱼类的主要红细胞发生器官相符合（Pierron et al.，2007）。

受低氧诱导、与鱼类新生血管生成有关的基因是 *vegf*。它刺激血管生成，加强氧气供应。在青石斑鱼，低氧激活 *vegf* 的表达，并增强氧气供给。此外，在鲑，也发现低氧对 *vegf* 的表达有显著的诱导作用（Vuori et al.，2004；Yu et al.，2008）。

为进一步解析这些受低氧诱导基因的功能，人们利用细胞系或斑马鱼模型对这些基因的功能进行了分析。Wang 等克隆了鲫受低氧诱导的 *ho-1*，利用细胞系，他们发现 *ho-1* 对于抗低氧诱导的细胞凋亡具有重要的作用（Wang et al.，2008）。Feng 等发现，斑马鱼 *p53* 能够通过抑制低氧诱导细胞凋亡基因 *bnip3* 的表达，对低氧诱导的细胞凋亡起保护作用（Feng et al.，2011）。此外，*hif-1α* 在斑马鱼早期胚胎发育过程中起非常重要的作用，特别是调控神经嵴和中枢神经系统的形成（Barriga et al.，2013；Stevenson et al.，2012）。Wang 等发现，斑马鱼 *tet1* 在调控鱼类低氧信号转导中起重要作用，它的缺失增强斑马鱼对低氧的敏感性（Wang et al.，2017）。

与小鼠模型相比，早年利用斑马鱼模型进行基因敲除一直存在很大困难，因此，人们对于鱼类与低氧适应相关基因的在体功能的研究还非常欠缺，对于它们的在体生物学功能还知之甚少。近年来，TALEN 和 CRISPR/Cas9 技术的建立和快速发展，使得利用斑马鱼进行基因缺失研究变得较为方便。因此，在不久的将来，我们应可获得大量鱼类低氧适应相关基因的在体生物学功能数据，这将为培育耐低氧鱼类新品种提供大量候选靶标。

14.2.2　水产动物耐低温的遗传基础

鱼类是变温动物，水温的改变可直接影响鱼类的生长、发育、代谢、繁殖等基本生命活动。在生物演化历程中，已形成适应不同水温的鱼类物种，有些是广温性，而有些仅适应于高温或低温环境。水温的突然改变不仅不利于鱼类生长，而且还可导致大量死亡。由于一些鱼类所具备的优良生产性状，在水产养殖中，人们希望一些适应热带地区养殖的鱼类能够在温带或寒带养殖，如罗非鱼、鲮等，因此培育耐寒鱼类新品种也是鱼类新品种培育的重要方向。

鱼类应对低温产生的初级应激反应是机体在神经和内分泌系统上的反应，它们可在很短的时间内感知温度变化并启动初级应激反应。在脊椎动物中，位于下丘脑的视前区负责感知温度的波动，进而由中枢神经系统启动机体生理和行为的反应（Crawshaw et al.，1985）。初级应激反应还伴随着儿茶酚胺和皮质类固醇等应激激素的血浆浓度变化（Barton，2002）。此外，下丘脑-腺垂体-甲状腺轴（hypothalamus-hypophysis-throid，HHT）也在应激反应中起重要作用。下丘脑感知温度变化后，促进促甲状腺激素释放激素（TRH）分泌，进而促进甲状腺激素（TSH）的分泌，增加机体产热效应（van den Burg et al.，2003）。

鱼类在应对低温刺激产生初级反应的同时，还产生一系列次级反应。低温刺激会导致细胞膜流动性发生变化。低温条件下，膜脂从液晶相转变为凝胶相。凝胶相的流动性降低，膜脂的脂肪酸链由无序排列变为有序排列，使膜通透性增大，膜内可溶物质等大量向外渗透，破坏了细胞内外的离子平衡。此外，膜流动性的变化也直接影响着膜结合酶的活性。当温度低于细胞膜的相变温度时，膜脂的流动性由液相向凝胶相转变，膜结合酶的活化能将改变，酶促反应速度失衡，使代谢紊乱。低温刺激影响鱼体次级反应的最大变化是代谢的变化，主要包括葡萄糖代谢和脂肪代谢。葡萄糖是动物机体的重要能量来源，在动物能量代谢过程中发挥着重要作用。在鱼类，人们已发现低温刺激可引起血糖水平显著升高，其可能是因为低温下机体代偿性地加快糖的利用率，使得糖原转化为葡萄糖的速率加快。它还可能与低温胁迫下皮质醇激素的增高有关。皮质类固醇可激活糖异生中的关键酶，促进非糖物质向葡萄糖的转化，从而使血糖浓度升高（Gracey et al.，2004）。此外，鱼体在低温刺激条件下肾上腺素分泌量增加，也可使糖原分解成葡萄糖，同样会引起血糖升高（Tseng et al.，2011）。脂肪是动物体内的另一种重要能量来源。鱼类的脂肪主要储存在肝脏、肠系、皮下和肌肉组织间，在不同胁迫条件下发生不同的代谢变化。在鱼类，人们发现低温条件下，肌肉脂肪含量显著上升。其原因可能是低温降低了代谢率及氧扩散效率，导致底物氧化水平下降，肌肉进行活动所需能量减少，肌肉可能通过提高脂肪含量来补充能量来源（Vergauwen et al.，2010）。脂肪酸是一种重要的脂肪类型，在脂肪代谢率高的组织，如肝脏、心脏和骨骼肌中含量较高。脂肪酸常与脂肪酸结合蛋白（fatty acid-binding protein，FABP）结合，进行转运、储存或利用。在低温下，一些鱼类的 FABP 的表达量显著上升。低温下，脂肪的代谢通常表现为饱和脂肪酸的含量降低，不饱和脂肪酸的含量增加（Hsieh and Kuo，2005）。

早期鱼类低温适应机制的研究多从生理学和生物化学的角度来进行。近年来，分子生物学的发展极大地促进了鱼类低温适应和耐低温遗传机制的研究。目前，在鲤（*Cyprinus carpio*）、虹鳟（*O. mykiss*）、南极鱼（*Dissostichus mawsoni*）和斑马鱼中，人们通过蛋白组成分析、比较基因组学和比较转录组学等技术，发现了一些与温度变化及抗冻相关的基因，这些基因主要参与应激反应、信号转导、转录调控、能量代谢和蛋白质合成等通路（Chen et al.，2008；Liang et al.，2008；Long et al.，2013）。

抗冻蛋白（antifreeze protein，AFP）是在一种南极鱼（*Trematomus nicolai*）的血液中首次发现的，是与南极鱼抗冻能力相关的一类蛋白（DeVries et al.，1970）。它能特异性地与冰晶结合，吸附在其表面并抑制其生长、改变其形态，从而减缓冰晶生长速度；抑制重结晶，使冰晶小且均匀分布，避免冰晶对细胞造成伤害（Fletcher et al.，2001）。目前，人们已知有 5 种抗冻蛋白，根据含糖与否又分为抗冻糖蛋白（AFGPs）和抗冻多肽（AFP）。抗冻多肽根据氨基酸的组成又分为

Ⅰ、Ⅱ、Ⅲ、Ⅳ型（Graham et al.，2008）。

此外，还有一些与鱼类低温适应和耐低温相关的转录因子、离子通道和调节蛋白等被报道，但其与鱼类耐低温的相关性还有待进一步分析。

第三节　水产动物抗病和抗逆的育种探索与设计育种的思路

在充分认识鱼类抗病和抗逆的遗传背景的基础上进行鱼类抗病和抗逆新品种的培育，是鱼类遗传育种的主要目标，也是我国水产业持续、健康发展的重要方向。

14.3.1　水产动物抗病和抗逆的育种探索

尽管到目前为止，鱼类耐寒新品种培育还未有成功的推广品种，但人们已进行大量的尝试。沈俊宝和刘明华用抗寒的黑龙江野鲤与“荷包红鲤”进行种内不同种群之间的杂交和回交，得到了一个生长快且抗寒的杂交组合，并选育出能稳定遗传的抗寒新品系（沈俊宝和刘明华，1988）。王祖熊和黄文郁、吴力钊和王祖熊用瓦氏雅罗鱼、草鱼等抗寒及广温性鱼类精子混合授精，得到的混精鲮耐寒能力比对照组有明显的提高（王祖熊和黄文郁，1985；吴力钊和王祖熊，1993）。

梁利群等通过比较分析获得了 10 个与鲤抗寒性状相关的 RAPD 标记，确定了鲤的抗寒性状是多基因控制的数量性状（梁利群和孙效文，2003；梁利群等，2006）。潘贤等筛选出 2 个抗寒性状相关的微卫星分子标记（潘贤等，2008）。常玉梅等发现 2 个 EST 标记与鲤耐低温性状显著相关（常玉梅等，2003；常玉梅等，2010）。在大黄鱼（*Pseudosiaena crocea*）中，高国强等首次发现了一个与耐低温相关的微卫星标记（高国强等，2010）。在罗非鱼中，研究者通过 QTL 定位获得了与低温耐受性状连锁的微卫星标记（Cnaani et al.，2003；Moen et al.，2004）。

利用转基因技术，人们也进行了抗寒鱼类培育的尝试。Hew 等将美洲拟鲽（*Pseudopleuronects americanus*）的肝脏型 *afp* 基因转入大西洋鲑的基因组中，获得了可传代的转抗冻蛋白基因的鲑（Hew et al.，1999）。Wang 等将大西洋鳕（*Macrozoares americanus*）*afp* 基因转入金鱼（*Carassius auratus*）。在 0℃下，有 33%转基因金鱼成活，而对照鱼全部死亡，证实了 *afp* 在抗寒上的作用（Wang et al.，1995）。

在鱼类抗病育种中，牙鲆抗鳗弧菌新品种培育是一个较为成功的例子。牙鲆具有生长快、味道鲜美、适合于我国大部分海域养殖等许多优点，深受养殖者和消费者欢迎，在我国海水养殖业中具有重要的地位。但牙鲆病害发生严重，极大制约牙鲆养殖业的发展。培育抗病牙鲆优良品种是我国海水鱼类养殖界多年的奋斗目标。针对这一目标，在早期的基础研究工作中，刘云国等利用 AFLP 技术，通过比较牙鲆感染鳗弧菌群体和抗病群体之间的差异，获得了 2 条在抗病群体中出现的高显性基因频率的标记和 6 条在感病群体中出现的高显性基因频率的标记，并推测这些标记很可能是与抗病性相关的候选标记。这些抗病性候选标记的获得为实现牙鲆分子标记辅助育种和抗病基因克隆奠定了一定的基础（刘云国等，2007）。黄海水产研究所比较了牙鲆抗病个体和不抗病个体 *mhc Ⅱ* 基因型的分子多态性，为基因标记辅助育种研究奠定了基础（Chen et al.，2004）。

陈松林等通过自然选择和人工感染相结合的方式，首先筛选出对鳗弧菌病有显著抗性的牙鲆鱼苗，并将其培育成亲鱼 94 尾，作为牙鲆家系的抗病基础群体，建立牙鲆抗病家系。同时，他们从日本引进牙鲆鱼苗1批，经过3年多培育为亲鱼，建立日本群体家系。此外，他们从黄海中捕捞野生牙鲆培育为亲鱼，建立黄海群体家系。他们将这3个群体进行不同组合的配对授精，共建立了牙鲆家系63个，其中半同胞家系54个，全同胞家系9个。他们通过生长速度的比较，发现63个家系存在明显差异。他们从中筛选出生长快速的家系4个（家系36、42、43和57），生长较快的家系9个（家系27、28、35、39、41、51、60、65和76），生长慢的家系1个（75号家系）；再通过对59个家系的抗病能力的比较，发现不同家系在抗鳗弧菌感染的能力上也存在着明显差别。他们从中鉴定出抗病力强的家系3个（家系50、61和68号），它们在鳗弧菌感染后的成活率高达60%以上；抗病力比较强的家系17个，其成活率为39%～60%；抗病力一般的家系33个，其成活率为17%～39%；抗病力差的家系6个，其成活率在17%以下。在此基础上，他们再通过不同组合的交配和筛选，培育出生长快、抗病强的牙鲆新品种（陈松林等，2008）。

14.3.2 鱼类抗病和抗逆设计育种的基本思路

无论是传统的杂交育种，还是分子标记辅助育种，都存在盲目性大、周期长、性状不稳定、子代性状分离等问题，这严重制约鱼类抗病和抗逆新品种培育。究其根本原因就是我们缺乏对鱼类抗病、抗逆性状相关基因的认识，缺乏对鱼类抗病、抗逆性状相关基因功能的系统和深入了解，缺乏对鱼类抗病、抗逆性状相关基因发挥功能分子机制的诠释；此外，鱼类遗传操作手段的贫乏也是制约鱼类抗病和抗逆新品种培育一个重要因素。技术的进步，特别是分子生物学技术在鱼类遗传育种领域的应用，使得我们鉴定和克隆鱼类抗病和抗逆性状相关基因变得非常便利。模式鱼类在水产基础研究中应用，也加速了我们对鱼类抗病、抗逆性状相关基因功能及其分子机制的解析。特别是近几年来发展起来的基因编辑技术，使得我们进行鱼类的遗传操作更加便捷、高效。因此，我们认为目前鱼类遗传育种面临着历史性的重大跨越，鱼类抗病和抗逆新品种的精准设计与创制将不会只停留于理论阶段，而将变为现实。

鱼类抗病和抗逆设计育种的基本思路：挖掘基因→阐明功能→诠释机制→品种精准设计→遗传操作→品种培育与推广（图14.5）。

1. *挖掘鱼类抗病、抗逆性状相关关键基因*　利用多组学技术并结合其他手段，筛选和鉴定与鱼类抗病、抗逆性状相关的关键基因，是培育鱼类抗病、抗逆新品种的基本前提。首先，从经过长期自然选择的现生种群中，甄别出抗性最强（抗病、抗逆）和抗性最弱的品种或品系；或是对现有品种进行多世代人工选择，如进行多世代的病原体人工感染、人工低温处理、人工低氧处理等，淘选出具有显著抗性的个体。再经扩繁后，培育出抗性强与弱的家系。其次，对这些抗性有显著差别的家系，进行病原体人工感染、低温或低氧处理。最后，再进行基因组、转录组、蛋白质组和蛋白质修饰组分析，筛选鱼类抗病、抗逆性状相关的基因，鉴定出鱼类抗病、抗逆相关关键基因。筛选抗病、抗逆性状相关基因，一般基于三个原则：①受到病原体感染或逆境条件的调控（上调或下调）；②在抗性最强和最弱品种或品系间存在表达倍率或表达型式的差异，或者遗传变异；③与鱼类应对病原体感染或逆境胁迫的主要信号通路有一定的关联。

2. *阐明抗病、抗逆性状相关关键基因的生物学功能*　如果在不知道抗病、抗逆性状相关基因功能的前提下进行品种设计，这将带来很大的盲目性，最终也达不到获得性状改良品种的目的。利用基因功能的体外（*in vitro*）和在体（*in vivo*）分析系统阐明基因的功能，不仅十分必要，而且是培育新品种的基本前提，特别是利用模式鱼类等系统阐明基因的在体生物学功能至为关键。只有在充分了解基因功能的前提下，才能利用基因的功能信息进行品种的精准设计。

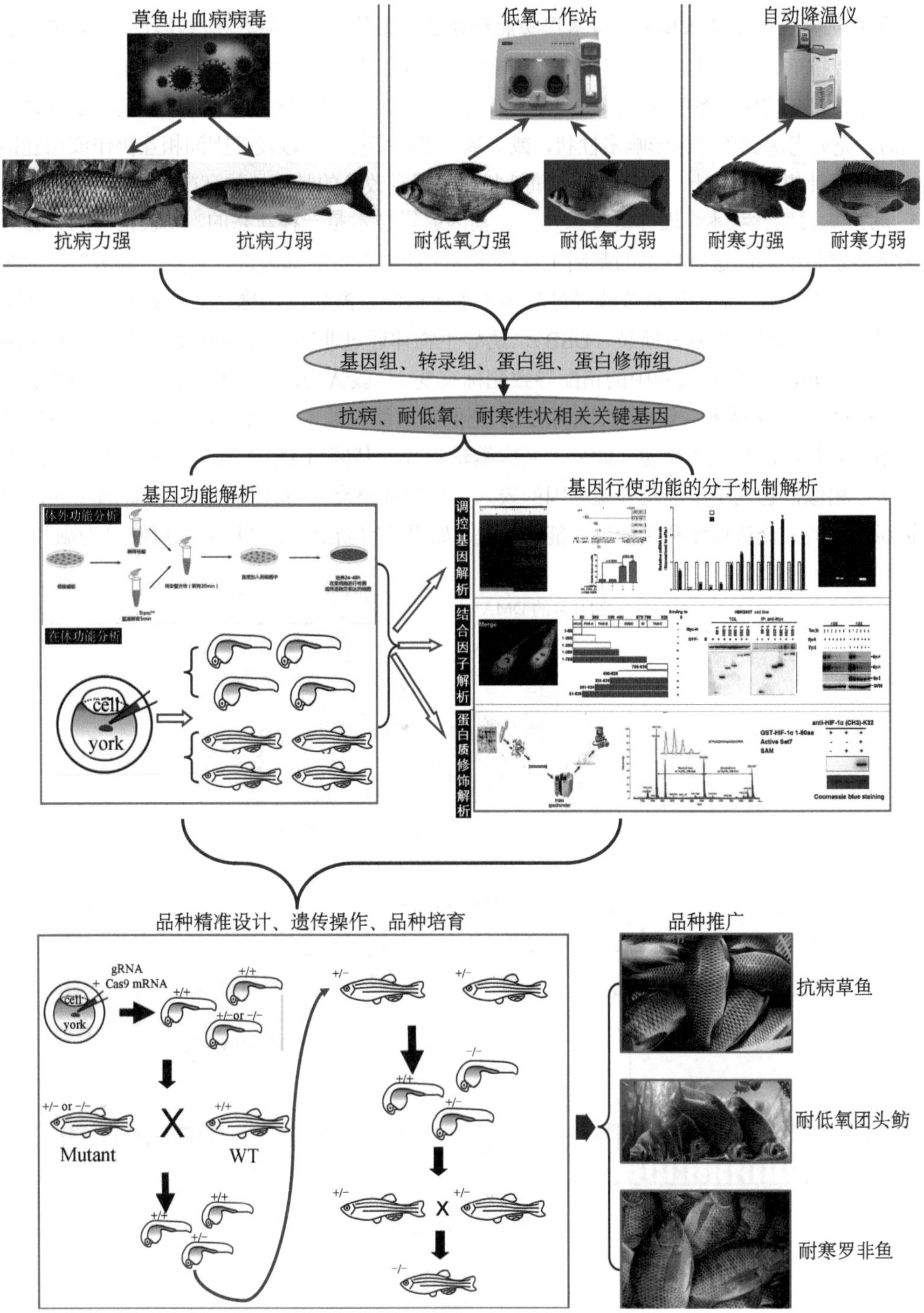

图 14.5　鱼类抗病和抗逆设计育种的基本思路

3. *诠释抗病、抗逆性状相关关键基因行使功能的分子机制*　如果在不了解性状相关基因行使功能的分子机制情况下进行品种设计，将难以达到对品种性状进行精准设计改造，并兼顾改良多种性状的目的。例如，我们利用一个基因进行抗病品种培育，如果不知道其发挥功能的机制，有可能得到的品种抗病性虽然能够增强，但抗逆性状减弱或生长变慢，这达不到培育出可推广品种的目的。

4. 根据抗病、抗逆性状相关关键基因功能和分子机制信息进行品种精准设计　如果性状相关基因是负调控抗病、抗逆通路，可以考虑基因敲除的方式。如果性状相关基因是正调控抗病、抗逆通路，应该寻找它在抗性品系中的特异位点变异，再在功能验证的基础上，考虑采用基因定点敲入的方式。同时，充分考虑到单基因影响多性状，或多基因影响多性状，以及基因间相互协作或相互拮抗的关系，进行品种的精准设计，争取获得多重性状同时得到改良的品种，如高产、抗病、耐低氧等。

5. 利用基因编辑技术，进行遗传操作　基因编辑技术是一种新兴的、比较精确的、能对生物体基因组特定目的基因进行修饰的基因工程技术。它能够对目的基因进行定点“编辑”，实现对特定 DNA 片段的修饰。基因编辑依赖经过基因工程改造的核酸酶，也称“分子剪刀”，在基因组中特定位置产生位点特异性双链断裂（DSB），诱导生物体通过非同源末端连接（NHEJ）或同源重组（HR）来修复 DSB。在修复过程中的错配导致靶标突变。一般认为，它包括 Zinc-Finger 技术、TELEN 技术和 CRISPR/Cas9 技术。但目前，应用最广泛的基因编辑技术是 CRISPR/Cas9 技术（图 14.6），因为它不仅高效，而且操作简便。此外，基因编辑只导致基因组 DNA 的突变或缺失，与物种的自然突变十分相似，它几乎不涉及外源基因的崁入、重组或整合，与转基因物种有显著不同，因此基因编辑新品种的大众认可度和接受度可能会更高。如果获得新品种，推广起来可能更为顺利、快捷。

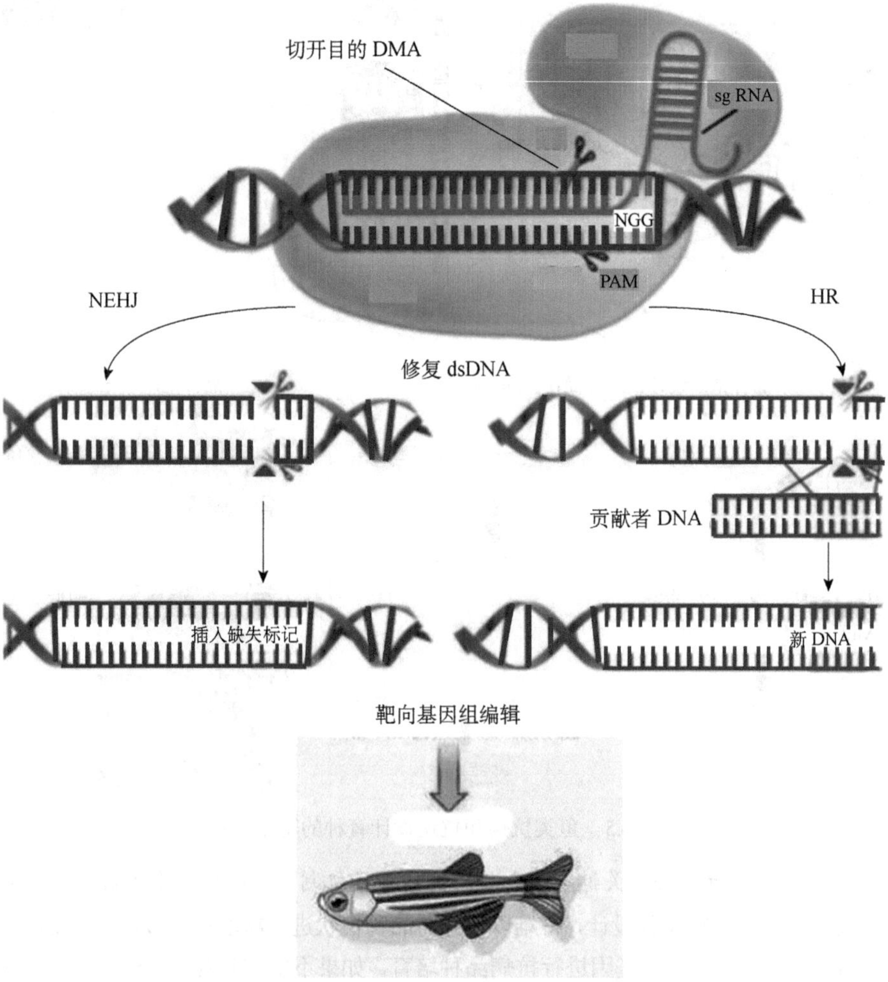

图 14.6　CRISPR/Cas9 基因编辑技术示意图

在斑马鱼上，我们已利用基因编辑技术敲除了一些鱼类应对病毒感染的相关基因，并检测这些基因缺失突变体对病毒的易感性。斑马鱼 VHL 能与 MAVS 结合，并介导 MAVS 的蛋白酶体降解；*vhl* 杂合子对 SVCV 病毒感染抗性显著增强（Du et al.，2015）。NEDD8 能够修饰 IRF3 和 IRF7，并增强它们的转录活性；*nedd8* 缺失的斑马鱼对病毒感染更加敏感（Yu et al.，2019）。Prmt7 精氨酸甲级转移酶负调控斑马鱼 RLR 信号通路；*prmt7* 缺失的斑马鱼能够抵抗 SVCV 和 GCRV 的感染（Zhu et al.，2020）。P65 是 NF-κB 信号通路的关键因子；*p65* 缺失的斑马鱼也对病毒感染敏感（Ouyang et al.，2020）。此外，我们还利用基因编辑技术敲除了鱼类低氧信号转导通路相关的基因，这些基因敲除突变体有的对低氧更加敏感，如 *tet1*、*foxo3b*；有的对低氧更加耐受，如 *fih*（Cai et al.，2018；Liu et al.，2016；Wang et al.，2017）。一个更为有趣的现象就是：这些基因缺失的斑马鱼突变体，在一般正常饲养条件下，它们的发育、生长和生殖跟野生型斑马鱼没有显著差别。这提示这些基因可以作为利用基因编辑技术，培育抗病、抗逆鱼类新品种的候选靶标基因。

6. *品种培育与推广*　研究者将基因编辑品系扩繁，进行多世代的抗病、抗逆性状验证，由此培育出优良品种，进行养殖推广。

（肖武汉）

复习思考题

1. 鱼类免疫系统与哺乳类免疫系统有何异同？其主要特点是什么？如何利用其免疫系统的特征进行抗病新品种培育？

2. 如何进行鱼类抗逆性状的研究？如何筛选鱼类抗逆性状相关的基因？如何培育抗逆鱼类新品种？

3. 鱼类抗逆与抗病如何交互作用？怎样研究它们交互作用的分子机制？这些研究对培育鱼类新品种有什么启发？

主要参考文献

常玉梅，高国强，徐丽华，等. 2010. 鲤 EST 标记与耐低温性状的相关性分析及定位. 动物学研究，31（6）：581-586.

常玉梅，孙效文，梁利群. 2003. 鲤鱼耐寒性状研究. 上海水产大学学报，12（2）：102-105.

陈松林，田永胜，徐田军，等. 2008. 牙鲆抗病群体和家系的建立及其生长和抗病性能初步研究. 水产学报，32（5）：665-673.

高国强，常玉梅，韩启霞，等. 2010. 大黄鱼耐低温性状相关微卫星标记的筛选. 遗传，32（3）：248-253.

湖北省水生生物研究所. 1973. 湖北省鱼病病原区系图志. 北京：科学出版社.

梁利群，高俊生，李绍戊，等. 2006. 与鲤鱼抗寒性状相关的 RAPD 分子标记的筛选及其克隆. 中国水产科学，13（3）：360-364.

梁利群，孙效文. 2003. 鲤耐寒性状分子标记在遗传连锁图上的定位. 大连水产学院学报，18（4）：278-281.
刘云国，陈松林. 2007. 牙鲆抗鳗弧菌病 AFLP 分子标记筛选. 中国水产科学，14（1）：155-159.
倪达书. 1994. 我国鱼病学发展现状及其发展前景. 现代渔业信息，3.
潘贤，梁利群，雷清泉. 2008. 筛选与鲤鱼抗寒性状相关的微卫星分子标记. 哈尔滨工业大学学报，40（6）：915-918.
沈俊宝，刘明华. 1988. 荷包红鲤抗寒品系的筛选和培育. 淡水渔业，3：14-17.
苏建明，章怀云，肖调义. 2002. 草鱼抗病研究进展. 内陆水产，1：43-45.
王祖熊，黄文郁. 1985. 鲮鱼混精授精的育种试验. 水产学报，9（2）：209-206.
吴力钊，王祖熊. 1993. 鲮鱼和二代混精鲮低温耐受能力的差异. 水生生物学报，17（3）：206-210.
吴维新，李传武，曾国清. 1997. 抗病草鱼（83-2 系鱼）选育的研究. 中国水产科学，4（2）：74-78.
吴维新，李传武，刘国安，等. 1988. 鲤鱼和草鱼杂交四倍体及其回交三倍体草鱼杂种的研究. 水生生物学报，12（4）：355-363.
吴维新等. 1978. 一个四倍体杂种：兴国红鲤×草鱼. 水生生物集刊，7（3）：433-436.
长江水产研究所. 1973. 草鱼和团头鲂人工杂交试验. 湖南科技情报，（1）：9-11.
朱作言，许克圣，谢岳峰，等. 1989. 转基因鱼模型的建立. 中国科学 B 辑：化学，（2）：147-155.
Adams A. 2019. Progress，challenges and opportunities in fish vaccine development. Fish & Shellfish Immunology，90：210-214.
Anderson MK，Pant R，Miracle AL，et al. 2004. Evolutionary origins of lymphocytes：ensembles of T cell and B cell transcriptional regulators in a cartilaginous fish. J Immunol，172：5851-5860.
Aragones J，Fraisl P，Baes M，et al. 2009. Oxygen sensors at the crossroad of metabolism. Cell Metabolism，9：11-22.
Barriga EH，Maxwell PH，Reyes AE，et al. 2013. The hypoxia factor Hif-1alpha controls neural crest chemotaxis and epithelial to mesenchymal transition. The Journal of Cell Biology，201：759-776.
Barton BA. 2002. Stress in fishes：a diversity of responses with particular reference to changes in circulating corticosteroids. Integr Comp Biol，42：517-525.
Bernardi R，Guernah I，Jin D，et al. 2006. PML inhibits HIF-1alpha translation and neoangiogenesis through repression of mTOR. Nature，442：779-785.
Bickler PE，Buck LT. 2007. Hypoxia tolerance in reptiles，amphibians，and fishes：life with variable oxygen availability. Annual Review of Physiology，69：145-170.
Boshra H，Li J，Sunyer JO. 2006. Recent advances on the complement system of teleost fish. Fish Shellfish Immunol，20：239-262.
Buonocore F，Randelli E，Trisolino P，et al. 2014. Molecular characterization，gene structure and antibacterial activity of a g-type lysozyme from the European sea bass（*Dicentrarchus labrax* L.）. Mol Immunol，62：10-18.
Cai X，Zhang D，Wang J，et al. 2018. Deletion of the fih gene encoding an inhibitor of hypoxia-inducible factors increases hypoxia tolerance in zebrafish. The Journal of Biological Chemistry，293：15370-15380.
Cameron JS，DeWitt JP，Ngo TT，et al. 2013. Cardiac K（ATP）channel alterations associated with acclimation to hypoxia in goldfish（*Carassius auratus* L.）. Comparative biochemistry and physiology Part A，Molecular & Integrative Physiology，164：554-564.
Cao YB，Chen XQ，Wang S，et al. 2008. Evolution and regulation of the downstream gene of hypoxia-inducible

factor-1alpha in naked carp (Gymnocypris przewalskii) from Lake Qinghai, China. Journal of Molecular Evolution, 67: 570-580.

Capossela KM, Brill RW, Fabrizio MC, et al. 2012. Metabolic and cardiorespiratory responses of summer flounder Paralichthys dentatus to hypoxia at two temperatures. Journal of Fish Biology, 81: 1043-1058.

Carbia-Nagashima A, Gerez J, Perez-Castro C, et al. 2007. RSUME, a small RWD-containing protein, enhances SUMO conjugation and stabilizes HIF-1alpha during hypoxia. Cell, 131: 309-323.

Casanova JL. 2018. Adaptive immunity by convergent evolution. Nat Rev Immunol, 18: 294.

Chang M, Collet B, Nie P, et al. 2011. Expression and functional characterization of the RIG-I-like receptors MDA5 and LGP2 in Rainbow trout (Oncorhynchus mykiss). J Virol, 85: 8403-8412.

Chen D, Thomas EL, Kapahi P. 2009. HIF-1 modulates dietary restriction-mediated lifespan extension via IRE-1 in Caenorhabditis elegans. PLoS Genetics, 5: e1000486.

Chen K, Cole RB, Rees BB. 2013. Hypoxia-induced changes in the zebrafish (*Danio rerio*) skeletal muscle proteome. Journal of Proteomics, 78: 477-485.

Chen SL, Xu MY, Ji XS, et al. 2004. Cloning and characterisation of natural resistance associated macrophage protein (Nramp) cDNA from red sea bream (*Pagrus major*). Fish & Shellfish Immunology, 17: 305-313.

Chen SN, Zou PF, Nie P. 2017. Retinoic acid-inducible gene I (RIG-I) -like receptors (RLRs) in fish: current knowledge and future perspectives. Immunology, 151: 16-25.

Chen Z, Cheng CH, Zhang J, et al. 2008. Transcriptomic and genomic evolution under constant cold in Antarctic notothenioid fish. Proc Natl Acad Sci USA, 105: 12944-12949.

Chen Z, Liu X, Mei Z, et al. 2014. EAF2 suppresses hypoxia-induced factor 1alpha transcriptional activity by disrupting its interaction with coactivator CBP/p300. Molecular and Cellular Biology, 34: 1085-1099.

Cheng J, Kang X, Zhang S, et al. 2007. SUMO-specific protease 1 is essential for stabilization of HIF1alpha during hypoxia. Cell, 131: 584-595.

Chi W, Gan X, Xiao W, et al. 2013. Different evolutionary patterns of hypoxia-inducible factor alpha (HIF-alpha) isoforms in the basal branches of Actinopterygii and Sarcopterygii. FEBS Open Bio, 3: 479-483.

Chou CF, Tohari S, Brenner S, et al. 2004. Erythropoietin gene from a teleost fish, Fugu rubripes. Blood, 104: 1498-1503.

Chu CY, Cheng CH, Chen GD, et al. 2007. The zebrafish erythropoietin: functional identification and biochemical characterization. FEBS Letters, 581: 4265-4271.

Cnaani A, Hallerman EM, Ron M, et al. 2003. 123 Detection of a chromosomal region with two quantitative trait loci, affecting cold tolerance and fish size, in an F-2 tilapia hybrid. Aquaculture, 223: 45678117-128.

Crawshaw, L, Grahn, D, Wollmuth, L, and Simpson, L. 1985. Central nervous regulation of body temperature in vertebrates: comparative aspects. Pharmacology & Therapeutics,, 30: 19-30.

Cuesta A, Meseguer J, Esteban MA. 2011. Molecular and functional characterization of the gilthead seabream beta-defensin demonstrate its chemotactic and antimicrobial activity. Mol Immunol, 48: 1432-1438.

DeVries AL, Komatsu SK, Feeney RE. 1970. Chemical and physical properties of freezing point-depressing glycoproteins from Antarctic fishes. The Journal of Biological Chemistry, 245: 2901-2908.

Dhillon RS, Yao L, Matey V, et al. 2013. Interspecific differences in hypoxia-induced gill remodeling in carp. Physiological and Biochemical Zoology: PBZ, 86: 727-739.

Dioum EM, Chen R, Alexander MS, et al. 2009. Regulation of hypoxia-inducible factor, 2alpha signaling by the stress-responsive deacetylase sirtuin 1. Science, 324: 1289-1293.

Du J, Zhang D, Zhang W, et al. 2015. pVHL Negatively Regulates Antiviral Signaling by Targeting MAVS for Proteasomal Degradation. Journal of Immunology, 195: 1782-1790.

Dunwoodie SL. 2009. The role of hypoxia in development of the Mammalian embryo. Developmental Cell, 17: 755-773.

Everett MV, Antal CE, Crawford DL. 2012. The effect of short-term hypoxic exposure on metabolic gene expression. Journal of experimental zoology Part A, Ecological Genetics and Physiology, 317: 9-23.

Fast MD, Sims DE, Burka JF, et al. 2002. Skin morphology and humoral non-specific defence parameters of mucus and plasma in rainbow trout, coho and Atlantic salmon. Comp Biochem Physiol A Mol Integr Physiol, 132: 645-657.

Feng X, Liu X, Zhang W, et al. 2011. p53 directly suppresses BNIP3 expression to protect against hypoxia-induced cell death. EMBO J, 30: 3397-3415.

Finley LW, Carracedo A, Lee J, et al. 2011. SIRT3 opposes reprogramming of cancer cell metabolism through HIF1alpha destabilization. Cancer Cell, 19: 416-428.

Flajnik MF. 2018. A cold-blooded view of adaptive immunity. Nat Rev Immunol, 18: 438-453.

Fletcher GL, Hew CL, Davies PL. 2001. Antifreeze proteins of teleost fishes. Annu Rev Physiol, 63: 359-390.

Flores-Kossack C, Montero R, Kollner B, et al. 2020. Chilean aquaculture and the new challenges: Pathogens, immune response, vaccination and fish diversification. Fish & Shellfish Immunology, 98: 52-67.

Flugel D, Gorlach A, Michiels C, et al. 2007. Glycogen synthase kinase, 3 phosphorylates hypoxia-inducible factor 1alpha and mediates its destabilization in a VHL-independent manner. Molecular and Cellular Biology, 27: 3253-3265.

Foxler DE, Bridge KS, James V, et al. 2012. The LIMD1 protein bridges an association between the prolyl hydroxylases and VHL to repress HIF-1 activity. Nature Cell Biology, 14: 201-208.

Gao FX, Wang Y, Zhang QY, et al. 2017. Distinct herpesvirus resistances and immune responses of three gynogenetic clones of gibel carp revealed by comprehensive transcriptomes. BMC Genomics, 18: 561.

Geng X, Feng J, Liu S, et al. 2014. Transcriptional regulation of hypoxia inducible factors alpha (HIF-alpha) and their inhibiting factor (FIH-1) of channel catfish (Ictalurus punctatus) under hypoxia. Comparative biochemistry and physiology Part B, Biochemistry & Molecular Biology, 169: 38-50.

Gomes AP, Price NL, Ling AJ, et al. 2013. Declining NAD (+) induces a pseudohypoxic state disrupting nuclear-mitochondrial communication during aging. Cell, 155: 1624-1638.

Gracey AY, Fraser EJ, Li WZ, et al. 2004. Coping with cold: An integrative, multitissue analysis of the transcriptome of a poikilothermic vertebrate. P Natl Acad Sci USA, 101: 16970-16975.

Graham LA, Marshall CB, Lin FH, et al. 2008. Hyperactive antifreeze protein from fish contains multiple ice-binding sites. Biochemistry-Us, 47: 2051-2063.

Grayfer L, Kerimoglu B, Yaparla A, et al. 2018. Mechanisms of Fish Macrophage Antimicrobial Immunity. Front Immunol, 9: 1105.

Greer SN, Metcalf JL, Wang Y, et al. 2012. The updated biology of hypoxia-inducible factor. The EMBO Journal, 31: 2448-2460.

Hall JR，Richards RC，MacCormack TJ，et al. 2005. Cloning of GLUT3 cDNA from Atlantic cod（*Gadus morhua*）and expression of GLUT1 and GLUT3 in response to hypoxia. Biochimica et Biophysica Acta，1730：245-252.

Havixbeck JJ，Barreda DR. 2015. Neutrophil Development，Migration，and Function in Teleost Fish. Biology（Basel），4：715-734.

Hermes-Lima M，Zenteno-Savin T. 2002. Animal response to drastic changes in oxygen availability and physiological oxidative stress. Comparative Biochemistry and Physiology Toxicology & Pharmacology：CBP，133：537-556.

Hew C，Poon R，Xiong F，et al. 1999. Liver-specific and seasonal expression of transgenic Atlantic salmon harboring the winter flounder antifreeze protein gene. Transgenic Research，8：405-414.

Hsieh SL，Kuo CM. 2005. Stearoyl-CoA desaturase expression and fatty acid composition in milkfish（Chanos chanos）and grass carp（Ctenopharyngodon idella）during cold acclimation. Comp Biochem Phys B，141：95-101.

Huang C，Han Y，Wang Y，et al. 2009. SENP3 is responsible for HIF-1 transactivation under mild oxidative stress via p300 de-SUMOylation. The EMBO Journal，28：2748-2762.

Hubbi ME，Hu HX，Kshitiz，et al. 2013. Sirtuin-7 inhibits the activity of hypoxia-inducible factors. The Journal of Biological Chemistry，288：20768-20775.

Icardo JM，Wong WP，Colvee E，et al. 2012. The spleen of the African lungfish Protopterus annectens：freshwater and aestivation. Cell Tissue Res，350：143-156.

Ina-Salwany MY，Al-Saari N，Mohamad A，et al. 2019. Vibriosis in Fish：A Review on Disease Development and Prevention. Journal of Aquatic Animal Health，31：3-22.

Jung CR，Hwang KS，Yoo J，et al. 2006. E2-EPF UCP targets pVHL for degradation and associates with tumor growth and metastasis. Nature Medicine，12：809-816.

Kaelin WG Jr，Ratcliffe PJ. 2008. Oxygen sensing by metazoans：the central role of the HIF hydroxylase pathway. Molecular Cell，30：393-402.

Kaelin WG. 2007. Von Hippel-Lindau disease. Annual Review of Pathology，2：145-173.

Kimura A，Nonaka M. 2009. Molecular cloning of the terminal complement components C6 and C8beta of cartilaginous fish. Fish Shellfish Immunol，27：768-772.

Koivunen P，Tiainen P，Hyvarinen J，et al. 2007. An endoplasmic reticulum transmembrane prolyl 4-hydroxylase is induced by hypoxia and acts on hypoxia-inducible factor alpha. The Journal of Biological Chemistry，282：30544-30552.

Krumschnabel G，Biasi C，Wieser W. 2000a. Action of adenosine on energetics，protein synthesis and K（+）homeostasis in teleost hepatocytes. The Journal of Experimental Biology，203：2657-2665.

Krumschnabel G，Schwarzbaum PJ，Lisch J，et al. 2000b. Oxygen-dependent energetics of anoxia-tolerant and anoxia-intolerant hepatocytes. The Journal of Experimental Biology，203：951-959.

Langevin C，Aleksejeva E，Houel A，et al. 2017. FTR83，a Member of the Large Fish-Specific finTRIM Family，Triggers IFN Pathway and Counters Viral Infection. Frontiers in Immunology，8：617.

Langevin C，Boudinot P，Collet B. 2019. IFN Signaling in Inflammation and Viral Infections：New Insights from Fish Models. Viruses，11.

Langevin C，van der Aa LM，Houel A，et al. 2013. Zebrafish ISG15 exerts a strong antiviral activity against RNA and DNA viruses and regulates the interferon response. J Virol，87：10025-10036.

Law SH，Wu RS，Ng PK，et al. 2006. Cloning and expression analysis of two distinct HIF-alpha isoforms--gcHIF-1alpha and gcHIF-4alpha--from the hypoxia-tolerant grass carp，Ctenopharyngodon idellus. BMC Molecular Biology，7：15.

Liang LQ，Li SW，Chang YM，et al. 2008. Differentially gene expression in the brain of common carp（Cyprinus carpio）response to cold acclimation. Int Fed Info Proc，258：331.

Liao X，Cheng L，Xu P，et al. 2013. Transcriptome analysis of crucian carp（Carassius auratus），an important aquaculture and hypoxia-tolerant species. PLoS One，8：e62308.

Lim JH，Lee YM，Chun YS，et al. 2010. Sirtuin 1 modulates cellular responses to hypoxia by deacetylating hypoxia-inducible factor 1alpha. Molecular Cell，38：864-878.

Lindsley JE，Rutter J. 2004. Nutrient sensing and metabolic decisions. Comparative biochemistry and physiology Part B，Biochemistry & Molecular Biology，139：543-559.

Liu TK，Zhang YB，Liu Y，et al. 2011. Cooperative Roles of Fish Protein Kinase Containing Z-DNA Binding Domains and Double-Stranded RNA-Dependent Protein Kinase in Interferon-Mediated Antiviral Response. Journal of Virology，85：12769-12780.

Liu X，Cai X，Hu B，et al. 2016. Forkhead Transcription Factor 3a（FOXO3a）Modulates Hypoxia Signaling via Up-regulation of the von Hippel-Lindau Gene（VHL）. J Biol Chem，291：25692-25705.

Liu X，Zhu C，Zha H，et al. 2020. SIRT5 impairs aggregation and activation of the signaling adaptor MAVS through catalyzing lysine desuccinylation. EMBO J：e103285.

Long Y，Song GL，Yan JJ，et al. 2013. Transcriptomic characterization of cold acclimation in larval zebrafish. Bmc Genomics，14.

Luo W，Hu H，Chang R，et al. 2011. Pyruvate kinase M2 is a PHD3-stimulated coactivator for hypoxia-inducible factor 1. Cell，145：732-744.

Lushchak VI，Lushchak LP，Mota AA，et al. 2001. Oxidative stress and antioxidant defenses in goldfish Carassius auratus during anoxia and reoxygenation. American Journal of Physiology Regulatory，Integrative and Comparative Physiology，280：R100-107.

Lutz PL，Nilsson GE. 2004. Vertebrate brains at the pilot light. Respiratory Physiology & Neurobiology，141：285-296.

Maekawa S，Wang PC，Chen SC. 2019. Comparative Study of Immune Reaction Against Bacterial Infection From Transcriptome Analysis. Frontiers in Immunology，10：153.

Mashoof S，Criscitiello MF. 2016. Fish Immunoglobulins. Biology（Basel），5.

Mehta R，Steinkraus KA，Sutphin GL，et al. 2009. Proteasomal regulation of the hypoxic response modulates aging in C. elegans. Science，324：1196-1198.

Mitrovic D，Dymowska A，Nilsson GE，et al. 2009. Physiological consequences of gill remodeling in goldfish（Carassius auratus）during exposure to long-term hypoxia. American Journal of Physiology Regulatory，Integrative and Comparative Physiology，297：R224-234.

Moen T，Agresti JJ，Cnaani A，et al. 2004. A genome scan of a four-way tilapia cross supports the existence of a quantitative trait locus for cold tolerance on linkage group 23. Aquac Res，35：893-904.

Mohindra V，Tripathi RK，Singh RK，et al. 2013. Molecular characterization and expression analysis of three hypoxia-inducible factor alpha subunits，HIF-1alpha，-2alpha and -3alpha in hypoxia-tolerant Indian catfish，

Clarias batrachus [Linnaeus，1758]. Molecular Biology Reports，40：5805-5815.

Montagner M，Enzo E，Forcato M，et al. 2012. SHARP1 suppresses breast cancer metastasis by promoting degradation of hypoxia-inducible factors. Nature，487：380-384.

Mou CY，Wang Y，Zhang QY，et al. 2018. Differential interferon system gene expression profiles in susceptible and resistant gynogenetic clones of gibel carp challenged with herpesvirus CaHV. Dev Comp Immunol，86：52-64.

Myrnes B，Seppola M，Johansen A，et al. 2013. Enzyme characterisation and gene expression profiling of Atlantic salmon chicken- and goose-type lysozymes. Dev Comp Immunol，40：11-19.

Nakao M，Mutsuro J，Obo R，et al. 2000. Molecular cloning and protein analysis of divergent forms of the complement component C3 from a bony fish，the common carp（Cyprinus carpio）：presence of variants lacking the catalytic histidine. Eur J Immunol，30：858-866.

Nakayama K，Frew IJ，Hagensen M，et al. 2004. Siah2 regulates stability of prolyl-hydroxylases，controls HIF1alpha abundance，and modulates physiological responses to hypoxia. Cell，117：941-952.

Nikinmaa M，Rees BB. 2005. Oxygen-dependent gene expression in fishes. American Journal of Physiology Regulatory，Integrative and Comparative Physiology，288：R1079-1090.

Nilsson GE，Dymowska A，Stecyk JA. 2012. New insights into the plasticity of gill structure. Respiratory Physiology & Neurobiology，184：214-222.

Nilsson GE，Hylland P，Lofman CO. 1994. Anoxia and adenosine induce increased cerebral blood flow rate in crucian carp. The American Journal of Physiology，267：R590-595.

Nilsson GE，Renshaw GM. 2004. Hypoxic survival strategies in two fishes：extreme anoxia tolerance in the North European crucian carp and natural hypoxic preconditioning in a coral-reef shark. The Journal of Experimental Biology，207：3131-3139.

Nilsson GE. 1991. The adenosine receptor blocker aminophylline increases anoxic ethanol excretion in crucian carp. The American Journal of Physiology，261：R1057-1060.

Nilsson GE. 2001. Surviving anoxia with the brain turned on. News in physiological sciences ：an international journal of physiology produced jointly by the International Union of Physiological Sciences and the American Physiological Society，16：217-221.

Ouyang G，Liao Q，Zhang D，et al. 2020. Zebrafish NF-kappaB/p65 Is Required for Antiviral Responses. Journal of Immunology，204（11）：3019-3029.

Paffett-Lugassy N，Hsia N，Fraenkel PG，et al. 2007. Functional conservation of erythropoietin signaling in zebrafish. Blood，110：2718-2726.

Pancer Z，Cooper MD. 2006. The evolution of adaptive immunity. Annu Rev Immunol，24：497-518.

Picchietti S，Guerra L，Buonocore F，et al. 2009. Lymphocyte differentiation in sea bass thymus：CD4 and CD8-alpha gene expression studies. Fish Shellfish Immunol，27：50-56.

Pierron F，Baudrimont M，Gonzalez P，et al. 2007. Common pattern of gene expression in response to hypoxia or cadmium in the gills of the European glass eel（*Anguilla anguilla*）. Environmental Science & Technology，41：3005-3011.

Rahman MS，Thomas P. 2007. Molecular cloning，characterization and expression of two hypoxia-inducible factor alpha subunits，HIF-1alpha and HIF-2alpha，in a hypoxia-tolerant marine teleost，Atlantic croaker（*Micropogonias undulatus*）. Gene，396：273-282.

Rebl A，Goldammer T. 2018. Under control：The innate immunity of fish from the inhibitors' perspective. Fish Shellfish Immunol，77：328-349.

Rimoldi S，Terova G，Ceccuzzi P，et al. 2012. HIF-1alpha mRNA levels in Eurasian perch（*Perca fluviatilis*）exposed to acute and chronic hypoxia. Molecular Biology Reports，39：4009-4015.

Rius J，Guma M，Schachtrup C，et al. 2008. NF-kappaB links innate immunity to the hypoxic response through transcriptional regulation of HIF-1alpha. Nature，453：807-811.

Roesner A，Mitz SA，Hankeln T，et al. 2008. Globins and hypoxia adaptation in the goldfish，*Carassius auratus*. The FEBS Journal，275：3633-3643.

Rojas DA，Perez-Munizaga DA，Centanin L，et al. 2007. Cloning of hif-1alpha and hif-2alpha and mRNA expression pattern during development in zebrafish. Gene Expr Patterns，7：339-345.

Rytkonen KT，Akbarzadeh A，Miandare HK，et al. 2013. Subfunctionalization of cyprinid hypoxia-inducible factors for roles in development and oxygen sensing. Evolution，67：873-882.

Rytkonen KT，Vuori KA，Primmer CR，et al. 2007. Comparison of hypoxia-inducible factor-1 alpha in hypoxia-sensitive and hypoxia-tolerant fish species. Comparative biochemistry and physiology Part D，Genomics & Proteomics，2：177-186.

Ryu JH，Li SH，Park HS，et al. 2011. Hypoxia-inducible factor alpha subunit stabilization by NEDD8 conjugation is reactive oxygen species-dependent. The Journal of Biological Chemistry，286：6963-6970.

Salinas I. 2015. The Mucosal Immune System of Teleost Fish. Biology（Basel）4：525-539.

Sang N，Fang J，Srinivas V，et al. 2002. Carboxyl-terminal transactivation activity of hypoxia-inducible factor 1 alpha is governed by a von Hippel-Lindau protein-independent，hydroxylation-regulated association with p300/CBP. Molecular and Cellular Biology，22：2984-2992.

Schlee M，Hartmann G. 2016. Discriminating self from non-self in nucleic acid sensing. Nat Rev Immunol，16：566-580.

Semenza GL. 2012. Hypoxia-inducible factors in physiology and medicine. Cell，148：399-408.

Shao R，Zhang FP，Tian F，et al. 2004. Increase of SUMO-1 expression in response to hypoxia：direct interaction with HIF-1alpha in adult mouse brain and heart *in vivo*. FEBS Letters，569：293-300.

Shen RJ，Jiang XY，Pu JW，et al. 2010. HIF-1alpha and -2alpha genes in a hypoxia-sensitive teleost species Megalobrama amblycephala：cDNA cloning，expression and different responses to hypoxia. Comparative biochemistry and physiology Part B，Biochemistry & Molecular Biology，157：273-280.

Shoubridge EA，Hochachka PW. 1980. Ethanol：novel end product of vertebrate anaerobic metabolism. Science，209：308-309.

Smith NC，Rise ML，Christian SL. 2019. A Comparison of the Innate and Adaptive Immune Systems in Cartilaginous Fish，Ray-Finned Fish，and Lobe-Finned Fish. Front Immunol，10：2292.

Soitamo AJ，Rabergh CM，Gassmann M，et al. 2001. Characterization of a hypoxia-inducible factor（HIF-1alpha）from rainbow trout. Accumulation of protein occurs at normal venous oxygen tension. The Journal of Biological Chemistry，276：19699-19705.

Stecyk JA，Stenslokken KO，Farrell AP，et al. 2004. Maintained cardiac pumping in anoxic crucian carp. Science，306：77.

Stevenson TJ，Trinh T，Kogelschatz C，et al. 2012. Hypoxia disruption of vertebrate CNS pathfinding through ephrinB2 Is rescued by magnesium. PLoS Genetics，8：e1002638.

Sudhagar A，Kumar G，El-Matbouli M. 2018. Transcriptome Analysis Based on RNA-Seq in Understanding Pathogenic Mechanisms of Diseases and the Immune System of Fish：A Comprehensive Review. International Journal of Molecular Sciences，19.

Sun F，Zhang YB，Jiang J，et al. 2014. Gig1，a novel antiviral effector involved in fish interferon response. Virology，448：322-332.

Sun F，Zhang YB，Liu TK，et al. 2011. Fish MITA serves as a mediator for distinct fish IFN gene activation dependent on IRF3 or IRF7. J Immunol，187：2531-2539.

Tafalla C，Leal E，Yamaguchi T，et al. 2016. T cell immunity in the teleost digestive tract. Dev Comp Immunol，64：167-177.

Terova G，Rimoldi S，Brambilla F，et al. 2009. *In vivo* regulation of GLUT2 mRNA in sea bass（*Dicentrarchus labrax*）in response to acute and chronic hypoxia. Comparative biochemistry and physiology Part B，Biochemistry & Molecular Biology，152：306-316.

Terova G，Rimoldi S，Cora S，et al. 2008. Acute and chronic hypoxia affects HIF-1 alpha mRNA levels in sea bass（*Dicentrarchus labrax*）. Aquaculture，279：150-159.

Tseng YC，Lee JR，Lee SJ，et al. 2011. Functional analysis of the glucose transporters-1 alpha，-6，and-13. 1 expressed by zebrafish epithelial cells. Am J Physiol-Reg I，300：R321-R329.

Turko AJ，Cooper CA，Wright PA. 2012. Gill remodelling during terrestrial acclimation reduces aquatic respiratory function of the amphibious fish Kryptolebias marmoratus. The Journal of Experimental Biology，215：3973-3980.

Tzaneva V，Vadeboncoeur C，Ting J，et al. 2014. Effects of hypoxia-induced gill remodelling on the innervation and distribution of ionocytes in the gill of goldfish，Carassius auratus. The Journal of Comparative Neurology，522：118-130.

van den Burg EH，Metz JR，Ross HA，et al. 2003. Temperature-induced changes in thyrotropin-releasing hormone sensitivity in carp melanotropes. Neuroendocrinology，77：15-23.

van Rooijen E，Voest EE，Logister I，et al. 2009. Zebrafish mutants in the von Hippel-Lindau tumor suppressor display a hypoxic response and recapitulate key aspects of Chuvash polycythemia. Blood，113：6449-6460.

Venkatesh B，Lee AP，Ravi V，et al. 2014. Elephant shark genome provides unique insights into gnathostome evolution. Nature，505：174-179.

Vergauwen L，Benoot D，Blust R，et al. 2010. Long-term warm or cold acclimation elicits a specific transcriptional response and affects energy metabolism in zebrafish. Comp Biochem Phys A，157：149-157.

Vig E，Gabrielak T，Leyko W，et al. 1989. Purification and characterization of Cu，Zn-superoxide dismutase from common carp liver. Comparative biochemistry and physiology B，Comparative Biochemistry，94：395-397.

Vuori KA，Soitamo A，Vuorinen PJ，et al. 2004. Baltic salmon（Salmo salar）yolk-sac fry mortality is associated with disturbances in the function of hypoxia-inducible transcription factor（HIF-1alpha）and consecutive gene expression. Aquat Toxicol，68：301-313.

Wang D，Zhong XP，Qiao ZX，et al. 2008. Inductive transcription and protective role of fish heme oxygenase-1 under hypoxic stress. The Journal of Experimental Biology，211：2700-2706.

Wang J，Zhang D，Du J，et al. 2017. Tet1 facilitates hypoxia tolerance by stabilizing the HIF-alpha proteins independent of its methylcytosine dioxygenase activity. Nucleic Acids Res，45：12700-12714.

Wang QC，Ji W，Xu Z. 2020. Current use and development of fish vaccines in China. Fish & Shellfish Immunology，96：223-234.

Wang R，Zhang P，Gong Z，et al. 1995. Expression of the antifreeze protein gene in transgenic goldfish（Carassius auratus）and its implication in cold adaptation. Molecular Marine Biology and Biotechnology，4：20-26.

Wilson AB. 2017. MHC and adaptive immunity in teleost fishes. Immunogenetics，69：521-528.

Wu M，Dan C，Gui JF，et al. 2019a. Fish species-specific TRIM gene FTRCA1 negatively regulates interferon response through attenuating IRF7 transcription. Fish Shellfish Immunol，90：180-187.

Wu M，Zhao X，Gong XY，et al. 2019b. FTRCA1，a Species-Specific Member of finTRIM Family，Negatively Regulates Fish IFN Response through Autophage-Lysosomal Degradation of TBK1. J Immunol，202：2407-2420.

Xu Z，Parra D，Gomez D，et al. 2013. Teleost skin，an ancient mucosal surface that elicits gut-like immune responses. Proc Natl Acad Sci USA，110：13097-13102.

Yu G，Liu X，Tang J，et al. 2019. Neddylation Facilitates the Antiviral Response in Zebrafish. Frontiers in Immunology，10：1432.

Yu RM，Ng PK，Tan T，et al. 2008. Enhancement of hypoxia-induced gene expression in fish liver by the aryl hydrocarbon receptor（AhR）ligand，benzo[a]pyrene（BaP）. Aquat Toxicol，90：235-242.

Zachar PC，Jonz MG. 2012. Oxygen sensitivity of gill neuroepithelial cells in the anoxia-tolerant goldfish. Advances in Experimental Medicine and Biology，758：167-172.

Zeng XT，Chen ZY，Deng YS，et al. 2016. Complete genome sequence and architecture of crucian carp Carassius auratus herpesvirus（CaHV）. Arch Virol，161：3577-3581.

Zhang QM，Zhao X，Li Z，et al. 2018. Alternative Splicing Transcripts of Zebrafish LGP2 Gene Differentially Contribute to IFN Antiviral Response. Journal of Immunology，200：688-703.

Zhang YB，Gui JF. 2012. Molecular regulation of interferon antiviral response in fish. Dev Comp Immunol，38：193-202.

Zhang Z，Wu RS，Mok HO，et al. 2003. Isolation，characterization and expression analysis of a hypoxia-responsive glucose transporter gene from the grass carp，Ctenopharyngodon idellus. European Journal of Biochemistry / FEBS，270：3010-3017.

Zhang ZB，Chi H，Dalmo RA. 2019. Trained innate immunity of fish is a viable approach in larval aquaculture. Frontiers in Immunology，10.

Zhong L，D'Urso A，Toiber D，et al. 2010. The histone deacetylase Sirt6 regulates glucose homeostasis via Hif1alpha. Cell，140：280-293.

Zhong XP，Wang D，Zhang YB，et al. 2009. Identification and characterization of hypoxia-induced genes in Carassius auratus blastulae embryonic cells using suppression subtractive hybridization. Comparative biochemistry and physiology Part B，Biochemistry & Molecular Biology，152：161-170.

Zhu JJ，Liu X，Cai XL，et al. 2020. Zebrafish prmt7 negatively regulates antiviral responses by suppressing the retinoic acid-inducible gene-I-like receptor signaling. Faseb J，34：988-1000.

Zhu R，Zhang YB，Zhang QY，et al. 2008. Functional Domains and the Antiviral Effect of the Double-Stranded RNA-Dependent Protein Kinase PKR from Paralichthys olivaceus. Journal of Virology，82：6889-6901.

第十五章　基因组学及其潜在基因组技术

第一节　水产生物基因组学发展动态

人类基因组计划是与曼哈顿原子弹计划和阿波罗计划齐名的人类科学史上的伟大工程，被誉为生命科学的“登月计划”。该计划 1990 年正式启动，2001 年完成人类基因组草图。截止到 2003 年 4 月 14 日，人类基因组计划的测序工作已经完成。

自人类基因组计划完成以来，基因组学进入功能研究时代。基因组技术的快速发展，推进了水产生物基因组结构和功能的研究。水产生物基因组学及基因组技术发展的最主要的意义，是与遗传学和分子生物学等学科相结合，解析和诠释水产生物的生物学现象和经济性状的遗传基础和分子机制，为遗传育种和疾病防治等水产养殖基础和应用研究奠定理论和技术基础。

15.1.1　DNA 分子标记

DNA 分子标记能够反映生物个体或种群间基因组中某种差异特征的 DNA 片段，是重要的生物标志之一。分子标记是 DNA 水平遗传多态性的直接反映，与形态学标记、细胞学标记和生物化学标记相比具有以下优点：①不受季节、发育阶段和环境等因素的影响；②数量多，遍及整个基因组；③多态性高，自然界存在着许多等位变异；④有许多标记表现为共显性，能够鉴别纯合基因型与杂合基因型，提供完整的遗传信息；⑤技术简单、快速、易自动化。分子标记的发展经历了三个阶段，也称为三代 DNA 分子标记。

第一代分子标记主要包括限制性片段长度多态性（restriction fragment length polymorphism，RFLP）、随机扩增多态性（random amplified polymorphic DNA，RAPD）、扩增片段长度多态性（amplified fragment length polymorphism，AFLP）；第二代分子标记主要是微卫星标记（microsatellite marker）；第三代标记主要是单核苷酸多态性（single nucleotide polymorphism，SNP）。其中第一代分子标记由于自身的一些缺陷，包括非共显性、扩增不稳定（如 RAPD）、多态性不高（如 RFLP），目前已基本不再被水产生物遗传分析所使用。现在的主流是使用第二代和第三代分子标记，分别简介如下。

15.1.1.1　SSR 标记

微卫星（microsatellite）也称简单重复序列（simple sequence repeat，SSR），由串联排列的 1～6bp 简单序列重复组成，由 Miesfeld 于 1981 年首次发现。根据核心重复序列的组成，微卫星可以分为单核苷酸、二核苷酸、三核苷酸和四核苷酸等微卫星。有的微卫星标记可能同时含有两种或两种以上核心重复序列，称为复合微卫星。迄今已研究过的各种真核生物的基因组中都具有丰富的微卫星 DNA。在大多数水产养殖动物的基因组中，平均每 10kb 或更少的序列就有 1 个微卫星。

在鱼类基因组中，随着核心重复序列碱基数的增加，其相对应的微卫星数量逐渐降低，因此二核苷酸微卫星的数量多于三核苷酸、四核苷酸和五核苷酸等微卫星的数量。在脊椎动物最常见的是（AC)$_n$，其次是（AT)$_n$，然后是（CT)$_n$，而（CG)$_n$在基因组中比较少见。

微卫星广泛分布于基因组的所有染色体上，但在非基因序列区的数量远大于内含子区域，在编码区的数量最少。在鱼类转录组序列中，各种微卫星类型的分布频率与它们在基因组中的分布相似，$(AT)_n$ 和 $(AAT)_n$ 仍然分别是二核苷酸和三核苷酸重复序列中数量最多的类型。在编码区的微卫星绝大多数是三核苷酸微卫星。微卫星标记具有含量丰富、在基因组中均匀分布、多态性高、呈共显性遗传及易分型等优点。在微卫星标记发展的早期，由于位点开发有一定难度，其在应用上受到限制；但是随着标记开发方法的不断改进，特别是高通量测序技术的发展使微卫星标记的开发变得容易，因此微卫星标记仍被广泛应用于鱼类遗传学和育种学研究。

15.1.1.2 SNP 标记

单核苷酸多态性（single nucleotide polymorphism，SNP）是指由点突变引起的 DNA 序列多态性，在某一特定的单个核苷酸位点上发生碱基替换、产生不同的等位基因是其主要表现形式。它是人类可遗传的变异中最常见的一种，占所有已知多态性的 90%以上，平均每 500～1000 个碱基对中就有 1 个。自从 1977 年 DNA 测序技术出现开始，SNP 就已经引起了人们的特别关注；但由于缺少有效的开发方法和遗传分型技术，其应用受到一定限制。1996 年 Lander 指出 SNP 开启了新的分子标记时代，主要原因就是 SNP 分型技术的不断发展使得 SNP 标记的大规模使用在经济上变得可以接受，因此它逐渐成为基因组学和遗传学育种研究中应用最为广泛的分子遗传标记。

对二倍体物种的 SNP 来说，最大可能是二等位多态性，三个或四个等位多态性非常少见。在二等位多态性 SNP 中，胸腺嘧啶（T）与胞嘧啶（C）之间和腺嘌呤（A）与鸟嘌呤（G）之间的突变被称为转换（transition，Ts），嘧啶碱基与嘌呤碱基之间的突变如 C>A、G>T、C>G 和 A>T 被称为颠换（transversion，Tv）。在人类基因组中，转换的发生概率明显高于颠换，约占总 SNP 变异的 2/3。转换的概率高可能是因为 CpG 岛上的胞嘧啶残基是人类基因组中最易发生突变的位点，大多数是甲基化状态，可自发地脱去氨基而形成胸腺嘧啶。

在基因组 DNA 中，任何碱基位置均有可能发生变异，因此 SNP 既有可能在基因序列内，也有可能在基因以外的非编码序列上。在基因序列内的 SNP 又可分为编码区 SNP（coding SNP，cSNP）和非编码区 SNP（non-coding SNP，ncSNP），且前者比后者的发生概率要小得多。由于编码氨基酸的密码子以三个碱基为单位且存在简并现象，因此 cSNP 又可分为两种：一种是同义 cSNP（synonymous coding SNP，scSNP），即 SNP 只是导致编码序列的改变，并不影响其所翻译的蛋白质的氨基酸序列；另一种是非同义 cSNP（nonsynonymous coding SNP，nscSNP），即 SNP 引起的突变导致其编码的氨基酸改变。nscSNP 可能影响蛋白质的功能，从而导致生物性状的改变，在人类 nscSNP 中，26%～32%被预测能够影响蛋白质的功能。因此，nscSNP 在人类遗传性疾病研究中具有重要意义。

15.1.1.3 分子标记在水产生物遗传学和育种学的意义

水产经济生物有各种各样的性状，有些性状难以从外观上或在入选亲本上直接测定，因此选择育种具有一定的难度和不确定性。因此，借助某些与特定性状紧密连锁的分子标记进行间接选择，就可能提高育种效率。这就是所谓的分子标记辅助育种（marker-assisted selection，MAS）。实际上，在选择育种前，我们就需要对经济性状进行遗传解析，包括遗传连锁图谱构建和经济性状基因定位等，很多场景都需要使用分子标记作为“锚”或工具（Tong and Sun，2015）。分子标记应用的详细介绍见 15.2.1～15.4.7 小节。

15.1.2 基因组测序技术的发展

人类基因组计划完成以来，基因组测序技术已取得了相当大的发展，从第一代到第四代，测序读长从长到短，再从短到长，技术一次次变革，效果越来越好，费用也不断降低，为水产生物遗传和育种领域的研究和实践做出了贡献。代表性技术和产品见图 15.1。

第一代 DNA 测序技术是 1975 年由桑格（Sanger）和考尔森（Coulson）提出的链终止法。其核心原理是：由于 ddNTP 的 2′和 3′都不含羟基，其在 DNA 的合成过程中不能形成磷酸二酯键，因此可以用来中断 DNA 合成反应，在 4 个 DNA 合成反应体系中分别加入一定比例带有放射性同位素标记的 ddNTP（分为 ddATP、ddCTP、ddGTP 和 ddTTP），通过凝胶电泳和放射自显影后可以根据电泳带的位置确定待测分子的 DNA 序列。

第二代测序技术（next-generation sequencing）核心思想是边合成边测序（sequencing by synthesis），即通过捕捉新合成末端的标记来确定 DNA 的序列。其特点是能一次并行几十万到几百万条 DNA 分子的序列测定，且一般读长较短。目前，第二代测序技术平台主要包括 Roche 公司的 454 技术，Illumina 公司的 Solexa、Hiseq 技术，以及 ABI 公司的 Solid 技术。

基因组测序技术在近几年又有新的里程碑。PacBio 公司的 SMRT 和 Oxford Nanopore Technologies 公司的纳米孔单分子测序技术被称为第三代测序技术的代表。与前两代相比，它们最大特点就是单分子测序，测序过程无须进行 PCR 扩增。其中 PacBio SMRT 技术其实也应用了边合成边测序的思想，并以 SMRT 芯片为测序载体。基本原理是：DNA 聚合酶和模板结合，4 色荧光标记 4 种碱基（dNTP），在碱基配对阶段，不同碱基的加入，会发出不同光，根据光的波长与峰值可判断进入的碱基类型。其测序错误率比较高（最高达到 15%），这几乎是目前单分子测序技术的通病；但好在它的出错是随机的，并不会像第二代测序技术那样存在测序错误的偏向，因而可以通过多次测序来进行有效的纠错。

Oxford Nanopore Technologies 公司所开发的纳米孔单分子测序技术的原理与以往的测序技术皆不同，它是基于电信号而不是光信号的测序技术。该技术的关键之一是他们设计了一种特殊的纳米孔，孔内共价结合有分子接头。当 DNA 碱基通过纳米孔时，它们使电荷发生变化，从而短暂地影响流过纳米孔的电流强度（每种碱基所影响的电流变化幅度是不同的），灵敏的电子设备检测到这些变化从而鉴定所通过的碱基。纳米孔单分子测序计算还有另一大特点：它能够直接读取出甲基化的胞嘧啶，而不必像传统方法那样对基因组进行 bisulfite 处理。这对于在基因组水平直接研究表观遗传相关现象有极大的帮助。该方法的测序准确性可达 99.8%，而且一旦发现测序错误也能较容易地进行纠正。也有人将 Nanopore 测序方法称为第四代测序技术。

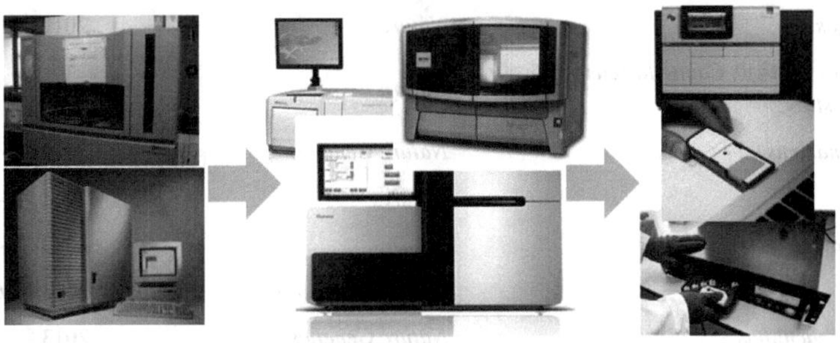

Sanger 测序法(鸟枪法)
LIFE/ABI CE 测序仪

454/ROCHE 测序仪
Illumina Solexa 测序仪
ABI/Life Technologies SOLID

Helicos Heliscope 测序仪
Pacific Biosciences 测序仪
Oxford Nanopore Technologies

A　　B　　C

图 15.1　不同测序方法的代表性技术简介

A. 第一代测序技术；B. 第二代测序技术；C. 第三代测序技术

15.1.3 水产生物基因组进展

人及模式生物基因组研究的丰硕成果，使人们看到了基因组学在基础生物学和农业、水产等应用科学研究中的巨大价值。遗传学家和育种学家们相信，在获得控制农业生物经济性状的大部分基因组信息后，将可能培育出产量更高、品质更优、抗病和抗逆能力更强的新品种。由此，各国政府纷纷启动了本国的农业生物包括水产生物的基因组计划。近年来欧美国家先后开展了多种水产养殖动物的基因组研究。虽然水产养殖动物的基因组研究晚于家畜和家禽，但由于技术进步和科研投入的增加，总体来说进展还是较快的，基因组信息用于水产养殖动物的遗传改良时代已经到来（Yue，2014）。

据不完全统计，科学家目前已对40多种水生生物进行了全基因组测序（表15.1），为水产生物遗传育种研究提供了一大批与生长、发育、繁殖、营养、免疫、抗逆等相关的候选基因；同时全基因组的功能注释也为水产生物特有生物学现象的遗传基础和分子机制解析提供了全方位基因层面的生物信息证据，丰富了水产生物种质的遗传资源库，也为水产生物物种进化研究提供了参考。

表15.1 部分水生生物全基因组序列发表情况

物种名称	发表期刊	时间
红鳍东方鲀 *Fugu rubripes*	*Science*	2002年8月
海胆 *Strongylocentrotus purpuratus*	*Science*	2006年11月
青鳉 *Oryzias latipes*	*Nature*	2007年6月
海葵 *Nematostella vectensis*	*Science*	2007年7月
鳉 *Nothobranchius furzeri*	*Genome Biology*	2009年10月
水螅 *Hydra magnipapillata*	*Nature*	2010年3月
海绵 *Amphimedon queenslandica*	*Nature*	2010年8月
大西洋鲑 *Salmo salar*	*Genome Biology*	2010年11月
水蚤 *Daphnia pulex*	*Science*	2011年2月
大西洋鳕 *Gadus morhua*	*Nature*	2010年9月
斑点叉尾鮰*Ictalurus punctatus*	*BMC Genomics*	2011年12月
马氏珠母贝 *Pinctada fucata*	*DNA Research*	2012年2月
三刺鱼 *Gasterosteus aculeatus*	*Nature*	2012年4月
日本鳗鲡 *Anguilla japonica*	*Gene*	2012年9月
牡蛎 *Crassostrea gigas*	*Nature*	2012年10月
帽贝 *Lottia gigantean*、海蠕虫 *Capitella teleta*、淡水水蛭 *Helobdella robusta*	*Nature*	2013年1月
七鳃鳗 *Petromyzon marinus*	*Nature Genetics*	2013年4月
斑马鱼 *Danio rerio*	*Nature*	2013年4月
腔棘鱼 *Latimeria chalumnae*	*Nature*	2013年4月
	Genome Research	2013年6月
剑尾鱼 *Xiphophorus maculatus*	*Nature Genetics*	2013年5月
蓝鳍金枪鱼 *Thunnus orientalis*	*PNAS*	2013年7月
水母 *Mnemiopsis leidyi*	*Science*	2013年12月
姥鲨 *Callorhinchus milii*	*Nature*	2014年1月
半滑舌鳎 *Cynoglossus semilaevis*	*Nature Genetics*	2014年3月

续表

物种名称	发表期刊	时间
虹鳟 *Oncorhynchus mykiss*	*Nature Communications*	2014 年 4 月
菊黄东方鲀 *Takifugu flavidus*	*DNA Research*	2014 年 7 月
南极抗冻鱼 *Notothenia coriiceps*	*Genome Biology*	2014 年 6 月
罗非鱼 *Oreochromis niloticus*	*Nature*	2014 年 9 月
墨西哥脂鲤 *Astyanax mexicanus*	*Nature Communications*	2014 年 10 月
大黄鱼 *Larimichthys crocea*	*Nature Communications*	2014 年 11 月
团头鲂 *Megalobrama amblycephala*	*GigaScience*	2017 年 1 月
鲤 *Cyprinus carpio*	*Nature Genetics*	2014 年 11 月
弹涂鱼 *Periophthalmus cantonensis*	*Nature Communications*	2014 年 12 月
舌齿鲈 *Dicentrarchus labrax*	*Nature Communications*	2014 年 12 月
文昌鱼 *Branchiostoma floridae*	*Nature Communications*	2014 年 12 月
草鱼 *Ctenopharyngodon idellus*	*Nature Genetics*	2015 年 6 月
章鱼 *Octopus bimaculoides*	*Nature*	2015 年 8 月

第二节　遗传连锁图谱构建和 QTL 定位

15.2.1　遗传连锁图谱构建的理论基础

遗传连锁图谱（genetic linkage map）基于染色体的交换与重组。在细胞减数分裂时，非同源染色体上的基因相互独立、自由组合，同源染色体上的基因发生交换，同一染色体上的基因在遗传过程中表现为基因连锁。它们之间的重组是通过同源染色体的非姐妹染色单体之间的交换来实现的（图 15.2）。

重组率的高低取决于减数分裂细胞中发生交换的频率，遗传连锁图谱的构建就是以重组子推算重组率并转化为遗传距离，从而把遗传标记顺序排列在一个连锁群上的过程。

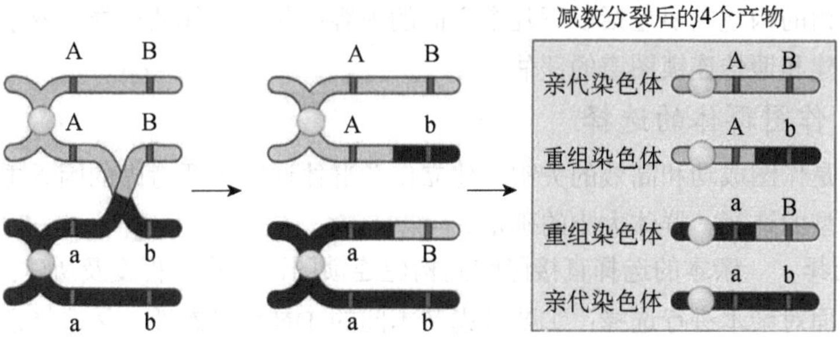

图 15.2　染色体的交换和遗传重组示意图

15.2.2　遗传连锁图谱的概念

遗传连锁图谱是以多态性的遗传标记为路标，以两个基因座间的交换率为图距（centi Morgan,

cM)，反映一条染色体或基因内位点相对位置的线性排列图。这里我们将基因换作分子遗传标记即可（图 15.3）。

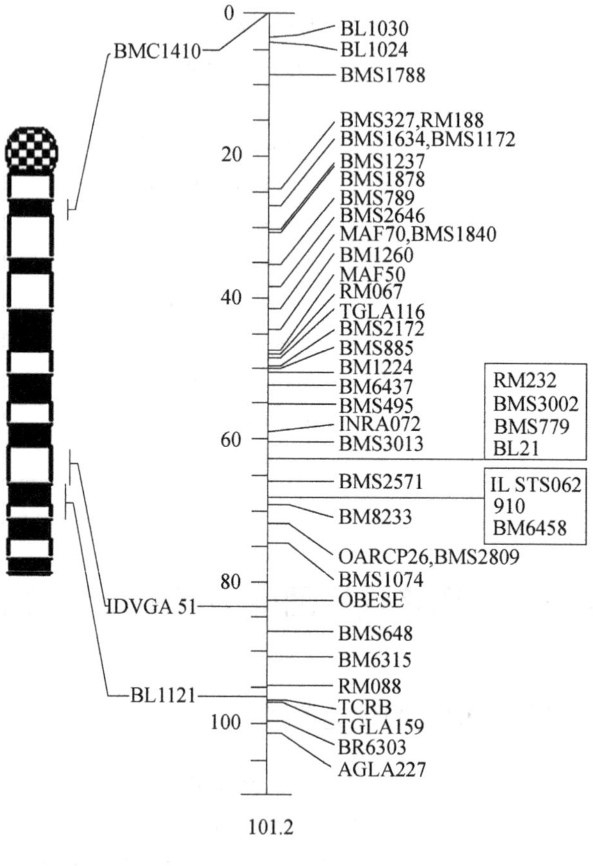

图 15.3 遗传连锁图谱的表示方法

15.2.3 遗传连锁图谱构建的方法

遗传连锁图谱的构建主要包括以下几个方面的内容：作图群体的选择、分子标记的选择、遗传连锁图谱的构建和遗传连锁图谱的评估。

15.2.3.1 作图群体的选择

材料的选择是作图成功和高效的关键。建立作图群体通常需要考虑的因素主要有：亲本的选择、分离群体类型的选择、群体大小的确定。

1. 亲本的选择　亲本的选择直接影响到构建连锁图谱的难易程度及所建图谱的适用范围。一般应从四个方面对亲本进行选择：①要考虑亲本间的 DNA 多态性。②选择亲本时应尽量选用纯度高的材料，并进一步通过自交进行纯化。③要考虑杂交后代的可育性。亲本间的差异过大，杂种染色体之间的配对和重组会受到抑制，导致连锁座位间的重组率偏低，并导致严重的偏分离现象，降低所建图谱的可信度和适用范围，严重的还会降低杂种后代的结实率，甚至导致不育，影响分离群体的构建。④目标性状在双亲之间的差异明显。

2. *分离群体类型的选择*　常用的分离群体包括临时性分离群体和永久性分离群体两类。临时性群体以杂交F1群体、回交群体（backcross，BC）、F2和F3群体等为代表，这类群体虽易于构建，但却缺乏稳定性，当再杂交或自交时，其遗传组成会发生变化；而以重组自交系（recombination inbred line，RIL）、单倍体（haploid）和双单倍体（double haploid，DH）等为代表的永久性群体，其经自交或近交繁殖后代，不会改变群体的遗传组成，可永久使用。

杂交一代用轮回亲本回交一次产生的群体称为回交一代（BC1）。BC1也是一种常用的作图群体。BC1群体中每一分离的基因座只有两种基因型，它直接反映了F1代配子的分离比例，因而BC1群体的作图效率最高，这是它优于F2群体的地方。虽然BC1群体是一种很好的作图群体，但它存在不能长期保存的问题。另外，对于一些人工杂交比较困难的物种，BC1群体也不太合适，一是难以建立较大的BC1群体，二是容易出现假杂种，造成作图的误差。

种间或种内的两个个体杂交所产生的F1群体在很多位点会发生分离，具有高度的杂合性；另外，F1代具有现成的群体或能在短时间内建成。因此，F1代被广泛应用于生长周期少则十几年，多则几十年甚至上百年的果树、林木的遗传连锁图谱的构建中。另外，F1代还普遍应用于杂合度较高的水产动物。在实际操作中，由于大部分水产动物较难获得纯系，再加上水产动物的自然群体往往有很高的多态性，所以使用两个亲缘关系较远的个体杂交产生的F1群体完全能满足大部分水产动物的作图需要。它不但可以在短期内建成，而且能够同时对双亲作图，是一种很有潜力的作图群体。这种群体在所有的检测位点中有50%以上按1∶1分离，与测交的分离模式一致，故这种建立作图群体的方式被称为“虚拟测交”。

3. *群体大小的确定*　分离群体的选择是影响遗传连锁图谱精度的重要因素，在遗传连锁图谱构建时需根据具体情况选定合适的分离群体再进行构建。遗传连锁图谱的分辨率和精度很大程度上取决于群体大小。群体越大，则作图精度越高。但群体太大，不仅增大实验工作量，而且增加费用。因此确定合适的群体大小十分必要。在实际工作中，构建分子标记骨架连锁图可基于大群体中的一个随机小群体，当需要精细地研究某个连锁区域时，再有针对性地在骨架连锁图的基础上扩大群体。这种大小群体相结合的方法，既可达到研究的目的，又可减轻工作量。总的说来，在分子标记连锁图的构建方面，为了达到彼此相当的作图精度，所需的群体大小的顺序为F2>RIL>BC1和DH。

15.2.3.2　分子标记的选择

大多数DNA标记是共显性的，符合孟德尔遗传规律，可供遗传标记作图。现在一般只使用SSR和SNP标记，其他分子标记难以达到高密度遗传连锁图谱构建的要求。

15.2.3.3　遗传连锁图谱的构建

构建遗传连锁图谱首先需要对大量标记之间的连锁关系进行统计分析，随着分子标记的不断增加，对于统计分析的要求越来越高，通常需要借助于计算机软件。常用于构建遗传连锁图谱的软件有以下这些：Linkage、MAPMAKER/EXP、Manager QTX、LINKMFEX2.3、Join Map4.0、Highmap和LEPMAP等。

15.2.3.4　遗传连锁图谱的评估

遗传连锁图谱的构建通常还包括遗传连锁图谱的评估。遗传连锁图谱的评估可以从以下几个方面进行：测序准确性评估、分子标记准确性评估、基因分型准确性评估、遗传重组率准确性评估和图谱完整度评估。遗传重组率评估可以通过共线性分析，包括基因组和遗传连锁图谱的共线性比较，雌、雄图谱与一致性图谱的共线性比较，单体来源分析和相邻标记连锁关系分析等方法进行（图 15.4）。

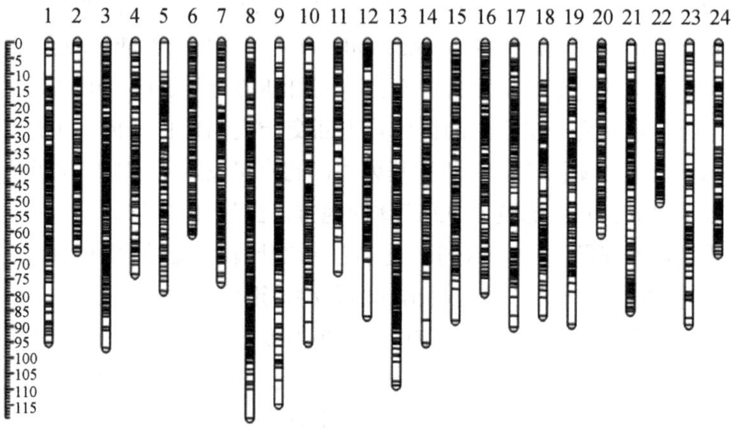

图 15.4　鳙一致性图谱的 24 个连锁群长度及标记分布

15.2.4　遗传连锁图谱的应用

遗传连锁图谱不但可以帮助人们了解基因组的结构，还能辅助克隆功能基因及定位具有重要经济价值的数量性状座位。伴随着高密度遗传连锁图谱的构建，鱼类的全基因组测序和染色体组装、大量优良性状相关标记的筛选及基因定位等研究就有了物质基础。遗传连锁图谱还将在很大程度上推动基因组的研究成果运用于分子辅助育种中（Tong and Sun，2015）。

1. *遗传定位研究*　对数量性状或重要目的基因进行定位是遗传连锁图谱的重要应用之一，简单来讲就是建立数量性状或目的基因与分子标记的连锁关系。基因定位就是将目的基因与不同的标记进行连锁分析，找到与之紧密连锁的分子标记，在确定这些分子标记位置的同时也就明确了目的基因所处于连锁群上的位置。目的基因与紧密连锁的分子标记间的遗传距离主要取决于所使用的遗传连锁图谱的密度。因此，基因定位只适合于遗传连锁图谱密度较高的物种。

数量性状呈连续性变异，是多个基因和环境因子共同作用的结果。大量研究表明：许多物种的重要经济性状都具有数量性状的特点，如作物的产量，棉花的纤维长度，鱼类的生长、抗病性和抗逆性等。遗传连锁图谱陆续构建完成，使得将数量性状定位于染色体上的可能大大增加。自 20 世纪 90 年代以来，根据遗传标记定位（genetic mapping）经济性状基因已成为遗传连锁图谱在农业和水产等领域应用的一个热点。通过 QTL 定位，研究者可以确定控制某一数量性状的位点数目、位点在染色体上的位置、各位点贡献率等，为分子标记辅助育种奠定理论和技术基础。目前，常用的 QTL 定位方法主要有以下四种：单标记作图法、区间作图法、复合区间作图法和多区间作图法。

2. *图位克隆*　图位克隆又称定位克隆，由 1986 年剑桥大学的 Alan Coulson 教授首次提出（Coulson et al.，1986）。传统的克隆技术的运用需要先获得该基因的遗传信息，如序列信息、mRNA 或蛋白质信息等，或者其近缘物种基因组中该基因的序列信息。

图位克隆技术分离目的基因是根据某基因在图谱上的准确位置来完成的，无须预先获得目的基因的其他信息，但该技术的应用前提是所研究的物种已有高密度的遗传连锁图谱作为基础。研究者首先检测目的基因相关的表型性状或生理指标，通过连锁分析找到图谱上与表型性状紧密连锁的分子标记，进而根据该分子标记所在的染色体上具体位置来克隆目的基因。

3. 比较基因组作图　　比较基因组作图是比较不同物种间同源的分子标记在图谱上的分布情况，来揭示不同物种染色体片段的同线性（collearity）和共线性（synteny），进而对所研究物种的基因组结构进行分析研究。通过比较基因组作图，可以明确物种间的系统进化关系，把对比物种纳入同一遗传系统进行研究。

研究者已对斑马鱼、青鳉、大菱鲆、金头鲷、尖吻鲈、鲈、鳙等多种鱼类开展了比较基因组作图研究（图 15.5）（Tong and Sun，2015；Zhou et al.，2020）。

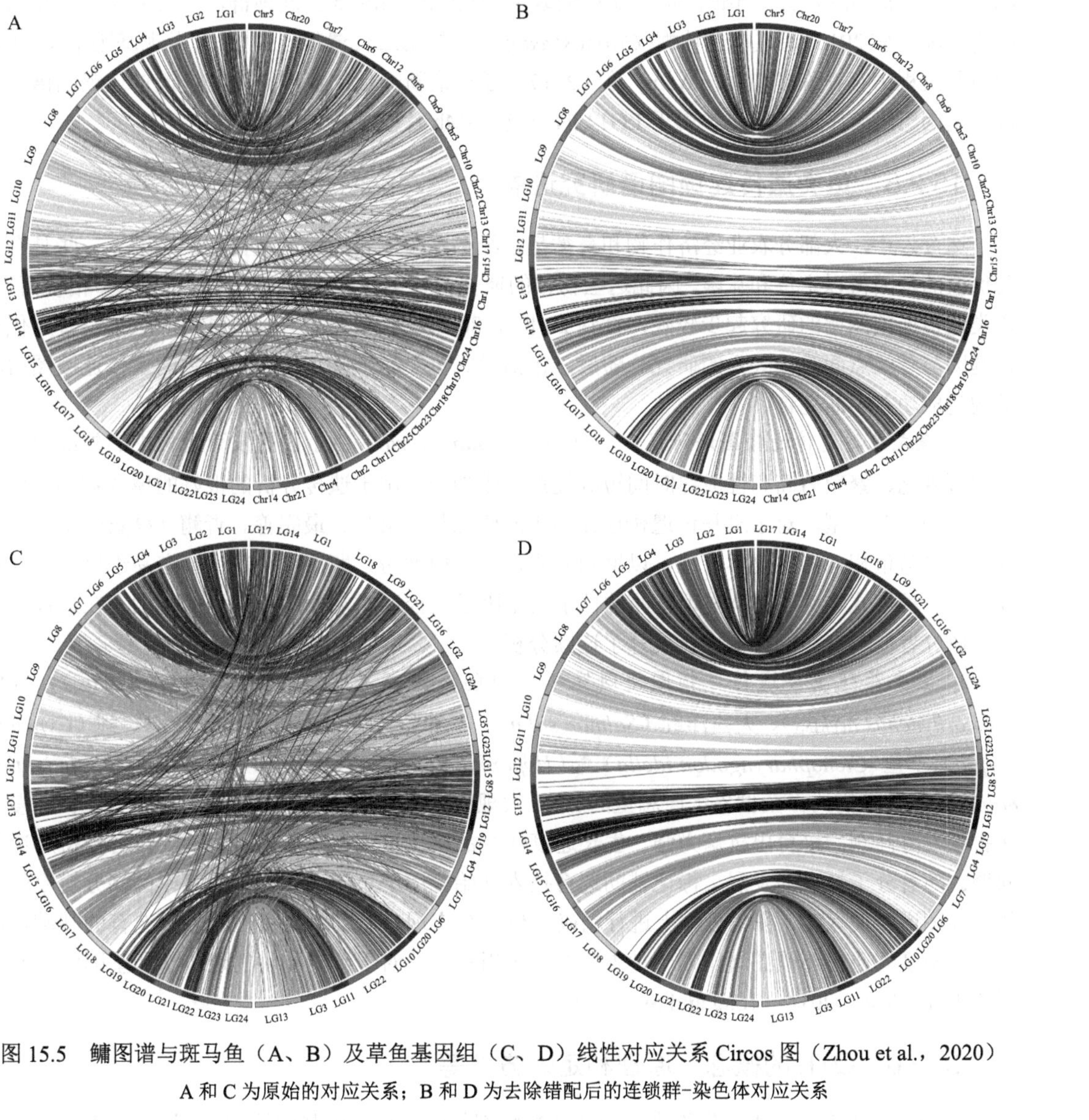

图 15.5　鳙图谱与斑马鱼（A、B）及草鱼基因组（C、D）线性对应关系 Circos 图（Zhou et al.，2020）

A 和 C 为原始的对应关系；B 和 D 为去除错配后的连锁群-染色体对应关系

4. 标记辅助选育　　利用高密度遗传连锁图谱可以进一步通过基因辅助选育对生物进行遗传改良。标记辅助选育（marker-assisted selection，MAS）是根据与性状或基因紧密连锁或共分离的标记的出现来推断该性状或基因的存在与否以达到选育的目的，也就是用标记对育种材料进行目标区域选择，从而获得具有期望性状的个体。传统的选择育种主要依赖于形态标记或观测表型性状变异，对受环境条件影响的性状的选择效率很低，而生理生化等性状的选择程度更为复杂。标记辅助选育直接从 DNA 水平检测目的基因的有无，不受环境等非遗传因素的影响，真实可靠；还可在早期鉴定具有优良性状的个体，筛选优良亲本，从而加速育种进程（Tong and Sun，2015）。

5. 辅助基因组组装　高密度的遗传连锁图谱为基因组的组装提供一个极好的染色体框架，通过带有序列信息的 SNP 标记，就可以将基因组序列进一步组装。此外，高密度的遗传连锁图谱还可以纠正基因组组装中的错误。Zeng 等（2017）构建了一个超高密度的鲶（channel catfish，*Ictalurus punctatus*）遗传连锁图谱，随后组装了 1602 个 scaffold 到连锁群，组装率超过了 97%；Hedgecock 等（2015）通过构建牡蛎（*Crassostrea gigas*）的第二代遗传连锁图谱，发现基因组 scaffold 的组装过程中存在许多错误；Wang 等（2017）通过最新一代的亚洲鲈高密度遗传连锁图谱，发现了基因组组装中的错误，本属于 LG14 的一段 2.5Mb 片段被组装到了 LG15 上。

15.2.5　鱼类遗传连锁图谱研究进展

迄今为止，大部分农业经济作物和畜禽都已经构建了比较完善的遗传连锁图谱，一些具有重要价值的基因得以定位和克隆，因此这些物种的遗传育种工作得以取得突破性的进展。相较而言，鱼类遗传连锁图谱的研究起步较晚，直到 20 世纪 80 年代初期，才有利用虹鳟的雌核发育后代进行基因与着丝点间连锁关系的研究。随后，包括模式鱼类和一些主要养殖鱼类的遗传连锁图谱相继构建成功并不断完善。

1. 模式鱼类遗传连锁图谱研究　斑马鱼（*Danio rerio*）由于胚胎发育过程中的外部形态变化的可视化、繁殖力高和性成熟时间短等优点，成为一个用于遗传分析的很好的模式物种。作为脊椎动物发育模型，对于斑马鱼遗传连锁图谱的研究起步最早、最完善。青鳉（*Oryzias latipes*）具有同斑马鱼相似的生物学特性，以繁殖力强、生活周期短、卵透明、在实验室易于培育等优点成为又一种模式物种。自从发现青鳉的性别决定因子与控制类胡萝卜素沉积的基因存在连锁关系后，研究者便对青鳉的突变性状展开了连锁分析。

2. 主要养殖鱼类遗传连锁图谱研究　目前，斑点叉尾鮰（*Ictalarus punctatus*）、虹鳟（*Oncorhynchus mykiss*）、大西洋鲑（*Salmon salar*）、罗非鱼（*Oreochromis niloticus*）、鲤（*Cyprinus carpio*）、草鱼（*Ctenopharyngodon idella*）、鲢（*Hypophthalmichthys molitrix*）和鳙（*Hypophthalmichthys nobilis*）等，它们约占全世界水产总量的 2/3。大规模人工养殖带来了诸如种质退化、生长缓慢和病害频发等问题。培育出抗病力强、生长速度快等品质优良的品种成为了育种工作者亟待解决的问题。随着分子技术的发展，标记辅助选育技术开始应用于鱼类遗传育种研究；而高分辨率的遗传连锁图谱能使 QTL 在染色体上进行精确定位，是实现水产动物优良性状分子选育的基础。此外，高密度的遗传连锁图谱作为一种重要的基因组资源，对于给定物种的遗传学和基因组学研究至关重要（Yue，2014；Tong and Sun，2015）。

15.2.6　QTL 的概念、原理和定位方法等

1. QTL 的概念　水产生物许多的经济性状都是受多个基因共同控制的，这些基因被称为多基因或微效基因（minor gene），它们在染色体上的位置被称为数量性状位点（quantitative trait loci，QTL）。主基因（major gene）是相对于微效基因而言的，又称主效基因，它是指能对数量性状（或

阈性状）的表型值产生巨大效应的单个基因或基因座。一般认为效应在 0.5～1 个表型标准差以上的基因可称为主基因。目前的检测水平一般只能发现可单独说明表型变异的 3%以上的 QTL。

2. QTL 的原理　其实质就是分析遗传标记与目标性状 QTL 之间的连锁关系，即利用已知座位的遗传标记来定位未知座位的，通过计算遗传标记与未知座位之间的交换率来确定 QTL 的具体位置（Geldermann，1975）。

3. QTL 的定位方法　QTL 的定位方法可以分为两大类：其一是基于性状的分析方法（trait-based analysis，TBA），其二是基于分子标记的分析方法（marker-based analysis，MBA）。大多数的 QTL 定位采用的是基于分子标记的分析方法，常用的分析方法包括区间作图法（interval mapping，IM）、复合区间作图法（composite interval mapping，CIM）和多区间作图法（multiple interval mapping，MIM）。区间作图法由 Lander 和 Botstein 于 1989 年提出，它借助完整的分子标记连锁图谱，以一元回归模型和正态混合分布的极大似然函数为基础，计算基因组的各个位置上存在和不存在的似然函数比值的对数值（LOD）。该方法结果直观，能估算 QTL 的大致位置，但当一个性状在同一条染色体上存在多个座位时，其估计的位置和效应可能会出现偏差，产生"幻影"QTL。

复合区间作图法由 Zeng 于 1994 年在 IM 方法上发展而来，它将多元回归分析同极大似然法相结合，在一个区间内分析时，把检测区间以外标记的效应值加入模型中以控制遗传背景效应。该方法的主要优点是：①以选择的多个标记为条件，能在较大程度上控制背景的遗传效应，能有效控制"假阳性"现象，从而提高作图精度和效率；②如果不存在上位性和与环境的互作，则位置和效应的估计是渐进无偏的；③采用似然图谱显示可能的位置及显著性，结果直观且方法简单，一次只检测一个区间。复合区间作图法是目前被普遍认为同时能标定多个 QTL 的有效、精确的作图方法。

多区间作图法是将 QTL 作图模型扩展到多重 QTL 模型，同时利用多个标记区间进行多个 QTL 作图。该方法能有效改进 QTL 作图的精度和有效性，且能用于分析 QTL 间的上位性、个体基因型值及数量性状的遗传力等；但该方法待估算的参数多，计算量非常大。

4. QTL 的研究热点　以 SSR 或 SNP 为标记的高密度和超高密度遗传连锁图谱构建越来越多，使水产动物 QTL 的报道不断增加（表 15.2）。Peng 等（2016）定位了鲤 22 个生长相关 QTL，并从中鉴定出 *kiss2*、*igf1*、*smtlb* 等候选基因。利用 QTL 定位方法所研究的水产生物的性状多种多样，主要是众多的数量性状，也可用于质量性状。多名研究者先后报道了虹鳟和大西洋鲑抗传染性胰脏坏死病（IPN）相关的 QTL 研究，大部分结果显示，抗性 QTL 主要位于 LG21（Ozakiet al.，2001；Moen et al.，2009），这表明这两种鱼抗传染性胰脏坏死病的遗传机制可能具有进化保守性。大西洋鲑抗传染性造血器官坏死症（IHN）相关 QTL 的遗传效应已在其他研究中得到验证（Gheyas et al.，2010）。Fuji 等利用一个分离群体将淋巴囊肿抗性 QTL 定位于牙鲆 LG15，可解释的抗性表型变异达 50%；还发现 1 个 SSR 位点与抗淋巴囊肿表型紧密相关，该位点应用到分子标记辅助育种时显著降低了牙鲆的死亡率（Fuji et al.，2006）。

鱼类性别 QTL 研究也是热点之一。在罗非鱼性别 QTL 的多个研究报道中，研究者在 LG1、LG2、LG3、LG6 和 LG23 连锁群上都发现了性别决定区（sex determination，SD）。在尼罗罗非鱼的后期研究中，研究者在 LG1、LG23 上重复定位到了 SD，并从 LG23 SD 区的 10 个基因中鉴定出性别基因 *amh*（anti-Müllerian hormone）和 *dmrta2*（Shirak et al.，2006；Eshel et al.，2011；Eshel et al.，2012）。虹鳟 SD 被定位到连锁群 RT18（Sakomoto et al.，2000），且该位点也显著影响虹鳟的耐热性和体长。Woram 等（2003）比较了北极红点鲑、褐鳟和大西洋鲑 SD 所在的连锁群，发现 SD 附近的标记序列虽然在 4 种鲑亚科鱼类中比较保守，但连锁群却多样化，表明 SD

区经过了重组。鲤性别决定 QTL 的报道涉及多个连锁群（LG11、LG24、LG43、LG50），提示鲤可能由于基因组加倍导致 SD 区重组。在最近的长江鲤和黄河鲤中所进行的两个独立性别 QTL 定位研究（Feng et al.，2019；Luo et al.，未发表）中，研究者都在 LG50 定位到鲤 SD，目前看来 LG50（与斑马鱼 Chr25 同源）很可能是鲤的主要性别决定染色体。鳙、鲢各自唯一的 SD 分别被定位在鲢 LG19 和鳙 LG21 的相似区域，且这两个连锁群在两种鱼类中具有同源关系，这表明在进化上高度近源的鳙和鲢可能具有相同或高度相似的 SD 区（Zhou et al.，2020）。

表 15.2　部分重要养殖鱼类经济性状的 QTL 分析报道

鱼种	性状表型/突变表型	分离世代	作者
虹鳟	传染性胰脏坏死病（IPN）抗性	回交后代	Ozaki et al.，2001
	细菌性冷水病抗性	回交后代	Palti et al.，2015
	传染性造血器官坏死症（IHN）抗性	回交后代	Moen et al.，2009
	高温抗性	回交后代	Danzmann et al.，1998
	阿米巴抗性	回交后代	Moen et al.，2005
	产卵时期	回交后代	Sakamoto et al.，1999
牙鲆	淋巴囊肿抗性	回交后代	Fuji et al.，2006
大西洋鲑	传染性造血器官坏死症（IHN）抗性	回交后代	Gheyas et al.，2010
	传染性胰脏坏死病（IPN）抗性	回交后代	Houston et al.，2007
	脂肪含量	回交后代	Derayat et al.，2007
鲢	生长	同胞后代	Wang et al.，2019
	性别决定	同胞后代	Zhou et al.，2020
亚洲鲈	生长	同胞后代	Xia et al.，2013
镜鲤	肌间刺	同胞后代	Tan et al.，2020
鲤	抗寒	杂交子代	Sun et al.，2004
	饲料转化率	同胞后代	王宣鹏等，2012
鲫	饲料转化率	同胞后代	Pang et al.，2017
鳙	性别决定	同胞后代	Zhou et al.，2020
	生长	同胞后代	Liu et al.，2016
黄河鲤	生长	同胞后代	Wang et al.，2018
	性别决定	同胞后代	Peng et al.，2016
	性别决定	同胞后代	Luo et al.，未发表
长江鲤	性别决定	同胞后代	Feng et al.，2018
尼罗罗非鱼	低温抗性	杂交 F2	Cnaani et al.，2003
	耐盐	同胞后代	Gu et al.，2018
	性别决定	同胞后代	Shirak et al.，2006
	性别决定	同胞后代	Eshel et al.，2011
	性别决定	同胞后代	Eshel et al.，2012

15.2.7　数量性状基因的鉴别方法

1. 候选基因法　　候选基因法利用分子生物学技术研究候选基因和相关的 DNA 标记对某种

数量性状的遗传效应，筛选出对数量性状有影响的主基因和 DNA 标记，并估计出它们对数量性状的效应值；候选基因是指已知生物学功能和序列并参与目标性状生长发育过程，或可能会导致目标性状表型大幅变异的功能基因。

分析步骤：①选择可能的候选基因，除了分析单倍型，一般因全基因序列较长而需确定待扩增的局部片段；②根据待扩增局部片段的序列信息设计用于扩增基因的引物序列；③检测扩增片段内的突变，根据突变建立高效简便的基因分型技术以揭示候选基因内的多态性；④选择用于进行候选基因分析的群体，获取目标性状的表型资料，并对群体内每个个体进行基因型检测；⑤分析候选基因多态性与生产性状变异的关系；⑥证实所发现的候选基因与性状关系的真实性。

2. *基因组扫描*　基因组扫描是指在资源群体中利用均匀分布在全部染色体上的数十乃至数百个 DNA 标记，与目标性状表型信息进行连锁分析、连锁不平衡分析和传递不平衡检验，以扫描到性状控制座位所在的染色体位置，它是目前定位 QTL 特别是未知 QTL 的最常用方法。

基因组扫描的步骤：①进行资源群体试验设计，选择数量性状具有相对差异的近交系 A 和 B 或远交群体（家系），进行杂交或选配，获得分离世代群体或系谱信息完整的分离家系；②选择合适标记，检测分离群体内个体各标记的基因型，进行严格的性能测定，获得个体的准确表型值；③分析 DNA 标记和数量性状之间是否存在连锁，检测 QTL 的位置，并估计相应参数。

3. *QTL 定位的必备条件*　需要一定饱和程度的基因（遗传连锁）图谱；需要一定规模的资源群体，包括各个体的 DNA 样品、系谱信息和性能测定数据等；要求标记与 QTL 是连锁的；相关软件包括 LINKAGE、MAPQTL、CRIMAP、GENEHUNTER 和 QTDT 等。

第三节　全基因组关联分析

15.3.1　GWAS 基本概念

全基因组关联研究（genome-wide association studies，GWAS）是指在全基因组层面上开展多中心、大样本、反复验证的基因与复杂性状的关联研究，或者说 GWAS 是一种通过对大规模的群体 DNA 样本进行全基因组高密度遗传标记（如 SNP 或 CNV 等）分型，从而寻找与性状相关的遗传因素的研究方法。

1996 年，Risch 和 Merikangas 提出了全基因组关联分析的方法，并指出其在复杂疾病的遗传研究中比连锁分析更具有检测效力。自 Klein 等（2005）在 *Science* 杂志上发表利用全基因组关联分析方法对人类视网膜黄斑病进行研究的文章以来，GWAS 被广泛地应用于各种生物性状的遗传研究。下面介绍与 GWAS 分析有关的三个概念：①当位于某一座位的特定等位基因与另一座位的某一等位基因同时出现的概率不等于群体中因随机分布的两个等位基因同时出现的概率时，就称这两个座位处于连锁不平衡（linkage disequilibrium，LD）状态；②LD 衰减是指位点间由连锁不平衡到连锁平衡的演变过程；LD 的衰减距离决定关联分析时所需标记密度，也在一定程度上决定关联分析的精度；③单体型块（haplotype block）即连锁不平衡区域，是指同一条染色体上处于连锁不平衡状态的一段连续的区域，单体型块分析可以用于筛选 tag SNP、确定候选基因的范围等。

15.3.2 材料选择和群体设计

样本群体遗传变异和表型变异丰富，染色体倍性相同，且群体结构分化不能过于明显，群体内的基因频率差异较小。位点的效应越低，需要的样本量越大；非稀有变异中，对中等变异解释率（10%左右）的位点的检测功效要达到80%以上时，需要的样本量在400个左右（图15.6）。

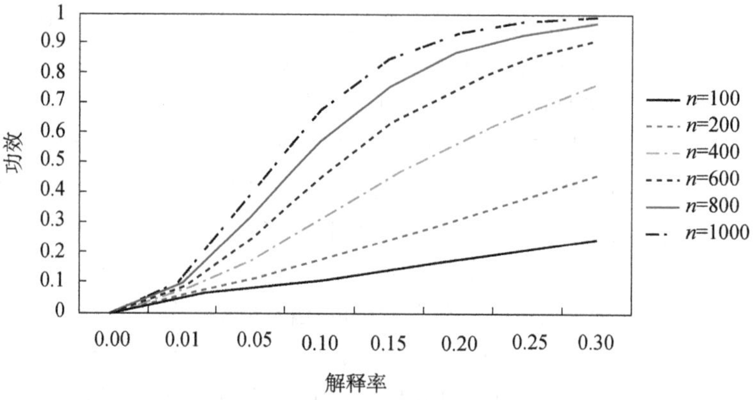

图15.6 GWAS分析样本大小估算模型

在GWAS分析中检测1%～30%表型变异时的统计功效（置信度为0.05）

若是多家系群体，整体性状表型近似正态分布；多个家系混合时需要注意家系亲本间差异不能过大，最好构建专门用于GWAS分析的遗传群体。

1. *种质资源* 即某个物种的遗传资源，包括野生材料、农家品种、商用自交系等。其优点是：①群体内性状变异和遗传变异都比较丰富，可以同时对多个性状进行关联分析；②群体内积累了该物种许多历史上的重组结果和突变信息，使得GWAS定位的分辨率大大提高，甚至可以达到单碱基水平；③只需收集材料、调查表型，不用耗费时间构建群体，可以缩短研究周期。

种质资源用作GWAS分析的主要缺点是：①群体结构复杂。如果群体存在严重的亚群分化，除了用全部材料做关联分析以外，最好按亚群分开，每个亚群单独做关联分析，然后再综合分析结果；②稀有变异多。分析时很难利用这些稀有变异，最后用于分析的标记通常都是第二等位基因频率大于等于5%（群体比较大的时候可以设为1%）的二等位位点，那些频率低的等位变异其实都被过滤掉了。比较好的解决办法是增加样本量，但成本也会相应增加。

2. *人工设计群体* 群体类型-遗传群体材料包括F2、半同胞家系、动物远交群体、NAM群体、MAGIC群体和ROAM等群体类型。其优点是背景单纯，检测功效高，可以放大稀有变异；缺点是遗传重组事件有限，GWAS定位精度较低。

3. NAM *群体* 主要是通过对各亲本与同一亲本进行杂交，而后进行不断自交，获得一个庞大的作图群体。其优点是：①一个亲本固定，亲本数目相对较少；②群体结构不是太明显；③可以同时进行连锁分析和关联作图；④可以计算加性效应。其缺点是构建群体耗时较长。

4. MAGIC *群体* 多亲本重组自交系，是由多个亲本通过两两杂交得到一个包含所有亲本信息的群体，而后经过数代近交或自交产生一个稳定的群体，其后代每个个体的遗传信息是由所有亲本组合而成，而对每个位点则是一个纯合或接近纯合，即来自同一个亲本。其优点是：①应用多亲本互交，不会出现多态性下降、后代衰退的现象；②杂种优势明显。其缺点是构建群体耗时较长，群体结构不好把握。

5. *ROAM 群体*　全称是 random-open-parent association mapping 群体，这类群体其实也是多个 RIL 群体的混合群体（有共同亲本或没有共同亲本），目前应用于玉米的关联分析中（Xiao et al., 2016）。这类群体对亲本组合没有严格的要求，可以根据需要随时增加材料进行分析。其优点是可以显著提高对低效应位点和低频率位点的检测功效；缺点是构建群体耗时耗力。

6. *单个 F2 群体*　由两个不同基因型的纯合双亲杂交产生 F1 代，又自交而形成 F2 代所构成的群体。其优点是：①易于配置，需要时间短；②遗传信息丰富，可以估算加性效应和显性效应。其缺点是：①表型可靠性差；②表型重复性差；③检测微效基因能力较差。

15.3.3　表型统计

精确的表型检测是关联分析的关键，GWAS 关于表型精确度的要求对数量性状和质量性状都适用。

1. *分级性状*　表型分布类似质量性状，但实际上可能受多基因控制（数量性状），如抗性性状、性别等，因此需要提供每一个个体精确的测量数据。

2. *多指标性状*　有多个指标可以同时度量时，研究者应找出代表原表型数据变异的主成分因子（即首先进行主成分分析），作为关联分析的表型数据。

15.3.4　GWAS 分析模型与方法

在 GWAS 研究中，当涉及质量性状时人们一般采用 Logistic 回归模型进行分析；对于数量性状的研究，主要采用线性回归模型进行关联分析。线性模型包括一般线性模型（general linear model，GLM）和混合线性模型（mixed linear model，MLM）。复杂数量性状通常受到多种因素的共同影响，而混合模型中可以加入固定效应和随机效应，因此，以研究数量性状的全基因组关联分析方法常采用混合线性模型进行分析。

1. *单阶段方法*　即选择足够多的样本，一次性地在所有研究对象中对目标 SNP 进行基因分型，然后分析每个 SNP 与目标性状的关联，统计分析关联强度和 OR 值。

2. *两阶段方法/多阶段方法*　第 1 阶段用覆盖全基因组范围的 SNP 进行对照分析，统计分析后筛选出较少数量的阳性 SNP。可以以个体为单位，也可以采用 DNA pooling 的方法（可降低基因分型的成本和工作量，但在一定程度上会影响准确率）。第 2 阶段或随后的多阶段中采用更大样本的对照样本群体进行分型，然后结合两阶段或多阶段的结果进行分析。这种设计需要保证第 1 阶段筛选与目标性状相关 SNP 的敏感性和特异性，尽量减少分析的假阳性或假阴性，并在第 2 阶段应用大量样本群体进行基因分型验证。

15.3.5　水产生物全基因组关联性分析进展

虽然全基因组关联性分析在近二十年得到了快速发展，但是主要集中在人类疾病及植物和哺乳动物的遗传研究，水产生物的全基因组关联性分析的报道相对较少。因为 GWAS 分析对样本量和群体有较高的要求，早期 GWAS 分析的费用也较高，限制了在一般水产生物中开展此类研究。随着高通量测序价格的降低，水产生物中开展 GWAS 分析的报道逐渐增多。近年来美国刘占江教授实验室通过 GWAS 分析定位了斑点叉尾鮰或杂交鲶的体型、生长、抗病、耐热和耐低氧等多个经济性状的 QTL 位点（图 15.7）；随后鲤、虹鳟、大西洋鲑、大黄鱼、亚洲鲈、鳙等经济鱼类也通过 GWAS 分析得到与体重、头长、体长、抗病性、出肉率等性状调控相关的候选基因（表 15.3）（Zhou et al.，未发表）。同时，群体 GWAS 分析与单家系 QTL 定位相结合，进一步缩小 QTL 区间，为挖掘重要性状的候选基因提供了有力手段（郝兴杰等，2016；Yue，2014）。

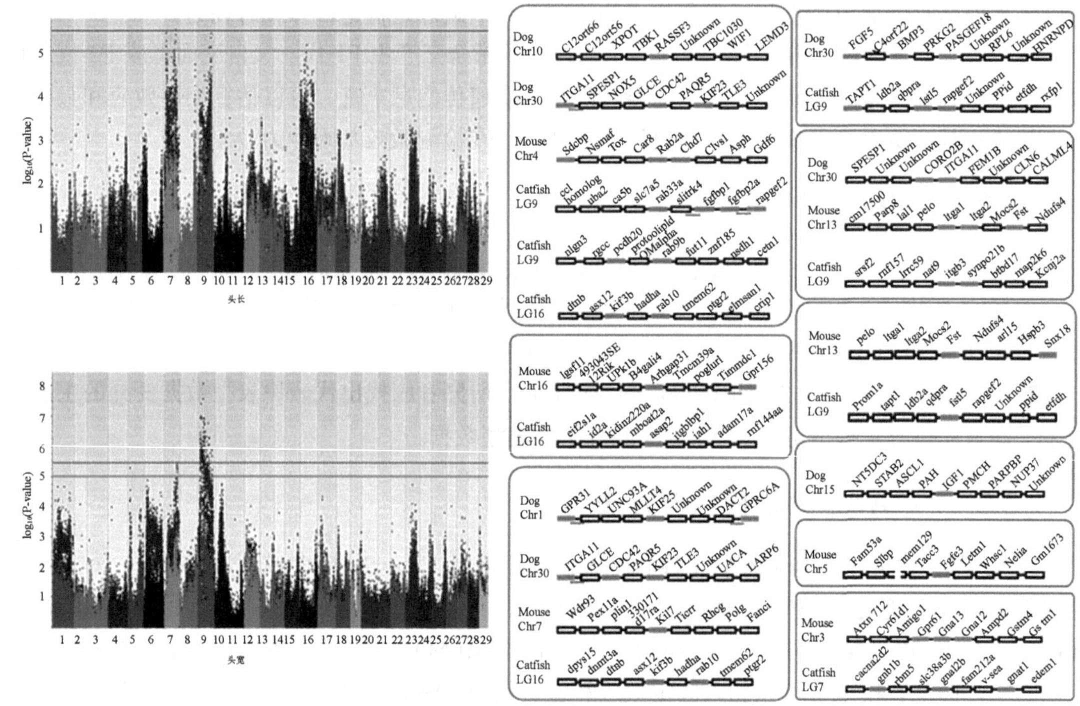

图 15.7　GWAS 分析获得鲶体型 QTL（左）及其 TGF-β 等通路基因（右）

表 15.3　一些重要养殖鱼类中的部分经济性状 GWAS 研究报道

种类	性状	文献
生长	大西洋鲑 斑点叉尾鮰	Tsai et al.，2015；Tsai et al.，2016 Li et al.，2017
肌肉纹理和脂肪含量	大西洋鲑	Sodeland et al.，2013
性成熟年龄	大西洋鲑 大西洋鲑	Gutierrez et al.，2015 Ayllon et al.，2015
抗病性	大西洋鲑、虹鳟（鲑立克次氏体病） 斑点叉尾鮰（烂鳃病） 亚洲鲈（病毒性神经坏死症） 虹鳟（细菌性冷水病）	Correa et al.，2015；Barria et al.，2018 Geng et al.，2015；Zhou et al.，2017 Wang et al.，2017 Vallejo et al.，2017
头部和体型	斑点叉尾鮰 鲤 大黄鱼	Geng et al.，2016；2017 Chen et al.，2018 Dong et al.，2019
出肉率	虹鳟	Gonzalez-Pena et al.，2016
抗高温胁迫	斑点叉尾鮰	Jin et al.，2016
低氧耐受	杂交鲶 斑点叉尾鮰	Zhong et al.，2017 Wang et al.，2017

第四节　全基因组选择育种

15.4.1　基因组选择育种相关定义

育种值（breeding value，BV）指种畜的种用价值。在数量遗传学中人们把决定数量性状的基因加性效应值定义为育种值。

估计育种值（estimated breeding value，EBV）：育种值是不能直接度量的，所能测定的是包含育种值在内的各种遗传效应和环境效应共同作用得到的表型值。因此，人们只能利用统计学原理和方法，通过表型值和个体间的亲缘关系进行估计，由此得到的估计值称为估计育种值。动物的育种值估计方法经历了选择指数法、群体比较法以及混合线性模型法三个阶段。

15.4.2　基因组选择简介

基因组选择是结合表型信息与基因组的标记信息来对个体进行育种值估计的方法，由Meuwissen 等在 2001 年首次提出，该方法又称为全基因组选择（genome-wide selection；或称genome selection，GS）、基因组评估（genomic evaluation）或基因组预测（genomic prediction）等。基因组选择将群体按照不同用途分为参考群体和估计群体（估计群体又可称作候选群体或者亲本群），其中参考群体通过建立观测值与基因组标记的关联，来估计每个标记位点的效应。人们通过将参考群体估计出的标记效应带入估计群体的预测模型中，进而通过累加各个位点的效应来预测出估计群个体的基因组估计育种值（GEBV）。

15.4.3　基因组选择原理

基因组选择能够实现的主要原因在于标记与 QTL 之间的高度连锁，因为该方法使用的是覆盖整个基因组的标记，所以基本可以保证每一个 QTL 都至少与周围一个标记处于 LD 状态。尽管标记不一定就位于 QTL 上，但是由于标记与 QTL 紧密连锁，使得计算出的标记效应可以近似地代表附近 QTL 的效应。因此，通常情况下标记密度越高，QTL 与附近 SNP 的连锁程度就越高，GEBV 估计得就越准确（图 15.8）。

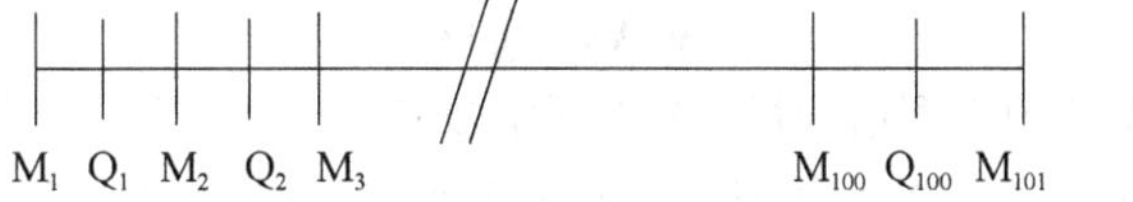

图 15.8　基因组选择的原理示意图

M 系列指分子标记；Q 系列指 QTL

理论上，我们只需要获得基因组中有 QTL 位置附近的标记基因型即可，但由于现有的技术不能将所有 QTL 进行准确定位，这就导致为了尽可能多地捕获 QTL 的效应，只能使用覆盖整个基因组的标记信息。理论上，任何具有多态性的标记类型都可以用来进行基因组预测，但是由于基因组选择的特点是使用高密度的标记进行 GEBV 预测，能够达到这一要求的只有 SNP，因为这种标记可以同一时间在一尾鱼中测得几十万甚至几百万个位点，完全满足基因组选择育种的需要。并且 SNP 在构建预测模型时也十分方便，通常只选取包含有二等位基因（表示为“A”和“a”）的 SNP 位点，这样一个位点在群体中通常会产生三种基因型，即“AA”“Aa”和“aa”型。在进行基因组预测时，通常将这三种基因型转换为数值 0、1、2 或者−1、0、1 等，大量数据计算时比较方便。

15.4.4 全基因组育种策略

全基因组选择提供了一种新的 MAS 育种策略，这种方法充分利用了目前越来越精确的分子标记。但是对于 Meuwissen 等于 2001 年提出的应用高密度分子标记进行全基因组育种来说，大部分育种生物的分子标记密度还没有达到 Meuwissen 论文中“1cM 一个标记”的要求，同时目前对如此多的标记进行分型花费巨大，所以许多科学家包括 Meuwissen 本人也在对原来的方案进行改进。

事实上，目前广泛采用的方案如下：第一步，进行全基因组 SNP 标记的筛选。SNP 具有数量多、分布广的特点，该特点使得筛选覆盖全基因组的标记成为可能；第二步，使用筛选得到的 SNP 对参考群体进行分型，同时测定参考群体的表型性状，通过对 SNP 分型数据和表型数据进行关联分析，计算出带有相应标记的染色体片段的效应；第三步，通过获得的这些信息，利用 SNP 芯片对选择个体进行育种值估计，筛选出育种值较高的个体进行强化培育。

15.4.5 基因组预测模型

GS 主要包括两个步骤：第一步是预测出参考群所有 SNP 位点的效应值；第二步是通过对 SNP 效应值进行累加来获得估计群个体的 GEBV。第二个步骤非常容易实现，而基因组预测的难点就在于第一步估计 SNP 效应值上。通常情况下，为了节省测序成本，参考群的个体数量往往有限，比如只有几百或几千个体。然而，为了保证 SNP 与 QTL 高度连锁，SNP 的数量又会比较多，通常可以达到几万甚至几十万，这就造成了 SNP 位点数量多于观测值数量的情况。拟合多元线性回归方程的前提条件之一就是自变量的个数要少于观测值的个数，而基因组预测的情况正好相反，也就是所谓的“大 P 小 N”的情况，因此需要一些特殊的算法来获得 SNP 的效应值。下面针对这些预测方法进行简单的介绍。

1. *表型值的解释*　基因组预测包含两个层面的数学模型：第一个层面是对表型值的剖分；第二个层面是对 SNP 效应值或方差做出的解释。对表型值可以用式（15.1）进行解释。

$$\boldsymbol{y}=\boldsymbol{Xu}+\boldsymbol{Bg}+\boldsymbol{e} \tag{15.1}$$

式中，$\boldsymbol{y}$ 为参考群所有个体的表型值向量；$\boldsymbol{X}$ 为固定效应的设计矩阵；$\boldsymbol{u}$ 为固定效应向量；$\boldsymbol{B}$ 为随机效应的设计矩阵，在这里为 SNP 基因型矩阵（基因型“AA”“Aa”和“aa”分别用 0、1 和 2 表示）；$\boldsymbol{g}$ 为所有 SNP 的效应值向量；$\boldsymbol{e}$ 为剩余值（即随机误差）向量，通常认为随机误差之间相互独立并服从同一分布，即 $e \sim N(0, \mathrm{I}\sigma_e^2)$，其中 $\boldsymbol{I}$ 为单位矩阵，σ_e^2 为剩余值的方差。此模型不考虑基因与环境之间的互作效应。

2. *基因组预测方法*　到目前为止已经出现许多基因组预测的方法，如最小二乘法（least square，LS），岭回归 BLUP（ridge regression BLUP，RRBLUP），Bayes A 和 Bayes B；后续又有学者开发出 GBLUP（genomic BLUP），TABLUP（BLUP including a trait-specific relationship

matrix），GBLUP-LASSO（GBLUP-least absolute shrinkage and selection operator），single-step GBLUP，Bayes Cπ 和 Dπ，fast Bayes A，w BSR（weighted Bayesian shrinkage regression），em Bayes R（expectation maximization Bayes R），Bayes LASSO，Bayes SSVS（Bayesian stochastic search variable selection），fast Bayes B，em Bayes B，Mix P，RKHS（reproducing kernel Hilbert spaces）和 SVM（support vector machines）等方法。选取其中一些方法简介如下。

（1）最小二乘法（LS）。由于 LS 方法要求自变量的个数小于观测值的个数，因此为了克服自由度不够的缺陷，只能对所有 SNP 位点进行分段估计，在每一段找到一个或几个较显著的 SNP，再将这些找到的 SNP 通过 LS 再次进行估计。该方法的问题在于考虑一部分 SNP 对性状的影响的同时，忽略掉了其余部分的影响，这就导致 GEBV 估计准确度非常低，因此该方法无法满足基因组预测的要求。

（2）贝叶斯方法。GBLUP 和 RRBLUP 认为基因组所有 SNP 效应值的方差相等，该假设在影响性状的 QTL 数目较多时比较符合实际情况，但如果 QTL 数目较少，假设就不够准确。相对于 GBLUP 和 RRBLUP 方法，贝叶斯方法对 SNP 的先验假设具有更多的弹性，它可以假设不同位点 SNP 效应值的方差相等，也可以认为不相等。贝叶斯公式如式（15.2）所示。

$$p(x \mid y)=\frac{p(y \mid x)p(x)}{p(y)} \tag{15.2}$$

式中，p（$x \mid y$）表示在 y 已知的条件下 x 所服从的分布，又称为 x 的后验分布；p（$y|x$）表示 y 在给定 x 的情况下服从的分布，即 y 的似然函数；p（y）为 y 的边际分布，通常情况下是一常数；p（x）为 x 的先验分布，该分布需要根据经验事先给出。在基因组预测模型里，p（x）通常指的是 SNP 效应值（或方差）的分布，而 p（y）通常是表型值（观测值）的分布。根据给出的先验分布的不同，定义了各种不同的贝叶斯方法。

（3）SNP 效应值方差与遗传方差。在贝叶斯方法中，除了 π（γ）的值需要设置外，还需要对先验分布的超参数进行设置。在设定超参数之前，需要清楚 SNP 效应值的方差与位点的加性遗传方差的区别。这里首先需要指出一些学者在设定超参数时将 SNP 效应值的方差和位点的加性遗传方差混淆的问题。假设一个位点的三种基因型“AA”“Aa”和“aa”分别用 0、1 和 2 表示，并且 A 的基因型频率为 p，则三种基因型频率在服从哈迪-温伯格平衡下的期望值为 p^2、$2pq$ 和 q^2，其中 q=1−p。因此，基因型的期望值为 E（w）=$2q$，方差为 Var（w）=E（w^2）−E^2（w）= $2pq$。需要注意的是方差为 $2pq$ 是因为基因型的编码为“0 1 2”或者“−1 0 1”形式，如果使用其他的编码形式，需要重新计算方差，如薛佳的研究中将三种基因型编码为“−10 0 10”（薛佳，2013），此时的基因型方差应为 $200pq$。假设该位点的 SNP 效应值 a，则该位点的加性遗传方差为 Var（wa）=$2pqa^2$。假设 SNP 效应值 $a \sim N$（0，σ_a^2），则该位点的期望加性遗传方差为 E[Var（wa）]=$2pqE$（a^2）=$2pq$[σ_a^2+E^2（a）]=$2pq\sigma_a^2$。从该公式可以看出，一个位点的期望加性遗传方差与该位点的等位基因频率和 SNP 效应值的方差有关，而不是仅仅等于 σ_a^2。

3. 预测能力　在模拟数据中，评价一个预测模型好坏的指标为预测准确度（predictive accuracy），定义为 GEBV 与真实育种值（true breeding value，TBV）的相关系数，这里的 TBV 是通过计算机程序模拟多个位点的 QTL 的效应，然后通过累加获得。预测准确度越高，说明预测模型对 TBV 预测的越准。然而，在实际生产数据中，虽然 TBV 是客观存在的，但是我们无法获得 TBV 的准确数据，因此只能考虑用表型数据来替代 TBV 数据，所得到的 GEBV 与表型值间的相关被称为预测能力（predictive ability）。

预测能力等于预测准确度与遗传力平方根的乘积。由于数量性状遗传力的值是小于 1 的，因此预测能力的值总是会小于预测准确度的值，但当同一性状所有的预测模型都采用同一种评价指标时，各种模型之间还是可以进行结果对比的（涂欣等，2010）。

15.4.6 全基因组选择育种的优势

1. *增加选择的准确性* 通过精确的全基因组范围的 SNP 标记可以有效地提高选择的准确性。由于全基因组选择选用覆盖整个基因组的分子标记，这样可以将每个起作用基因的效应包括在内，增加了选择的准确性。在对全基因组选择（GS）、传统选择（BLUP 法）和基因辅助选择（gene-assisted selection）的准确性比较后，发现在乳脂率（fat percentage）这一性状的预测，GS 达到 75%，而 BLUP 法只有 51%（De Roos et al.，2007）。

2. *提高选择的效率* GS 能同时对多个性状进行选择，显著地提高了选择的效率。Illumina 公司推出的 50K 牛基因组 SNP 芯片可以同时对 50 000 个 SNP 位点进行检测，分析多个性状相关的 SNP 位点。VanRaden 等应用 GS 方法，同时考虑 5 种生产性状（yield traits）、5 种健康性状（fitness traits）和 16 种体型性状，对北美荷尔斯坦因公牛进行了选择，效果显著（VanRaden et al.，2009）。

3. *缩短世代间隔、降低生产成本* 由于在动物的幼体时就可以进行 SNP 基因型的检测，因此大大缩短了育种周期，节约养殖成本。据估计，应用 GS 对奶牛进行筛选可以节约 90%的成本（Schaeffer et al.，2006）。

4. *适合低遗传力性状的选择* 对低遗传力性状采用 GS 方法可以明显地提高选择准确性（Calus et al.，2008）。这是因为低遗传力性状，通过表型所获得的用于估计的信息较少，这会导致估计选择效应时准确率较低；而采用 GS 方法，对于低遗传力的标记能进行很好的估计，因此所得出的估计准确性能够明显提高。随着高通量测序技术的发展，标记基因型分型的成本也在不断下降，GS 的优势将更加明显。

对鱼类来说，GS 还有另外一个优势，那就是免去记录系谱的繁琐过程。不同于家畜动物，鱼类产卵量惊人，但是个体尺寸小且生活在水中，要想类似家畜一样进行身体上肉眼可见的物理标记或其他方式记录系谱很困难。若想在鱼类上进行系谱记录，就必须将每对亲本及其后代进行单独饲养，或等到一定大小以后以 PIT 电子标记标识，这在人力、物力和财力上都存在巨大的负担。但是，如果通过提取个体的基因组标记信息就很容易判断个体之间的亲缘关系，这样即使是所有个体混养在一起也完全不用担心系谱信息丢失的问题。

15.4.7 全基因组选择育种的局限性

全基因组选择育种方法是根据数学模型建立的，为了将优势杂交育种预测这个生物学问题转化为数学建模问题，研究者因此提出了一些假设：①不论是双亲群体的衍生群体（重组自交系），还是单交群体（包括双列杂交和 NCII 等），每个杂交组合的双亲的所有等位基因都是纯合的；②每个等位基因位点都是双等位基因，如果有极小比例的其他类型的等位基因，该位点会被主要等位基因覆盖；③杂交组合的基因型由双亲的基因型推导而来；④不考虑反交效应，杂种优势原本是极其复杂的生物学现象，但是为了实现杂交组合的可预测性，在建模时，只能对一些生物学问题进行简化（涂欣等，2010）。

15.4.8　全基因组选择育种的影响因素

全基因组选择育种的预测能力也受到多种因素的影响，主要包括：①控制数量性状的 QTL 分布情况。有些性状由少数但贡献值很高的 QTL 控制，有些则受大量微效 QTL 控制，基于这样的生物学现象，不同的模型会有不同的假设，预测效果也会有差异。②训练群体的大小和训练群体的选择。一般来讲，训练群体越大其预测结果越有代表性，模型预测能力越强；所选取的作为训练群体的组合越有代表性，模型预测能力越强。③预测性状的遗传力大小。遗传力越高，遗传方差占表型方差的比例越大，模型的解释和预测能力越强。④表型性状测定的准确性。数量性状受环境影响较大，只有通过多年多点实验，平衡环境差异，同时提高测定指标的精度和准度，获得的表型数据用于建模和预测才会有较好的效果。⑤SNP 标记密度和标记间的 LD 效应。通常 SNP 标记数量越多，预测精度会相应提高；但是 SNP 标记密度处于饱和状态时，增加标记数量对模型预测能力提升有限（涂欣等，2010）。

第五节　数量性状多基因聚合育种

在育种实践中，鱼类许多可遗传的经济性状都是数量性状，是受多个基因共同控制的，这些基因称为多基因或微效基因，它们在染色体上的位置称为数量性状位点（quantitative trait loci，QTL）。对数量性状的遗传解析，其实质就是分析分子标记与目标性状 QTL 之间的连锁关系；也就是利用已知座位的分子标记来定位可能调控性状的未知座位，通过计算分子标记与未知座位之间的交换率，来确定 QTL 的具体位置。

数量性状多基因聚合育种就是在常规育种的基础上，通过分子生物学手段实现 2 个或 2 个以上基因整合到同一个个体或品系的育种方法。

15.5.1　多基因聚合育种的优势

（1）可同时实施多个性状的选择育种，培育具备多个优良性状的优良品种。对于改良性状的遗传力在中等或以上水平（≥15%）的物种，平均每代的选择反应在 10%以上。

（2）通过 5 代以上的系谱跟踪，严格控制近亲交配，降低近交衰退的影响。连续选育 25 代，平均每代的近交率可控制在 0.2%以内。国内育种方法一般不采用家系或群组的标记技术，多利用扩大基础群体的方法控制近亲交配和近交衰退，这存在一定的盲目性；通过家系标记和计算机软件制订配种方案可以准确、严格地控制近亲交配，建立具可追溯性、可控性、可持续性的良种培育及扩繁体系。

15.5.2　多基因聚合育种的具体方法

1. 遗传转化多基因聚合育种法　　该法结合常规育种技术，运用 DNA 病毒介导法、电转化法、显微注射法等基本的转化方法，采用不同策略将人工分离和修饰的 2 个或者 2 个以上的基因导入受体，由于导入基因的表达，引起生物体性状可遗传的修饰，从而培育具有特异目标性状的新品种。

遗传转化多基因聚合技术主要有一次转化、多载体顺序转化、多载体共转化及杂交聚合转化。①多载体顺序转化又叫重复转化或者多次转化，是多次将多个基因转入受体基因组中。通常情况下，一个目的基因构建一个表达载体。要转化多个目的基因需要构建多个表达载体，也就是把多价基因的转化变为多个单价基因的转化，但进行多次独立的转化，各个基因的表达水平差异也较大。同时要转化的目的基因越多，工作量也就越大，得到转多价基因的个体的难度也就越大。②多载体共转化。多载体共转化是将位于不同载体上的多个目的基因同时转到同一个体中，也叫一步法多基因转化。其方法简单易行，但由于不同大小和数目的目的基因、不同的表达载体和受体、不同的转化事件和技术，其转化的共整合频率也是不稳定的。③杂交聚合转化。杂交聚合转化法先是产生不同的转基因个体，然后采用常规育种手段再将这些个体进行杂交，借助分子标记辅助选择，获得转基因纯系。杂交聚合转化避免了共转化中因外源基因经常插入同一位点而彼此影响表达，但杂交聚合转化费时费力，多适用于已有的转基因纯系。

2. *分子标记辅助选择基因聚合育种法*　该方法通过成对杂交、回交、添加杂交、合成杂交、多父本混合杂交等技术，将有利基因聚合到同一个基因组，在后代中通过分子标记选择含有多个目的基因的单个个体，再从中选出优良个体，以实现有利基因的聚合。分子标记辅助选择应用于基因聚合育种有以下两个重要步骤。

一是将多个供体亲本中与目标性状紧密连锁的基因导入受体亲本，并根据回交与否分为 3 大类：不通过回交方式；多个供体亲本先与受体回交；多个供体亲本间先杂交再与受体亲本回交。水产动物由于较难得到纯系且世代周期一般较长，导入和聚合性状不容易。但是水稻等作物可快速建立大量纯系，短时间内聚合多个基因或多个性状是可能的（图 15.9）。

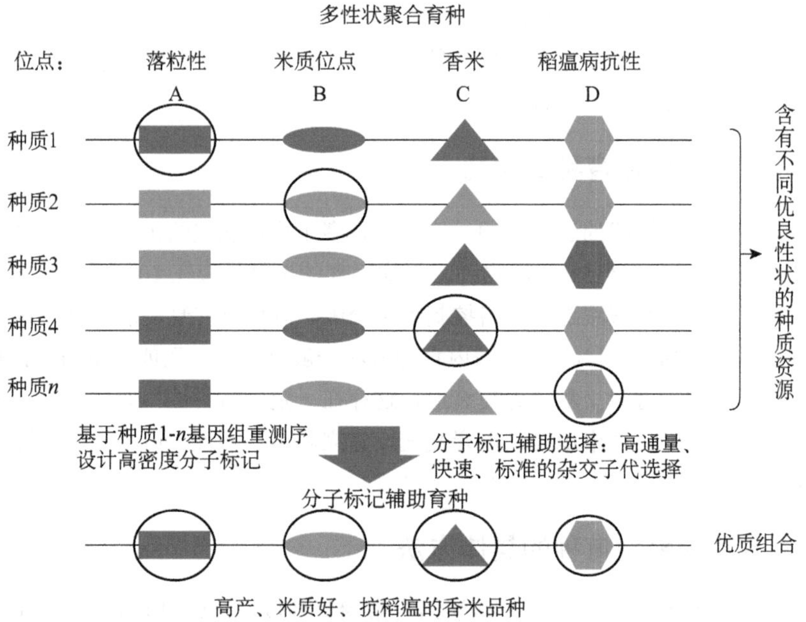

图 15.9　水稻高产、优质和抗病性等性状聚合育种示意图

二是从亲本杂交后产生的分离世代，通过分子标记筛选出含有目的基因的纯系。根据亲本杂交后产生的分离世代，应用分子标记辅助聚合育种有 5 个基本策略：利用 F2 群体及衍生群体；回交群体；重组自交群体；双单倍群体；同时应用多种群体。

第六节　分子模块设计育种

15.6.1　传统育种技术的缺陷

在促进粮食产量增加的诸多科技因素中，育种的贡献占 1/3 以上。然而，目前人们使用的主要技术还是常规育种技术，如杂交育种等技术存在三方面的缺陷：①育种周期长，从表型选择或杂交到育出品种一般需要七八年甚至十多年；②效率低，每年可能需要搭配几十甚至几百个杂交组合，常常是能从中选出一个品种就很不错了；③预见性差，一般很难预测杂交后代的表现，有时即使成功，也不明白其中的真正原因。为什么常规育种的这些问题一直困扰育种学家？根本原因是没有找到控制育种目标性状的基因及操纵基因的技术。

15.6.2　分子模块设计育种的概念和流程

以组学、分子生物学、系统生物学、合成生物学、计算生物学的发展为基础，以培育动植物新品种为目标导向的新型育种理论和技术体系，被称作分子模块设计育种（molecular modulation design breeding）。采用分子模块设计育种技术首先就是要找到目标性状的基因的分子标记，然后利用找到的标记对育种亲本和后代进行选择。使用分子模块设计育种技术可以不受时间、地点的限制，能有效地解决常规育种长期未能解决的问题。分子模块设计育种最初是以作物为对象所提出的新的育种理念，近年来也在水产生物育种中逐步得到应用。

分子模块设计育种主要包括三个步骤（图 15.10）。

（1）发掘和解析分子模块，即运用分子生物学、基因组学和系统生物学等前沿生物学研究的最新成果，对控制农业生物复杂性状的重要基因或 QTLs 及其等位变异进行功能研究，解析功能基因及其调控网络的可遗传操作的功能单元。

（2）阐明分子模块耦合机制，采用计算生物学和合成生物学等手段将上述模块有机耦合，系统发掘分子模块互作对复杂性状的综合调控潜力，并开展理论模拟和功能预测，实现分子模块群与遗传背景及区域环境三者的有机协调统一，发挥分子模块群对复杂性状最佳的非线性叠加效应。

（3）在全基因组水平上进行多模块优化组装，实现复杂性状的定向改良。在此基础上，建立新一代超级品种培育的系统解决方案和育种新技术，培育新的“设计型”动植物品种（薛勇彪等，2013）。

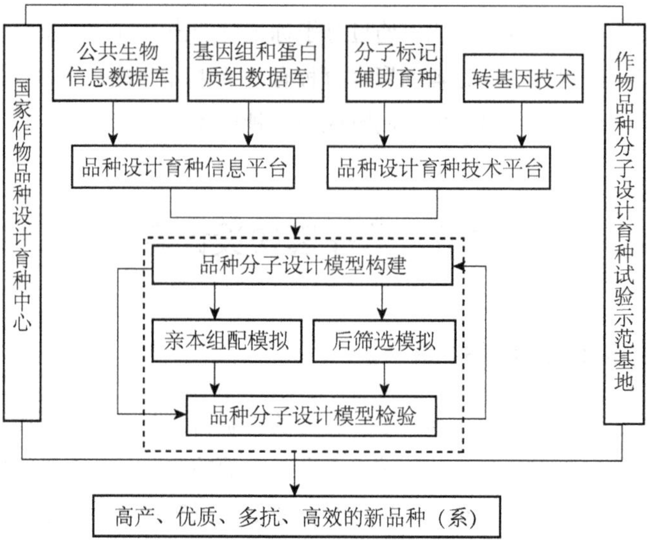

图 15.10　分子模块设计育种的概念和流程（薛勇彪等，2013）

第七节　基于基因组和基因组技术的育种技术展望

基因组和基因组技术的快速发展，使得处于不同的基因组和遗传育种研究积累水平的物种，都能够在育种研究和实践中得到现代育种技术的帮助。在水产生物的育种技术进步中，如下三个方面的育种技术将可能在不同层面得到更好的应用和发展。

15.7.1　广义分子标记辅助育种技术的应用将更加普遍

狭义上的分子标记辅助育种技术（MAS）可靠性高、应用场景多，是目前广泛使用的分子育种手段之一。随着高通量基因组测序技术的发展，各种简化基因组测序技术、重测序、转录组和全长转录组测序、小 RNA 测序、外显子捕获等，短时间就可以产生海量的基于基因组和遗传标记变异的信息，为更为精确地定位性状基因提供了可能。基于高精度基因组信息和精确的 QTL/GWAS 定位，水产生物的基因图位克隆将成为可能。在得到目标性状的候选基因以后，目前发展迅猛的基因组编辑技术（genome editing technology）可以在模式鱼类（如斑马鱼）基因功能的验证中发挥作用，减少水产动物因为养殖周期或性成熟周期较长而对基因-性状关系确认耗时过长的影响，从而使得优异等位变异的发掘与验证更加高效。当然，基因组编辑技术也可能作为直接的育种手段进行遗传改良。与作物一样，水产动物的表型组测量技术预期也将在近期得到发展，使得表型性状的测量更加自动化和精确化。这样发展的结果，包括聚合育种在内的广义上的分子标记辅助育种技术将会在更多的水产生物遗传改良中发挥实质性的支撑作用（Yue，2014；Tong and Sun，2015）。

15.7.2　基因组选择技术将成为下一代主流分子育种技术之一

由于 GS 方法具有较高的 GEBV 预测准确度，外加其可能带来的缩短世代间隔和节省育种费用的优势，目前该方法已经成为奶牛育种的常规育种方法，取得了很大的遗传进展，并在其他多种养殖对象中展开了广泛的研究，如动物上的肉牛、马、羊、猪、鸡、鼠、果蝇，植物中的玉米、水稻、小麦、大豆、苹果和松树等（薛佳，2013）。GS 在水产领域的开展相对较晚，但发展速度也较快，其中，Sonesson 等（2009）进行了模拟研究，表明水产动物中开展 GS 育种是可行的。在实际研究中，扇贝（*Patinopecten yessoensis*）、大西洋鲑（*Salmo salar*）、银鲑（*Oncorhynchus kisutch*）、金头鲷（*Sparus aurata*）和南美白对虾（*Litopenaeus vannamei*）、大黄鱼等物种中已有关于 GS 选育方法比较的研究报道（董林松，2018）。随着高通量测序技术的普及以及测序费用的进一步降低，相信将会在越来越多的水产生物中开展 GS 研究和实际育种应用（孙效文，2010）。水产动物的一大优势是怀卵量大，所以得到全同胞子代的数量比牛和猪等家畜要高得多，这有利于 GS 方法在鱼类等水产动物选育中发挥优势。许多鱼类的性成熟周期较长，如“四大家鱼”长达 4～5 年，GS 技术理论上在一个世代就可以选择出表现优异的个体作为亲本繁殖，为缩短这类水产动物的育种周期提供了可能的选择。预期 GS 方法将会在水产养殖生物的遗传育种研究中体现出更强的生命力，相信不久将出现主要依赖 GS 方法选育的水产生物优良养殖品种。

15.7.3　分子设计育种将成为终极育种手段

随着大数据和人工智能时代的到来，如其他养殖动物的遗传育种一样，水产养殖生物的分子设计育种或分子模块设计育种将成为最主要的育种手段。进入基因组和后基因组时代以来，组学数据快速积累。三大核酸序列数据库（EMBL 数据库、NCBI 的 GenBank 数据库、DDBJ 数据库）中遗传信息的数据呈“爆炸式”增长。其他的数据库，如蛋白质、表观遗传、代谢组等数据库，也积累了越来越多的有用信息，可供水产生物遗传分析参考。近十年来水生模式生物及水产生物的组学数据也快速增长，3D 基因组等将为我们更精确地定位性状基因及研究基因的相互作用提供参考。基因电子定位将更加广泛地应用，如 NCBI 利用 BLAST 技术把 EST 数据进行了整理，建立了 dbEST 数据库。相信更多的水产生物今后将利用 EST 或 cDNA 全长序列等信息对表达序列直接进行作图，把不同基因定位在染色体上，这将比基于基因组的性状基因定位更加直接和可靠。上述这些信息为分子模块发掘、模块耦合分析和多模块组装提供了可能。

近年来很多重要成果与重大技术发明均表现出了模块化功能的特征。例如，作物分子育种中，小麦中导入黑麦 1BL/1RS 染色体置换片段，该天然育种模块的应用已经培育出了大量高产抗病新品种；水稻理想株型基因 *ipa1*、水稻粒宽基因 *gw8* 及其 miRNA156 关系的阐明，为水稻产量的大幅度（>10%）提升奠定了基础；利用银鲫雌核生殖和两性生殖双重生殖方式培育出的异育银鲫“中科 3 号”，就是一个新的核质杂种克隆品种，其平均增产达 20%以上。分子模块设计育种已经在经济植物和动物的育种研究中取得了重要的进展（薛勇彪等，2015），相信它在水稻等粮食作物、畜禽和水产动物的遗传改良中必将发挥更大的作用，为促进我国种业工程的能力提升以及保障粮食安全做出应有的贡献。

（童金苟，周颖，罗微微，陈庚，冯秀）

复习思考题

1. 基因组学的研究内容是什么？举例说明 2 种水产生物的基因组学研究成果，以及其在水产学研究中的理论意义和潜在的实际意义。

2. 哪些基因组技术在分子育种中发挥了重要作用？简要说明其技术原理，并举例说明它们在 1～2 个水产动物育种中的应用。

3. 分子设计育种的基本概念是什么？在目前动、植物育种研究中，较好的分子设计育种（或分子模块育种）技术平台已经在哪些物种中搭建成功？

主要参考文献

董林松. 2018. 大黄鱼和黄姑鱼基因组选择研究. 厦门：集美大学.

郝兴杰，胡林，张淑君. 2016. 全基因组关联分析方法的研究进展. 畜牧兽医学报，47（2）：213-217.

孙效文. 2010. 鱼类分子育种学. 北京：海洋出版社.

涂欣，石立松，汪樊，等. 2010. 全基因组关联分析的进展与反思. 生理科学进展，41（2）：87-94.

王宣鹏，张晓峰，李文升，等. 2012. 鲤饲料转化率性状的 QTL 定位及遗传效应分析. 水生生物学报，36：177-196.

薛佳. 2013. 猪基因组预选择的优化研究. 成都：四川农业大学.

薛勇彪，段子渊，种康，等. 2013. 面向未来的新一代生物育种技术：分子模块设计育种. 中国科学院院刊，28（3）：308-314.

薛勇彪，种康，韩斌，等. 2015. 开启中国设计育种新篇章："分子模块设计育种创新体系"战略性先导科技专项进展. 中国科学院院刊，30（3）：394-402.

Ayllon F，Kjaerner-Semb E，Furmanek T，et al. 2015. The vgll3 locus controls age at maturity in wild and domesticated Atlantic salmon（*Salmo salar* L.）males. PLoS Genet，11（11）：e1005628.

Barría A，Christensen KA，Yoshida GM，et al. 2018. Genomic predictions and genome-wide association study of resistance against *Piscirickettsia salmonis* in coho salmon（*Oncorhynchus kisutch*）using ddRAD sequencing. G3：Genes Genomes Genetics，8：1183-1194.

Botstein D，White RL，Skolnick M，et al. 1980. Construction of a genetic linkage map in man using restriction fragment length polymorphisms. American Journal of Human Genetics，32：314-331.

Calus MPL，Meuwissen THE，de Roos APW，et al. 2008. Accuracy of genomic selection using different methods to define haplotypes. Genetics，178（1）：553-561.

Chen L，Peng W，Kong S，et al. 2018. Genetic mapping of head size related traits in common carp（*Cyprinus carpio*）. Front Genet，9：448.

Cnaani A，Hallerman EM，Ron M，et al. 2003. Detection of a chromosomal region with two quantitative trait loci， affecting cold tolerance and fish size，in an F-2 tilapia hybrid. Aquaculture，223：117-128.

Correa K，Lhorente JP，López ME，et al. 2015. Genome wide association analysis reveals loci associated with resistance against *Piscirickettsia salmonis* in two Atlantic salmon（*Salmo salar* L.）chromosomes. BMC Genomics，16（1）：1-9.

Coulson A，Sulston，Brenner S，et al. 1986. Toward a physical map of the genome of the nematode *Caenorhabditis elegans*. PNAS，83（20）：7821-7825.

Danzmann RG，Jackson TR，Ferguson MM. 1999. Epistasis in allelic expression at upper temperature tolerance QTL in rainbow trout. Aquaculture，173：45-58.

De Roos APW，Schrooten C，Mullaart E，et al. 2007. Breeding value estimation for fat percentage using dense markers on *Bos taurus* autosome 14. J Dairy Sci，90（10）：4821-4829.

Derayat A，Houston RD，Guy DR，et al. 2007. Mapping QTL affecting body lipid percentage in Atlantic salmon（*Salmo salar*）. Aquaculture，272：s250-s251.

Dong L，Han ZF，Fang M，et al. 2019. Genome-wide association study identifies loci for body shape in the large yellow croaker（*Larimichthys crocea*）. Aquaculture and Fisheries，4：3-8.

Eshel O，Shirak A，Weller J，et al. 2012. Linkage and physical mapping of sex region on LG23 of Nile tilapia（*Oreochromis niloticus*）. G3（Bethesda），2：35-42.

Eshel O，Shirak A，Weller JI，et al. 2011. Fine-mapping of a locus on linkage group 23 for sex determination in Nile tilapia（*Oreochromis niloticus*）. Anim Genet，42：222-224.

Feng X，Yu XM，Fu BD，et al. 2018. A high-resolution genetic linkage map and QTL fine mapping for growth-related and sex in the Yangtze River common carp（*Cyprinus carpio haematopterus*）. BMC Genomics，19：230.

Fuji K，Hasegawa O，Honda K，et al. 2007. Marker-assisted breeding of a lymphocystis disease-resistant Japanese flounder（*Paralichthys olivaceus*）. Aquaculture，272：291-295.

Fuji K，Kobayashi K，Hasegawa O，et al. 2006. Identification of a single major genetic locus controlling the resistance to lymphocystis disease in Japanese flounder（*Paralichthys olivaceus*）. Aquaculture，254：203-210.

Geldermann H. 1975. Investigations on inheritance of quantitative characters in animals by gene markers I. Methods. Theoretical and Applied Genetics，46：319-330.

Geng X，Liu S，Yao J，et al. 2016. A genome-wide association study identifies multiple regions associated with head size in catfish. G3（Bethesda），6：1-10.

Geng X，Liu SK，Yuan ZH，et al. 2017. A genome-wide association study reveals that genes with functions for bone development are associated with body conformation in catfish. Mar Biotechnol，19：570-578.

Geng X，Sha J，Liu S，et al. 2015. A genome-wide association study in catfish reveals the presence of functional hubs of related genes within QTLs for columnaris disease resistance. BMC Genomics，16（1）：196.

Gheyas AA，Haley CS，Guy DR，et al. 2010. Effect of a major QTL affecting IPN resistance on production traits in Atlantic salmon. Anim Genet，41：666-668.

Gonzalez-Pena D，Gao G，Baranski M，et al. 2016. Genome-wide association study for identifying loci that affect fillet yield，carcass，and body weight traits in rainbow trout（*Oncorhynchus mykiss*）. Front Genet，7：203.

Grodzicker T，Williams J，Sharp P，et al. 1974. Physical mapping of temperature-sensitive mutations of adenoviruses. Cold Spring Harbor Symposia on Quantitative Biology，39：439-446.

Gu XH, Jiang DL, Huang Y, et al. 2018. Identifying a major QTL associated with salinity tolerance in Nile Tilapia using QTL-seq. Marine Biotechnology, 20（1）: 98-107.

Gutierrez AP, Yáñez AM, Fukui S, et al. 2015. Genome-wide association study（GWAS）for growth rate and age at sexual maturation in Atlantic salmon（*Salmo salar*）. PloS One, 10: e0119730.

Hedgecock D, Shin G, Gracey AY, et al. 2015. Second-Generation Linkage Maps for the Pacific *Oystercrassostrea Gigas* reveal Errors in Assembly of Genome Scaffolds. G3（Bethesda）, 5（10）: 2007-2019.

Houston RD, Guy DR, Hamilton A, et al. 2007. Mapping QTL affecting resistance to infectious pancreatic necrosis（IPN）in Atlantic salmon（*Salmo salar*）. Aquaculture, 272: s269.

Jin Y, Zhou T, Geng X, et al. 2017. A genome-wide association study of heat stress-associated SNPs in catfish. Anim Genet, 48: 233-236.

Lander ES, Botstein D. 1989. Mapping mendelian factors underlying quantitative traits using RFLP linkage maps. Genetics, 121（1）: 185-199.

Li N, Zhou T, Geng X, et al. 2017. Identification of novel genes significantly affecting growth in catfish through GWAS analysis. Mol Genet Genomics, 293: 587-599.

Liu HY, Fu BD, Pang MX, et al. 2016. QTL fine mapping and identification of candidate genes for growth-related traits in bighead carp（*Hypophthalmichthys nobilis*）. Aquaculture, 465: 134-143.

Liu SK, Sun LY, Li Y, et al. 2014. Development of the catfish 250k SNP array for genome-wide association studies. BMC Research Notes, 7（1）: 135.

Meuwissen TH, Hayes BJ, Goddard ME. 2001. Prediction of total genetic value using genome-wide dense marker maps. Genetics, 157（4）: 1819-1829.

Moen T, Baranski M, Sonesson AK, et al. 2009. Confirmation and fine-mapping of a major QTL for resistance to infectious pancreatic necrosis in Atlantic salmon（*Salmo salar*）: population-level associations between markers and trait. BMC Genomics, 10: 368.

Moen T, Munck H, Raya LG. 2005. A genomescan reveals a QTL for resistance to infectious salmonanaemia in Atlantic salmon（*Salmo salar*）. Aquaculture, 247: 25-26.

Ozaki A, Sakamoto T, Khoo S, et al. 2001. Quantitative trait loci（QTLs）associated with resistance/susceptibility to infectious pancreatic necrosis virus（IPNV）in rainbow trout（*Oncorhynchus mykiss*）. Molecular Genetics and Genomics, 265（1）: 23-31.

Palti Y, Roger L, Vallejo RL, et al. 2015. Detection and validation of QTL affecting bacterial cold water disease resistance in rainbow trout using restriction-site associated DNA sequencing. PLoS One, 10（9）: e0138435.

Pang MX, Fu BD, Yu M, et al. 2017. Quantitative trait loci mapping for feed conversion efficiency in crucian carp（*Carassius auratus*）. Scientific Reports, 7: 16971.

Peng W, Jian X, Yan Z, et al. 2016. An ultra-hig density linkage map and QTL mapping for sex and growth-related traits of common carp（*Cyprinus Carpio*）. Scientific Reports, 6（3）: 26693.

Sakamoto T, Danzmann RG, Gharbi K, et al. 2000. A microsatellite linkage map of rainbow trout（*Oncorhynchus mykiss*）characterized by large sex-specific differences in recombination rates. Genetics, 155: 1331-1345.

Sakamoto T, Danzmann RG, Okamoto N, et al. 1999. Linkage analysis of quantitative trait loci associated with spawning time inrainbow trout（*Oncorhynchus mykiss*）. Aquaculture, 173: 33-43.

Schaeffer LR. 2006. Strategy for applying genome-wide selection in dairy cattle. J Anim Breed Gen, 123（4）:

218-223.

Sherry ST, Ward M, Sirotkin K. 1999. SNP-database for single nucleotide polymorphisms and other classes of minor genetic variation. Genome Research, 9 (8): 677-679.

Shirak A, Seroussi E, Cnaani A, et al. 2006. Amh and Dmrta2 genes map to tilapia(*Oreochromis* spp.)linkage group 23 within quantitative trait locus regions for sex determination. Genetics, 174 (3): 1573-1581.

Sodeland M, Gaarder M, Moen T, et al. 2013. Genome-wide association testing reveals quantitative trait loci for fillet texture and fat content in Atlantic salmon. Aquaculture, 408-409: 169-174.

Sonesson AK, Meuwissen TH. 2009. Testing Strategies for Genomic Selection in Aquaculture Breeding Programs. Genetics Selection Evolution, 41 (1): 1-9.

Sun XW, Liang LQ. 2004. A genetic linkage map of common carp (*Cyprinus carpio* L.) and mapping a locus associated with cold tolerance trait. Aquaculture, 238: 165-172.

Tan GP, Lv WH, Sun ZP, et al. 2020. Heritability and quantitative trait locus analyses of intermuscular bones in mirror carp (*Cyprinus carpio*). Aquaculture, 515: 73641.

Tong J, Sun X. 2015. Genetic and genomic analyses for economically important traits and their applications in molecular breeding of cultured fish. Sci China: Life Sci, 58 (2): 178-186.

Tsai HY, Hamilton A, Guy DR, et al. 2016. Verification of SNPs associated with growth traits in two populations of farmed Atlantic salmon. Int. J. Mol. Sci., 17: 5.

Tsai HY, Hamilton A, Tinch AE, et al. 2015. Genome wide association and genomic prediction for growth traits in juvenile farmed Atlantic salmon using a high density SNP array. BMC Genomics, 16: 969.

Vallejo RL, Liu S, Gao G, et al. 2017. Similar genetic architecture with shared and unique quantitative trait loci for bacterial cold-water disease resistance in two rainbow trout breeding populations. Front Genet, 8: 156.

VanRaden PM, Van Tassell CP, Wiggans GR, et al. 2009. Invited review: reliability of genomic predictions for North American Holstein bulls. J Dairy Sci, 92 (1): 16-24.

Vos P, Hogers R, Bleeker M, et al. 1995. AFLP: a new technique for DNA fingerprinting. Nucleic Acids Research, 23 (21): 4407-4414.

Wang L, Bai B, Liu P, et al. 2017. Construction of High-Resolution Recombination Maps in Asian Seabass. BMC Genomics, 18 (1): 63-72.

Wang L, Liu P, Huang SQ, et al. 2017. Genome-wide association study identifies loci associated with resistance to viral nervous necrosis disease in Asian seabass. Mar Biotechnol, 19: 255-265.

Wang XH, Fu BD, Yu X, et al. 2018. Fine mapping of growth-related quantitative trait loci in Yellow River carp (*Cyprinus carpio haematoperus*). Aquaculture, 484: 277-285.

Wang XH, Liu HY, Pang MX, et al. 2019. Construction of a high-density genetic linkage map and growth-related quantitative trait loci mapping in silver carp (*Hypophthalmichthys molitrix*). Scientific Reports, 9: 17506.

Wang XZ, Liu SK, Jiang C, et al. 2017. Multiple across-strain and within-strain QTLs suggest highly complex genetic architecture for hypoxia tolerance in channel catfish. Mol Genet Genomics, 292: 63-76.

Williams JGK, Kubelik AR, Livak KJ, et al. 1990. DNA polymorphisms amplified by arbitrary primers are useful as genetic markers. Nucleic Acids Research, 18 (22): 6531-6535.

Woram RA, Gharbi K, Sakamoto T, et al. 2003. Comparative genome analysis of the primary sex-determining locus in salmonid fishes. Genome Res, 13: 272-280.

Xia JH, Lin G, He XP, et al. 2013. Whole genome scanning and association mapping identified a significant association between growth and a SNP in the IFABP-a gene of the Asian seabass. BMC Genomics, 14: 295.

Xiong XM, Robinson NA, Zhou JJ, et al. 2018. Genetic parameter estimates for intermuscular bone in blunt snout bream (*Megalobrama amblycephala*) based on a microsatellite-based pedigree. Aquaculture, 502: 371-377.

Yue GH. 2014. Recent advances of genome mapping and marker-assisted selection in aquaculture. Fish Fisheries, 15: 376-396.

Zeng Q, Fu Q, Li Y, et al. 2017. Development of a 690 K SNP array in catfish and its application for genetic mapping and validation of the reference genome sequence. Scientific Reports, 7 (4): 40347.

Zeng ZB. 1994. Precision mapping of quantitative trait loci. Genetics, 136 (4): 1457-1468.

Zhong XX, Wang XZ, Zhou T. 2017. Genome-wide association study reveals multiple novel QTL associated with low oxygen tolerance in hybrid catfish. Mar Biotechnol, 19: 379-390.

Zhou T, Liu SK, Geng X, et al. 2017. GWAS analysis of QTL for enteric septicemia of catfish and their involved genes suggest evolutionary conservation of a molecular mechanism of disease resistance. Mol Genet Genomics, 292: 231-242.

Zhou Y, Liu HY, Wang XH, et al. 2020. QTL fine mapping for sex determination region in bighead carp (*Hypophthalmichthys nobilis*) and comparison with silver carp (*Hypophthalmichthys molitrix*). Mar Biotechnol, 22: 41-53.

第十六章　干细胞培养与生殖细胞移植及其潜在育种技术

第一节　胚胎干细胞培养

16.1.1　干细胞定义和研究历史

干细胞（stem cell）是指一类具有自我更新和多向分化能力的细胞。早在1896年，美国哥伦比亚大学的无脊椎动物学教授 EB Wilson 在其专著《发育和遗传中的细胞》（*The Cell in Development and Inheritance*）中第一次提出了干细胞的概念，用于描述蠕虫等寄生虫的生殖系的祖细胞（progenitor cell）。随着相关研究的深入，干细胞的定义不断被修正。人们现在一般认为，干细胞广泛存在于多细胞生物的早期胚胎和成体组织中，具有自我更新和分化成多种特化细胞的能力这两个基本特性。根据其分化潜能，干细胞可以分为全能干细胞（totipotent stem cell）、多能干细胞（pluripotent stem cell）和单能干细胞（unipotent stem cell）。按其细胞来源，干细胞可以分为胚胎干细胞（embryonic stem cell，ESC）和成体干细胞（somatic stem cell，SSC）。

干细胞可以在一定条件下培养成稳定的细胞系。ESC 系是指从早期胚胎内细胞团（inner cell mass，ICM）分离的细胞或从生殖嵴分离的原始生殖细胞（primordial germ cell，PGC），经过培养形成的稳定、未分化的永久性细胞系。1981 年，Evans 等和 Martin 分别分离小鼠胚胎的 ICM 细胞并经培养建立了 ESC 系（Evans and Kaufman，1981；Martin，1981）；随后在小鼠 ESC 中建立了基因打靶技术，定点突变创制转基因或基因敲除小鼠（Mansour et al.，1988；Joyner，1991）。然而人 ESC 系的建立困难重重，直到 17 年后，两家实验室才分别独立分离人囊胚的 ICM 细胞或 PGC，建立了人 ESC 系（Shamblott et al.，1998；Thomson et al.，1998）。ESC 属于全能干细胞，可以分化成各种类型的细胞；ESC 移植到受体囊胚后参与各种组织器官的发育，形成嵌合体。因此，ESC 不仅是研究动物早期胚胎细胞命运决定和分化、组织和器官发育等基础研究的一个理想模式系统，而且在再生、药物筛选、基因治疗等医学领域具有重大、广泛的应用前景。鉴于干细胞在发育生物学和再生医学等方面的巨大研究和应用价值，1999 年、2000 年和 2003 年其研究均被《科学》杂志评为年度世界十大科学成就之一。在 ESC 中可进行核移植、转基因和定点基因打靶等各种遗传操作，而且可以通过移植实验实现种系嵌合，遗传给后代，因此在 CRISPR/Cas9 等基因组编辑技术出现之前，ESC 培养是研究基因功能、定点突变及进行转基因或基因敲除等基因工程育种的必需技术之一。

2006 年，Takahashi 等通过逆转录病毒在成纤维细胞中表达 OCT3/4、SOX2、C-MYC 和 KLF4 等转录因子，将已分化的成纤维细胞重新程序化，形成诱导的多能干细胞（induced pluripotent stem cell，iPSC），其特性几乎与 ESC 一致（Takahashi and Yamanaka，2006）。随后，研究人员证实采用相同技术可以诱导人皮肤纤维细胞成为 iPSC（Takahashi et al.，2007）。与之同时，Yu 等也发现在人新生儿成纤维细胞中表达 OCT4、SOX2、NANOG 和 LIN28 可以使其重编程为 iPSC（Yu et al.，2007）。iPSC 的诱导成功解决了使用胚胎细胞或卵细胞的伦理学问题，而且可以将病人的体细胞诱导成 iPSC，大大降低免疫排斥反应发生的可能性，极大拉近了干细胞和临床疾病治疗的距离。因此 2007 年和 2008 年 iPSC 均被《科学》杂志评为年度世界十大科学成就之一。2012 年，日本京都大学教授山中伸弥因在 iPSC 上的贡献与英国剑桥大学教授约翰·戈登共享了诺贝尔生理学或医学奖。

16.1.2 鱼类胚胎干细胞培养

借鉴小鼠的方法（Loo et al.，1987；Sakai et al.，1990），Collodi 等在模式动物斑马鱼（*Danio rerio*）中开始了鱼类 ESC 分离培养的尝试。他们分离培养斑马鱼的囊胚细胞 2 周后，原代培养细胞形成了少量细胞集落。他们推测细胞集落中的小细胞可能为未分化的 ESC，但进一步延长培养未能获得 ESC 系（Collodi et al.，1992）。1995 年，Sun 等以斑马鱼胚胎成纤维细胞系为滋养层细胞，在 LDF 基础培养基中添加胎牛血清、虹鳟（*Oncorhynchus mykiss*）血清和胚胎提取物、硒、胰岛素和白血病抑制因子等，分离培养斑马鱼囊胚细胞，获得了 ES 样细胞株。这些细胞具有二倍体核型；细胞形态与小鼠 ESC 相似，细胞小而呈圆形，细胞核大；生长活跃，形成致密集落；具有较高的碱性磷酸酶活性；移植入囊胚中能产生嵌合体；在视黄酸或 BRL-CM 及低浓度血清的诱导下，体外能分化成神经元细胞；移走饲养层细胞，悬浮培养能形成类胚体（Sun et al.，1995）。2014 年，Ho 等和 Hong 等分别建立了一株无饲养层细胞、具有典型干细胞特性的斑马鱼细胞系（Ho et al.，2014；Hong et al.，2014）。

在另一种模式鱼类日本青鳉（*Oryzias latipes*）中，洪云汉等通过优化培养条件，建立了二倍体ESC系和单倍体ESC系，在干细胞培养上取得了长足进展（易梅生等，2010）。1994年，Wakamatsu等借鉴小鼠ESC培养方法，建立了青鳉ESC培养系统，即以青鳉成纤维细胞为饲养层细胞，DMEM为基础培养基，除了加入小鼠 ESC 培养基的主要营养物质外，还添加了碱性成纤维细胞生长因子和鲤（*Cyprinus carpio*）血清。他们采用这个培养系统，分离培养青鳉桑椹期胚胎细胞，成功建立了青鳉 ES 样多能细胞系 OLES1。尽管他们未进行移植实验获得嵌合体以验证是否具有全能性，但其形态、生长和碱性磷酸酶活性等特征，特别是当视黄酸处理时，能诱导分化成黑色素细胞、神经元细胞、双极细胞等，均表明 OLES1 细胞系应该是一株 ES 样干细胞系（Wakamatsu et al.，1994）。Hong 等首先建立了一种培养青鳉 ES 样细胞的培养系统，该系统不需要饲养层细胞，以 DMEM 为基础培养基，分别添加不同生长因子、青鳉胚胎提取物等营养因子，配置用于青鳉囊胚细胞原代培养以及维持细胞生长的不同培养基。在该条件下，他们分离青鳉野生 HB32C 品系的囊胚细胞，在有明胶涂层的培养板中进行培养，最终获得了 3 个独立的 ES 样细胞系 MES1、MES2 和 MES3（Hong and Schartl，1996）。本节以 MES1 为例，详细介绍鱼类 ESC 的特征以及鉴定干细胞的方法（Hong et al.，1998）。鱼类 ESC 特征如下所示。

（1）鱼类 ESC 的形态特征与小鼠 ESC 相同，一般细胞呈圆形或多边形，细胞核体积大，核仁明显。

（2）核型正常，保留二倍体特性，如 MES1 具有 24 对同源染色体。

（3）在抑制分化培养条件下，呈克隆状生长，形成细胞集落；增殖迅速，如 MES1 每 43.6h 分裂增殖 1 次。

（4）具有很强的碱性磷酸酶活性；表达 *oct4*、*nanog*、*klf4* 等多能性基因。

（5）可形成类胚体，如 MES1 在视黄酸诱导下，悬浮培养 1d 可以形成具有黑色素细胞的类胚体。

（6）具有分化的多能性，如 MES1 在体外能诱导分化为黑色素细胞、肌肉细胞、神经元细胞和成纤维细胞等。

（7）移植入受体胚胎中可形成嵌合体。研究者将 50～100 个 MES1 细胞显微移植到青鳉白化品系的囊胚中，大约 6%的存活胚胎中可以观察到含有黑色素细胞的嵌合体；接着将稳定表达绿色荧光蛋白（green fluorescent protein，GFP）的 MES1 细胞移植到受体囊胚中，移植 10d 后，90%的胚胎发育成嵌合体鱼苗，每个鱼苗含有 1～50 个表达 GFP 的 MES1 细胞。GFP 的绿色荧光信号可在鳍上皮细胞、心肌细胞、卵黄囊细胞等多种细胞中检测到，这表明 MES1 细胞参与了受体胚胎三个胚层的不同组织器官的发育。嵌合体的形成证实了 MES1 细胞在体内发育的多能性，且受其位于受体胚胎位置的分化信号影响，发育成相应的细胞类型。

依据上述 ESC 的特性，研究者一般从细胞的形态结构、核型分析、碱性磷酸酶染色、多能性基因表达分析、类胚体和嵌合体形成能力以及体外诱导分化能力等分析来鉴定是否为 ESC。随后，研究人员借鉴在模式鱼类 ESC 系培养的条件，在金头鲷（*Sparus auratta*）（Béjar et al.，2002）、真鲷（*Pagrus major*）（Chen et al.，2003）、花鲈（*Lateolabrax japonicus*）（Chen et al.，2007）、尖吻鲈（*Lates calcarifer*）（Parameswaran et al.，2007）等鱼类中获得了 ESC 样培养物。

16.1.3　鱼类单倍体胚胎干细胞培养和半克隆技术

单倍体胚胎干细胞（haploid embryonic stem cell，HaESC）是指含有一套染色体组，但其他特征和分化潜能跟二倍体 ESC 一样的胚胎干细胞。与二倍体 ESC 相比，HaESC 更适合对生物体的隐性性状进行研究。HaESC 首先是在日本青鳉中成功建系，随后在小鼠（Leeb and Wutz，2011；Li et al.，2012；Zhong et al.，2016）、人（Sagi et al.，2016）、大鼠（Li et al.，2014）和食蟹猴（Yang et al.，2013）等哺乳动物中获得突破。

利用鱼类单倍体胚胎可以发育至原肠期的特点，易梅生等选取了两个高度纯化的日本青鳉自交白化品系 i1 和 i3，将人工雌核生殖技术和 ESC 培养技术结合起来，率先建立了 HaESC 系。他们首先将 i3 品系的精子经紫外线照射灭活后，与 i1 品系的卵子授精，获得人工雌核生殖单倍体胚胎；接着分离单倍体囊胚细胞进行培养，建立了三个 HaESC 系 HX1、HX2 和 HX3。经过 140 代共 500d 以上的培养，它们仍然保持稳定的生长和 ESC 的细胞形态特征；具有很强的碱性磷酸酶活性；染色体分析表明单倍体、二倍体和多倍体细胞的比例分别为 77%、18%和 5%；能形成集落，增殖能力与 MES1 没有差异；表达 *oct4*、*nanog*、*klf4* 等多能性基因；悬浮培养能形成类胚体，可检测到外胚层（*nf200*）、中胚层（*actinin2*、*brachyury* 和 *ntl*）、内胚层（*sox17* 和 *hnf3b*）以及神经嵴（*sox10* 和 *mitf*）等的标记基因的表达；将 HX1 的一个克隆系细胞（HX1a）移植到受体囊胚中能形成嵌合体，可分化成神经元、星形胶质细胞、鳞状上皮和横纹肌等细胞。上述的结果表明 HaESC 具有自我更新能力和在体外分化成 3 个胚层的多种类型细胞的能力（Yi et al.，2009）。

半克隆技术（semicloning，SC）是一种新的、辅助不育病人获得自己后代的生殖技术，是指运用核移植技术在卵子中将来自一个亲本的单倍体体细胞核与来自另一个亲本的配子单倍体核相融合，以获得可以正常发育的后代。该技术可以保证父母双方对后代遗传信息的贡献。易梅生等将 GFP 标记的来自 i1 品系的 HX1a 的细胞核移植到 i3 品系的正常、未去核的成熟卵中，获得了一尾可育雌性后代“霍利”（Yi et al.，2009）。“霍利”的诞生，为半克隆技术在生殖医学领域的应用提供了理论依据和实验证据（徐红艳等，2010），为不育症的治疗带来了希望，是生殖生物学的一个突破。该研究一方面证实移植 HaESC 的核入卵能模拟精子受精，另一方面证实一个经有丝分裂产生的单倍体核可以和经减数分裂产生的单倍体核发生融合产生二倍体合子核，而且这个二倍体合子核能维持正常的胚胎发育并能性成熟产生后代。

第二节　生殖干细胞培养

16.2.1　精原干细胞培养

在机体的各种组织和器官中，存在着一些未分化的、能够自我更新、具有分化潜能的细胞，这些细胞称为成体干细胞，它们能分化形成特定组织的细胞，维持着组织和器官生长和衰退的动态平衡（Clarke et al.，2000），如分布于造血组织内，能分化生成各种血细胞的造血干细胞（hematopoietic stem cell）；存在于神经系统中，能分化为神经元、星形胶质细胞和少突胶质细胞的神经干细胞（neural stem cell）。

存在于性腺中，维持着生物体整个生命周期中配子的发生和分化的成体干细胞为生殖干细胞（germline stem cell，GSC）。因 GSC 在世代间传递遗传信息，被认为是“不朽干细胞”（Shinohara et al.，2000；Yuan et al.，2010）。根据其来源，GSC 可分为精原干细胞（spermatogonial stem cell，SSC）和卵原干细胞（oogonial stem cell，OSC）。GSC 一方面通过有丝分裂以维持 SSC 和 OSC 数目的稳定，另一方面通过减数分裂产生卵子和精子。GSC 是唯一可以将遗传物质传递到下一代的成体干细胞，是遗传操作的首选细胞类型。因此，鉴定分离 GSC，不仅可作为研究成体干细胞自我更新和不对称分裂、生殖细胞发育及其谱系稳态维持的理想实验系统，而且对理解水产养殖动物的繁殖策略、发展“借腹怀胎”等生物技术至关重要（Sun et al.，2017；张琴琴等，2020）。

人们目前已在小鼠（Tsuda et al.，2003）、斑马鱼（Beer et al.，2013）、青鳉（Nakamura et al.，2010）、虹鳟（Bellaiche et al.，2014）、斜带石斑鱼（*Epinephelus coioides*）（Sun et al.，2017）和银鲫（*Carassius gibelio*）（张琴琴等，2020）等物种中，证实 *nanos2* 可以标记 GSCs 或未分化 A 型精原细胞（spermatogonia，SPG）。*nanos2* 是 *nanos* 基因家族的成员之一，最早在果蝇中被鉴定为腹部形成的决定因子（Wang and Lehmann，1991），后被证实是维持 GSC 所必需的基因（Forbes and Lehmann，1998）。脊椎动物的 *nanos* 基因家族包括 *nanos1*、*nanos2* 和 *nanos3* 三个成员，其中，*nanos2* 和 *nanos3* 是生殖细胞发育所必需的（Tsuda et al.，2003）。跟其他成员一样，Nanos2 是一个 RNA 结合蛋白，含有一个保守的锌指结构域（zinc finger-domain，ZF-domain）。采用 CRISPR/Cas9 敲除 *nanos2* 基因的斑马鱼不育，不产生配子细胞（Cao et al.，2019）。在人和牛等物种中，*nanos2* 不仅在未分化 A 型精原细胞或精原干细胞中表达，还在其他雄性生殖细胞中，如精母细胞、精子细胞中表达（Kusz et al.，2009；Li et al.，2017）。有研究报道在银鲫（*Carassius gibelio*）的精原细胞和初级精母细胞中检测到 *cgnanos2a* 和 *cgnanos2b* 的转录物，但在次级精母细胞中没有检测到阳性信号（张琴琴等，2020）。

建立 SSC 系保存雄性生殖能力以及诱导 SSC 在体外分化成有功能的精子是生殖生物学的研究热点和亟待突破的重要方向。Feng 等和 Guan 等分别从 7d 的小鼠胚胎和成年小鼠精巢中，分离培养建立了小鼠 SSC 系（Feng et al.，2002；Guan et al.，2006）；Kanatsu-Shinohara 等也获得了可以长期培养的仓鼠 SSC 系（Kanatsu-Shinohara et al.，2006）；Hong 等在青鳉中也成功建立了 SSC 系 SG3，并能在培养系统中产生游动精子（Hong et al.，2004）。SG3 在核型、形态、碱性磷酸酶活性、生长和克隆形成能力与 ESC 相似。SG3 细胞表达 *vasa*、*piwi* 和 *dazl* 等生殖细胞标记基因或 *c-kit* 等 SPG 中高表达的基因，不表达 *wt1*、*dmrt1y* 等性腺体细胞特异表达的基因。当 SG3 长满培养皿底层后，不进行传代培养，在 2 周后，悬浮细胞中可观察到类似于四分体（tetrad）的结构，即一个初级精母细胞经减数分裂形成的 4 个精子细胞通过细胞质桥连接在一起的结构；还可以观察到一些圆形的细胞出现细胞质延伸的现象，类似于开始变形的精子细胞。当将红色荧光蛋白（red fluorescent protein，RFP）标记的 SG3 细胞与虹鳟胚胎性腺细胞系（rainbow trout gonad cell line，RTG）混合悬浮培养 2～3d 后，研究者可观察到 RFP 阳性的圆形精子细胞、长形精子细胞以及游动精子。因此，SG3 细胞能在体外完成整个减数分裂过程。此外，研究人员还在斑马鱼（Fan et al.，2008）、虹鳟（*Oncorhynchus mykis*）（Shikina et al.，2010）、露斯塔野鲮（*Labeo rohita*）（Panda et al.，2011）等鱼类中进行了 SSC 的分离和培养工作。

16.2.2　卵原干细胞培养

人们以前一直认为哺乳动物成年卵巢中不存在 OSC，雌性个体出生后的卵巢已形成了终生所需的原始卵泡，不再有新的卵细胞生成。但越来越多的研究表明，出生后的小鼠卵巢中存在 OSC，并建立了 OSC 系（Zou et al.，2012）。如前所述，研究者通过 *nanos2* 基因追踪，可以在鱼类卵巢发育整个周期中检测到 OSC 的存在。

张琴琴等根据含有 *nanos2* 阳性细胞的胞囊内含有细胞的类型和大小，描述了银鲫卵巢早期胞囊（cyst）的发育过程（图 16.1）。最小的胞囊中一般仅含有一个 *cgnanos2* 阳性细胞；接着 *cgnanos2* 阳性细胞经过 1～2 次有丝分裂，分裂成 2～4 个 *cgnanos2* 阳性细胞；随着胞囊的发育，一部分阳性细胞开始分化成不表达 *cgnanos2* 的卵原细胞（oogonium，OG）；接着卵原细胞进一步有丝分裂增殖，并进入减数分裂，产生初级卵母细胞、次级卵母细胞和卵子（张琴琴等，2020）。

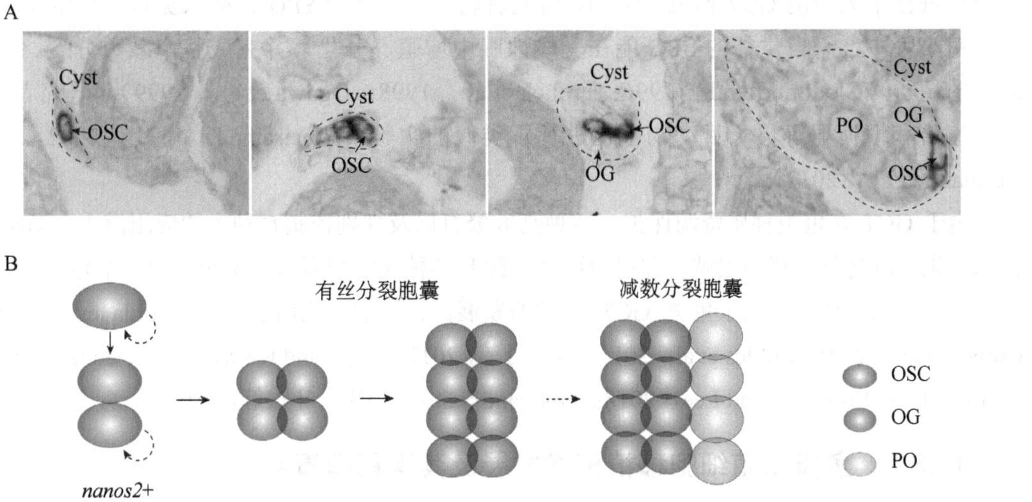

图 16.1　银鲫卵原干细胞的增殖和分化

A. 切片原位杂交分析 *cgnanos2a* 在卵巢中的细胞定位，含有 1～4 个生殖干细胞（*cgnanos2a* 阳性细胞）、若干卵原细胞和初级卵母细胞的胞囊；B. 银鲫卵原干细胞增殖和分化的示意图

OG. 卵原细胞；OSC. 卵原干细胞；PO. 初级卵母细胞；Cyst. 胞囊。Bar=20μm

第三节　生殖细胞移植技术

16.3.1　生殖细胞移植技术的定义和发展历史

生殖细胞移植（germ cell transplantation，GCT）技术是指将生殖细胞移植到同种或异种受体体内，受体能产生来自供体的功能性配子的一种辅助生殖技术，也被形象地称为“借腹怀胎”技术。GCT 技术除了用于治疗不孕不育症等临床外，也可为研究生殖干细胞特化和发育、生殖细胞与小生境（niche）的互作等基础研究提供在体检测手段，为珍稀濒危动物的繁育和保护、鱼苗高效繁育、性别控制育种等提供技术支撑。

19 世纪末和 20 世纪前半叶，移植技术广泛应用于实验胚胎学，以研究胚胎细胞的决定作用。例如，Spemann 和他的学生 Mangold 在蝾螈中进行胚胎细胞移植实验，发现两栖类原肠胚背唇处的一团细胞（后被命名为 Spemann's organizer，Spemann 组织者）能够诱导周围细胞形成胚胎背轴。因为这项贡献，1935 年 Spemann 获得了诺贝尔生理学或医学奖。Blackler 通过移植交换两种爪蟾（*Xenopus laevis* 和 *Xenopus victorianus*）的内胚层区域（包含 PGCs）以研究种系发育，发现移植的细胞可以进行种系传递（Blackler，1962）。Tajima 等在白色来亨鸡和罗德岛红鸡之间进行了 PGCs 的移植实验，将从供体鸡胚血液中分离的 PGCs 注射到受体鸡胚血液中以获得种系嵌合体，并通过交配实验和观察后代羽毛的颜色证实受体产生了源自供体的功能性配子（Tajima et al.，1993）。目前，研究者在鸟类中进行了属间（雉鸡和鸡）、科间（鸡和珍珠鸡）和目间（鸭和鸡、波斑鸨和鸡）的 GCT，但由于卵子发生的复杂性和种间的不相容，鸟类异种之间的移植仅能产生功能性的精子（Nakamura，2017）。人们在哺乳动物中也进行了大量的 GCT 研究。例如，研究者将兔、仓鼠的 SPG 移植入免疫缺陷的不育小鼠的生精小管中，来自供体的 SPG 能在受体性腺中增殖、分化，并完成整个减数分裂、产生功能性的精子（Clouthier et al.，1996；França et al.，1998；Ogawa et al.，1999）。研究者在猪、羊等家畜和恒河猴等灵长目动物中也进行了类似的实验（Honaramooz et al.，2002，2003；Hermann et al.，2012）。

由于 GCT 在鱼类种质资源保护、苗种高效繁育以及性别控制育种中的应用潜力，鱼类 GCT 技术首先在斑马鱼中获得突破，并已应用到虹鳟等多种淡水和海水养殖鱼类中。最近几年，中外学者从不同角度详细回顾了鱼类 GCT 技术的发展，并展望了应用前景（Lacerda et al.，2013；Golpour et al.，2016；Robles et al.，2016；赵雅贤等，2017；Majhi and Kumar，2017；de Siqueira-Silva et al.，2018；Yoshizaki and Lee，2018；Goto and Saito，2019；叶欢等，2019）。

16.3.2　鱼类生殖细胞移植技术发展及其里程碑事件

与其他动物发展的历程相似，鱼类 GCT 技术的创立和发展也是随着实验胚胎学到现代发育生物学的蓬勃发展而发展的。图 16.2 列举了鱼类 GCT 技术发展的历程和里程碑事件。

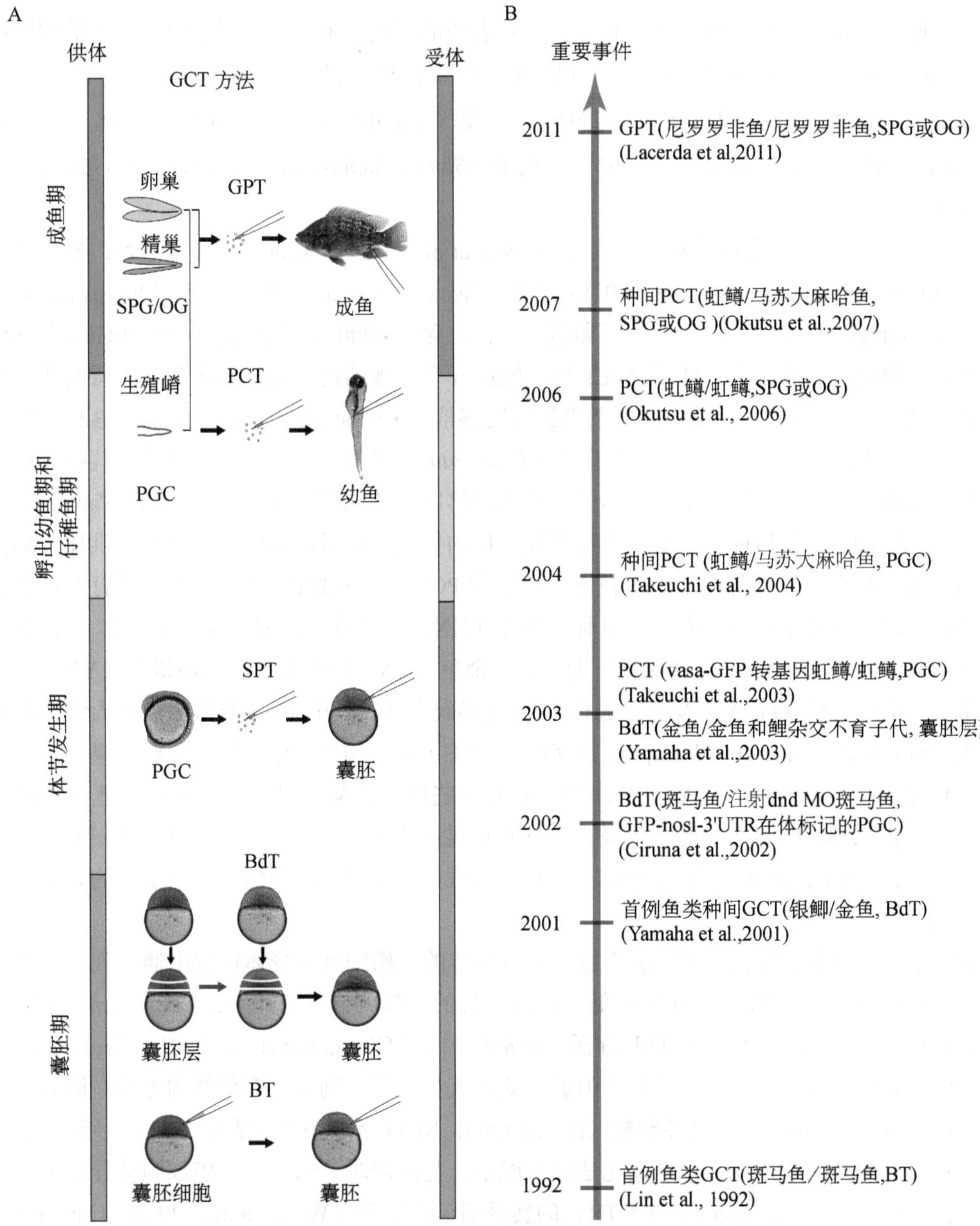

图 16.2　鱼类生殖细胞移植技术及其发展历程中的重要事件

A. 鱼类生殖细胞移植技术（改自 Goto and saito，2019）；B. 发展历程中的重要事件

BT. 囊胚细胞移植；BdT. 囊胚层移植；SPT. 单个 PGC 移植；PCT. 腹腔移植；GPT. 泄殖孔移植

鱼类通过胚胎细胞移植获得种系嵌合体的首例成功是在斑马鱼中取得的（Lin et al.，1992）。在早期的研究中，由于并不清楚包含生殖质（germ plasm，GP）的细胞或 PGCs 在囊胚中的位置，研究者采用囊胚细胞移植（blastomere transplantation，BT）的方法探索 GCT 技术的可行性。例如，Lin 等随机用玻璃针移取 20～100 个野生型斑马鱼囊胚胚层深处的细胞，注射到相同发育时期白化的斑马鱼胚胎中，获得了 70 个发育性成熟的嵌合体；接着从中选取了 28 个嵌合体与白化的个

体进行交配，其中5个嵌合体产生了野生型色素表型的后代。上述的结果表明，移植的囊胚细胞可以参与受体胚胎的生殖腺发育，并可以进行种系传递。随后，相似的实验也在日本青鳉（Wakamatsu et al.，1993；Li et al.，2016）、虹鳟（Takeuchi et al.，2001）、泥鳅（*Misgurnus anguilicaudatus*）（Nakagawa et al.，2002）和梭鲈（*Sander lucioperca*）（Güralp et al.，2017）中进行了探索。

随着 *vasa* 等生殖细胞特异基因的鉴定（Olsen et al.，1997；Yoon et al.，1997），研究人员可以利用标记基因来追踪胚胎中PGCs的迁移过程（Weidinger et al.，1999）。斑马鱼 *vasa* 的转录物最早可在2-细胞期胚胎中检测到，位于卵裂沟处；在含有4000个细胞的胚胎中，PGCs在胚胎边缘区域形成对称的四簇细胞；此后PGCs顺次经过6个步骤的迁移而形成排列在胚盾两侧的细胞群，最终迁移至生殖嵴处。Yamaha等采用囊胚层移植（blastoderm transplantation，BdT）技术，将银鲫的含有PGCs的胚盘下部移植入金鱼（*C. auratus*）囊胚中，获得了嵌合体，其中5尾3龄性成熟嵌合体产生了来自供体银鲫的卵子，产生银鲫卵子的比例为3.1%～89.3%（Yamaha et al.，2001）。这是首例鱼类异种间GCT获得种质嵌合体的报道。随后，他们再次通过对供体鱼和受体鱼的巧妙选择和设计，证实通过BdT技术移植包含PGCs的胚盘细胞可以使雄性不育个体恢复繁殖能力。在这个研究中，研究者以金鱼雌性个体（XX，遗传雌性）和伪雄鱼（XX，遗传雌性）交配获得的雌性胚胎（XX，遗传雌性）为供体，金鱼（XX，遗传雌性）和超雄鲤（YY）的杂交不育个体（XY，遗传雄性）为受体，进行BdT获得嵌合体。其中15尾个体在注射人绒毛膜促性腺激素（human chorionic gonadotropin，HCG）后产生了游动精子。遗传鉴定分析结果显示这些精子仅能检测到金鱼特异的 DNA 重复序列，表明这些嵌合体均且仅产生了来自供体金鱼的精子（Yamaha et al.，2003）。这个实验不仅是首次选择通过远缘杂交产生不育个体做供体的报道，更为重要的是，它证明雌性的供体细胞（XX）移植入雄性的胚胎中，在受体性腺小生境的影响下能够发生性反转并产生精子。

相对于可育受体内源的生殖细胞而言，源自供体的生殖细胞在受体性腺中通常处于绝对劣势地位，从而导致产生供体配子的比例很低。因此，理想的受体应该不育。随着对 *nanos*、*dnd*、*sdf/cxcr4* 等基因在调控鱼类PGC形成、迁移和存活中功能的揭示（Köprunner et al.，2001；Weidinger et al.，2003；Knaut et al.，2003；徐红艳等，2010），研究人员发展了制备不育供体的方法。例如，研究者通过注射 *nanos*、*dnd* 的反义核苷酸（morpholino，MO）消减它们的翻译表达，导致PGCs无法正确迁移至生殖嵴处或死亡，从而无法产生配子。与此同时，通过对生殖细胞特异基因的3'端未翻译区（3' untranslated region，3' UTR）的转录后调控研究（Wolke et al.，2002；Ciruna et al.，2002；Knaut et al.，2002），研究人员建立了一种快速在体标记PGC的技术，即将融合了生殖细胞特异基因的3'UTR和 *gfp* 等报告基因的mRNA注射到1-细胞期胚胎中，可实现活体可视化标记PGCs。Ciruna等基于上述发现，结合PGC移植技术，在斑马鱼中建立了一种创制母源-合子型突变体的方法。他们分别将 *GFP-nos1-3'UTR* mRNA和 *dnd* MO注射到斑马鱼1-细胞期胚胎中，从而标记供体胚胎细胞和制备不育受体；接着采用 BdT 技术，使受体产生的生殖细胞完全由供体PGCs增殖分化而来。通过该技术，合子致死突变体被传递到下一代，从而可以研究合子致死型突变基因的母源效应（Ciruna et al.，2002）。通过注射葡聚糖-罗丹明（dextran-rhodamine）标记供体胚胎细胞，研究者以日本青鳉和弓背青鳉（*O. curvinotus*）杂交制备不育受体，采用类似的方法，获得了母源-合子型突变体（Shimada and Takeda，2008）。可能由于供体细胞和受体细胞之间亲和力的差异，亲缘关系较远的物种之间并不适合进行 BT 或 BdT，常常因供体细胞聚集导致严重的受体胚胎畸形（Saito et al.，2010）。加之受精卵和胚胎需要去卵壳，移植操作需要精细的显微技术，这些因素限制了 BT 和 BdT 的应用，尤其是在尚未建立显微操作技术的海水鱼类中的应用。

由于 PGC 在胚胎和仔稚鱼中的数量很少，为了实现可视化精准移植 PGC 以及追踪供体细胞在受体中的发育命运，研究人员致力于构建生殖细胞特异基因启动子驱动的转基因鱼以在体标记 PGC 和 SSC 等生殖细胞。例如，日本学者 Yoshizaki 等克隆了虹鳟 *vasa* 的调控序列，并构建了由 *vasa* 启动子 p *vasa*-GFP 驱动的、生殖细胞特异表达 GFP 的转基因鱼（Yoshizaki et al.，2000）。随后，他们将 35dpf（即受精后天数，days after fertilization）、40dpf 和 45dpf 的转基因虹鳟初孵仔鱼的生殖嵴经胰蛋白酶酶解后，在荧光显微镜下用玻璃针吸取 5～10 个表达 GFP 的 PGCs，通过腹腔注射入 35dpf、40dpf 和 45dpf 的虹鳟受体胚胎生殖嵴处，结果表明从初孵仔鱼分离的 PGCs 通过腹腔移植（peritoneal cavity transplantation，PCT）可以定向迁移、整合入受体生殖嵴，并增殖、分化为正常的卵子和精子，最终获得来自供体的后代（Takeuchi et al.，2003）。接着，他们将 10～20 个转基因虹鳟初孵仔鱼的 PGCs 移植入大麻哈鱼（*O. masou*）的腹腔中，实现了异种之间的“借腹怀胎”（Takeuchi et al.，2004）。

为了确定维持性腺结构和生殖细胞分化所需的最少 PGC 数量，Saito 等从 10～15 体节期的闪电斑马鱼（*Danio albolineatus*）胚胎的酶解单细胞悬液中，用玻璃针吸取一个被 *GFP-nos1-3'UTR* mRNA 标记的 PGC，移入已注射 *dnd* MO 的不育斑马鱼囊胚的胚盘边缘。6dpf 时，约有一半的受体胚胎中，可观察到移植的 PGC 已迁移至生殖嵴处；100～200dpf 时，受体成鱼的一对性腺中仅有一个发育成正常的精巢，并能产生正常的精子；而另一个性腺呈细线状，没有产生配子。由于斑马鱼的性别受到 PGC 数量的影响（Slanchev et al.，2005），移植了单个 PGC 的受体只有一侧性腺能发育成精巢。如果在 20dpf 时用雌二醇处理受体幼鱼，受体能产生正常的卵子。上述的结果表明，一个 PGC 就足以维持性腺形成和配子发生，因此可以通过单个 PGC 移植（single PGC transplantation，SPT）技术实现异种“借腹怀胎”。他们进一步将 SPT 实验扩展到属间（金鱼和斑马鱼）和科间（泥鳅和斑马鱼）开展，结果证实单个 PGC 移植就可以在受体性腺中有效启动来自供体的精子发生，产生功能性的精子。当研究者用雌二醇处理远缘物种间移植获得的受体幼鱼时，尽管性腺中产生了类似产卵板的结构，但无法产生成熟卵子（Saito et al.，2008）。因此，选择受体时要考虑物种间卵子大小等生物学差异的影响。SPT 技术也应用于不同目间（日本鳗鲡和斑马鱼）（Saito et al.，2011）以及不同纲间（杂交鲟和金鱼）（Saito et al.，2014）用以探讨 PGC 迁移机制的保守性。此外，Goto 等通过金鱼种间的 SPT 发现金鱼的性别不受 PGC 数目多寡的影响，移植单个 PGC 的金鱼受体的一侧性腺能正常分化为成熟的卵子或精子（Goto et al.，2012）。有趣的是，Goto 和 Saito 将分别来自斑马鱼和闪电斑马鱼的一个 PGC（GFP 和 RFP 分别标记）移植入同一个受体中，获得了它们迁移至两侧不同生殖嵴的胚胎，构建了一个独特的研究系统（Goto and Saito，2019）。

PGC 移植要求供体和受体仔稚鱼均处于发育早期。在这个发育窗口期，一方面供体 PGC 仍具有极性，在化学趋化因子的引领下可以定向迁移至受体生殖嵴；另一方面仔稚鱼受体的免疫系统尚未发育完善，不易出现排斥。Takeuchi 等的研究结果表明，对虹鳟而言，35～40dpf 的初孵仔稚鱼是进行 PGC 移植的适宜发育窗口期，45dpf 的虹鳟仔鱼已不适合进行 PGC 移植操作（Takeuchi et al.，2003）。在箕作黄姑鱼（*Nibea mitsukurii*）中，全长 4 mm 的仔鱼适合作为移植受体，移植的嵌合率可达 50%；而当仔鱼生长到全长 6 mm 时，生殖嵴处的 PGCs 已被单层的体细胞包裹，已不适合作为移植受体，移植的嵌合率为 0%（Takeuchi et al.，2009）。由于 PGC 数量少，且适宜操作的发育时期较短，限制了其应用范围，因此研究人员探索从性腺中分离 SSC 或 OSC 进行移植的方法。Okutsu 等制备了 9 月龄 p *vasa*-GFP 转基因虹鳟的精巢细胞悬液，并将它们移植入 32～35dpf 的虹鳟初孵仔鱼中，获得了源自供体的卵子和精子，并能正常受精获得正常子代（Okutsu et al.，2006）。p *vasa*-GFP 转基因虹鳟雄性成体性腺中只有 SPG 表达 GFP（Takeuchi et al.，2002），因此 Okutsu 等进一步通过流式细胞分选和移植实验证实 SPG，可能是 A 型 SPG 或 SSC，具有很高的发育可塑性和双向分化的潜能。然而，产生来自供体的精子和卵子的平均比例很低，仅为 5.46%±3.34% 和 2.14% ±0.70%（Okutsu et al.，2006）。前期的研究也表明，将虹鳟 PGC 移植到可育马苏大麻哈鱼中，仅能产生 0.40%的虹鳟配子（Takeuchi et al.，2004）。因此，Okutsu 等将富集的虹鳟 SPG 移植入不育的三倍体马苏大麻哈鱼仔稚鱼中，其性成熟后只产生虹鳟的精子和卵子。他们进一步证实低温冷冻保存的精原细胞也可作为供体细胞来源（Okutsu et al.，2007）。同样，当研究者将富含 OSC 或 OG 的卵巢细胞悬液作为供体细胞进行移植时，也可成功获得来自供体 OSC 发育的卵子和精子（Yoshizaki et al.，2010；Wong et al.，2011）。

选择初孵仔稚鱼作为受体进行 GCT 操作，并不适合仔稚鱼个体小、腹腔没有足够空间容纳供体细胞的鱼类，特别是孵化期存活率低、显微操作死亡率高的海水鱼类。因此，Lacerda 等发展了泄殖孔移植（genital pore transplantation，GPT）技术。他们以尼罗罗非鱼（*Oreochromis niloticus*）成鱼作为受体，在移植前采用白消安-高温联合作用诱导精巢中生殖细胞降解；接着将用荧光染料 PKH26 标记的精巢生殖细胞悬液通过泄殖孔-精小管移植到受体性腺中，获得了来自供体的精子（Lacerda et al.，2006；2010）。随后，研究者在斑马鱼同种间（Nobrega et al.，2010）以及博纳里牙汉鱼（*Odontesthes bonariensis*）和哈奇氏牙汉鱼（*O. hatcheri*）异种（Majhi et al.，2009；2014）间进行雄性和雌性成鱼的 GPT 均获得了成功。该方法的优势是对受体损伤少；操作简单，不需要特殊设备和熟练的显微操作技能，仅需一注射器即可；相对于以胚胎或仔稚鱼作为受体的 GCT 而言，可以在相对较短的时间获得源自供体的配子。但是，该方法需要大量的供体细胞，而且白消安-高温联合处理的受体性腺中仍然残留着部分内源生殖细胞，导致获得的供体配子比例较低。最近，Xu 等（2019）选择箕作黄姑鱼和白姑鱼（*Pennahia argentata*）杂交不育的个体作为受体，将箕作黄姑鱼的 SPG 通过泄殖孔注射到不育受体性腺中，移植 6 周后受体就产生了仅来自供体的精子。

表 16.1 列举了截至 2019 年已报道的鱼类 GCT 相关研究，包括供体物种、供体细胞类型和标记方法，受体物种、受体接受移植的发育时期、育性及制备不育受体的方法、供体和受体的亲缘关系、移植的结果、子代鉴定方法等。

表 16.1　鱼类生殖细胞移植技术的相关研究

GCT方法	供体			受体			供体与受体的亲缘关系	移植结果	子代鉴定方法	参考文献
	物种	细胞类型	供体细胞标记	物种	接受移植的发育时期	育性（不育的方法）				
BT	斑马鱼	囊胚细胞	无	斑马鱼（橙色）	囊胚期	可育	种内	供体后代	体色	Lin et al.，1992
	斑马鱼（$mil^{te273/+}$×$mil^{te273/+}$）	囊胚细胞	*GFP-nos1-3' UTR*	斑马鱼	囊胚期	不育（注射 *dnd* MO）	种内	供体后代	GFP 荧光+*mil* 位点的 PCR-RFLP 分析	Ciruna et al.，2002
	日本青鳉	囊胚细胞	无	日本青鳉（橙色）	囊胚期	可育	种内	供体后代	体色	Wakamatsu et al.，1993
	日本青鳉（$fgfr^{-/+}$×$fgfr^{-/+}$）（橙色）	囊胚细胞	葡聚糖-罗丹明标记	日本青鳉×弓背青鳉	囊胚期	不育（杂交不育）	属间	供体后代	荧光+青鳉品系特异分子标记的 PCR-RFLP	Shimada and Takeda，2008
	日本青鳉	囊胚细胞	*vasa*-GFP 转基因鱼+显微注射过表达 *dnd: ch* mRNA	日本青鳉（橙色）	囊胚期	不育（注射 *dnd* MO）	种内	供体后代	GFP 荧光+体色	Li et al.，2016
	虹鳟（橙色）	囊胚细胞	FITC 标记	虹鳟	囊胚期	可育	种内	供体后代	体色	Takeuchi et al.，2001
	泥鳅	囊胚细胞	无	泥鳅（橙色）	囊胚期	可育	种内	供体后代	体色	Nakagawa et al.，2002
	梭鲈	囊胚细胞	*GFP-nos3-3'UTR* mRNA	梭鲈	囊胚期	可育	种内	迁移至受体生殖嵴	GFP 荧光	Güralp et al.，2017
BdT	银鲫	胚盘下层	无标记	金鱼	囊胚期	可育	种间	供体后代	流式细胞术测定倍性	Yamaha et al.，2001
	金鱼（XX）	胚盘下层	无标记	金鱼（XX）×超雄鲤（YY）	囊胚期	不育（种间杂交）	属间	供体后代	流式细胞术+金鱼特异的 DNA 重复序列鉴定	Yamaha et al.，2003
	斑马鱼	胚盘下层	*Tg*（*vasa: DsRed2-vasa*）和 *Tg*（*bactin: EGFP*）双转基因鱼	斑马鱼	囊胚期	不育（注射 *dnd* MO）	种间	供体后代	GFP 和 RFP 荧光	Tzung et al.，2015

续表

GCT方法	供体			受体			供体与受体的亲缘关系	移植结果	子代鉴定方法	参考文献
	物种	细胞类型	供体细胞标记	物种	接受移植的发育时期	育性（不育的方法）				
SPT	斑马鱼	1 个 PGC	*Tg*（*bactin*：*EGFP*）转基因鱼	斑马鱼	囊胚期	不育（注射 *dnd* MO）	种间	供体后代	GFP	
	闪电斑马鱼	1 个 PGC	*GFP-nos1-3'UTR*	斑马鱼	囊胚期	不育（注射 *dnd* MO）	属内	供体后代	体型+*vasa* qPCR	
	金鱼	1 个 PGC	*GFP-nos1-3'UTR*	斑马鱼	囊胚期	不育（注射 *dnd* MO）	属间	供体精子	性腺切片+后代孵化率和体型	Saito et al.，2008；2010
	泥鳅	1 个 PGC	*GFP-nos1-3'UTR*	斑马鱼	囊胚期	不育（注射 *dnd* MO）	属间	供体精子	性腺切片+后代孵化率和体型	
	日本鳗鲡	1 个 PGC	*GFP-nos1-3'UTR* mRNA	斑马鱼（注射 *RFP-nos1-3'UTR* mRNA）	囊胚期	可育	目间	迁移至受体生殖嵴	GFP 和 RFP 荧光	Saito et al.，2011
	杂交鲟（多瑙哲罗鱼×小体鲟）	1 个 PGC	*GFP-nos3-3'UTR*	金鱼（注射 *RFP-nos3-3'UTR* mRNA）	囊胚期	可育	纲间	迁移至受体生殖嵴	GFP 和 RFP 荧光	Saito et al.，2014
	金鱼（白化）	1 个 PGC	*GFP-nos1-3'UTR* mRNA	金鱼	囊胚期	不育（注射 *dnd* MO）	种内	供体后代	体色	Goto et al.，2012
	闪电斑马鱼和斑马鱼	2 个 PGC	GFP 和 RFP 分别标记闪电斑马鱼和斑马鱼 PGC	斑马鱼	囊胚期	不育（注射 *dnd* MO）	属内和种内	迁移至受体生殖嵴	GFP 和 RFP 荧光	Goto and Saito，2019
PCT	虹鳟（橙色）	PGCs	p *vasa*-GFP 转基因鱼	虹鳟	35～40 dpf	可育	种内	供体后代	体色+GFP 荧光+*gfp* PCR 扩增	Takeuchi et al.，2003
	虹鳟（橙色）	PGCs	p *vasa*-GFP 转基因鱼	大麻哈鱼	初孵仔稚鱼	可育	属内	供体后代	GFP 荧光+*gfp* PCR+RAPD	Takeuchi et al.，2004
	虹鳟（橙色）	SPG	p *vasa*-GFP 转基因鱼	虹鳟	32～35 dpf	可育	种内	供体后代	GFP 荧光+体色	Okutsu et al.，2006
	虹鳟（橙色）	SPG	p *vasa*-GFP 转基因鱼	大麻哈鱼	初孵仔稚鱼	不育（三倍体）	属内	供体后代	体色+供体和受体杂交致死+GFP+RAPD+mt DNA 的 AFLP 分析	Okutsu et al.，2007

续表

GCT方法	供体			受体			供体与受体的亲缘关系	移植结果	子代鉴定方法	参考文献
	物种	细胞类型	供体细胞标记	物种	接受移植的发育时期	育性（不育的方法）				
PCT	箕作黄姑鱼	SPG	PKH26	箕作黄姑鱼	4mm（体长）	可育	种内	迁移至受体生殖嵴并定殖	PKH26 荧光	Takeuchi et al., 2009
	虹鳟（橙色）	OG	p *vasa*-GFP 转基因鱼	虹鳟	25 dph（即孵化后天数，days after hatching）	不育（三倍体）	种内	供体后代	体色+GFP 荧光	Yoshizaki et al., 2010
	五条鰤	SPG	PKH26	箕作黄姑鱼	4mm（体长）	可育	科间	迁移至受体生殖嵴并定殖	PKH26 荧光+*vasa* WISH + *vasa* PCR	Higuchi et al., 2011
	斑马鱼	OG	*Tg*（*vasa*: *DsRed2-vasa*）和 *Tg*（*bactin*: *EGFP*）双转基因鱼	斑马鱼×闪电斑马鱼	2 周幼鱼	不育（杂交）	属内	产生精子	GFP 和 RFP 荧光	Wong et al., 2011
	鲤	OG（低温冷冻保存）	PKH-26	金鱼	11 dpf	不育（注射 *dnd* MO）	属间	迁移至受体生殖嵴并定殖	PKH26 荧光+鲤 *dnd1* qPCR	Franěk et al., 2019
	日本青鳉（橙色）	SPG（低温冷冻保存的整个精巢）	*olvas*-GFP 转基因鱼	日本青鳉	11 dpf	不育（三倍体）	种内	供体后代	体色+GFP 荧光+*tyrosinase* 和 *gfp* PCR	Seki et al., 2017
	虹鳟（橙色）	SPG	p *vasa*-GFP 转基因鱼	大麻哈鱼	初孵仔稚鱼	不育（注射 *dnd* MO）	属内	供体后代	体色+GFP 荧光	Yoshizaki et al., 2016
	褐鳟	SPG	PKH26	虹鳟	3～5 dph	可育	属内	迁移至受体生殖嵴并定殖	PKH26 荧光+ mt DNA 的 CR PCR	Lujić et al., 2018
	欧洲鲶鱼	SPG	PKH26	虹鳟	3～5 dph	可育	科间	迁移至受体生殖嵴并定殖	PKH26 荧光+PCR 扩增供体 mt DNA 的 CR	
	五条鰤	SPG	PKH26	五条鰤	8 dph	可育	种内	供体后代	PKH26 荧光+微卫星 DNA 标记	Morita et al., 2012

续表

GCT方法	供体			受体			供体与受体的亲缘关系	移植结果	子代鉴定方法	参考文献
	物种	细胞类型	供体细胞标记	物种	接受移植的发育时期	育性（不育的方法）				
PCT	高体鳑鲏（橙色）	SPG	未标记	高体鳑鲏	4 dph	不育（注射 *dnd* MO）	种内	供体后代	体色	Octavera and Yoshizaki，2018
	箕作黄姑鱼	SPG	pHSC-GFP 转基因鱼+PKH26	箕作黄姑鱼	12 dph	不育（三倍体）	种内	供体后代	GFP 荧光+*gfp* PCR	Yoshikawa et al.，2017
	箕作黄姑鱼	SPG	pHSC-GFP 转基因鱼+PKH26	箕作黄姑鱼×白姑鱼	12 dph	不育（杂交）	属间	供体后代	GFP 和 PKH26 荧光+*gfp* PCR+供体 *vasa* 等基因的 qPCR	Yoshikawa et al.，2018
	西伯利亚鲟	SPG 和 OG	PKH26	小体鲟	7 dph	可育	属内	迁移至受体生殖嵴并定殖	PKH26 荧光	Pšenička et l.，2015
	中华鲟	OG	PKH26	达氏鲟	7～8 dph	可育	属内	迁移至受体生殖嵴并定殖	荧光观察	Ye et al.，2017
	红鳍东方鲀	SPG	PKH26	星点东方鲀	1～5 dph	不育（三倍体）	属内	供体后代	体色+背鳍数量+*amhr2* 的 PCR-AFLP	Hamasaki et al.，2017
	箕作黄姑鱼	SPG	PKH26	白腹鲭	5.3 mm	可育	科间	迁移至受体生殖嵴并定殖	PKH26 荧光+*vasa* 的 SISH	Yazawa et al.，2010
	塞内加尔鳎	SPG	未标记	大菱鲆	18 dph	可育	科间	迁移至受体生殖嵴并定殖	*vasa* qPCR	Pacchiarini et al.，2014
	虹鳟（橙色）	SPG（低温冷冻保存的整个精巢）	p *vasa*-GFP 转基因鱼	虹鳟	35～40 dpf	不育（三倍体）	种内	供体后代	体色+GFP 荧光+*gfp* PCR 扩增	Lee et al.，2013
	虹鳟（橙色）	OG（低温冷冻保存的整个卵巢）	p *vasa*-GFP 转基因鱼	虹鳟	35～40 dpf	不育（三倍体）	种内	供体后代	体色+GFP 荧光+*gfp* PCR 扩增	Lee et al.，2016

续表

GCT方法	供体			受体			供体与受体的亲缘关系	移植结果	子代鉴定方法	参考文献
	物种	细胞类型	供体细胞标记	物种	接受移植的发育时期	育性（不育的方法）				
PCT	斑马鱼	SPG	*vasa*::*gfp* 转基因鱼	斑马鱼	9～10dpf	不育（*dnd* 敲除）	种内	供体后代	GFP 荧光和 *gfp* PCR	Li et al.，2017
	大西洋鲑	SPG	PKH26	虹鳟	初孵仔稚鱼	不育（三倍体）	属间	供体精子和卵子	PKH26 荧光+*amh* PCR	Hattori et al.，2019
	太平洋蓝鳍金枪鱼	SPG	PKH26	白腹鲭	5.3 mm	可育	属间	迁移至受体生殖嵴并定殖	PKH26 荧光	Yazawa et al.，2013
	五条鰤	SPG	PKH26	竹筴鱼	10～12 dph	可育	属间	供体后代	PKH26 荧光+*vasa* PCR	Morita et al.，2015
	黄尾鰤	SPG	PKH26	南方蓝鳍金枪鱼	6～10 dph	可育	科间	迁移至受体生殖嵴并定殖	PKH26 荧光+*vasa* PCR 和 SISH	Bar et al.，2016
	西伯利亚鲟	SPG 和 OG（低温冷冻保存的整个精巢和卵巢）	PKH26	小体鲟	7 dph	可育	属内	迁移至受体生殖嵴并定殖	PKH26 荧光观察	Pšenička et al.，2016
	美洲鲥	SPG（低温冷冻保存）	PKH26	*nanos3*::*yfp* 转基因斑马鱼	1 dph	可育	目间	迁移至受体生殖嵴并定殖	PKH26 荧光观察	吴栩灵等，2018
GCT	斑马鱼	SPG	*vasa*::*egfp* 转基因鱼	斑马鱼	成鱼	35℃+白消安（雄性）；人工诱导产卵（雌性）	种内	产生精子和卵子	GFP 荧光+*gfp* PCR	Nobrega et al.，2010
	尼罗罗非鱼	SPG（新鲜和低温冷冻保存）	PKH26	尼罗罗非鱼	成鱼	35℃+白消安	种内	产生精子	PKH26 荧光	Lacerda et al.，2006；2010
	尼罗罗非鱼	SPG	PKH26	尼罗罗非鱼	成鱼	35℃+白消安	种内	产生精子	PKH26 荧光+微卫星 DNA 标记	
	蓝棣鲇	SPG	PKH26	尼罗罗非鱼	成鱼	35℃+白消安	目间	产生精子	PKH26 荧光+微卫星序列 Rhq7 的 PCR	Silva et al.，2016

续表

GCT方法	供体			受体			供体与受体的亲缘关系	移植结果	子代鉴定方法	参考文献
	物种	细胞类型	供体细胞标记	物种	接受移植的发育时期	育性（不育的方法）				
GCT	博纳里牙汉鱼	SPG	CFDA-SE	哈奇氏牙汉鱼	成鱼	25℃+白消安	属内	产生供体精子和后代	CFDA-SE 荧光+*amha* PCR	Majhi et al.，2009
	博纳里牙汉鱼	SPG	PKH26 标记	哈奇氏牙汉鱼	成鱼	26℃+白消安	属内	产生供体精子、卵子及后代	PKH26 荧光+*amha* PCR	Majhi et al.，20014
	箕作黄姑鱼	SPG	GFP 转基因鱼	箕作黄姑鱼×白姑鱼	成鱼	杂交不育	属间	产生精子	GFP 观察	Xu et al.，2019
其他	长鳍叉尾鮰	SPG	无	斑点叉尾鮰	囊胚期	不育（三倍体）	属内	迁移至受体生殖嵴并定殖	*fst* 和 *hamp* 的 PCR 扩增	Shang et al.，2018

16.3.3　鱼类 GCT 方法

进行鱼类 GCT 操作涉及供体细胞和受体的选择和制备、移植方法、子代鉴定等，下面分而述之。

16.3.3.1　供体细胞的选择和制备

目前常常采用 PGC、富集了 SSC 或 OSC 的精巢或卵巢组织的细胞悬液作为鱼类 GCT 的供体细胞。PGC 是从胚胎或初孵仔稚鱼中分离出来的，数量少。如果选择处于有丝分裂期的性腺组织，可以获得数量众多的 SSC 或 OSC。由于卵原细胞分化为初级卵母细胞后进入减数分裂，卵母细胞会进入快速生长期，从而导致相同体积的性腺组织中，OSC 的数量会远远少于 SSC 的数量。已有的研究表明，移植入受体的 SSC 或 SPG 具有两性分化的潜能（Okutsu et al.，2006）。因此，SSC 或 SPG 是最佳的供体细胞。将精巢组织的细胞悬液经过尼龙膜过滤、密度梯度离心或是流式细胞分选（*vasa*-GFP 等转基因鱼的性腺组织细胞悬液可采用流式细胞分选），可以富集 A 型 SPG。

在进行鱼类 GCT 时，要考虑供体的性别决定类型。对性别决定系统为 XX/XY 的鱼类而言，应选择 SSC 或 SPG 作为供体细胞，将其分别移植入雌性和雄性受体内，可以获得 X 卵子、Y 卵子、X 精子和 Y 精子。一方面不会丢失含有 Y 染色体的精子，可以产生雄性后代；另一方面可以获得 Y 卵子，从而可以跟 Y 精子受精获得 YY 超雄子代，进行性别控制育种。而对性别决定系统为 ZZ/ZW 的鱼类，则选择 OSC 或 OG 进行移植更好。

为了能精准移取 PGC、追踪供体细胞在受体性腺的发育以及进行子代鉴定，需要实现供体细胞的可视化。目前供体细胞常用的标记方法有三种。

（1）由 *vasa* 等生殖细胞标记基因启动子驱动的、在生殖细胞中特异表达 GFP 的转基因鱼。如 p *vasa*-GFP 转基因虹鳟、斑马鱼和青鳉的 PGC、SPG 和 OG 均表达 GFP，可在荧光显微镜下移取或经流式细胞技术分选后进行移植（Nóbrega et al.，2010；Wong et al.，2011；Yoshizaki et al.，2010，2016；Tanaka et al.，2001；Krøvel et al.，2002；Takeuchi et al.，2003，2004；Okutsu et al.，2006，2007；Li et al.，2016；Seki et al.，2017）。

（2）在受精卵中显微注射融合 *vasa*、*nanos* 等基因的 3'UTR 和 GFP 融合的 mRNA，可标记 PGC。如 Saito 等开展的单个 PGC 的移植实验（Saito et al.，2008；2011；2014）就是采用这种方法标记 PGCs。

（3）采用 PKH26 等荧光染料标记供体细胞。将荧光染料与性腺组织细胞悬液温育，荧光染料与细胞膜脂质区结合，对细胞无毒性，且荧光稳定性较强。自 Lacerda 等在受体中成功追踪 PKH26 标记的罗非鱼 SPG 的发育后（Lacerda et al.，2010），该方法已得到广泛应用（表 16.1）。

16.3.3.2　受体的选择和制备

如前所述，受体的育性对产生供体配子的比例至关重要。因此，不育的受体是理想的受体，可以保证产生的配子全部源自供体。目前常用的制备不育个体的方法有如下几种。

（1）基因敲降。在受精卵中显微注射 *dnd*、*nanos* 等调控生殖细胞发育基因的 MO 获得的个体，其性腺体细胞发育正常，但不产生生殖细胞。采用敲降方法制备不育受体的例子很多，如斑马鱼（Ciruna et al.，2002；Saito et al.，2008）、青鳉（Li et al.，2016）和大麻哈鱼（Yoshizaki et al.，2016）等。

（2）高温-化学药物处理法。如研究者利用高温-白消安处理幼鱼或成鱼，可使其性腺退化。目前，该方法已在尼罗罗非鱼（Lacerda et al.，2010；Silva et al.，2016）、哈奇氏牙汉鱼（Majhi et al.，2009；2014）、斑马鱼（Nóbrega et al.，2010）、高身丽脂鲤（*Astyanax altiparanae*）（de Siqueira-Silva et al.，2015）和鲤（Majhi et al.，2017）等得到成功应用。通常，该方法只能短暂使鱼类性腺退化，且退化不完全。待回到适宜水温养殖时，残余的生殖细胞会迅速重新发育。但 Majhi 等通过优化处理条件，可使鲤的精巢和卵巢几乎完全没有生殖细胞，且恢复 10 周后仍处于退化状态（Majhi et al.，2017）。

（3）染色体组操作技术。通过染色体组操作技术获得的三倍体大多不育或发育迟缓。可采用冷休克等物理方法抑制受精卵第二极体的排出，或是利用四倍体和二倍体杂交的方法制备三倍体（Zhou and Gui，2017）。研究人员已经采用这种方法制备不育受体的有大麻哈鱼（Okutsu et al.，2007）、箕作黄姑鱼（Yoshikawa et al.，2017）、星点东方鲀（*Takifugu niphobles*）（Hamasaki et al.，2017）、虹鳟（Hattori et al.，2019）和斑点叉尾鮰（*Ictalurus punctatus*）（Shang et al.，2018）等。

（4）杂交。许多杂交组合的子代不育。例如，研究人员选择金鱼×超雄鲤（Yamaha et al.，2003）、日本青鳉×弓背青鳉（Shimada and Takeda，2008）、斑马鱼×闪电斑马鱼（Wong et al.，2011）、高身丽脂鲤×斑条丽脂鲤（*A. fasciatus*）（Piva et al.，2018）、箕作黄姑鱼×白姑鱼（Yoshikawa et al.，2018；Xu et al.，2019）等的杂交不育后代为受体，进行了 GCT 操作。

此外，研究者在鲟中还发展了紫外照射受精卵植物极以消减 PGC 的方法（Saito et al.，2018）。随着 TALEN 和 CRISPR/Cas9 等基因组编辑技术的发展，研究人员已采用敲除调控生殖细胞发育基因的方法制备不育受体，如在斑马鱼和大西洋鲑中敲除 *dnd* 以及在青鳉中敲除 *nos2* 和 *nos3* 来制备不育受体（Wargelius et al.，2016；Li et al.，2017）。Wong 等构建了一个 *Tg*（*hsp70*：*sdf1a-nanos3*，*EGFP*）转基因斑马鱼，基质细胞趋化因子 *sdf1a* 的表达由热休克蛋白 HSP70 和 *nanos3* 3'UTR 调控。在 4～8 细胞期时，34.5℃ 水温孵化胚胎 18h，可以干扰该转基因鱼胚胎的 PGC 迁移，从而获得不育个体（Wong et al.，2013）。Zhang 等通过 GAL4/UAS 系统构建了斑马鱼的两个转基因品系 TG1（Tol2-CMV-GFP-pA-CMV-gal4-pA-Tol2）和 TG2（Tol2-CMV-RFP-pA-5xUAS-as/dnd-pA-Tol2），它们本身是可育的，但在其杂交子代中，GAL4 能诱导 5xUAS 驱动反义 *dnd* 转录，从而显著降低 *dnd* 的表达以干扰 PGC 的迁移（Zhang et al.，2015）。

16.3.3.3 供体和受体的亲缘关系

就供体与受体的亲缘关系而言，亲缘越近，越易获得供体的配子（叶欢等，2019）。如表 16.1 所示，种内或属内之间的生殖细胞移植，一般都能同时得到供体的精子和卵子；而同科不同属间、不同科间或目间的移植，有的可以得到源自供体的精子，有的供体生殖细胞能迁移到受体生殖嵴，但随后消失了。就卵子和精子而言，由于卵子体积大、卵黄含量高，其发生和成熟更复杂，因此更易获得精子。

16.3.3.4 移植方法

Goto 和 Saito 将移植的方法总结为 BT、BdT、SPT、PCT 和 GPT 五种（图 16.2 和表 16.1）（Goto and Saito，2019）。不同技术发展的背景、里程碑事件及优劣在 16.2.2 已进行详述，这里简单总结。

BT 和 BdT 的供体细胞为胚胎细胞，受体为相同发育时期的胚胎。研究者需要通过精细的显微操作，对供体和受体胚胎去卵壳。研究者已在斑马鱼（Lin et al.，1992；Ciruna et al.，2002）、青鳉（Wakamatsu et al.，1993；Li et al.，2017）、虹鳟（Takeuchi et al.，2001）、泥鳅（Nakagawa et al.，2002）和梭鲈（Güralp et al.，2017）等种内，银鲫和金鱼（Yamaha et al.，2001）、金鱼和鲫鲤杂交子代（Yamaha et al.，2003）等种间或属间进行了相关实验。

SPT 的供体细胞是一个 PGC，受体为早期胚胎。供体胚胎或仔稚鱼的 PGC 可通过 GFP 等可视化标记，受体不育。该方法同样需要精细的显微操作技术，适宜操作的发育时期较短，成功报道的例子较少，目前有金鱼种间（Goto et al.，2012）、闪电斑马鱼和斑马鱼、金鱼和斑马鱼、泥鳅和斑马鱼、日本鳗鲡和斑马鱼、杂交鲟和金鱼不同种间的单个 PGC 移植报道（Saito et al.，2008，2011，2014；Goto and Saito，2019）。

PCT 的供体细胞来自生殖脊、精巢或卵巢组织的细胞悬液，经过尼龙膜、密度梯度离心或流式细胞仪分选等技术富集 PGC、SSC 或 OCT，受体为初孵的仔稚鱼。该方法运用广泛，成功的报道非常多。

GPT 的供体细胞跟 PCT 一样，但受体是成鱼，在移植前采用高温-白消安联合作用诱导受体性腺的生殖细胞降解。该方法操作简单，可以在相对较短的时间获得源自供体的配子，也得到了广泛运用。

16.3.3.5　后代鉴定方法

经过移植后，需要能准确鉴定受体是否产生了源自供体的配子。常用的方法如下所示。

（1）体色或体型。早期的鱼类 GCT 研究，为了能清楚地判断后代的来源，一般选择体色和体型存在显著差异的鱼类作为供体和受体。例如，选择白化突变品系为供体，其体色为橙色，与野生型受体在体色上存在明显差异。研究者将受体产生的配子与供体产生的配子受精后，通过体色判断产生的后代是否来自供体，如在虹鳟（Takeuchi et al.，2001，2003，2004；Okutsu et al.，2006，2007）、日本青鳉（Shimada and Takeda，2008；Li et al.，2016）和金鱼（Goto et al.，2012）等研究中就采用了这种方法。

（2）GFP 或 PKH26 荧光。供体细胞来自 *vasa*-GFP 等转基因鱼（Takeuchi et al.，2003，2004；Okutsu et al.，2006，2007；Wong et al.，2011；Tzung et al.，2015）或供体细胞与 PKH26 温育（Lacerda et al.，2010；Morita et al.，2012；Pšenička et al.，2015；Bar et al.，2016；Ye et al.，2017），可通过在荧光显微镜下观察追踪供体细胞的发育。

（3）采用源自供体特异的分子标记以及 *amh*、*vasa* 等特异序列的 PCR 扩增（Ciruna et al.，2002；Yamaha et al.，2003；Shimada and Takeda，2008；Morita et al.，2012；Yazawa et al.，2010）；也可进行 *vasa* 等生殖标记基因的荧光定量 PCR（real-time quantitative，qCR）和切片 RNA 原位杂交（sections in situ hybridization，SISH）（Saito et al.，2008；Higuchi et al.，2011）。如果供体是 GFP 转基因鱼，除了观察 GFP 荧光外，还常常 PCR 扩增 *gfp* 片段来进行验证（Takeuchi et al.，2003，2004；Seki et al.，2017）。

在实际运用中，研究者一般联合采用 2 种以上的上述方法进行鉴定。

第四节　鱼类生殖细胞移植的潜在育种技术创新

16.4.1　生殖细胞移植技术在生殖细胞理论研究中的应用

随着对生殖细胞认识的不断深入，鱼类 GCT 技术蓬勃发展。例如，Köprunne 等（2001）发现斑马鱼的 *nanos1*（后被命名为 *nanos3*）的母源转录物在原肠期前迅速降解，为了研究其转录后调控机制，他们将 *nanos1* 的 3'UTR 与 GFP 融合，并体外转录成 RNA。接着他们将融合的 mRNA 显微注射入斑马鱼受精卵中以追踪其发育命运，发现 *nanos1* 的 3'UTR 是保护其 mRNA 在生殖细胞中不被降解以及指导其蛋白在 PGC 中特异表达所必需的，由此建立了一种 PGC 的 RNA 定点表达（localized RNA expression，LRE）技术（Köprunner et al.，2001）。随后，多家实验室发现鱼类生殖细胞特异基因的 3'UTR 具有保守的功能，而且一种鱼类的 3'UTR 可以用于标记其他鱼类的 PGC（Kurokawa et al.，2006；Sun et al.，2017）。相对于制备生殖细胞特异表达 GFP 的转基因鱼而言，这种方法简单快速，因此广泛应用于鱼类 GCT 中，用以标记 PGC（Ciruna et al.，2002；Saito et al.，2008，2011，2014；Güralp et al.，2017）。同时，鱼类 GCT 技术的发展也为研究鱼类 PGC 和 SSC 的特性和功能，特别是研究它们与性腺小生境的互作研究提供了在体检测技术。例如，Okutsu 等以精巢细胞进行的 GCT 实验，发现了鱼类 SPG 的自主迁移能力以及双向分化的潜能（Okutsu et al.，2006）。Tzung 等分别采用 SPT 和 BdT 技术，移植不同数目的 PGCs 到已注射 *dnd* MO 的斑马鱼胚胎中，发现 PGC 的数量对斑马鱼卵巢分化非常重要（Tzung et al.，2015）。而 Goto 等在金鱼中进行的 SPT 实验表明，金鱼的性别跟 PGC 数量没有关系，是由性染色体或者性腺体细胞决定的（Goto et al.，2012）。

16.4.2 生殖细胞移植与鱼类遗传资源保护

由于栖息地退化、环境污染、过度捕捞等原因，鱼类种质资源锐减，有 10%左右的鱼类已被列入濒危物种名录中（International Union for Conservation of Nature，2019）。现代种质资源库囊括了从基因、细胞、活体到群体等多层次的保存和共享平台。活体资源库占地面积大，维护成本高，而养殖的种类和数量较少，遗传多样性损失严重，且养殖系统需要严防病害感染等问题。细胞库包括精子库和生殖细胞库，成本低且安全。目前，虽然鱼类精子低温保存技术比较成熟，但是由于卵子体积大、卵黄含量高和细胞膜通透性低等原因，鱼类卵子和胚胎的冷冻保存方法尚未确立。生殖细胞库结合 GCT 技术，将 SPG 或 OG 移植入近缘受体中，可产生源自供体的卵子和精子，再经人工授精，获得后代。因此生殖细胞库在种质资源库中占据越来越重要的作用，被誉为濒危鱼类种质遗传资源的“银色子弹”（silver bullet，即杀手锏，银色子弹在欧洲民间传说中被描绘成具有驱魔功效、针对狼人等超自然怪物的特效武器）（Yoshizaki and Lee，2018）。特别地，研究人员从长期冰冻保存的虹鳟、西伯利亚鲟（*Acipenser baerii*）和日本青鳉的精巢（Lee et al.，2013；Pšenička et al.，2016；Seki et al.，2017）、虹鳟卵巢（Lee et al.，2016），甚至−80℃冰箱冷冻 3 年的整条虹鳟中分离出生殖细胞、作为供体细胞，通过 GCT 产生了功能性的配子和存活后代（Lee et al.，2015）。Yoshizaki 和 Lee（2018）提出，在设备齐全的实验室中，首选全性腺组织，用液氮进行低温保存；而在缺乏适当设备的野外或渔场，全身冷冻可能是最好的选择。上述方法的建立极大推动了生殖细胞库的应用，因为可以非常便利地保存野外收集的珍稀濒危鱼类物种。即使因感染疾病（或受赤潮影响）濒临死亡或刚死亡的个体，也可通过−80℃冷冻保存后再借助 GCT 技术获得存活后代，进而使其物种得以恢复。除了保护濒危野生鱼类外，上述方法也可用于保护不同地方种系的遗传资源和具有不同优良性状的品系。

向天然水域人工放流繁育的鱼苗以恢复野生鱼类资源的增殖放流活动，在保护珍稀濒危土著鱼类、提高渔业生产力上起到了重要作用。由于鱼类繁殖力高，不需要很多亲本就可以满足放流鱼种的数量要求。因此，少量亲本繁育或经多代近交繁育产生的人工放流鱼苗将导致野生鱼类遗传多样性的降低，而遗传多样性的减少会使鱼类降低对病害的抗性以及对环境的适应力（Allendorf et al.，1980；Araki et al.，2007）。养殖大量亲本必然导致空间、人力等成本的急剧增加。Sato 等将来自 *vasa*-GFP、*vasa*-DsRed 和 *hsc*-GFP 的转基因虹鳟的精原细胞按相同的浓度混合后移植入三倍体受体中，产生了源自 3 个供体的卵子和精子（Sato et al.，2014）。上述的结果说明在增殖放流中，运用 GCT 技术可以在相同大小的繁殖群体间，有效增加后代的遗传多样性。

16.4.3 鱼类生殖细胞移植潜在的育种生物技术创新

对个体大、性成熟周期长或是人工养殖条件无法性成熟的鱼类而言，GCT 技术提供了一条有效的鱼类苗种繁育途径。选择个体小、性成熟周期短的近缘物种作为代孕亲本，有望获得后代，可缩短繁育周期以及节约养殖成本。例如，通过 GCT 技术，星点东方鲀可以产生红鳍东方鲀（*T. rubripes*）的精子和卵子（Hamasaki et al.，2017；Yoshikawa et al.，2018）。又如，研究人员将太平洋蓝鳍金枪鱼（*Thunnus orientalis*）的 SPG 移植入白腹鲭（*Scomber japonicas*）中（Yazawa et al.，2013），将中华鲟（*A. sinensis*）的 OG 移植入长江鲟（*A. dabryanus*）中，供体生殖细胞均已嵌合到受体性腺中（Ye et al.，2017）。

鉴于 GCT 技术在鱼类苗种高效繁育中的应用，GCT 在鱼类遗传育种中也具有重要的应用价值。由于许多养殖鱼类的性成熟周期长，必然导致育种周期长。目前，这些性成熟周期长的养殖鱼类审定的新品种数量特别少。例如，中国传统的养殖对象“四大家鱼”的初次性成熟的时间一般是 4～5 年，目前在中国仅有鲢审定了“长丰鲢”和“津鲢”两个新品种，其他三种鱼类尚未审定新品种。在这些性成熟周期长的鱼类中发展 GCT 技术，可提供一条快速育种的技术途径。从具有优良性状的候选品系的早期发育性腺中分离 SPG 或 OG，可以直接选择性成熟周期短的近缘物种作为代孕亲本，通过 PCT 方法移植入去除生殖细胞的初孵仔稚鱼，从而缩短育种周期。此外，研究者也可将分离的 SPG 或 OG 通过 GPT 方法移植入经高温-白消安联合作用等处理的同种或近缘种受体性腺中。

由于鱼类 SPG 和 OG 具有分化为两性配子的潜能，因此 GCT 技术在性别控制育种中也有重大应用前景。例如，Okutsu 等利用 GCT 技术培育出全雄虹鳟群体（Okutsu et al.，2015）。在性别决定类型为 XX/XY 的鱼类中，研究者将其 SPG 移植到雌性不育受体中，产生的卵子理论上有二分之一携带 Y 染色体；如果与野生型 XY 雄鱼交配，其四分之一的子代为 YY 超雄鱼；再将 YY 超雄鱼与 XX 雌鱼交配可获得全雄群体。反之，研究者将 OG 移植入雄性受体中，全部产生 X 精子，再与 XX 雌鱼交配，可获得全雌后代。

最近，Nagasawa 等将 GCT 和基因组编辑技术联合使用，建立了一种新的生产不育单性群体的方法。前期的研究表明，尽管敲除卵泡刺激素受体 *fshr* 的日本青鳉雌性个体由于卵黄发生受到阻抑而不育，但雄性个体的精巢发育正常（Murozumi et al.，2014）。由于突变体是由日本青鳉 Hd-rR 品系创建的，因此雌性个体 X^rX^r 的体色是白色，而雄性个体 X^rY^R 是橙色的。他们对 *fshr*$^{-/-}$突变体饲喂芳香化酶抑制剂 Letrozol，并通过体色和第二性征筛选，获得白色的 *fshr*$^{-/-}$伪雄鱼（X^rX^r）。他们接着通过 GPT 技术将伪雄鱼的 SPG 移植入日本青鳉×弓背青鳉的不育子代中，可以产生 X^r *fshr*$^-$的卵子。与此同时，他们也将 *fshr*$^{-/-}$突变体饲喂 11-KT 获得伪雄鱼以产生 X^r *fshr*$^-$的精子，将 X^r *fshr*$^-$的卵子与 X^r *fshr*$^-$的精子受精，可以获得不育的全雌性青鳉群体（X^r X^r *fshr*$^{-/-}$）（Nagasawa et al.，2019）。

16.4.4 鱼类生殖细胞移植技术的发展展望

经过多年的发展，鱼类 GCT 技术已经日趋成熟。未来研究的重点包括：①供体生殖细胞与其受体性腺小生境互作机制研究；②性腺发育微环境的免疫途径与免疫调控机制；③鱼类生殖干细胞体外长期培养体系的建立；④大规模制备不育受体的方法建立以及万能不育受体鱼的创制；⑤GCT 技术在鱼类遗传育种中潜在应用价值的开拓。

（周莉，汪洋，桂建芳）

复习思考题

1. 什么是胚胎干细胞和生殖干细胞？其应用领域有哪些？
2. 什么是生殖干细胞移植技术？其主要方法有哪些？
3. 生殖干细胞移植技术的应用领域有哪些？

主要参考文献

吴栩灵，洪孝友，李凯彬，等. 2018. 美洲鲥雄性生殖细胞冷冻保存及移植. 水生生物学报，42：599-605.

徐红艳，李名友，桂建芳，等. 2010. 鱼类生殖细胞. 中国科学：生命科学，40：124-138.

叶欢，危起伟，徐冬冬，等. 2020. 鱼类生殖细胞移植的研究进展及应用前景. 水产学报，44：321-337.

易梅生，洪旎，李振东，等. 2010. 青鳉干细胞及其应用. 中国科学：生命科学，40：115-123.

张琴琴，周莉，李志，等. 2020. 多倍体银鲫 *nanos2* 等位多态性、共线性和表达模式分析. 水生生物学报，44：1087-1096.

赵雅贤，周勤，于清海，等. 2017. 鱼类生殖细胞移植技术的发展及应用前景. 中国水产科学，24：414-423.

Allendorf FW，Phelps SR. 1980. Loss of genetic variation in a hatchery stock of cutthroat trout. Trans Am Fish Soc，109：537-543.

Araki H，Cooper B，Blousin M，et al. 2007. Genetic effects of captive breeding cause a rapid，cumulative fitness decline in the wild. Science，318：100-103.

Bar I，Smith A，Bubner E，et al. 2016. Assessment of yellowtail kingfish（*Seriola lalandi*）as a surrogate host for the production of southern Bluefin tuna（*Thunnus maccoyii*）seed via spermatogonial germ cell transplantation. Reprod，Fert Develop，28：2051-2064.

Beer RL，Draper BW. 2013. *nanos3* maintains germline stem cells and expression of the conserved germline stem cell gene *nanos2* in the zebrafish ovary. Deve Biol，374：308-318.

Béjar J，Hong Y，Alvarez MC. 2002. An ES-like cell line from the marine fish *Sparus aurata*：characterization and chimaera production. Transgenic Res，11：279-289.

Bellaiche J，Lareyre JJ，Cauty C，et al. 2014. Spermatogonial stem cell quest：*nanos2*，marker of a subpopulation of undifferentiated A spermatogonia in trout testis. Biol Reprod，90：79.

Blackler AW. 1962. Transfer of primordial germ-cells between two subspecies of *Xenopus laevis*. J Embryol Exp Morphol，10：641e51.

Cao ZG，Mao XY，Luo LF，et al. 2019. Germline stem cells drive ovary regeneration in zebrafish. Cell Rep，26：1709-1717.

Chen S，Sha Z，Ye HQ，et al. 2007. Pluripotency and chimera competence of an embryonic stem cell line from the sea perch（*Lateolabrax japonicus*）. Mar Biotechnol，9：82-91.

Chen S，Ye H，Sha Q，et al. 2003. Derivation of a pluripotent embryonic cell line from red sea bream blastulas. J Fish Biol，63：795-805.

Ciruna B，Weidinger G，Knaut H，et al. 2002. Production of maternal-zygotic mutant zebrafish by germ-line replacement. Proc Natl Acad Sci USA，99：14919e24.

Clarke，DL，Johansson CB，Wilbertz J，et al. 2000. Generalized potential of adult neural stem cells. Science，288：1660-1663.

Clouthier DE，Avarbock MR，Maika SD，et al. 1996. Rat spermatogenesis in mouse testis. Nature，381：418e21.

Collodi P，Kamei Y，Sharps A，et al. 1992. Fish embryo cell cultures for derivation of stem cells and transgenic chimeras. Mol Mar Biol Biotechnol，1：257-265.

de Siqueira-Silva DH，dos Santos Silva AP，Ninhaus-Silveira A，et al. 2015. The effects of temperature and busulfan（Myleran）on the yellowtail tetra *Astyanax altiparanae*（Pisces，Characiformes）spermatogenesis. Theriogenology，84：1033-1042.

de Siqueira-Silva DH，Saito T，Dos Santos-Silva AP，et al. 2018. Biotechnology applied to fish reproduction：tools for conservation. Fish Physiol Biochem，44：1469-1485.

Evans MJ，Kaufman MH. 1981. Establishment in culture of pluripotential cells from mouse embryos. Nature，292：154-156.

Fan L，Moon J，Wong TT，et al. 2008. Zebrafish primordial germ cell cultures derived from vasa：RFP transgenic embryos. Stem Cells Dev，17：585-597.

Feng L，Chen Y，Dettin L，et al. 2002. Generation and *in vitro* differentiation of a spermatogonial cell line. Science，297：392-395.

Forbes A，Lehmann R. 1998. Nanos and Pumilio have critical roles in the development and function of *Drosophila* germline stem cells. Development，125：679-690.

França LR，Ogawa T，Avarbock MR，et al. 1998. Germ cell genotype controls cell cycle during spermatogenesis in the rat. Biol Reprod，59：1371-1377.

Franěk R，Marinović Z，Lujić J，et al. 2019. Cryopreservation and transplantation of common carp spermatogonia. PLoS One，14：e0205481.

Golpour AM，Siddique AM，Siqueira-Silva DH，et al. 2016. Induced sterility in fish and its potential and challenges for aquaculture and germ cell transplantation technology：a review. Biologia，71：853-864.

Goto R，Saito T，Takeda T，et al. 2012. Germ cells are not the primary factor for sexual fate determination in goldfish. Dev Biol，370：98-109.

Goto R，Saito T. 2019. A state-of-the-art review of surrogate propagation in fish. Theriogenology，133：216-227.

Guan K，Nayernia K，Maier LS，et al. 2006. Pluripotency of spermatogonial stem cells from adult mouse testis.

Nature，440：1199-1203.

Güralp H，Pocherniaieva K，Blecha M，et al. 2017. Migration of primordial germ cells during late embryogenesis of pikeperch *Sander lucioperca* relative to blastomere transplantation. Czech J Anim Sci，62：121e9.

Hamasaki M，Takeuchi Y，Yazawa R，et al. 2017. Production of tiger puffer *Takifugu rubripes* offspring from triploid grass puffer *Takifugu niphobles* parents. Mar Biotechnol，19：579e91.

Hattori RS，Yoshinaga TT，Katayama N，et al. 2019. Surrogate production of *Salmo salar* oocytes and sperm in triploid *Oncorhynchus mykiss* by germ cell transplantation technology. Aquaculture，506：238-245.

Hermann BP，Sukhwani M，Winkler F，et al. 2012. Spermatogonial stem cell transplantation into rhesus testes regenerates spermatogenesis producing functional sperm. Cell Stem Cell，11：715e26.

Higuchi K，Takeuchi Y，Miwa M，et al. 2011. Colonization，proliferation，and survival of intraperitoneally transplanted yellowtail *Seriola quinqueradiata* spermatogonia in nibe croaker *Nibea mitsukurii* recipient. Fisheries Sci，77：69-77.

Ho SY，Goh CW，Gan JY，et al. 2014. Derivation and long-term culture of an embryonic stem cell-like line from zebrafish blastomeres under feeder-free condition. Zebrafish，11：407-420.

Honaramooz A，Behboodi E，Blash S，et al. 2003. Germ cell transplantation in goats. Mol Reprod Dev，64：422e8.

Honaramooz A，Megee SO，Dobrinski I. 2002. Germ cell transplantation in pigs. Biol Reprod，66：21e8.

Hong N，Schartl M，Hong Y. 2014. Derivation of stable zebrafish ES-like cells in feeder-free culture. Cell Tissue Res，357：623-632.

Hong Y，Liu T，Zhao H，et al. 2004. Establishment of a normal medakafish spermatogonial cell line capable of sperm production *in vitro*. Proc Natl Acad Sci USA，101：8011-8016.

Hong Y，Schartl M. 1996. Establishment and growth responses of early medakafish（*Oryzias latipes*）embryonic cells in feeder layer-free cultures. Mol Mar Biol Biotechnol，5：93-104.

Hong Y，Winkler C，Schartl M. 1996. Pluripotency and differentiation of embryonic stem cell lines from the medakafish（*Oryzias latipes*）. Mech Dev，60：33-44.

Hong Y，Winkler C，Schartl M. 1998. Production of medakafish chimeras from a stable embryonic stem cell line. Proc Natl Acad Sci USA，95：3679-3684.

International Union for Conservation of Nature. 2019. The IUCNred list of threatened species，version 2019-1. Gland：International Union for Conservation of Nature.

Joyner AL. 1991. Gene targeting and gene trap screens using embryonic stem cells：new approaches to mammalian development. Bioessays，13：649-656.

Kanatsu-Shinohara M，Ikawa M，Takehashi M，et al. 2006. Production of knockout mice by random or targeted mutagenesis in spermatogonial stem cells. Proc Natl Acad Sci USA，103：8018-8023.

Knaut H，Steinbeisser H，Schwarz H，et al. 2002. An evolutionary conserved region in the *vasa* 3'UTR targets RNA translation to the germ cells in the zebrafish. Curr Biol，12：454-466.

Knaut H，Werz C，Geisler R，et al. 2003. A zebrafish homologue of the chemokine receptor *Cxcr4* is a germ-cell guidance receptor. Nature，421：279-282.

Köprunner M，Thisse C，Thisse B，et al. 2001. A zebrafish nanos-related gene is essential for the development of primordial germ cells. Genes Dev，15：2877-2885.

Krøvel AV，Olsen LC. 2002. Expression of a *vas::EGFP* transgene in primordial germ cells of the zebrafish. Mech

Dev，116：141e50.

Kurokawa H，Aoki Y，Nakamura S，et al. 2006. Time-lapse analysis reveals different modes of primordial germ cell migration in the medaka *Oryzias latipes*. Dev Growth Differ，48：209e21.

Kusz KM，Tomczyk L，Sajek M，et al. 2009. The highly conserved Nanos2 protein：testis-specific expression and significance for the human male reproduction. Mol Hum Reprod，15：165-171.

Lacerda SM，Batlouni SR，Costa GM，et al. 2010. A new and fast technique to generate offspring after germ cells transplantation in adult fish：the Nile tilapia（*Oreochromis niloticus*）model. PLoS One，5：e10740.

Lacerda SM，Costa GM，Campos-Junior PH，et al. 2013. Germ cell transplantation as a potential biotechnological approach to fish reproduction. Fish Physiol Biochem，39：3-11.

Lacerda SMSN，Batlouni SR，Silva SBG，et al. 2006. Germ cells transplantation in fish：the Nile-tilapia model. Anim Reprod，3：146-159.

Lee S，Iwasaki Y，Shikina S，et al. 2013. Generation of functional eggs and sperm from cryopreserved whole testes. Proc Natl Acad Sci USA，110：1640-1645.

Lee S，Iwasaki Y，Yoshizaki G. 2016. Long-term（5 years）cryopreserved spermatogonia have high capacity to generate functional gametes via interspecies transplantation in salmonids. Cryobiology，73：286-290.

Lee S，Seki S，Katayama N，et al. 2015. Production of viable trout offspring derived from frozen whole fish. Sci Rep，5：16045.

Leeb M，Wutz A. 2011. Derivation of haploid embryonic stem cells from mouse embryos. Nature，479：131-134.

Li M，Hong N，Xu H，et al. 2016. Germline replacement by blastula cell transplantation in the fish medaka. Sci Rep，6：29658.

Li MQ，Luo AL，Zhao PW，et al. 2017. *Nanos2* is a molecular marker of inchoate buffalo spermatogonia. Animal Reproduction Science，186：44-51.

Li Q，Fujii W，Naito K，et al. 2017. Application of dead end-knockout zebrafish as recipients of germ cell transplantation. Mol Reprod Dev，84：1100-1111.

Li W，Li X，Li T，et al. 2014. Genetic modification and screening in rat using haploid embryonic stem cells. Cell Stem Cell，14：404-414.

Li W，Shuai L，Wan H，et al. 2012. Androgenetic haploid embryonic stem cells produce live transgenic mice. Nature，490：407-411.

Lin S，Long W，Chen J，et al. 1992. Production of germ-line chimeras in zebrafish by cell transplants from genetically pigmented to albino embryos. Proc Natl Acad Sci USA，89：4519-4523.

Loo DT，Fuquay JI，Rawson CL，et al. 1987. Extended culture of mouse embryo cells without senescence：inhibition by serum. Science，236：200-202.

Lujić J，Marinović Z，Bajec SS，et al. 2018. Interspecific germ cell transplantation：a new light in the conservation of valuable Balkan trout genetic resources? Fish Physiol Biochem，44：1487e98.

Majhi SK，Hattori RS，Rahman SM，et al. 2014. Surrogate production of eggs and sperm by intrapapillary transplantation of germ cells in cytoablated adult fish. PLoS One，9：e95294.

Majhi SK，Hattori RS，Yokota M，et al. 2009. Germ cell transplantation using sexually competent fish：An approach for rapid propagation of endangered and valuable germlines. PLoS One，4：e6132.

Majhi SK，Kumar S. 2017. Germ cell transplantation：a potential tool for propagation of endangered fishes. Annals

Aqua Res，4：4-7.

Majhi SK，Rasal AR，Kushwaha B，et al. 2017. Heat and chemical treatments in adult *Cyprinus carpio*（Pisces cypriniformes）rapidly produce sterile gonads. Anim Reprod Sci，183：77-85.

Mansour SL，Thomas KR，Capecchi MR. 1988. Disruption of the proto-oncogene int-2 in mouse embryo-derived stem cells：a general strategy for targeting mutations to non-selectable genes. Nature，336：348-352.

Martin GR. 1981. Isolation of a pluripotent cell line from early mouse embryos cultured in medium conditioned by teratocarcinoma stem cells. Proc Natl Acad Sci USA，78：7634-7638.

Morita T，Kumakura N，Morishima K，et al. 2012. Production of donor-derived offspring by allogeneic transplantation of spermatogonia in the yellowtail（*Seriola quinqueradiata*）. Biol Reprod，86：176.

Morita T，Morishima K，Miwa M，et al. 2015. Functional sperm of the yellowtail（*Seriola quinqueradiata*）were produced in the small-bodied surrogate，jack mackerel（*Trachurus japonicus*）. Mar Biotechnol，17：644-654.

Murozumi N，Nakashima R，Hirai T，et al. 2014. Loss of follicle-stimulating hormone receptor function causes masculinization and suppression of ovarian development in genetically female medaka. Endocrinology，155：3136-3145.

Nagasawa K，Ishida M，Octavera A，et al. 2019. Novel method for mass producing genetically sterile fish from surrogate broodstock via spermatogonial transplantation. Biol Reprod，100：535-546.

Nakagawa M，Kobayashi T，Ueno K. 2002. Production of germline chimera in loach（*Misgurnus anguillicaudatus*）and proposal of new method for preservation of endangered fish species. J Exp Zool，293：624e31.

Nakamura S，Kobayashi K，Nishimura T，et al. 2010. Identification of germline stem cells in the ovary of the teleost medaka. Science，328：1561-1563.

Nakamura Y. 2017. Avian biotechnology. Adv Exp Med Biol，1001：187e214.

Nóbrega RH，Greebe CD，van de Kant H，et al. 2010. Spermatogonial stem cell niche and spermatogonial stem cell transplantation in zebrafish. PLoS One，5：e12808.

Octavera A，Yoshizaki G. 2018. Production of donor-derived offspring by allogeneic transplantation of spermatogonia in Chinese rosy bitterling. Biol Reprod，35：86.

Ogawa T，Dobrinski I，Avarbock MR，et al. 1999. Xenogeneic spermatogenesis following transplantation of hamster germ cells to mouse testes. Biol Reprod，60：515e21.

Okutsu T，Shikina S，Kanno M，et al. 2007. Production of trout offspring from triploid salmon parents. Science，317：1517.

Okutsu T，Shikina S，Sakamoto T，et al. 2015. Successful production of functional Y eggs derived from spermatogonia transplanted into female recipients and subsequent production of YY supermales in rainbow trout，*Oncorhynchus mykiss*. Aquaculture，446：298-302.

Okutsu T，Suzuki K，Takeuchi Y，et al. 2006. Testicular germ cells can colonize sexually undifferentiated embryonic gonad and produce functional eggs in fish. Proc Natl Acad Sci USA，103：2725 -2729.

Olsen LC，Aasland R，Fjose A. 1997. A *vasa-like* gene in zebrafish identifies putative primordial germ cells. Mech Dev，66：95-105.

Pacchiarini T，Sarasquete C，Cabrita E. 2014. Development of interspecies testicular germ-cell transplantation in flatfish. Reprod Fert Dev，26：690-702.

Panda RP，Barman HK，Mohapatra C. 2011. Isolation of enriched carp spermatogonial stem cells from *Labeo rohita* testis for *in vitro* propagation. Theriogenology，76：241-251.

Parameswaran V，Shukla R，Bhonde R，et al. 2007. Development of a pluripotent ES-like cell line from Asian sea bass（*Lates calcarifer*）—an oviparous stem cell line mimicking viviparous ES cells. Mar Biotechnol，9：766-775.

Piva LH，de Siqueira-Silva DH，Goes CAG，et al. 2018. Triploid or hybrid tetra：Which is the ideal sterile host for surrogate technology? Theriogenology，108：239-244.

Pšenička M，Saito T，Linhartová Z，et al. 2015. Isolation and transplantation of sturgeon early-stage germ cells. Theriogenology，83：1085-1092.

Pšenička M，Saito T，Rodina M，et al. 2016. Cryopreservation of early stage Siberian sturgeon *Acipenser baerii* germ cells，comparison of whole tissue and dissociated cells. Cryobiology，72：119e22.

Robles V，Riesco MF，Psenicka M，et al. 2017. Biology of teleost primordial germ cells（PGCs）and spermatogonia：biotechnological applications. Aquaculture，472：4-20.

Sagi I，Chia G，Golan-Lev T，et al. 2016. Derivation and differentiation of haploid human embryonic stem cells. Nature，532：107-111.

Saito T，Fujimoto T，Maegawa S，et al. 2006. Visualization of primordial germ cells *in vivo* using GFP-nos1 3'UTR mRNA. Int J Dev Biol，50：691e9.

Saito T，Goto R，Fujimoto T，et al. 2010. Inter-species transplantation and migration of primordial germ cells in cyprinid fish. Int J Dev Biol，54：479e84.

Saito T，Goto-Kazeto R，Arai K，et al. 2008. Xenogenesis in teleost fish through generation of germ-line chimeras by single primordial germ cell transplantation. Biol Reprod，78：159-166.

Saito T，Goto-Kazeto R，Kawakami Y，et al. 2011. The mechanism for primordial germ-cell migration is conserved between Japanese eel and zebrafish. PLoS One，6：e24460.

Saito T，Guralp H，Iegorova V，et al. 2018. Elimination of primordial germ cells in sturgeon embryos by UV-irradiation. Biol Reprod，221：3e564.

Saito T，Pšenička M，Goto R，et al. 2014. The origin and migration of primordial germ cells in sturgeons. PLoS One，9：e86861.

Sakai Y，Rawson C，Lindburg K，et al. 1990. Serum and transforming growth factor beta regulate glial fibrillary acidic protein in serum-free-derived mouse embryo cells. Proc Natl Acad Sci USA，87：8378-8382.

Sato M，Morita T，Katayama N，et al. 2014. Production of genetically diversified fish seeds using spermatogonial transplantation. Aquaculture，422-423：218-224.

Seki S，Kusano K，Lee S，et al. 2017. Production of the medaka derived from vitrified whole testes by germ cell transplantation. Sci Rep，7：43185.

Shamblott MJ，Axelman J，Wang S，et al. 1998. Derivation of pluripotent stem cells from cultured human primordial germ cells. Proc Natl Acad Sci USA，95：13726-13731.

Shang M，Su BF，Perera DA，et al. 2018. Testicular germ line cell identification，isolation，and transplantation in two North American catfish species. Fish Physiol Biochem，44：717-733.

Shikina S，Yoshizaki G. 2010. Improved *in vitro* culture conditions to enhance the survival，mitotic activity，and transplantability of rainbow trout type a spermatogonia. Biol Reprod，83：268-276.

Shimada A，Takeda H. 2008. Production of a maternal-zygotic medaka mutant using hybrid sterility. Dev Growth Differ，50：421e6.

Shinohara T，Orwig KE，Avarbock MR，et al. 2000. Spermatogonial stem cell enrichment by multiparameter selection of mouse testis cells. Proc Natl Acad Sci USA，97：8346-8351.

Silva MA，Costa GMJ，Lacerda SMSN，et al. 2016. Successful xenogeneic germ cell transplantation from Jundia catfish（*Rhamdia quelen*）into adult Nile tilapia（*Oreochromis niloticus*）testes. Gen Comp Endocrinol，230e231：48e56.

Slanchev K，Stebler J，de la Cueva-Méndez G，et al. 2005. Development without germ cells：the role of the germ line in zebrafish sex differentiation. Proc Natl Acad Sci USA，102：4074-4079.

Sun L，Bradford CS，Ghosh C，et al. 1995. ES-like cell cultures derived from early zebrafish embryos. Mol Mar Biol Biotechnol，4：193-199.

Sun ZH，Wang Y，Lu WJ，et al. 2017. Divergent expression patterns and function implications of four *nanos* genes in a hermaphroditic fish，*Epinephelus coioides*. Int J Mol Sci，18：685.

Tajima A，Naito M，Yasuda Y，et al. 1993. Production of germ line chimera by transfer of primordial germ cells in the domestic chicken（*Gallus domesticus*）. Theriogenology，40：509-519.

Takahashi K，Tanabe K，Ohnuki M，et al. 2007. Induction of pluripotent stem cells from adult human fibroblasts by defined factors. Cell，131：861-872.

Takahashi K，Yamanaka S. 2006. Induction of pluripotent stem cells from mouse embryonic and adult fibroblast cultures by defined factors. Cell，126：663-676.

Takeuchi Y，Higuchi K，Yatabe T，et al. 2009. Development of spermatogonial cell transplantation in Nibe croaker，*Nibea mitsukurii* (Perciformes，Sciaenidae). Biol Reprod，81：1055e63.

Takeuchi Y，Yoshizaki G，Kobayashi T，et al. 2002. Mass isolation of primordial germ cells from transgenic rainbow trout carrying the green fluorescent protein gene driven by the *vasa* gene promoter. Biol Reprod，67：1087-1092.

Takeuchi Y，Yoshizaki G，Takeuchi T. 2001. Production of germ-line chimeras in rainbow trout by blastomere transplantation. Mol Reprod Dev，59：380e9.

Takeuchi Y，Yoshizaki G，Takeuchi T. 2003. Generation of live fry from intraperitoneally transplanted primordial germ cells in rain bow trout. Biol Reprod，69：1142-1149.

Takeuchi Y，Yoshizaki G，Takeuchi T. 2004. Surrogate broodstock produces salmonids. Nature，430：629-630.

Tanaka M，Kinoshita M，Kobayashi D，et al. 2001. Establishment of medaka（*Oryzias latipes*）transgenic lines with the expression of green fluorescent protein fluorescence exclusively in germ cells：a useful model to monitor germ cells in a live vertebrate. Proc Natl Acad Sci USA，98：2544e9.

Thomson JA，Itskovitz-Eldor J，Shapiro SS，et al. 1998. Embryonic stem cell lines derived from human blastocysts. Science，282：1145-1147.

Tsuda M，Sasaoka Y，Kiso M，et al. 2003. Conserved role of nanos proteins in germ cell development. Science，301：1239-1241.

Tzung KW，Goto R，Saju JM，et al. 2015. Early depletion of primordial germ cells in zebrafish promotes testis formation. Stem Cell Rep，4：61e73.

Wakamatsu Y，Ozato K，Hashimoto H，et al. 1993. Generation of germ-line chimeras in medaka（*Oryzias latipes*）. Mol Mar Biol Biotechnol，2：325.

Wakamatsu Y，Ozato K，Sasado T. 1994. Establishment of a pluripotent cell line derived from a medaka（*Oryzias latipes*) blastula embryo. Mol Mar Biol Biotechnol, 3: 185-191.

Wang C, Lehmann R. 1991. *Nanos* is the localized posterior determinant in *Drosophila*. Cell, 66: 637-647.

Wargelius A, Leininger S, Skaftnesmo KO, et al. 2016. *Dnd* knockout ablates germ cells and demonstrates germ cell independent sex differentiation in Atlantic salmon. Sci Rep, 6: 21284.

Weidinger G, Stebler J, Slanchev K, et al. 2003. Dead end, a novel vertebrate germ plasm component, is required for zebrafish primordial germ cell migration and survival. Curr Biol, 13: 1429-1434.

Weidinger G, Wolke U, Koprunner M, et al. 1999. Identification of tissues and patterning events required for distinct steps in early migration of zebrafish primordial germ cells. Development, 126: 5295e307.

Wolke U, Weidinger G, Koprunner M, et al. 2002. Multiple levels of posttranscriptional control lead to germ line-specific gene expression in the zebrafish. Curr Biol, 12: 289-294.

Wong T-T, Collodi P. 2013. Inducible sterilization of zebrafish by disruption of primordial germ cell migration. PLoS One, 8: e68455.

Wong TT, Saito T, Crodian J, et al. 2011. Zebrafish germline chimeras produced by transplantation of ovarian germ cells into sterile host larvae. Biol Reprod, 84: 1190-1197.

Xu DD, Yoshino T, Konishi J, et al. 2019. Germ cell-less hybrid fish: Ideal recipient for spermatogonial transplantation for the rapid production of donor-derived sperm. Biol Reprod, 101: 492-500.

Yamaha E, Kazama-Wakabayashi M, Otani S, et al. 2001. Germ-line chimera by lower-part blastoderm transplantation between diploid goldfish and triploid crucian carp. Genetica, 111: 227e36.

Yamaha E, Murakami M, Hada K, et al. 2003. Recovery of fertility in male hybrids of a cross between goldfish and common carp by transplantation of PGC (primordial germ cell) -containing graft. Genetica, 119: 121e31.

Yang H, Liu Z, Ma Y, et al. 2013. Generation of haploid embryonic stem cells from *Macaca fascicularis* monkey parthenotes. Cell Res, 23: 1187-1200.

Yazawa R, Takeuchi Y, Higuchi K, et al. 2010. Chub mackerel gonads support colonization, survival, and proliferation of intraperitoneally transplanted xenogenic germ cells. Biol Reprod, 82: 896-904.

Yazawa R, Takeuchi Y, Morita T, et al. 2013. The Pacific bluefin tuna(*Thunnus orientalis*)dead end gene is suitable as a specific molecular marker of type A spermatogonia. Mol Reprod Dev, 80: 871-880.

Ye H, Li CJ, Yue HM, et al. 2017. Establishment of intraperitoneal germ cell transplantation for critically endangered Chinese sturgeon *Acipenser sinensis*. Theriogenology, 94: 37-47.

Yi M, Hong N, Hong Y. 2009. Generation of medaka fish haploid embryonic stem cells. Science, 326: 430-433.

Yoon C, Kawakami K, Hopkins N. 1997. Zebrafish *vasa* homologue RNA is localized to the cleavage planes of 2- and 4-cell-stage embryos and is expressed in the primordial germ cells. Development, 124: 3157e65.

Yoshikawa H, Takeuchi Y, Ino Y, et al. 2017. Efficient production of donor-derived gametes from triploid recipients following intra-peritoneal germ cell transplantation into a marine teleost, Nibe croaker (*Nibea mitsukurii*). Aquaculture, 478: 35-47.

Yoshikawa H, Xu DD, Ino Y, et al. 2018. Hybrid sterility in fish caused by mitotic arrest of primordial germ cells. Genetics, 209: 507-521.

Yoshizaki G, Ichikawa M, Hayashi M, et al. 2010. Sexual plasticity of ovarian germ cells in rainbow trout. Development, 137: 1227-1230.

Yoshizaki G, Lee S. 2018. Production of live fish derived from frozen germ cells via germ cell transplantation. Stem

Cell Res，29：103-110.

Yoshizaki G，Takashiba K，Shimamori S，et al. 2016. Production of germ cell-deficient salmonids by *dead end* gene knockdown，and their use as recipients for germ cell transplantation. Mol Reprod Dev，83：298-311.

Yoshizaki G，Takeuchi Y，Sakatani S，et al. 2000. Germ cell-specific expression of green fluorescent protein in transgenic rainbow trout under control of the rainbow trout vasa-like gene promoter. Int J Dev Biol，44：323-326.

Yu J，Vodyanik MA，Smuga-Otto K，et al. 2007. Induced pluripotent stem cell lines derived from human somatic cells. Science，318：1917-1920.

Yuan H，Yamashita YM. 2010. Germline stem cells：stems of the next generation. Curr Opin Cell Biol，22：730-736.

Zhang Y，Chen J，Cui X，et al. 2015. A controllable on-off strategy for the reproductive containment of fish. Sci Rep，5：7614.

Zhong C，Zhang M，Yin Q，et al. 2016. Generation of human haploid embryonic stem cells from parthenogenetic embryos obtained by microsurgical removal of male pronucleus. Cell Res，26：743-746.

Zou K，Yuan Z，Yang Z，et al. 2009. Production of offspring from a germline stem cell line derived from neonatal ovaries. Nat Cell Biol，11：631-636.